普通高等教育“十二五”系列教材（高职高专教育）

GAODIANYA JISHU

高电压技术

主编 沈诗佳 程 航

编写 冯春祥 程 琳 边玉国 吴 宁

主审 常美生

中国电力出版社

CHINA ELECTRIC POWER PRESS

内 容 提 要

本书主要内容包括电介质的电气性能、电气设备绝缘试验、高压电气设备绝缘结构及其绝缘试验、过电压及其防护、特高压输电系统的高电压技术等，重点介绍高电压技术中最基本的理论概念和工程应用中的关键问题，力求内容精简、加强基础、突出适用性，并适度反映现代高电压技术领域的新进展。

本书主要作为高职高专院校电力技术类相关专业的教材，也可作为成人函授和自考辅导教材，同时还可作为电力行业工程技术人员的培训教材和参考用书。

图书在版编目（CIP）数据

高电压技术/沈诗佳，程航主编．—北京：中国电力出版社，2012.2（2022.6 重印）

普通高等教育“十二五”规划教材．高职高专教育

ISBN 978-7-5123-2562-3

Ⅰ.①高… Ⅱ.①沈…②程… Ⅲ.①高电压－技术－高等职业教育－教材 Ⅳ.①TM8

中国版本图书馆 CIP 数据核字（2011）第 281742 号

中国电力出版社出版、发行

（北京市东城区北京站西街 19 号 100005 http://www.cepp.sgcc.com.cn）

北京雁林吉兆印刷有限公司印刷

各地新华书店经售

*

2012 年 2 月第一版 2022 年 6 月北京第六次印刷

787 毫米×1092 毫米 16 开本 25.5 印张 625 千字

定价 **58.00** 元

前　言

高电压技术是电工学科的一个重要分支，涉及数学、物理、化学、材料等基础学科，主要研究高电压（强电场）下的各种电气物理问题。本书是根据全国电力高等职业教育教材建设指导委员会审定的教材编写大纲编写。

编者根据高职高专教育培养目标的要求，在总结长期教学经验的基础上，参考了国内外大量教材和资料，力求做到深入浅出、通俗易懂，便于学生阅读和自学。在精选内容方面，充分吸收同类教材的经验并充分考虑高职高专教学的特点，力求适合高电压技术课程的需要，着重介绍本领域基础理论，简化数学分析，对电介质的电气性能、电气设备绝缘试验、高压电气设备绝缘结构及其绝缘试验、过电压及其防护等内容做了较为完整的阐述，并对近年来高电压领域的新发展——特高压输电系统的高电压技术做了一定的介绍。本书每章都配有教学要求、学习指导、思考题与习题，启发读者思考和帮助读者总结。限于篇幅，本书对电介质击穿的详细过程、电气设备的具体绝缘结构、高电压试验的实际操作等方面内容作了一定压缩，主要是为了腾出篇幅着重介绍有关的基础理论和基本物理概念，并适当兼顾工程应用中的关键问题。

本书共分为五篇二十章，其中第一至三、八章由兰州工业学院程航编写，第四至七章由兰州工业学院吴宁编写，第九至十二章由兰州工业学院边玉国编写，第十三、十四章由安徽电气工程职业技术学院冯春祥编写，第十五至十八章由安徽电气工程职业技术学院沈诗佳编写，第十九、二十章和附录由安徽电气工程职业技术学院程琳编写，全书由安徽电气工程职业技术学院沈诗佳统稿。

山西大学常美生教授担任本书主审，为提高书稿质量付出了大量精力，提出了很多宝贵意见和建议，在此表示衷心的感谢。

由于编者水平所限，书中难免有不妥和疏漏之处，恳请读者给予批评指正。

编　者

2011 年 10 月于合肥

目录

第四篇　过电压及其防护

第五篇　特高压输电系统的高电压技术

第一篇　电介质的电气性能

第一章　电介质的极化、电导和损耗

教学要求

了解绝缘材料的种类，掌握电介质极化及其分类，掌握电导、击穿、损耗的概念。

一、电气绝缘材料的分类

绝缘材料又称“电介质”。绝缘材料和导体是电气设备中常用的两种基本材料。绝缘材料的主要作用是用来隔离不同电位的导体，使电流能按一定的方向在导体里流通。另外，在不同的电气设备中，根据产品技术要求的需要，绝缘材料还起着散热、冷却、固定支撑、储能、灭弧、防潮、防霉、改善电位梯度及保护导体等作用；在电气设备中，绝缘材料承受着电、热、各种机械应力等方面的考验。

绝缘材料的品种很多，有不同的分类：按化学性质可分为无机绝缘材料、有机绝缘材料、混合绝缘材料，按形态可分为气体绝缘材料、液体绝缘材料、固体绝缘材料，按分子结构可分为非极性电介质、弱极性电介质、极性电介质。

绝缘材料的主要性能指标有绝缘强度、抗张强度、密度和膨胀系数。

二、电介质的电气性能

电介质在外加电场的作用下将会发生极化、电导、击穿和介质损耗等现象，这被称为电介质的电气特性。一般气体电介质的极化、电导和损耗都很微弱，可忽略不计，需要注意的是液体和固体电介质的这些电气特性。

第一节　电介质极化

一、极化的定义

电介质极化是指在外电场的作用下，发生束缚电荷的弹性位移、偶极子的转向或带电质点的移动，在电介质两端出现等量异号电荷而对外呈现电性的现象。

二、极化的形式

根据电介质的物质结构，电介质极化具有以下四种基本形式，即电子位移极化、离子位移极化、转向极化、空间电荷极化。现分别加以说明。

1. 电子位移极化

如图 1 - 1 所示，当不存在外电场时，原子中电子云的中心与原子核重合；在外加电场的作用下，电介质中的原子、分子或离子中的电子，其作用中心脱离原子核而形成感应电距

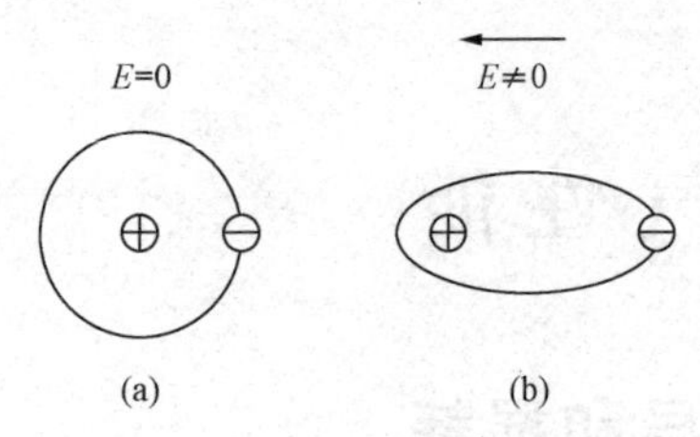

图 1-1 电子位移极化示意图
(a) 无外加电场；(b) 有外加电场

的过程，称为电子位移极化，简称电子式极化。

电子位移极化的特点为：

(1) 存在于一切电介质中。

(2) 极化过程中没有能量损失，外电场消失，感应电距也随之消失，为弹性极化。

(3) 极化过程所需的时间很短，为 $10^{-14}\sim10^{-11}$ s，在各种频率的交变电场中均能发生。

(4) 极化程度取决于电场强度，与温度无关。

2. 离子位移极化

在由离子结合成的电介质内，外电场的作用除促使各个离子内部产生电子位移极化外，还产生正、负离子相对位移而形成的极化，称为离子位移极化，简称离子式极化，如图 1-2 所示。固体无机化合物（如云母、玻璃、陶瓷等）在外加电场的作用下发生的极化为离子位移极化。

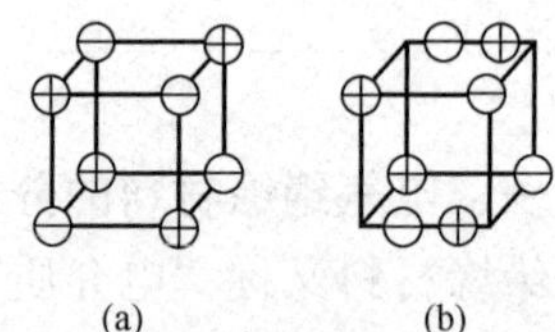

图 1-2 离子位移极化示意图
(a) 极化前；(b) 极化后

离子位移极化的特点为：

(1) 存在于具有离子结构的电介质中。

(2) 极化完成的时间很短，为 $10^{-12}\sim10^{-13}$ s，即一般情况下，极化与频率无关。

(3) 极化过程中没有能量损失，外电场消失，感应电距也随之消失，为弹性极化。

(4) 温度对极化有影响。

3. 转向极化

在外加电场的作用下，由于极性电介质中偶极子的转向而形成的极化，称为转向极化，也叫偶极子式极化，如图 1-3 所示。在极性电介质中，组成电介质的分子是偶极子。就单个偶极子分子而言，由于分子中正、负电荷的作用中心不重合，即使没有外加电场，就已具有偶极矩，称为固有偶极矩。在没有外加电场的情况下，由于分子不规则的热运动，偶极子的排列无序，因此，宏观上对外不呈现电性。当有外电场时，受电场力的作用，偶极子有沿电场方向发生转向的趋势，沿电场方向作有规则排列。但是，受分子热运动的干扰，这种转向定向的排列，只能达到某种程度，而不能完全。蓖麻油、氯化联苯、松香、橡胶、胶木等极性电介质会发生转向极化。

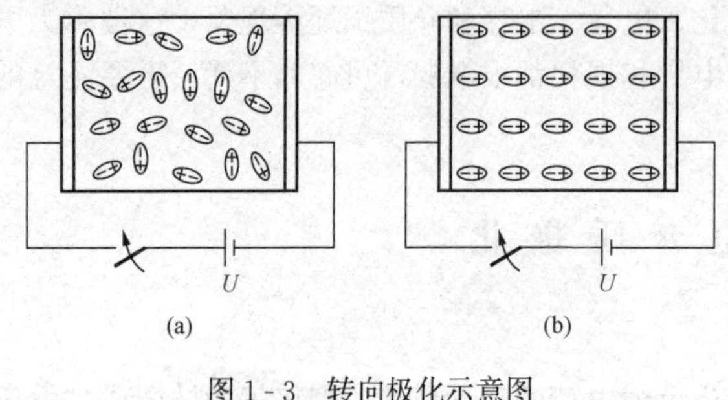

图 1-3 转向极化示意图
(a) 极化前；(b) 极化后

转向极化的特点：

(1) 存在于由偶极子组成的极性电介质中。

(2) 极化需要的时间较长，为 $10^{-6}\sim10^{-2}$ s，所以极化与频率有较大关系。频率很高时，由于偶极子的转向跟不上电场方向的改变，使极化渐弱。

(3) 转向极化伴有能量损耗，为非弹性极化。

（4）温度对偶极子极化的影响很大。

4．空间电荷极化

上述的三种极化都是带电质点的弹性位移或转向形成的，而空间电荷极化则是由带电质点（电子或正、负离子）的移动形成的。

在大多数绝缘结构中，电介质往往是层式结构（宏观或微观的），即使同一种电介质中，也可能存在某些晶格缺陷。电场的作用使带电质点在电介质中移动，可能被晶格缺陷捕获，或在两层电介质的界面上堆积，造成电荷在介质空间中新的分布，从而产生电矩。这种极化称为空间电荷极化。

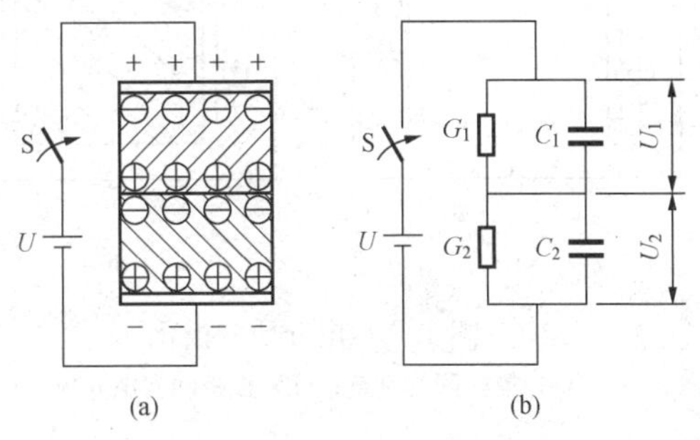

图 1-4　夹层式极化物理过程示意图
（a）双层介质示意图；（b）等值电路图

夹层式极化是最常见的一种空间电荷极化形式。下面以平行板电极间的双层电介质为例来说明夹层式极化过程。图 1-4（a）所示为双层介质示意图，图 1-4（b）所示为其等值电路。在开关闭合瞬间，两层介质的初始电压按电容成反比分配，即

$$t=0,\ \frac{U_1}{U_2}=\frac{C_2}{C_1} \tag{1-1}$$

到达稳态时，两层介质的电压按电导成反比分配，即

$$t\rightarrow\infty,\ \frac{U_1}{U_2}=\frac{G_2}{G_1} \tag{1-2}$$

一般情况下

$$\frac{C_1}{C_2}\neq\frac{G_1}{G_2} \tag{1-3}$$

所以，$t=0$ 与 $t\rightarrow\infty$ 时，$\frac{U_1}{U_2}$的值不相等。但 $U_1+U_2=U$ 是个常数，因此最后的电压分布不同于起始的电压分布，即合闸后，两层介质上的电压有一个重新分配的过程。设 $C_1>C_2$，$G_1<G_2$，则在 $t=0$ 时，$U_1<U_2$；而在 $t\rightarrow\infty$ 时，$U_1>U_2$。这样，在 $t>0$ 后，随着时间的增大，U_2 逐渐减小，U_1 逐渐增大，即 C_2 上的一部分电荷要经 G_2 放掉，而 C_1 则要经过 G_2 从电源吸收一部分电荷（称为吸收电荷）。结果使两层介质的分界面上出现了不等量的异号电荷，从而显示出电性。这种使夹层电介质分界面上出现电荷积聚的过程，称为夹层式极化。

夹层式极化的特点：

（1）夹层式极化存在于多层电介质中。在实际的电气设备中，电缆、电容器、旋转电机、变压器、互感器、电抗器的绕组绝缘等，都是由多层电介质组成的。

（2）夹层式极化过程是很缓慢的。它的形成时间从几十分之一秒到几分钟，甚至有长达几小时的。因此，夹层式极化只有在低频时才有意义。

（3）夹层式极化伴随着能量损耗。

三、电介质的相对介电系数

如图 1-5 所示为两个平行板电容器，它们的极板面积均为 A，极板间距离都是 d。图

1-5（a）中的电容器极板间为真空，而图1-5（b）中的电容器极板间为固体电介质。在图1-5（a）中的电容器极板上施加直流电压U以后极板上分别充有$Q=Q_0$的正负电荷，此时

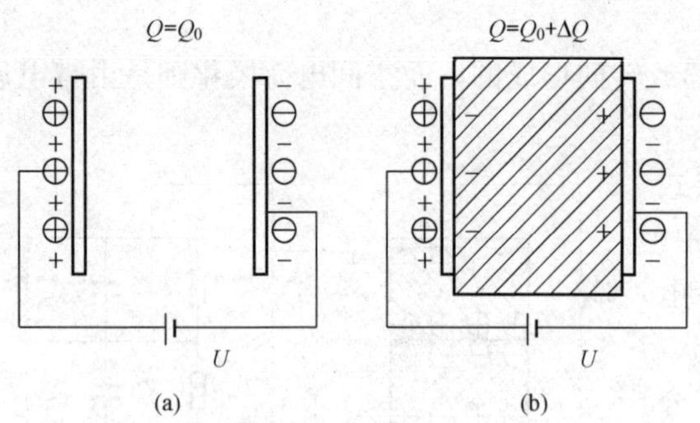

图1-5　电介质的极化
（a）极板间为真空；（b）极板间有电介质

$$Q_0 = C_0U \tag{1-4}$$

$$C_0 = \varepsilon_0 \frac{A}{d} \tag{1-5}$$

式中　ε_0——真空的介电系数；
A——金属极板的面积；
d——极板间距离；
C_0——极板间为真空时的电容量。

若此极板间放入一块厚度与极板距离相等的固体电介质，则成为图1-5（b）所示的电容器，此时电容器的电容量C为

$$C = \varepsilon \frac{A}{d} \tag{1-6}$$

式中　ε——固体电介质的介电系数。

放入固体后，极板上的电荷量变为Q

$$Q = CU \tag{1-7}$$

由于$C>C_0$，U不变，所以$Q>Q_0$。这表明放入固体电介质后，极板上的电荷量有所增加，即

$$Q = Q_0 + \Delta Q = CU \tag{1-8}$$

这说明介质放入，电容由C_0增大至C。

真空的介电系数$\varepsilon_0 \approx 8.854\times10^{-12}$F/m，以$\varepsilon$表示介质中的介电系数，则

$$\frac{Q}{Q_0} = \frac{Q_0+\Delta Q}{Q_0} = \frac{CU}{C_0U} = \frac{C}{C_0} = \frac{\varepsilon \frac{A}{d}}{\varepsilon_0 \frac{A}{d}} = \frac{\varepsilon}{\varepsilon_0} = \varepsilon_r > 1 \tag{1-9}$$

ε_r称为介质的相对介电系数，表征电介质在电场作用下极化现象强弱的指标。其值由电介质本身的材料决定。气体分子间的距离很大，密度很小，极化率很小，因此各种气体的ε_r都接近1。常用液体、固体电介质的ε_r一般在2～10之间。各种电介质的ε_r与温度、电源频率的关系也各不相同。在工频电压下20℃时，一些常用电介质的ε_r见表1-1。

表1-1　　常用电介质的介电系数和电导率

材料种类		名　称	介电系数ε_r（工频，20℃）	电导率（20℃，S/cm）
气体介质		空气	1.000 59	
液体介质	弱极性	变压器	2.2	$10^{-15}\sim10^{-12}$
		油硅有机油	2.2～2.8	$10^{-15}\sim10^{-14}$
	极　性	蓖麻油	4.5	$10^{-13}\sim10^{-12}$
		氯化联苯	4.6～5.2	$10^{-12}\sim10^{-10}$

续表

材料种类		名称	介电系数 ε_r（工频，20℃）	电导率（20℃，S/cm）
固体介质	中性	石蜡	1.9～2.2	10^{-16}
		聚乙烯苯	2.4～2.6	10^{-18}～10^{-17}
		聚四氟乙烯	2	10^{-18}～10^{-17}
	极性	松香	2.5～2.6	10^{-16}～10^{-15}
		纤维素	6.5	10^{-14}
		胶木	4.5	10^{-14}～10^{-13}
		聚氯乙烯	3.3	10^{-16}～10^{-15}
		沥青	2.6～2.7	10^{-16}～10^{-15}
	离子性	云母	5～7	10^{-16}～10^{-15}
		电瓷	6～7	10^{-15}～10^{-14}

四、电介质极化在工程中的应用

（1）选择绝缘材料。例如，选择电容器中的绝缘材料时，选 ε_r 大的材料，这样电容器单位电容量的体积和质量都可减小。而选择其他电气设备绝缘材料时，一般希望 ε_r 小一些。如选用 ε_r 小一些的材料作交流电力电缆的绝缘可减小电缆工作时的充电电流以及因极化引起的发热损耗。

（2）多种介质的合理配合。一般电气设备的绝缘是由几种电介质组合而成的。在交流及冲击电压作用下，多种电介质串联时，各电介质的电场强度与它们的介电系数成反比，结果是外加电压的大部分被 ε_r 小的材料承担，从而降低了整体的绝缘强度。因此在几种绝缘材料组合使用时，要注意各绝缘电介质的合理分配，以使各绝缘介质层中的电场强度均匀分配。

（3）在绝缘预防性试验中判断绝缘状况。电气设备进行绝缘试验时，对于不同种类的电源，电气设备的耐受电压值是不同的。这主要是因为，各种试验电源的频率是不一样的，在不同频率的电压作用下，由于极化的方式不同而造成的。

（4）极化损耗是介质损耗的重要组成部分，而介质损耗是介质绝缘劣化和热击穿的重要影响因素。

第二节 电介质电导

一、电介质电导的定义

电介质的基本功能是隔离不同电位的导体，它应是不导电的，但完全不导电的电介质是不存在的。在外加电场的作用下，电介质中的带电质点沿电场方向作定向移动而形成电流的现象，称为电介质的电导。表征电导大小的物理量是电导率 γ，其倒数是电阻率 ρ。

二、电介质电导的特性

（1）离子式电导。电介质的电导与金属的电导有本质上的区别。气体电介质的电导是由游离出来的自由电子、正离子和负离子在电场作用下移动而造成的。液体和固体电介质中的电导是由于电介质的基本物质及其中所含杂质分子的化学分解或热离解形成带电质点（电子、正离子、负离子），这些带电质点沿电场方向移动而造成的。它是离子式的电导，也就是电解式的电导。而金属导体的电导为电子式电导，即形成金属电导电流的带电离子为金属中的大量自由电子。

(2) 温度的影响。电介质的电导随温度的升高而增大，且电介质的电导比金属导体小得多，其电阻率一般为 $10^{9}\sim10^{22}\Omega\cdot cm$；而金属的电导很大，其电阻率为 $10^{-6}\sim10^{-2}\Omega\cdot cm$。

三、各类电介质的电导

1. 气体电介质的电导

气体电介质的伏安特性如图 1 - 6 所示。当电压很小时，外界因素（宇宙线，地面上的放射性辐射，太阳光中的紫外线等）作用下产生的离子在电场力的作用下，克服与气体介质分子碰撞的阻力而移动，电流与电压近似成正比例，如图 1 - 6 中Ⅰ区所示。当电压进一步增大，外界因素所造成的离子几乎全部趋向电极时，电流趋于饱和，即电压升高，电流基本保持不变，如图 1 - 6 中Ⅱ区所示。在该两区内气体的电导是极微小的。当电压超过 U_B 值时，如图 1 - 6 中Ⅲ区所示，气体电介质中将发生撞击游离，从而使电流迅速增大，最后使气隙击穿，间隙内的气体变为电的良导体。

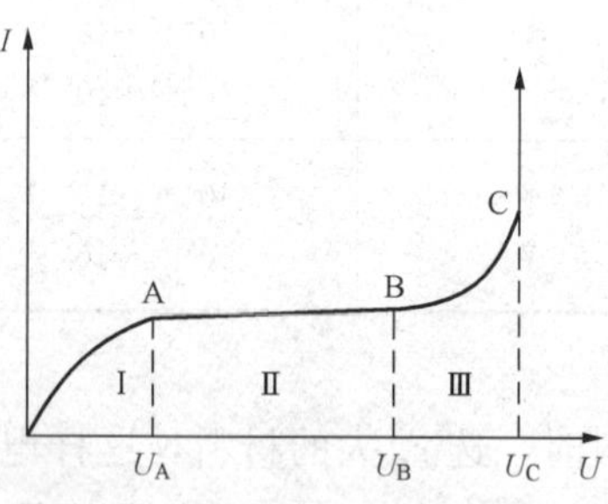

图 1 - 6 气体电介质的伏安特性

2. 液体电介质的电导

液体电介质分中性（弱极性）液体电介质、极性液体电介质和强极性液体电介质。中性液体电介质本身分子的离解是极微弱的，其电导主要由离解性的杂质和悬浮于液体介质中的荷电粒子所引起。所以，其电导对杂质是非常敏感的。中性液体电介质处理得十分纯净后，其电导率可低至 $10^{-18}S/cm$。

极性液体电介质的电导不仅由杂质所引起，而且与极性液体电介质本身的离解度有关。如其他条件相同，则极性液体介质的电导大于中性液体电介质的。极性液体电介质的介电常数愈大，则其电导也愈大。强极性液体电介质（如水、酒精），即使是高度净化的，其电导率仍很大，以致不能把它看作为电介质，而是离子式导电液。

3. 固体电介质的电导

具有中性（弱极性）分子的固体电介质的电导主要是由杂质离子引起的，只有当温度较高时，中性分子本身才可能发生分解，产生自由离子，形成电导。此外，外界因素（例如高能射线）的作用也可能使中性分子发生离解。

离子式结构的固体电介质（如 NaCl）的电导主要是由于离子在热运动影响下脱离晶格而移动的结果。

4. 固体电介质的表面电导

上面讲的是固体电介质的体积电导。固体电介质除了体积电导以外，还存在着表面电导。表面电导是由于介质表面吸附一些水分、尘埃或导电性的化学沉淀物而形成的，其中水分起着特别重要的作用。固体电介质吸附水分的能力与自身结构有关。在相同的工作条件下，亲水性介质（水分子与固体介质分子的附着力很强，如玻璃、陶瓷等）的表面电导要比憎水性介质（水分子与固体介质分子的附着力很小，水分不易在介质表面形成薄膜，而只能凝聚成小水滴，如石蜡、聚四氟乙烯、聚苯乙烯等）的表面电导大得多。一般中性介质的表面电导最小，极性介质次之，离子性介质最大。通过采取使介质表面洗净、光洁、烘干，或表面涂以石蜡、绝缘漆、有机硅等措施，可以降低介质表面电导。

四、影响电介质电导的因素

1. 温度

温度对固体电介质电导率的影响与对液体电介质电导率的影响是相似的，液体和固体电介质的电导率与温度的关系可以近似地表示为

$$\gamma = A\exp(-B/T)$$

式中　A、B——常数；

T——绝对温度；

γ——电导率。

当温度变化的范围不大时，固体、液体电介质的电导率与温度的关系也可以写成

$$\gamma = \gamma_0\exp[\alpha(\theta - \theta_0)]$$

式中　α——常数；

θ——电介质的温度，℃；

γ_0——$\theta=\theta_0$ 时的电导率。

2. 电场强度

电场对固体、液体电介质的影响相似。在电场强度小于某定值时，固体、液体电介质的电导率与电场强度几乎无关；当电场强度大于某定值时，固体、液体电介质的电导率与电场强度的关系可近似地表示为

$$\gamma = \gamma_0\exp[b(E - E_0)]$$

式中　γ_0——电导率与电场强度尚无关范围内的电导率；

E_0——电导率与电场强度尚无关时的最大电场强度；

b——常数，由材料特性所决定。

3. 杂质

杂质对电导率的影响也是很大的。由于杂质中的离子数较多，因此当介质中的杂质增多时，其电导会明显增加。各类杂质中水分的影响最大，水是强极性的电介质，本身电导较大，而且水分能使介质中的另一些杂质（如盐类、酸类等物质）发生水解，从而大大增加介质的电导。所以，电气设备在运行中一定要注意防潮。

五、电介质电导在工程实际中的应用

（1）串联的多层电介质，在直流电压作用下，各层电压分布与电导成反比。所以设计用于直流的电气设备时，要注意不同电导率的电介质材料的合理配合。

（2）电导的倒数即为电介质的绝缘电阻。电气设备的绝缘电阻包括体电阻和表面绝缘电阻两部分。在绝缘检查性试验中，通过测量介质的绝缘电阻和泄漏电流来判断绝缘是否存在受潮或其他劣化现象。

（3）注意环境温度对固体电介质表面电导的影响，注意亲水性材料的表面防水处理。

第三节 电介质损耗

一、介质损耗的基本概念

1. 介质损耗的定义

电介质在电场作用下，要发生极化过程和电导过程。极化过程有能量损耗；电导过程中，泄漏电流流过绝缘电阻也有能量损耗。这种在外加电压的作用下，电介质的能量损耗称为介质损耗。介质损耗过程伴随极化过程和电导过程。介质损耗产生的能量变成了热能，使电介质温度升高。若介质损耗过大，则电介质温度升得过高，将加速电介质的热分解与老化，最终可能导致电介质绝缘性能的完全失去。

2. 介质损耗的基本形式

(1) 电导损耗。电导损耗是由电介质中的泄漏电流引起的。气体、液体电介质和固体电介质中都存在电导损耗。电介质的电导损耗很小，但当介质受潮或温度升高时，电导损耗会急剧增大。

由于电介质中的泄漏电流与电源频率无关，所以电导损耗在交流、直流电压下都存在。

(2) 极化损耗。极化损耗为偶极子与空间电荷极化引起的损耗。在直流电压作用下，由于极化过程仅在电压施加后很短时间内存在，与电导损耗相比可忽略。而在交流电压作用下，由于电介质随交流电压极性的周期性改变而作周期性的正向极化和反向极化，极化始终存在于整个加压过程之中。在频率不太高时，极化损耗随频率升高而增大；当频率超过某一数值时，极化过程反而减弱，损耗减小。

(3) 游离损耗。游离损耗是由气体电介质在电场的作用下出现局部放电引起的。气体电介质及含有气泡的液体、固体电介质都存在这种形式的损耗。游离损耗仅在外加电压超过一定值时才出现，且随电压升高而急剧增大。

二、介质损耗的表征

在直流电压作用下，介质损耗主要为电导损耗，因此，电导率 γ 或电阻率 ρ 既表征介质电导的特性，也表征介质损耗的特性。但在交流电压作用下，仅用电导率表征介质损耗就不全面了，为此需引入一个新的物理量来表征介质损耗的特性，这个物理量就是介电损耗因数 $\tan\delta$。

1. 电介质的等效电路及介质损耗的计算公式

电介质两端加以交流电压 $\dot{U}$ 时，就有电流 $\dot{I}$ 流过介质。$\dot{I}$ 由三个电流分量组成。

$$\dot{I} = \dot{I}_c + \dot{I}_g + \dot{I}_a$$

式中 $\dot{I}_g$——电导过程中的电流，与 $\dot{U}$ 同相位；

$\dot{I}_c$、$\dot{I}_a$——无损极化和有损极化时的电流。

对应的等效电路如图 1-7 (a) 所示，此等效电路可进一步简化成如图 1-7 (b) 所示的等效电路。此并联等效电路的相量图如图 1-7 (c) 所示，其中 δ 为功率因数角的余角。由相量图可见，介质损耗功率越大，I_R 越大，δ 角也越大，因此 δ 角称为介质损失角。

对此并联等效电路，可写出介质损耗功率的计算公式

$$P = UI_R = UIC_P\tan\delta = U^2\omega C_P\tan\delta$$

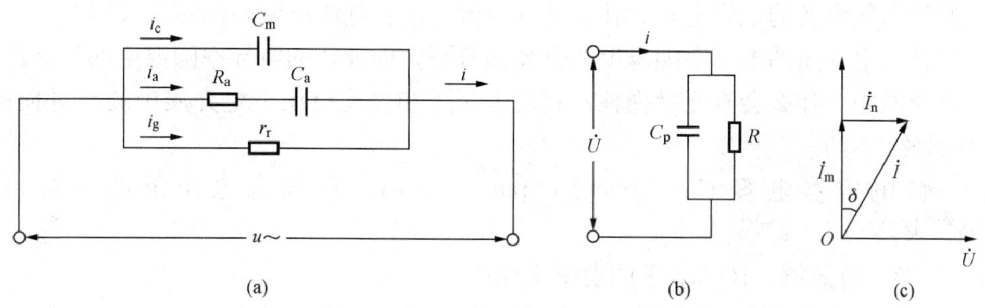

图 1-7　交流电压下电介质的等效电路及相量图

(a)、(b) 等效电路图；(c) 相量图

对于串联等效电路，同样可以推出损耗功率的计算公式

$$P = U^2 \omega C_S \tan\delta$$

2. $\tan\delta$ 值的意义

从介质损耗功率的计算公式看，如果用 P 来表征介质损耗的程度是不方便的，因 P 值与试验电压 U 的大小、试验电压的角频率 ω、电介质等值电容量 C_P（或 C_S）以及 $\tan\delta$ 有关。若在试验电压、频率、电介质尺寸一定的情况下，介质损耗功率仅取决于 $\tan\delta$。换句话说，$\tan\delta$ 是与电压、频率、绝缘尺寸无关的量，仅取决于电介质的损耗特性。所以 $\tan\delta$ 是表征介质损耗程度的物理量，与 ε_r、γ 相当，这样，可以通过实验测量电介质的 $\tan\delta$ 值，并以此来判断介质损耗的程度。

3. 影响 $\tan\delta$ 的因素

影响 $\tan\delta$ 的因素主要有温度、频率和电压。

极化、电导、损耗、击穿是电介质的基本特性，与之相对应的物理参数分别是相对介电系数 ε_r、电导率 γ、介电损耗因数 $\tan\delta$ 和击穿电压 U_b，它们的大小可用来综合判断电介质的绝缘性能。

电介质的极化分为电子式极化、离子式极化、转向极化和空间电荷极化，其中电子式极化和离子式极化为无损极化，而转向极化和空间电荷极化为有损极化。电介质的电导与金属的电导有着本质的区别。电介质的电导是离子性的，数值很小，具有正的温度系数，而金属的电导是电子性的，数值很大，具有负的温度系数。电介质的损耗包括电导损耗、极化损耗和游离损耗三种形式，直流电压下电介质的损耗仅为电导损耗，而交流电压下电介质的损耗既有电导损耗，又有极化损耗，当电压超过一定数值时，还会出现游离损耗。

思考题与习题

1. 电介质的极化形式中，哪些存在能量损耗？哪些不存在能量损耗？

2. 某些容量较大的设备如电容器、长电缆等经直流高压试验后其接地放电时间要求长达 5～10min，为什么？

3. 测量电气设备的绝缘电阻为什么要加直流电压？绝缘电阻与温度有关吗？

4. 为什么电介质的电导率随温度的升高而升高，而导体的电导率随温度的升高而降低？

5. 电介质中为什么会有能量损耗？直流电压下和交流电压下电介质中的能量损耗是否相同，为什么？

6. 一台电容器电容 $C=2000\text{pF}$，$\tan\delta=0.01$，而直流电压下的绝缘电阻为 $2000\text{M}\Omega$，求：

(1) 工频（有效值）100kV 下的功率损耗；

(2) 直流 100kV 下的功率损耗，它与交流电压下损耗的比值；

(3) 交流电流下介质损耗的并联等值回路中的等值电阻，它与直流绝缘电阻的比值。

第二章 气体电介质的放电

教学要求

了解气体放电的形式，掌握空气间隙的击穿及提高间隙击穿电压的措施，掌握气体的沿面放电及提高沿面闪络电压的措施；熟悉 SF_6 气体的特性，掌握 SF_6 气体间隙的击穿及 SF_6 气体的沿面放电。

第一节 气体中带电质点的产生与消失

一、气体原子的激发与游离

气体原子在外界因素（电场、高温等）的作用下，吸收外界能量使其内部能量增加，这时气体原子核外的电子将从离原子核较近的轨道运动到离原子核较远的轨道上去，此过程称为原子的激发，也称激励。被激发的原子称为激发原子，激发原子内部的能量比正常原子大。原子的激发状态是不稳定状态，一般经过 10^{-8}s 就会恢复到正常状态，激发原子回到正常状态时将以短波光的形式放出能量。

如果中性原子由外界获得足够的能量，以致使原子中的一个或几个电子完全脱离原子核的束缚而成为自由电子或正离子（即带电质点），此过程称为原子的游离，也称电离。游离是激发的极限状态，气体分子（或原子）游离所需要的能量称为游离能，游离能随气体种类而不同，一般在 10～15eV 之间。

二、气体中带电质点的产生

总的来说，气体中的带电质点来源于两个方面：一是气体分子本身发生游离，二是处于气体中的金属电极表面发生游离。具体来讲，气体分子的游离可由碰撞能、光辐射能以及高温热能等因素引起，由于能量种类的不同，主要有四种游离形式。

1. 碰撞游离

以一定速度运动着的质点（如电子、离子、中性分子、原子）与中性分子碰撞，可以造成中性分子激励或游离。由碰撞而引起的游离称为碰撞游离。碰撞游离是气体放电过程中产生带电质点的极重要来源。

电子、离子、中性质点与中性原子（分子）的碰撞以及激发原子与激发原子的碰撞都能产生碰撞游离。而在气体放电过程中，碰撞游离主要是由自由电子与气体原子（分子）相撞而引起的，所以电子在碰撞游离中起着极其重要的作用。离子或其他质点因其本身的体积和质量较大，难以在碰撞前积累起足够的能量，因而产生碰撞游离的可能性是很小的。

当电子从电场中获得的动能等于或大于气体分子的游离能时，就有可能因碰撞而使气体分子分裂成电子和正离子，即电子发生碰撞游离的条件为

$$\frac{1}{2}m_e v_e^2 \geqslant W_i \tag{2-1}$$

式中　m_e——电子的质量；

v_e——电子的运动速度；

W_i——气体原子（或分子）的游离能。

质点两次碰撞之间的距离称为自由行程。平均自由行程与气体间的压力成反比，与绝对温度成正比。一般情况下，平均自由行程越大，越容易发生碰撞游离。

2. 光游离

由光辐射引起气体原子（或分子）的游离称为光游离。

光辐射的能量以不连续的光子形式发出。当光子的能量等于或大于气体原子（或分子）的游离能时，就可能引起光游离，即产生光游离的条件为

$$hv \geqslant W_i \tag{2-2}$$

式中　h——普朗克常数，其值为6.62×10^{-27}erg·s；

v——光的频率。

因为波长$\lambda=\dfrac{C}{v}$，C为光速（3×10^8m/s），则式（2-2）说明，产生光游离的能力不决定于光的强度，而决定于光的波长；波长越短，光子的能量越大，游离能力就越强。通常可见光是不能直接产生光游离的，只有各种短波长的高能辐射线，例如宇宙线、γ线、x线以及短波长的紫外线等才有使气体产生光游离的能力。在气体放电过程中，当处于激发状态的原子回到正常状态，以及异号带电质点复合成中性原子（或分子）时，都以光子的形式放出多余的能量，成为导致产生光游离的因素。光游离在气体放电中起着很重要的作用。

由光游离产生的自由电子称为光电子。

3. 热游离

气体在热状态下引起的游离过程称为热游离。

在常温下，由于气体质点的热运动所具有的平均动能远低于气体的游离能，因此不可能产生热游离。但在高温下的气体，例如发生电弧放电时，弧柱的温度可高达数千开［尔文］以上，这时气体质点的动能就足以导致气体分子（或原子）碰撞时产生游离。此外，高温气体的热辐射也能导致气体分子（或原子）产生光游离。故热游离实质上并不是另外一种独立的游离形式，而是在热状态下产生碰撞游离和光游离的综合。气体分子（或原子）产生热游离的条件是

$$\frac{3}{2}KT \geqslant W_i \tag{2-3}$$

式中　K——波茨曼常数，其值为1.38×10^{-16}erg/K；

T——绝对温度，K。

4. 表面游离

前面已讨论，气体介质在电极空间中会产生带电质点（电子和正离子），实际上，在气体放电中存在着电流的循环，因此必然有阴极发射电子的过程。电子从金属电极表面逸出来的过程称为表面游离。电子从金属电极表面释放出来所需要的能量称为逸出功。逸出功的大小与金属电极的材料及其表面状态有关，一般需要1～5eV，小于气体在空间游离时的游离能，这说明从阴极发射电子比在空间使气体分子（或原子）游离容易。

用各种不同的方式供给金属电极能量，例如将金属电极加热，正离子撞击阴极，短波光

照射电极以及强电场的作用等，都可以使阴极发射电子。

三、气体中带电质点的消失

气体中的带电质点经常处于不规则的热运动中，除了不断形成带电质点的电离过程外，还存在相反的过程，即带电质点的消失过程。在电场作用下，气体中放电是不断发展以致击穿，还是气体尚能保持其电气强度而起绝缘作用，取决于上述两种过程的发展情况。带电质点的消失主要有三种形式。

1. 带电质点受电场力的作用流入电极

带电质点受电场力的作用流入电极，形成电流。电流的大小决定于带电质点的浓度及其在电场方向的速度。

2. 带电质点的扩散

带电质点的扩散是指带电质点从浓度大的区域转移到浓度较小的区域，从而使带电质点在空间各处的浓度趋于均匀的过程。

带电质点的扩散同气体分子的扩散一样，都是由热运动造成的，因为即使在很大的浓度下，离子之间的距离仍较大，静电相互作用很小。带电质点的扩散规律也同气体的扩散规律相似。

电子的质量远小于离子，所以电子的热运动速度很高，它在热运动中受到的碰撞也较少，因此电子的扩散速度比离子要快得多。

3. 带电质点的复合

正离子与负离子或电子相遇，发生电荷的传递、中和而还原为中性质点的过程称为复合。放电过程中的复合绝大多数是正负离子之间的复合，因为并不是异号带电质点每次相遇都能引起复合。质点间的相对速度越大，相互作用时间就越短，复合的可能性就越小。气体中电子的速度比离子的大得多，所以正负离子间的复合要比正离子和电子之间的复合容易发生得多。也可以说，参加复合的电子绝大多数是先形成负离子再与正离子复合。带电质点在复合过程中会以光辐射（光子）的形式释放能量，这种光能又有可能使中性分子发生游离。

第二节　均匀电场和不均匀电场中气体的击穿

一、均匀电场中气体的击穿

均匀电场是指电场中各处电场强度的大小相等，方向相同。如电极尺寸比极间距离大得多的平行平板电极中间的电场就是均匀电场。

均匀电场中气隙击穿的过程，就是各种形式的电离持续发展的过程。均匀电场中气体的击穿过程与气体的相对密度 δ 和极间距离 d 的乘积 δd 有关。δd 值较小（对空气来说，一般认为 $\delta d<0.26$cm 内）时，其击穿过程可以用汤逊放电理论较好的解释，δd 值较大（对空气来说，一般认为 $\delta d>0.26$cm 内）时，采用流注理论解释比较符合实际。

（一）均匀电场中气隙的放电——汤逊放电理论

1. 气隙放电的伏安特性与自持放电

图 2-1 表示放置在空气中的平行板电极，极间电场是均匀的。当在两电极间加上从零起逐渐升高的直流电压 U 时，气隙中的电流与极间电压的关系，即均匀电场中气隙的伏安特性如图 1-6 所示。在外界光源的照射下，两平行板电极间的气体由于外界游离作用而不断产生带电质点，并使自由带电质点达到一定的密度。

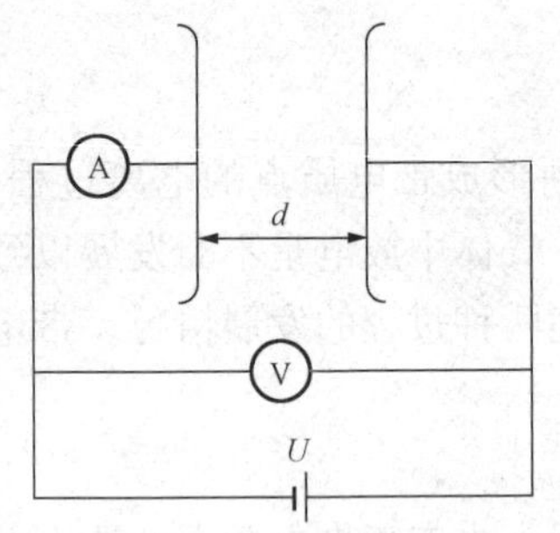

图 2-1 均匀电场中气隙的伏安特性实验装置原理图

当外施电压较小时，极间虽有电流流过，但数值很小，通常远小于微安级量值。此时气体本身的绝缘性能尚未被破坏，即间隙尚未被击穿。这时电极间的放电电流要依靠外电离因素才能维持。去掉外游离因素后，放电将会停止。这种依靠外界游离因素的作用而维持的放电叫非自持放电。

当电压达到某一值后，气体中发生了强烈的游离，电流剧增，气体中的电离过程只依靠电场的作用可以自行维持，不再需要外界游离因素。这种不需要外界游离因素的作用，仅由电场的作用而维持的放电叫自持放电。由非自持放电转入自持放电的电压称为放电起始电压。如果电场比较均匀，则整个间隙将被击穿，即均匀电场中的起始放电电压等于间隙的击穿电压，在标准大气条件下，击穿场强为 30kV/cm（幅值）。而对于不均匀电场，当放电由非自持放电转入自持放电时，在大曲率电极表面电场集中的区域将发生局部放电，俗称电晕放电。此时的起始电压是间隙的电晕起始电压，而击穿电压则可能比起始电压高得多。

2. 汤逊放电理论

汤逊放电理论认为，δd 值较小时气体间隙的击穿主要由电子的碰撞游离和正离子撞击阴极表面造成的表面游离所引起。汤逊放电理论主要考虑了三种因素。

（1）电子崩及 α 过程。如图 1-6 所示，当气隙上所加电压超过 U_b 以后，电流会迅速增大，这是由于外界游离因素的作用，阴极产生光电子发射，使间隙中产生自由电子，这些起始电子在较强的电场作用下，从阴极奔向阳极的过程中得到加速，其动能增加，并不断地与气体分子（原子）碰撞产生碰撞游离。由此产生的新电子和原有的电子一起又将从电场获得动能，继续引起碰撞游离。这样，就出现了一个迅猛发展的碰撞游离，使间隙中的带电质点数迅速增大。上述过程如同冰山上发生雪崩一样，称为电子崩，其形成示意图如图 2-2 所示。虽然此时的放电仍属于非自持放电，但电子崩过程的出现使间隙中的电流急剧增加。

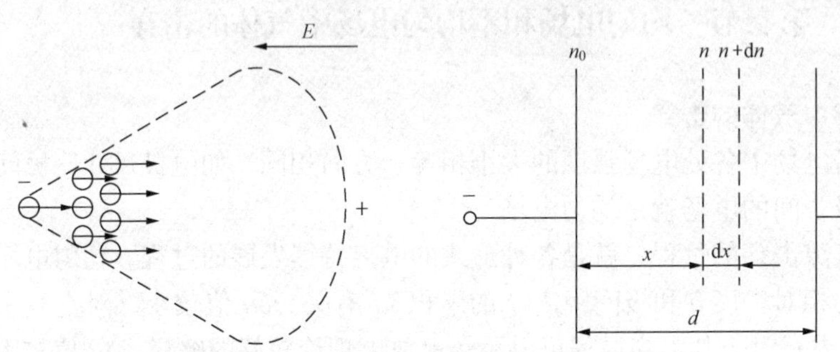

图 2-2 电子崩形成示意图

图 2-3 放电间隙中电子崩中电子数的计算

如图 2-3 所示，设 α 为电子的空间碰撞游离系数。在外界游离因素光辐射的作用下，阴极由于光电子发射产生 n_0 个电子。在电场作用下，这 n_0 个电子在向阳极运动的过程中不断产生碰撞游离，行经距离 x 时变成了 n 个电子，再行经 dx 距离，增加的电子数为 dn 个，则

$$dn = n\alpha dx \tag{2-4}$$

对式（2-4）积分可得 n_0 个电子在电场作用下不断产生碰撞游离，发展成电子崩，当气压

保持一定，且电场均匀时，经距离 d 而进入阳极的电子数为常数，式（2 - 4）变为

$$n_S = n_0 e^{\alpha d} \tag{2-5}$$

（2）自持放电条件及系数 γ。式（2 - 5）表示了电子崩发展的规律。若 $n_0=1$，则

$$n_S = e^{\alpha d} \tag{2-6}$$

即一个电子从阴极出发运动到阳极时，由于碰撞游离形成电子崩，到达阳极时将变成 $e^{\alpha d}$ 个电子。如果除去起始的一个电子，那么产生的新电子数或正离子数为 $e^{\alpha d}-1$ 个。这些正离子在电场的作用下向阴极运动，并撞击阴极表面，如果 $e^{\alpha d}-1$ 个正离子在撞击阴极表面时，至少能从阴极表面释放出一个有效电子来弥补原来那个产生电子崩并已进入阳极的电子，那么这个有效电子将在电场作用下向阳极运动，产生碰撞游离，发展新的电子崩。这样，即使没有外界游离因素存在，放电也能继续下去，即放电达到了自持。若以 γ 表示正离子的表面游离系数，它表示一个正离子在电场的作用下由阳极向阴极运动，撞击阴极表面产生表面游离的电子数，于是汤逊放电理论的自持放电条件可表达为

$$\gamma\,(e^{\alpha d}-1)=1 \tag{2-7}$$

系数 γ 决定于电极材料及其表面状况，以及气体的种类，同时还与 E/p（E：电场强度，p：气体压力）值有关，但在一般计算中可作为常数，不致引起较大的误差。

（3）气隙击穿电压——巴申定律。根据自持放电条件可以计算出气隙的击穿电压。将式（2 - 4）代入自持放电条件式（2 - 7），两边取自然对数得

$$\alpha d = \ln\left(1+\frac{1}{\gamma}\right) \tag{2-8}$$

因均匀电场中场强 E 和外施直流电压 U 之间满足关系 $E=U/d$，可得

$$U_F = \frac{Bpd}{\ln[Apd/\ln(1+1/\gamma)]} \tag{2-9}$$

其中，A、B 为比例系数。

这就是巴申定律。它表明，当气体种类和电极材料一定时，气隙的击穿电压是气体压力 P 和极间距离 d 乘积的函数，即

$$U_b = f(pd) \tag{2-10}$$

图 2 - 4 表示通过实验求得的均匀电场中几种气体的击穿电压 U_b 与 pd 的关系曲线。从图中可见，随着 pd 的变化，击穿电压将出现极小值，这是对应游离最有利的情况。因为要使放电达到自持，每个电子从阴极向阳极运动的过程中，需要足够的碰撞游离次数。当气隙距离 d 保持不变，改变压力 p，则当压力较小时，空气稀薄，电子的相对密度 δ 很小，在向阳极运动的过程中，其碰撞次数太少，因此随着 pd 的进一步减少，击穿电压势必增加。当 p 较大时，气体的相对密度 δ 很大，这时虽然碰撞次数增多，但电子在电场中不易积聚足够的动能，引起电离的概率大减，所以随着 pd 的增加，击穿电压也将增加。同理，假设 p 保持不变，当 pd 较小时，由于 p 也较小，而 d 又很小，此时电子

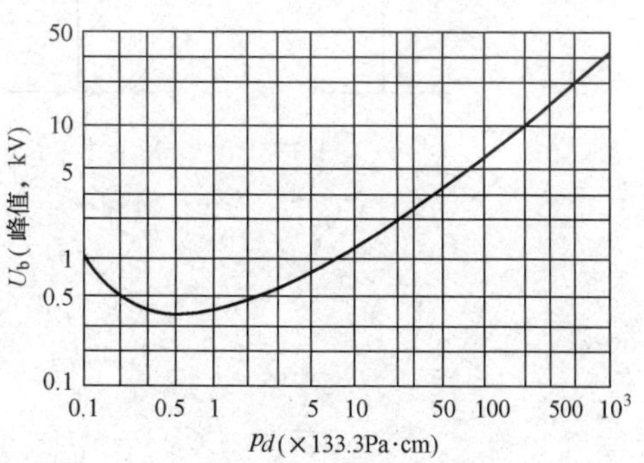

图 2 - 4　均匀电场中空气的击穿电压 U_b 与 pd 的关系

的自由行程可大于或远大于气隙距离，使得碰撞电离实际上难以发生。当d增大后，欲得到一定的场强，必须增大电压。因此在这两者中总有d的值对造成碰撞电离最有利，所以击穿电压具有极小值。对于空气而言，击穿电压的最小值出现在横坐标$pd=0.57\times133.3\text{Pa}\cdot\text{cm}$时，相应的击穿电压$U_b=330\text{V}$。

由此可见，为了提高气隙的电气绝缘强度，可以采用高真空或加大气压的方法。这两种方法在工程实践中都得到了应用，如真空断路器、标准电容器等。

（二）均匀电场大气中的放电——流注放电理论

汤逊理论只适用于低气压、小间隙中的气体放电现象。通常认为空气中$\delta d>0.26\text{cm}$后，气隙的击穿可用流注放电理论解释。流注放电理论认为电子的碰撞游离及空间的光游离是气体放电的主要因素，并强调了空间电荷畸变电场的作用。

在电场作用下，电子在奔向阳极的过程中不断引起碰撞电离。电子崩不断发展，电子数和正离子数随电子崩发展的距离按指数规律急剧增长。由于电子的迁移率比正离子的大两个数量级，所以电子总是跑在崩头，而正离子则基本都滞留在产生它的地方，并以缓慢速度向阴极移动。由于电子的扩散作用，电子崩在其发展过程中半径逐渐增大，外形好似一个球头的锥体，绝大部分电子都集中在崩头，其后直到尾部是正离子区，如图2-5（a）所示。电子崩中的空间电荷在气隙中的分布如图2-5（b）所示。场中各点的合成电场将是电源电场和空间电荷所造成电场的叠加，如图2-5（c）、（d）所示。由图可见崩尾电场被加强了，崩中正、负空间电荷混杂处的电场被大为减弱，而崩头前面的电场则大为增强。当电源电压所形成的电场增强并达到击穿场强时，崩头电子和崩尾正离子总数将大大增加，使崩头、崩尾的局部电场大为增强。崩头的强烈电离过程必然会伴随着强烈的激励过程，当它们从激励状态恢复到正常状态时，就将放射出光子；崩中正负电荷区域之间的电场大大削弱，则有助于复合过程的发生，复合过程中同样也将放射出光子。这些光子将向四方放射。因为此时崩头已接近阳极，射到崩头的光子直接进入阳极，对放电过程的进一步发展不起什么作用；射到崩尾的光子将造成空间光游离。游离出的电子在崩尾处形成二次电子崩。这些二次崩受主崩尾部的正空间电荷的吸引，向主崩尾部方向发展，并汇合到主崩尾部的正空间电荷中去。

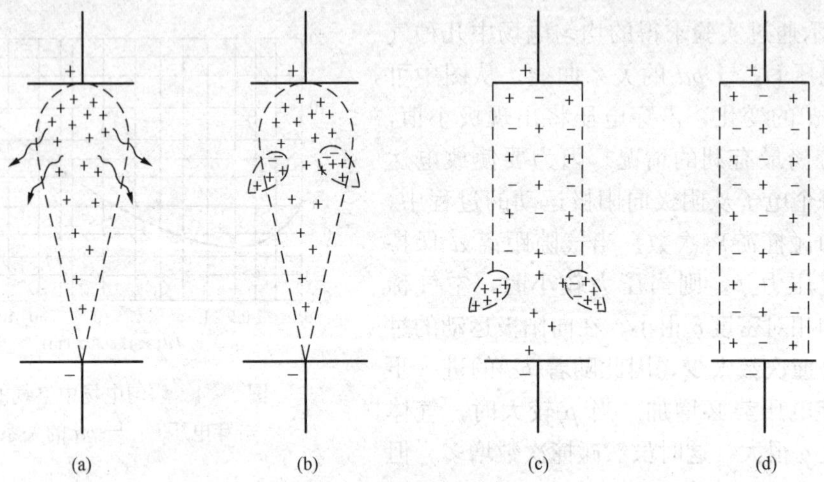

图2-5　流注的形成及发展

（a）初始电子崩；（b）二次电子崩；（c）流注的发展；（d）完全击穿

二次崩头部的电子汇合到主崩尾部正空间电荷区以后，使主崩区域内成为正、负电荷混合的带电质点通道。由于这里电场强度较小，电子大多形成负离子。大量正、负离子构成的通道称为等离子体通道，也称为流注。由于上述流注是从阳极向阴极发展，通常称之为正流注；当外加电场强度足够强时，电子崩不需经过整个气隙，其头部电离程度已足以形成流注并向阳极发展，通常称之为负流注。流注通道的导电性能良好，当流注贯通整个气隙时，击穿就完成了。

流注理论虽不能用来精确计算击穿电压，但它可以解释大气中的放电与汤逊理论相矛盾的一些现象：根据流注理论的描述，二次崩的初始电子由光子形成，而光子的速度要比电子的大得多，二次崩又是在增强的电场中发展，所以流注发展更迅速，击穿时间比由汤逊理论计算的要小得多；流注中的电荷密度大，当某个流注发展更快时，由于屏蔽作用而抑制了其他流注的形成和发展，使流注通道成为曲折的，带有分支的通道；在 δd 较大下的气隙放电发展中，维持放电自持的是空间光游离，而不是阴极表面的游离过程，故阴极材料对击穿没有影响。

二、不均匀电场中气体的击穿

不均匀电场是指电场内各处的电场强度不相等的电场。在电力工程的大多数绝缘结构中，电场都是不均匀的。不均匀电场分为稍不均匀电场和极不均匀电场两类。稍不均匀电场中放电的特点与均匀电场中类似，即放电达到自持，间隙就会发生击穿。而极不均匀电场中气体的放电则有许多特点，如击穿前存在电晕放电、电场不对称时存在极性效应等。因此研究不均匀电场（以下讲的不均匀电场就是指极不均匀电场）中气体的放电规律具有很大的实际意义。

工程中常用棒—棒或棒—板间隙的电场作为典型的不均匀电场来研究。前者代表对称的不均匀电场，后者代表不对称的不均匀电场。

（一）电晕放电

1. 电晕的产生

在极不均匀电场中，最大场强与平均场强相差很大，以至当外加电压及其平均场强还较低的时候，电极曲率半径较小处附近空间的局部场强已很大。在这局部强场区中，产生强烈的游离，但由于离电极稍远处场强已大为减小，所以，此游离区不可能扩展到很大，只能局限在此电极附近的强场范围内。伴随着游离而存在的复合和反激励，发出大量的光辐射，使在黑暗中可以看到在该电极附近空间发出蓝色的晕光，这就是电晕。这个晕光层就叫电晕层或起晕层。在层外，电场已弱，不发生撞击游离，这个范围叫做电晕放电的外围区域。

工程上经常遇到极不均匀电场，架空输电线路就是其中一个例子。

电晕放电是极不均匀电场所特有的一种自持放电形式。它与其他形式的放电有本质上的区别，这区别就在于电晕放电的电流强度并不取决于电源电路中的阻抗，而取决电极外气体空间的电导。因此，电晕放电取决于外加电压、电极形状、极间距离、气体的性质和密度等。

2. 电晕放电的效应

气体中的电晕放电具有下列几种效应。

（1）伴随着游离、复合、激励、反激励等过程而产生声、光、热等效应，表现为发出“咝咝”的声音，出现蓝色的晕光以及使周围气体温度升高等。

(2) 在尖端或电极的某些突出处，电子和离子在局部强场的驱动下高速运动，与气体分子交换动能量，形成“电风”。当电极固定的刚性不够时（例如悬挂着的导线等），气体对“电风”的反作用力会使电晕极振动或转动。

(3) 电晕会产生高频脉冲电流，其中还包含着许多高次谐波，这会造成对无线电的干扰。高压输电线路的绝缘子和各种金具上很容易出现电晕，在坏天气或在某种过电压情况下，甚至在整条导线上都有可能出现电晕。随着输电线路电压的不断提高，延伸范围不断扩大，线路上电晕造成的无线电干扰已成为输电线路设计和运行中的一个很重要的需要注意限制的问题。

(4) 电晕放电在空气中形成臭氧（O_3），氧化氮（NO 或 NO_2）。臭氧（O_3）是强烈氧化剂，对金属及有机绝缘物有强烈的氧化作用。氧化氮（NO 或 NO_2）会与空气中的水分化合成硝酸类，是强烈的腐蚀剂。所以，电晕是促使有机绝缘老化的重要因素之一。

(5) 伴随上述各现象，电晕放电会产生能量损耗。

(6) 电晕发出的噪声，对人们的生理、心理会造成影响。在 1000kV 及以上的电网中，这个问题为环境保护项目之一，必须控制在规定标准之内。

3. 电晕的消除

消除电晕的主要方法是改进电极的形状，减小电极的曲率（增大电极的曲率半径）或将一个电极分裂成由多个较小电极的组合等。例如，变压器、断路器等许多电气设备的出线电极在载流量不大的情况下都采用空心、扩大尺寸的球面或旋转椭圆面等形式的电极，超高压输电线路采用分裂导线等。

4. 电晕的利用

在某些特殊情况下，电晕放电也有可利用的一面。例如，电晕可削弱输电线路上的雷电或操作冲击波的幅值和陡度，利用电晕放电来改善电场分布。此外，电晕在电气除尘、静电复印、静电喷涂等方面也有较为广泛的应用。

（二）极性效应

对于电极形状不对称的不均匀电场气隙，如棒—板间隙，棒的极性不同时，间隙的起晕电压（电晕放电电压）和击穿电压各不相同，这种现象称为极性效应。

极性效应与电源种类，电极结构及电极的曲率半径有关。

在棒—板间隙上加上电压，无论棒的极性如何，间隙上的电场分布总是很不均匀的。当棒电极为正极时，电晕起始电压较高，击穿电压较低。反之，当棒电极为负极时，电晕起始电压较低，击穿电压较高。

第三节 空气的击穿电压

空气气隙的击穿场强主要和外加电压的种类、电场的均匀程度及气体的状态等因素有关。电力工程中的空气间隙一般会受到三种电压的作用，即持续电压、雷电冲击电压和操作冲击电压。

一、持续电压作用下空气的击穿电压

持续电压是指直流电压或工频交流电压，其最大特点就是电压变化的速度和间隙中放电发展的速度相比极小，放电发展的时间可以忽略不计，只要作用于间隙的电压达到击穿电

压，间隙就会发生击穿。所以持续电压作用下气隙的击穿电压与放电发展的时间无关，在电场形式、气体的状态等其他条件不变的情况下，只取决于间隙的距离。

1. 均匀电场中的击穿电压

均匀电场中，气隙的击穿有如下特点：

（1）电场是对称的，故击穿电压与电压极性无关。

（2）由于间隙各处的场强大致相等，不可能出现持续的局部放电，击穿前无电晕现象发生，故起始放电电压就等于气隙的击穿电压。

（3）均匀电场的间隙距离不可能很大，各处场强又大致相等，故从自持放电开始到间隙完全击穿所需的时间很短，因此，在不同电压波形（指直流、工频、操作冲击、雷电冲击下同）作用下，其击穿电压（峰值、50%）实际上都相同，且分散性很小。

均匀电场中空气的击穿电压可用下列经验公式计算

$$U_b = 24.22\delta d + 6.08\sqrt{\delta d} \qquad (2-11)$$

式中　U_b——空气间隙的击穿电压（峰值），kV；

δ——空气的相对密度；

d——气隙距离，cm。

当气隙距离在0.01～20cm范围内，按式（2-11）得出的计算值与实验值的误差小于1%。

2. 稍不均匀电场中的击穿电压

稍不均匀电场与不均匀电场的分界线在于：不均匀电场中有可能出现持续的局部放电而不导致整个间隙的击穿；稍不均匀电场则不然，一出现局部的放电，立即导致整个间隙的完全击穿。

稍不均匀电场不对称时，极性效应虽有所反映，但不很显著。

稍不均匀电场的间隙距离一般不是很大，整个间隙的放电时延仍很短，因此，在不同电压波形作用下，其击穿电压（峰值、50%）实际上也都相同，且其分散性也不大。

稍不均匀电场的结构形式有多种多样，常遇到的较典型的电场结构型式有：球—球型、球—板型、圆柱—板型、两同轴圆柱型、两平行圆柱型、两垂直圆柱型等。对这些较简单的、有规则的、较典型的电场，有相应的计算击穿电压的经验公式或曲线，需要时可参阅有关的手册和资料。其中采用球—球间隙还是用来直接测量高电压峰值的最简单而又有一定准确度的手段，其击穿电压有国际标准表可查阅。

3. 极不均匀电场中的击穿电压

工程实际中所遇到的电场，绝大多数是极不均匀电场。

极不均匀电场的特征是：

（1）各处场强差别很大，在所加电压小于整个间隙击穿电压时，可能出现局部的持续的放电。由于持续的局部放电的存在，空间电荷的积累对击穿电压的影响很大，导致显著的极性效应。

（2）在极不均匀电场中，在一定条件下（电场布局和气隙最小距离），电极的形状、结构对击穿电压的影响不大。

因此，可以用几种典型的简单形状的电极如棒—棒（对称电场）或棒—板（不对称电场）的击穿电压特性来估计其他电极形状气隙的击穿电压。

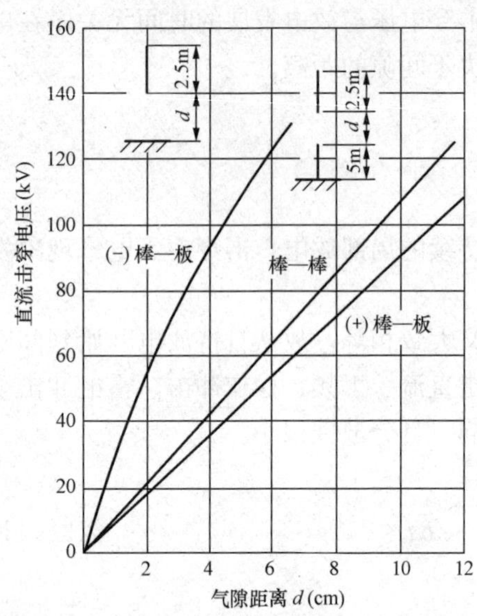

图 2-6　棒—板、棒—棒空气间隙的直流击穿电压 U_b 与间隙距离 d 的关系

在不同性质的电压作用下，不均匀电场间隙的击穿电压值具有明显的差别，且其分散性也较大，现分析如下。

(1) 直流电压作用下空气的击穿电压。图 2-6 所示为棒—板和棒—棒空气间隙的直流击穿电压 U_b 与间隙距离 d 的关系。由图可见，气隙击穿电压具有显著的极性效应；在图中所示距离范围内，击穿电压与间隙距离接近成正比；其平均击穿场强：正棒—负板间隙约为 4.5kV/cm，负棒—正板间隙约为 10kV/cm，棒—棒间隙约为 5.4kV/cm。

(2) 工频电压作用下空气的击穿电压，图 2-7 表示棒—板、棒—棒空气间隙的工频击穿电压 U_b 与间隙距离 d 的关系。击穿总是在棒极为正半波时发生。由图可见，在距离小于 1m 的范围内，出穿电压与间隙距离的关系接近成正比；棒—棒间隙的平均击穿场强的峰值约为 5.4kV/cm，棒—板间隙的平均击穿场强的峰值约为 5kV/cm，棒—板间隙的击穿电压比相应的棒—棒间隙的击穿电压低得多。但是，间隙距离超过 2m 以后，击穿电压与间隙距离的关系出现明显的饱和趋向，特别是棒—板间隙，其饱和趋向尤甚，这就使得棒—板间隙与棒—棒间隙击穿电压距离拉大了。在设计高压装置时，这一点是值得注意的。为了使结构紧凑，应尽量避免出现棒—板间隙。

由图 2-7 还可见，棒—棒和棒—板间隙击穿电压曲线是各种类型间隙击穿电压曲线的上包络线，它包括了任何形状空气间隙击穿电压的可能变化范围，这一点对设计者很有用。

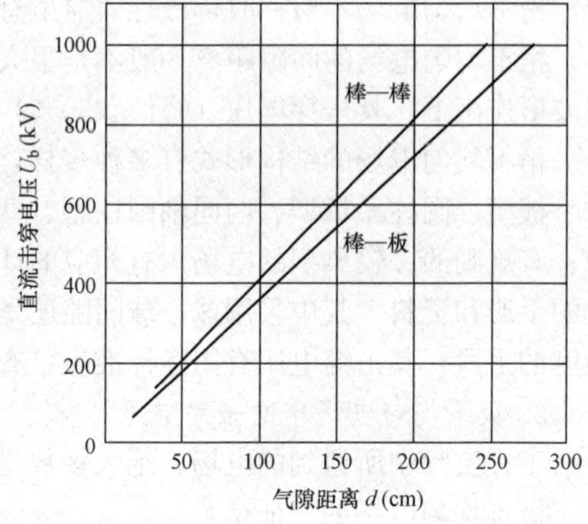

图 2-7　棒—板、棒—棒电极空气间隙的工频击穿电压 U_b 与间隙距离 d 的关系

空气间隙工频击穿电压的分散性不大，相对标准偏差 f 一般为 2%。

二、雷电冲击电压下空气的击穿电压

1. 冲击电压

冲击电压是相对于持续电压而言。冲击电压的特点是持续时间极短，只有约几微秒或几十微秒。冲击电压有雷电冲击电压和操作冲击电压。在持续电压作用下，间隙放电发展所需的时间可以忽略不计，只考虑其电压大小即可。但是在冲击电压作用下，电压作用时间短到可以与放电需要的时间相比拟，这时放电发展所需要的时间就不能忽略不计。

2. 标准波形

雷电过电压是由雷电放电引起的，具有很大的随机性，每次雷击产生的冲击电压波形不尽相同。为了使所得到的结果可以互相比较，需要规定标准波形。标准波形是根据电力系统中大量实测得到的雷电过电压波形制定的。我国规定的雷电冲击电压标准波形，如图 2 - 8 所示。冲击电压波形由波前时间 T_1 及半峰值时间 T_2 来确定。T_1 为电压从零上升至最大值的时间，T_2 为电压从零至下降为峰值一半处的时间。由于实验室中一般用示波器摄取的冲击电压波形图中起始部分与波峰部分比较平坦，不易确定原点及峰值的位置，因此通常把经过 $0.3U_m$ 和 $0.9U_m$ 两点的直线作为等值斜角波前，即取峰值为 U_m，并过峰值做一水平线，再过波形上升部分的 $0.3U_m$ 和 $0.9U_m$ 两点做一直线，该直线与时间轴交于 O' 点，与过峰值的水平线交于 F 点，以 O' 为电压原点，F 点作为峰值的位置。这样，从 O' 至 F 的时间和从 O' 至 $0.5U_m$ 的时间分别为波前时间和半峰值时间。需要指出的是，这样确定的并非真正的波前时间和半峰值时间，故称为视在波前时间和半峰值时间。我国国家标准规定的雷电冲击电压标准波形及其参数与 IEC 规定的国际标准相同，$T_1=1.2(1\pm30\%)\mu s$，$T_2=50(1\pm20\%)\mu s$。冲击电压除了 T_1 及 T_2 外，还应指出其极性（不接地电极相对于地而言的极性）。标准波形通常可以用符号 $\pm1.2/50\mu s$ 表示。

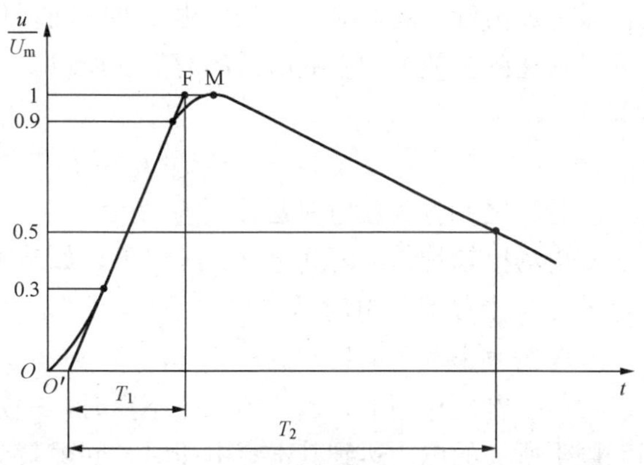

图 2 - 8 标准雷电冲击电压波形

3. 击穿时间

图 2 - 9 表示冲击电压作用下空气间隙的击穿电压波形。间隙从开始出现电压到完全击穿所需的时间称为击穿时间或全部放电时间。击穿时间由三部分组成。

(1) 升压时间 t_0：电压从零升到持续电压下的击穿电压 U_0（静态击穿电压）所需的时间。

(2) 统计时延 t_s：从电压达到静态击穿电压 U_0 的瞬时起到间隙中形成第一个有效电子为止的时间。

(3) 放电形成时延 t_f：从形成第一个有效电子的瞬时到间隙完全被击穿为止的时间。

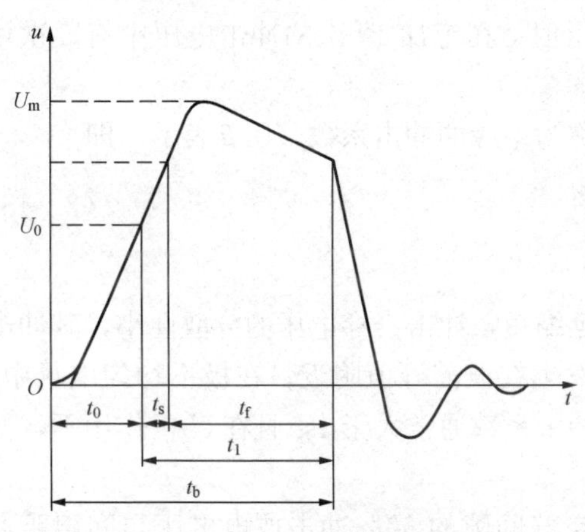

图 2 - 9 冲击电压作用下空气间隙的击穿电压波形

每个间隙都有它的最低静态击穿电压，即长时间作用在间隙上能使间隙击穿的最低电压 U_0。经过时间 t_0 后，电压由零升到间隙的静态击穿电压 U_0（即直流或工频击穿电压幅值）时，间隙并不能立即击穿，而要经过一定的时间间隔 t_1，到达 t_b 时才能完成击穿。间隙要击穿，必须在间隙中阴极附近出现有效电子。由于间隙中自由电子的出现与许多不能准确估计的因素有关，具有一定的偶然性，特别是在依赖自然界的宇宙线等辐射产生游离的情况下更是如此，而由此产生的自由电子也不一定都能成为有效电子。因为有的电子可能因扩散而消失，有的可能附着在分子上成为负离子，因此统计时延 t_s 有分散性。从第一个有效电子到间隙完成击穿，还需要一定的放电发展时间，称为放电形成时延，用 t_f 表示。t_f 包括从电子崩、流注到主放电的发展所需的时间。所以，气体间隙在冲击电压作用下击穿所需的全部时间为

$$t_b = t_0 + t_s + t_f \tag{2-12}$$

t_s 与 t_f 之和称为放电时延，用 t_1 表示。

在电场比较均匀的短间隙（1cm 以下，如球隙）中，t_f 较稳定，其值也较小，这时统计时延 t_s 实际上就是放电时延。

4. 50%冲击放电电压 $U_{50\%}$

在持续电压作用下，当气体状态不变时，一定距离的间隙的击穿电压具有确定的数值。当间隙上所加的电压达到其击穿电压时，间隙就会击穿。

在冲击电压作用下，很难确定气隙的击穿电压。设冲击电压的波形保持不变，逐渐升高冲击电压的幅值。当冲击电压的幅值很低时，每次施加电压间隙都不击穿；随着外施电压的升高，放电时延缩短，因此，当电压幅值增加到某一定值时，由于放电时延有分散性，对于较短的放电时延，击穿有可能发生。在多次施加同一电压时，击穿有时发生，有时不发生；随着电压幅值的继续升高，多次施加同一电压时，间隙击穿的次数越来越高；最后当冲击电压的幅值超过某一值后，间隙在每次施加该电压时都将发生击穿。从说明间隙耐受冲击电压的能力看，最好求得刚好发生击穿时的冲击电压，但这个电压值在实验中很难准确求得，故工程上采用了 50%冲击放电电压来表征间隙的冲击击穿特性，其含义是指气隙被击穿的概率为 50%的冲击电压峰值。换句话说，多次施加该冲击电压时，其中有一半的次数使气隙发生击穿。实验中确定最简便的方法是：调整电压值，在施加 10 次的冲击电压中有 5 次使气隙击穿，这个电压值就可作为 $U_{50\%}$。

50%冲击击穿电压与静态击穿电压的比值，称为绝缘的冲击系数，用 β 表示，即

$$\beta = \frac{U_{50\%}}{U_0} \tag{2-13}$$

式中 U_0——静态击穿电压的幅值。

在均匀电场和稍不均匀电场中，由于放电时延缩短，冲击击穿电压的分散性小，其冲击系数实际上等于 1，且在 $U_{50\%}$ 作用下，击穿通常发生在波前峰值附近；在极不均匀电场中，由于放电时延较长，击穿电压的分散性也大，故冲击系数通常大于 1，且在 $U_{50\%}$ 作用下，击穿通常发生在波尾。

在标准冲击电压波作用下，棒—棒及棒—板空气间隙的 50%冲击放电电压与间隙距离的关系如图 2-10 所示。

从图中可见，棒—板间隙有明显的极性效应。棒—棒间隙也有不大的极性效应，这是由于大地的影响，使不接地的棒极附近电场增强的缘故。在图中所示范围内，击穿电压 $U_{50\%}$ 和间隙距离 d 呈直线关系。

5. 伏秒特性

一个气隙要发生击穿，取决于电压及其作用时间。由于雷电冲击电压持续时间短，放电时延不能忽略不计，所以上述 50%冲击击穿电压不能完全说明间隙的冲击击穿特性。例如，两个间隙并联，在不同幅值的冲击电压作用下，不一定是 50%冲击击穿电压低的那个间隙先击穿。因为间隙的击穿电压还必须和电压的作用时间联系起来，才好确定间隙的击穿

特性。

间隙在持续电压（工频电压及直流电压）作用下，电压变化的速度相对于放电过程来说，总是非常缓慢的，故可用某一个确定的间隙击穿电压值来表示某间隙的绝缘强度。两个间隙并联，在持续电压作用下，总是击穿电压低的那个间隙先击穿。由于雷电冲击电压作用时间以微秒计，故间隙的击穿特性就必须考虑到放电时间的作用。

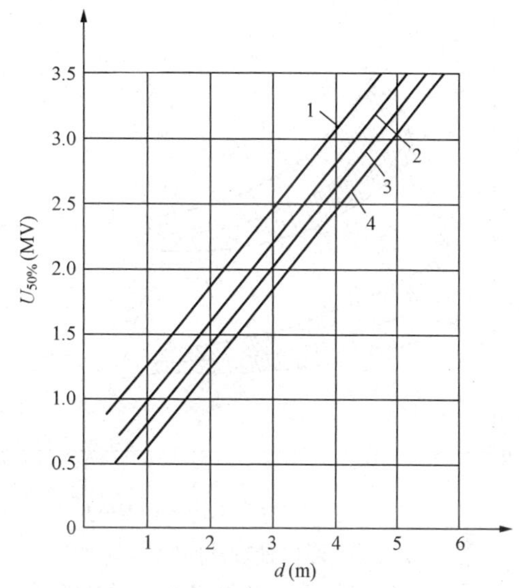

图 2-10　棒—板和棒—棒长间隙雷电冲击 50％击穿电压与间隙距离的关系

1—棒—板，负极性；2—棒—棒，负极性；3—棒—棒，正极性；4—棒—板，正极性

在同一波形、不同幅值的冲击电压作用下，间隙上出现的电压最大值和放电时间的关系曲线，称为间隙的伏秒特性曲线。工程上常用伏秒特性曲线来表征间隙在冲击电压作用下的击穿特性。

伏秒特性可用实验方法求取。对于某一间隙施加冲击电压，并保持其标准的冲击电压波形不变，逐渐升高冲击电压幅值，得到该间隙的放电电压U与放电时间t的关系，则可绘出伏秒特性曲线，如图 2-11 所示。

由于放电时间具有分散性，同一个间隙在同一幅值的标准冲击电压波的多次作用下，每次击穿所需的时间不同，故在每级电压下，可得到一系列的放电时间，故伏秒特性曲线实际上是以上、下包络线为界的一个带状区域，如图 2-12 所示。

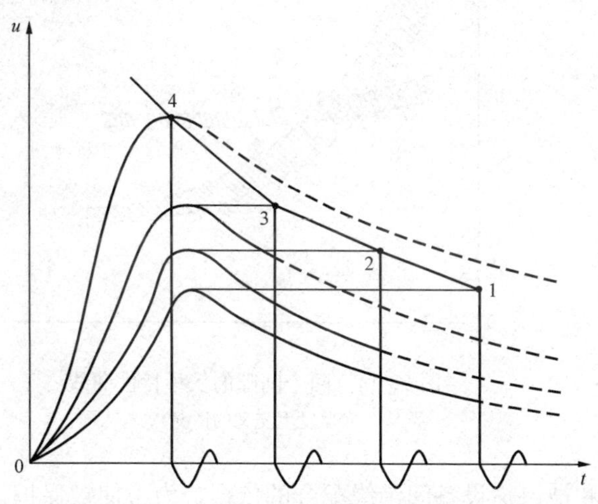

图 2-11　伏秒特性曲线绘制方法

注：虚线表示没有被试间隙时的波形。

间隙的伏秒特性曲线形状与极间电场分布有关。对于均匀或稍不均匀电场，由于击穿时的平均场强较高，放电发展较快，放电时延较短，故间隙的伏秒特性曲线比较平坦，而且分散性也较小，仅在放电时间极短时，略有上翘，如图 2-12 所示曲线 2 所示，这是由于统计时延的缩短需要提高电压的缘故。由于均匀及稍不均匀电场的伏秒特性曲线除有很短一部分的上翘以外，很大一部分曲线是平坦的，其 50％冲击击穿电压和静态击穿电压相一致。基于间隙的上述性质，在实践中常常利用电场比较均匀的球间隙作为测量静态电压和冲击电压的通用仪表。

对于极不均匀电场中的间隙，其平均击穿场强较低，放电形成时延t_f受电压的影响大，t_f较长且分散性也大，其伏秒特性曲线在放电时间还相当大时，便随时间t的减少而明显地

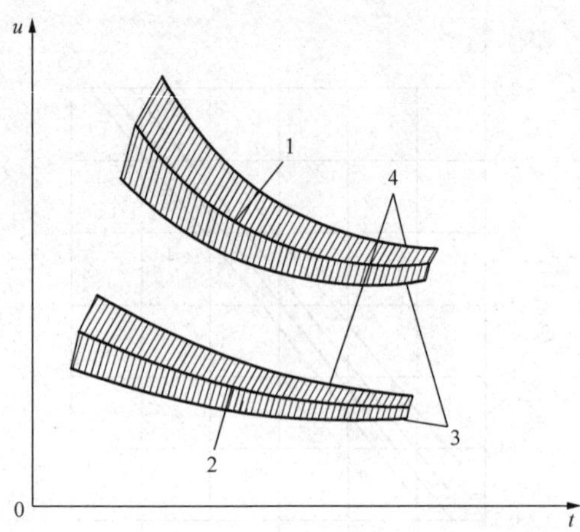

图 2 - 12 均匀和不均匀电场的实际伏秒特性曲线

1—不均匀电场的 $U_{50\%}$ 伏秒特性；2—均匀电场的 $U_{50\%}$ 伏秒特性；3—上包络线；4—下包络线

上翘，曲线比较陡，如图 2 - 12 曲线 1 所示。而且，即使在电压作用时间较长（击穿发生在波尾）时，冲击击穿电压也高于静态击穿电压。

间隙的伏秒特性对于保护设备（如保护间隙或避雷器）与被保护设备（如变压器）的绝缘配合上具有重要的意义。在图 2 - 13 和图 2 - 14 中，S_1 表示被保护设备绝缘的伏秒特性，S_2 表示与其并联的保护设备绝缘的伏秒特性。图 2 - 13 所示 S_2 总是低于 S_1，说明在同一过电压作用下，总是保护设备先动作（或间隙先击穿），从而限制了过电压的幅值，这时保护设备就可对被保护设备起到可靠的保护作用。但若 S_2 与 S_1 相交，如图 2 - 14 所示，虽然在放电时间长的情况下保护设备有保护作用，但在放电时间很短时，保护设备的击穿电压已高于被保护设备绝缘的击穿电压，被保护设备就有可能先被击穿，因而此时保护设备已起不到保护作用。

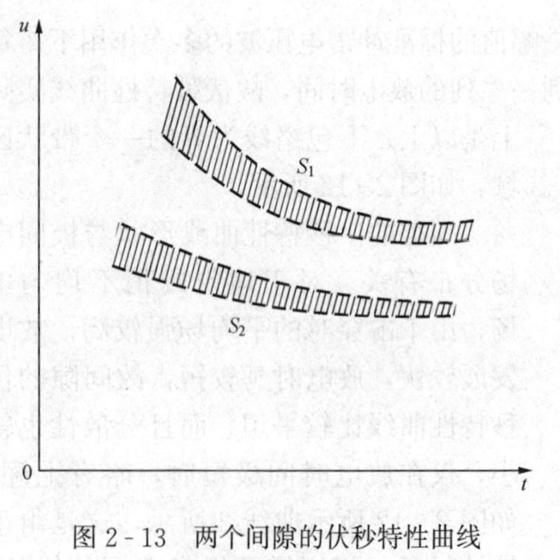

图 2 - 13 两个间隙的伏秒特性曲线
（带没有交叉的情况）

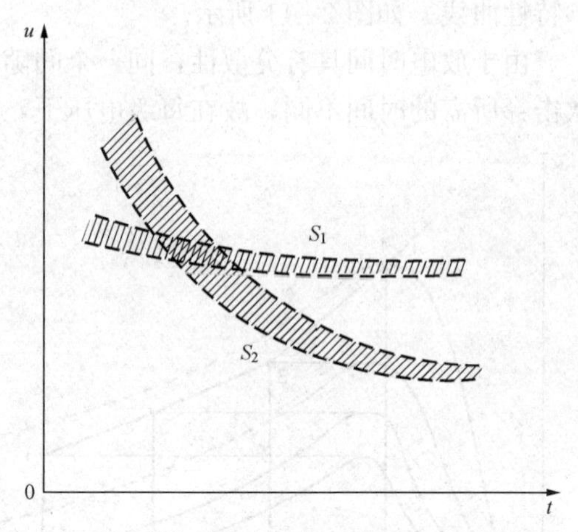

图 2 - 14 两个间隙的伏秒特性曲线
（带发生交叉的情况）

伏秒特性是防雷设计中实现保护设备和被保护设备间绝缘配合的依据。为了使被保护设备得到可靠的保护，被保护设备绝缘的伏秒特性曲线的下包络线必须始终高于保护设备的伏秒特性曲线的上包络线。为了得到较理想的绝缘配合，保护设备绝缘的伏秒特性曲线总希望平坦一些，分散性小一些，即保护设备应采用电场比较均匀的绝缘结构。

三、操作冲击电压下空气的击穿电压

电力系统在操作或发生事故时，因状态发生突然变化而引起电感和电容回路的振荡产生的过电压，称为操作过电压。操作过电压的峰值可高达最大相电压的 3～3.5 倍，因此

为保证安全运行，需要对高压电气设备的绝缘考察其耐受操作过电压的能力。空气间隙在操作过电压的作用下，波形对击穿电压有很大的影响，在一定的波形下操作冲击50%击穿电压甚至比工频击穿电压还要低。另外，操作冲击电压下的击穿只对长间隙才有重要意义，所以试验标准规定，对额定电压在300kV以上的高压电气设备要进行操作冲击电压试验。

1. 标准波形

为了模拟操作过电压，需要规定一定的标准波形，如图2-15所示。国际电工委员会（IEC）和我国国家标准规定的操作冲击电压标准波形是与雷电冲击电压波形相类似的非周期性指数衰减波。波形特征参数为：T_1 为操作冲击波超过峰值90%的持续时间，波前时间 $T_p=250\mu s\pm20\%$，半峰值时间 $T_2=2500\mu s\pm60\%$，超过90%峰值的持续时间未作规定。这种波可记为250/2500μs。当标准波形不能满足要求时，可选用100/2500μs或500/2500μs的波形。用冲击电压发生器产生标准操作冲击波时，发生器的效率很低，所以在工程实践中也常采用振荡操作波代替非周期性的指数衰减的标准波形。

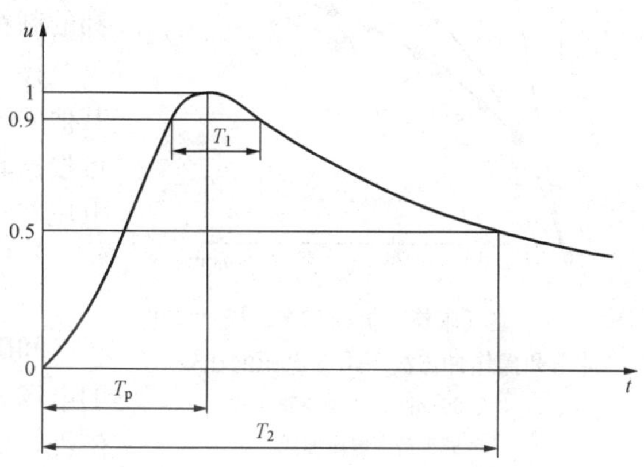

图2-15 标准操作冲击电压波形

2. 操作冲击50%击穿电压

在均匀或稍不均匀电场的空气间隙中，由于放电时延小，标准操作冲击电压下的击穿特性与标准雷电冲击电压下的类似，即50%击穿电压下的击穿发生在峰值处，冲击系数等于1，击穿的分散性也较小。在极不均匀电场的空气间隙中，操作冲击电压下的击穿电压有许多特殊性。通常采用与雷电冲击波相似的非周期性指数衰减波来模拟频率为数千赫的操作过电压。研究表明，长空气间隙的操作冲击击穿通常发生在波前部分，因而其击穿电压与波前时间有关而与波尾时间无关。图2-16是棒—板空气间隙的正极性操作冲击电压下 $U_{50\%}$ 击穿电压和波前时间的关系。从图中可以看出，曲线呈U形，在某一波前时间（称为临界波前时间）下 $U_{50\%}$ 有极小值。这个极小值可能比间隙的工频击穿电压还低。随着间隙距离的增大，临界波前时间也增加。对于输电线路和变电站的各种形状的空气间隙，操作冲击波形对击穿电压都具有类似的影响。出现U形曲线在正极性下更为明显。

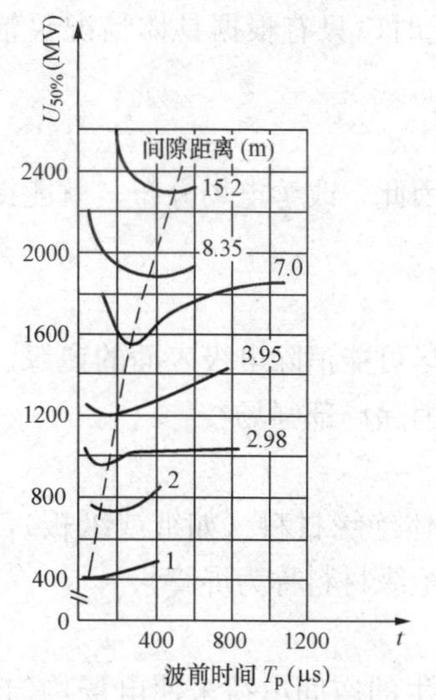

图2-16 棒—板空气间隙的正极性操作冲击电压下50%击穿电压和波前时间的关系

图2-17为空气中棒—板间隙在正极性雷电冲击和操作冲击波作用下击穿电压的比较（图中数据为标准大气条件下的）。由图可见，长间隙的雷电冲击击穿电压远比操作冲击击穿电压要高，且操作冲击击穿电压在间隙长

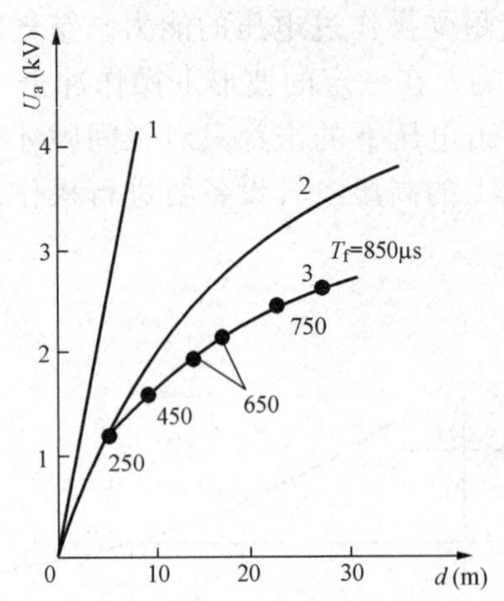

图 2 - 17 空气中棒—板间隙在正极性雷电冲击和操作冲击波下击穿电压的比较

1—1.2/50μs；2—250/2500μs；3—最小击穿电压曲线

度超过 5m 时呈现明显的饱和趋势。另外，从图中还可看出，间隙距离越大，则最小击穿电压与标准正极性操作波下的击穿电压的差别越大。当间隙长度达 25m 时，操作冲击下的最低击穿强度仅为 1kV/cm。这对发展特高压输电技术是一个极为不利的制约因素。

棒—板间隙的操作冲击击穿电压比同样距离的其他间隙要低，其他间隙的操作冲击击穿电压 U_a 可根据其间隙系数 k 和棒—板间隙的操作冲击击穿电压 U_r（均指 50%击穿电压）来估算，即

$$k=\frac{U_a}{U_r} \tag{2-14}$$

间隙系数 k 与间隙的几何形状，也就是间隙中的电场分布有关。但在工程中为了保证可靠性和经济性，常需要在 1：1 的模型上进行试验以取得可靠的数据。

第四节 提高气体间隙击穿电压的措施

气体绝缘间隙是高压电气设备中经常遇到的间隙，为了减小设备尺寸，一般希望气隙的绝缘距离尽可能缩短。因此，必须采取措施，以提高气隙的击穿电压。

根据前述影响气隙击穿电压的各种因素可以得出，提高气隙击穿电压的途径有两种：一是改善电场分布，使之尽量均匀；二是削弱气体间隙中的电离过程。以下举例介绍一些提高气体间隙击穿电压的方法。应当注意，在解决工程实际问题时，只有根据具体情况灵活处理，才能得出比较合适的具体办法。

一、改善电场分布，使之尽量均匀

一般说来，电场分布越均匀，气隙的击穿电压就越高。因此，改善电场分布，就能提高气隙的击穿电压。具体措施分析如下。

1. 改进电极形状

适当地改进电极形状，增大电极的曲率半径；同时，应尽可能消除电极表面的锐缘、棱角、接缝、焊斑和毛刺等，尽量减小电极表面的粗糙度，以消除局部强场。

2. 采用固体绝缘材料

在极不均匀电场中，在曲率半径较小的电极表面覆盖固体绝缘材料（如纸或纸板），在一定条件下，也能提高气隙的击穿电压。所采用的薄片固体绝缘材料称为屏障。

3. 利用空间电荷以改善电场分布

在一定条件下，极不均匀电场的气隙可以利用电晕所产生的空间电荷来使电场均匀化，从而改善电场分布，以提高气隙的击穿电压。但这只适用于持续时间较长的电压。实验证明，对雷电冲击电压就没有这种效应，这主要是由于雷电冲击电压作用时间太短，来不及形成充分的空间电荷累积。

二、削弱气体间隙中的电离过程

1. 增高气压

如前所述，提高气体的压力，增大气体分子的密度，可以减小电子的平均自由行程，阻碍撞击游离的发展，从而提高气隙的击穿电压。在一定的气压范围内，增高气压对提高气隙的击穿电压是极为有效的。当气压超过一定范围后，击穿电压随气压的增高将呈现饱和的趋向。

在高气压下，由于击穿场强很高，击穿电压和电极的表面状态有很大关系。电极表面不光洁、充放气时带进杂物（如湿气）、气体扰动等都会使击穿电压出现下降的现象。尤其是随着气压的继续升高，当电极表面的局部高场强导致强场放射时，电极表面状态的影响将会越来越严重。

不均匀电场中，提高气压后，气隙的击穿电压也会大于大气压下的数值。但在高气压下，电场均匀程度对击穿电压的影响比在大气压下要显著得多。电场均匀程度下降，击穿电压将剧烈下降，这一点应予以注意。

2. 采用高真空

从气体撞击游离的理论可知，将气隙抽成高度的真空也能抑制撞击游离的发生，提高气隙的击穿电压。在高真空中，气隙的击穿电压和电极材料、电极表面粗糙度及清洁度等多种因素有关。在电力工程中，目前还只有在某些特殊设备（如真空断路器）中才采用高真空作绝缘和灭弧用。

3. 采用高介电强度气体

虽然可以采用增高气压的方法来提高气隙的击穿电压，但气压较高时，容器的密封比较困难，即使做到了密封，造价也较高。近时期来人们发现，某些气体主要是含卤族元素的气体，如六氟化硫（SF_6）、氟利昂（CCl_2F_2）、四氯化碳（CCl_4）等，其介电强度比空气高得多，称为高介电强度气体。采用这类气体，或在其他气体中混入一定比例的这类气体，可以大大提高气隙的击穿电压，也可以大大减少间隙的工作气压。

表 2-1 中列出了几种气体的相对介电强度。所谓相对介电强度，就是在相同条件（如气温、气压、电场情况、气隙距离等）下，气体的耐受电压（介电强度）与空气的耐受电压（介电强度）的比值。表 2-1 中还列出了这些气体的分子量及其在 0.1MPa 大气压下的液化温度（或升华温度）。

表 2-1　　几种高介电强度气体的性能

气　体	化学组成	分子量	相对介电强度	液化温度（℃）
氮	N_2	28	1.0	−195.8
二氧化碳	CO_2	44	0.9	−78.5
六氟化硫	SF_6	146	2.3～2.5	−63.8
氟利昂	CCl_2F_2	121	2.4～2.6	−28
四氯化碳	CCl_4	153.8	6.3	76

第五节　气体中沿固体介质表面的放电

绝缘子及其所固定的带电导体绝大部分处于空气中，在绝缘子和空气的分界面上有时会出现放电现象，称为沿面放电。若沿面放电发展到贯穿性的空气击穿，称为闪络。气体中的沿面放电也是一种气体放电现象，沿面闪络电压比气体或固体单独存在时的击穿电压都低。电力设备的绝缘事故中，很多是沿面放电造成的。

一、不同电场中固体介质的沿面放电

沿面放电与固体介质表面的电场分布有很大关系。固体介质处于电极间电场中的形式，有以下三种典型情况。

(1) 固体介质处于均匀电场中，固、气体介质分界面平行于电力线，如图 2-18 (a) 所示。工程上很少遇到这种情况，但常会遇到介质处于稍不均匀电场中的情况，此时放电现象与均匀电场中的有很多相似之处。

(2) 固体介质处于极不均匀电场中，且电场强度垂直于介质表面的分量（以下简称垂直分量）要比平行于表面的分量大得多，如图 2-18 (b) 所示。套管就属于这种情况。

(3) 固体介质处于极不均匀电场中，但在介质表面大部分地方（除紧靠电极的很小区域外），电场强度平行于介质表面的分量要比垂直分量大，如图 2-18 (c) 所示。支柱绝缘子就属于这种情况。

这三种情况下的沿面放电现象有很大差别，下面分别讨论。

1. 均匀电场中的沿面放电

在平行平板电极间放一圆瓷柱，瓷柱表面与电力线平行，如图 2-18 (a) 所示。瓷柱虽未影响极板间电场分布，但放电总是发生在瓷柱表面，且闪络电压比纯空气的击穿电压低得多。出现这种现象有多种原因。

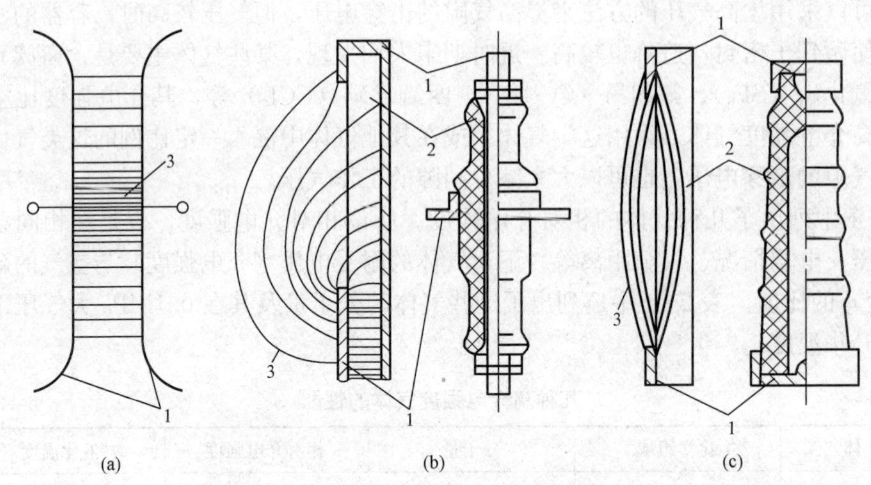

图 2-18　固体介质表面电场的典型分布

(a) 均匀电场；(b) 有强垂直分量的极不均匀电场；(c) 有弱垂直分量的极不均匀电场

1—电极；2—固体介质；3—电力线

(1) 固体介质与电极的接触面间可能存在气隙。由于气体的介电常数比固体介质低，气隙中场强比平均场强大得多，将发生局部放电。放电产生的带电质点扩散到固体介质表面，电场分布畸变，降低了沿面闪络电压（见图 2-19 中曲线 4）。所以，实际结构中应使电极与介质紧密结合。

(2) 固体介质表面吸附空气中的水分形成水膜。由于水具有离子电导，从而引起闪络电压降低。表面吸附水分能力小的憎水性电介质（如石蜡），其闪络电压受湿度影响较小；表面吸附水分能力大的亲水性电介质（如瓷和玻璃），受湿度的影响显著，其闪络电压较纯空气间隙的低很多，如图 2-19 所示。在空气相对湿度低于 50%～60%时影响较小，但超过 50%～60%时闪络电压随湿度增加而明显降低。由此可见，闪络电压的降低和介质表面吸附水分形成水膜有关。水膜中离子受电场作用在电场中沿介质表面移动，使电极附近逐渐积聚起电荷，导致电场畸变，使固体介质表面的电场分布变得不均匀，因此沿面闪络电压低于纯空气的击穿电压。由于离子移动、电荷积聚需要一定时间，因此闪络电压的降低程度与作用电压的变化速度有关，电压变化较慢时的闪络电压比电压变化较快时的闪络电压要低，如图 2-20 所示。

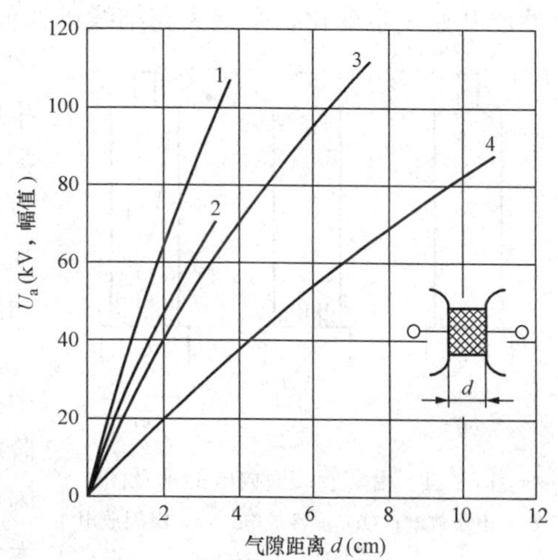

图 2-19　均匀电场中沿不同介质表面的工频闪络电压

1—纯空气间隙；2—石蜡；3—瓷；4—与电极接触不紧密的瓷

（3）介质表面电阻不均匀和介质表面粗糙，都会造成电场分布不均匀，使闪络电压降低。

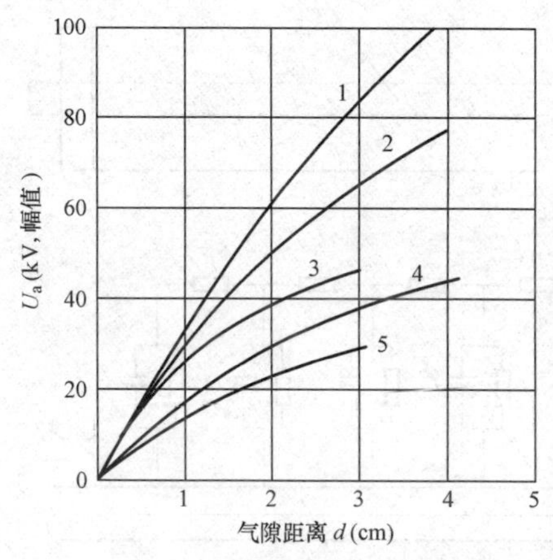

图 2-20　均匀电场中沿玻璃圆柱表面空气间隙的闪络电压与距离的关系

1—无玻璃圆柱，纯空气隙的击穿电压；2—10^5 Hz 交流电压；3—雷电冲击电压；4—直流电压；5—50Hz 交流电压

和空气间隙一样，增加气体压力也能提高闪络电压。气体必须干燥，否则介质表面凝聚水滴，沿面电压分布更不均匀，甚至出现高气压下闪络电压反而降低的异常现象。随气压升高，闪络电压不像空气间隙击穿电压增加得那样快。

2. 极不均匀电场中具有强垂直分量时的沿面放电

工程上这类绝缘结构很多，沿面闪络电压较低，放电对绝缘的危害也大。下面对这种类型的沿面放电作详细讨论。

（1）具有强垂直分量时的沿面放电。

当固体电介质处于极不均匀电场中，且表面电场强度的法线分量较大时，如图 2-18（b）所示，沿面放电具有新的特点，沿面闪络电压也比较低。现以套管为例来说明。

在套管的导电杆和法兰间施加工频电压，当电压逐渐升高时，由于法兰边缘的电场最强，在外施电压还不太高时，此处就开始出现浅蓝色的电晕放电，如图 2-21（a）所示。进一步升高电压，电晕向前延伸，逐渐形成由许多平行火花细线组成的光带，称为刷性放电，如图 2-21（b）所示。此时，放电通道中的电流密度较小，压降较大，仍属于辉光放电现象。继续升高电压时，刷性放电的长度也随之增长，放电性质开始发生变化，个别火花细线迅速伸长，并转变为较明亮的浅紫色的树枝状火花，如图2-21（c）所示。这种火花很不稳定，在一处产生后紧贴介质表面向前发展，随即消失，在法兰的另一处产生。这种在法兰的不同位置交替出现的放电形式，称为滑闪放电。此时外施电压只要少许增加，放电火花就会延伸到套管的另一电极，形成沿面闪络。

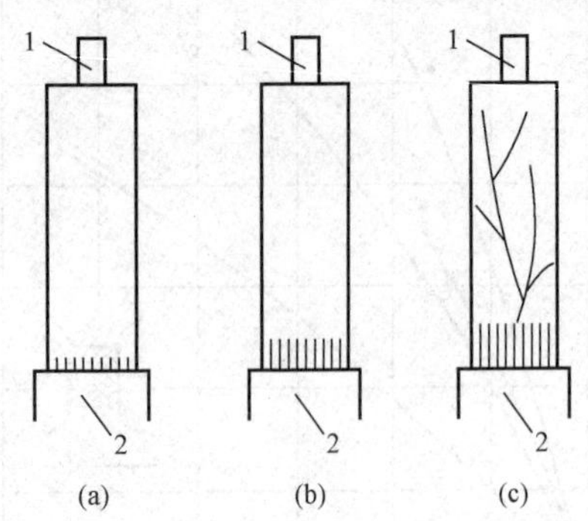

图2-21　沿套管表面放电的示意图
（a）电晕放电；（b）刷性放电；（c）滑闪放电
1—导电杆；2—法兰

综上所述，以套管为例来说明的在不均匀电场中具有强法线分量的沿面放电，大致可以分为三个阶段，其主要特点是放电过程中存在滑闪放电。滑闪放电的形成与流过细线状放电通道的电流有很大关系，并非固体介质表面具有强垂直分量就一定会出现滑闪放电，这可用图2-22所示的套管等值电路加以分析。图中R表示表面单位面积的表面电阻，G表示单位面积的体积电导，C表示单位面积与导电杆间的电容。当外加电压的波形一定时，G和C越大，G、C支路的分流作用就越强，流过表面的电流分布也就越不均匀，表面的电位分布也越不均匀，闪络电压也越低。当G、C一定时，外加电压变化速度越快，通过C的电流越大，分流作用就越大，流过表面的电流分布及表面的电位分布也就越不均匀，闪络电压也越低。由此可见，套管的几何尺寸和所用绝缘材料的性能以及外加电压的变化速度对闪络电压有很大影响。这些影响实际上都体现在对滑闪放电的形成产生影响，如分流作用大，就表明细线状放电通道中的电流大，滑闪放电容易形成，所以闪络电压低。在直流电压作用下，因分流很小，细线状放电通道中的电流较小，所以直流电压作用下，套管没有明显的滑闪放电现象，直流电压作用下套管的闪络电压要比交流下的高得多。

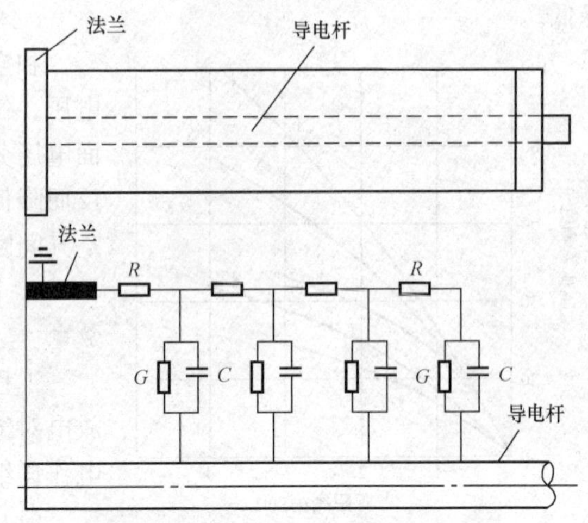

图2-22　套管及其等值电路

（2）具有弱垂直分量时的沿面放电。

在这种情况下，电场强度方向大致平行于固体电解质表面，介质表面电场的切线分量远大于法线分量，如图2-18（c）所示支柱绝缘子的电场。

此时，两电极间的电场分布很不均匀，介质表面积聚电荷使电压重新分布所造成的电场畸变，不会显著降低沿面闪络电压。另外，因介质表面电场垂直分量较小，放电过程中不会出现热游离现象，所以没有明显的滑闪放电。垂直于放电发展方向的固体介质厚度对闪络电压实际上也没有影响。沿面闪络电压和固体介质不存在时的纯空气间隙的击穿电压相比降低的程度不是很大。

二、绝缘子表面在淋雨状态下的沿面放电

绝缘子表面状态不同时，其闪络电压也不相同。绝缘子表面处于干燥、洁净状态下的闪

络电压，称为干闪电压；表面洁净的绝缘子在淋浴时的闪络电压，称为湿闪电压；表面脏污的绝缘子在受潮情况下的闪络电压，称为污闪电压。

表面洁净的绝缘子在淋雨状态下的闪络过程与干燥状态下的不同，因而闪络电压也存在较大差异，一般湿闪电压要比干闪电压低。以垂直悬挂的盘形绝缘子为例，其湿闪过程大致如下：淋雨时，雨水会使绝缘子表面形成一层导电水膜，从而使绝缘子铁帽和铁脚间的表面电阻下降，流过表面的泄漏电流增大。因绝缘子上表面直接受雨淋，而下表面受瓷裙遮挡，所以下表面受雨淋的影响小。又因铁脚附近直径小，电流密度大，因此泄漏电流产生的热量将首先烘干铁脚附近的表面，在铁脚附近表面形成一个环形烘干带，如图 2-23 所示。由于烘干区电阻很大，所分担的电压很高，所以当烘干区某处的场强超过临界值时，就在该处产生线状的火花放电。火花放电具有不稳定、时断时续的性质，它的出现使大部分泄漏电流都经该放电通道流过。这一方面导致通道前方附近湿表面处的电流密度比其两侧增大许多，促使烘干去向外扩展；另一方面也使通道两侧烘干带中流过的泄漏电流降低很多，烘干作用减弱，表面重新形成水膜，电导增大，反过来对火花放电通道产生分流，使流过火花放电通道中的电流减小，以致可能使放电熄灭。于是原通道中的电流转移到两侧的湿表面，使该区再烘干，并在该区触发新的火花放电。这样，火花放电的路径一面向径向延伸，一面又会向横向转移，总的趋势是使环行烘干带的宽度逐渐增大，火花放电的长度也随之增长。

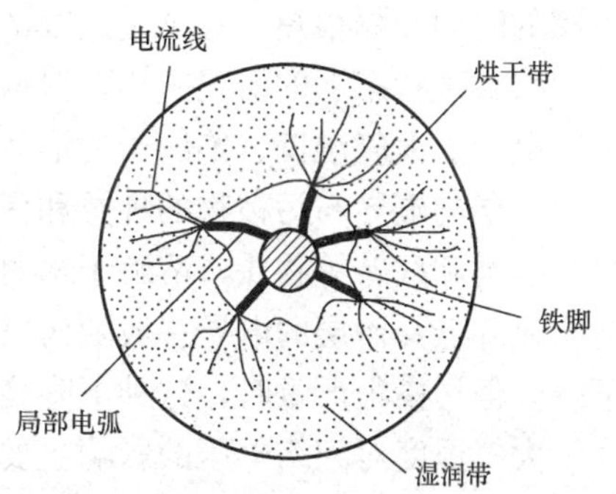

图 2-23 盘形绝缘子湿闪发展过程示意图

在火化通道较短时，流过放电通道的电流较小，放电通道呈蓝紫色，且具有上升伏安特性。随着火花通道的伸长，回路的电导（由火化通道的电导与其余湿表面的电导串联组成）逐渐增大，流过通道的电流也逐渐增大。当火花通道发展到一定长度以后，由于电流的增大，导致放电通道中出现热游离，火花放电通道转变为具有下降伏安特性的局部电弧放电，通道呈黄红色。局部电弧通道出现以后，也像火花放电那样由于表面的不断烘干和变湿发生熄灭和重燃。在绝缘子两端的电压达到临界闪络电压时，局部电弧通道将不断向前扩展，最后贯通两个电极，形成沿面闪络。

由以上绝缘子的闪络过程可知，绝缘子在淋雨状态下的闪络与其表面形成的导电水膜及表面局部区段被泄漏电流所烘干的现象有关。表面泄漏电流的大小对闪络电压有直接的影响，所以雨的特性、绝缘子的形状都是影响湿闪电压的重要因素。另外，电压作用时间短时，烘干过程来不及充分进行，所以雷电冲击电压下绝缘子的湿闪电压比干闪电压降低的程度要比持续电压下的小得多。

三、绝缘子表面在污秽状态的沿面放电

户外绝缘子常会受到工业污秽或自然界盐碱、飞尘等的污染而在其表面上沉积一层污秽物质。干燥情况下，这些污秽物质的电阻很大，对绝缘子的闪络电压几乎没有什么影响，但在大气湿度较高或在毛毛雨、雾、露、雪等不利的天气条件下，这些污秽物质被润湿时，含在污秽层中的可溶性物质便溶解于水，成为电解质，在绝缘子表面形成一层导电液膜，使绝缘子表面的电导和泄漏电流显著增大，闪络电压显著降低。

绝缘子在污秽受潮时的闪络过程与淋雨时的类似。不同之处在于，污秽受潮时表面局部烘干部分重新润湿的速度比淋雨时的慢得多，放电两次重燃之间的时间间隔较长，而淋雨时重燃的时间间隔很短，甚至是连续的。

与淋雨状态下的情况一样，泄漏电流的大小对污闪过程起主导作用。与泄漏电流有关的污层电导、大气湿度、绝缘子的形状及极间距离等是影响污闪电压的主要因素。

污层的电导与污秽物的种类和污染程度有关。化工污秽和水泥污秽中一般含有大量的可溶性盐类和酸碱等物质，溶解于水时电导很大，绝缘子上沉积少量的该类物质时闪络电压就会明显降低。污层的电导一般随污染程度的增大而增大，所以闪络电压随污染程度的增大而下降，但污染很严重时，这种下降变得很缓慢。

大气湿度对闪络电压的影响主要在于水分对污秽物中所含电解质的溶解作用，干燥的污秽物中即使含有再多的电解质，污层的电导也很小，闪络电压不会降低，所以空气的湿度较小时，湿度对闪络电压的影响很小。只有在空气的相对湿度超过50%～70%时，闪络电压才随湿度的增大而迅速降低。在毛毛雨下污层中的电解质可得到充分的溶解，但在大雨下污秽物可能被雨水冲掉，所以大雨下的闪络电压通常要比毛毛雨下的高。

绝缘子两极间的沿面最短距离即爬电距离也是影响污闪电压的重要因素。爬电距离增大时污闪电压也增大。这是因为爬电距离增大时，要形成闪络，局部电弧必须发展得更长，而要使较长的电弧不熄灭，就要求较高的电压以维持较大的泄漏电流。

绝缘子的直径对污闪电压也有一定影响。在同样的污染、受潮和爬电距离下，直径大的绝缘子表面电阻小，因而污闪电压也低。

绝缘子的干闪和湿闪通常在电网中出现过电压时发生，而污闪在工作电压下就可能发生，所以近年来由污闪引起的事故较多。合理确定绝缘子的爬电距离，并采取一定的措施，如定期清扫、采用合成绝缘子或耐污绝缘子等，可防止污闪事故发生。

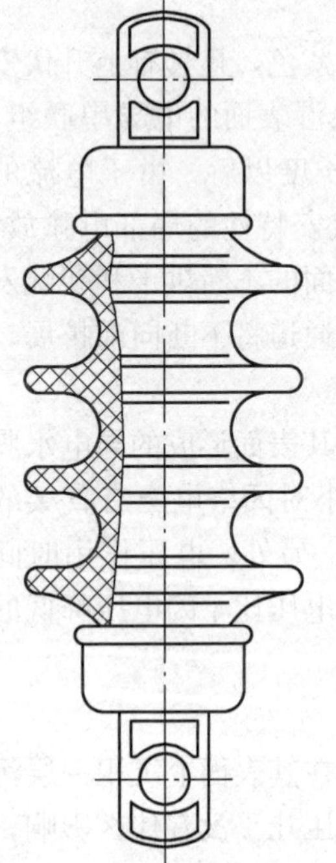
图2-24 屏障在棒形绝缘子中的应用

四、提高沿面闪络电压的方法

气隙中的沿面闪络，也是气隙的击穿，只是形式不同而已。因此，提高气隙击穿电压的方法，也在不同程度上能提高气隙的沿面闪络电压。此外，基于沿面闪络的特性，还有一些能提高气隙沿面闪络电压的方法。

1. 屏障

如图2-24所示，在固体介质表面具有突出的棱缘（绝缘子上称为伞裙），称为屏障。屏障可使绝缘子在雨天时保持一部分表面干燥，并可增大两电极间沿固体表面的泄漏距离，故可提高闪络电压。

2. 屏蔽

通过改善电极形状，使沿固体介质表面的电位分布均匀化，使其最大电位梯度减小，从而提高沿面闪络电压的方法，称为屏蔽。如图2-25所示，屏蔽有内屏蔽和外屏蔽两种形式。前面列举的提高气隙击穿电压的各种措施，对支持该电极的绝缘体表面来说，兼顾起到外屏蔽的作用。另外，输电线路导线侧加装屏蔽环，可使导线附近绝缘子串上承担的电压降低，使电压分布的不均匀程度减小。在500kV线路上还通过加装其他金具，提高导线的高度，降低第一片绝缘子上的电压。

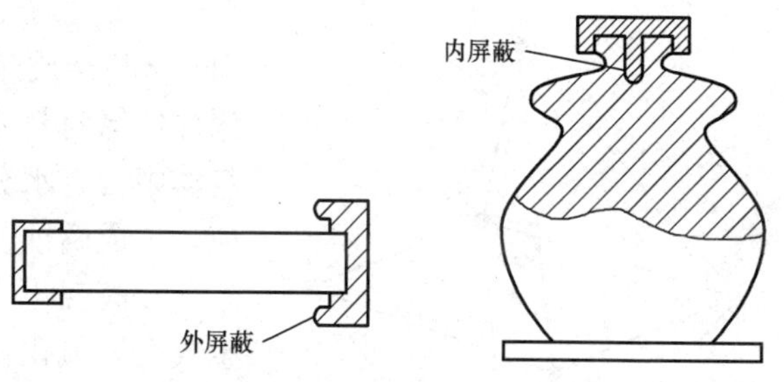

图2-25　绝缘子中的外屏蔽和内屏蔽

3. 强制固定绝缘表面的电位

如图2-26所示，绝缘筒上围以若干环形电极，这些环形电极分别接到分压器或电源的某些抽头，使绝缘筒上的电位分布被强制性的均匀化。这种方法常用于某些高压试验设备上，如静电加速管、串级高压试验变压器等。

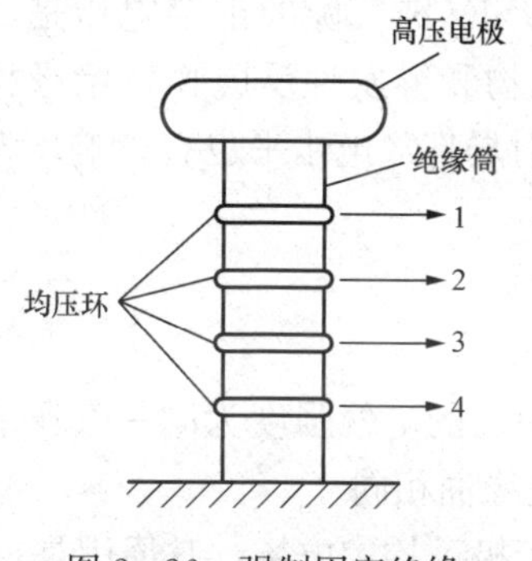

图2-26　强制固定绝缘表面电位的示意图

4. 应用半导体涂料

在套管一类的绝缘结构中，靠近法兰处介质表面的电位梯度最大，很容易产生电晕并发展成沿面放电。通常在该处涂上适当电阻率的半导体涂料，可以降低该处的表面压降，既避免了电晕，也改善了沿面电压分布。这种方法常用于高压电机绕组出槽处和电缆接头盒等处。半导体漆也可用半导体带替代。

5. 应用合成绝缘子

合成绝缘子的结构见本书第八章，它由芯棒、伞盘和护套、上下铁帽组成。芯棒采用环氧树脂玻璃纤维棒，具有较强的抗拉强度。伞盘和护套采用憎水性的有机绝缘材料，表面泄漏电流小，湿闪和污闪电压高。护套、伞盘均以黏结剂与芯棒黏结，使护套与芯棒的分界面不会出现气隙而闪络。

6. 加强绝缘

对线路绝缘子和棒形支柱绝缘子，分别采用增加悬式绝缘子片数和增加伞数的办法，可增大爬电距离，提高闪络电压特别是污闪电压。尤其是利用硅橡胶制成增爬裙，加装于各种绝缘子上，也有明显的防污效果。

第六节　SF_6 气体特性

一、SF_6 气体的物理化学特性

SF_6 是一种无色、无味、无嗅、无毒、不燃的气体。如图2-27所示，它的分子结构为：六个氟原子围绕着一个中心硫原子，对称布置在八面体的各个顶端，相互以共价键结合。硫原子和氟原子的电负性都很强，故其键合的稳定性很高，在不太高的温度下，接近惰性气体的稳定性。

SF_6 的分子量约为146，密度大（相同条件下，为空气的5倍），属重气体。在通常使用条件（$-40℃<\theta<80℃$，$P<0.6MPa$）下，气态占优势，但当 $\theta<-25℃$ 时，SF_6 气体也可能液化，这时才需考虑用加热装置来防止其液化。

SF_6 的稳定性很高，在500K温度的持续作用下，它不会分解，也不会与其他材料发生化学反应。在电弧或局部放电的高温作用下，SF_6 会产生热离解，变成硫原子和氟原子，硫

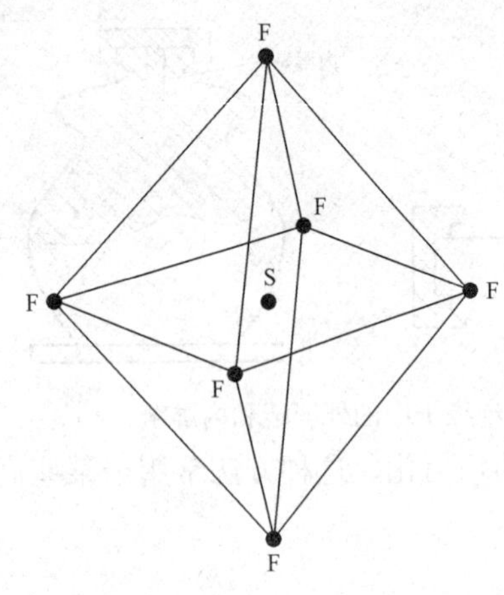

图 2-27　SF_6 分子结构示意图

原子和氟原子也会重新结合成 SF_6 分子。但在高温下，SF_6 会与杂质气体中的氧气、电极材料释放出的氧气和固体绝缘材料分解出的氧气等作用，生成低氟化物。当气体中含有水分时，这些低氟化物会与水发生继发性反应，生成腐蚀性很强的氢氟酸、硫酸之类的物质。

在高温下，SF_6 也会与电极金属的蒸气发生反应，生成金属氟化物。

如果在 SF_6 气体中存在稳定的局部放电，气体的组分会逐渐改变，经较长时间后，气体的组分就趋于稳定。

当电弧或局部放电使气体组分有少量的（$<10\%$）改变时，对稍不均匀电场下 SF_6 纯气隙的击穿电压是没有多大影响的；但许多分解物和继发性反应物对绝缘材料、金属材料都有很大的腐蚀性，使沿面闪络电压大大降低，对局部放电水平也有影响。为此，应严格控制 SF_6 气体中所含的水分和杂质气体。

二、SF_6 气体的电气特性

1. SF_6 气体的绝缘特性

SF_6 气体是一种具有高耐电强度的气体介质。在均匀电场中它的电气强度为同一气压下空气的 2.5～3 倍。在 0.3MPa 气压下 SF_6 气体的电气强度与绝缘油相同。

SF_6 气体绝缘只适用于均匀电场和稍不均匀电场，不适用于极不均匀电场，其原因是：

（1）在极不均匀电场中，当所加电压远小于气隙的击穿电压时，就已发生稳定的局部放电。这是因为 SF_6 气体发生离解，离解物和继发性反应物有很大的腐蚀性，对绝缘有危害，这是不允许的。

（2）对一般气体，电场愈不均匀，提高气压对提高气隙击穿电压的作用愈小，对 SF_6 气体，这种倾向尤甚。且在一定的电压区域，气隙的击穿电压与气压的关系存在异常的低谷，这是应该避开的。

由于以上因素，在工程实用中，SF_6 气体应避免在极不均匀电场中使用。因此，关于 SF_6 气体的讨论均只限于均匀电场和稍不均匀电场，而不考虑极不均匀电场。在这种情况下，只要气隙中的任何局部区域出现自持放电，就会导致整个气隙的击穿。于是，SF_6 气隙的击穿电压，就决定于该条件下 SF_6 气体的耐电场强。

极性对 SF_6 气体击穿电压的影响和空气相似，也和电场均匀度有关。在 SF_6 气体常用的稍不均匀电场情况和气压范围内，对于所有的单极性电压来说，曲率较大的电极为负极性时气隙的击穿电压均小于电极为正极性时的值，这就是说，SF_6 气体绝缘结构的绝缘水平是由负极性电压决定的。所以，对于 SF_6 气体，都是指曲率较大的电极为负极性时的条件。

与空气隙相比，SF_6 气隙的伏秒特性在短时（$t<5\mu s$）范围内上翘较少。充 SF_6 气体的电气设备的冲击击穿特性是：放电时延长，冲击系数大，击穿电压随冲击波波头时间的增加而减少，负极性击穿电压比正极性低。与常规电气设备变压器相比，其伏秒特性比较平缓，冲击系数又低得多，因而一般认为充 SF_6 气体的电气设备的绝缘水平主要决定于雷电冲击水平。所以，用避雷器来保护使用 SF_6 气体作为绝缘的设备时，应特别注意在上述短时范围内的配合。

SF_6 气体绝缘只适用在稍不均匀电场中。当气隙中的最大场强超过绝缘气体在该具体条件下的耐电场强时，该处气体击穿，即导致整个气隙击穿。由此可见，只要知道绝缘气体在所处条件下的耐电场强及气隙的电场分布，即可推求出整个气隙的击穿电压。为此目的，研究测定了标准条件下 SF_6 气体在各种电压作用下的耐电场强与绝缘气体压力的关系曲线，如图2-28所示。

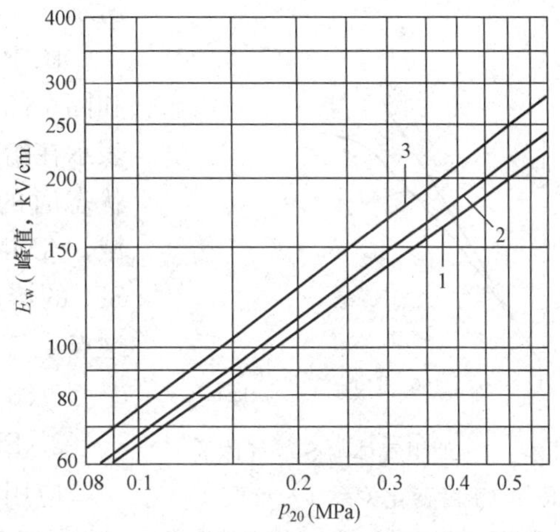

图 2-28　标准条件下 SF_6 气体的工程耐电强度

1—负极性直流电压和 50Hz 交流电压；2—负极性操作冲击电压（250/2500μs）；3—负极性雷电冲击电压（1.2/50μs）

由图可见，在均匀、稍不均匀电场中，提高气体压力对提高耐电场强是很有效的。不过，绝缘气体的压力越高，电极表面粗糙度的影响和杂质对电场干扰的影响就越强烈。当气压 $P_{20}>0.6$MPa 时，SF_6 绝缘装置在工艺上就很难控制，故气压大约在 $0.1\text{MPa}\leqslant P_{20}\leqslant 0.4\text{MPa}$ 范围内较为适宜。此处 P_{20} 为温度为 20℃时气体的压强。

2. SF_6 气体的灭弧特性

SF_6 气体是一种良好的灭弧介质，具有良好的导热性，在对灭弧具有决定作用的温度范围内，能快速冷却电弧。在电流过零时，能迅速地去游离，使间隙的介质强度迅速地恢复。在 SF_6 气体中，对交流电弧的熄灭起决定作用的是 SF_6 气体的负电性及热特性和电特性。

另外，SF_6 气体的电弧时间常数仅为空气的电弧时间常数的 1/100，也就是说 SF_6 气体的灭弧能力是空气的 100 倍。大电流电弧试验表明，SF_6 气体的开断能力约为空气的开断能力的 2～3 倍。这与 SF_6 气体优良的灭弧性能和时间常数是分不开的。

三、SF_6 气体的状态参数及其应用

1. SF_6 气体状态参数

和许多气体一样，SF_6 气体在不同温度和压力下存在三态。SF_6 气体在一定容器内不流动时，可用三个状态参数来表示它所处的状态，即压力（p）、密度（ρ）、温度（θ）。因气体的大量分子是处在无规则的热运动之中，故气体的状态参数是大量分子运动状态的平均参数。

2. SF_6 气体状态参数曲线

在工程应用的范围之内，空气或一般气体都可以当作理想气体来看待，它们与理想气体的特性差异很小，按理想气体分析计算不会有显著误差。SF_6 气体则不然，由于 SF_6 气体分子质量大，分子之间相互作用显著，使得它表现得与理想气体的特性相偏离。图 2-29 给出了在温度不变（20℃）的条件下，SF_6 气体压力随着体积压缩而变化的情况。当压力高于 0.3～0.5MPa 时，SF_6 分子间吸引力随密度增大即分子间距离的减小而愈益显著。实际的气体压力变化特性，与按理想气体变化的压力特性之间的偏离也越来越大。

在工程实用中常把 SF_6 气体状态参数的关系绘成一组状态参数曲线图，如图 2-30

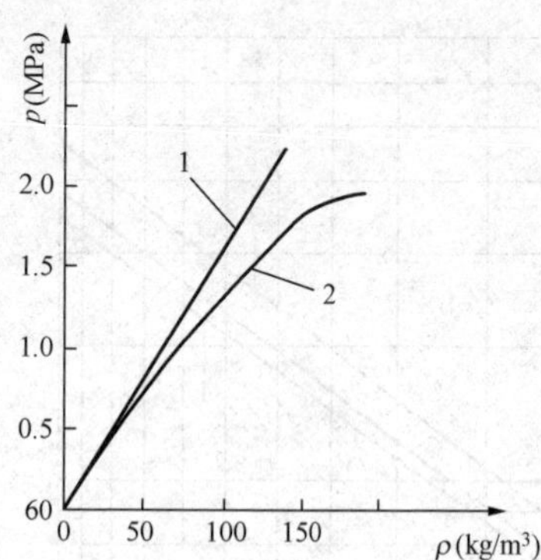

图 2-29 理想气体与 SF_6 气体的压力与密度变化关系（θ=20℃）

1—按理想气体变化；2—SF_6 气体压力变化

所示。

图中的曲线 AMB 是 SF_6 气体由气态转化为液态和固态的临界线，也称 SF_6 的饱和蒸汽压力曲线。它表示在给定温度下气态与液态、气态与固态处于平衡状态时的压力（饱和压力）值。曲线右侧是气态区域，AMM′为液态区域，M′MB 为固态区域。M 点为 SF_6 的熔点，其参数为 $\theta_M=50.8℃$，$p_M=0.23MPa$，这点是气、液、固三相共存状态。B 点为 SF_6 沸点，$\theta_B=-63.8℃$，饱和蒸汽压等于 0.1MPa。

3. SF_6 气体状态参数曲线的应用

应用状态参数曲线图可以较方便地计算 SF_6 气体的状态参数，以及求取液化或固化的温度。

(1) 计算 SF_6 断路器内 SF_6 气体的充气体积。

【例 2-1】 某 SF_6 断路器，在 20℃时工作压力为 0.45MPa（表压），SF_6 气体充装量为 31kg，求断路器内部充气体积。

解 在 20℃ 时工作压力 0.45MPa，则绝对压力为 0.55MPa。由 20℃、0.55MPa 压力，从图 2-30 查得斜直线簇中工作点 S，估算这条经过 S 点的平行于斜直线簇的斜线的密度是 $35kg/m^3$，则 SF_6 断路器的充气体积为 $31/35=0.886m^3$。

(2) 求 SF_6 断路器内部充气压力随外界温度变化而变化的允许范围。

例如，在 20℃时，上述充气工作压力为 0.45MPa，绝对压力为 0.55MPa 的 SF_6 断路器，在环境温度升至 30℃时，若保持密度 $\rho=35kg/m^3$ 不变，沿此斜线在图 2-30 的 S 点右侧查得 30℃时，绝对压力为 0.58MPa，工作压力则为 0.48MPa。而在温度降至 −10℃时，沿密度 $\rho=35kg/m^3$ 斜线可以在 S 点左侧查出 −10℃时，绝对压力为 0.49MPa，工作压力为 0.39MPa。结果表明，外界温度在 −10～30℃之间变化时，六

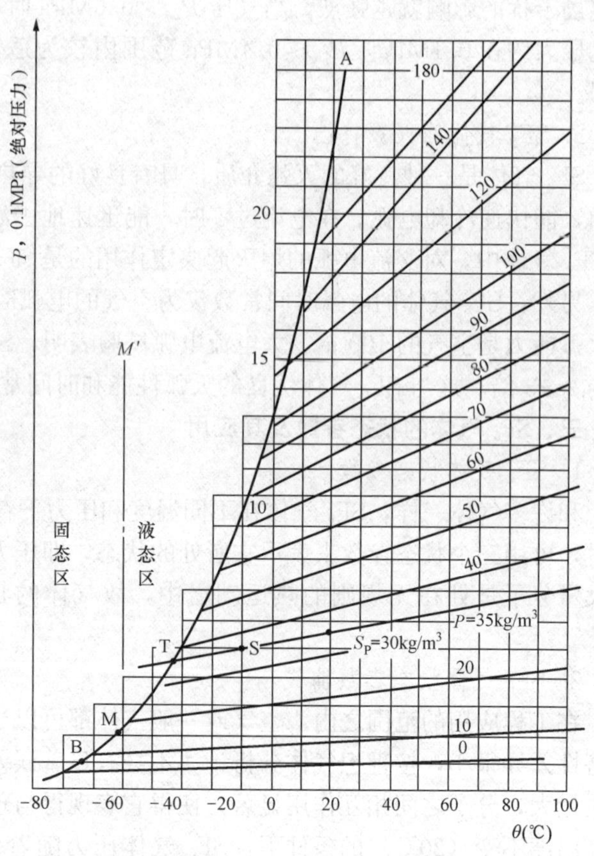

图 2-30 SF_6 的状态参数曲线

M—熔点；$\theta_M=-50.8℃$；$p_M=0.23MPa$

B—沸点；$\theta_B=-63.8℃$；$p_B=0.1MPa$

氟化硫断路器的工作压力可以在0.39～0.48MPa之间变化（20℃时充气压力0.45MPa）。

（3）了解不同工作压力下SF_6气体液化时的温度。

[例2-1]中的SF_6断路器，20℃时工作压力为0.45MPa，密度35kg/m^3，过工作点S的斜线交于AMB曲线于T点，此点温度$\theta=-33$℃，相应的工作压力为0.35MPa。即此断路器中SF_6气体，在－33℃时开始液化。T点表示温度下降而出现凝结的液化点。

SF_6气体一旦开始液化，随温度继续下降，SF_6气体不断凝结成液体，气体的密度不再保持常数而是不断减小，而且气体的压力下降得更快。温度降到液化点并不表示全部气体立刻被凝结成液体，只是凝结的开始。当温度继续降低，气体的压力、密度下降更快时，SF_6气体的绝缘、灭弧性能都迅速下降，所以SF_6断路器不允许工作温度低于液化点。

从曲线AMB可以看出，SF_6断路器工作压力越高，液化温度越高。液化温度与断路器的工作压力有关。若按液化温度不高于－20℃计算，相应的在20℃时的绝对压力不应高于0.82MPa，工作压力（表压）不应高于0.72MPa。

断路器工作压力很低时，温度下降可能不出现液化而直接凝成固体。其p-θ直线与AMB曲线的交点在M点以下。

四、SF_6气体在电弧作用下的分解

SF_6气体化学性质极为稳定。纯SF_6气体是绝对无毒的，但其分解产物全是有毒的。在大电流开断时由于强烈的放电条件，SF_6会解离生成离子和原子团（基），而在放电过程结束时，其中大部分又会重新复合成SF_6，但其中一部分会生成有害的低氟化物。这些低氟化物的反应能力极强，当有水分和氧气存在时，这些分解产物又会与电极材料、水分等进一步反应生成组成十分复杂的多种化合物。这不仅会造成设备内部有机绝缘材料的性能劣化或金属的腐蚀，致使设备绝缘性能下降，而且还会对电气设备和人身带来严重不良后果。

SF_6气体在电弧作用下的主要分解产物有：

（1）四氟化硫（SF_4）。SF_4在常温下为无色气体，有类似SO_2的刺激味道，在空气中能与水蒸气形成烟雾。SF_4与水猛烈反应生成SOF_2和HF，与碱液反应生成氟化物和亚硫酸盐，遇浓硫酸会发生分解并放热。SF_4易溶于苯，可用碱液或活性氧化铝吸收。SF_4对肺有侵害作用，影响呼吸系统，其毒性与光气并列。联邦德国和美国规定空气中其允许浓度为0.1×10^{-6}。

（2）氟化硫（S_2F_2）。S_2F_2在常温下为无色，有类似SCl_2味道的气体；遇水蒸气能在30～40s内完全水解形成S、SO_2和HF；90℃开始分解，200～250℃时反应加快；常温下不与Fe、Al、Si、Zn反应，与水和碱激烈反应，与氨作用生成NH_4F。S_2F_2易被活性氧化铝吸收。S_2F_2为有毒的刺激性气体，对呼吸系统有类似光气的破坏作用。

（3）二氟化硫（SF_2）。SF_2极不稳定，受热后更加活泼，易水解生成S、SO_2、HF。可用碱液或活性氧化铝吸收。毒性与HF近似，美国毒性基准规定其允许浓度为5×10^{-6}。

（4）十氟化二硫（S_2F_{10}）。S_2F_{10}为五氟化硫的二聚物，在常温常压下为易挥发性液体，无色、无臭、无味，化学上极稳定；在水和浓碱液中分解极慢，且不溶于其中；在200～300℃时即完全分解生成SF_4和SF_6。S_2F_{10}是一种剧毒物质，其毒性超过光气，主要破坏呼吸系统，空气中含1×10^{-6}能使白鼠8h死亡。美国和联邦德国曾规定在空气中S_2F_{10}允许浓度为0.025×10^{-6}。

（5）氟化亚硫酰（SOF_2）。SOF_2为无色气体，有窒息性味道。其化学性质很稳定，在

红热温度下仍不活泼，例如在125℃时不与Fe、Ni、Co、Hg、Si、Ba、Mg，Al、Zn以及氯、溴、一氧化氮等物质反应。SOF_2可发生水解反应，并能在碱的酒精溶液中分解。它与水的反应在0℃时进行缓慢，然而它与溶于HF中的水可瞬时反应。SOF_2为剧毒气体，可造成严重肺水肿，刺激黏膜。当空气中含有SOF_2的浓度为1×10^{-6}～5×10^{-6}时即可觉察出刺激味道，并会引起呕吐。

(6) 氟化硫酰（SO_2F_2）。SO_2F_2为无色无臭气体，化学上极稳定，加热至150℃亦不与水和金属反应。SO_2F_2被KOH、NH_4OH缓慢吸收，但不易被活性氧化铝吸收。苏打石灰（CaO＋NaOH）可吸收SO_2F_2。SO_2F_2是一种导致痉挛的有毒气体，可引起全身痉挛并麻痹呼吸器官、肌肉，使其失去正常功能而造成窒息。它与SOF_2不同，它的危险性尤其在于无刺激性味道，且不对眼、鼻、黏膜产生刺激作用，故初始不易察觉，往往发现中毒之后会迅速造成死亡。我国规定空气中SO_2F_2最高允许浓度为5×10^{-6}。

(7) 四氟化硫酰（SOF_4）。SOF_4与水反应生成SO_2F_2并放出大量热，能被碱液吸收，对肺部有侵害作用。

(8) 氟化氢（HF）。HF对皮肤、黏膜有强刺激作用并可引起肺水肿、肺炎等，对设备材质有腐蚀作用。

(9) 二氧化硫（SO_2）。SO_2为强刺激性气体，损害黏膜及呼吸系统，还可引起胃肠障碍、疲劳等症状。

空气中SF_6气体及其毒性分解产物的允许含量见表2-2。

表2-2 空气中SF_6气体及其毒性分解产物的允许浓度

名称	允许浓度	名称	允许浓度
SF_6	1000×10^{-6}	SiF_4	2.5mg/m³
SF_4	0.1×10^{-6}	HF	3×10^{-6}
SOF_4	2.5mg/m³	CF_4	2.5×10^{-6}
SO_2	2×10^{-6}	CS_2	10×10^{-6}
SO_2F_2	5×10^{-6}	AlF_3	2.5mg/m³
S_2F_{10}	0.025×10^{-6}	CuF_2	2.5mg/m³
SOF_{10}	0.5×10^{-6}	$Si(CH_3)_2F_2$	1mg/m³

注 单位为“10^{-6}”者为体积分数。

五、含SF_6的混合气体

将SF_6气体和别的气体按一定的容积比混合，就组成了含SF_6的混合气体。

SF_6气体虽然介电强度较高，但也有价格高、液化压力低等缺点。将SF_6气体与价格较低的空气、氮气（N_2）、二氧化碳（CO_2）等气体混合，其介电强度虽比纯SF_6气体要低，但只要混合比例合适，介电强度的下降并不很大。用这些含SF_6的混合气体来制造需用气体量大的电气设备（如SF_6电缆），在经济上是合算的。但是，应注意混合气体在各方面的性能。

另外，将SF_6和一些含卤族元素的气体组成混合气体，其介电强度可能比纯SF_6气体的更高。用这种混合气体制造的电气设备的体积更小。

1. SF_6 与 N_2 组成的混合气体

在一定条件下，SF_6 气体能与氧气、水蒸气等反应，生成某些有害的化合物，所以不宜将 SF_6 气体与空气或氧气混合，而应与惰性气体混合。最廉价的惰性气体是氮气，所以 SF_6 与 N_2 的混合气体在工程应用上很有前途。

随着 N_2 含量的增加，混合气体的冷凝温度将降低，因此，与相同压力下的纯 SF_6 气体相比，混合气体可用于更低的工作温度，这将有利于严寒地区的使用。

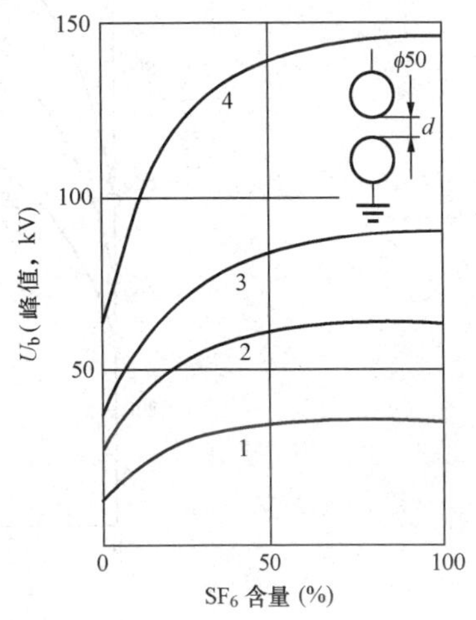

图 2-31 SF_6-N_2 混合气体的工频击穿电压

d，p：1—2mm，0.22MPa；2—2mm，0.43MPa；3—5mm，0.22MPa；4—5mm，0.43MPa

图 2-31 所示为稍不均匀电场中，SF_6-N_2 混合气体工频击穿电压 U_b 与混合比（容积）的关系。当 SF_6 含量下降到只占 50%时，混合气体的 U_b 只比纯 SF_6 气体的略有下降。即使 SF_6 含量降到只占 10%，混合气体 U_b 的下降也不超过 30%。混合气体的这一特点在工程上具有实用价值。同时，由于 SF_6-N_2 混合气体可用于比相同压力纯 SF_6 气体更低的温度下，这使得它成为工业上很有应用价值的一种气体。

2. SF_6 与空气或 CO_2 组成的混合气体

除了 N_2 以外，SF_6 也可与空气或 CO_2 组成混合气体。在同轴圆柱电极间，对 SF_6-N_2、SF_6-空气、SF_6-CO_2 三种混合气体在工频、雷电冲击（$-1.2/50\mu s$）电压下进行了击穿电压试验，其结果如图 2-32 和图 2-33 所示。工频电压下，三种混合气体的击穿电压无显著差别。负极性雷电冲击电压下，SF_6-CO_2 混合气体的击穿电压稍低。为了得到与 0.45MPa 纯 SF_6 气体相同的雷电冲击耐受水平，60/40%的 SF_6-CO_2 混合气体的压力应为 0.62MPa，SF_6-N_2 的为 0.52MPa，SF_6-空气的为 0.5MPa。然而，SF_6-N_2 混合气体的操作冲击击穿电压较低，用它制造的设备尺寸比用 SF_6-空气混合气体的稍大。另外，SF_6-空气混合气体还有这样的优点，即与相同压力下的纯 SF_6 气体相比，其击穿电压受电极表面突出物和微粒的影响较小。因此，虽然 60/40%的 SF_6-空气混合气体必须在稍高（约高 10%）的气压下运行，它仍然可以节约气体投资 40%。

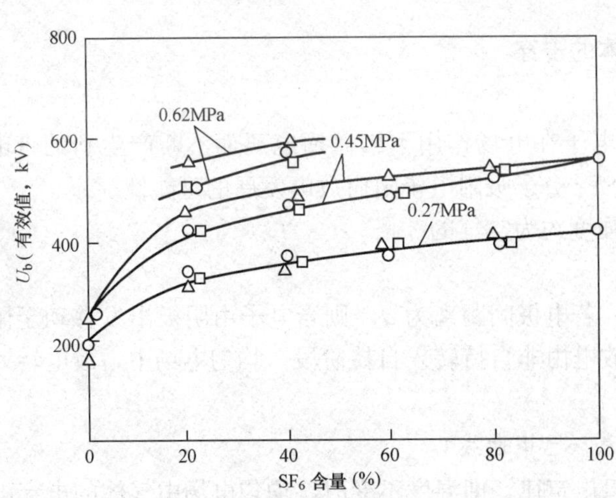

图 2-32 稍不均匀电场中，混合气体的工频击穿电压与 SF_6 含量的关系

○—SF_6-N_2；□—SF_6-空气；△—SF_6-CO_2

3. SF_6 与 C_3F_6 组成的混合气体

在 SF_6 气体中加入 C_3F_6，则混合气体在均匀电场中的 E_b/p 不仅比 SF_6 的高，而且在一定条件下，其 U_b/p

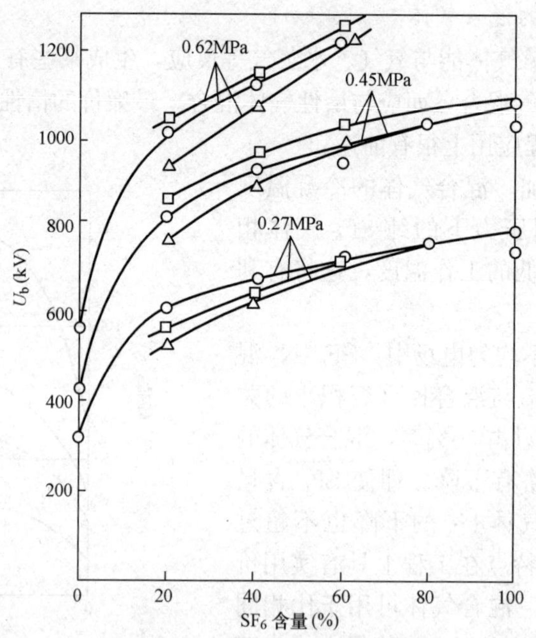

图 2-33　稍不均匀电场中，混合气体的雷电冲击（−1.2/50μs）击穿电压与 SF_6 含量的关系
○—SF_6-N_2；□—SF_6-空气；△—SF_6-CO_2

还可能比 C_3F_6 的高。

以上研究表明，SF_6 气体与某些含卤族元素的气体的混合气体具有优良的电气性能，采用这种混合气体的充气绝缘设备的体积可大为缩小。

第七节　均匀及稍不均匀和极不均匀电场中 SF_6 气体的击穿

一、均匀及稍不均匀电场中 SF_6 气体的击穿

1. SF_6 气体的电子电离和附着

分析 SF_6 气体的放电，不仅要考虑电子在电场作用下因碰撞电离而不断产生新的带电质点，同时还要考虑具有强烈电负性的 SF_6 分子吸附电子阻碍放电发展的可能性。

试验证明，均匀电场中 SF_6 的介电强度约为空气的 3 倍。

2. 自持放电及其条件

均匀电场中，电极间场强处处相等，若电极间距离为 d，则当电子由阴极出发移动至阳极时，在一定条件下电子崩转入流注，放电由非自持转入自持阶段。均匀电场中，放电转入自持的条件就是间隙击穿的条件。

3. SF_6 气体的击穿电压与气压的关系（巴申曲线）

在均匀电场中，气体击穿通常符合巴申定律，即温度不变时，均匀电场中气体的击穿电压 U_b 是气体压力和电极间距离乘积 pd 的函数。图 2-34 所示为 SF_6 气体的巴申曲线，U_b 的最小值出现在 $pd=3.5\times10^{-5}$MPa·cm，其值为 507V。但是对于 SF_6 气体，巴申定律仅在一定的 pd 范围内适用。对于不同的间隙，当压力不太大时，相同 pd 值时的 U_b 值落在同

一条曲线上；随压力的增大，U_b 值偏离上述曲线。间隙距离 d 越小，开始出现偏离的 pd 值也越小。这种现象可能是电极表面粗糙和气体中有杂质等原因造成的。

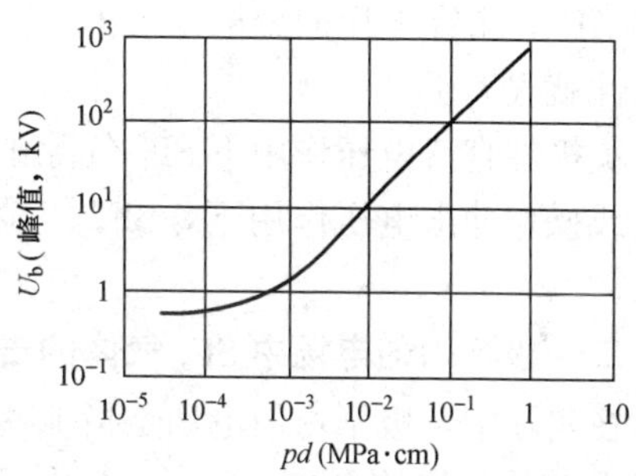

图 2-34 均匀电场中 SF_6 的击穿电压 U_b 与 pd 的关系

4. 影响 SF_6 气体的击穿电压的因素

(1) 气压。前已述及，在均匀电场中，在一定的气压范围内（一般在 1～2MPa），气压对击穿电压的影响基本上遵循巴申定律，超过该范围时，就有显著的偏离，击穿电压的提高比气压的增加要慢，呈现饱和趋向。

(2) 电极表面状态。在高气压下，气隙的击穿电压与电极表面粗糙度的关系比常压下显著，气体压强越大，影响就越显著。经过“老炼”处理后的电极，其气隙间的击穿电压与未经处理的电极相比，有显著的提高。这说明，经过“老炼”处理后的电极，其表面更加光洁，因此，气隙间的击穿电压提高。而未处理的电极，虽然就整个电极间的区域而言，是匀强电场，但在电极的微观粗糙处，由于局部的强电场导致整个气隙的击穿电压低。因此，为了提高气隙的击穿电压，必须对电极表面做精细的抛光和“老练”处理。另外，在采用高气压的绝缘设备中，还应十分仔细地消除零件在加工和安装过程中可能残留在电极上的毛刺、尖角、碎屑、油渍、水渍、灰尘等杂质；对充入的气体应经过充分的干燥和严格的过滤；应预防设备在运行过程中有磨损的微粒落入气隙空间或电极上。

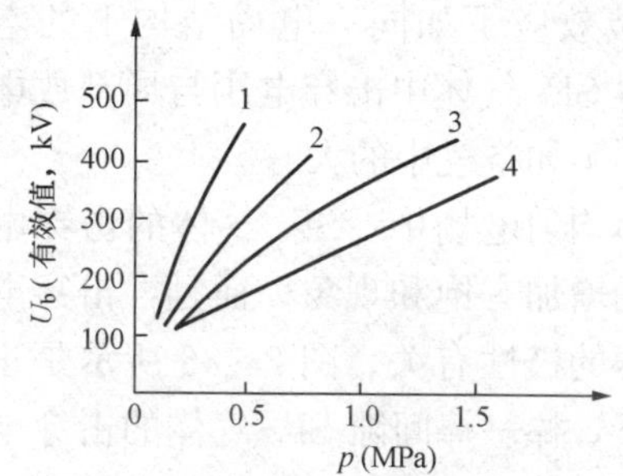

图 2-35 自由铝球形微粒对 SF_6 击穿电压的影响（电极为直径 15/25cm 的同轴圆柱）

1—清洁状态；2—微粒直径 1.6mm；3—微粒直径 3.2mm；4—微粒直径 6.4mm

(3) 电极面积。高气压下，在不影响电场分布的情况下，电极面积越大，气隙的击穿电压就越低，面积增到很大时，击穿电压趋于某一定值，这就是“面积效应”。电极表面越光洁，气压越高，“面积效应”就越显著。

“面积效应”在高气压下之所以显著的原因，主要是高气压下击穿场强大，阴极面积增大时，阴极表面粗糙处引起强场发射导致气隙击穿的概率增大。

(4) 导电微粒的影响。SF_6 气体对灰尘和导电微粒十分敏感。研究表明，少量的气体杂质或绝缘微粒不会引起击穿电压的明显下降，而自由金属微粒或灰尘会显著降低 SF_6 的击穿电压。图 2-35 所示为球状金属微粒对 SF_6 击穿电压的影响。随着球形微粒直径的增加，击穿电压逐步下降。

导电微粒影响 SF_6 击穿电压的原因有：①导电微粒附着于电极表面，形成突出物，造成电场局部强化；②交流电场中，导电微粒在某一电极上充电，然后在极性相反的电极上产生微弱的放电，并导致整个间隙击穿。而在冲击电压作用下，微粒来不及移动，故对击穿电压的影响很小。

(5) 击穿场强的概率分布。在高气压下，即使电极表面的粗糙度很小，气隙击穿电压的分散性仍比常压下大大增加。实验结果证明，在工频稳态电压下，当 SF_6 气体气压不超过

0.15MPa，击穿电压的分散性很小，而当 SF_6 气体气压为 0.25MPa 及以上时，击穿电压的分散性就很大了。

负极性直流电压作用下 SF_6 气隙击穿电压的分散性与工频电压作用下十分相似。在雷电冲击或操作冲击电压作用下，SF_6 气隙击穿电压的分散性也很大，需要在工程设计中加以注意。

二、极不均匀电场中 SF_6 气体的击穿

在实际中，极不均匀电场是指那些球—板、尖—板、棒—棒等之间的电场。相对于均匀电场中 SF_6 气体的击穿，极不均匀电场中 SF_6 气体的击穿有以下特点。

(1) 对于极不均匀电场的 SF_6 气体，当气压提高后，气体的击穿电压也能提高，但其程度不如均匀电场。这就使得在高气压下，电场的均匀度对击穿电压的影响比常压下更为明显。具体地说，与均匀电场中的击穿电压相比，SF_6 气体在极不均匀电场中击穿电压下降的程度比空气大，这是 SF_6 气体绝缘的一个重要特点。

(2) 极不均匀电场中，SF_6 气体的击穿电压比空气的提高得不是很多，有时甚至很接近。其主要原因是：一方面，在极不均匀电场中 SF_6 气体的局部放电起始电压比空气的高出不多；另一方面，SF_6 气体分子的直径大、分子量也大，由它离解而生成的离子迁移率小、驱引速度低，使得棒电极周围的空间电荷比较密集，不容易形成能改善电极附近电场分布的均匀空间电荷层，即 SF_6 中局部放电对改善电极附近电场分布的自屏蔽效应不如同一电场结构下的空气强，从而使得 SF_6 气体中击穿电压与局部放电起始电压的差别不如空气中的大。

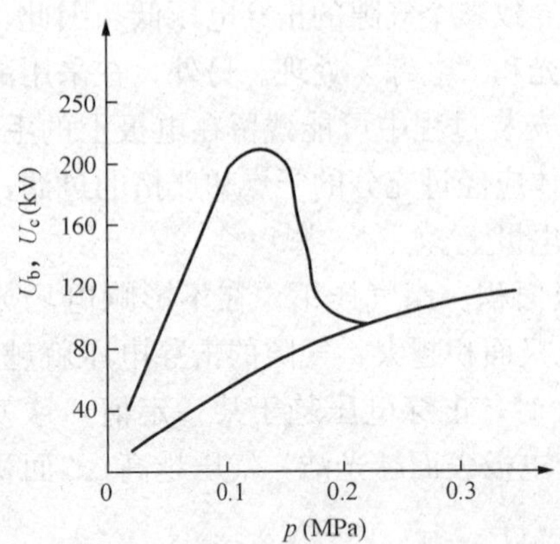

图 2-36　正极性直流电压下，1.27cm 方形棒—棒间隙（距离 5.1cm）的击穿电压 U_b 及局部放电起始电压 U_c

(3) 极不均匀电场中，SF_6 气体的击穿电压随间隙距离的增加有饱和现象，而且，击穿电压的数值与电压的极性有关。图 2-36 所示是正极性直流电压下，棒—棒间隙 SF_6 气体的击穿电压 U_b 及局部放电起始电压 U_c 与气压 p 的关系。在 p 不太高时，击穿前先出现局部放电，击穿电压随 p 的上升而增至最大值，然后又随 p 的上升而下降，直至气压达到某一数值为止。超过此压力时，击穿前无局部放电，随气压的上升，击穿电压缓慢增加。这种现象在高气压的空气或氮气中也可看到。击穿电压出现最大值的原因是所谓的局部放电对击穿电压的影响，即气压较低时由于空间电荷的作用能使电场集中的现象有所改善，而当气压超过一定数值后，这种改善作用将逐步减弱。

第八节　SF_6 气体的冲击击穿特性

工程上 SF_6 电气设备大多采用稍不均匀电场结构，故下面只说明稍不均匀电场中 SF_6 气体的冲击击穿特性。

一、放电时延

前已述及，气体击穿不仅需要足够高的电压，而且还需要有足够的时间，使放电能充分发展而形成击穿。对持续作用的直流或工频电压来说，放电时延相对极短，对击穿电压不会有什么影响，但对冲击电压来说，放电时延对气体击穿电压就会产生影响，即击穿电压与电压作用时间有关。

放电时延包括统计时延和放电形成时延。在均匀及稍不均匀电场中，放电形成时延相对很短，放电时延的主要部分是统计时延。SF_6 气体中，引发电子崩的起始电子的来源是：外界辐射线对气体分子的电离，SF_6 分子吸附电子生成的负离子的重新解离，曲率较大电极处于负极性时的强场放射。起始电子能否成为有效电子具有统计性。SF_6 气体中，由于分子对电子的强烈吸附作用，减少了有效电子的出现概率，与空气相比，其平均统计时延长，统计时延的分散性也大。进行 SF_6 气体的冲击放电试验时，用石英水银灯照射能减小放电的分散性。负极性时，SF_6 气体的平均统计时延和统计时延的分散性比正极性时小。

二、伏秒特性

图 2-37、图 2-38 所示为同轴圆柱电极间 SF_6 气体的伏秒特性曲线。由图 2-37 可知，负极性击穿电压低于正极性；负极性时放电的分散性较小；气压越高，放电的分散性越大；当放电时间 t 在 2～4μs 时，伏秒特性曲线开始上翘。由图 2-38 可知，操作冲击电压作用下，SF_6 气体的击穿电压低于雷电冲击击穿电压。由于 SF_6 气体中带电质点不易扩散，空间电荷的屏蔽效果差，且又因多采用稍不均匀电场结构，故 SF_6 气体的负极性操作冲击击穿电压与工频击穿电压基本相同。

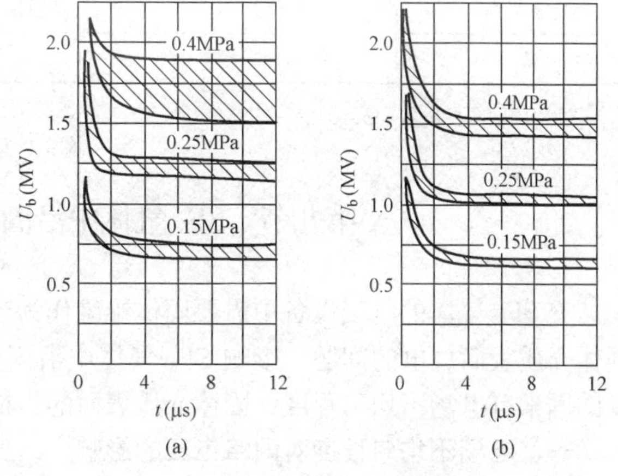

图 2-37　1.2/50μs 雷电冲击电压作用下，同轴圆柱电极（直径 11/30cm）间 SF_6 气体的伏秒特性

（a）正极性；（b）负极性

虽然 SF_6 气体的放电时延比同样电场结构的空气的大，但电气设备中的空气间隙通常为极不均匀电场结构，其伏秒特性曲线不如 SF_6 气体的平坦，如图 2-39 所示。在考虑 SF_6 与空气间隙的绝缘配合时，应充分注意这一特点。

三、冲击系数

雷电冲击电压作用下，均匀电场中 SF_6 气体的冲击系数为 1；综合某些试验结果可知，稍不均匀电场中 SF_6 气体的冲击系数为 1.2～1.4（负极性雷电冲击电压）。表 2-3 所示为同轴圆柱电极间，SF_6 气体（0.25～0.3MPa）在各种电压下击穿电压的比较，以工频击穿电压作为比较基准。由表可知，负极性雷电冲击击穿电压与工频击穿电压之比为 1.4，负极性雷电冲击击穿电压与负极性操作冲击击穿电压之比为 1.33。由于相应情况下试验电压的比值均大于上述比值，所以通常认为 SF_6 电气设备的绝缘尺寸取决于雷电冲击试验电压。

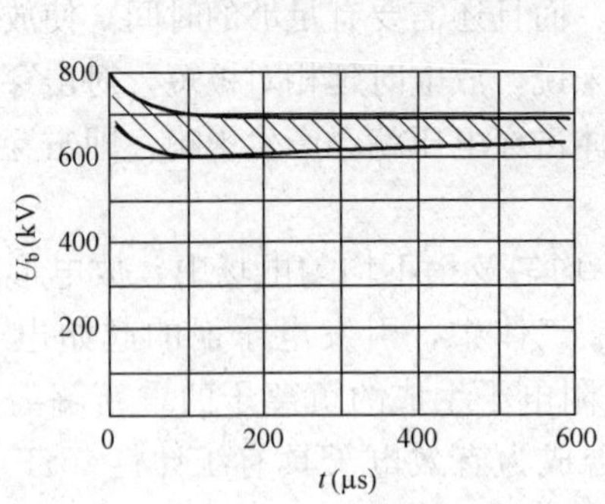

图 2-38　同轴圆柱电极间 SF_6 气体的伏秒特性
（气压：0.15MPa，作用电压为−1/50μs、−250/2000μs、−500/2000μs 冲击电压）

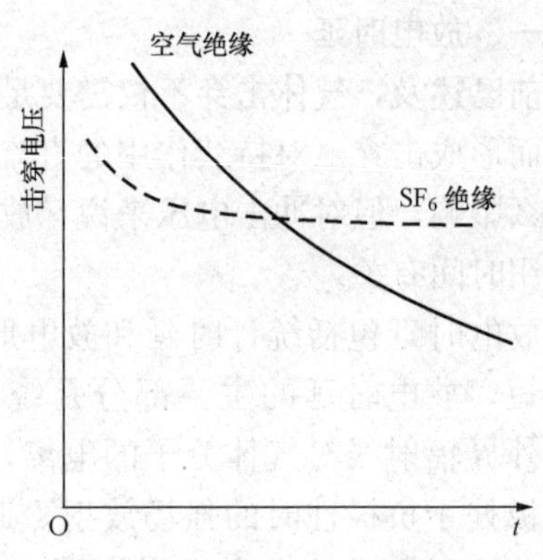

图 2-39　SF_6 与空气间隙的绝缘配合

表 2-3　　SF_6 气体击穿电压比较

雷电冲击击穿电压		操作冲击击穿电压		工频击穿电压
正极性	负极性	正极性	负极性	
1.6	1.4	1.3	1.05	1.0

注　同轴圆柱电极，p=0.25～0.3MPa。

第九节　SF_6 气体中沿固体介质表面的放电

充 SF_6 气体的电气设备中需要固体绝缘作为支柱绝缘或引线绝缘，因此也存在气体中沿固体介质表面放电的问题。影响 SF_6 气体中沿固体介质表面绝缘（简称 SF_6 沿面绝缘）强度的因素有电场不均匀程度、固体介质表面的粗糙程度和绝缘表面状况等。

一、电场不均匀程度对闪络电压的影响

SF_6 气体沿面绝缘结构中，除了电极系统会影响电场分布外，固体介质也可能显著影响电场分布。要求电场尽量均匀，否则即使增加沿面距离，闪络电压也提高很少。固体介质对电场分布的影响除介质材料外，还与介质分界面的倾斜角有关。图 2-40 是不同 α 角时的绝缘利用系数 η。在远离介质分界面处，内圆柱表面场强最高，绝缘利用系数 η=0.55。当介质分界面与同轴圆柱垂直（倾斜角 α=90°），SF_6 气体中的电场分布未受固体介质影响，仍然是内圆柱表面场强最大，且数值未变，η=0.55。当倾斜角 α<90°，SF_6 气体中内圆柱处场强下降、外圆柱处场强增高。在 α 角不太小时，外圆柱处场强虽有增强，但尚未超过 $E_{av}/0.55$，整个绝缘系统（包括 SF_6 间隙和沿面绝缘）的绝缘利用系数 η 仍维持为 0.55。当 α≤40°时，最大场强出现在外圆柱表面，且其值超过 $E_{av}/0.55$，因此绝缘利用系数 η 也下降。当倾斜角 α>90°，SF_6 气体中内圆柱表面处

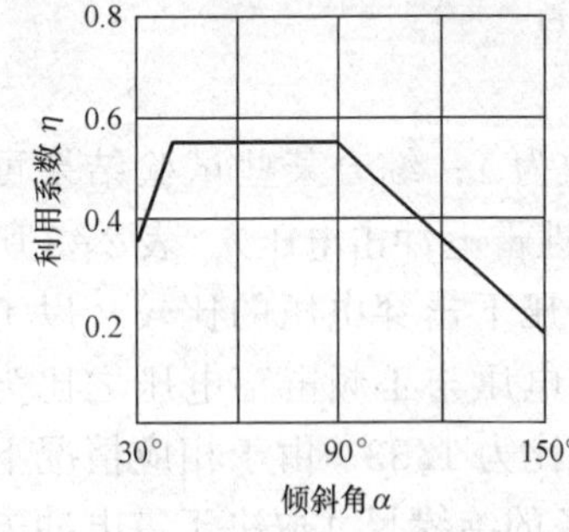

图 2-40　利用系数 η 与倾斜角 α 的关系

场强将更强，η 也将下降。因为稍不均匀电场中 SF_6 气体的击穿电压与绝缘中的最大场强密切相关。$\alpha>90°$ 或 $\alpha<40°$ 时，η 值小，闪络电压 U_a 将下降。尽管 U_a 随 α 值而变，但 E_a 值却与 α 值无关。这说明介质分界面仅通过改变电场分布而影响 SF_6 的击穿过程，分界面对起始电子的产生、复合等的直接影响可以忽略不计。

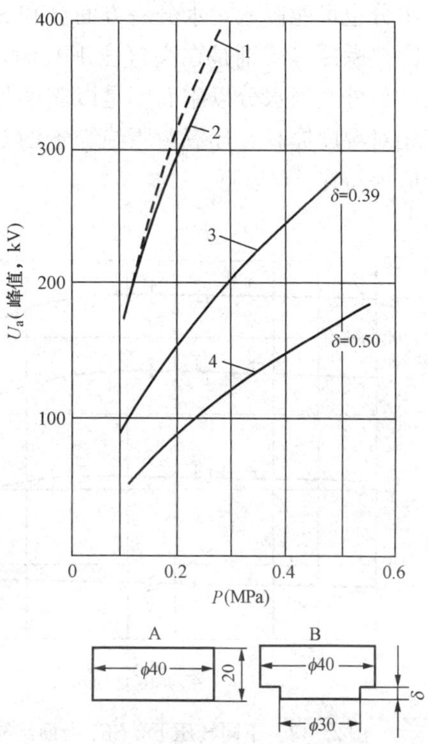

图 2-41　SF_6 气体中，圆柱形环氧树脂试件的闪络电压与气压的关系

1—SF_6 气体间隙的击穿电压；2—试件 A；3、4—试件 B

设计 SF_6 设备中的绝缘子时，应注意固体介质的外形结构，不致因 η 值的下降而影响闪络电压。绝缘子的材料，以介电常数较小的为宜。

固体绝缘和电极接触部分可能存在的气隙会大大降低闪络电压。图 2-41 所示为 SF_6 气体中，圆柱形环氧树脂试件（电极在圆柱上、下端面处）的闪络电压，与 SF_6 气体间隙相比，试件 B 的闪络电压下降甚多。同轴圆柱结构中，若绝缘子安装处的结构不合理，如图 2-42（a）所示，闪络将从外圆柱表面气隙处开始。当结构改进后，如图 2-42（b）所示，闪络将从内圆柱处开始，闪络电压也提高 15%～20%。

二、固体介质表面粗糙度对闪络电压的影响

充 SF_6 气体的电气设备中，若固体电介质表面粗糙，则场强会在微观范围内发生变化而降低沿面闪络电压。图 2-43 所示是不同气压下，SF_6 气体沿面绝缘闪络电压 U_a 与介质表面平均粗糙度的关系。当气压为 0.1MPa 时，若平均粗糙度大于 50μm，则闪络电压将受影响而下降。气压越高，使闪络电压开始下降的平均粗糙度就越低。图 2-44 所示是两种介质表面加工情况下 SF_6 气体沿面的闪络电压 U_a 与气压的关系。由图可知，尽管介质粗糙，但只要与电极接触处附近表面光滑，其闪络电压与介质表面全部光滑时的一样。这说明主要是因为电极附近的介质表面粗糙，才使得沿面闪络电压降低。

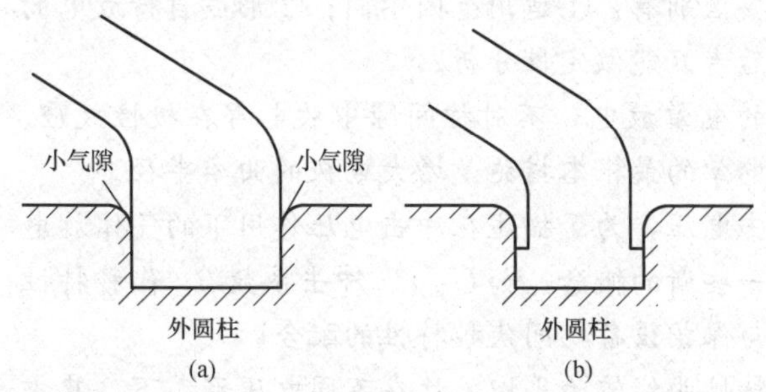

图 2-42　同轴圆柱结构中，绝缘安装处的结构

（a）有小气隙；（b）无小气隙

三、固体介质表面状况对闪络电压的影响

与空气中一样，在 SF_6 气体中若固体电介质表面脏污、受潮，则闪络电压也会明显降低。表面脏污的来源是：组装中可能遗留的杂质；开关操作时产生的金属颗粒；运行中因放电引起 SF_6 气体分子分解，生成 HF、SOF_2、SF_4 等对绝缘材料的腐蚀产物。SF_6 气体本身含有一定的水分，若设备密封不好，外

界水分也可能侵入。水分一方面会和 SF_6 气体的分解产物作用而使绝缘劣化；另一方面在设备骤热骤冷（特别是在高气压下）时，水分可能会凝结在固体介质表面而大大降低闪络电压。另外，当水分以霜而不是以露的形式凝聚于绝缘子表面时，U_a 不会明显下降，所以随着相对湿度提高，环氧树脂绝缘子的 U_a 变化不大。为了避免凝露，SF_6 气体中水分露点至少应保持在 0℃以下。

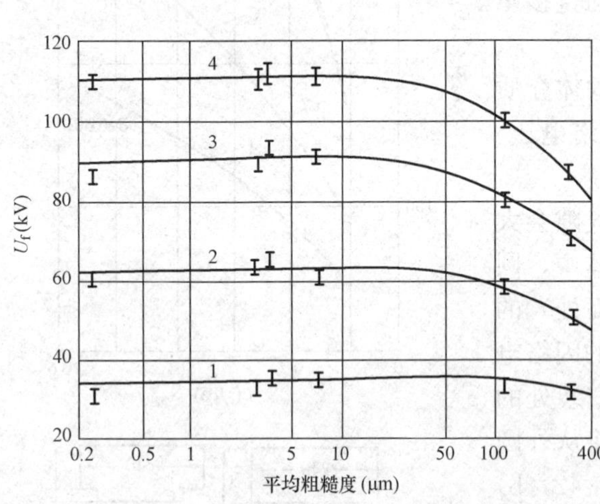

图 2-43 不同气压下，SF_6 沿面绝缘闪络电压与介质表面平均粗糙度的关系

p：1—0.1MPa；2—0.2MPa；3—0.3MPa；4—0.4Pa

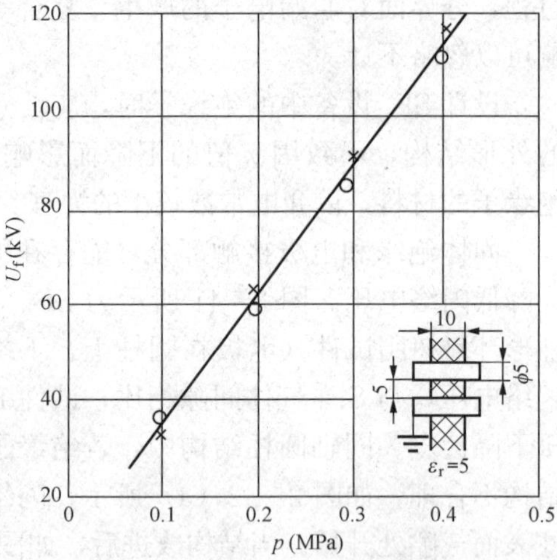

图 2-44 SF_6 气体沿面闪络电压与气压的关系

○—固体介质表面光滑；×—与电极接触处介质表面光滑，中间部分表面粗糙

为防止固体介质表面污染和受潮，应选用抗腐蚀性能强的绝缘材料，工艺上注意清洁，加强密封，严格控制充入设备的 SF_6 气体中的含水量。此外，还可在充 SF_6 气体的电气设备内放置吸附剂，以吸附所产生的氟化物和水分。

气体中带电质点的产生依靠游离，主要形式有碰撞游离、光游离、热游离和表面游离。平均自由行程是影响碰撞游离能力的一个重要参数。气体中带电质点消失的主要形式有漂移、扩散、复合和吸附效应。

汤逊放电理论与流注放电理论的主要区别有：①适用范围不同；②形成自持放电的主要因素不同；③前者可定量分析，而后者只能做定性分析。

不均匀电场的间隙击穿前存在明显的电晕放电，不对称间隙中放电存在极性效应，长间隙击穿过程中存在先导阶段。防止电晕的最根本措施是增大电极的曲率半径。

冲击电压有雷电冲击电压和操作冲击电压，为了描述在冲击电压作用下的气体放电特性，需要在持续电压的基础上，引入一些新的概念，如 $U_{50\%}$、冲击系数 β、伏秒特性等。在绝缘配合中必须考虑被保护设备与保护设备之间伏秒特性的配合。

均匀或稍不均匀电场中的气隙伏秒特性曲线较为平坦，故在不同电压形式下，其击穿电压是相同的。极不均匀电场中的气隙伏秒特性曲线较为陡峭，故在不同的电压形式下其击穿特性不同。

提高气体击穿电压的途径：一是改善电场分布，使之尽量均匀；二是削弱气体的游离过程。

闪络电压总是小于同间隙的气体的击穿电压。在交流电压作用下，高压套管的沿面放电往往是由“滑闪放电”引起的，而支柱绝缘子不会出现滑闪放电，这是由于两者的电场分布特点不同所造成的。

绝缘子的闪络电压分为干闪电压、湿闪电压与污闪电压。一般地，干闪电压大于湿闪电压，湿闪电压大于污闪电压。污闪事故通常在绝缘子受到污染，并处于一些不利气候条件（如雾、毛毛雨、露、融雪等）下时发生。防污闪措施主要是从绝缘子的防污、防潮或增大爬距等途径来实现的。

SF_6 气体以其具有强烈的吸附效应而成为高电气强度气体，所以在电力系统中得以广泛的应用。不过，SF_6 气体的优良绝缘性能只有在均匀电场中才能得以充分发挥。SF_6 气体气隙的极性效应与空气相反。充 SF_6 气体的电气设备对水分及杂质的控制要求非常严格。

思考题与习题

1. 什么是自持放电？汤逊放电理论和流注放电理论各自的适用范围如何？

2. 不论电场是否均匀，气隙中的放电达到自持时气隙就会发生击穿。试分析这句话的对错。

3. 试分析为什么在相同的条件下负棒—正板间隙的击穿电压高于正棒—负板间隙的击穿电压。

4. 不均匀电场长空气间隙的放电过程与短空气间隙的有什么不同？为什么长空气间隙在工频下的平均击穿场强远比短空气间隙的小？

5. 均匀电场气隙在工频电压作用下的击穿电压（峰值）与在雷电冲击电压作用下的 $U_{50\%}$ 相同吗？为什么？

6. 冲击电压作用下间隙的放电时延是什么？它由哪几部分组成？与电场的均匀程度有什么关系？

7. 两个 $U_{50\%}$ 不同的间隙并联，是否在任意波形的雷电冲击电压作用下，$U_{50\%}$ 小的那个间隙总是先击穿？

8. 在均匀电场气隙中放置屏障能提高击穿电压吗？为什么？

9. SF_6 气体为什么具有很高的电气强度？

10. 为什么 SF_6 气体绝缘大多只在较均匀电场下应用？最经济适宜的压强范围约为多少？

第三章　液体和固体电介质的绝缘性能

教学要求

熟悉液体和固体电介质击穿的特性，掌握影响液体和固体电介质击穿电压的因素，掌握提高液体和固体电介质击穿电压的措施，熟悉电介质的老化，了解对电介质的全面要求。

第一节　液体电介质的击穿特性

用于高压电气设备中的液体电介质除了用作绝缘之外，还有冷却（如在油浸式电力变压器中）和灭弧（如在油断路器中）的作用。目前常用的液体电解质主要是从石油中提炼出来的碳氢化合物的混合物如变压器油、电容器油、电缆油等。工程用液体电介质中总含有某些气体、液体或固体物质，这些杂质的存在对液体介质的击穿过程影响很大，因此，在研究液体电介质的击穿时，宜将液体电介质分为纯净液体和工程用液体（不很纯净的）两类来加以研究。对我们来说，接触最多的是工程上实用的液体介质，其中尤以变压器油使用最广泛，故在以后的讨论中，将以变压器油（简称油）为主要研究对象。

一、液体电介质的击穿过程

1. 电击穿过程

一般认为，纯净的液体介质的击穿过程基本上与气体介质的击穿过程相类似。在液体介质中，总会有一些最初的自由电子（被外界来的高能射线游离出来的，或在局部强电场作用下从阴极冷发射出来的，等等），这些电子在电场的作用下运动，产生碰撞游离而导致击穿。

由于液体介质的密度远比气体介质为大，液体介质中电子的自由行程很短，不容易积累到足以产生碰撞游离所需的动能。因此，纯净液体介质的耐电强度总比常态下气体介质的耐电强度高得多。纯净液体介质的击穿完全由电的作用造成，称为"电击穿"。

2. 热击穿过程

工程用液体电介质总是不很纯净的。即使将极纯净的液体介质注入电气设备中，在注入过程中也难免有杂质重新混入；液体介质在与大气接触时会逐渐被氧化，并从大气中吸收气体和水分；常有各种纤维从固体绝缘物脱落到液体介质中；在运行中，液体电介质本身也会老化，分解出气体、水分和聚合物。所以，工程用液体电介质总是含有一些杂质的。这些杂质的介电常数和电导与纯净液体电介质本身的相应参数不等同，这就必然会在某些介质附近造成局部强电场。由于电场力的作用，这些杂质会在电场方向被拉长，在电场力内定向，并逐渐沿电场方向排列成杂质的"小桥"。如果此"小桥"贯穿于电极之间，则由于组成此"小桥"的纤维及水分等的电导较大，使泄漏电流增大，发热增加，促使水分汽化，形成气泡；即使杂质小桥尚未贯穿全部极间间隙，在各段杂质链端部处液体电介质的场强也将增大很多，液体电介质在此局部高场强下电离而分解出气体；"小桥"气泡的增多，促使游离过程增强，最后将小桥通道游离击穿。这一过程是与热过程紧密联系的，称为热击穿。

二、影响液体电介质击穿电压的因素

液体电介质击穿电压的大小既决定于其自身品质的优劣，也与外界因素，如温度、电压等有关。

1. 液体电介质本身品质的影响

在较均匀电场和持续电压作用下，电介质本身的品质对击穿电压有较大的影响。

液体电介质的品质决定于其所含杂质的多少。含杂质越多，品质越差，击穿电压越低。由于在均匀电场中杂质对击穿电压的影响要比在不均匀电场中大，因此将标准油杯中电极做成如图 3-1 所示的形状。

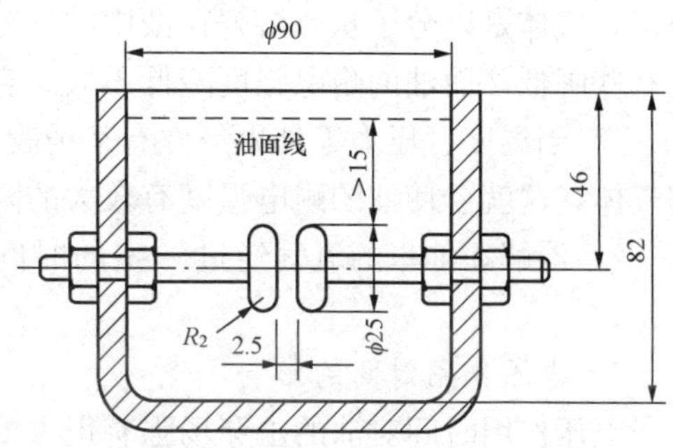

图 3-1　我国标准试油杯

下面就分别讨论油本身的某些品质因素对耐电强度的影响。

(1) 化学成分。矿物绝缘油是从石油中提炼出来的烷烃、环烷烃和芳香烃的混合物，矿物油中各种成分含量的比例对油的理化性能有一定影响，而对油的短时耐电强度则没有明显的影响。

(2) 含水量。水分在油中有两种状态：一种是以分子状态溶解于油中，这种状态的水分对油的耐电强度影响不大；另一种是以乳化状态悬浮在油中，这种状态的水分对油的耐电强度有强烈的影响。含水量对液体电介质击穿电压影响较大。当含水量极微小时，水分均以溶解状态存在，它对击穿电压影响不大。当含水量增加到超过溶解度时，多余的水分常以悬浮状态存在。过多的水分将沉淀到容器底部，击穿电压不再降低。另外，水分在油中的这两种存在状态也不是一成不变的，而是随着温度的变化状态发生转化。在 0～80℃范围内，温度升高时，后一种向前一种转化，温度降低时则相反；低于 0℃时，水分将逐渐凝结成冰粒，而高于 80℃时，水分将逐渐蒸发汽化。图 3-2 表示变压器油的击穿电压与含水量的关系。固态或气态的水分对油的耐电强度的影响完全不同于液态水。

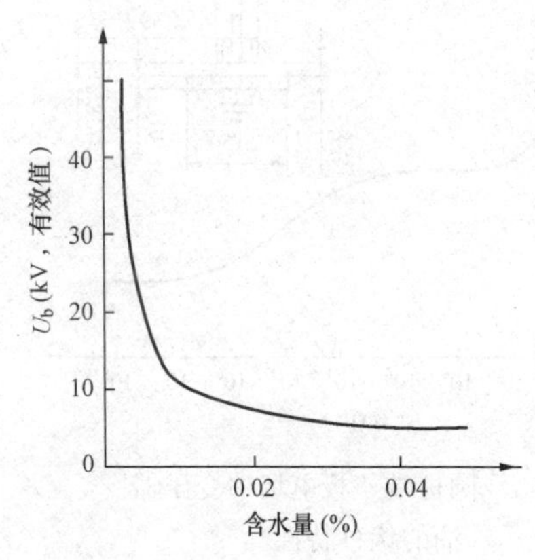

图 3-2　变压器油的工频击穿电压与含水量的关系

(3) 含纤维量。当油中有纤维存在时，在电场力的作用下，纤维将沿着电力线方向定向排列，形成“小桥”，使油的击穿电压大为降低。另外，纤维有很强的吸附水分的能力，纤维和水分的联合作用对击穿电压的影响更大。

(4) 含碳量。某些电气设备的绝缘油在运行中常受到电弧的作用。电弧的高温使绝缘油分解，分解出来的有的是气体（主要为氢气和烃类气体），有的是液体（主要为低分子烃类），还有就是炭粒等固体物质。炭粒对油的耐电强度有两方面的影响：一方面，炭粒本为导体，它散布在油中，使炭粒附近局部电场增强，从而使油的耐电强度降低；另一方面，新生的活性炭粒有很强的吸附水分和气体的能力，使水分和气体的一部分失去游离性的活动能力，这将使油的耐电强度提高。总的说来，细而分散的炭粒对油的耐电强度的影响并不显著，但炭粒（再加吸附了某些水分、杂质）逐渐沉淀到电气设备的固体介质表面，形成油泥，则易造成油中沿固体介质表面的放电，同时也影响散热。

（5）含气量。绝缘油能够吸收和溶解相当量的气体，其饱和溶解量主要由气体的化学成分、气压、油温等因素而定。

绝缘油吸收和溶解了气体后，对油的物理、化学、电气性能产生不同程度的影响。一般说来，气体是以分子状态溶解在油中的，短时间内，对油的性能影响不大，主要是使油的黏度有些降低，而油的耐电强度降低不大。它的主要危害在于：

1）当温度、压力等外界条件有某种改变时，溶解在油中的气体会析出，成为自由状态的气体，这就会使油的耐电强度有较大的降低。

2）溶解在油里的氧气经过一定的时间会使油逐渐氧化，使油的酸价增大，加速油的老化。

2. 电压作用时间的影响

电压作用时间对油的击穿场强有很大的影响，如图 3-3、图 3-4 所示。由图可见，不论在较均匀电场或极不均匀电场中，在电压作用时间很短（约小于毫秒级）时，具有纯电击穿的性质，击穿电压随电压作用时间变化的规律与气体介质的伏秒特性相似；电压作用大于这个时间，则将发生热击穿过程；随着电压作用时间的增长，击穿电压又有显著的下降，到大约几分钟时，击穿电压达稳定值。一般说来，在油不太脏的情况下，1min 的击穿电压与较长时间的击穿电压相差不大，因此做耐压实验时，常以 1min 作为电压维持时间的标准。

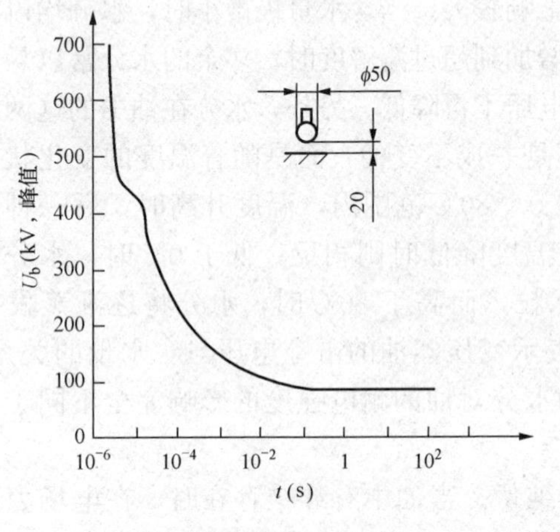

图 3-3 稍不均匀电场中变压器油的伏秒特性

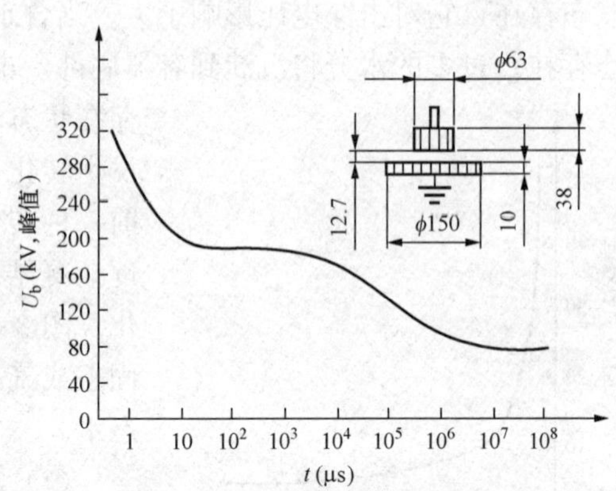

图 3-4 圆柱端—板电场中变压器油的伏秒特性

3. 电场的影响

由图 3-5 可见，工频电压作用下，如电场较均匀，则油的品质（油的品质通过其耐压值体现）对击穿电压的影响很大；如电场极不均匀，则油的品质对击穿电压的影响很小。这是因为在极不均匀电场下，极尖处的电场极强，造成强烈的游离，电场力对带电质点强烈的吸斥作用使该处的油受到剧烈的扰动，以致杂质和水分等很难搭成“小桥”的缘故。因此，如绝缘油的纯净度较高，采用改善电场均匀度的方法可明显提高油的工频或直流击穿电压；如油的纯净度较低，则该电场的均匀度不会显著提高油的工频或直流击穿电压。

在冲击电压作用下，由于杂质本身的惯性，不可能在电压作用的极短时间内沿电场力线性排列“小桥”，故不论电场均匀与否，油的品质对冲击击穿电压均无显著影响，如图 3-6 所示。

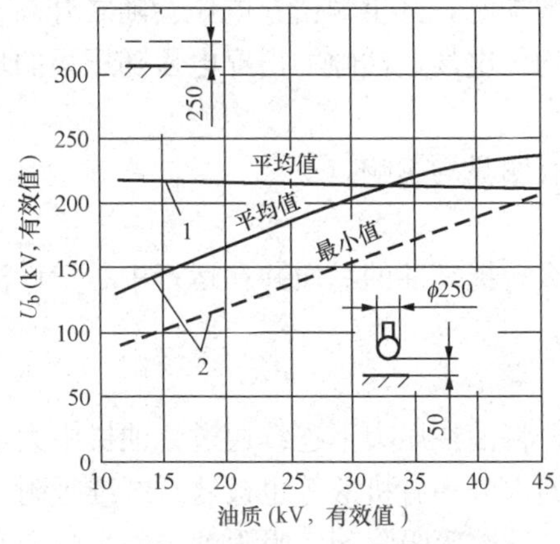

图 3-5　不同电场情况下变压器油的工频击穿电压与油品质的关系

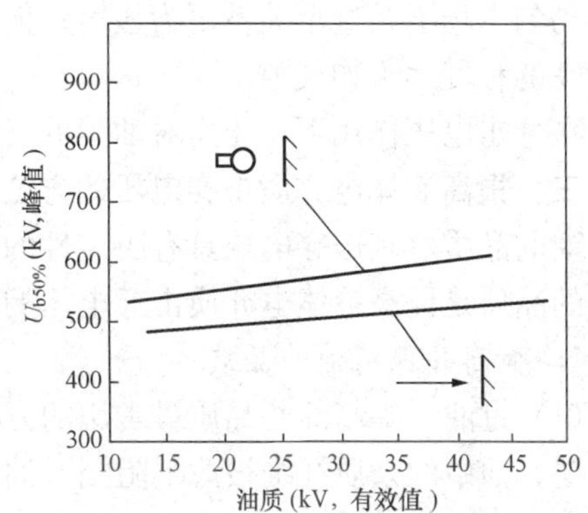

图 3-6　冲击电压作用下油隙击穿电压与油品质的关系

（半峰值时间为 20μs）

4. 温度的影响

温度对变压器油的击穿场强的影响随油的品质、电场均匀度和电压作用时间而异。在较均匀电场和工频 1min 电压作用下，工程用变压器油隙的击穿电压与温度的关系如图 3-7 中曲线 1 所示。如前所述，水分在油中有两种状态，即分子溶解状态和乳化悬浮状态。前者对油的击穿场强影响很小，而后者则影响很大。受潮的油，当温度从 0℃逐渐升高时，水分在油中的溶解性也逐渐增大，有一部分乳化悬浮状态的水分就转化为溶解状态，使油的击穿场强逐渐增高；温度超过 60～80℃时，部分水分汽化，使油的击穿场强降低；0℃左右时，呈乳化悬浮状态的水分最多，故此时油的击穿场强最低；温度再低时，则水分结成冰粒，冰的介电常数与油相近，对电场畸变的影响程度减弱，故油的击穿场强反而上升。对很干燥的油，就没有这种变化情况。随着温度的升高，油的击穿场强只是单调地逐渐稍有降低。

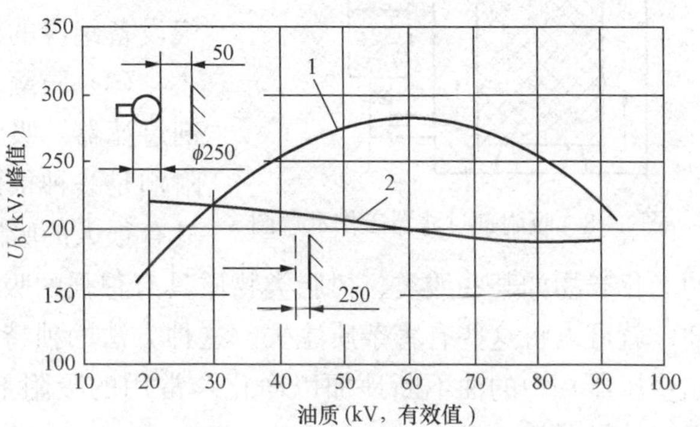

图 3-7　不同电场情况下变压器油隙的工频击穿电压与温度的关系

（电压作用时间为 1min）

1—较均匀电场；2—极不均匀电场

在极不均匀电场中，油隙的击穿电压与温度的关系如图 3-7 中曲线 2 所示。在整个油隙击穿以前，电极绝缘处必然先发生游离和扰动，油中的杂质水分不易形成小桥，因而不会出现像均匀电场中那种关系，只是随着温度的上升，击穿电压略有降低。

不论是均匀电场或不均匀电场，即使是品质较差的油，在冲击电压作用下，油隙的击穿电压与温度没有明显关系。随着温度的上升，油隙的击穿电压仅单调地稍有下降。这也是因为在冲击电压作用下，油中的杂质和水分来不及形成小桥之故。

5. 压力的影响

工程用变压器油，不论电场是否均匀，当压力增加时，其工频击穿电压会随之升高，只是在均匀电场下，这个关系更为显著；但即使是较均匀电场，油隙的击穿电压随压强的增大而升高的程度远不如气隙。

在冲击电压作用下，压力对油隙的击穿电压没有明显的影响。

三、提高液体电介质击穿电压的方法

油的品质对其击穿电压具有决定性的作用，那么，提高油的品质并在运行中尽量设法保持油的品质是提高液体电介质击穿电压的主要方法。

1. 提高并保持油的品质

(1) 过滤。提高油的品质最常用的方法是过滤。将油在压力下连续通过滤油机中大量的滤纸层，油中的杂质纤维被滤纸阻挡，油中大部分的水分和有机酸等也被滤纸纤维吸附，这可大大提高油的品质。也可以先在油中加一些白土、硅胶等吸附剂，吸附油中的水分和有机酸等，然后再过滤，则效果更好。

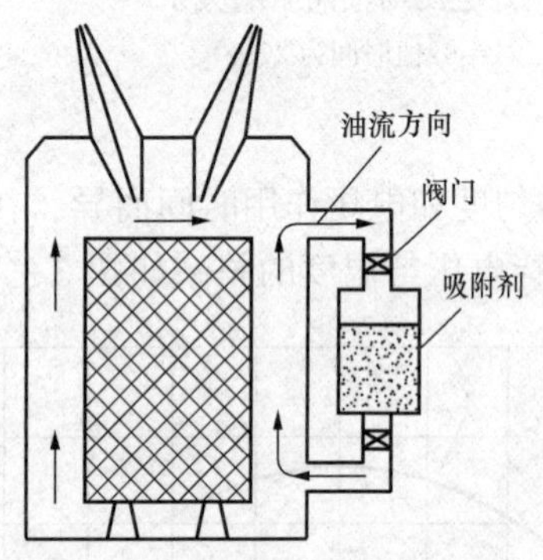

图 3-8　吸附剂过滤器工作示意图

(2) 脱气。将油中所溶解的气体驱除，也能提高油的品质。方法是：先将油加热，在真空室中喷成雾状，油中原含的水分和气体即挥发并被抽去，然后在真空条件下将油注入电气设备中。由于该电气设备也已被真空除气，就不会使油中重新混入气体，且有利于油渗入电气设备绝缘的微细空隙中。

(3) 防潮。在运行中保持油的品质的方法是装吸附剂过滤器。吸附剂过滤器工作示意图如图 3-8 所示。吸附剂是一种很微小的颗粒，颗粒中含有很多毛细管，故具有很大的吸附表面。另外，吸附剂对油中的水分和油的老化产物如某些酸类、树脂类物质具有很强的吸附能力，加热了的油通过很厚的一层吸附剂，就可以将这些有害杂质滤去。这种方法的独特优点在于可使正在运行中的电气设备（例如变压器）中的油不断地加以净化。常用的吸附剂有天然的水合硅酸铝、硅胶、活性氧化铝、钠氟石等。

2. 采用固体电介质降低杂质的影响

(1) 覆盖。覆盖是紧贴在金属电极上的固体绝缘薄层，通常用漆膜、胶纸带、漆布带等做成。因为它很薄（厚度小于 1mm），所以，它实质上并不会改变油中的电场分布。虽然如此，但由于覆盖层的存在，油中杂质、水分等形成的“小桥”不能直接与电极接触，这就在很大程度上减小了流经杂质“小桥”的电流，阻碍了杂质“小桥”中热击穿过程的发展，从而提高了油间隙的击穿电压。

实验结果指出：油本身品质越差，电场越均匀，电压作用时间越长，则覆盖对提高油隙击穿电压的效果越显著，且能使击穿电压的分散性大为减小。

(2) 绝缘层。绝缘层在形式上就像加厚了的覆盖（有的可厚达几十毫米），但其作用原理与覆盖不同。它通常只用在不均匀电场中，覆盖在曲率半径较小的电极上。如果没有绝缘层，电极附近强场区中的油就可能发生电晕、局部放电等，从而容易发展到整个油间隙的击穿。现在，近强场区的空间被固体绝缘层所填充，固体绝缘层的介电常数比油大得多，这就能降低这部分空间的场强；固体绝缘层的耐电强度也较高，不会在其中造成局部放电。固体绝缘层的厚度应做到使其外缘处的曲率半径足够大，致使此处油中的场强已减小到不会发生电晕或局部放电的程度。

变压器高压引线和屏蔽环通常都包有绝缘层。充油套管的导电杆上也包有绝缘层。这些就是常见的应用绝缘层的例子。

(3) 极间障。极间障（又称屏蔽或隔板）是放在电极间油间隙中的固体绝缘板，通常用各种厚纸板做成，也有用胶纸或胶布层压板做成的。其形状可以是平板、圆筒、圆管等，视具体情况而定。其厚度通常为 2～7mm，主要由所需机械强度来决定。

极间障的作用主要有两方面：一，它能机械地阻隔杂质“小桥”的形成；二，在不均匀电场中，当曲率半径小的电极附近因电场强而先发生游离时，游离出来的自由离子被阻挡并分布地积聚在极间障的一侧，从而使极间障另一侧油隙中的电场变得比较均匀。所以极间障能提高油间隙的击穿电压。由此可见，在极不均匀电场中，极间障的效果最显著，而在原来就比较均匀的电场中则效果就较小。为了使极间障能充分发挥作用，极间障的面积应足够大，以避免可能绕过极间障边缘而发生的放电。再将极间障的形状做成与电极外缘形状接近相似，包围电极，则效果最好。

在油间隙中，如合理地布设几个极间障，可以使击穿电压更为提高。在变压器和充油套管中常应用多个极间障。

在冲击电压作用下，油中杂质来不及形成“小桥”，极间障也就几乎不起什么作用了。

第二节　固体电介质的击穿特性

固体电介质的击穿与气体、液体电介质的击穿相比较，主要有两点不同：一是固体电介质的击穿场强一般比气体和液体电介质高，二是固体电介质击穿后其绝缘性能不能恢复。

一、固体电介质的击穿形式

固体电介质有三种击穿形式，分别是电击穿、热击穿和电化学击穿。不同形式的击穿过程不同，击穿场强和击穿时间也不同。

1. 电击穿

固体电介质的电击穿与气体电介质的击穿相似，是以碰撞游离为基础的。由于电场的作用，使电介质中的某些带电质点积聚的数量和移动的速度达到一定程度时，使电介质失去了绝缘的性能，形成导电通道，从而引起击穿。这样的击穿为电击穿。

电击穿是由强电场引起的，其特点是：击穿电压高，击穿时间短；击穿前介质发热不显著；击穿电压与电场均匀程度有关，而与周围环境温度无关。所以，当介质损耗很小，又有良好散热条件，以及介质内部不存在局部放电时的击穿通常为电击穿。

2. 热击穿

固体电介质在外加电场的作用下，由于介质的电导使介质产生损耗而发热引起的击穿，即为热击穿。由于热击穿是温度升至很高时发生的，因此需要一定的电压作用时间。

热击穿的特点是：发生热击穿时，介质温度尤其是击穿通道处的温度特别高，击穿电压与电压作用时间、周围环境温度以及散热条件有关，与介质厚度无关。

3. 电化学击穿

固体电介质在电、热、化学和机械力的作用下，会逐渐发生某些物理、化学过程，其绝缘性能及其他性能也逐渐劣化，这种现象称为绝缘的老化。由于绝缘的老化而最终导致的电击穿或热击穿称为电化学击穿。

电化学击穿与固体电介质本身的介质均匀性、耐电离性能、加工工艺、工作条件等都有密切的关系。由于电化学击穿是在固体介质的绝缘性能降低之后的击穿，故其击穿电压要比电击穿和热击穿低；又因电化学击穿是在电压的长时间作用下逐步发展形成的，其击穿时间一般很长。

二、影响固体电介质击穿电压的因素

1. 电压作用时间

外施电压的作用时间对固体电介质击穿电压的影响很大。一般来说，电压作用时间很短（0.1s以下）时所发生的击穿为电击穿。电压作用时间较长（几分钟到数十个小时）时所发生的击穿为热击穿。热击穿下的击穿电压比电击穿下的击穿电压低。如果电压作用时间更长（数十个小时到若干年），则发生的击穿为电化学击穿，此时击穿电压可能仅为工频击穿电压的几分之一。如图3-9所示，热击穿与电击穿的分界点存在着明显的临界点。

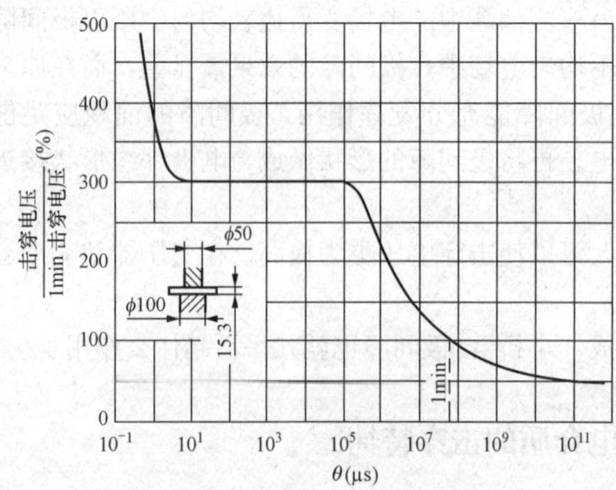

图3-9 电工纸板的击穿电压与电压作用时间的关系

2. 温度

固体电介质的击穿电压受温度的影响存在一个临界点。如图3-10所示，当温度小于临界温度 θ_0（热击穿与电击穿的分界点）时，固体介质的击穿场强很高，且与温度几乎无关，属于电击穿的性质；当温度大于 θ_0 时，随着温度的升高，固体介质的击穿场强迅速下降，属于热击穿的性质。这个临界温度值是一个常数，固体介质的厚度越大，冷却条件越差，电压频率越高，电压作用时间越长，则 θ_0 就越低。

3. 电场均匀度和电介质厚度

均匀电场中，在电击穿的领域内，击穿电压随固体介质厚度的增大近似成线性关系增大；在热击穿的领域内，介质厚度增大时击穿电压也是增大的，但增大的程度减小。在不均匀电场中，随着介质厚度的增大，电场变得更不均匀，即使发生的是电击穿，击穿时的平均场强仍将减小，而且击穿电压不随介质厚度的增大而直线上升，而是要比厚度增大的速度慢得多。工程上常用的固体电介质中存在气隙、杂质或

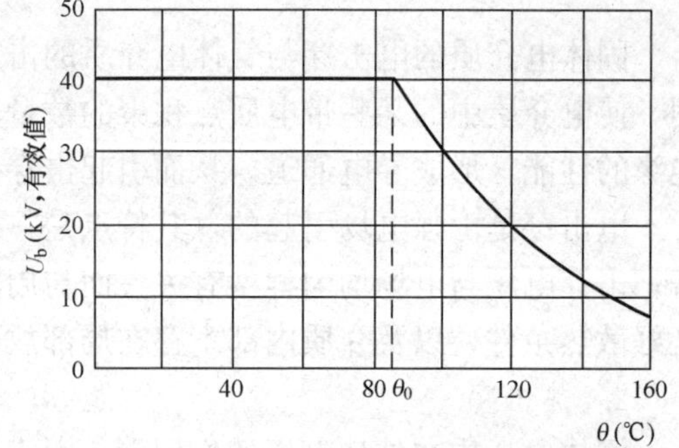

图3-10 工频电压下电瓷的击穿电压与温度的关系

缺陷等，都会使较均匀的电场发生畸变，在缺陷处的较高电场，会引发局部放电，导致电介质性能的破坏，使介质的击穿电压降低。另外，当厚度增大、散热困难而发生热击穿时，增大厚度的意义就更小了。

4. 电压种类

固体电介质在不同频率的电压作用下，击穿电压往往是不同的。在冲击电压作用下，由于电压作用时间短，一般热效应和电化学效应所造成的破坏还来不及形成，故介质的击穿电压常大于工频击穿电压，击穿电压较高。直流电压作用下的介质损耗比交流下的要小得多，介质发热量小，局部放电弱，其击穿电压比工频下的击穿电压（幅值）高得多。

由于频率增高后介质损耗增大，发热严重，更容易发生热击穿；同时高频下的局部放电还会加剧介质的化学变化、发热等，使绝缘劣化而发生电化学击穿。所以随着电压频率的升高，击穿电压会显著下降。

5. 受潮

对于某些具有吸水性的固体电介质来说，含水量（受潮度）增大时，其电导率和介质损耗均迅速增大，很容易造成热击穿，击穿电压迅速下降。对于不易受潮的介质如聚乙烯、聚四氟乙烯等中性介质，吸潮后的击穿电压约下降一半左右；对于容易吸潮的极性介质如棉纱、纸等纤维材料，吸潮后的击穿电压最低时可能仅为干燥时的1%。所以高压电气设备不但要在制造过程中注意除去绝缘结构中的水分，在运行中还要注意防潮，并定期检查绝缘受潮情况。

6. 机械力

对于均匀和致密的固体电介质来说，在弹性限度内，击穿电压与其机械形变无关；但是对于层间具有孔隙的不均匀电介质来说，机械应力和形变对击穿电压有显著的影响。机械力一方面可能使介质中的孔隙减少和缩小，从而使击穿电压提高；另一方面，可能使某些原来较完整的介质产生小裂缝，如该介质放在气体中，则气体充填到裂缝内，从而使击穿电压降低。

7. 累积效应

固体电介质在不均匀电场中，在时间很短（约为微秒级及以下）的冲击电压作用下，在固体介质中形成局部损伤或不完全击穿，在多次冲击电压作用下这种局部损伤或不完全击穿会扩大而导致击穿。冲击击穿电压随加压次数增多而下降，这就是冲击电压的累积效应。大部分有机绝缘材料都有明显的累积效应。

三、提高固体电介质击穿电压的方法

1. 改进制造工艺

尽可能地清除固体电介质中残留的杂质、气泡、水分等，使固体介质尽可能做得均匀致密。这可以通过精选材料、改善工艺、真空干燥、加强浸渍（油、胶、漆等）等方法来达到。

2. 改进绝缘设计

采取合理的绝缘结构，使各部分绝缘的耐电强度能与其所承担的场强适当地配合；改善电极形状及表面粗糙度，尽可能使电场分布均匀，把边缘效应减小到最小程度；改善电极与绝缘体的接触状态，消除接触处的气隙或使接触处的气隙不承受电位差（如采用半导体漆等）。

3. 改善运行条件

注意防潮，防止尘污和各种有害气体的侵蚀，加强散热冷却（如自然通风、强迫通风、氢冷、油冷、水内冷等），都可改善运行条件。

第三节 电介质的老化

电介质的老化大致可为电老化、热老化和环境老化三类。环境老化由大气条件下的光、氧、臭氧、盐、雾、酸、碱等因素引起。环境老化主要对暴露在户外大气中的有机绝缘物如导线绝缘、有机合成绝缘子等影响较大，应予注意。对绝大多数高压电气设备绝缘来说，起主要作用的是电老化和热老化。

一、电老化

电介质在电场的长期作用下，其耐电强度逐渐降低的现象称为电老化。电老化主要由电介质中的局部放电所引起，故也称为局部放电老化。局部放电并不立即形成贯穿性通道，电介质并不发生击穿，但长期局部放电所带来的机械作用、热作用、氧化作用使电介质逐渐老化。随着老化程度的加剧，严重时可使绝缘在工作电压下发生击穿或沿面闪络。所以对于高压电气设备，尤其是超高压电气设备绝缘中的局部放电必须予以高度重视。

二、热老化

热老化是指电介质在热的长期作用下发生化学反应，其电气性能和其他性能逐渐变差的现象。

固体电介质在热的作用下会发生热裂解和交联反应，有氧时还会发生热氧化裂解，结果：一方面导致固体电介质的电气性能变差，主要表现为电导率和介质损耗增大，击穿电压降低；另一方面使介质的机械强度降低，主要表现为材料变软、发黏、变脆、变硬、失去弹性等。

液体电介质的热老化为电介质在热作用下的氧化，结果造成液体介质的酸价升高，黏度增大，绝缘强度降低，散热能力降低。

温度对电介质的老化，影响极大。温度升高时，热老化速度会大大加快；当温度太高时，固体电介质会发生烧焦、熔化、开裂等热破坏现象，液体电解质还会发生分子本身热裂解现象。国际电工委员会将各种电工绝缘材料按其耐热程度划分为七个耐热等级，并确定各等级绝缘材料的最高持续工作温度，见表3-1。

表3-1 电工绝缘材料耐热等级

耐热等级	最高允许工作温度（℃）	常见电介质材料
Y	90	未浸渍过的木材、棉纱、丝、纸或其组合物，聚乙烯、聚氯乙烯、天然橡胶
A	105	矿物油及浸入其中的纤维，油性树脂漆及漆包线
E	120	由酚醛树脂、糠醛树脂、三聚氰胺甲醛树脂支撑的塑料、胶纸板、胶布板，聚酯薄膜及聚酯纤维、石棉等的制品，环氧树脂，聚氨酯及其漆包线，油改性三聚氰胺漆

续表

耐热等级	最高允许工作温度（℃）	常见电介质材料
B	130	沥青油漆制成的云母带、玻璃漆布、玻璃纤维、玻璃胶布板，聚酯漆及其漆包线
F	155	聚酯亚胺漆及其漆包线，改性硅有机漆及云母制品及玻璃漆布板
H	180	硅有机树脂，硅有机漆及其制品；硅有机橡胶及其玻璃纤维布板
C	220	不采用任何有机黏合剂或浸渍剂的无机物，如云母、石英、石板、陶瓷、玻璃或玻璃纤维、石棉水泥制品、玻璃云母模压品等；聚四氟乙烯塑料

第四节　组　合　绝　缘

高压电气设备的绝缘，绝大多数都不是由单一介质构成，而是多种介质的组合。例如，一般的电缆、电容器绝缘，是纸或有机薄膜的叠层与某种浸渍剂的组合；套管绝缘，是瓷、油隙、胶纸层或油纸层等的组合；变压器绝缘，是以油纸绝缘层、油间隙、油浸纸板极间障等的组合；旋转电机绝缘，则是云母（片或粉）、胶黏剂（虫胶、环氧树脂、聚酯树脂等）、补强材料（纸、绸、玻璃纤维织品等）和浸渍剂（沥青胶、环氧胶等）的组合。

一、介质的组合原则

外加电压在组合绝缘各介质上的分布，将决定组合绝缘整体的击穿电压。电压分布情况和电压的性质及持续时间等因素有关。

各层绝缘所承受的电压与绝缘材料的特性和作用电压的类型有关。如在直流电压下，绝缘等效为绝缘电阻，各层绝缘分担的电压与其绝缘电阻成正比，亦即各层中的电场强度与其电导率成反比；但在工频交流和冲击电压的作用下，绝缘等效为电容，各层绝缘分担的电压与各层的电容成反比，亦即各层中的电场强度与其介电常数成反比。由此可见，在直流电压作用下，应该把电气强度高、电导率大的材料用在电场最强的地方；而在工频交流电压下，应该把电气强度高、介电常数大的材料用在电场最强的地方。

将多种介质进行组合应用时还应注意的一个重要原则，是使各种介质的特性相互合理配合，优缺点进行互补。

二、组合绝缘的结构特点

组合绝缘最显著的特点是各组分间的相互渗透。

1. 介质之间的相互渗透

许多固体介质并不是十分致密的，而是存在许多空隙。当这类固体介质与某些液体介质或气体介质组合使用时，这些液体介质或气体介质就必然会渗透到固体介质中去，于是，外观上像单一的固体介质，实质上已是固体—液体或固体—气体介质的组合。此时，该固体介质的特性必然与渗入介质的特性有关，也与渗入的程度有关。

例如，电缆纸或电容器纸，都是由木质纤维组成，具有毛细管结构，其密度随纸型的不同而有较大差异。这类纸被液体介质充分浸渍后，纸中原有的空隙均被浸渍剂所填充，成为浸渍纸。浸渍纸的各种性能（电、热、机械、物理、化学性能等）都与原本干纸的性能大不相同，它与浸渍剂的特性和浸渍的程度有密切关系，这是需要注意的。

在绝缘设计中，为了方便，一般可从宏观的角度将浸渍复合体当作单一介质来处理，并取其相应的特性。

2. 介质之间的相容性

组合绝缘既然是由多种介质组合而成，则各种介质之间的相容性，应是必须注意的问题。

所谓相容性，就是互不腐蚀、互不污染、互不影响。用液体介质浸渍和充填的电气设备，其液体介质几乎可能与容器内的各种物体相接触，所以，必须确保该液体介质与容器内的各种物体都有好的相容性。应特别注意液体介质与各种有机合成材料，如薄膜或其他成形制品、各种漆膜、复合绝缘材料中的胶黏剂、热固化胶、橡胶制品以及各种金属件之间的相容性。若相容性不好，则会使有机合成材料溶胀、增厚、电性能和机械性能劣化，使漆膜软化、脱壳，使胶黏剂溶软、疏松，使橡胶制品溶胀、发黏、失去弹性，使金属件或镀层腐蚀。与此同时，液体介质自身也受到被溶物质的污染，表现在颜色和透明度的改变、酸值增高、电导率和损耗因数（$\tan\delta$）增大等。

3. 水分在组合绝缘中的分布

一般的有机介质，不论是固体或液体，都会不同程度地含有一些水分，即使在制造时将所含水分接近于完全排除，即使绝缘工作在完全密封的容器内，运行中的绝缘仍可能受到水分的污染，因为有机绝缘物在运行中的逐渐老化也可能分解出水分来，绝缘物中的含水量对其绝缘性能和老化过程的影响都是很强烈的。

组合绝缘中各组分的初始含水量具有各自的初值，而在运行中，所含的水分会按一定的规律逐渐自然调节，经过较长时间（几百小时以上）的稳定运行后，最后会在某一定的相互比例关系上达到平衡稳定。

这种规律是对应于长时间相对稳定运行下的情况；若运行情况有突变，例如停机、开机等，则应另作考虑。

4. 油流起电

强迫油冷的电气设备，当油以相当速度从绝缘件表面流过时，会因摩擦而起电。在一般情况下，油带正电荷，纤维素绝缘件带负电荷。线匝绝缘上产生的静电，由于靠近线匝导电体，容易泄漏入导体，故不大可能累积到很高的静电电位；而油隙中的围屏隔板，由于离各种导电体都较远，其间的绝缘电阻很大，静电电荷不易泄漏掉，加上此处油流速度较大，故静电电荷容易积聚到足够高的电位，导致对邻近物体的击穿或沿围屏表面闪络放电。

研究指出，影响静电产生的主要因素是油流速度，静电发生量大致与油流速度的3次方成正比；如能使纸板围屏处油的流速限制在0.2～0.3m/s以下，即能保证安全。但油流速度是由散热的要求决定的，不能随意更改，简易而有效的改进办法是适当布置油流导向管，这不仅可保持总的油流量不变，同时又能适当降低敏感区域的油流速度。

三、组合绝缘分类

1. 油纸绝缘

油纸绝缘是以固体介质为主体的组合绝缘，液体介质只是用作充填空气隙的浸渍剂，如塑料薄膜。纸和油组合后，由于油填充了纸中薄弱点的空气隙，纸在油中又起了屏障作用，从而使总体耐电强度提高很多，因此这种组合绝缘的击穿强度很高，但散热比较困难。

油纸绝缘的直流击穿场强比交流击穿场强高很多。直流电压下短时击穿场强为交流时的2倍以上，长时击穿场强为交流时的3倍以上。油纸绝缘的直流短时击穿场强高于交流时的值，而油纸绝缘的直流长时击穿场强比交流时的值更高。

油纸绝缘的缺点是工作温度低（不超过90℃），易受潮，且受潮后击穿场强显著降低。

油纸绝缘广泛应用于电力电容器、高压套管、高压电流互感器、变压器（匝间绝缘）等电气设备。

2. 油—屏障绝缘

油—屏障绝缘是以油作为主要介质的组合绝缘。由于油有很好的冷却作用，故被广泛应用于变压器中。在油隙中放置若干个屏障是为了改善油隙中的电场分布和阻止杂质“小桥”的形成。油—屏障绝缘的电气强度比没有屏障时提高30%～50%。因为固体介质的介电常数比油的高，固体介质的总厚度增加会引起液体介质中场强的提高，故屏障的总厚度不宜过大。屏障与电力线垂直布置时，效果最好，所以变压器中的屏障一般做成圆筒或角环的形式。

油—屏障绝缘的优点是结构及生产工艺较为简单，散热效果好；缺点是电气强度比油纸绝缘的低，有起火和爆炸的危险。

四、高压电气设备绝缘应有的电气强度

从宏观来看，绝大多数高压电气设备是与高压电力系统相连接的，这些设备的绝缘整体在运行中除受到正常工作电压的长期作用外，还受到各种暂态过电压的作用。从微观来看，设备绝缘整体是由许多绝缘元件通过复杂结构组合而成的。若要保证整体绝缘不被破坏，就必须保证每个微观局部绝缘不被破坏，或至少应确保这些微观局部绝缘的破坏不会扩展到整体，而且是可以自恢复的。

首先，对于电气设备绝缘整体，要求能耐受规定的各种性质电压。不同性质的电压，在绝缘结构各部分的分布是不同的，有时甚至有很大差异。例如，在直流电压作用下，绝缘结构的电压分布由各部分的电导决定，而绝缘的电导与本体温度有密切关系。在工频电压作用下，绝缘结构的电压分布，主要由各部分的导纳决定。在冲击电压作用下，绝缘结构的电压分布则主要由电路中的电感和绝缘各部分的电容决定。对于带有绕组的设备，冲击电压在绕组各部分的分布，不仅与工频电压下的分布迥异，而且它不是稳定的，而是一种波动过程。

对不同性质的电压，绝缘所处的气压、绝缘油的质量、绝缘中的覆盖、绝缘层、极间障等结构对绝缘击穿过程的影响也有很大差异。

在冲击电压作用下，绝缘体的破坏都是电击穿，而在稳态电压（交流或直流）作用下，绝缘体的破坏则大多具有热击穿的性质，因而与温度和电压作用持续时间有密切关系。不同温度时绝缘的电压分布也不一样。

其次，需要确切掌握各部分绝缘体在各种可能的运行条件下，对应于各种性质电压下的击穿场强、耐受场强和许用场强。

（1）击穿场强（E_b）。同一种绝缘材料处在整体设备的各个不同部位时，其工作环境和条件（如电场结构、湿度、机械应力等）有时差异很大，则其击穿场强也可能随之有较大的差异。所以，在组合绝缘结构中考虑各绝缘元件的击穿场强时，必须密切结合该部件所处的位置、环境以及在不同运行情况下的工作条件而定，不能简单地一概而论。即使在完全相同的环境和条件下工作的同一种绝缘元件，其击穿场强也不是一个单一的值，而是一条概率分布带。

(2) 耐受场强 (E_w)。工程上对高压电气设备绝缘可靠度的要求是很高的，理论上要求达到100%耐受预定的作用电压。对某一部位的绝缘体来说，就是要求能100%地耐受预定的场强。但实际上，100%的耐受是很难测定的，工程上常将对应于很高耐受概率（例如99%以上）的场强作为耐受场强。耐受概率的具体数值，对于固体或液体介质来说，需从实测得到的击穿概率分布曲线上求取；对于气体介质来说，由于其击穿概率分布接近正态分布，故也可以从其50%击穿场强 E_w 和变异系数 z 来求取。一般取 $E_w = E_{50}(1 \sim 3)z$ 时，相应的耐受概率已达99.86%。

(3) 许用场强 (E_a)。许用场强是指该绝缘体在该设备上允许承受的场强，可分为许用工作场强和许用试验场强两种。前者是指绝缘在规定寿命期内正常工作时所允许承受的场强。后者是指在规定的试验条件（包括试验电压的波形和幅值、试验延续时间和加压次数等）下所允许承受的场强。

五、主体绝缘强度的配合

主体绝缘是指绝缘结构中的主体部分，是相对于边角部分而言的。主体绝缘强度的配合是指当某种电压作用时，绝缘结构的各主体部分承受的场强与各该部分的许用场强的配合。

对于串联的多层绝缘结构来说，理想的电场分布是各层绝缘上所承受的场强与各该层绝缘的许用场强成正比。这时，各层绝缘的电强度利用得最充分，整个组合绝缘能耐受的电压最高。

不同性质的电压在绝缘各部分的分布是不同的，当然，同一绝缘体对于不同性质电压的许用场强也是不同的。为此，在考虑配合时，必须区别不同性质的电压。

六、局部场强的处理

许多组合绝缘的结构复杂，其最大场强常不是出现在绝缘的主体部分，而是在某些边角、转弯、接合、交叠等处。强场区不仅常出现在高电位区域，而且也可能出现在低电位区域。不仅存在垂直于绝缘分界面的场强，还存在平行于绝缘分界面的场强，促使发展沿面放电。这可能是更危险的，因为沿面放电的场强常远小于绝缘本体击穿的场强。这些局部强场区常成为绝缘系统中的薄弱点，容易发展局部放电，并进而导致整体绝缘的击穿。所以，对这些局部强场处必须加以改善。在实际电气设备中，常见的局部强场处有电容器极板边缘、胶纸电容套管电容极板边缘、电缆线芯的外表和护套内壁、高压电机绕组绝缘等，应加以注意。

第五节 对电介质性能的全面要求

在工程实际中，对电介质性能的要求是多方面的，均应予以满足。现分别进行介绍。

一、电性能

1. 介电常数

介电常数对不同电气设备绝缘的影响是不一样的。

对于电容器来说，电介质的介电常数影响电容器的比特性。对电缆来说，电介质的介电常数将影响电缆的临界长度。

在组合绝缘中，在交变电压或冲击电压作用下，各电介质的介电常数值在很大程度上影响着电场分布。

温度和频率对介质介电常数的影响应引起重视，特别是有些液体介质，其介电常数随温度和频率的变化相当大，而且其变化规律并不是线性的。在强电工程中，稳态高频的情况并不常见，但某些强电设备（如冶炼电炉、各种变流设备等）的端电压中具有可观的高次谐波分量，操作冲击电压或雷电冲击电压可以分解为连续频谱。在此类电压作用下，应注意各电介质的等效介电常数值可能与常规值有明显的差异。

2. 损耗因数

损耗因数不仅影响电气设备绝缘的耐受电压，同时影响其经济性能和技术性能。尤其对大电容量或高电压设备来说，更是如此。例如蓖麻油，其介电常数约为矿物油的2倍（在50Hz、20℃），耐电场强也较高，本是浸渍电容器的好材料，但由于其损耗因数较大，若用在交流电容器中，在经济上是不允许的，因而只能用来浸渍直流或脉冲电容器。超高压电缆绝缘的许用场强也常受控于损耗因数造成的功耗发热。至于某些测量设备如电桥用标准电容器、电容型电压互感器等，其所用介质的损耗因数对测量的准确度有直接影响，所以在技术性能上对此有严格要求。因此，在工程实际中，损耗因数对电气设备的影响要同时兼顾三个方面，即前述耐受电压、经济性能和技术性能。

温度和频率对介质的损耗因数影响很大。

3. 体电阻率

在交流电气设备中，绝缘电导形成的功耗通常只占总介质损耗中很小部分，只要介质的体电阻率不低于某允许值，体电阻率对介质外在性能的影响就很小；但在直流设备或电容充放电设备中，介质的体电阻率将直接影响绝缘各部分的电压分布，需要特别注意。

温度和场强对介质的体电阻率影响很大。

4. 局部放电电压

对于整体设备绝缘，局部放电起始电压和熄灭电压是十分重要的参数，它决定绝缘的老化特性，对绝缘许用工作场强起决定性作用，应特别予以重视。

二、热性能

电介质的热性能包括耐热性问题和耐寒性问题。

前已述及，不同电介质，其允许的最高工作温度是不同的，也就是说其耐热能力是不一样的。同样，有些电气设备运行在北方冬季严寒的大气条件下，要求其固体电介质不致硬化、脆化、脱壳、开裂，要求其液体电介质不致凝固。所以，电介质也存在一个允许的最低工作温度。

大多数液体介质（特别是极性液体介质）的低温性能会恶化。因为低温时，介质的黏度大，偶极子在交变电场作用下回转困难，摩擦损耗大，致使介电常数值减小，损耗因数值增大；低温时，液体介质的吸气性大为减弱，致使局部放电起始场强和熄灭场强都降低很多；有的液体介质，在低温时还会发生相态的改变，如某种异丙基联苯（IPB），其凝固温度虽为−55℃，但当温度在−20～−40℃之间循环变动时，会出现大量结晶。因此，用液体介质浸渍的绝缘结构，如电容器绝缘，特别要求做低温（一般为−50℃）下的各种性能试验。

三、机械性能

绝缘结构在运行中不仅受到某些稳态的机械力，还会受到各种暂态的冲击力，如开关操作时的机械冲击力、操作暂态电动力、雷电暂态电动力等。短路故障的电动力对绝缘结构常常是很严峻的（特别是对于带有绕组的装置），必须给予足够的重视。

长期的机械振动（如旋转电机）或电磁振动（如变压器、电抗器）对绝缘也会造成损害，应予充分注意。

温度变化幅度较大或温度急剧变化，对电气设备的机械性能影响较大。

对于某些绝缘体（如绝缘子、套管、玻璃钢横担、灭弧室成型件等），还要求有一定的耐弧性，即能耐一定强度、一定延续时间的沿面电弧的作用而不致损坏。

断路器和管型避雷器中的灭弧室，其绝缘体的工作条件特别苛刻，既要承受强大电弧突发的高温，又要承受由电弧产生突发的高气压，还要能耐受电流过零后恢复电压的作用，保证绝缘，保证不重燃弧。

对于需要进行切削加工的绝缘材料，还应注意这种材料的机械性能是否可能顺利地接受所需的该种切削加工，如对层压或塑压绝缘制品进行螺纹加工、锯割、剪切、磨削等加工的可能性。

四、物理、化学性能

电介质的物理、化学性能也是很重要的。物理性能对绝缘体的工艺过程影响较大。化学性能则对绝缘体的老化过程影响较大。

主要物理性能包括密度、黏度、闪点、沸点、凝固点、软化点、熔点、脆化温度、导热系数、热膨胀系数、伸长率、收缩率、柔软性、亲水性、吸水率、透气度等。

主要化学性能包括耐酸性、耐碱性、耐水性、耐氧化性、耐辐射性、耐油性、耐溶剂性、耐电弧分解性、可燃性、吸气性或析气性、相溶性、毒性等。

液体介质的黏度，在某些设备（如变压器、电抗器类）中应满足对流循环传热散热足够充分的要求；在具有浸渍绝缘的设备中，应满足浸渍深透的要求；在某些品种的电缆中，在较高的浸渍温度下，要求具有足够低的黏度，以保证浸渍的完善；在电缆正常工作温度时，则要求它的黏度很高，难以流动，使电缆两端敷设位置允许有一定高度差；在常温下，电缆需弯曲敷设时，纸层间尚能有相对的位移。单纯的某种电缆油，其黏度难以同时满足上述各项要求，需在电缆油中添加松香。

如果所用介质的线膨胀系数与其结构组成物的该参数相差较大，则当温度变化时，各部件之间就会产生较大的内应力；如果所用介质的体膨胀系数较大，则当温度变化时，显然会影响密闭容器中的压强。

许多绝缘结构需经卷绕、包缠等加工过程，则材料的伸长率、收缩率等会影响卷绕、包缠的工艺参数，也影响部件在干燥后的尺寸、形变和松紧度。

对全封闭而又不可能爆破的电气设备来说，其内部电介质的可燃性是无关紧要的，但对于有可能爆破的设备，如油断路器（灭弧失败时）、油浸电力电容器（内部短路时）等，则其内部电介质的可燃性就应予注意。电缆外护层是直接暴露在大气中的，应注意防火，特别是当电缆敷设在隧道或矿井内时，其外护层若失火燃烧，则后果将很严重，故这类电缆外护层的材料应采用阻燃性的。

另外，作为电力电容器的浸渍剂，氯化联苯的技术性能是很优越的，只因其毒性会污染环境，从环境利益出发，必须予以禁止。各种电介质都应对其有否毒性及毒性程度作出严格的验证，合格者方可应用。有些介质在常态时无毒，但在与火花放电或电弧接触时，会发生分解、化合，形成有毒物质。

纯净液体电介质的击穿属于电击穿，而含有杂质的液体电介质的击穿则属于热击穿，因此杂质（特别是气泡、水分和纤维）是影响液体电介质击穿电压的重要因素。

固体电介质的击穿与电压作用时间有很大关系，随电压作用时间的不同，固体电介质的击穿有电击穿、热击穿和电化学击穿三种形式。

根据老化的机理不同，电介质的老化主要有电老化和热老化。老化会使电介质的击穿电压下降，缩短绝缘的使用寿命。

组合绝缘的耐电强度不仅取决于各层介质的电气特性，还与各层介质之间的相互配合是否得当有关。组合绝缘中各层介质所承受的电场强度应与其耐电强度成正比。

在工程实际中，对电介质的选用需要从电性能、热性能、机械性能、物理化学性能等几方面综合考虑。

思考题与习题

1. 变压器油中的水分有哪几种存在状态？溶解状态的水分对油在标准油杯中的工频击穿电压有影响吗？

2. 在油间隙中设置屏障为什么能提高工频击穿电压？

3. 为提高油间隙的击穿电压，常采用覆盖和绝缘层的方法，试问这两种方法提高击穿电压的原理是否相同？它们各用于什么场合？

4. 为什么说不均匀电场中，固体介质的厚度增加时，其平均击穿场强下降？

5. 直流电压与工频电压相比较，哪种电压作用下的固体击穿电压更低？主要原因是什么？

6. 电容器层间绝缘常用较薄的电缆纸包几层而不用单层纸的缘故是什么？

7. 在液体介质中与在气体介质中设置极间障的作用有什么不同点？

8. 一充油的均匀电场间隙距离为 30mm，极间施加工频电压为 300kV，若在极间放置一个屏障，其厚度分别为 3mm 和 10mm，求油中的电场强度各比没有屏障时提高多少倍？（设油的介电常数为 2，屏障的介电常数为 4。）

第二篇　电气设备绝缘试验

第四章　电气设备非破坏性试验

教学要求

本章教学的重点在于使学生掌握利用绝缘电阻表来测量试品绝缘电阻的基本原理；了解如何通过吸收比反映绝缘的整体状况，如何发现试品中一些尚未贯通的集中性缺陷；掌握利用西林电桥测量介质损耗因数的正切值的方法以及通常测定局部放电量常用的三种基本测量回路。

电气设备的绝缘特性对于系统是否能安全可靠运行非常重要，在设备运行过程中，常常发现很多电力系统事故都是由电气设备的绝缘缺陷引起的。经过分析可知，这些缺陷产生的原因各有不同，有些可能是在制造时潜伏下来的，有些可能是运行中在外界作用的影响下发展起来的（如工作电压、过电压、大气影响、机械力、热和化学等作用）。绝缘缺陷一般可以分为两大类：一类是如悬式绝缘子瓷质开裂，发电机绝缘局部磨损及挤压破裂，电缆在局部放电作用下绝缘损坏等类型的集中性缺陷；另一类是由电机、变压器、套管等绝缘中有机材料的受潮、劣化、变质引起的电气设备整体绝缘性能下降形成的分布性缺陷。在设备运行过程中，可以通过各种类型的试验来监测电气设备的绝缘状况，由此掌握电气设备的运行情况并能做到及早发现其缺陷，以便对相关的设备尽快进行维护与检修。

绝缘试验通常可以分为两类：一类是在较低电压下进行的，称其为检查性试验，这类试验通过测试绝缘的相关特性参数来判断绝缘的状况，一般不会对绝缘造成损伤，因此也称之为非破坏性试验；另一类是通过对绝缘施加各种较高的试验电压来考核其电气强度，称为耐压试验，由于这类试验所加电压一般都高于设备的实际工作电压，因此可能会对绝缘造成某种程度的损伤，甚至造成绝缘击穿，所以也将这类试验称为破坏性试验。

第一节　绝缘电阻和吸收比测量

一、多层介质的吸收现象及吸收比测量

对于很多电气设备来说，其绝缘都是多层结构的，例如电机绝缘中用的云母带是用胶把纸或绸布和云母片粘合而制成的，又如充油电缆和变压器绝缘中用的油和纸等。通常多层介质的特性可近似地用双层介质模型来分析，因此采用以下模型来描绘在测量多层介质绝缘电阻时遇到的吸收现象。

如图 4 - 1 所示，开关 S 合上之后，直流电压 U 加到绝缘上。电流表 A 的读数如图 4 - 2

所示，最初电流很大，然后逐渐减小，最终趋于稳定值 I_g。当试品容量较大时，这种逐渐减小的过程会变得非常缓慢，可达数分钟甚至更长。图中阴影部分的面积为绝缘在充电过程中逐渐“吸收”的电荷 Q_a，这种逐渐“吸收”电荷的现象称之为“吸收现象”，对应的电流称为吸收电流。

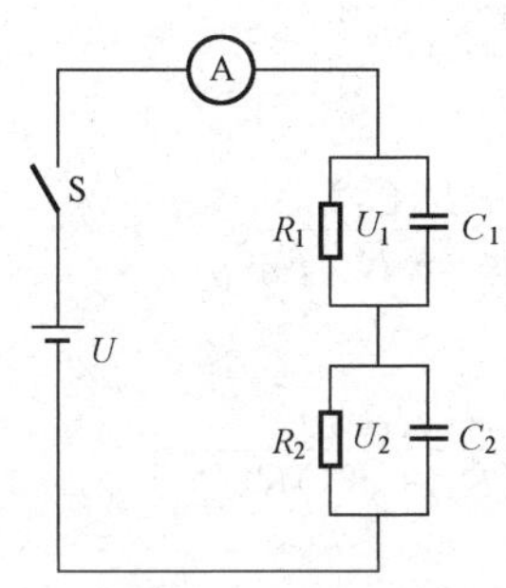

图 4 - 1　双层介质的等值电路

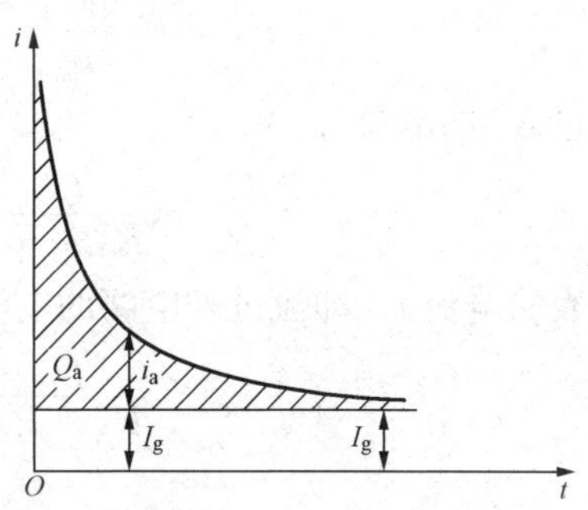

图 4 - 2　吸收曲线

由图 4 - 1 所示电路可知，在开关 S 合上的瞬间，绝缘两端突然有一个较大的电压变化，在极短时间（$t \approx 0$）内，介质 1 和介质 2 的电压各被充电到 U_1、U_2

$$U_1 = U \frac{C_2}{C_1 + C_2} \tag{4 - 1}$$

$$U_2 = U \frac{C_1}{C_1 + C_2} \tag{4 - 2}$$

在这之后，介质 1 和介质 2 上的电压将逐渐过渡为按电阻分配，当趋于稳态后，回路将只通过电阻的稳态电流 I_g

$$I_g = \frac{U}{R_1 + R_2} \tag{4 - 3}$$

而介质 1 和介质 2 上的电压将分别变为

$$U_1 = U \frac{R_1}{R_1 + R_2} \tag{4 - 4}$$

$$U_2 = U \frac{R_2}{R_1 + R_2} \tag{4 - 5}$$

在 $t > 0$ 后一般有一个过渡过程，当式（4 - 4）中的 U_1 比式（4 - 1）中的 U_1 小时，在过渡过程中 C_1 就要放电，C_2 要进一步充电，反之，则 C_2 放电，C_1 充电。过渡过程中，电压 U 将由起始电压 U_0 逐渐过渡到稳态电压 U_∞，即

$$u = U_\infty + (U_0 - U_\infty) e^{-\frac{t}{\tau}} \tag{4 - 6}$$

由此可得

$$U_1 = U \frac{R_1}{R_1 + R_2} + U\left(\frac{C_2}{C_1 + C_2} - \frac{R_1}{R_1 + R_2}\right) e^{-\frac{t}{\tau}} \tag{4 - 7}$$

$$U_2 = U \frac{R_2}{R_1 + R_2} + U\left(\frac{C_1}{C_1 + C_2} - \frac{R_2}{R_1 + R_2}\right) e^{-\frac{t}{\tau}} \tag{4 - 8}$$

由于电源回路内阻可以不计，因此可把绝缘两端看作短路来计算过渡过程的时间常数 τ，则

$$\tau=(C_1+C_2)\frac{R_1R_2}{R_1+R_2} \tag{4-9}$$

τ 越大，表示上述过渡过程进行得越慢。

过渡过程中流过 C_2 的充电电流 i_{C2} 为

$$i_{C2}=C_2\frac{\mathrm{d}U_2}{\mathrm{d}t}=U\frac{C_2(R_2C_2-R_1C_1)}{(C_1+C_2)^2R_1R_2}\mathrm{e}^{-\frac{t}{\tau}} \tag{4-10}$$

同时，流过 R_2 的电流 i_{R2} 为

$$i_{R2}=\frac{U_2}{R_2}=\frac{U}{R_1+R_2}-\frac{U(R_2C_2-R_1C_1)}{(C_1+C_2)(R_1+R_2)R_2}\mathrm{e}^{-\frac{t}{\tau}} \tag{4-11}$$

流过电流表的电流 i，即流过外电路的电流为

$$i=i_{C2}+i_{R2}=\frac{U}{R_1+R_2}+\frac{U(R_2C_2-R_1C_1)^2}{(C_1+C_2)^2(R_1+R_2)R_1R_2}\mathrm{e}^{-\frac{t}{\tau}} \tag{4-12}$$

令

$$i=I_{\mathrm{g}}+i_{\mathrm{a}} \tag{4-13}$$

可推得

$$i_{\mathrm{a}}=\frac{U(R_2C_2-R_1C_1)^2}{(C_1+C_2)^2(R_1+R_2)R_1R_2}\mathrm{e}^{-\frac{t}{\tau}} \tag{4-14}$$

式（4-14）中，I_{g} 为电路传导电流，其大小与试品总的绝缘电阻（R_1+R_2）成反比；i_{a} 为吸收电流，其大小与试品绝缘的均匀程度密切相关。如果绝缘比较均匀，则有 $R_1C_1\approx R_2C_2$，那么吸收电流就较小，吸收现象不明显；如果试品绝缘很不均匀，R_1C_1 与 R_2C_2 相差较大，则吸收现象将十分明显。此外，从式（4-9）及式（4-12）还可推知，如果被试绝缘受潮严重，或绝缘内部有集中性导电通道，由于绝缘电阻值显著降低，I_{g} 将大大增加，i_{a} 将迅速衰减。

二、绝缘电阻表工作原理

通常在绝缘预防性试验中，是采用绝缘电阻表测量被试品绝缘电阻的变化。绝缘电阻表有手动的及电动的两种，手动形式的绝缘电阻表又称为绝缘摇表，是测量绝缘电阻的专用仪器设备。由于绝缘电阻数值较大，所以绝缘电阻表的指示刻度都是以兆欧（MΩ）为单位，其中的直流电源一般为手摇发电机。绝缘电阻表有三个接线端子，即线路端子（L）、接地端子（E）和保护端子（G），被试绝缘接在 L 和 E 之间，如图 4-3 所示。

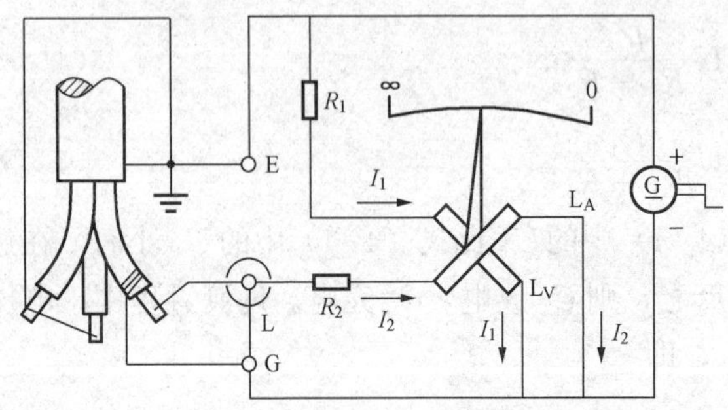

图 4-3 手摇式绝缘电阻表原理接线图

电压线圈 L_V 和电流线圈 L_A 绕向相反，固定在同一转子上，并可带动指针旋转。由于没有弹簧游丝，所以实际上没有反作用力矩，当线圈中没有电流时，指针可停在任一偏转角 α 的位置。当摇动手把时产生直流电压 U，从而在同一磁场中产生方向不同的转动力矩 M_1、M_2，其大小分别为 $M_1=I_1F_1(\alpha)$，$M_2=I_2F_2(\alpha)$。其中 $F_1(\alpha)$、$F_2(\alpha)$ 随指针转动角度 α 而变，与气隙中磁通密度的分布有关。

平衡时 $M_1=M_2$，故 $\frac{I_1}{I_2}=\frac{F_2(\alpha)}{F_1(\alpha)}=F(\alpha)$ 或 $\alpha=f\left(\frac{I_1}{I_2}\right)$。

由 $I_1=\frac{U}{R_1}$，$I_2=\frac{U}{R_2+R_x}$（R_x 为试品绝缘电阻），可得

$$\alpha=f\left(\frac{I_1}{I_2}\right)=f\left(\frac{R_2+R_x}{R_1}\right)=f'(R_x) \tag{4-15}$$

即指针读数反映 R_x 的大小。

接线端子 G 称为屏蔽端（保护端）。当需要单独测量体积绝缘电阻时，可在屏蔽位置设置金属屏蔽环极，并将其接至绝缘电阻表端子 G，使绝缘表面漏导电流到屏蔽环极后就会经由端子 G 直接流回发电机负极，从而只有通过体积绝缘电阻的漏导电流才流经电流测量线圈而反映到指针的偏转中去。图 4-4 是测量套管绝缘电阻时使用屏蔽端 G 的接线图。

三、绝缘电阻的测量

在采用绝缘电阻表进行绝缘电阻测量时，为了避免被试品上可能存留残余电荷而造成测量误差，试验前应将试品接地放电一定时间。对电容量较大的被试品（如发电机、电缆、电容器和大型变压器），更应该充分放电。通常规定加电压 60s 时测得的数值为该试品的绝缘电阻，因为通常认为加压 60s 时，通过绝缘的吸收电流已衰减接近于零。当被试品绝缘中存在贯通的集中性缺陷时，反映 I_g 的绝缘电阻往往明显下降，于是用绝缘电阻表检查时便可以即时发现问题，比如，变电站中常用的针式支柱绝缘子，最常见缺陷为瓷质开裂，开裂后绝缘电阻明显下降，用绝缘电阻表可以直接检测出来。

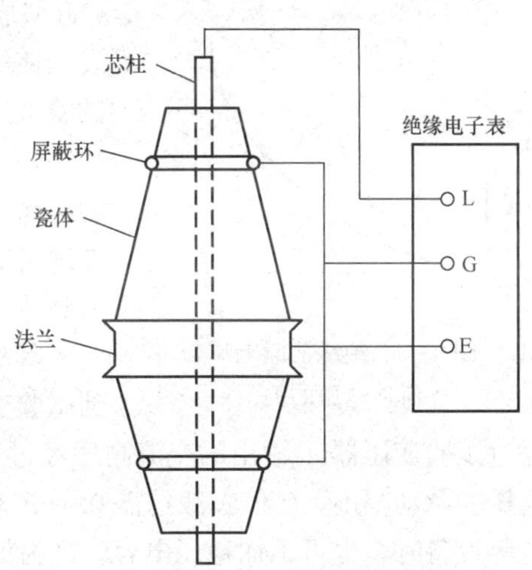

图 4-4　用绝缘电阻表测套管绝缘

但是，对于许多电容量比较大的电气设备，例如电机、变压器、电容器等，反映 I_g 的绝缘电阻往往变动甚大，它和被试品的形状及其尺寸都有关系，往往难以给出一定的绝缘电阻判断标准，通常是将处于同样运行条件下的不同相的绝缘电阻进行比较，或者把这一次测得的绝缘电阻和过去对它测出的绝缘电阻进行比较来发现问题。或是利用上述吸收现象来测量这些设备的绝缘电阻随时间的变化，即吸收比 K 值的大小，可以更有利于判断绝缘的状态。测试时应特别注意温度对绝缘电阻的影响，一般绝缘电阻随着温度的上升而减小，原因在于当温度升高时，绝缘介质中的极化加剧，电导增加，致使绝缘电阻值降低。温度影响的程度与绝缘材料的性质和结构有关，因此，测量时必须记录温度，以便进行比较。还需要注意的是，不论是绝缘电阻的绝对值还是吸收比的值都只是参考性的，如不满足最低合格值，则绝缘中肯定存在某种缺陷；但是，如已满足最低合格的数值，也还不能肯定绝缘是良好的。有些设备的绝缘即使有严重的缺陷，只要不是贯通性的，用绝缘电阻表测得的绝缘电阻值或吸收比仍可能满足规定的要求，这主要是因为绝缘电阻表的电压较低的缘故。

因此，根据绝缘电阻或吸收比的值来判断绝缘状况时，应与规定标准、过去的试验结果、同类设备的数据、同一设备的不同部分的数据以及本绝缘的其他试验结果综合起来相比

较，这样才能得出较为准确、客观的结论。

第二节 泄漏电流的测量

在直流电压作用下测量通过被试品（绝缘）的泄漏电流，在测量原理上实际上与测量绝缘电阻是一致的，因为泄漏电流的大小实际上就反映了绝缘电阻值。但是，此实验也具有自己的特点，虽然所加的直流电压不高时，由泄漏电流换算得到的绝缘电阻值与绝缘电阻表所测值非常接近，测量泄漏电流并不比绝缘电阻表测绝缘电阻能获得更多的信息。然而，当用较高的电压来测量泄漏电流时，就有可能发现绝缘电阻表所不能发现的绝缘损坏或弱点。

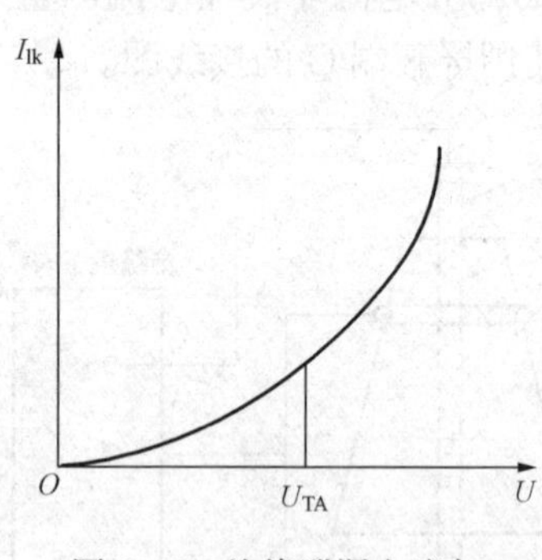

图 4-5 绝缘泄漏电流与所加电压的关系

如图 4-5 所示，当 $u<U_{TA}$ 时，泄漏电流 i 与所加电压 u 近似成正比；而当 $u>U_{TA}$ 时，泄漏电流增长较快，这就表示该绝缘不宜长时间承受高于 U_{TA} 的电压，因而在较高的试验电压作用下，能发现被试品中一些尚未完全贯通的集中性缺陷，因此比采用绝缘电阻表进行测量更有效。对于较好的绝缘，其泄漏电流不应该随加压时间的延长而增大，在标准规定的试验电压作用下，一般要求读取泄漏电流值的时间为到达试验电压后 1min。

其测量试验接线图如 4-6 所示。交流电源经调压器接到试验变压器 T 的一次绕组上，其电压用电压表 PV1 测量；经过试验变压器 T 输出的交流高压经过高压硅堆整流后接在稳压电容 C 上，为了减小直流高压的脉动幅度，C 值一般约需 0.1μF 左右，不过当被试品 C_x 是电容量较大的发电机、电缆等设备时，也可不加稳压电容。R 为保护电阻，以限制初始充电电流和故障短路电流低于整流元件和变压器的允许值，其值可按照 10Ω/V 选取。整流所得的直流高压可用高压静电电压表 PV2 测得，而泄漏电流则以接在被试品 C_x 高压侧或接地侧的微安表来测量。如果被试品的一极固定接地，且接地线不易解开时，微安表可接在高压侧（图 4-6 中的 a 处）。这时读数和切换量程有些不便，且应特别注意安全。在这一情况下，微安表及其接往 C_x 的高压连线均应加等电位屏蔽（如图中虚线所示），使这部分对地杂散电流（泄漏电流、电晕电流）不流过微安表，以减小测量误差；当被试品 C_x 的两极都可以做到不直接接地时，微安表就可以接在 C_x 低压侧和大地之间（图 4-6 中的 b 处）。这时读数方便、安全，回路高压部分对外界物体的杂散电流入地时都不会流过微安表，故不必设屏蔽。

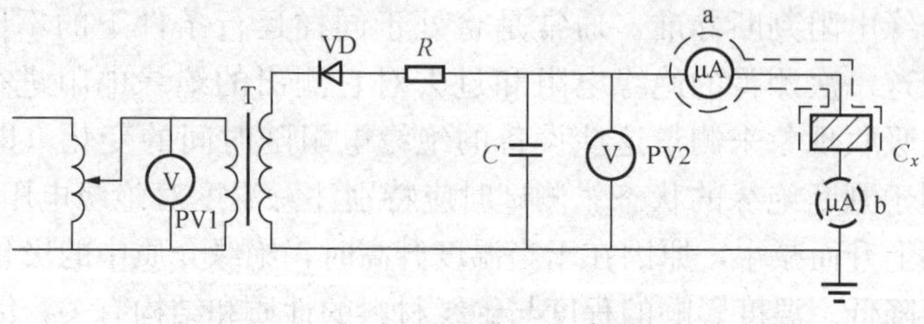

图 4-6 泄漏电流试验接线图

在测量泄漏电流的时候，除了和测量绝缘电阻时一样需要注意温度、时间和表面泄漏的影响等因素外，还应特别注意下列问题。

（1）电压的稳定性。一般通过采用整流的形式获得直流电压，直流电压的脉动系数应符合国家标准规定，即不大于 3%。

（2）测量仪表的保护。测量泄漏电流用的微安表是很灵敏和脆弱的仪表，可以采用如图4-7所示的电路进行保护。电阻R的值可以按照如下方式选取。电流表PA所允许的最大电流在电阻R上的压降应稍大于放电管的起始放电电压。并联电容C的作用不仅使电流表的读数稳定，更重要的是使作用在放电管上的电压陡波前能足够平缓，使其来得及动作，故其电容量应较大（$>1\mu F$），电流表平时被旁路开关短接，只在需要读数时才将其打开。

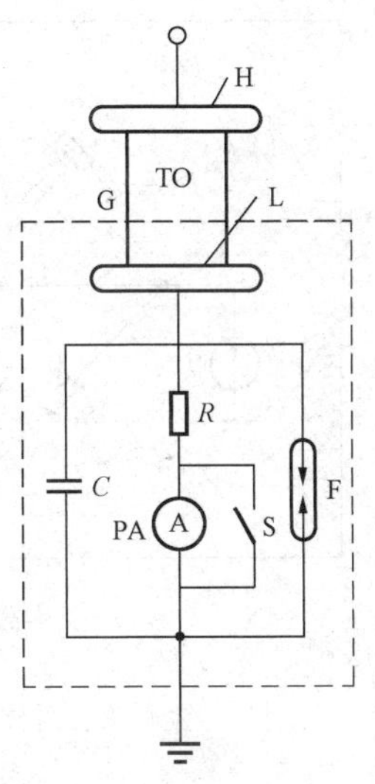

图4-7　测量泄漏电流原理图

（3）杂散电流造成的误差。为了观察方便，通常将测量仪表接在低电位侧，如果高压连线上的对地杂散电流或被试品高压电极H上发生电晕，将会形成附加漏导电流，它使得仪表指示的电流值比实际流经被试绝缘的泄漏电流大，所以要求直流高压部分不发生电晕。如果做不到这一点，则应将被试品的低压极L和测量机构用法拉第笼屏蔽起来，并将屏蔽笼接地，如图4-7中的虚线所示。

（4）被试品的接地问题。通常情况下，被试品两端均不允许接地，但是有时在已经安装在现场的设备，或是埋入地中的电缆，常常是无法再对地绝缘，此时应将测量系统串接在高压侧电路中。由于测量系统包含有仪表及其他辅助元件，不易做到防止电晕，故应将测量系统放在屏蔽系统中，尽可能地将被试品的高压极和引线屏蔽起来，这样电晕电流就不通过测量仪表，因此也就减小了误差的发生。但由于此时测量仪表在高压侧，观察时应注意安全。

第三节　介质损失角正切的测量

一、介质损耗因数的测量

介质损失角正切值$\tan\delta$的测量，对于判断电气设备的绝缘状况是比较灵敏有效的方法。测量介质损失角正切值可以采用不平衡电桥（介质试验器）和低功率因数瓦特表法。但由于良好的绝缘材料和正常的电气设备的介质损耗因数都很小，处在高电压下，即使无功分量可能很大，有功分量依然很小，如果用瓦特表来测量介质损耗时，要求用功率因数非常低的瓦特表，通常介质损耗角都非常小，此时相角上稍有误差，可使损耗的误差达几倍甚至几十倍，这种高压瓦特表是十分难做的。因此，目前最常用的方法是采用西林电桥（平衡电桥法）来测量绝缘的介质损耗因数。

二、西林电桥的基本原理

西林电桥是一种交流电桥，它能够在高电压下测量绝缘的电容值以及介质损耗因数，如果配合相应的标准电容器，西林电桥还可以在设备额定电压下测量其电容值和介质损耗因数值，其电路如图4-8所示。

西林电桥主要包括桥体和标准电容器两部分，共有四个桥臂，两个高压臂和两个低压臂，桥体内装有震动式交流检流计P，被试品以并联等值电路表示，其等值电容和电阻分别为C_x和R_x，R_3是可调的无感电阻，C_N为高压标准电容器的电容，R_4是定值无感电阻，C_4是可调电容，两者构成并联回路。

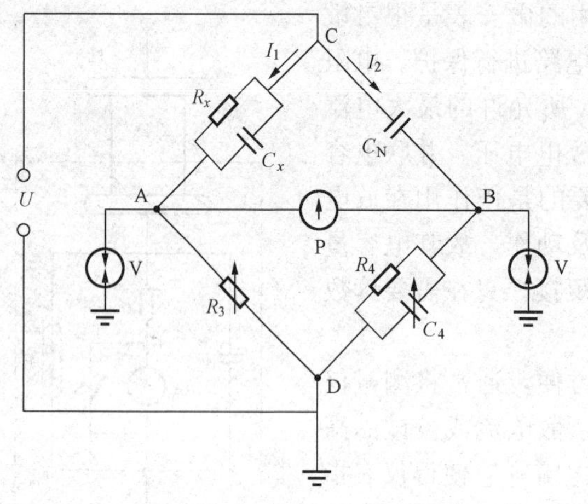

图 4-8 西林电桥原理接线图

通常情况下，出现在 R_3、R_4 和 C_4 上的压降不超过几伏。但如果被试品或标准电容发生闪络或击穿时，在 A、B 点可能出现高电位，为此，在 A、B 点对地之间各并接一个放电管以作保护。这种放电管的放电电压约为 100～200V，A、B 点上电位达到放电管的放电起始电压值，管子放电，使 A、B 点和接地点相连，以保护操作者免受电击。

电桥的平衡是通过调节 R_3 和 C_4 来获得的。电桥平衡时，A、B 两点电位相等，检流计 P 指零，此时流过 Z_x（即被试品阻抗）的电流等于流过 R_3 的电流，流过 C_N 的电流等于流过 R_4 和 C_4 并联电路的电流，由此可得出电桥的平衡条件

$$\frac{Z_1}{Z_3}=\frac{Z_2}{Z_4}$$

即

$$Z_1Z_4=Z_2Z_3 \tag{4-16}$$

其中
$$Z_1=\frac{1}{\frac{1}{R_x}+j\omega C_x},Z_2=\frac{1}{j\omega C_N},Z_3=R_3,Z_4=\frac{1}{\frac{1}{R_4}+j\omega C_4}$$

把上述各阻抗的表达式代入式（4-16）并展开，使两等式两侧实数部分和虚数部分分别相等，即可求得

$$\tan\delta=\frac{1}{\omega C_xR_x}=\omega C_4 R_4 \tag{4-17}$$

由于介质损失角正切值很小，因此，当 $\tan^2\delta\ll 1$ 亦可推得

$$C_x=\frac{C_NR_4}{R_3}\cdot\frac{1}{1+\tan^2\delta}\approx\frac{C_NR_4}{R_3} \tag{4-18}$$

如果被试品用串联等值电路表示，也可得出同样结果。

由于电介质的 $\tan\delta$ 值有时会随着电压的升高而起变化，所以西林电桥的工作电压不宜太低，通常采用 5～10kV，更高的电压也不宜采用，因为那样会增加仪器的绝缘难度，影响操作安全。

电桥达到平衡时，可以推出

$$\tan\delta=\omega C_4R_4 \tag{4-19}$$

为了计算方便，通常取西林电桥中的 $R_4=\frac{10^4}{\pi}\Omega$。电源为工频时，$\omega=100\pi$，由式（4-19）可得

$$\tan\delta=100\pi\times\frac{10^4}{\pi}\times C_4=10^6C_4 \tag{4-20}$$

如 C_4 以 μF 计，则在数值上 $\tan\delta=C_4$。

上述过程主要针对的是西林电桥的正接线，可以看出，这时接地点放在 D 点，被试品两端均对地绝缘，实际上，绝大多数电气设备的金属外壳是直接放在接地底座上的，即被试品的一极往往是固定接地的。这时可采用图 4-9 所示的反接线法进行测量，在此情况下，电桥平衡的过程及所推得的关系式与正接线时无异，区别仅在于把电桥的 D 点接到电源的高压端，而将 C 点接地。在这种接线中，被试品处于接地端，调节元件 R_3、C_4 处于高压端，因此电桥本身的全部元件对机壳必须具有足够的绝缘强度并采取可靠的保护措施，以保证仪器和试验人员的人身安全。

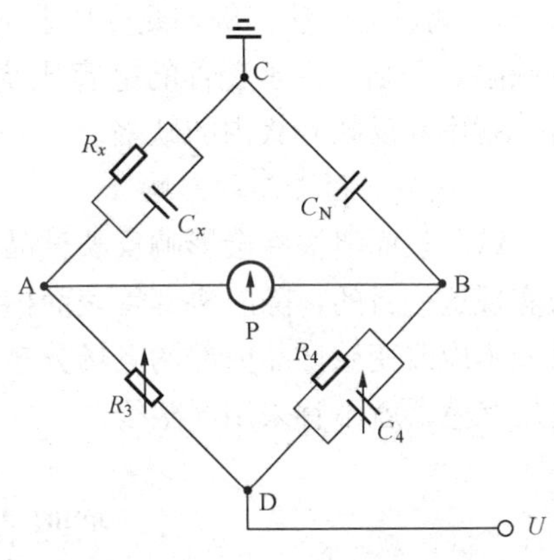

图 4-9　西林电桥反接线原理图

三、tanδ 测量的影响因素

1. 外界电磁场的干扰影响

外界电磁场的干扰包括试验用高压电源和试验现场高压带电体所引起的电场干扰，因为在这些高压源与电桥各元件及其连线之间存在着杂散电容，产生的干扰电流如流经桥臂就会引起测量误差。此外，在现场测试条件下，电桥往往处于一个非常明显的交变磁场中，这时电桥接线内也会形成干扰电动势，对电桥的平衡产生负面影响，因而导致测量误差。为了消除上述干扰形成的影响，最简单而有效的办法就是将电桥的低压臂和检流计全部用金属屏蔽网和屏蔽电缆线加以屏蔽，这样，杂散电容引起的电流将不再流过桥臂，从而能基本上消除测量误差。

2. 温度的影响

温度的变化对 tanδ 产生的影响很大，但具体的影响程度随绝缘材料和结构的不同而有所变化。一般来说，tanδ 会随着温度的增高而增大，在现场进行试验时，其绝缘温度是不一定的，因此为了便于比较，应将在各种温度下测得的 tanδ 值进行同一温度换算，即换算到 20℃时的值。但值得注意的是，由于试品内部的实际温度往往很难测定，换算方法也不很准确，故换算后往往仍有较大的误差，因此，对于 tanδ 的测量应该尽可能在 10～30℃的条件下进行。

3. 试验电压的影响

在正常情况下，一个良好的绝缘在其额定电压范围内 tanδ 值几乎保持不变，但是，如果在绝缘内存在着空隙或者气泡时，情况就不同了。当所加电压尚不足以使气泡电离时，其 tanδ 值与电压的关系与良好绝缘没有什么差别；但当所加电压大到能引起气泡电离或发生局部放电时，tanδ 值即开始随着 U 的升高而迅速增大，在电压回落时电离要比在电压上升时更强一些。因此，求出 tanδ 与电压的关系，可以有利于判断绝缘的状态和绝缘缺陷的类型。

4. 尽可能分布测试

被试品的 tanδ 是反映绝缘功率损耗大小的特性参数，如果绝缘内的缺陷不是分布性而是集中性的，则 tanδ 有时反映就不灵敏。被试绝缘的体积越大，或集中性缺陷所占的体积越小，那么集中性缺陷处的介质损耗占被试绝缘全部介质中的比重就越小，总体的 tanδ 增加得也越少，这样，测 tanδ 法就越不灵敏。

当被试品绝缘由不同的介质组成，对于可以分解为各个绝缘部分的被试品，常用分解进

行 $\tan\delta$ 测量的方法。例如测变压器 $\tan\delta$ 时，对套管的 $\tan\delta$ 单独进行测量以有利地发现套管的缺陷。否则，由于套管的电容比绕组的电容小得多，在测量变压器绕组连同套管的 $\tan\delta$ 时，就不易反映套管内的缺陷。

5. 试品表面泄漏的影响

试品表面泄漏将会影响反映试品内部绝缘情况的 $\tan\delta$ 值，因此应该尽量消除表面泄漏。为实现这一目的，除应将套管表面擦干净外，也可以采取外加屏蔽的方式。但需要注意，屏蔽线不应改变被试品内部的电场分布，电容式套管最外层是地电位，屏蔽线影响不大，但对电压互感器就不宜采用屏蔽线。

第四节 局部放电的测量

通常情况下，固体绝缘不可能做得非常致密纯净，都会或多或少地包含一些分散性的杂质，如气泡，污物等。其中，有些是在制造过程中未去净的，而有些可能是在运行中绝缘物的老化、分解等产生的。这些杂物的电导和介电常数不同于一般的绝缘物，因而在外施电压的作用下，这些异物附近将出现比周围更高的电场强度。当外施电压升高到一定程度时，如这些部位的电场强度超过了该处杂质的电离场强，就会产生电离，即发生局部放电。由于局部放电是分散地发生在极微小的空间内，所以它几乎不影响当时整体绝缘的击穿电压。但这种在正常工作电压下的局部放电，会在其工作期间持续发展，加速绝缘的老化和破坏，发展到一定程度时，就可能导致绝缘的击穿和损坏。所以，测定绝缘在不同电压下局部放电强度的规律，能预示绝缘的状况，也是估计绝缘电老化速度的重要根据。

一、局部放电检测方法综述

当介质内部发生局部放电时，将伴随发生许多现象。这些现象中，有属于电的，如电脉冲，介质损耗的增大和电磁波辐射；有属于非电的，如光、热、噪声、气体压力的变化和化学变化等。这些现象都可以用来判断局部放电是否存在，因此，检测方法也可以分为电的和非电的两类。大多数情况下，非电的方法都不够灵敏，多半属于定性的，即只能说明是否存在局部放电。局部放电强度参数的测量有视在放电量、单次放电能量、放电次数频度、平均放电电流，平均放电功率等，但以视在放电量的测量最为普遍。下面将简要介绍各种检测方法的基本原理。

1. 非电检测法

(1) 噪声检测法。通过听觉检测局部放电是最原始的方法之一，显然这种方法灵敏度很低，且带有试验人员的主观因素，因而后来改用微音器或其他传感器和超声波探测仪等作为客观的声波和超声波检测，这些方法常用作放电定位。局部放电产生的声波和超声波频谱覆盖面从数十赫兹到数十兆赫兹，所以应选频谱中所占分量较大的频率范围作为测量频率，以提高检测的灵敏度。

近年来，超声波探测器在检测绝缘内部局部放电方面的应用逐渐增多，与前述方法相比较，其特点是抗干扰能力相对较强，使用方便，可以在运行中和耐压试验时检测绝缘内部的局部放电，适合预防性试验的要求。其工作原理是：当电气设备绝缘内部发生局部放电时，在放电处产生了超声波，并向四周传递，直到电气设备容器外壳的表面，若在设备外壁，例如套管、互感器的瓷套外表面贴装一压电元件，在交变压力波的作用下，具有压电效应的晶体便产生交变的弹性变形，晶体沿受力方向的两端而上便会出现交变的束缚电荷，这一表面束缚电荷的变化便引起了端部金属电极上电荷的变化，或在外回路中引起交变电流，从而将交变压力波转换为电气量，由此可指示设备内部是否发生了局部放电。目前超声波法由于采用光纤传输信号而提高了抗干扰的能力，取得了较好的效果，如采用多个超声发射接收通道，将更有利于确定故障位置。

(2) 光检测法。通常采用光检测法测量沿面放电和电晕放电，效果非常好。一般情况下，当绝缘内部发生局部放电时当然也会释放光子而产生光辐射。应用该方法所检测的就是局部放电所发出的光量，但是只有在透明介质的情况下，才能实现。为了提高检测时的灵敏度，有时可用光电倍增器或影像亮化器等辅助仪器来实现。

(3) 化学分析法。通过分析绝缘油中溶解的气体成分和含量，能够判断设备内部隐藏的缺陷类型，它的优点是能够发现充油电气设备中一些用其他试验方法不易发现的局部性缺陷（包括局部放电）。例如，当设备内部有局部过热或局部放电等缺陷时，其附近的油就会分解而产生烃类气体及 H_2，CO，CO_2 等，它们不断溶解到油中。局部放电所引起的气相色谱特征是 C_2H_2 和 H_2 的含量较大。该方法灵敏度非常高，操作简便，设备不需停电，适合于在线绝缘诊断，因而获得了广泛应用。

2. 电气检测法

(1) 脉冲电流法。该方法测量的是视在放电量。当发生局部放电时，试品两端会出现一个几乎是瞬时的电压变化，在检测回路中引起高频脉冲电流，将它变换成电压脉冲后就可以用示波器等测量其波形或幅值。由于其大小与视在放电量成正比，通过校准就能得出视在放电量（一般单位用 pC）。该方法灵敏度高，应用广泛。

(2) 介质损耗法。局部放电要消耗能量，使介质产生附加损耗，外加电压越高、放电频度越大、附加损耗也就越大。本方法就是基于测量这种附加损耗来检测局部放电的。该方法的优点是不需添加专用的测量仪器，操作也较方便。其缺点是灵敏度比脉冲电流法低得多，而且介损随电压而增大的现象也可以因介质受潮等其他因素而引起，要排除这些因素的影响也比较困难。

二、脉冲电流法的测量原理

图 4-10 所示为测量局部放电的三种基本回路。图中 C_x 代表试品电容，Z_m（Z'_m）代表测量阻抗；C_k 代表耦合电容，它的作用是为 C_x 与 Z_m 之间提供一个低阻抗的通道；Z 代表接在电源与测量回路间的低通滤波器，Z 可以使工频电压作用到试品上，但阻止被测的高频脉冲或电源中的高频分量通过。

在图 4-10（a）、（b）两种基本电路中，其目的都是要使被试品 C_x 局部放电时产生的脉冲电流作用到检测阻抗 Z_m 上，然后把 Z_m 上的电压经放大后送到测量仪器中去，根据 Z_m 上的电压可推算出局部放电的视在电荷量。图中耦合电容 C_k 为脉冲电流提供低阻抗通道，低通滤波器 Z 只允许工频电流通过而阻塞局部放电所产生的高频脉冲电流。图 4-10（a）中 Z_m 直接与被试品并联，称为并联法；图 4-10（b）中 Z_m 与被试品串联，称为串联法，不难看出两者对高频脉冲电流的回路是相同的，都是串联地流经 C_x、C_k 和 Z_m 三个元件；在理论上两者的灵敏度是相等的。这两种方法也被称为直接法，其缺点是抗干扰性能较差。

如果要提高抗干扰的能力，可以采用电桥平衡原理来检测，如图 4-10（c）所示。该方法也被称为平衡法。此时，试品 C_x 和耦合电容 C_k 的低压端均对地绝缘，两个检测阻抗分别

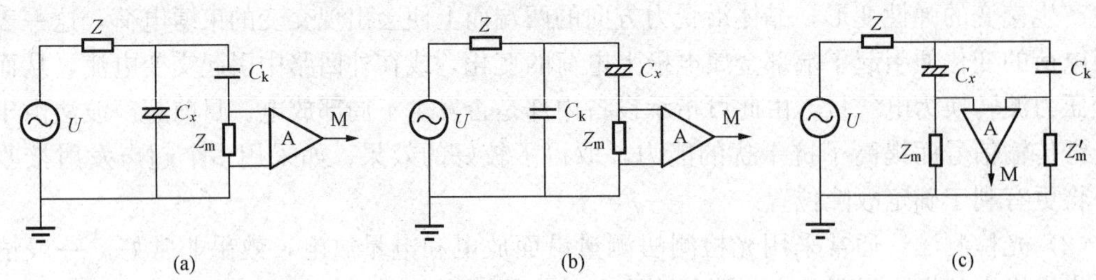

图 4 - 10　测量局部放电的基本回路

（a）并联测试回路；（b）串联测试回路；（c）桥式测试回路

接在 C_x 和 C_k 的低压端与地之间，此时测量仪器 M 测得的是检测阻抗上的电压差。当被试品发生局部放电时，平衡条件被破坏，通过检测电路即可测出此不平衡脉冲电压。为了能确定被检测出的放电脉冲信号是由被试品发出的，应避免辅助桥臂在试验电压下产生局部放电。试验时可采用窄带选频放大器，以避开干扰较强的频率区域；同时在高压电源电路中的滤波器也采用窄带选频阻波器，其阻频带正好与选频放大器的通频带相对应，这可取得更好的抗干扰效果。

电气设备的绝缘特性直接影响到电气设备的安全可靠运行。据统计电力系统中一半以上的事故属于绝缘事故，即由绝缘的老化及击穿而引起的事故。由于绝缘理论尚未完善，因此人们通常需要通过各种形式的试验来监测电气设备的绝缘状况。绝缘预防性试验中的一类是通过测试绝缘的某些特性参数来判断绝缘的状况，称为检查性试验。这类试验一般是在较低电压下进行的，不会对绝缘造成损伤，因此亦称为非破坏性试验。

本章主要介绍绝缘预防性试验中几种非破坏性试验方法，如绝缘电阻和吸收比测量、泄漏电流的测量、介质损失角正切的测量、局部放电的测量，分析了其基本原理，运用场合以及具体的测试方法。在具体应用以上几种方法判断某一电气设备的绝缘状况时，应注意对各项试验结果进行综合判断，并注意和历史资料、该设备的其他相以及其他同类设备试验数据进行互相比较，以便得出客观和较为准确的结论。

思考题与习题

1. 电气设备绝缘试验分哪两大类，各有哪些项目？
2. 绝缘电阻表的 G 端子有什么作用？
3. 测量泄漏电流有哪两种接线，各有何优缺点？
4. $\tan\delta$ 测量的影响因素有哪些？
5. 局部放电检测方法有哪些？

第五章　电气设备绝缘耐压试验

教学要求

本章主要介绍了几种绝缘耐压试验（破坏性试验）的原理和方法，需要通过学习掌握工频耐压试验、直流耐压试验和感应耐压试验的相关原理和测试方法。

在电气设备运行过程中，其绝缘除了长期受到工作电压的作用以外，还经常受到电力系统中可能出现的各种过电压的作用，因此，在高压试验室内应能产生出模拟这些作用电压的试验电压，从而考验各种绝缘耐受这些高电压作用的能力。绝缘耐压试验的结果与使用的电压波形有密切关系，因此应尽可能将所产生的电压波形中的不利成分限制在容许范围以内。有了产生高电压和大电流的设备，还要有测量这些电压和电流的大小及波形的测量装置。由于被测的电压高、电流大，一般的仪表受绝缘或发热条件的限制，往往不能直接用来测量，而要和能耐高电压或能通过大电流的转换装置配合使用。根据仪表的读数和比例系数即可确定被测高电压或大电流之值。与非破坏性试验相比，绝缘的高电压试验具有直观、可信度高、要求严格等特点，但因它具有破坏性试验的性质，所以一般都放在非破坏性试验项目合格通过之后进行，以避免或减少不必要的损失。

第一节　工频耐压试验

工频耐压试验是衡量电气设备绝缘强度的最严格有效和最直接的方法，其不仅可以检验绝缘在工频交流工作电压下的性能，在许多场合也可以用来等效地检验绝缘对操作过电压和雷电过电压的耐受能力。在工频耐压试验时，需要对电气设备绝缘施加比工作电压高得多的试验电压，这些试验电压反映了电气设备的绝缘水平，能够有效地发现导致绝缘抗电强度降低的各种缺陷。

在该项试验中，必须注意选择恰当的试验电压。如果试验中电压过低，那么设备绝缘在运行中的可靠性也降低，在过电压作用下发生击穿的可能性将会大大增加；反之，如果试验电压选择过高，则在试验时发生击穿的可能性以及产生的累积效应都将增加，从而增加检修的工作量和检修费用。一般应考虑运行中绝缘的老化及累积效应、过电压的大小等，对不同设备应该加以区别对待。

一、工频耐压试验接线

工频耐压试验接线如图 5 - 1 所示。

一般情况下，被试品都采用电容性负载。在试验时，应该从零开始逐渐升高电压。这样做的原因是，如果在工频试验变压器一次绕组上突然加压，由于励磁涌流的出现，会使被试品出现过电压；此外，如果在试验过程中突然将电源切断也将引起过电压。因而，最恰当的

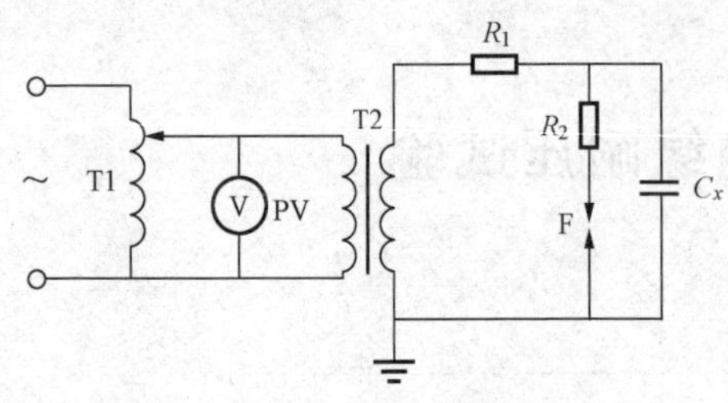

图 5-1　工频耐压试验接线图

方法是通过调压器逐渐升压和降压。

电路中 R_1 是工频试验变压器的保护电阻，在试验过程中，如果被试品突然发生击穿或放电的情况，工频试验变压器不仅由于短路会产生过电流，而且还将由于绕组内部的电磁振荡在工频试验变压器匝间或层间绝缘上引起过电压，因此，在工频试验变压器高压出线端串联一个保护电阻 R_1，其作用主要是限制短路电流和降低放电回路的振荡过程。保护电阻 R_1 不应太大或太小。如果阻值太小，则系统的短路电流过大，起不到应有的保护作用；反之，如果阻值太大，则系统正常工作时由于负载电流的出现，会有较大的电压降和功率损耗，从而影响加在被试品上的电压值。R_1 的数值一般可按将回路放电电流限制到工频试验变压器额定电流的 1～4 倍左右来选择，通常取 0.1～1Ω/V。保护电阻应有足够的热容量和足够的长度，以保证当被试品击穿时不会发生沿面闪络。R_2 一般可以取 0.1～0.5Ω/V，C_x 为被试品电容。

二、试验变压器结构

产生工频高电压的设备主要是指高压试验变压器，是高压试验室最基本的、不可缺少的主要设备之一。高压试验变压器大多采用油浸式变压器，其在工作原理上与电力变压器没有什么不同，但在工作条件和结构方面则具有以下特点。

(1) 由于需要产生的工频电压很高，因而试验变压器本身应有很好的绝缘。但因它们都在高压试验室内工作，不像电力变压器那样会受到雷电和操作过电压的作用，所以试验变压器的绝缘裕度不需要取得太大，平时工作电压一般不允许超过其额定电压。

(2) 试验变压器的容量一般是不大的，因为在试验中，被试品放电或击穿前，只需要供给被试品的电容电流；如果被试品被击穿，开关会立即切断电源，不会出现长时间的短路电流。因为试品大多为电容性的。当确定试品的电容量及所加的试验电压值时，便可计算出试验电流 I 及试验所需的变压器容量 P

$$I = 2\pi fCU \times 10^{-3} \tag{5-1}$$

$$P = 2\pi fCU^2 \times 10^{-3} \tag{5-2}$$

式中　U——试验电压，kV；

C——试品电容量，μF；

f——电源频率，Hz。

为满足大多数被试品的试验要求，250kV 以上试验变压器的高压侧额定电流取为 1A，例如 500kV 试验变压器的额定容量一般为 500kVA。但是对于某些特殊被试品和某些特殊的试验项目，需要把试验变压器的额定电流选得比 1A 大得多。

(3) 由于试验变压器的额定电压很高而容量不大，因而它的油箱本体不大，而其高压套管又长又大，这是它外观上的一个特点。按照高压套管的数量，可将试验变压器分为单套管和双套管两种，如图 5-2 所示。在图 5-2 (a) 中，单套管试验变压器的高压绕组一端可与外壳相连，但为了测量上的方便常把此端不直接与外壳相连，而经一个几千伏的小套管引到外面再与外壳一起接地，如有必要时可经过仪表再与外壳一起接地。这种结构多用于 200～300kV 以下的试验变压器中；在图 5-2 (b) 所示双套管的试验变压器中，高压绕组分成两部分绕在铁芯上，其中点与铁芯相连，两端点各经过一只套管引出，X 端接地。因此高压绕组和套管对铁芯、外壳的绝缘只要按全电压的一半来考虑即可。变压器外壳对地的绝缘也按全电压的一半来考虑。这种结构大大减轻了变压器内绝缘的负担，可大大减小绝缘的成本和制造难度，特别适用于 500kV 及以上的串级试验变压器中。

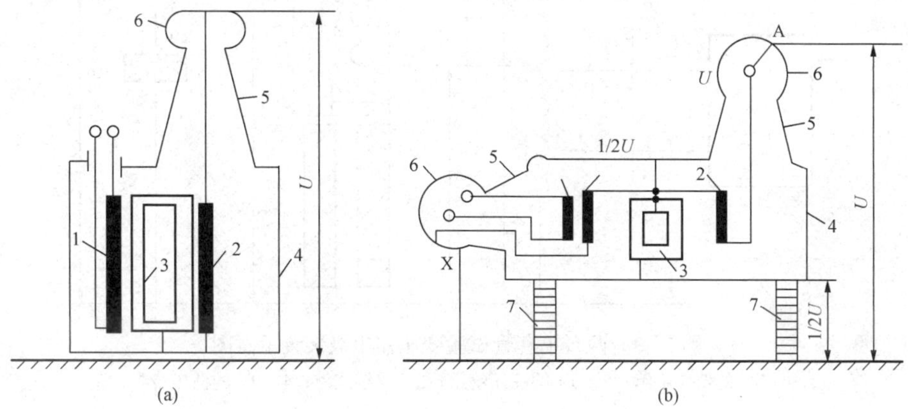

图 5-2 试验变压器结构示意图

（a）单套管；（b）双套管

1—低压绕组；2—高压绕组；3—铁芯；

4—油箱；5—套管；6—屏蔽极；7—绝缘支柱

绝缘壳式的试验变压器是以绝缘壳作为容器，同时又用它作为外绝缘，以省去高压引出套管。其铁芯与绕组和双套管金属壳变压器相同，只是铁芯的两柱常常是上下排列的。铁芯需要用绝缘支撑起来，高压绕组的高压端 A 从绝缘壳上端穿出，与金属上盖连在一起，接地端 X 以及低压绕组两端则从绝缘壳下端的适当位置引出。这种结构体积小、质量轻，优点显著。

（4）试验变压器连续运行时间不长，发热较轻，因而不需要有复杂的冷却系统，但由于试验变压器的绝缘裕度很小，散热条件又较差，所以一般在额定电压或额定功率下只能作短时运行。

（5）与电力变压器相比，试验变压器的漏抗较大，短路电流较小，因而可降低绕组机械强度方面的要求，以节省制造费用。

（6）试验变压器所输出的电压应尽可能是正、负半波对称的正弦波形，实际上要做到这一点是相当困难的。一般采取的措施有：采用优质铁芯材料；采用较小的设计磁通密度；选用适宜的调压供电装置；在试验变压器的低压侧跨接若干滤波器。

（7）通常均为间歇工作方式，对应于不同的运行时间有不同的允许电压和电流值。

三、试验变压器串级装置

当所需的工频试验电压大于 1000kV 时，通常采用若干台试验变压器组成串级装置来满足要求，这在技术上和经济上都更加合理。数台试验变压器串级连接的办法就是将它们的高压绕组串联起来，使它们的高压侧电压叠加后得到很高的输出电压，而每台变压器结构可大大简化，减轻绝缘难度，降低价格。

最常用的串级连接方式是自耦式连接，这时高一级变压器的励磁电流由前一级变压器高压绕组的一部分来供给，图 5-3 中表示的是一套由两台单套管试验变压器组成的串级装置示意图。

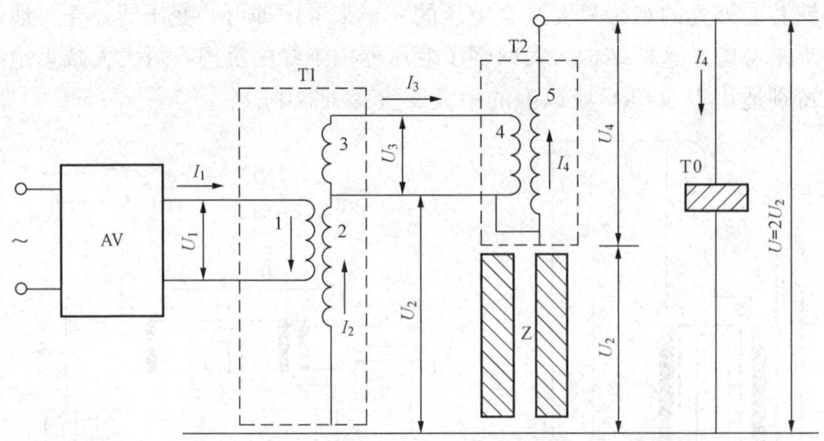

图 5-3 两台单套管试验变压器串级装置示意图

1—T1 的低压绕组；2—T1 的高压绕组；3—累接绕组；4—T2 的低压绕组；5—T2 的高压绕组；AV—调压器；T0—被试品；T1—第一级实验变压器；T2—第二级试验变压器；Z—绝缘支柱

T1 的高压绕组 2 的一端和油箱相连（接地），而另一端再接上一只特殊的励磁绕组，用来给 T2 的低压绕组 4 供电，T2 的油箱与 T1 高压绕组 2 的输出端同电位，所以必须用绝缘支柱 Z 将 T2 的油箱对地绝缘起来。由于 T2 的低压绕组的对地电位也被抬高到 U_2，因而 T2 的内绝缘（高、低压绕组之间及高压绕组对铁芯、邮箱之间的绝缘）水平也仅需 U_2，这就大大减小了 T2 的内绝缘和高压套管的绝缘难度，而 T2 油箱所带高电压 U_2 的问题可以用绝缘支柱 Z 来加以解决。

四、调压装置

工频高压试验变压器的调压装置有自耦式调压器、移卷式调压器、感应式调压器和电动—发电机组。

(1) 自耦调压器调压：其特点为调压范围广、功率损耗小、漏抗小、对波形的畸变少、体积小、价格低廉。当试验变压器的功率不大时（单相不超过 10kVA），这是一种被普遍应用的调压方式。

(2) 移卷式调压器调压：此调压方式不存在滑动触头及直接短路线匝的问题，故容量可做得很大，且可以平滑无级调压，但自身感抗大，波形可能发生畸变。

(3) 感应式调压器调压：其性能与移卷式调压器相似，波形畸变较小，但本身感抗较大，且价格较贵，一般较少采用。

(4) 电动—发电机组调压：该调压方式能得到很好的正弦波形和均匀的电压调节，不受电网电压质量的影响。如果采用直流电动机作为原动机，则还可以调节试验电压的频率，但这种调压方式所需的投资及运行费用较大，运行和管理的技术水平也要求较高，故此调压方式只适宜应用在对试验要求很严格的大型试验基地。

五、工频高压的测量

目前，在高压实验室最常用的测量方法有：用测量球隙或峰值电压表测量工频高压的峰值；用静电电压表测量电压的有效值，为了观察被测电压的波形，也可利用分压器低压侧将输出被测信号送至示波器显示波形，通常情况下，测量的准确度要求测量误差不大于3%。

1. 静电电压表

静电电压表是根据两电极间电场力的平均值来指示电压的，而电场力的瞬时值又与电压瞬时值的平方成比例，所以，静电电压表指示的是电压的均方根值。静电电压表的输入阻抗极高，电源频率、大气条件、外界磁场干扰等对其测量几乎没有影响，因此，静电电压表既可用来测量低电压，对于电压等级不太高的试验，也可以使用它很方便地在高压端直接测出电压。

2. 分压器

分压器是由高阻抗元件（高压臂）和低阻抗元件（低压臂）串联组成的。被测电压加在组合体上，利用分压器并配以适当的高阻抗的低压仪表，如静电电压表、晶体管电压表、示波器等进行测量。

分压器有电阻型、电容型和阻容混合型，视被测电压性质而有不同的选择，但是均需满足以下要求：将被测电压波形的各部分按一定比例准确地缩小后输出；保持恒定的分压比，不随大气条件或被测电压的波形、频率、幅值等因素而变；分压器的接入对被测电压过程的影响应该微小到容许的程度。

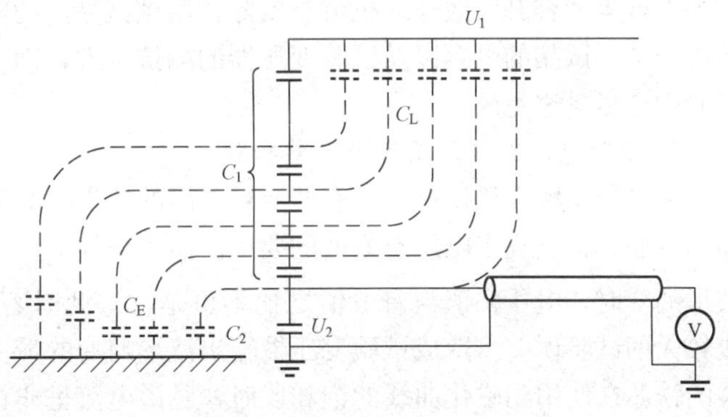

图5-4　电容分压器测量电路

测量工频高压，通常多用电容型分压器，如图5-4所示。它是由高压臂电容 C_1 和低压臂电容 C_2 串联而成，被测高压 U_1 经过电容分压器转换为低压 U_2，为了防止外电场对测量电路的影响，再由高频同轴电缆来传输分压信号（电缆的电容计入低压臂的电容量中），送入测量仪表。测量仪表在被测电压频率下的阻抗应足够大，至少要比分压器低压臂的阻抗大几百倍，为此，最好用高阻抗的静电式仪表或电子仪表，包括示波器、峰值电压表等。

若略去杂散电容的影响不计，则分压比为

$$K=\frac{U_1}{U_2}=\frac{C_1+C_2}{C_1} \tag{5-3}$$

在实际应用中，许多分压器的高压臂电容 C_1 由多电容串联而成，此时形成的杂散电容会影响其分压比，不过，只要周围环境不变，这种影响就将是恒定的，并不随被测电压的幅值、频率、波形或大气条件等因素而变，所以，对一定的环境，只要一次准确地测出其分压比，则此分压比即可适用于各种工频高压的测量。为保护测量仪器，低压臂电容 C_2 两端应并入放电管等过电压保护装置，此外，通过在 C_2 上并入高值电阻，还可以消除其上的残余电荷。

电容分压器的另一个优点是它几乎不吸收有功功率，不存在温升和随温升而引起的各部分参数的变化，因而可以用来测量极高的电压。当然，应该注意高压部分的防晕。

3. 球隙测量法

球间隙在电场较均匀时，其伏秒特性在击穿时间 $t\geqslant1\mu s$ 范围内几乎是一条水平直线，且分散性较小，不同的间隙距离具有一定的与之相对应的击穿电压。球隙就是利用这个原理来测量各种类型的高电压。

用球隙测量工频电压，应取连续三次击穿电压的平均值；相邻两次击穿间隔时间不得小于1min，各次击穿电压与平均值之间的偏差，不得大于3%。当球隙击穿时，为了限制流过球隙的工频电流不致灼伤球面，仅靠变压器保护电阻是不够的，必须另串一球隙电阻，这个电阻还可以防止由于球隙击穿而产生极陡的截波电压和瞬时振荡电压加在被试品上，此外，还能防止当球隙高压侧的某些部分发生局部放电时在球隙上造成振荡过电压而引起球隙的误击穿。

六、试验中需注意的问题

1. 防止工频高压试验中可能出现的过电压

在工频高压试验中，大多数试品是电容性的，当试验变压器施加工频高压时，往往会在试品上产生“容升”效应，也就是实际作用到试品上的电压值会超过按变比高压侧所应输出的电压值。试品的电容以及试验变压器的漏抗越大，则“容升”现象越明显，这是工频高压试验中应尽量避免的。

2. 试验电压的波形畸变与改善措施

在进行工频高压试验中，有些测量电压的仪表，所测得的是电压的有效值，不少电气产品的试验，也只提出电压有效值的要求。而工频放电（或击穿）一般决定于电压的幅值。当波形畸变时，电压幅值与有效值之比不再是$\sqrt{2}$，此时若根据有效值乘$\sqrt{2}$来求幅值，就会造成较大的试验误差。造成试验变压器输出波形畸变的最主要原因是由于试验变压器或调压装置的铁芯在使用到磁化曲线的饱和段时，励磁电流呈非正弦波的缘故。由于输入电源电压的波形本身不标准也会造成电压波形的畸变。

3. 外施电压试验

对于带绕组的被试品，用外施电压对其主绝缘做工频高压试验时，首先应将各绕组的首尾短接，然后，根据不同要求做其他接线，这样能防止电容电流流过励磁感抗造成不允许的电压升高。

第二节 直流耐压试验

在被试品的电容量很大的场合用工频交流高电压进行绝缘试验时会出现很大的电容电流，这就要求工频高压试验装置具有很大的容量，但这往往是很难做到的，这时常用直流耐压试验来代替工频耐压试验。此外，随着高压直流输电技术的发展，出现了越来越多的直流输电工程，因而必然需要进行多种内容的直流耐压试验。

直流耐压试验与交流耐压试验相比，主要有以下一些特点。

（1）直流耐压试验只需供给较小的毫安级泄漏电流，因此试验设备容量较小，特别是采用高压硅堆作为整流元件后，整套直流耐压试验装置的体积、质量减小得更多，适合现场预防性试验的要求。

（2）在进行直流耐压试验时，可以同时测量泄漏电流，所得的“电压—电流”曲线能有效地显示绝缘内部的集中性缺陷或受潮，提供有关绝缘状态的补充信息，以便及早地发现绝缘中存在的局部缺陷。

(3) 直流耐压试验比交流耐压试验更能发现电机端部的绝缘缺陷，其原因是由于交流电压作用下，绝缘内部的电压分布是按电容分布的。在交流电压作用下，电机绕组绝缘的电容电流流向接地的定子铁芯，使得越靠近绕组末端的绝缘承受的电压越低，而在直流电压下，没有电容电流流经线棒绝缘，端部绝缘上的电压与所加电压相一致，有利于发现绕组端部的绝缘缺陷。

(4) 直流耐压试验对绝缘的损伤程度比交流耐压小。交流耐压试验时产生的介质损耗较大、易引起绝缘发热，促使绝缘老化变质，对被击穿的绝缘，其击穿损伤部分面积大，修复困难；在直流高压下，局部放电较弱，不会加快有机绝缘材料的分解或老化变质，在某种程度上带有非破坏性试验的性质。

(5) 由于直流电压作用下在绝缘内部的电压分布和交流电压作用下的电压分布不同，在直流试验电压下，绝缘内的电压分布由电导决定，因而与交流运行电压下的电压分布不同，所以它对交流电气设备绝缘的考验不如交流耐压试验那样接近实际，因此不能用直流耐压试验完全代替交流耐压试验，两者应配合使用。

(6) 直流耐压试验时，试验电压值的选择是个重要的问题。由于直流电压下的介质损耗小，局部放电的发展远比交流耐压试验时弱，故绝缘在直流电压作用下的击穿强度比交流电压作用下高，在选择直流耐压的试验电压值时，必须考虑到这一点，并主要根据运行经验来确定。

一、直流高压的产生

为了获得直流高电压。高压试验室中通常采用将工频高电压经高压整流器而变换成直流高电压的方法，而利用倍压整流原理制成的直流高压串级装置（或称串级直流高压发生器）能产生出更高的直流试验电压，如图 5-5 所示。

直流高压试验设备的基本技术参数有：

(1) 额定整流电流：整流电流指通过整流器的正向电流在一个周期内的平均值。对高压硅整流器来说，通常规定其额定整流电流为在室温和自然对流冷却条件下的容许整流电流值。

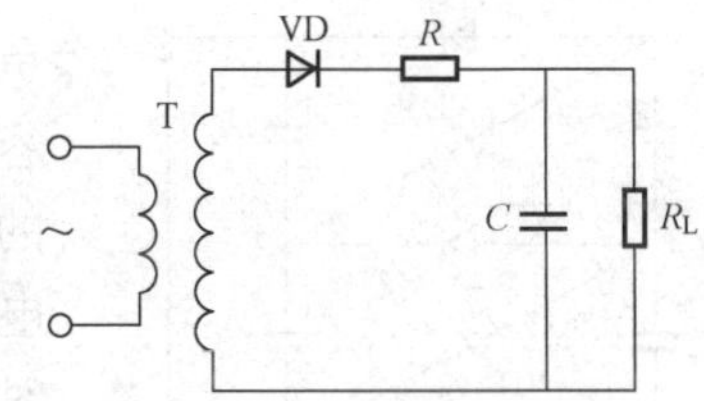

图 5-5 半波整流回路

T—高压试验变压器；VD—高压整流器；C—滤波电容；R—限流电阻

(2) 额定反峰电压：当整流器阻断时，其两端容许出现的最高反向电压峰值称为额定反峰电压。在图 5-5中，如果电路没有负载（$R_L=\infty$），并忽略电容 C 的泄漏电流，则充电完毕后，电容 C 两端维持恒定电压 U_C，并等于变压器高压侧交流电压的最大值 U_m，即 $U_C=U_m$；而整流元件两端承受的反向电压等于电容 C 两端电压加上变压器高压侧交流电压，即 $U_C+U_m\sin\omega t$，由此可知最大反向电压为 $2U_m$，显然整流元件能耐受的电压应大于 $2U_m$。所以在选择整流器时，应使其额定反峰电压大于滤波电容器上可能出现的最大电压的 2 倍，否则就会出现整流器的反向击穿或闪络。

为了制成额定反峰电压为 200～300kV 的高压硅整流器，需要采用若干 100～150kV 高压硅堆，而每个硅堆又由许多硅元件串联组成，因而必然存在电压沿硅堆和沿硅元件的分布问题。为了改善电压分布，在硅堆上都并联有均压电容和均压电阻，只要参数选得适当，均压效果将是显著的。

二、倍压电路

通常情况下，采用半波整流回路或普通的桥式全波整流电路能够获得的最高直流电压都等于电源交流电压的幅值U_m。但在电源不变的情况下，如果要得到更高的电压并充分利用变压器的功率，采用如图5-6所示的倍压整流回路即可获得等于数倍的直流电压。可以看出，图5-6（a）倍压整流电路实质上是两个半波整流电路的叠加。因而它的参数计算可参照半波电路的计算原则进行。在图5-6（b）中，负半波期间充电电源经VD1向C_1充电达U_m，正半波期间充电电源与C_1串联起来经VD2向C_2充电达$2U_m$，这是目前直流高压发生器中应用较多的基本倍压整流电路。图5-6（c）所示是一种需两端绝缘的电源变压器的三倍压整流回路。

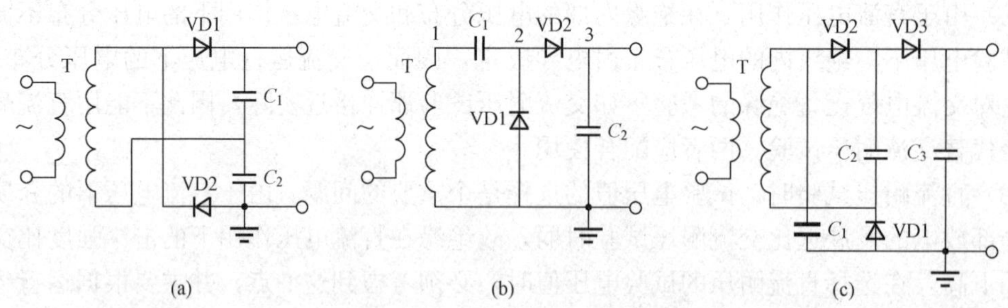

图5-6 几种倍压整流回路

（a）叠加的半波整流电流；（b）基本倍压整流电路；（c）三倍压整流电路

为了获得更高的直流电压，可以利用图5-6（b）所示的倍压整流电路为基本单元组成两级串级直流高压发生器，如图5-7所示。

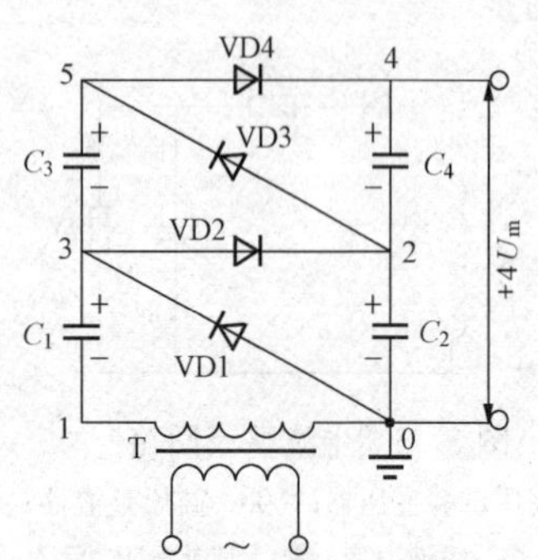

图5-7 两级串级直流高压发生器原理图

下面简要地阐述这种电路的工作原理，当1点电位为负时，整流元件VD2闭锁，VD1导通；电源经VD1向电容C_1充电，3端为正，1端为负；电容C_1上最大可能达到的电位差为接近于U_m；此时3点的电位接近于地电位。当电源电压由$-U$逐渐升高时，3点的电位也随之被抬高，此时VD1便闭锁。当3点的电位比2点为正时（开始时C_2尚未充电，2点电位为零），VD2导通，电源经C_1、VD2向C_2充电，2点电位逐渐升高（对地为正），电容C_2上最大可能达到的电位差为接近于$2U_m$。当电源电压由$+U$逐渐下降，3点电位即随之降落，当3点电位低于2点电位时，整流元件VD2闭锁，VD3导通，C_2经VD3向C_3充电。当1点电位继续下降到对地为负时，电容C_3上最大可能达到的电位差接近于$2U_m$。当电源电压再次变正后，电源电压和C_1与C_3上的电压串联通过VD4向C_4充电，使电容C_4上最大可能达到的电位差为接近于$2U_m$，以后即重复上述过程。

采用上述单元电路串接起来可以实现多级串级直流高压发生器，如图5-8所示。在实际装置中，由于要限制负载突然击穿时出现的短路电流和某些电容器发生击穿时流过高压硅整流器的过电流，保护整流器不致损坏，所以还会在装置输出端接外保护电阻，并且在每一高压硅整流器上串接相应的限流电阻。

三、直流电压的测量

常用的测量方法有以下几种。

1. 用球隙测量直流电压的最大值

用球隙测量直流电压时比电测冲击电压和交流高压时有更大的误差，这种误差常常是由空气中的灰尘或纤维引起的。如果加压时间很长，就可能得到特别低的放电电压。

2. 用静电电压表测量直流电压的有效值

一般情况下直流电压的有效值略大于直流电压的平均值。根据国际电工委员会规定，当直流电压的脉动系数不大于 20% 时（实际上直流高电压设备的脉动系数≤3%），可以认为有效值和平均值相等，即认为静电电压表所测得的值即为直流电压的平均值。

3. 用高欧姆电阻组成的电阻分压器或高欧姆电阻串接直流微安表测量直流电压的平均值

不论是用高欧姆电阻构成电阻分压器还是串接微安表来测量直流高压，其关键都是要设计一个能在高电压下稳定工作的高欧姆电阻器。当构成电阻分压器时，它就是分压器的高压臂。

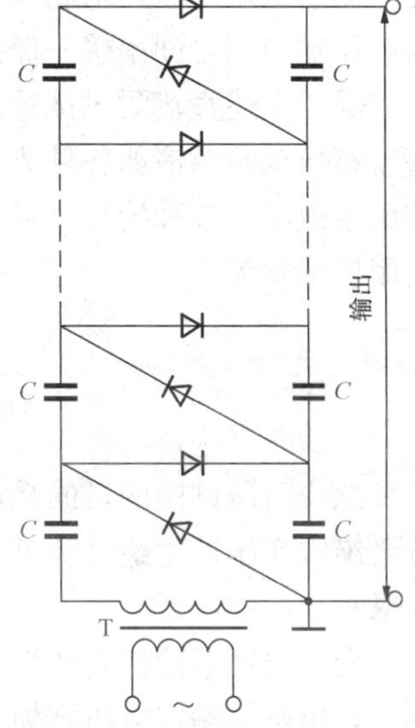

图 5-8　多级串级直流高压发生器原理

造成电阻分压器测量误差的主要原因和改进措施分述如下：

（1）电阻本身发热或环境温度变化造成阻值变化。这个变化的大小取决于所选电阻的功率和温度系数。可选用容量大于分压器额定功率的元件以减小温升，选用温度系数小的或正、负温度系数合理搭配的元件，使电阻整体温度系数尽可能地小，或者使整个分压器内充变压器油以增强散热。

（2）电晕放电造成测量误差。由于元件处于高电位，故可能发生电晕放电。电晕放电不仅会损坏电阻元件，而且由于电晕电流不流经低压测量回路而改变电压与电流或电压之间的关系，使之造成测量误差。通常在电阻的高压端装上金属屏蔽罩，使整个结构的电场比较均匀；或者在分压器内充以高强度绝缘气体（如 SF_6）、变压器油等以提高电晕起始电压。

（3）绝缘支架的泄漏电流造成测量误差。安装电阻的绝缘支架若有泄漏电流，则等于并联了一个电阻，从而使实际的阻值发生变化，改变了分压比。分压器内部注油可减小泄漏电流，选用优良的绝缘材料作为支架或将电阻阻值选小，都可减少泄漏电流造成的测量误差。

4. 电压脉动幅值的测量

测量直流高压脉动幅值的方法主要有以下几种：

（1）用测量交流高电压电容分压器来测 δu；

（2）用电容电流整流法测量电压脉动的幅值。

四、直流高压试验

直流高压试验是考验电气设备的抗电强度的，它反映设备受潮、劣化和局部缺陷等多方面的问题。一般情况下，直流高压试验所需的试验电流是不大的，通常在几毫安到几十毫安，但是某些试品在击穿前瞬时的临界泄漏电流还是相当大的，例如极不均匀电场长气隙击穿或沿面放电，特别是湿污状态下的沿面闪络，击穿前瞬时泄漏电流将达到安培级。这样大的泄漏电流将使设备内部产生很大压降而使测量不正确，所以直流高压试验要根据不同试品、不同的试验要求选择合适的电源容量。

直流耐压试验中另一个需要注意的问题是，为了防止试品放电，或发生器输出端由于其他原因对地短路时，限制电容器柱的放电电流，同时也限制流经高压硅串的电流，需在试品与高压输出端之间串接一保护电阻。

除了上述直流耐压试验外，直流高压装置还理所当然地被用来对直流输电设备进行各种直流高压试验，诸如各种典型气隙的直流击穿特性、超高压直流输电线上的直流电晕及其各种派生效应、各种绝缘材料和绝缘结构在直流高电压下的电气性能、各种直流输电设备的直流耐压试验等。

第三节 感应耐压试验

感应耐压试验的目的是：检查全绝缘变压器的纵绝缘（绕组层间、匝间及段间）；检查分级绝缘变压器主绝缘和纵绝缘（主绝缘指的是绕组对地、相间及不同电压等级的绕组间的绝缘）。

变压器铁芯的伏安特性曲线，一般设计在额定频率和电压时接近弯曲部分。若在额定频率时，用两倍额定电压施加于被试变压器的一侧绕组时，铁芯会饱和，必然使空载电流急剧增加，达到不能允许的程度。为了使在两倍额定电压下，铁芯仍不致饱和，可采取提高电源频率的办法，这一点可用变压器感应电动势的公式来说明

$$E = 4.44fWBS = KfB \tag{5-4}$$

$$K = 4.44WS$$

式中 E——感应电动势，V；

f——电源频率，50Hz；

W——线圈匝数；

S——铁芯截面积，m^2；

B——磁通密度，T；

K——比例常数。

由式（5-4）可知，若保持 B 不变，因 K 值为常数，当作感应耐压需要电动势增加一倍时，则频率必须增加一倍，因此感应耐压试验电源的频率要大于额定电源频率的两倍及以上，即一般不低于100Hz，但不宜高于400Hz，这是因为铁芯中的损耗随频率上升而显著增加。

在感应耐压试验方案中，要仔细检查绕组的连线和结构，确保各绕组相邻部位的电压不能超过试验电压。校验中性点电压，使之不超过其允许电压，特别是中性点有有载分接开关时，一定要注意分接开关的任何分接都不能超过中性点允许电压。

电力系统中电气设备的绝缘不仅经常受到工作电压的作用，而且还会受到例如大气过电压和内部过电压的侵袭。为了考验其在长时间的工作电压及瞬时的过电压下是否能

可靠工作，电气设备在出厂时、安装调试时或大修后需要使用交流、直流、雷电冲击和操作冲击等各种波形的高电压对电气设备绝缘进行耐压试验。

在衡量电气设备绝缘强度时，最严格有效和最直接的方法是采用工频耐压试验。工频耐压试验不仅可以检验绝缘在工频交流工作电压下的性能，也可以用来等效地检验绝缘对操作过电压和雷电过电压的耐受能力；在被试品的电容量很大的场合，用工频交流高电压进行绝缘试验时会出现很大的电容电流，这就要求工频高压试验装置具有很大的容量，但这往往是很难做到的。因此，常使用直流耐压试验来代替工频耐压试验。此外，在高能物理、电子光学以及多种静电应用等科技领域里，直流高压试验也有着广泛的应用；感应耐压试验可以用来检查全绝缘变压器的纵绝缘，检查分级绝缘变压器的主绝缘和纵绝缘。

思考题与习题

1. 工频高电压主要有几种测量方法？用静电电压表测量工频电压时，测出的是电压的有效值还是最大值？
2. 工频高压试验中，如何选择试验变压器的额定电压和额定功率？
3. 和工频耐压试验相比，直流耐压试验有什么特点？
4. 直流高电压可否用电容分压器进行测量？为什么？
5. 进行感应高压试验时，电压的频率为什么必须增大？

第六章　绝缘油的电气试验和气相色谱分析

教学要求

本章第一部分内容介绍了绝缘油电气试验的相关方法与步骤，第二部分介绍了通过对绝缘油中的溶解气体进行气相色谱分析以判断设备内部隐藏缺陷的相关知识，需要学生通过学习初步掌握实验的原理及其方法。

很多电力设备中使用着不同的液体绝缘材料，如变压器油、断路器油、电容器油和电缆油等，这些液体都具有油类的黏稠性，所以都叫做"油"，其大量用于变压器、油断路器、电力电缆、电容器、互感器等高压电气设备中，用于改善电力设备的绝缘状况。绝缘油起着加强绝缘、冷却和灭弧的作用，用油浸渍的纤维性固体绝缘，能有效地防止潮气的直接进入并填充了固体绝缘中的空隙，显著地加强了纤维性材料的绝缘。在油纸绝缘体系中，绝缘油不仅是重要的组成部分，也是了解油纸绝缘体系内部运行工况的信息载体。目前使用最普遍的矿物绝缘油是由石油的分馏产物经多种工艺精制而成的，成品油仍是多种烃类化合物的混合体。按组成可划分为饱和烃、环烷烃和芳香烃三种类型。不同来源的油其比例各不相同，同一来源的油工艺变更时其组成也会有差异。现代的分析方法按照碳原子在上述三种类型分子结构上所占的百分数来表示，分别称为饱和碳、环烷碳和芳香碳，这种表示方法更为准确。

第一节　绝缘油的电气试验

一、绝缘油电气性能试验的意义

绝缘油具有优良的绝缘性能，绝缘油在运行过程中受电、热、局部放电和混入杂质（尤其是水分）的影响，逐渐老化，会失去绝缘性能，绝缘油一旦丧失绝缘性能，在正常运行电压下，也可能被击穿，致使用该油作绝缘的电力设备损坏，造成停电事故。为了及时判断绝缘油的绝缘性能是否满足要求，仅靠化学分析是远远不够的，还必须进行电气试验。在相应试验中，经常进行的电气性能试验主要有两项，即电气强度试验和介质损耗因数试验。此外还有油的析气性能试验，但它只在超高压油的新油验收时才进行检测。影响绝缘油电气强度的主要因素是油中的水分和杂质，尤其是后者，当它与高含量的溶解水结合时，对耐压水平的降低十分显著。因此，对于电气强度不合格的绝缘油不准注入电气设备，但经过某种过滤处理除去其中所含的水分和杂质后，油的耐压水平就会提高而变成合格的油。在众多绝缘油电气试验中，油的介质损耗因数即 $\tan\delta$ 值是反映油质受到污染或老化的重要电气指标，它对油中可溶性的极性物质、老化产物或中性胶质以及油中微量的金属化合物极为灵敏，甚至用一般化学方法不能检出的轻微污染也可以用它来监督其变化。

二、电气强度试验

（一）概述

电气强度试验也称击穿电压试验，实际上是测量绝缘油的瞬时击穿电压值的试验。电气强度试验的试验接线与交流耐压试验相同，如图 6-1（a）所示，即在绝缘油中放上一定形状的标准试验电极，在电极间加上 50Hz 工频电压，并以一定的速率逐渐升压，直至电极间的油隙击穿为止。该电压即为绝缘油的击穿电压（kV）或换算为击穿强度（kV/cm）。

试验电极用黄铜、青铜或不锈钢制成，平板电极的直径为 25mm、厚度为 4mm 、倒角的半径 R 为 2mm，如图 6-1（b）所示。此外还有球形电极和球盖形电极，由于平板电极对水分含量的反应不如球电极敏感，所以国际上通行球电极。

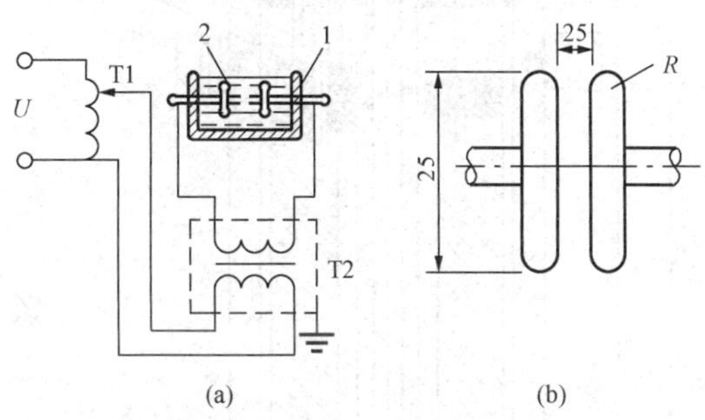

图 6-1　油击穿强度试验接线及电极尺寸（单位：mm）
（a）油击穿强度试验接线；（b）油击穿强度试验电极尺寸
1—油杯；2—电极
T1—调压器；T2—高压试验变压器

（二）相关试验步骤

1. 清洗油杯

对于长期未用的或受污染的电极和油杯，在使用前需先用汽油、苯或四氯化碳洗净后烘干，洗涤时应该使用洁净的丝绢而不得用布和棉纱。经常使用的电极和油杯，只要在不使用时以清洁干燥的油充满，并放于干燥防尘的干燥器中，使用前再用试油冲洗两次以上即可。电极表面有烧伤痕迹的不能再用。使用前应检查电极间的距离，使其恰为 2.5mm 的间距。油杯上要加玻璃盖或玻璃罩，试验应在 15～25℃，湿度不高于 75%的条件下进行。

2. 油样处理

当试品送到试验室后，必须在密封状态下放置一定时间，使油样接近环境温度。倒油前应将油样容器缓慢地颠倒数次使油混匀并尽可能不使油产生气泡，然后用试油将油杯和电极冲洗 2～3 次，再将试油沿杯壁徐徐注入油杯，盖上玻璃盖或玻璃罩，静置 10min。

3. 加压试验

加压试验时，调压应该使电压从零升起，升压速度约 3kV/s（另一些方法规定为 2kV/s)，直至油隙击穿，并记录击穿电压值。这样重复 5 次（另一些方法规定重复 6 次）取平均值为测定值。

4. 击穿时的电流限制

为了减少油击穿后产生游离碳，应将击穿时的电流限制在 5mA 左右。在每次击穿后应对电极间的油进行充分搅拌，并静置 5min 后再重复试验。

三、介质损耗因数（tanδ 值）的测量

采用高压西林电桥配以专用油杯在工频电压下进行试油的 tanδ 值的测量。试验时应按所用电桥说明书的要求进行接线，目前我国使用较多的有关仪器有以下几种。

1. 油杯

油杯有单圆筒式，双圆筒式及三接线柱电极式。采用最多的是单圆筒式，也称为圆柱形电极，如图 6-2 所示。它包括外电极（高压电极）、内电极（测量电极）和屏蔽电极三部

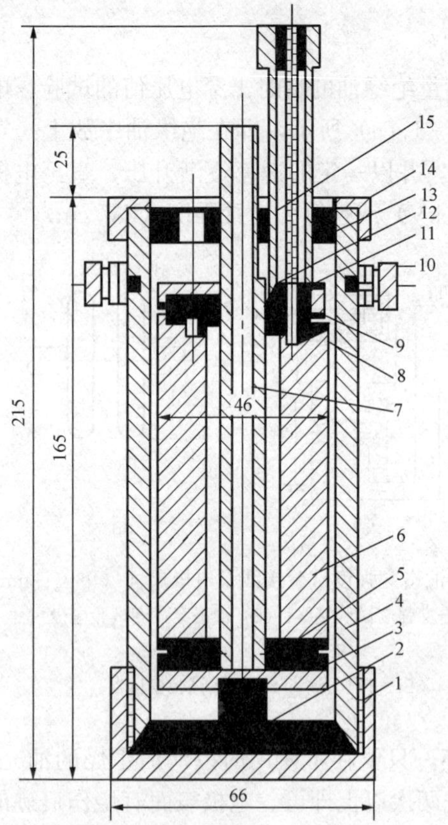

图 6-2　单圆筒式油环（单位：mm）
1—外电极底；2—下绝缘支撑垫；3—下屏蔽电极；4—外电极（高压电极）；5—下绝缘垫块；6—内电极；7—中心杆；8—上绝缘垫块；9—上屏蔽电极；10—接线螺帽；11—引线绝缘；12—引线柱；13—引线柱屏蔽；14—外电极上盖；15—上绝缘支撑块

分。油杯用不锈钢、镍或黄铜制造，绝缘材料一般用环氧玻璃丝板、聚四氟乙烯等。

2. 交流平衡电桥

采用高压西林电桥成套装置，常用的为QS37型西林电桥或同等级电桥，即测量 $\tan\delta$ 值能小于0.01%的灵敏度较高的电桥。

3. 恒温装置

最高温度大于（100±1）℃。

4. 温度计

温度计的量程为0～120℃，每分度1℃。

另外，相关仪器还包括湿度计，绸布，四氯化碳、石油醚等。

四、绝缘油的介质损耗

通常情况下，绝缘油的介质损耗主要是由电导损耗所决定，所以绝缘油的电导（相应的绝缘电阻）也直接反映了它的 $\tan\delta$ 值，因此，有时可以用测量绝缘油的电阻率来代替 $\tan\delta$ 值的测量。

在液体电介质中，由于电导引起的损耗角的正切值为

$$\tan\delta=\frac{K\gamma}{\varepsilon f}=\frac{K}{\varepsilon f\rho_v} \tag{6-1}$$

式中　γ——液体电解质的电导率；

ε——被试油的相对介电常数；

f——电源频率，Hz；

ρ_v——体积电阻率，Ω·cm；

K——常数。

体积电阻率 ρ_v 可表示为

$$\rho_v=R_v\frac{2\pi h}{\ln\frac{r_1}{r_2}} \tag{6-2}$$

而介质的电容

$$C=\frac{2\pi\varepsilon\varepsilon_0 h}{\ln\frac{r_1}{r_2}} \tag{6-3}$$

上两式中　r_1——外电极内半径，cm；

r_2——内电极外半径，cm；

h——内电极的高度，cm；

ε_0——真空的介电常数，其值为 $\frac{1}{4\pi\times9\times10^{11}}$ F/cm。

将式（6-2）、式（6-3）代入式（6-1），得

$$\tan\delta = \frac{K}{\omega R_v C \times 1.8 \times 10^{12}}$$

这与 $\tan\delta$ 值的并联等值电路公式一样，只需使 $K/(1.8\times10^{12})=1$ 即可。当 $K=1.8\times10^{12}$ 时，式（6-1）也可改写成

$$\tan\delta = \frac{1.8\times10^{12}}{\varepsilon f \rho_v} \tag{6-4}$$

由此可见，$\tan\delta$ 值与体积电阻率 ρ_v 成反比。变压器油的 $\varepsilon=2.1\sim2.3$，分散性不大，在工程上可视为常数。当取 $\varepsilon=2.2$、$f=50\text{Hz}$ 时，则得到

$$\tan\delta = \frac{1.8\times10^{12}}{2.2\times50\rho_v} = \frac{1.64\times10^{10}}{\rho_v} \tag{6-5}$$

由式（6-5）可见，只要测出被试绝缘油的体积电阻率，即可算出该油的 $\tan\delta$ 值，测定油的电阻率的设备和操作都较为简单，且电阻率仪所需的油样量更少，并能同时测定多个油样，故以电阻率代替 $\tan\delta$ 值的测定更适于现场和少油设备的常规试验。测定油的电阻率时应采用专用的电阻率测定仪，也可使用与测量 $\tan\delta$ 时同样的试验电极，并用较精密的绝缘电阻测试仪，但不能用普通的绝缘电阻表。

第二节　绝缘油的气相色谱分析

对绝缘油中的溶解气体进行气相色谱分析，是近年来广泛采用的新的试验方法。应用这种方法分析绝缘油中所溶解的气体的组分和含量，可以判断设备内部的隐藏缺陷。这一方法的优点是能够发现充油电气设备中的一些用 $\tan\delta$ 等方法所不易发现的局部性缺陷（如局部过热、电弧放电），且设备不需停电，适合于在线绝缘诊断。

一、电气设备内部故障产生的气体

一般情况下，在新绝缘油的溶解气体中除了含有约70%的 N_2、约30%的 O_2 以及0.3%左右的 CO_2 气体外，并不含有 C_1、C_2 之类的低分子烃。但是在经过油处理后，由于一些油处理设备的加热系统存在的死角，有时可能出现微量的乙烯甚至极微量的乙炔。对于正常运行的变压器油，由于油和绝缘材料的缓慢分解和氧化，会产生少量 CO_2、CO 和微量的低分子烃，但其数量与故障产生的气体量相比要少得多。当电气设备内部有局部过热或局部放电等缺陷时，缺陷附近的油纸绝缘就会分解而产生烃类气体、H_2，CO_2、CO 等，这些气体不断溶解于绝缘油中。如果变压器内部的裸金属部分（分接开关、铁心、裸接头、箱壳等）局部过热引起变压器油热分解，则变压器油中溶解气体的主要特点是烃类气体的总量较高，且其中 CH_4、C_2H_4 也较多。如果固体绝缘过热，由于固体绝缘受热分解，油中溶解气体中的 CO_2、CO 含量也将加大。如果是固体绝缘过热但温度不高，例如有的连续式绕组因端部油道堵塞造成纸绝缘过热，色谱分析中总烃量不高，而 CO_2、CO 含量则较高，所以 CO_2、CO 含量高是固体绝缘（如纸、木材等）热分解的主要特征。当变压器内部存在放电故障时，其色谱分析的特征是 C_2H_2、H_2 的含量较大，而 C_2H_2 含量过大常是区别放电或过热的主要特征。通过分析油中溶解气体内以上各种成分、含量，有助于判断变压器中隐藏缺陷的性质，从而确定变压器的内部故障。

二、分析方法

油中溶解气体分析采用质谱仪和气相色潜仪，目前国内多采用气相色谱仪，其方法和要

求如下所述。

1. 分析人员的要求

分析油中溶解气体和气体继电器中气样，技术要求较高，而且工艺复杂。所以分析人员需经过专门培训和实习，经考核合格后才能担任。分析人员应认真学习、理解并在工作中严格执行GB/T 7252—2001《变压器油中溶解气体分析和判断导则》。

2. 取样

油样应是能代表变压器油箱本体的油，一般应在设备下部取样，当需要取气体继电器中的气样时，必须在尽可能短的时间内取出气样，并尽快分析，以减少不同组分的不同回溶率的影响，油样保存期不得超过4天，油样和气样都必须避光保存。

3. 脱气

在对油中溶解气体进行分析之前，需先把溶于油中的气体脱出。常用的脱气方法有两类共五种。一类是基于真空脱气的原理把油中的气体脱出。这一类的脱气方法有水银法、薄膜法、饱和食盐水法和水银托里拆利真空法四种。除了水银托里拆利法是经过多次脱气后，再把脱出的气体汇总在一起而达到完全脱气的效果外，其余三种真空法均为不完全脱气。

新的脱气方法是利用油中气体在油气两相之间重建平衡的原理所建立起来的溶解平衡法(机械振荡法)。这种脱气方法是在封闭的注射器玻璃针管中分别加入一定体积的试油和高纯氮气，在恒定的温度下，经过一定时间的振荡，油中溶解的气体与高纯氮气之间重新建立了平衡，通过检测平衡后气体中各组分的浓度来求出溶解气体各组分的原有浓度。这个脱气方法虽然也是不完全脱气，但气体在平衡后浓度稳定，误差降低到5%左右。

4. 色谱柱

色谱柱是色谱分析中把混合气体彼此分离并使同种气体汇集浓缩的关键性部件。色谱柱有空心色谱柱和填充色谱柱两类。目前，油中溶解气体分析用的色谱柱都是填充色谱柱，它实际上就是在一根按规范要求的细长不锈钢管中填充了一定粒度的某种吸附剂的管柱。每种气体在色谱柱内产生的吸附作用的大小，与填充的吸附剂的种类、粒度有关，也与色谱柱的温度和载气的流速有关。用于油中气体色谱分析的吸附剂称为固定相，常用的固定相有活性炭、硅胶、分子筛以及一些色谱专用的高分子多孔微球等。根据分析对象选用适当的吸附剂和柱长度，即可收到高效快速分离的效果。

5. 鉴定器

色谱仪中的鉴定器是把从色谱柱依次流出的气体所产生的非电量信号定量地转变成电信号的重要计量元件。色谱仪的灵敏度和最小检测浓度主要取决于所用的鉴定器。非电量信号经鉴定器转变成电信号后，由记录仪记录下来，形成平时所见的色谱图。

6. 气相色谱仪的一般流程

在气相色谱仪中，除了色谱柱和鉴定器两个关键部件外，还有一些其他器件。这些器件是为保持色谱柱和鉴定器的优良特性所必需的。色谱仪的整机是由气路系统、电气系统以及调节测量系统和温控系统组成。其气路系统如图6-3所示。

在图6-3中，热导检测器的气路系统是以氮气为载气。载气从气源（一般为高压钢瓶）出来后，先经减压阀减压，使压力降至0.2～0.4MPa。接着通过干燥管和净化管，以除去其中所含的水分和固、液态杂质。此后，再经过稳压阀和流量计使压力和流量保持稳定，并可监视和调节流量。把被测气体从柱前的进样口注入，这时被测气体就在载气的带动下进入

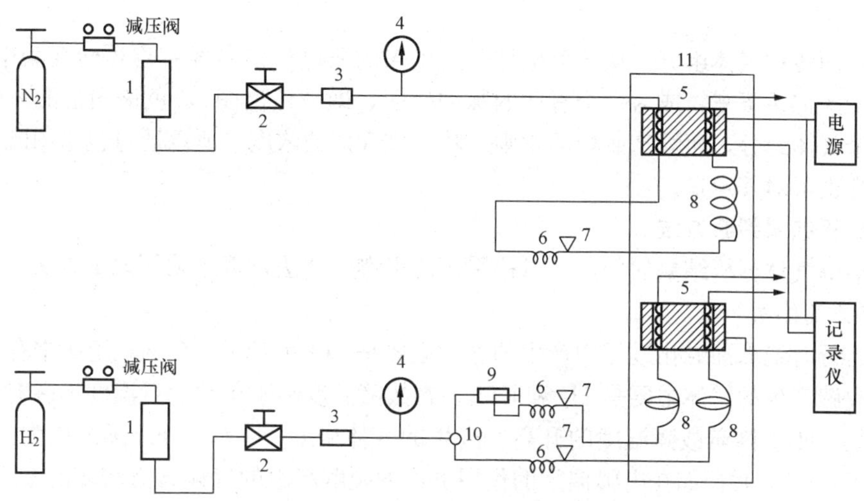

图 6-3　SP-5A 型气相色谱仪流程图

1—净化管；2—稳压阀；3—缓冲室；4—压力表；5—热导池；6—缓冲管；7—进样口；8—色谱柱；9—针形阀；10—三通；11—保温箱

了色谱柱。氢火焰离子化检测器的气路系统分为三路：串有色谱柱的一路是以氢气为载气的分析气路；另一路是专供氢火焰鉴定器作燃气使用的燃氢气路；还有一路是氢焰鉴定器所需的助燃空气。在氢火焰的三个气路中，都有与氮载气系统类似的辅件。对 CO 和 CO_2 的分离是在热导鉴定器所在的氮气系统的柱Ⅰ上进行的，但是把它们转为电量信号却是在氢火焰鉴定器上进行的。为此，从柱Ⅰ出来的 CO 和 CO_2 需在燃氢气路的 H_2 带动和作用下，通过转化炉转化为可电离的 CH_4，然后进入以氢气为载气的分析气路并很快地进入离子室。在氢焰的高温下离子化后并在收集电极上形成电流，经放大送到记录仪。

7. 色谱仪的最小检测浓度

用于变压器油中溶解气体分析的气相色谱仪的型号较多，曾在电力生产中起了积极的作用。随着电力生产发展的需要，有关标准已要求用于油中溶解气体分析的色谱仪必须具备更高的灵敏度。这一要求是由溶解气体的注意值的含量水平所决定的，注意值参见表 6-1。为满足今后电力生产对油中气体色谱分析的要求，色谱仪的最小检测浓度已成为选择色谱仪的一项重要指标，油中气体分析所用的色谱仪应达到的最小检测浓度，如表 6-1 所列。

表 6-1　色谱仪应达到的最小检测浓度

气体组分	最小检测浓度（μL/L）
H_2	≤5
C_2H_2	≤0.1
CO	≤20
CO_2	≤30

色谱仪的最小检测浓度的意义，是确保对测试含量很低的气体组分的测试值及其结论的可信度。例如，使用一台最小检测浓度为 1μL/L 的色谱仪，当报出的结果为 1.1μL/L 时，并在结论中指出已超过标准规定的注意值，与使用一台最小检测浓度小于 0.1μL/L 的色谱仪所报出的同样数据和结论相比，肯定是后者的数据和结论更令人信服。此外，最小检测浓度不仅反映了鉴定器的高精度，也反映了色谱仪整机所具有的低噪声水平，是整机性能水平的一种标志。

8. 色谱图

被分析的各种气体组分，从由色谱柱分离出来的非电量信号经鉴定器转变为电信号后，由记录仪依次记录下来，成为一个有序的脉冲峰图，即“色谱图”，色谱图上的一个脉冲峰代表了一个气体组分，而峰高或峰面积则反映了该气体的浓度，所以通过色谱图既可对被测的气体定性也可对其定量。

三、分析结果判断方法

油中溶解气体分析结果的判断，以往采用总可燃气体法，近年采用以下方法。

1. 特征气体法

正常运行时绝缘油老化过程中产生的气体主要是 CO 和 CO_2，在油纸绝缘中存在局部放电时，油裂解产生的气体主要是 H_2 和 CH_4，在故障温度高于正常运行温度不多时，产生的气体主要是 CH_4。随着故障温度的升高，产生的气体中 C_2H_2 和 C_2H_4 逐渐成为主要特征；当温度高于 1000℃时，如在电弧温度的作用下，油裂解产生的气体含有较多的 C_2H_2；如果进水受潮或油中有气泡，则 H_2 含量极大；如果故障涉及固体绝缘材料时，会产生较多的 CO 和 CO_2。

2. 依据气体含量和采用产气速率法

故障性质越严重，则油中溶解的气体含量就越高，所以根据油中溶解气体的绝对值含量与《变压器油中溶解气体分析和判断导则》中规定的注意值比较，凡大于注意值者，应跟踪分析，查明原因。当气体浓度达到注意值时，应进行跟踪分析，查明原因。注意值不是划分设备有无故障的唯一标准，影响电流互感器和电容型套管油中氢气含量的因素很多。有的氢气含量虽低，但若增加较快，也应引起注意；有的仅氢气含量超过注意值，若无明显增加趋势，也可判断为正常。

3. 比值法

油的热分解温度不同，烃类气体各组分的相互比例不同。任一特定的气态烃的产气率随温度而变化。在某一特定温度下，有一最大产气率，但各气体组分达到它的最大产气率所对应的温度不同。利用产生的各种组分气体浓度的相对比值，作为判断产生油裂变的条件，就是目前使用的“比值法”。但要注意，只有根据各组分含量的注意值或产气速率的注意值判断可能存在故障时，才能进一步用比值法判断其故障性质。

在变压器、油断路器、电力电缆、电容器、互感器等高压电气设备中，长期以来一直广泛地大量使用着矿物绝缘油。绝缘油起着加强绝缘、冷却和灭弧的作用。用油浸渍的纤维性固体绝缘，能有效地防止潮气的直接进入并填充了固体绝缘中的空隙，显著地加强了纤维性材料的绝缘。在油纸绝缘体系中，绝缘油不仅是重要的组成部分，也是了解油纸绝缘体系内部运行工况的信息载体。

在绝缘油试验项目中，经常进行的电气性能试验主要有电气强度试验和介质损耗因数试验，此外还有油的析气性能试验，但它只在超高压油的新油验收时才进行检测。影响绝缘油电气强度的主要因素是油中的水分和杂质。油的介质损耗因数反映了油质受到污染或老化的重要电气指标，它对油中可溶性的极性物质、老化产物或中性胶质以及油中微量的金属化合物极为灵敏。测定绝缘油的介质损耗因数对于检测新油的轻微污染和检测运行油老化和污染都是十分有意义的。

绝缘油中溶解气体的气相色谱分析，是我国电力行业推广的一项重要的试验方法，用这种方法分析油中溶解气体组分及其含量，可判断变压器和其他充油电气设备内部的潜伏性故障，且具有在线检测的功能。

思考题与习题

1. 绝缘油有什么作用?
2. 绝缘油试验中应注意哪些问题?
3. 电气设备内部发生故障可能会产生哪些特征气体?
4. 简要介绍气相色谱仪的工作流程。

第七章　绝缘在线监测

教学要求

本章针对几种常见的在线监测手段和技术加以介绍，使学生掌握相应的原理及使用方法。

在电气系统运行过程中，相关设备在不同的工作环境下会形成绝缘劣化，这会直接导致电气绝缘强度降低，甚至发生故障。尽管通过定期地对设备进行绝缘预防性试验可以发现一些缺陷，但由于要停电后才能试验，就难以根据设备绝缘状况灵活地选择试验周期，更谈不上连续进行监测了。此外，电力设备的运行电压非常高，而现行的预防性试验，其施加的试验电压仍很低，因此难以反映真实运行电压下的绝缘性能。

随着计算机技术及电子技术的飞速发展，实现电气设备运行的自动监控及绝缘状况在线监测，并使电气设备实施状态监测和检修成为可能。实施状态检修应具备三个方面的基本内容，第一是运行高压电气设备应具有较高的质量水平，也就是设备本身的故障率应很低；第二是应具有对监测运行设备状况的特征量的在线监测手段；第三是具有较高水平的技术监督管理和相应的智能综合分析系统软件，其中在线监测绝缘参数是状态监测的基本必备条件。

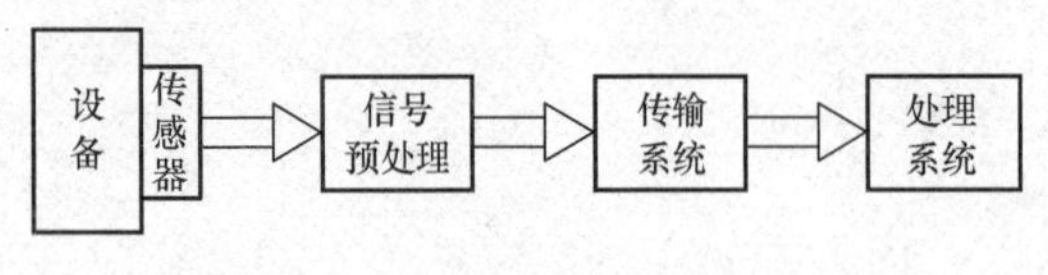

图 7 - 1　在线监测结构图

几乎所有的在线监测系统都可以划分为三个主要部分，即信号的监测系统、传输系统和处理系统，如图 7 - 1 示。监测系统主要由传感器和信号预处理系统构成，针对不同的监测对象采用不同类型的传感器，一般传感器直接安装在被监测设备上。预处理系统是为了防止干扰及提高信噪比，将监测的小信号进行放大和滤波处理；传输系统将监测得到的信号传送到控制室，传输系统可以采用电缆或光缆，光缆的抗干扰性能好，能防止在传输过程中的外界干扰以及减小长距离传输时所造成的信号衰减；处理系统具有传输信号的接收、处理、存储和显示等作用，由信号处理的硬件、计算机以及分析处理软件构成。

第一节　电流的在线监测

电容型试品，如电容式电压互感器、电容式套管、耦合电容器等，由多层绝缘串联而成，正常时的等值电路如图 7 - 2 (a)、(b) 所示。如其中某一层有显著缺陷时，其电阻和电容将由 R_1，C_1 分别改变为 R_1'，C_1'，其等值电路如图 7 - 2 (c) 所示，这时测量整个试品的 $\Delta C/C$、$\Delta\tan\delta$ 、$\Delta I/I_0$ 的变化都能反映出来。

对于三相系统的三个同类的电容型试品，当三相平衡时这三相电流的总和近乎为零。这

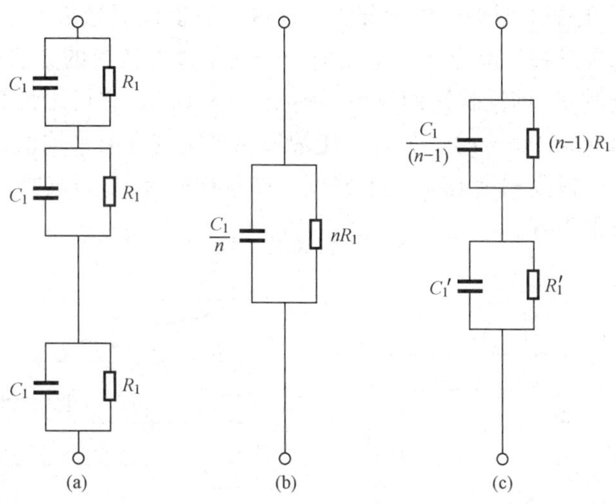

图 7-2 电容型设备绝缘的等值电路
(a)、(b) 正常时的等值电路；(c) 有一层缺陷的等值电路

样在各相中性点侧串以取样电阻 R（改串以穿芯式电流传感器更好），测其三相 ΔI 的总和，其灵敏度往往更高。或如图 7-3 所示，在“M”处接以毫伏表，就可对由于缺陷所引起的不平衡电压信号进行在线监测。如再接以计算机系统，可根据需要加入打印、储存、对比、判断、报警等单元。

此外，为了在运行中监测避雷器内部是否受潮、内部元件接触是否良好等，可以定期测试运行中避雷器对地电导电流，即在避雷器放电记录器两端并接低内阻的交流电流表，例如 MF-20 或 MF-14 型万用表。正常情况下，通过避雷器并联非线性电阻的电流很小，在微安表上测得的电流通常在 50μA 以下，一旦内部受潮，泄漏电流就大为增加，流过微安表的电流可以增加到几毫安甚至几十毫安。由于运行电压往往有所波动，不易定出一个绝对标准来判断是否严重受潮，但可对以往的记录和三相进行互相比较，如果电导电流有明显差异，则必须进行处理。

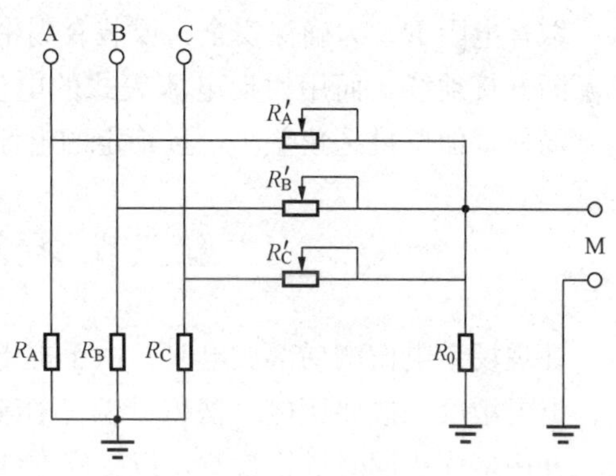

图 7-3 测量中性点不平衡信号原理图

第二节 tanδ 的在线监测

tanδ 的在线监测原理是通过抽取流过被试品的电流和被试品两端的电压信号进行相位差的比较，以求出介质损失角 δ，进而求出结果的。测量在工作电压下绝缘的 tanδ，也可仍用前述的西林电桥的原理，但由于通常用以配套的标准电容器的工作电压仅 10kV，因而需接入电压互感器 TV，其接线图如图 7-4 所示。互感器的误差可以事先校正，R_3、R_4 的调节可以手动，也可自动，但长年用触点调节有时会不太可靠。

数字式测量 $\tan\delta$ 的基本原理可用积分法、计数法、富氏级数展开法等。图 7 - 5 所示的是方波比较法，其原理是将试品电压、电流信号分别用过零转换的方法先转变为方波 a、b，然后相“与”得到方波 c，即反映这两波形间的相位差（φ），它可用计算机（或单片机）的时钟脉冲记数来读出（$\delta=90°-\varphi$）。另外，还常采用多次测量取平均值、消除谐波影响及消除回路误差等措施，以提高测量 $\tan\delta$ 的准确度。如取样并经 A/D 转换后，用快速傅里叶变换法则进行处理后效果很好。

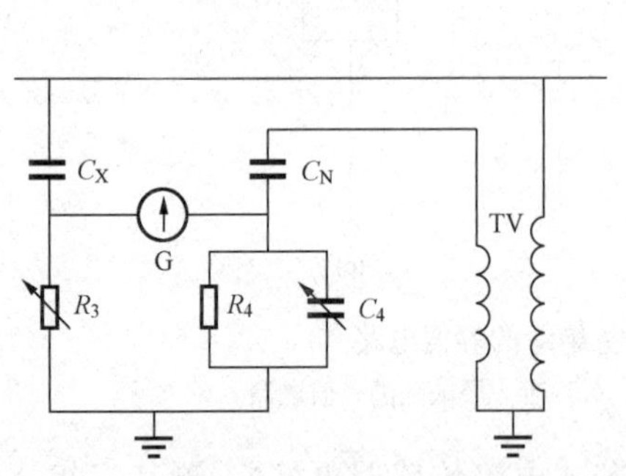

图 7 - 4　电桥法在线监测 $\tan\delta$ 原理接线图

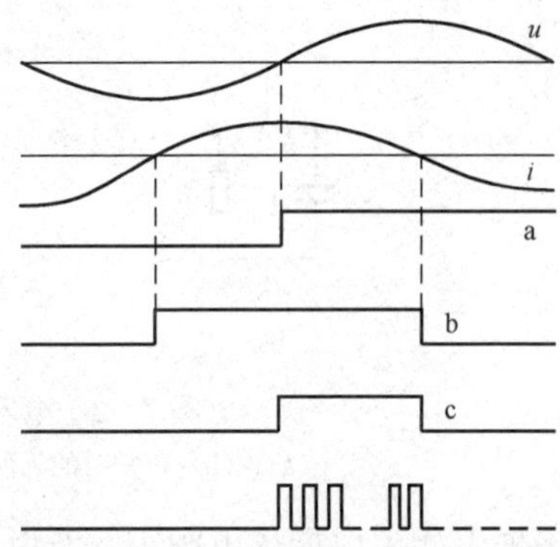

图 7 - 5　方波比较法测量 $\tan\delta$ 的原理

在线检测时，电压信号可由电压互感器的二次侧再经分压后取得，这时要注意 TV 的角差，特别是当试品 $\tan\delta$ 很小时；而电流信号的获取有两种方法：第一种是在试品接地端接入一取样电阻 R，为确保安全，要装有周密的保护装置，但这样总有不安全因素；第二种主张不断开接地线，而用钳形电流表式的电流互感器，从接地侧感应得电流信号。后者更安全、简便，但要挑选角差小，且稳定的电流互感器，以保证测量 $\tan\delta$ 的准确度。

第三节　局部放电的在线监测

在现场带电监测局部放电时，由于抗干扰问题比实验室里更难以解决，超声法更为合适些，但灵敏度一般要比电气法低些且不能测得放电量。目前较多采用电气法和超声法相结合，并用多探头同时进行检测，以提高在线监测时的准确性，而且还有可能对设备内部的局部放电进行大致定位。

图 7 - 6 为两个超声探头配以接地电流传感器的电—声联合法（电气法和超声法相结合）进行局部放电定位的原理图。发生局部放电时，除有电气信号外还有超声信号向四周传播，因此利用在箱壳上 3～4 个超声探头所测到的信号的先后及时间差（$\Delta t_1-\Delta t_2$）等，就可以推测出发生局部放电的部位。由于超声波的传播速度远低于光速，超声测量系统常用接地线（或中性线）上安装的电流传感器测得的电信号来触发，这也是可用来分辨某些电磁干扰的一种方法。

图 7 - 7 介绍了测量变压器局部放电时减小干扰的几种方法的综合使用：

（1）用差分回路来减小外来的电磁干扰；

（2）在某相位处用开“窗口”的方法来消除固定相位的干扰；

（3）用多次测量后进行平均化处理以削弱一次性的电磁干扰。

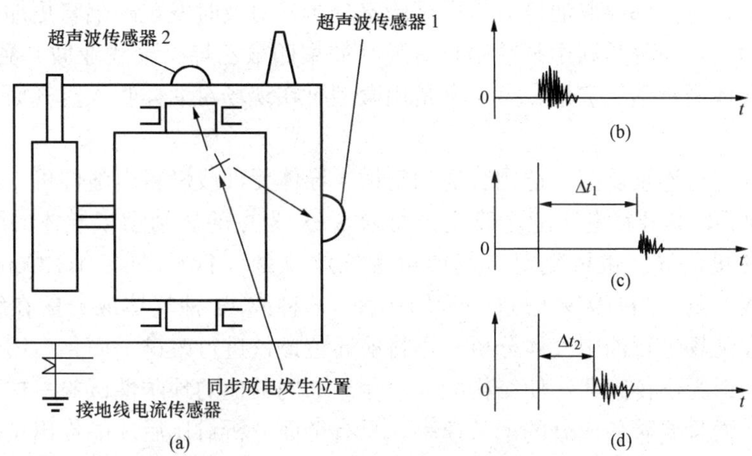

图 7-6　电—声联合法进行局部放电定位示意图
（a）传感器的安装位置；（b）电流传感器检出的信号；
（c）超声波传感器 1 检出的信号；（d）超声波传感器 2 检出的信号

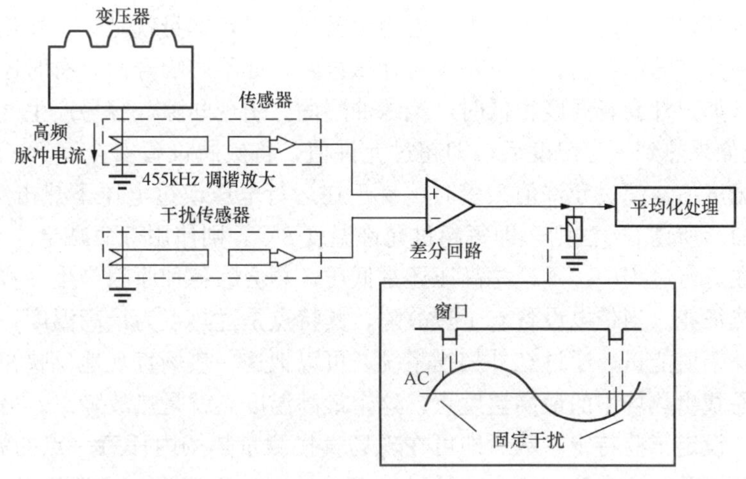

图 7-7　变压器局部放电测量时电磁干扰的抑制

近年来，综合采用脉冲鉴别系统、数字滤波、小波分析等方法来抑制或分辨干扰已取得较大进展，为现场检测提供了有力武器。如能将传感器预先安装在设备的箱壳内，电磁干扰可明显减小。通常采用 GIS（气体绝缘组合电器，Gas Insulated Switchgear）的埋入式电极来测量局部放电，对于单相 GIS 还能靠感应电压作为检出器的电源。已运行的大量 GIS 多数无埋入式电极，目前研究采用超高频技术的测量系统，由天线传感器在 GIS 体外（或体内）接收信号的办法，已取得较好的实用效果。

第四节　油中气体含量的在线监测

经验证明，气相色谱分析是发现油浸电气设备潜伏性故障的一种好方法，如能实现在线自动监测，而不是每次都要取油样后送回试验室分析，对及时发现缺陷将更加有效。现场的脱气装置现有两类：一种是利用某些塑料薄膜（如聚四氟乙烯、聚酰亚胺）独特的透气性，让油中所含的气体透析到气室里；另一种是用微型泵在现场对油样吹入空气而释出某些气体(如氢气)。

如仅对氢气进行连续监测，选用合适的气敏半导体元件或燃料电池即可。例如钯栅场效应管与 H_2 接触后，其开路电压随之改变；而以 S_nO_2 为主的烧结型半导体的阻值将随周围气体中的氢气含量而异。也可先对氢气或可燃气体总量（TCG 即 Total Combustive Gas）进行简易的在线监测，当有需要时进一步用 4 种、6 种或 11 种气体成分的在线色谱仪进行分析。为适应在现场进行油中气体分析，可将前述色谱仪进行改进，简化后用于现场，或改用半导体传感器或光学传感器，使结构大大简化。如同其他的预防性试验一样，不仅要看本次的测量结果，而且要看各成分的增长速率，只有全面分析对比后才能作出正确判断。

第五节 红外技术用于在线监测

由辐射理论可知，一切温度高于绝对零度的物体都能辐射出红外线，同时发射辐射能量，物体温度越高，发射的能量也越大。电力设备运行时，本身就是一个发热体，在一定发热范围内，即在允许的温度内，对设备没有什么危险，亦不影响寿命，有时还希望电力设备有一定的温度（如户外套管温度很低时，绝缘油凝固，出现间隙，容易产生气泡，反而对绝缘不利）。但是如果热到一定温度后，即超过允许值，将威胁设备安全运行，因为绝缘材料都有一个允许温度值，超过允许值太多时，易于在运行电压或过电压下热击穿，超过不多，也影响使用寿命。所谓 8℃法则，即每超过允许温度 8℃，则使用寿命减半。

电力系统在运行过程中，不论是高压还是低压，总会因各种原因产生一些热故障点，即设备故障前的热征兆。当带电设备有了热故障，其特点是过热点为最高温度，形成一个特定的热场，并向外辐射能量，通过红外扫描系统，可以把这一热场直观地反映在荧光屏上。根据图像，很容易找出热场中的最高温度点，这个最高温度点就是热故障点。另外，通过配置的现场计算机，设定某些特定参数后即可在现场直接测量热场内任意一点的温度值，所以，红外测量系统可以及时、准确地检出大量过热点并进行故障消除，达到防患于未然的目的，且红外检测技术具有安全、简便、直观、效率高及可在线监测而不需停电等优点。

目前，根据高压电气设备的特点，利用红外检测技术可诊断设备的缺陷有过热缺陷（导体接触不良、铁芯漏磁异常等)，非过热缺陷（设备缺油、受潮等)。用于对电力设备进行红外测量的仪器，主要有红外测温仪、红外热电视和红外热像仪。

红外测温仪的基本原理是：被测目标的红外辐射能量经红外滤光片进入探测器，并将辐射能量转换成电信号，经放大等处理后，最后由显示器指示被测目标的表面温度。

红外热像仪是利用红外探测器、光学成像物镜和光机扫描系统（先进的焦平面技术已省去光机扫描系统）以接收被测目标各部分的红外辐射信号形成热图像。工作波段一般是 3～5μm 或 8～12μm，温度分辨率已达到 0.1K，而质量仅几千克。由于各种材料的热容系数不同，它们吸收热量的情况各不相同。红外热像技术可利用这一特点，诊断充油电气设备是否缺油。

第六节　绝缘状态的综合分析和判断

对电气设备的绝缘进行完各种特性试验以后，应该先根据实验结果对绝缘状态进行综合分析，在判断绝缘正常的情况下，才能进行耐压试验。在所有实验项目进行完毕后，才能做出最终判断。在对绝缘的状态进行判断时，除将实验结果与规程规定的现象比较外还要将实验结果与该设备的历次试验结果相比较，同时还要与同类设备的试验结果相比较，参照相关的实验结果格局变化的规律和趋势，进行全面的分析。例如，设备绝缘的各项非破坏性试验结果均符合过程的要求，但某项实验结果变化迅速，说明绝缘内可能存在着比较严重的缺陷，这时应该判断不合格；某项实验结果虽然超过了标准，但与历年实验结果相比变化不显著，并且该设备通过了耐压试验的检验，则可判断为对绝缘有怀疑；若各项实验结果都满足规程的要求，并且与历年试验结果相比，没有明显的变化，耐压试验中也没有发现任何异常情况，则可判断为绝缘合格。对绝缘不合格者，及时进行抢修；对绝缘油怀疑但一时不确定的设备，要缩小试验周期，监视绝缘变化的趋势。此外，在线监测技术能对发电厂和变电站发生的故障及各种设备的运行状况进行实时记录，为运行人员对发生的故障及每个设备的运行状况进行综合分析提供必要的和可靠的依据，但它并不能保证快速、正确地判断事故及设备的运行状况和及时有效的恢复处理。另外对已获得的数据进行分析和判断的结果在很大程度上取决于运行人员的水平，为了弥补这些不足，通常配合以在线故障诊断和分析的专家系统。

为适应电气设备向超高压、大容量方向发展，确保电气设备的安全运行，迫切需要寻求新的且更加有效的绝缘监测方法。经过长期的研究发现，在运行状态下对高压电气设备的绝缘状态进行监测是反映设备绝缘状态的有效而又灵敏的方法，这就是“在线监测”。“在线”即被测设备处于正常运行状态而不需停电，试验在运行电压下进行，最能反映设备的实际绝缘状况，又由于试验无需改变设备的运行条件而可随时进行，因此可以随时掌握设备绝缘状况。

但是，今后相当长的一段时间内，预防性试验仍是电气设备试验的主要手段，如电气设备的出厂、交接和许多特性试验都是在线监测无法代替的；此外，预防性试验的原理与方法是绝缘在线监测方法的基础，没有预防性试验的实践与经验，就难以掌握和提高绝缘在线监测方法，绝缘在线监测的试验结果也需要用停电试验方法去验证。因此，绝缘在线监测与预防性试验都是保证电力系统安全运行的重要手段。

思考题与习题

1. 为什么需要进行在线监测？
2. 电容型试品在什么情况下电容电流会发生明显改变？
3. 简述测量工作电压下 $\tan\delta$ 的原理及数字式测量 $\tan\delta$ 的基本方法。
4. 简要介绍便携式变压器故障诊断装置的组成。
5. 红外检测技术的原理是什么？

第三篇 高压电气设备绝缘结构及其绝缘试验

第八章 高 压 绝 缘 子

教学要求

了解对绝缘子的性能要求，熟悉绝缘子的材料、种类及使用。

第一节 绝缘子的性能要求和材料

电力系统和电气设备中绝缘子用于将不同电位的导电体在机械上相互连接，同时在电气上相互绝缘。按照绝缘和连接形式的不同，高压绝缘子可分为绝缘子、瓷套和套管三类。

一、绝缘子的电气性能和机械强度

电气设备中，绝缘子是起电气绝缘和机械固定作用的部件，户外工作的绝缘子还会受到雨、雪、雾、露、日照、脏污以及空气中的酸、碱等腐蚀性导电尘埃和盐分的影响。因此，对绝缘子的基本要求是：有足够的电绝缘强度，能承受一定的机械负荷，能经受不利的环境和大气作用。

1. 电气性能

电气性能是指绝缘子耐受电压的能力。闪络电压是连通绝缘子两电极、沿绝缘体外部空气的放电电压，是表征绝缘子外部绝缘电气性能的一个重要参数。按照表面状况的不同，绝缘子的闪络电压可分为干闪络电压、湿闪络电压和污秽闪络电压。

(1) 干闪络电压：表面清洁、干燥的绝缘子的闪络电压，是户内绝缘子的主要性能参数。

(2) 湿闪络电压：表面洁净的绝缘子在淋雨时的闪络电压，是户外绝缘子的主要性能参数。

(3) 污秽闪络电压：表面脏污的绝缘子在受潮情况下的闪络电压。

目前常用爬电距离（见图 8-1）来衡量绝缘子在污秽和受潮条件下的绝缘能力。

有些绝缘子电极间的绝缘可能被击穿（见图 8-1）。为避免造成不可恢复的损坏，绝缘子的击穿电压应比干闪络电压高。

运行中绝缘子的电晕将造成高频干扰、引起能量损失，通常要求正常工作电压下不出现这种有害的电晕。

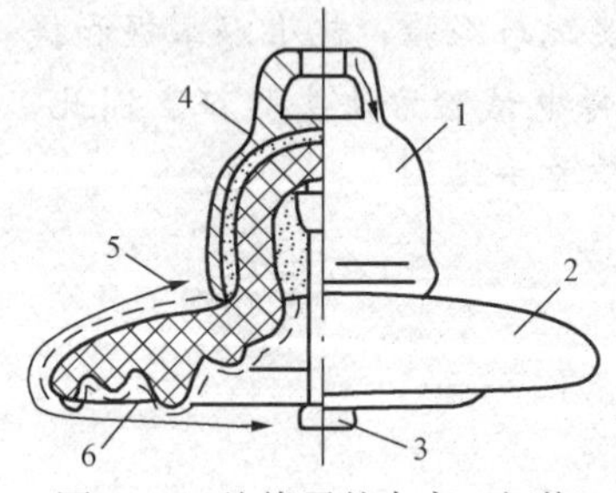

图 8-1 绝缘子的击穿、闪络和泄漏路径

1—铁帽；2—绝缘；3—铁脚；4—击穿路径；5—闪络路径；6—爬电距离

2. 机械性能

高压绝缘子在承受电场作用的同时，还可能受到机械负荷、电动力或机械振动等的作用。机械力的作用，会造成绝缘子的电气性能降低，最终导致绝缘击穿。因此，选择和使用绝缘子时，必须考虑能承受相应的机械力的作用。

绝缘子受到的机械负荷有：

(1) 拉伸负荷。如悬挂输电线的绝缘子常受重力和导线拉力的作用。拉伸负荷以作用在绝缘子两端的拉伸力来表示。

(2) 弯曲负荷。如导线拉力、风力或短路电流电动力作用于支柱绝缘子，因它们的方向与支柱垂直而使支柱受到弯矩作用。弯曲负荷以作用在绝缘子顶部的垂直力（垂直于绝缘支柱）来表示。

(3) 扭转负荷。如隔离开关的支柱绝缘子常以转动方式来开闭触头，转动时绝缘支柱将承受扭转力矩。扭转负荷以作用在绝缘子顶部的扭矩来表示。

3. 冷热性能

制造绝缘子最普遍的材料是电瓷。运行中因受日照，瓷件温度可能比周围高 20～30℃，若遇降雨，瓷件表面骤冷产生内部应力，可能造成开裂。因此要求瓷件在 70℃的温差剧变时不发生开裂。从温度膨胀系数来看，电瓷的 [(45 ～ 70) × 10^{-7}℃$^{-1}$] 小于金属附件的 (115 ×10^{-7}℃$^{-1}$) 和胶合剂的（如水泥的温度膨胀系数为 100×10^{-7}℃$^{-1}$），如设计不当，温度变化也会使它们间产生应力而破裂。

此外，运行中的绝缘子在长期工作电压和机械负荷作用下，会发生介质的老化现象，因此要求绝缘子应具有一定的抗老化性能。

二、绝缘子的材料

绝缘子由绝缘件、机械固定用的金属附件、胶装绝缘件和金属附件的胶合剂组成（见图 8-1、图 8-2）。有些产品还带有传导电流用的导电体。

1. 绝缘件材料

最常用的绝缘件材料是电瓷，它是无机材料，由石英、长石和黏土焙烧而成，能耐受不利大气环境和酸碱污秽等的长期作用而不受侵蚀，抗老化性好，且具有足够的电气性能和机械强度。电瓷的电气性能和机械性能与其配方和工艺有关。

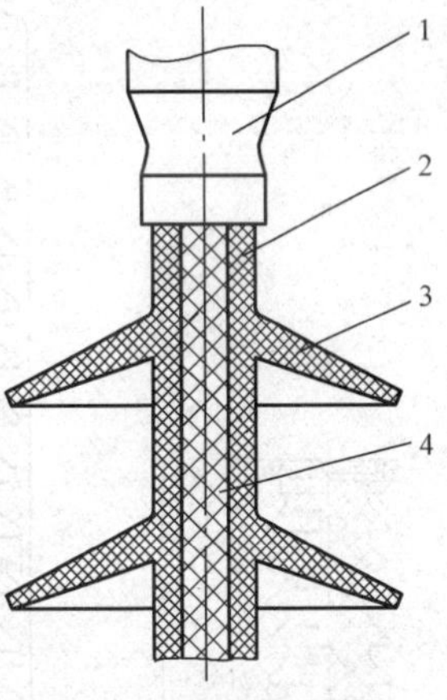

玻璃也是一种良好的外绝缘材料，具有与电瓷同样的环境稳定性，生产工艺简单，较易实现机械化，生产效率高。普通玻璃的冷热性能差，机械强度也低。经退火和钢化处理后，冷热性能有很大改善，机械强度可比普通电瓷高 1～2 倍，介电强度也高于瓷。输电线路上的盘形悬式钢化玻璃绝缘子损坏后能“自爆”，便于巡线时及时发现。

1
2
3
4

图 8-2 复合绝缘子结构简图

1—铁帽；2—芯棒；3—伞盘；4—护套

浇注环氧树脂可用于户内支柱和穿墙绝缘结构中。浇注工艺简单，工效高。经过表面处理，可以提高它的耐湿性和化学稳定性。但在使用时应注意其抗老化性能。

由环氧树脂玻璃纤维芯棒和高分子聚合物伞盘、护套组成的复合绝缘子，芯棒承受机械负荷作用，伞盘、护套保护芯棒免受环境因素影响和提供必要的泄漏距离。合成树脂玻璃纤维引拔棒的机械强度比钢的还高，也具有良好的电气性能，是制造芯棒的合适材料。高温硫化硅橡胶具有一定的机械强度、良好的电气性能和环境稳定性，是制造伞盘、护套的合适材料。与瓷或玻璃绝缘子相比，复合绝缘子具有很多优点，如工艺简单、生产过程对环境污染小；质量轻、体积小、运输安装方便，尤其是伞盘表面积污后。由于硅橡胶材料所特有的表面憎水性的迁移性能，使得复合绝缘子具有优良的耐污闪性能。

2. 金属附件材料

绝缘子的金属附件主要由铸铁和钢制成，对一些需通过大电流的产品，为减少附件的涡流损耗，也有用硅铝合金做附件的。附件结构对绝缘子的机械强度影响很大。导电材料（如套管所用导杆）一般均采用铜杆或铜管，有些穿墙套管也采用铝导体。

3. 胶合剂

胶合剂是将瓷件和附件胶合连接的材料，最常用的是500号硅酸盐水泥。为减小水泥和瓷件温度膨胀系数不同而产生的内应力，用瓷粉或瓷砂作填充剂，并在附件胶装面刷沥青作缓冲层。现在很多电瓷产品，特别是大型瓷套都用卡装方法与附件固定，它避免了温度内应力，组装工艺时间也可缩短。

第二节 各种绝缘子及其绝缘试验

绝缘子的种类很多，按照用途可分为支柱绝缘子、棒形绝缘子、瓷套管、线路绝缘子、复合绝缘子等。

一、支柱绝缘子

支柱绝缘子是支承高压配电装置母线和高压电器带电部分（如触头）的绝缘支柱，它由瓷柱和上、下金属附件通过水泥胶装而成。按外形结构和工作条件的不同，分为户外、户内两大类。

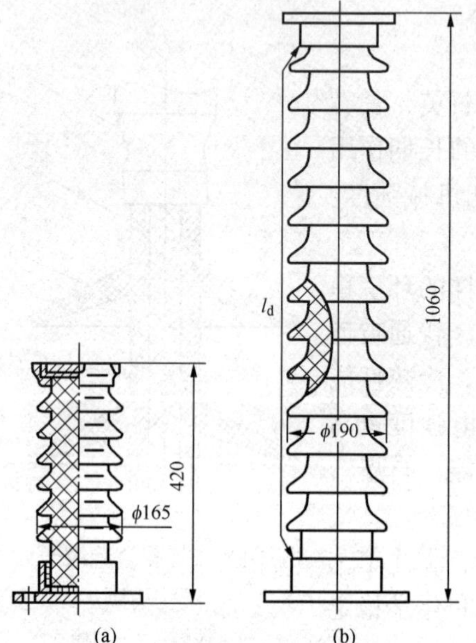

图 8-3 户外棒形支柱绝缘子

(a) ZS-35/600 型；(b) ZS-110/400 型

l_d—干闪距离

1. 户外支柱绝缘子

户外装置的支柱绝缘子大量采用棒形结构——带伞的实心圆瓷柱，如图 8-3 所示。伞的作用是使雨天时绝缘子保持一部分干燥表面和增加电极间沿瓷表面的泄漏距离，以提高湿闪络电压。实心瓷柱沿外部空气间隙的闪络距离和内部贯穿击穿路径差不多相等，所以只会出现外部闪络而不会发生瓷介质的内部击穿，这对绝缘子的安全运行十分重要。

运行中，棒形支柱绝缘子会受到弯曲力矩作用。随电压等级升高，支柱绝缘子高度增加，弯曲力矩也增加。若用增大瓷柱直径的方法来提高机械性能，一方面瓷件重量显著增加，另一方面工艺上也有较大困难。因此要用高强度瓷来制造棒形支柱绝缘子，以改进瓷质、提高瓷本身的机械强度来满足抗弯性能的要求。

支柱绝缘子还采用针式结构，它是由带伞的瓷件和伸入瓷件内的铁脚以及瓷件上面的铁帽胶装而成，如图 8-4 所示。由于铁脚一直伸到与铁帽差不多的高度，可直接承受机械负荷，所以针式绝缘子的抗弯性能较好。35kV 的针式绝缘子因瓷壁较厚，瓷件分成 2～3 块烧成，再用水泥胶装在一起。由于性能不稳定，易击穿、老化，金属材料消耗多，体积大等缺点，针式绝缘子已逐渐被淘汰。但由于其泄漏距离长，耐污性能较好，有些污秽地区仍在使用。

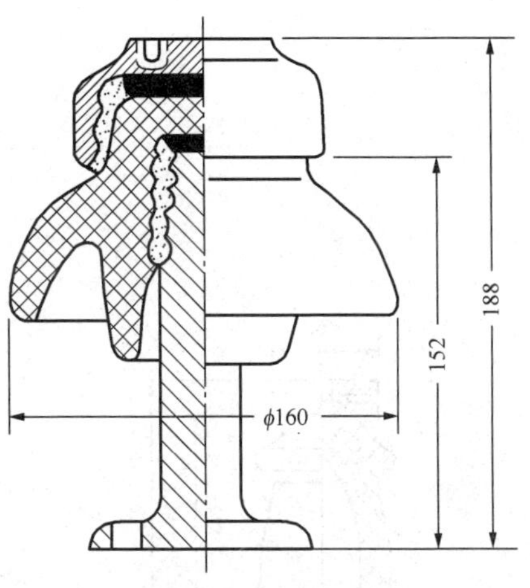

图 8-4 ZPB-10 型户外针式支柱绝缘子

对 154kV 及更高电压等级，常用几个支柱绝缘子组装成绝缘子柱，如图 8-5 所示。由于绝缘子柱的高度大，加在柱顶的允许外力又与高度成反比，因此要使超高压支柱绝缘子具有较高的机械性能是个困难问题。此外，几个支柱绝缘子串接后，沿表面的电压分布不均匀，闪络电压不随绝缘子高度的增加而正比上升。为了解决这个问题，一般常采用均压环，它减弱了电极边缘的场强；还由于流经均压环与介质表面间的分布电容电流，部分补偿了介质的对地电容电流，使表面电压分布比较均匀，从而提高了闪络电压。高度在 2m 以上的绝缘子柱采用均压装置后有良好的均压效果。例如 3.3m 高的绝缘子柱的闪络电压为 588kV，装上直径 1.5m 的圆形均压环后，闪络电压提高到 834kV，增加约 42%。

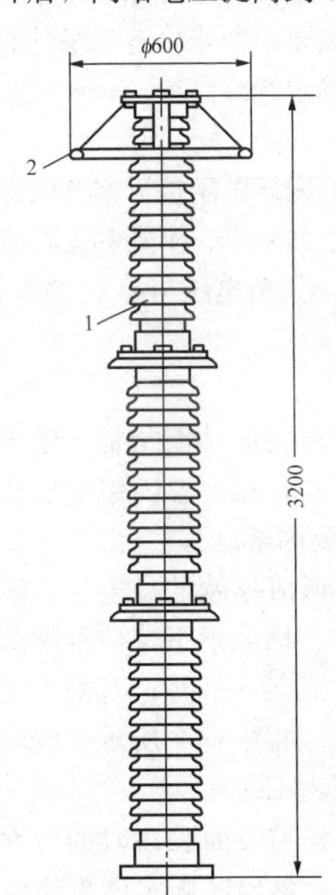

图 8-5 330kV 绝缘子柱
1—绝缘子；2—均压环

2. 户内支柱绝缘子

户内支柱绝缘子由空心或实心的圆柱形瓷件和金属附件组成。按照金属附件和胶装方式的不同，户内支柱绝缘子分为外胶装、内胶装和内外联合胶装三种结构，如图 8-6 所示。

外胶装绝缘子的金属附件胶装在瓷件外面。空心瓷件顶部的隔板用来防止沿内表面闪络。瓷件表面有棱，用以阻止放电发展和增长闪络距离，从而可提高闪络电压。棱的最有利位置是靠近上附件处，因为正极闪络电压比负极性低，在正极性放电的起始阶段就阻止放电发展是最有效的。外胶装绝缘子不能充分利用瓷件高度，整个绝缘子较高，金属材料消耗也多。

内胶装绝缘子的金属附件胶装在瓷件内，因而尺寸和质量都比较小，使采用它的电器的尺寸和质量也减小了。瓷件内的金属附件还可使沿介质表面的电压分布均匀一些，从而提高了闪络电压。内胶装绝缘子不能有效利用瓷件的机械强度，且容易因温度应力而损坏，因此，目前它仅应用在 6～20kV 电压等级。

综合内、外胶装绝缘子的特点，开发了一种内、外联合胶装的绝缘子。这种绝缘子的上附件内胶装，降低了绝缘子的高度；而下附件外胶装，可有效地利用瓷件的机械强度，缩小瓷件直径。

二、棒形绝缘子

棒形绝缘子是一种带伞的实心圆瓷柱，其结构如图 8-3 所示。

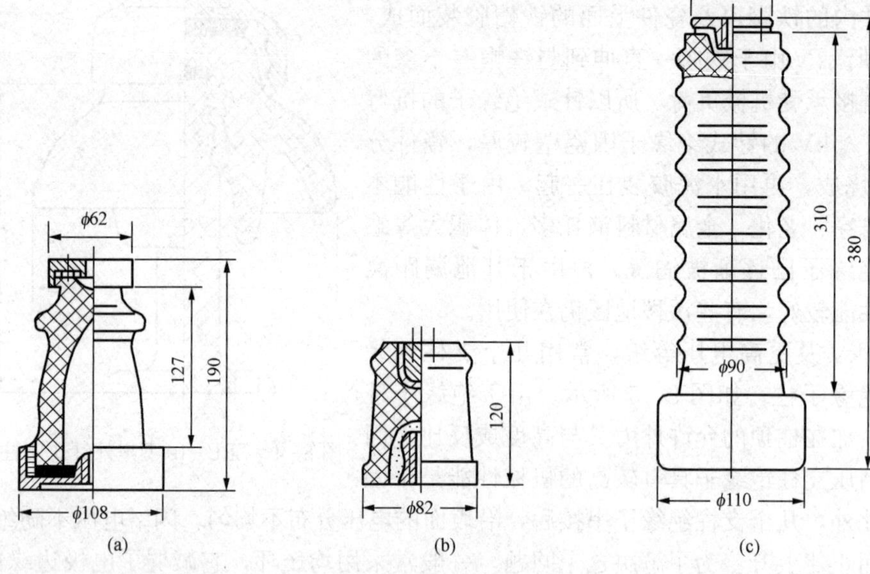

图 8-6　户内支柱绝缘子

(a) 外胶装（ZA-10）；(b) 内胶装（ZS-110/400）；(c) 内外联合胶装（ZL-35）

棒形绝缘子的高度和外形结构是影响闪络电压的主要因素。通常棒形绝缘子两电极间的最短空气距离（也称干闪距离 l_d，见图 8-3）决定了干闪络电压，而伞的形状和布置则决定了湿闪络电压。因此，绝缘子的设计一般分两步，首先根据干闪络电压的要求初步决定绝缘件高度，再按湿闪络电压的要求确定外形结构——伞数和伞形，并最终确定绝缘高度。

1. 干闪络电压

棒形支柱绝缘子属于具有弱垂直分量的极不均匀电场结构，它的闪络电压接近空气间隙的击穿电压。绝缘子的干闪络电压主要取决于干闪距离 l_d，其他因素如伞形、伞数和支柱直径等也有一些影响，但与 l_d 相比，这些影响可以忽略。棒形绝缘子干闪络电压与 l_d 的关系，可以用极不均匀电场棒—板空气间隙的相应关系来估算。

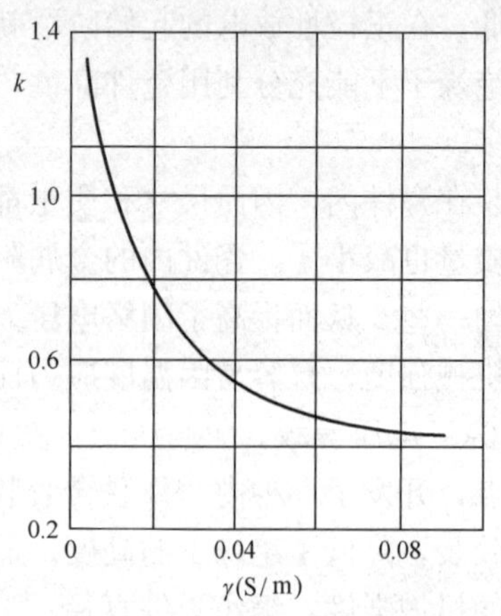

图 8-7　雨水电导率对湿闪络电压的影响

2. 湿闪络电压

湿闪络电压是户外绝缘子最重要的性能指标，绝缘子在雨天应仍能承受操作过电压的作用。湿闪络电压是决定户外绝缘子外形结构的最主要因素。

介质表面完全淋湿时，雨水形成连续的导电层，泄漏电流增加，闪络电压大大降低。标准雨下，被雨淋湿表面的闪络电压仅为干燥状态的 40%～50%；若雨水电导率增加，则闪络电压还要降低，如图 8-7 所示（取雨水电导率 0.01S/m 时的闪络电压为 1kV）。

完全淋湿表面的沿面放电过程与表面脏污时的沿面放电有些类似。它们的差别在于，淋雨时雨水能更快地将表面局部烘干的间隙重新润湿，恢复连续的导电层。泄漏电流两次跃变的时间间隔很短，甚至完全连续，没有明显的跃变现象。

影响湿闪络电压的因素：

(1) 伞宽和伞距。湿闪络电压与绝缘子外形尺寸和伞形有密切关系。

绝缘子的伞宽 a、伞距 t 是影响闪络路径中湿表面和空气间隙比值的主要因素，如图 8-8 所示，当伞宽 a 较小时，表面干燥区域小，湿表面比例大，闪络电压低；伞数 n 增加，湿闪络电压升高。当 $a>0.5t$ 时，闪络离开伞表面而在伞边缘空气间隙中发生，湿闪络电压不再增加。减小伞距 t 也能提高湿闪络电压。一般情况下，t 的下限取 4～5cm。大尺寸的瓷套伞宽大，t 也应该大一些。伞形的合理关系 $a/t=0.5$ 只对大气洁净地区的绝缘子适用。

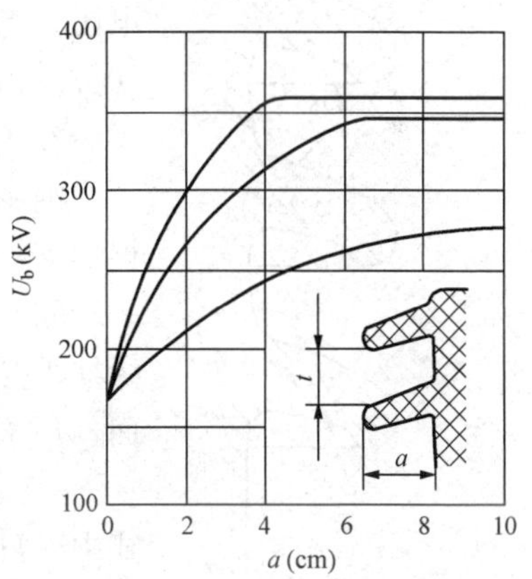

图 8-8　不同伞距时，湿闪络电压与伞宽的关系

n，t 值：1～15，6cm；2～8，12cm；3～4，25cm

运行中绝缘子表面会有脏污，要适当增加泄漏距离，提高 a/t 值，一般 a/t 值在 0.5～1 范围内。a 过大，不会提高湿闪络电压，反而增加瓷件重量。合理的绝缘子外形设计应使在伞数和伞宽最小的条件下获得必要的湿闪络电压。表 8-1 给出了各种额定电压等级绝缘子的推荐伞数 n。

表 8-1　户外绝缘子的伞数

额定电压（kV）	6	10	20	35	110	154	220
伞数 n	1	1～2	2～3	4～5	8～13	10～15	16～20

(2) 倾斜角。倾斜角对绝缘子的湿闪络电压也有影响。伞盘应向下倾斜，这样，雨水能形成水珠下落。伞盘最合适的倾斜角为 20°～30°，为减少瓷件重量，推荐取下限值。

(3) 安装位置。绝缘子的安装位置（垂直、水平或倾斜）影响表面淋湿状态，因而对湿闪络电压也有影响。垂直安装时，绝缘子上部伞边缘流下的雨水局部短路了伞缘的空气间隙，因此闪络电压降低，这在大雨时特别明显。水平安装时，瓷表面全部淋湿，但雨水不会短路伞缘间空气间隙，它的湿闪络电压由泄漏距离决定，一般比垂直安装的要高。水平安装绝缘子的伞可改为棱，棱数和棱形主要需使绝缘子有足够的泄漏距离，以使瓷表面完全淋湿时，绝缘子仍具有必要的闪络电压。

垂直安装有伞的棒形绝缘子在标准雨下的工频湿闪络电压（有效值）可用下面经验公式计算

$$U_f = E_1 l_1 + E_2 l_2 \quad (kV) \tag{8-1}$$

式中　E_1——淋雨表面的闪络场强（有效值），kV/cm；

E_2——空气间隙的闪络场强（有效值），kV/cm；

l_1——湿闪路径中的淋雨表面长度，cm；

l_2——湿闪路径中的空气间隙部分长度，cm。

式（8-1）适用的 l_1、l_2 范围为 7～125cm。l_2 是指湿闪路径中各空气间隙最短距离之和。例如在图 8-9 中，$l_2 = AD + A'D' + A''F$，而 $l_1 = EA + DA' + D'A'' + FG$。$E_1$ 可由图

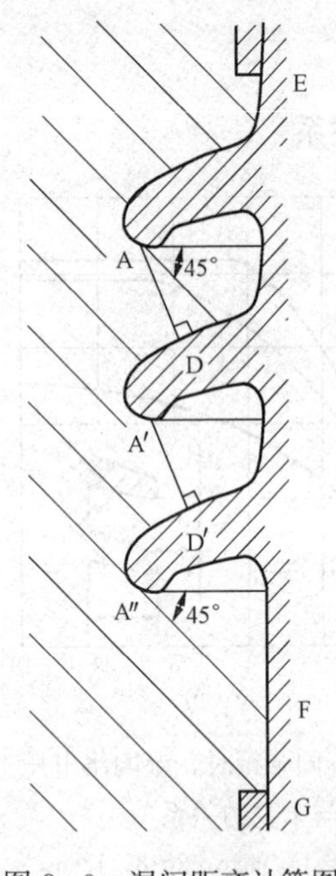

图 8-9　湿闪距离计算图

8-10查得，E_2（有效值）可取为 3kV/cm。

另外，操作冲击电压作用下，表面淋雨对闪络电压的影响比工频电压作用下要小。电压作用时间越短，湿闪络电压越接近干闪络电压。当电压作用时间约 0.01s 时，湿闪络电压比干闪络电压约低10%。雷电冲击电压下湿闪络电压与干闪络电压的差别更小。

3. 机械强度

绝缘子是电气设备的支承固定部件，必须进行机械强度计算。棒形支柱绝缘子的机械强度由弯曲负荷决定，它的受力情况相当于一端固定的梁。如图 8-11 所示，在绝缘子顶部作用一个力 F，绝缘柱承受弯曲力矩，下附件边缘 I-I 断面是最容易断裂的危险断面，I-I断面的弯曲力矩

$$M = FH \tag{8-2}$$

式中　H——力臂，力 F 到 I-I 断面的垂直距离。

危险断面 I-I 的抗弯性能，可以用断面系数 W 来表示。直径为 d 的实心圆柱的断面系数

$$W = 0.3d^3 \tag{8-3}$$

内、外径分别为 d_1、d_2 的空心圆柱的断面系数

$$W = 0.1(d_2^4 - d_1^4)/d_2 \tag{8-4}$$

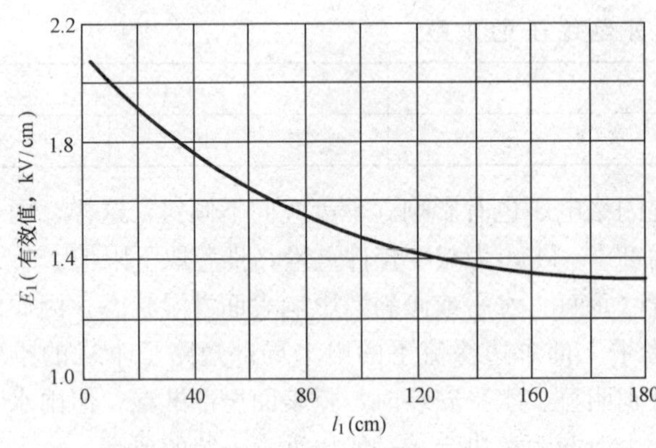

图 8-10　垂直安装，有伞棒形绝缘子淋雨表面的闪络场强 E_1 与淋雨表面的闪络长度 l_1 的关系（雨水电导率 0.01S/m）

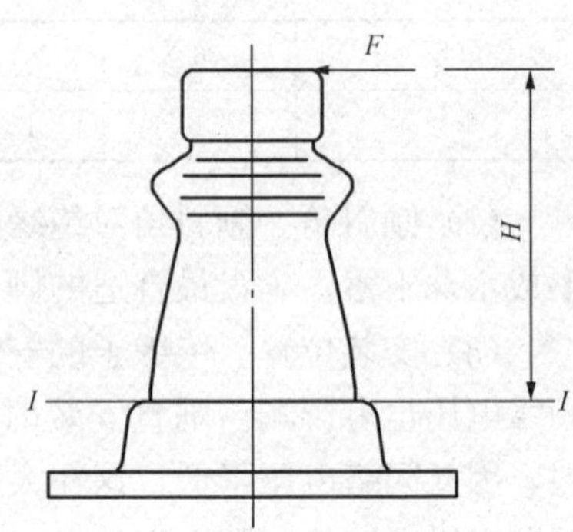

图 8-11　支柱绝缘子承受弯曲负荷图

I-I 断面的弯曲应力

$$\sigma = \frac{M}{W} \tag{8-5}$$

σ 应该小于绝缘件能够承受的弯曲应力。

瓷件能够承受的弯曲应力决定于瓷质。瓷件的截面积增大，瓷质不均匀，抗弯强度降低。同时，电瓷是脆性材料，瓷质又很不均匀，所以它的抗弯强度分散性很大，最小值与平均值可相差 50%左右，因此设计时抗弯强度的使用数值要比电瓷试样的抗弯强度低得多。各制造企业工艺条件不同，所取抗弯强度也有所差别。瓷件截面积在 $50cm^2$ 以下时，设计

时推荐采用的抗弯强度为 1800～2000N/cm²；截面较大时，取 1200～1500N/cm²。

用附件胶装固定的绝缘子需要有一定的胶装高度，以保证附件和瓷件间有足够的胶装强度。通常，附件内瓷件的水泥胶装高度为瓷件直径的 70%～80%时，胶装强度和瓷件的强度相当。现在瓷件的胶装高度一般都为直径的一半左右。

三、套管

套管是将载流导体引入变压器或断路器等电气设备的金属箱（柜）内或母线穿过墙壁时的引线绝缘。套管是一种典型的电场具有强垂直介质表面分量的绝缘结构，表面电压分布很不均匀，在中间法兰边缘处电场十分集中，很容易从此处开始电晕及滑闪放电。同时，法兰和导杆间的电场也很强，绝缘介质易被击穿。为适应工作电压的提高，必须改善法兰及导杆附近的电场。套管电工材料的不同有玻璃纤维绝缘套管、PVC 套管、热缩套管等。

高压套管按结构特点及所用材料，可分为单一绝缘套管、复合绝缘套管和电容式套管，见表 8-2。

表 8-2　　高压套管按结构及材料的分类

<table>
<tr><th>按结构特点分</th><th>按主要绝缘介质分</th><th colspan="2">绝缘特点</th><th>主要应用范围</th></tr>
<tr><td rowspan="3">单一绝缘套管</td><td rowspan="2">纯瓷套管</td><td colspan="2" rowspan="2">电瓷（或还有空气）</td><td>35kV 及以下穿墙套管</td></tr>
<tr><td>10kV 及以下穿墙套管</td></tr>
<tr><td>树脂套管</td><td colspan="2">树脂（或还有空气）</td><td>组合电器用</td></tr>
<tr><td rowspan="2">复合绝缘套管</td><td>充油套管</td><td colspan="2">套管内为绝缘油（或包纸，加纸筒）</td><td>60kV 及以下电器用套管，试验变压器套管</td></tr>
<tr><td>充气套管</td><td colspan="2">套管内为等压缩气体</td><td>组合电器用</td></tr>
<tr><td rowspan="3">电容式套管</td><td>油纸电容式套管</td><td>油浸纸</td><td rowspan="3">有许多极板使电场趋于均匀</td><td rowspan="3">110kV 及以上穿墙套管或电器用套管</td></tr>
<tr><td>胶纸电容式套管</td><td>胶纸</td></tr>
<tr><td>浸胶电容式套管</td><td>纸包后浸胶</td></tr>
</table>

1. 单一绝缘套管

单一绝缘套管用纯瓷或树脂绝缘，常制成穿墙套管，用于 35kV 及以下电压等级。其绝缘件为管状，中部卡装或胶装法兰以便固定在穿孔墙上。法兰一般为灰铸铁，当工作电流大于 1500A 时常用非磁性材料，以减少发热。单一绝缘套管的绝缘结构分为有空气腔和空气腔短路两类。空气腔结构的套管用于 10kV 及以下电压等级，导体与瓷套之间有空气腔作为辅助绝缘，可以减少套管电容，提高套管的电晕电压和滑闪电压。当电压等级较高时（20～30kV），空气腔内部将发生电晕而使上述作用失效，这时采用空气腔短路结构。这种套管的瓷套内壁涂半导体釉，并用弹簧片与导体接通使空气腔短路，用以消除内部电晕，但法兰附近仍可能发生电晕和滑闪。通常在法兰附近两侧瓷套表面各设一很大的伞裙，并在法兰附近涂以半导电层使电场均匀分布，提高套管的放电特性。

纯瓷套管是一种单一绝缘套管，以电瓷（或还有空气）为绝缘，结构简单、维护方便，目前广泛用作 35kV 及以下的穿墙套管和 10kV 及以下的电器套管。

图 8-12 为户外穿墙套管，载流导体采用扁铝排。穿墙套管一般水平安装，所以户外一部分不用伞盘，改用宽度小和数目多的波纹瓷棱。这样既可缩小瓷套外径，减轻质量，简化

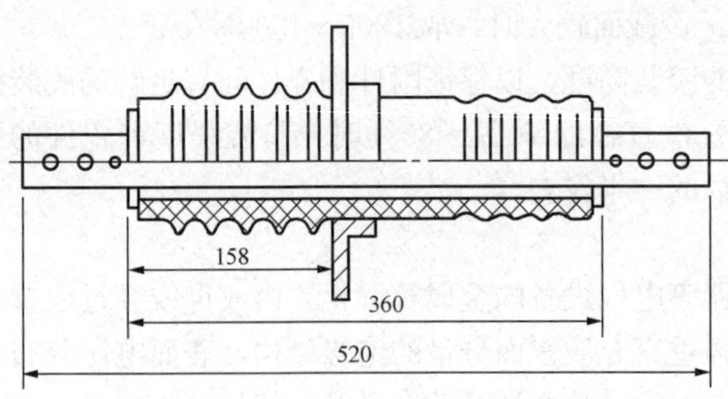

图 8-12 CWL-10/400 型户外穿墙套管

工艺，也可保证足够的泄漏路径长度，满足湿闪络电压的要求。穿墙套管的户内部分表面的波纹瓷棱更小。有些套管的法兰分成两个半圆形，用螺栓卡紧固定，省去了水泥胶装工序。这类套管适用于工作电压 10～20kV 以下。电压较高时其导杆表面场强高，容易发生局部放电。在发生沿面放电前，瓷套内空气已强烈电晕，使比电容增加，加快了套管表面滑闪放电的形成和发展，因而降低了闪络电压。

在 35kV 的套管中要设法提高导杆表面发生电晕和法兰周围发生电晕、滑闪放电的起始电压。如图 8-13 所示，套管内壁喷铝，并用弹簧片与导杆接触，使瓷套内腔的空气不承受电压，因而导杆表面不会发生电晕。由于套管内腔空气被短路，法兰附近的比电容加大，容易产生电晕和滑闪。为此，加大紧靠法兰的伞的直径和瓷壁厚度，法兰到大伞的瓷壁喷铝或上半导体釉，这使得接地电极附近的瓷壁增厚，减小了比电容；喷铝层又将法兰边缘极不均匀电场的锐边电极延伸到伞槽下，减弱了法兰附近的电场强度，提高了电晕和滑闪放电的起始电压，相应地提高了闪络电压。运行中若铝层脱落或制造时喷铝不全，套管常会在工作电压下就产生局部放电，它不但形成无线电干扰，且因发热而可能促使瓷套发生热击穿。为了克服这种缺点并简化工艺，又设计生产了一种铝管作导体的瓷套管。这种套管不喷铝，用合适直径的铝管来减弱导杆表面的场强，提高电晕起始电压；法兰边缘也做成圆弧形，以减弱该处场强，提高电晕和滑闪放电的起始电压。同时，由于取消了深槽大伞，套管结构简单。

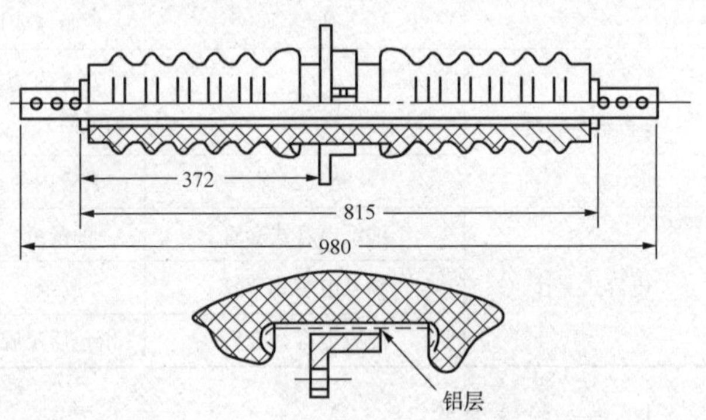

图 8-13 CWL-35/400 型穿墙套管

2. 复合绝缘套管

复合绝缘套管以油或气体作绝缘介质，一般制成变压器套管或断路器套管，常用于 35kV 以下电压等级。复合绝缘套管的导体与瓷套间的内腔充满变压器油，起径向绝缘作用，当电压超过 35kV 时，在导体上套以绝缘管或包电缆线，以加强绝缘。复合绝缘套管的导体结构有穿缆式和导杆式两种。穿缆式利用变压器的引出电缆直接穿过套管，安装方便。当工作电流大于 600A 时，穿缆式结构安装比较困难，一般采用导杆式结构。电容式套管由电容芯子、瓷套、金属附件和导体构成，金属附件有中间连接套筒（法兰）、端盖、均压球等，导体为电缆或硬质钢管，主要用于超高压变压器和断路器。其上部在大气中、下部在油箱中工作。电容式套管的电容芯子作为内绝缘，瓷套作为外绝缘，也起到保护电容芯子的作用。瓷套表面的电场受内部电容芯子的均压作用而分布均匀，从而提高了套管的电气绝缘性能。

3. 电容式套管

电容芯子用胶纸制造时，机械强度高，可以任何角度安装，抗潮气性能好，结构和维修简单，可不用下套管，还可将芯子下端车削成短尾式，缩小其尺寸；缺点是在高电压等级时，绝缘材料和工艺要求较高，芯子中不易消除气隙，以致造成局部放电电压低。胶纸电容式套管由于介质损耗偏高和局部放电电压低等问题，已逐渐为油纸电容式套管所取代。油纸电容式套管采用油纸作电容芯子，一般要有下瓷套，下部尺寸较大，对潮气比较敏感，密封要求高；优点是绝缘材料和工艺易于解决，介质损耗小，局部放电性能好。

四、线路绝缘子

线路绝缘子是输配电线路中固定导线用的绝缘部件。线路绝缘子根据材料不同可分为有机复合绝缘子、瓷绝缘子和玻璃绝缘子三大类，按结构不同分为针式、悬式绝缘子和瓷横担绝缘三大类。

1. 针式线路绝缘子

针式线路绝缘子简称针式绝缘子，广泛使用在 6～10kV 的配电线路中，如图 8-14 所示。它的瓷件与针式支柱绝缘子基本相同，不同的是其顶部有一线槽，导线可用绑线固定在线槽内。针式绝缘子也有用在 20～35kV 的配电线路中。但由于其结构尺寸大和老化率高，逐渐被悬式绝缘子取代。

2. 悬式线路绝缘子

盘形悬式线路绝缘子由铁帽、钢脚和瓷件组成，金具和绝缘件用水泥胶合，如图 8-15 所示。盘形悬式线路绝缘子结构简单、机械强度高、老化率低，串接成串后可在任意电压等级的输电线路上使用，是高压线路中使用最广的一种绝缘子。

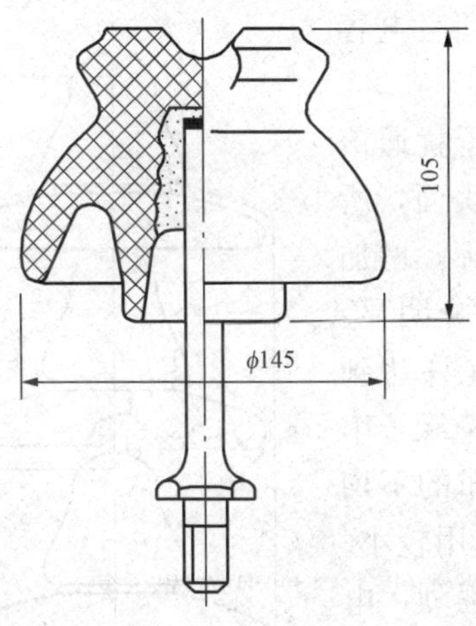

图 8-14　P-10 型针式线路绝缘子

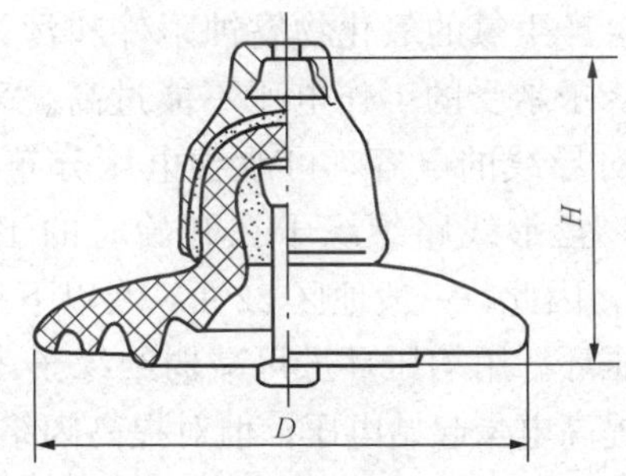

图 8-15　XP-10 型盘形悬式绝缘子
(D=254mm，H=146mm)

棒形悬式线路绝缘子分为瓷质和复合绝缘子两种。棒形悬式瓷质绝缘子具有不击穿，节约金属材料等优点，但因瓷件受拉，很难制造出具有很大机械破坏负荷的产品。如图 8-16 所示，棒形悬式复合绝缘子由芯棒、伞盘和护套、上下铁帽组成。为防止沿芯棒与护套的分界面发生闪络，两者之间需有黏接材料。与瓷质绝缘子相比，复合绝缘子具有以下优点：

(1) 抗拉性能好。承受机械负荷的复合绝缘子芯棒，采用合成树脂玻璃纤维引拔棒，它的抗拉强度是瓷的 5～10 倍，只要适当选择芯棒直径及接头结构，就可满足高压输电线路对

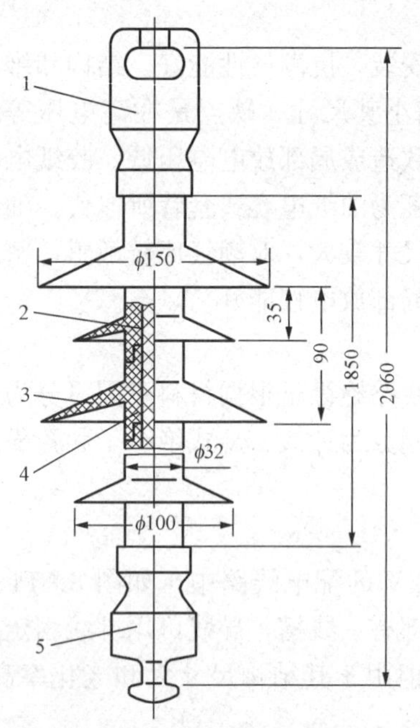

图 8-16　220kV 棒形悬式复合绝缘子
1—上铁帽；2—芯棒；3—伞盘和护套；4—粘接材料；5—下铁帽

绝缘子的机械性能要求。

(2) 质量轻，体积小，弹性好。由于芯棒机械强度高，所以直径可较小；又因伞盘、护套用硅橡胶制成，所以质量轻、体积小。例如 220kV 悬式复合绝缘子只有 10kg 重，而普通盘形悬式瓷质绝缘子串的重量为 73kg，前者只有后者的 14%。此外，硅橡胶伞糯柔软，不易损坏。

(3) 防污闪性能好。复合绝缘子的泄漏距离可以做得较大；伞盘、护套用硅橡胶制成，表面具有憎水性；直径较细；所以较高，比盘形悬式瓷绝缘子串污闪电压可高出 1～2 倍。

(4) 工艺简单，成形温度低。

3. 悬式绝缘子串

悬式绝缘子一个突出的优点是：当工作电压增高时，可将多个绝缘子用简单的机械连接组成绝缘子串，绝缘子串的机械强度仍与单个元件相同，而闪络电压则随绝缘子片数的增多而提高。盘形悬式绝缘子串中，串接绝缘子的数目决定于线路所要求的绝缘水平。对悬垂串，35kV 线路用 2～3 片，110kV 用 7 片，220kV 用 13～14 片，330kV 用 19～22 片；对耐张串，考虑到绝缘子老化较快，通常增加 1～2 片。在机械负荷很大的地方，可以用 2～3 串同样的绝缘子串并联使用。

由于绝缘子的金属部分与接地铁塔或带电导体间有电容存在，使得沿绝缘子串的电压分布不均匀。

绝缘子上电压降过高时可能会产生电晕，它将干扰通信线路，也会产生氮的氧化物腐蚀附件和污染绝缘子表面，所以每片绝缘子承受的工作电压不能过高。采用均压环，增加了绝缘子对导线的电容，可改善电压分布，效果十分明显。研究表明，盘形线路绝缘子在开始时的工作电压允许达到 25～35kV，因此，一般地区 220kV 及以下的输电线绝缘子串不采用均压环。用均压环虽可减弱绝缘子串电压分布的不均匀程度，提高电晕起始电压，但对提高闪络电压的作用较小。因为即使没有均压环，由于闪络前绝缘子电晕已很强烈，电极附近电离区增大，加大了它本身电容，使电压分布稍趋于均匀。对特别长的绝缘子串，由于闪络前的电晕效果还不够强，安装均压环还能提高闪络电压，这种情况下安装使电压均匀分布的均压环是完全必要的。

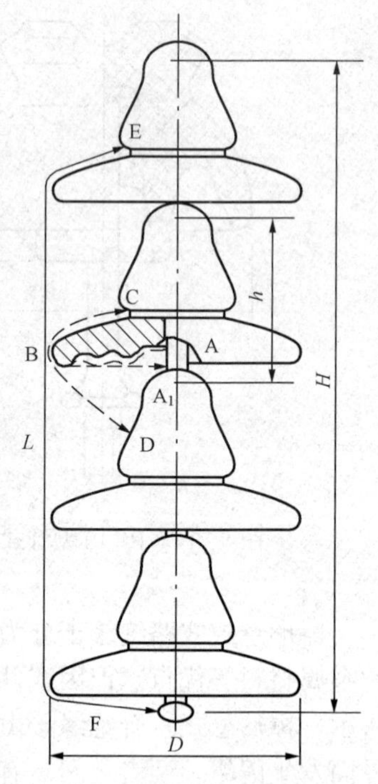

图 8-17　盘形悬式绝缘子串的闪络路径

盘形悬式绝缘子串的闪络路径与单个绝缘子不一样，如图 8-17 所示。单个绝缘子沿两电极间空气最短距离 l'(CBA_1)闪络，而绝缘子串常常是沿 l(CBD) 或空气间隙 L(EF) 闪络，因此绝缘子串的闪络电压并不一定是单个绝缘子闪络电压的总和。沿 L 闪络时，绝缘子串的闪络电压相当于棒—棒空气间隙的击穿电压。为了提高绝缘子串的平均闪络场强 U_b/H，可加大绝缘子盘径、减小铁帽直径和减小绝缘子高度，以及增加盘下棱的高度。在一定范围内，$\sum l$ 增大，绝缘子串的平均干闪和湿闪场强 U_b/H 也增大。当 $\sum l/H$ 约不小于 1.3 时，绝缘子串的干闪将沿路径 L 发生，这就比较充分地利用了绝缘高度。由于绝缘子的质量和成本差不多与盘径平方成正比，从电气性能来看，采用缩小绝缘子铁帽直径和钢脚长度的方法来提高 $\sum l/H$ 比增加盘径更合理。但减小铁帽直径势必降低绝缘子的机械强度，故考虑盘形线路绝缘子的结构时，必须适当处理电气和机械性能两方面的要求。

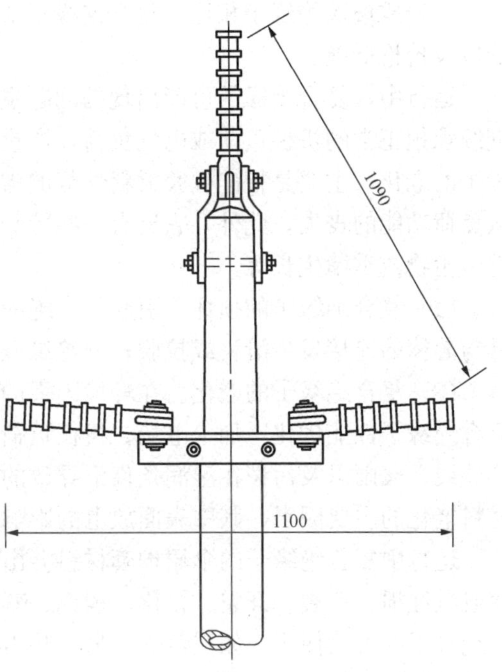

图 8-18 10kV 线路直线杆上的瓷横担绝缘子（单位：mm）

4. 瓷横担绝缘子

瓷横担绝缘子是棒形的瓷件，安装在电杆上支承导线（见图 8-18）。它既起了输电线对地绝缘的作用，又起了横担作用，将各相导线隔开一定距离，保证电杆间导线摆动时，有足够的绝缘距离。图 8-19 是 10kV 瓷横担绝缘子结构简图。由于绝缘距离大，它的闪络电压（工频湿闪络电压 50kV，雷电冲击闪络电压 185kV）比绝缘水平所要求的高很多，运行可靠。正常运行情况下，瓷横担绝缘子承受导线的垂直荷重；但当发生导线断线事故时，绝缘子将受到弯曲负荷作用。由于 SC-185 型瓷横担绝缘子用单螺栓与横担固定，当导线断线时，瓷横担可以顺导线方向转动，缓冲了导线对瓷横担绝缘子的冲击力。因此这种瓷横担绝缘子的机械强度主要考虑导线的垂直荷重，机械强度要求显著降低，尺寸减小。

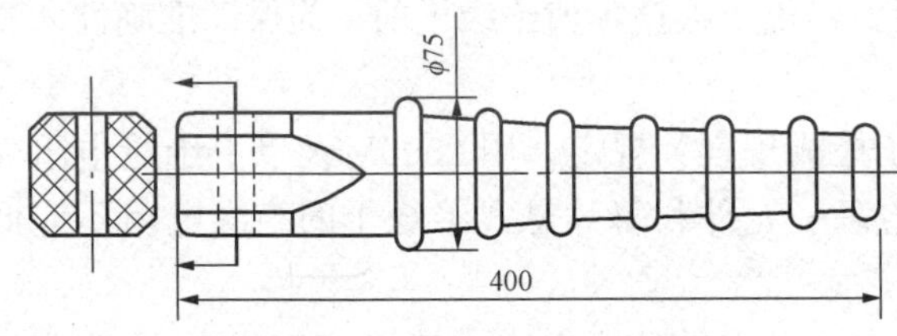

图 8-19 10kV SC-185 型瓷横担绝缘子（单位：mm）

110～220kV 电压级的瓷横担绝缘子长度大，用 2～3 节瓷件组装而成，当机械强度要求较高、单臂式结构不能满足要求时，可以用两组瓷横担绝缘子组成 V 形桁架结构。

瓷横担绝缘子具有如下优点：①电气性能好，运行安全可靠；②35kV 以下的瓷横担绝缘子制造方便，采用瓷横担绝缘子的线路结构简单；③线路造价低，一般可节约 20%～50%。

5. 复合绝缘子

复合绝缘子由环氧树脂玻璃纤维芯棒和硅橡胶伞盘、护套组成，也叫硅橡胶复合绝缘子。其种类很多，除了有线路悬式、耐张、横担绝缘子等，复合绝缘子已发展到支柱绝缘子、穿墙套管、电器外套绝缘子、绝缘拉杆绝缘子等型式。

与瓷或玻璃绝缘子相比，复合绝缘子的突出优点是耐污闪湿闪性能优越、运行维护费用低以及价格低廉。

运行中，复合绝缘子可能出现的问题主要是损坏或老化。复合绝缘子的损坏是指其不能继续承担正常的机械负荷或电气负荷，严重时造成导线落地、电力中断等恶性事故。复合绝缘子的老化，主要是指硅橡胶材料性能的劣化，老化不严重时不会直接导致其承担电气或机械负荷功能的丧失。此外，它还有一些特殊问题，如鸟类或鼠类咬伤伞裙护套、绝缘子表面有微生物或霉菌生长等。

（1）复合绝缘子的损坏。引起复合绝缘子损坏的主要原因有：芯棒断裂；界面击穿；金具与芯棒的连接发生滑移或拉脱；外绝缘硅橡胶严重劣化，造成芯棒暴露等。

（2）复合绝缘子的老化。在环境因素的作用下，有机材料会发生各种物理化学变化，使复合绝缘子性能劣化，加上电场、机械负荷的作用，则会进一步加快劣化过程。研究表明，紫外线、酸雨以及污秽在湿润条件下导致的表面放电、电晕放电，是影响复合绝缘子外绝缘材料老化的主要因素，其中表面放电的影响最为显著。

运行中复合绝缘子的伞裙护套材料会出现不同程度的老化现象，如憎水性下降、漏电起痕或电蚀损、龟裂、开裂、粉化、褪色、变脆变硬等。伞裙护套材料的有些变化并不影响复合绝缘子的继续使用，如褪色等；另一些劣化现象在较长时间内也不会对绝缘子的安全运行造成威胁，如酚化、变硬等。

如果外绝缘材料严重劣化，如端部密封失效，护套开裂，漏电起痕或电蚀损等，导致电气、机械性能严重下降，此时必须更换绝缘子，否则可能造成严重后果。

五、绝缘子试验

绝缘子的试验项目有测量绝缘电阻、交流耐压试验、带电检测零值绝缘子。运行中对于多节支持绝缘子和悬式绝缘子的试验可在上述三项试验中任选一项进行。

1. 测量绝缘电阻

测量绝缘电阻可以发现绝缘子裂纹或瓷质受潮等缺陷。绝缘电阻可用绝缘电阻表检测。绝缘良好的绝缘子的绝缘电阻一般很高，劣化绝缘子的绝缘电阻则明显下降，仅为数十兆欧、数百兆欧，甚至几兆欧。由于绝缘子数量多，用绝缘电阻表测量其绝缘电阻，工作量太大，因此仅在带电检测出零值绝缘子位置后，停电更换该零值绝缘子前，为保证准确性才测量绝缘电阻。

DL/T 626—2005《劣化盘形悬式绝缘子检测规程》规定，用 2500V 及以上绝缘电阻表测量绝缘子绝缘电阻，多元件支持绝缘子的每一元件和每片悬式绝缘子的绝缘电阻不应低于 300MΩ。

应当指出，当带电测出绝缘子为零值绝缘子，但其绝缘电阻大于 300MΩ 时，应测其相邻良好绝缘子，比较两者绝缘电阻，若绝缘电阻值相差较大仍应视为不合格。

2. 交流耐压试验

绝缘子在出厂前和现场安装前都要进行交流耐压试验。交流耐压试验是判断绝缘子耐电强度的最直接方法。对支柱绝缘子等单元件绝缘子一般进行交流耐压试验是最有效的试验方法。试验中应注意以下问题：

（1）根据试验变压器容量，可选择一只或多只相同电压等级绝缘子同时试验。交流耐压时间规定为 1min。

（2）试验过程中，绝缘子无闪络、无异常声响的为合格。

（3）对于多元件支持绝缘子，当试验电压不够时，可分节进行。

由两个胶合元件组成的，每节试验电压 50kV/min。

由三个胶合元件组成的，每节试验电压 34kV/min。

非标准型号的绝缘子按制造厂规定的该型号干闪络电压的 70%进行交流耐压试验。

表 8-3、表 8-4 给出了各种电压等级的支柱绝缘子和悬式绝缘子的交流耐压试验电压标准。

表 8-3　　支柱绝缘子的交流耐压试验电压标准

额定电压（kV）		3	6	10	20	35
最高工作电压（kV）		3.5	6.9	11.5	23	40.5
纯瓷和充油绝缘	出厂试验电压（kV）	25	32	42	68	100
	交接大修试验电压（kV）	25	32	42	68	100

表 8-4　　悬式绝缘子的交流耐压试验电压标准

型　号	X-3 X-3c	X-1-4.5 (n-4.5)	X-7 (n-7)	X-11 (n-11)	X-16	XF-4.5 (HC-2)
		X-4.5 (C-105)				
		X-4.5C (C-5)				
试验电压（kV）	45	56	60	64	70	80

注　X：产品形式；C：表示安装连接形式为槽形；表中数字为产品的顺序号。

3. 带电检测零值绝缘子

悬式绝缘子在停电前要进行带电检测，以便在停电时更换带电检测出的不良绝缘子。对于 35kV 及以上的悬式绝缘子，带点检测方法有火花间隙法和电阻杆法。

（1）火花间隙法。在绝缘子的两端并一适当可调间隙的开口杈，良好的绝缘子两端有相当的电位差，间隙被击穿发出放电声；不良绝缘子两端电位差较小甚至没有，无放电声。

（2）电阻杆法。用电阻杆法带电检测零值绝缘子，是通过测量绝缘子两端电位差大小来判断绝缘子性能的优劣。若微安级电流表指示数大，则表明绝缘子绝缘良好；若微安级电流表指示数小，则绝缘子劣化。

第三节　大气条件和海拔高度对外绝缘放电电压的影响

一、大气条件对外绝缘放电电压的影响

空气间隙（简称气隙）和绝缘子构成了电气设备的外绝缘。气隙的击穿电压及绝缘子的闪络电压（总称放电电压）和大气条件（气压、温度、湿度）有关。通常，气隙的击穿电压随着空气密度或空气中湿度的增加而升高。大气条件对绝缘子沿面闪络电压也有类似的影响，亦即空气中放电电压随空气密度、湿度增大而加大，但湿度的影响与电场有关。大气条

件不同时，外绝缘的放电电压值可按由大量实验总结出的规律换算。我国国家标准 GB/T 16927.1—1997《高压试验技术　第一部分：一般试验要求》规定标准参考大气条件（在海拔 1000m 以下）为：温度 $t_0=20$℃，压力 $p_0=101.3$kPa，绝对湿度 $h_0=11\text{g/m}^3$，并规定了大气条件不同时外绝缘放电电压相互间的换算方法。估算外绝缘的放电电压时应考虑到运行地点大气条件变化的影响。高压电气设备标准中规定的试验电压值只适用于标准大气条件，大气条件不同时可利用大气校正因数互相换算。

1. 大气校正因数

根据国家标准，利用校正因数可将测得的放电电压值与标准参考大气条件下的放电电压值进行换算。破坏性放电电压［指击穿（闪络）电压］值正比于大气校正因数 K_t，即

$$U = K_t U_0 \tag{8-6}$$

式中　U——试验条件下的击穿（闪络）电压；

U_0——标准参考大气条件下的击穿（闪络）电压。

K_t 为大气校正因数，是下列两个因数的乘积，即

$$K_t = K_1 K_2 \tag{8-7}$$

式中　K_1——空气密度校正因数；

K_2——湿度校正因数。

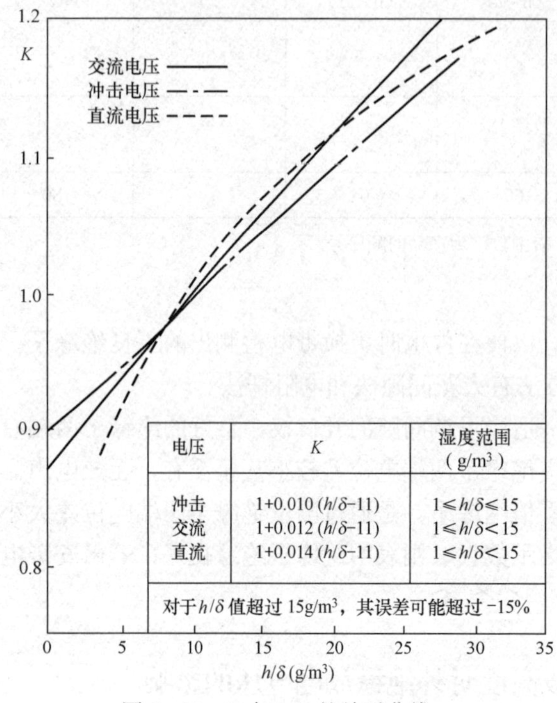

电压	K	湿度范围 (g/m³)
冲击	1+0.010 (h/δ−11)	1≤h/δ≤15
交流	1+0.012 (h/δ−11)	1≤h/δ<15
直流	1+0.014 (h/δ−11)	1≤h/δ<15
对于h/δ值超过15g/m³，其误差可能超过−15%		

图 8-20　K 与 h/δ 的关系曲线

（h 为绝对湿度，δ 为空气相对密度）

2. 空气密度校正因数

空气密度校正因数 K_1 取决于相对空气密度 δ，其表达式如下

$$K_1 = \delta^m \tag{8-8}$$

式中，指数 m 在本节 4 中给出。

当温度为 t 和大气压力为 P 时，相对空气密度是

$$\delta = \frac{P}{P_0} \times \frac{273+t_0}{273+t} \tag{8-9}$$

3. 湿度校正因数

湿度校正因数 K_2 可表示为

$$K_2 = K^W \tag{8-10}$$

指数 W 在本节 4 中给出。

K 取决于试验电压的类型并为绝对湿度 h 与相对空气密度 δ 的比率 h/δ 的函数。为实用起见，可采用图 8-20 的曲线来近似求取，但对值 h/δ 超过 15g/m^3 时的湿度校正仍在研究中。图中的曲线可认为是上限。

4. 指数 m 和 W

校正因数依赖于预放电型式，因此引入特征参数 g，其表达式为

$$g = \frac{U_b}{500L\delta K} \tag{8-11}$$

式中　U_b——实际大气条件时的50%破坏性放电电压值，耐受试验时可以假定为1.1倍试验电压值，kV；

L——试品最小放电路径，m；

δ、K——试验大气条件下的空气相对密度及湿度校正因数式中的参数，均为实际值。

指数 m 和 W 的近似值可由图8-21求取。

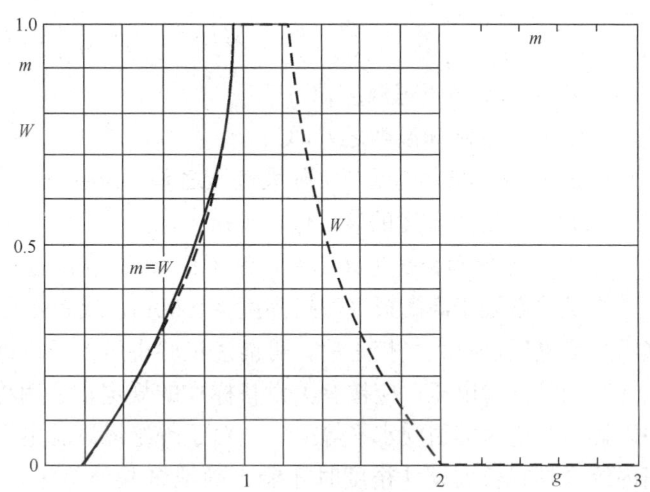

图8-21　空气密度校正指数 m 值和湿度校正指数 W 与参数 g 的关系

（限于应用在海拔高度2000m以下）

5. 湿度测量

湿度的测量通常用通风式精密干、湿温度计，绝对湿度是这两个温度计读数的函数，可由图8-22查出，同时也可查到相对湿度。测量时应在达到稳定的数值后仔细读数，以免在确定湿度时造成过大误差。

图8-22给出标准大气压力下空气湿度与干湿球温度读数的关系。

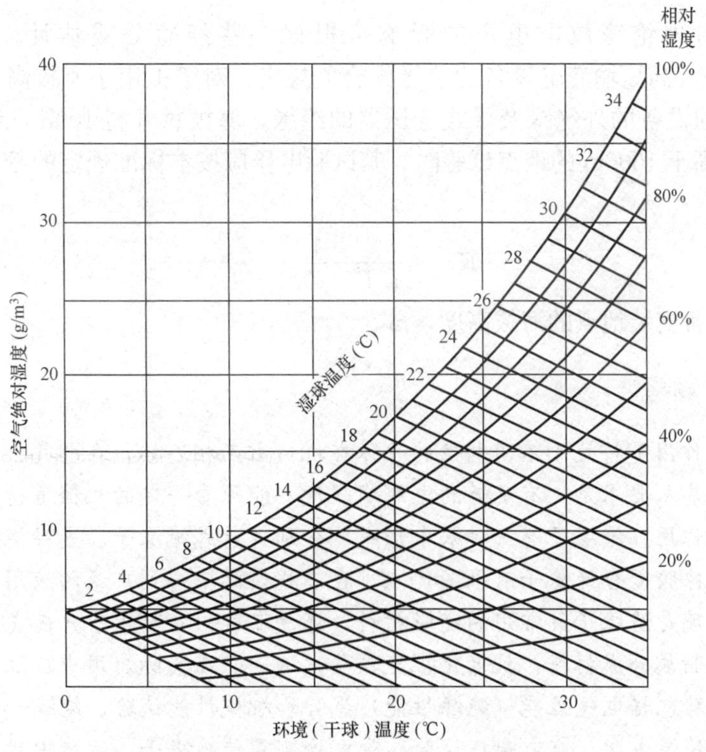

图8-22　空气湿度与干湿球温度计读数的关系

非标准大气压条件时需将湿度图读数与修正值 ΔH 相加以求得实际湿度值。

ΔH 的计算公式为

$$\Delta H=\frac{1.445}{273+T_{\mathrm{D}}}\Delta t\Delta b \tag{8-12}$$

式中 T_{D}——空气干球温度，℃；

Δt——干湿球温度之差，℃；

Δb——标准大气压与实际大气压之差，$\Delta b=101.3-b$，kPa；

ΔH——绝对湿度的修正值，g/m^3。

6. 试品外部和内部绝缘耐受电压不同时的试验程序

当试验室处于高海拔（海拔高度>1000m）或者是在极端气候条件下进行试验时，对外绝缘耐受电压进行大气校正后，可能使试验电压低于内绝缘的额定耐受电压。为能对内绝缘施加正确的试验电压，应按有关设备标准的规定，采用将外绝缘浸入绝缘的液体或压缩气体中以提高外绝缘的耐受水平等措施。对于外绝缘试验电压高于内绝缘耐受电压的情况，只有当内绝缘具有较大设计裕度时才能正确地试验外绝缘，否则，除有关设备标准另有规定外（此时应采用设备标准所规定的试验程序），内绝缘应用额定值进行试验，外绝缘用模型进行试验。

二、海拔高度对外绝缘放电电压的影响

我国有广大的高海拔地区。随着海拔高度增加，大气压力下降，其相对密度也下降，因此外绝缘的放电电压也将随之下降。在处理高海拔地区电气设备的外绝缘时必须考虑这方面的影响。

海拔高度对外绝缘放电电压的影响可根据一些经验公式估计。我国国家标准 GB 311.1—1997《高压输变电设备的绝缘配合》规定：对于拟用于海拔高于 1000m，但不超过 4000m 处的设备的外绝缘及干式变压器的绝缘，海拔每升高 100m，绝缘强度约降低 1%；在海拔不高于 1000m 的地点试验时，其试验电压应按本标准规定的额定耐受电压乘以海拔校正系数 K_{a}

$$K_{\mathrm{a}}=\frac{1}{1.1-10H-4} \tag{8-13}$$

式中 H——设备安装地点的海拔高度，m。

绝缘子的作用是将处于不同电位的导体在机械上互相连接，在电气上互相绝缘。因此对绝缘子的基本要求是：有足够的电绝缘强度，能承受一定的机械负荷，能经受不利的环境和大气作用。绝缘子有三种基本形式，分别是悬式绝缘子、支柱绝缘子和高压套管。另外，硅橡胶复合绝缘子有很多优点，在工程实际中得到广泛的应用。

电瓷和玻璃是绝缘子最常用的绝缘材料，浇注环氧树脂可用于户内支柱和穿墙套管中，但环氧树脂属合成材料，抗老化性能较差，这一点在实际应用中应注意。

绝缘子试验包括电气性能（绝缘性能）试验和机械性能试验。绝缘子的电气性能试验项目有测量绝缘电阻、交流耐压试验、带电检测零值绝缘子。运行中对于多节支持绝缘子和悬式绝缘子的试验可在上述三项试验中任选一项进行。绝缘子的机械性能试验项目包括抗拉、抗压、抗弯试验。

大气条件对气隙击穿电压的影响可以通过校正公式统一换算到标准大气条件下气隙的击穿电压，以便相互比较并作出评价。

思考题与习题

1. 表征绝缘子电气性能的主要指标有哪些？

2. 大气条件对绝缘子的击穿电压有什么影响？为什么？

3. 为什么说当大气温度增加后，空气的雾闪电压升高，而绝缘子的沿面闪络电压下降？

4. 一球隙的工频放电电压有效值为100kV，试验时的气压为100kPa，温度为25℃。试计算该球隙在标准大气条件下的放电电压值。

第九章　电力电容器和电力电缆绝缘

教学要求

了解电力电容器和电力电缆的结构及其绝缘特性，熟悉电力电容器和电力电缆的试验项目。

第一节　电力电容器绝缘及其试验

一、电力电容器结构

1. 电力电容器外部结构

电力电容器外部结构主要由外壳和引出线套管组成。外壳可分为金属外壳和绝缘外壳两种。金属外壳电力电容器可以用于户内或户外环境。目前，我国生产的移相、串联、滤波、电热电容器和一部分脉冲电容器，都是采用薄钢板制成的金属外壳，一般采用 1～2mm 厚的钢板制成，单台大容量的移相电容器的外壳用料要稍厚些，现在也有少数厂家用低铬不锈钢板制作外壳。

金属外壳电力电容器的引线需由瓷套管引出。移相电容器的引线瓷套管有装配式和焊接式两种结构型式。

电力电容器绝缘外壳分为瓷外壳和胶纸筒外壳两种。瓷外壳可用于户内或户外环境，如断路器断口的均压电容器和耦合电容器等，而胶纸筒外壳仅能用于户内。与金属外壳比较，绝缘外壳的优点是不需加装高压出线套管和对外壳的绝缘，因此在高电压下这种电容器的质量和体积都要比金属外壳的电容器小得多。它的缺点是绝缘外壳的导热性很差，因而使电容器的散热发生困难，所以其容量一般较小。金属外壳电力电容器的油膨胀通常是依靠油箱壁的变形来补偿，而绝缘外壳的电容器必须采用特殊的温度补偿措施，如装金属膨胀器等。

2. 电力电容器内部结构

电力电容器的内部结构（即芯体结构）主要由若干个电容元件按照一定的设计要求，通过串、并联组成。电容元件主要采用卷绕的形式，先将一定厚度及层数的介质与铝箔按设计的圈数卷绕后，再压成扁平状元件。

电容元件极间介质的厚度一般选取 30～80μm。对极间介质的要求是：耐电强度高、介电系数大、介质损耗小、厚度均匀、机械强度高并便于卷绕等。目前广泛使用的极间介质为电容器纸和聚丙烯薄膜。电容元件绝缘介质可分为纯纸介质、膜纸复合介质和全膜介质。膜纸复合介质按纸膜搭配方式又可分为两膜三纸、两膜两纸、两膜一纸和两纸一膜等。目前，国产复合介质电容器多采用两膜三纸和两膜一纸。电容元件的极板引出线用薄的镀锡铜片引出的。

电力电容器内部的浸渍剂主要作用是填充固体绝缘介质的空隙，以提高介质的耐电强度、改善局部放电特性和增强散热冷却的能力。由于电容器绝缘介质的工作电场强度较高，同时冷却条件较差，因此对浸渍剂的技术性能，如介质损耗、电击穿强度和稳定性等要求很高。目前电力电容器常用的浸渍剂有电容器油（常称矿物油）、硅油、蓖麻油以及十二烷基苯等。

二、电力电容器的绝缘介质特性

绝缘介质除了对其不同电位的导体起着绝缘及机械固定作用外，在电容器中还有一个更加重要的作用，就是储存能量。因此，特别要求其单位体积（或单位重量）所储存的能量要大，还要求其耐压高、损耗小、寿命长、工艺性好等。

例如平板电容器，忽略边缘效应时电容量 C(F) 计算式为

$$C=\frac{\varepsilon_0\varepsilon_r A}{d} \tag{9-1}$$

式中　ε_0——真空的介电系数，其值为 8.84×10^{-14} F/cm；

ε_r——极间电介质的相对介电系数；

A——极板面积，cm^2；

d——极间电介质厚度，cm。

电力电容器中常采用卷绕式扁平形元件，如图 9-1所示。因材料利用率高、体积小，每个极板（图中 A 及 B）的两个侧面都起电容作用，其电容值几乎等于该元件展开成平面时，由式（9-1）计算所得到的 2 倍。直流电压下电容器储存电场能量 W(J) 为

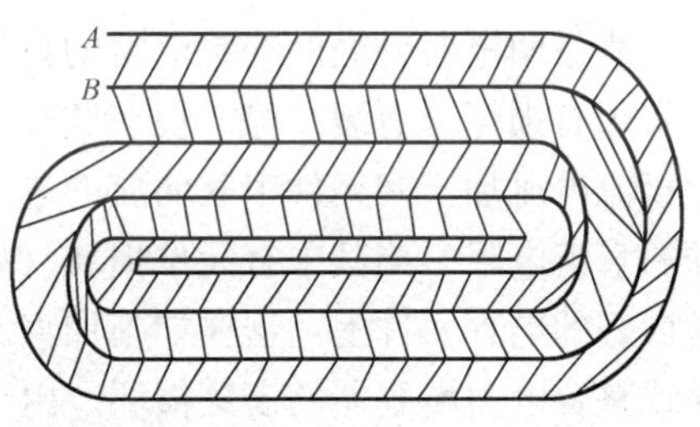

图 9-1　卷绕式扁平电容元件示意图

$$W=\frac{1}{2}CU^2 \tag{9-2}$$

式中　C——电容量，F；

U——外施电压，V。

交流电压下无功功率 Q_C(var) 可表示为

$$Q_C=UI_C=\omega CU^2 \tag{9-3}$$

式中　ω——角频率；

I_C——电容电流有效值，A；

U——外施电压，V。

通常用比特性表征电容器储能的技术经济指标。对脉冲或直流电容器，以储能与其体积或重量之比反映其比特性。如平板电容器的比特性为

$$\frac{W}{V}=\frac{\frac{1}{2}CU^2}{Ad}=\frac{\frac{1}{2}\frac{\varepsilon_0\varepsilon_r A}{d}(Ed)^2}{Ad}=\frac{1}{2}\varepsilon_0\varepsilon_r E^2 \tag{9-4}$$

式中　E——工作电场强度，V/cm；

V——电容器体积，cm^3。

交流电容器的比特性用单位体积（也可用单位重量）的无功功率来表示，计算式为

$$\frac{Q_C}{V}=\frac{\omega CU^2}{Ad}=\frac{\omega\frac{\varepsilon_0\varepsilon_r A}{d}(Ed)^2}{Ad}=\omega\varepsilon_0\varepsilon_r E^2 \tag{9-5}$$

由上可见，比特性主要与储能因素 $\varepsilon_0\varepsilon_r E^2$ 有关。如选用 ε_r 高的电介质，或选取很高的

工作场强 E，则电容器技术经济指标可显著提高。因此研究采用更合适的绝缘电介质已成为发展电容器的关键。

三、电力电容器的试验

电力电容器在长期运行中，由于受电压和温度的作用，有可能使其中个别元件击穿，严重时波及其他串并联元件发展成整台电力电容器的击穿损坏。对电力电容器按规定进行定期试验的目的就在于检查内部电容元件是否存在缺陷、电容元件对外壳的绝缘是否良好等，发现问题及时处理，以保证安全运行。

在交流电压作用下，电力电容器中要产生电介质损耗，因而容易发生热击穿。对运行中的并联电力电容器，应防止其中单个电力电容器损坏，其他电力电容器对这个损坏的电力电容器放电，甚至引起爆炸和着火。因此，对电容器组中每个电力电容器都需装熔断器进行保护。

电力电容器的试验项目：①测量两极对外壳的绝缘电阻；②测量电容值；③测量介质损失角正切值 $\tan\delta$；④交流耐压试验；⑤冲击合闸试验。

1. 测量两极对外壳的绝缘电阻

测量两极对外壳的绝缘电阻的目的是检查电力电容器元件是否整体受潮，电力电容器套管是否有损坏、有裂纹等。现在试验标准不要求对电力电容器进行两极的直流电压试验，因为直流电压加于多元件串联而成的电力电容器上时，每个元件上承受的电压主要决定于各元件的直流电阻，当其中有元件损耗（如击穿短路或严重受潮）时，电压将主要分布在其余绝缘良好的电容元件上，这样如施加直流电压很高，就可能造成绝缘良好的元件被击穿，最后导致整合电力电容器的击穿损坏。由于电力电容器极间电容量较大、充电时间长，而绝缘电阻表的容量相对较小，测量过程中绝缘电阻表指针上升很慢，如用手摇式绝缘电阻表测量，其转速难以稳定，读数困难，所以不测量两极间的绝缘电阻，只测量电力电容器两极对外壳的绝缘电阻，属一般性检查试验，除在交接和定期试验外，在进行交流耐压前后，均需测试。测量电力电容器两极对外壳的绝缘电阻时，应将两极短接，然后使用 2500V 绝缘电阻表进行测量，绝缘良好的电力电容器在室温下绝缘电阻一般大于 2000MΩ。当绝缘电阻值与过去测量结果比较明显的下降，表明电力电容器内部可能受潮或瓷套管有缺陷，应引起注意，加强监视。

2. 测量电容值

《电力设备绝缘预防性试验规程》规定，电力电容器在交接时需测量电容值。另外，铭牌不明的亦需进行电容值的测量，必要时还对运行中的电力电容器测量电容值，以了解电力电容器可能存在的缺陷等。测量电力电容器电容值，有条件时可用专用仪表，而现场实用的方法有交流阻抗计算法和双电压表法两种。本节主要介绍交流阻抗计算法。

（1）试验方法。交流阻抗计算法测量电力电容器电容值，也称电流电压表法，其试验接线如图 9 - 2 所示。由图 9 - 2 可以得出，电力电容器的电容值（μF）计算公式为

$$C=\frac{I}{\omega U}\times 10^{3} \tag{9 - 6}$$

式中　I——试验时，实测电流值，mA；

ω——试验电源角频率，$\omega=2\pi f$；

U——试验时，实测的电压值，V。

（2）注意事项。上述试验方法是建立在电力电容器的阻抗为纯容抗的基础上，其容抗值 $X_C=\frac{1}{\omega C}$ 仅与电容值和电源频率有关。为保证试验正确，最好用实测电源频率计算。测量三相电力电容器时，仍可按上述接线进行试验，当需知各相电容值时，可通过相应的测量和计算获得。

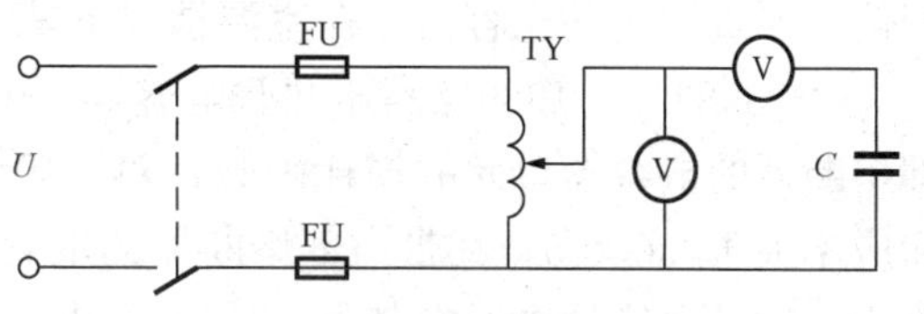

图 9-2　交流阻抗法测量电力电容器电容值接线图

（3）分析判断。新的电力电容器在制造过程中如工艺不良，可能会使电力电容器存在缺陷；运行中的电力电容器在电压和温度作用下也会产生某些缺陷；此外，在进行破坏性试验时，施加的高电压也可能使电力电容器内部的元件损坏。因此，测量电容值与出厂铭牌数据相比较，可以发现电力电容器一些缺陷。电容值增大，可能是电力电容器内部某些串联元件击穿所致；电容值的减小，可能是内部元件有断线、松脱所造成的，也可能是电力电容器因外壳漏油造成严重缺油使绝缘介质性质变化所引起的。

电容器的电容量变化以百分率 $\Delta C(\%)$ 表示为

$$\Delta C=\frac{C_2-C_1}{C_1}\times 100\% \tag{9-7}$$

式中　C_1、C_2——分别为被试电力电容器铭牌电容值、实测电容值。

测出的电容值可进行纵、横比较，如实测值与过去测量值、铭牌值比较，耐压前后比较，三相之间比较。《绝缘预防性试验规程》规定测得电容值不得超过出厂值的±10%。

3. 测量介质损失角正切值 $\tan\delta$

电力电容器的介质损失和电容器内部绝缘介质的种类、厚度、浸渍剂的特件、温度的变化和电容器制造的工艺水平等有很大关系。因此在制造厂出厂试验时要进行介质损失角的测量，但在预防性试验中则通常不进行测量，其主要原因有以下几方面。

（1）试验结果不准确。某些单位在对大批漏油的、起始游离电压低于 1.1 倍额定电压的和电容量变大的移相电容器进行介质损失角测量时，其结果却全都合格。例如一台电容器的起始游离电压低到 $0.36U_N$，但在室温下测得 $\tan\delta$ 仍小于 0.3%。

（2）不易发现局部缺陷。移相电容器都是由多元件串联和并联而成的，试验时测得的是整个串联和并联电路的综合介质损失角的正切值，其与各元件介质损失角的正切值的关系为

$$\tan\delta=\frac{\tan\delta_1+\tan\delta_2+\cdots+\tan\delta_{mn}}{mn} \tag{9-8}$$

式中　m——并联元件数；

n——串联元件数。

从式（9-8）中可以看出，个别元件由于绝缘劣化而使 $\tan\delta$ 值升高，并不能有效地从整个电容器的 $\tan\delta$ 值中反映出来。因此，测量极间 $\tan\delta$ 值不能有效地发现个别元件绝缘的劣化。

（3）室温条件下试验不能充分反映电容器绝缘状况。对于性能良好的电容器，在 10～60℃的温度范围内 $\tan\delta$ 实际上是很平稳的。但对于有缺陷的电容器，$\tan\delta$ 随温度的变化有上升的趋势。例如，一台严重受潮的电容器，在温度为 20℃时测得的介质损耗因数为 0.28%；当温度升高到 40℃时，介质损耗因数增加到 1.3%，上升了 4.64 倍。可以看出，

即使有严重缺陷的电容器，在室温情况下其 tanδ 值仍然合格。因此效果不够理想。

GB 3983.2—1989《高压并联电容器》中关于介质损耗角正切值的规定如下：①不带内部熔断器的电容器单元的损耗因数：对于膜纸复合的单元应不大于0.001 2，对于全膜的单元应不大于0.000 5；②带内部熔断器的电容器单元的损耗角正切值由购买方与制造厂协商确定，并且电容器单元在其电介质允许最高运行温度下的损耗角正切值应不大于 20℃时的值。但是考虑到现场的试验条件，DL/T 596—1996《电力设备预防性试验规程》标准对高压并联电容器的损耗角正切值测量没有明确规定。

4. 交流耐压试验

进行两极对外壳的交流耐压试验，能比较有效地发现电力电容器油面下降，内部进入潮气、瓷套管损坏以及机械损伤等缺陷。此项试验要求试验设备容量不大，现场容易实现，方法简单，因此被列为交接时的必试项目。一般不作极间交流耐压试验，因该实验可能使电容器中的绝缘弱点进一步发展，使电力电容器在运行中加速劣化。两极对外壳交流耐压试验标准见表 9-1。如出厂试验电压与表 9-1 所列不同时，交接时耐压值应为出厂值的 85%。

表 9-1　　电力电容器两极对外壳交流耐压试验标准

额定电压（kV）	0.5 及以下	1.05	3.15	6.3	10.5
出厂试验电压（kV）	2.5	5	18	25	35
交流试验电压（kV）	2.1	4.2	15	21	30

5. 冲击合闸试验

新装电力电容器在投入正式运行前对其进行冲击合闸试验来检查所用熔断器是否正常和电力电容器三相电流是否平衡。

（1）试验方法。安装好电力电容器及其控制开关后，在母线电压为额定电压时，用控制开关进行三次合闸、拉闸冲击试验。试验后，断开断路器和隔离开关，检查三相熔断器是否熔断，如发现熔断，应查明原因，消除后才允许正式投入运行。

（2）注意事项。在进行电力电容器冲击合闸试验时，应测量每相电流。为此，需事先将电流表串接于电力电容器回路中。如电力电容器组为星形接线，电流表串接于电力电容器组中性点侧回路内比较安全方便；如电力电容器组为三角形接线，电流表只能串接在各相高压回路，表计和接线均应采取安全措施，以保证人身和设备的安全。

第二节　电力电缆绝缘及其试验

一、电力电缆基本结构

电力电缆（以下简称电缆）常用作发电厂、变电站以及工矿企业的动力线，当需垮江河、铁路等时也常用。电缆线路用作城市输配电线路以及工矿企业内部的主干线路可少占地，美化环境；电缆受外界气候影响小，安全可靠，隐蔽、耐用。由于电缆结构和生产工艺都比较复杂，其价格比架空导线高得多。

为了保证电缆线路的安全运行及寿命，不仅要求电缆具有优良的绝缘性能，而且要考虑到电缆的热性能（因为传输容量大）及敷设方式（因为可能敷设在斜坡或水下）等，所以对电缆的导电线芯、绝缘与护层都提出了严格的要求。

1. 导电线芯

电缆的导电线芯（载流芯）应采用具有电导率高的金属材料，主要是铜和铝。铜的导电性能和机械强度都比铝好，但铝资源丰富、价格低、质量轻、加工方便，如用于油浸电力电缆中，铝对油老化的催化作用比铜小。表 9-2 列出铜和铝的主要性能。

为了便于运输和敷设，电缆要可以弯曲。为此，电缆的导电线芯常用多根导线扭绞而成，在单芯电缆或分相包电缆中，常用圆形芯；而在多芯电缆中，为减小尺寸及质量，有时制成扇形芯。

表 9-2　导电线芯材料的主要性能

材　料	密度 (g/cm^3)	20℃时电阻率 ($\Omega \cdot cm^2/m$)	电阻温度系数 (1/℃)
铜	8.9	<0.017 48	3.93×10^{-3}
铝	2.7	<0.028 36	4.03×10^{-3}

2. 绝缘电介质

在 35kV 及以下，电缆广泛采用黏性浸渍的油纸绝缘电缆、橡皮绝缘电缆、塑料（聚氯乙烯、聚乙烯等）绝缘电缆。更高电压时，大多改用充油电缆、钢管油压电缆、充气电缆等。橡皮绝缘或丁基、乙丙合成的橡胶绝缘电缆，柔软弹性好，特别适用于 35kV 及以下的移动式供电设备上。塑料绝缘电缆没有敷设落差的限制，加工方便、维护简单。聚氯乙烯电缆常用到 6～10kV 电压等级，它价格低廉、耐酸耐碱，但介质损耗大、允许工作温度较低(60～70℃以下)、耐老化性能差。更高电压的塑料电缆，采用交联聚乙烯绝缘。由于其经过交联，线状分子结构变成了网状，既保留了聚乙烯原有的优良电气性能，又提高了机械强度和耐热性能。丁丙橡胶的耐热性与交联聚乙烯相近，而耐受局部放电的性能比交联聚乙烯好些，可是介质损耗大。所以两者各有优缺点，均可用到 220kV。

3. 电缆护层

护层的作用是防止水分、潮气等侵入绝缘层。油渍纸绝缘电缆常用铅包或铝包的护套。铅护套柔软、不透水、耐腐蚀但机械强度低，且铅为稀缺的有色金属，正逐渐被铝护套所替代。铝的密度（2.7）比铅（11.34）小得多，铝护套轻而结实，但制造时温度较高，如铝中含有杂质，在运行中可能由于化学作用将护套逐渐电解破坏。当需要承受较大的机械负荷时，电缆护层则采用钢带或钢丝铠装。黏性浸渍电缆在运行过程中，内部往往产生气隙，特别当它敷设在落差较大处或工作温度较高时。从表 9-3 可见，浸渍剂的体积膨胀系数要比其他材料大好多倍。运行过程中随着负荷变动所引起的温度升降，浸渍剂的体积将显著改变。而铅层是缺乏弹性的，冷却时铅护套内部的绝缘体积已缩小，可是铅层不可能恢复到原尺寸，于是在铅护套里形成了空隙。如此反复多次，气隙逐渐增大，气隙中的局部放电将使 $\tan\delta$ 增大。如果敷设在倾斜角较大的场所，则当温度稍高时，浸渍剂还易逐渐向下流淌，使电缆下部的护套受到较大的压力而更加膨胀，甚至可能破裂。如果电缆需要敷设在可能被腐蚀的场所，在铠甲外面也应包以外护层。针对铅包钢带铠装电缆质量仍较重，敷设弯曲半径大的缺点，有的改为三芯扇形的铝护套外加防腐护层及聚氯乙烯外护套，不再加铠装，使质量比铠装电缆减少 1/3，且运行良好。

表 9-3　　电缆中几种材料的体积膨胀系数

材料名称	铝	铜	铅	电缆纸	浸渍剂
体积膨胀系数（1/℃）	72×10^{-6}	51×10^{-6}	69×10^{-6}	90×10^{-6}	$\approx900\times10^{-6}$

二、电缆试验

1. 电缆试验分类

（1）新电缆验收时的检查试验。使用单位在新电缆到货后，需对绕在电缆盘上电缆剥除两端外皮进行检查试验。试验目的是检查电缆在制造过程中是否存在缺陷，以及在储存或运输过程中有无造成损伤。具体检查试验项目为：①结构检查；②潮气试验；③测量导体的直流电阻；④测量绝缘电阻；⑤测量电容量；⑥直流泄漏及直流耐压试验。

（2）电缆在安装过程中的试验。试验目的是检查电缆在安装过程中有无受到损伤。试验项目为：①潮气试验；②导体及铅包连续性试验；③测量绝缘电阻；④直流泄漏及直流耐压试验。

（3）电缆线路的交接和预防性试验。电缆敷设工程竣工，所有中间接头和两终端头安装完毕交付运行前进行交接试验，目的是检查电缆线路安装施工的质量，确定是否允许投入运行。预防性试验是对运行的电缆线路按规定周期进行的试验，目的是检查电缆线路在长期运行中是否保持良好状态，以便发现缺陷及时处理。交接和预防性试验项目为：①测量绝缘电阻；②直流泄漏及直流耐压试验；③检查电缆的相位。

2. 电缆交接和预防性试验方法

（1）测量绝缘电阻。测量电缆的绝缘电阻和吸收比，除了检查它的绝缘情况外，通过对电缆耐压前测量的绝缘电阻和吸收比，可判断在耐压时电缆所暴露出来的绝缘缺陷。

1）试验方法。电缆的绝缘电阻是指电缆芯线对外皮或电缆某一芯线对其他芯线及外皮间的绝缘电阻。额定电压在 1000V 以下的电缆用 1000V 绝缘电阻表；额定电压在 1000V 及以上的用 2500V 绝缘电阻表。

2）注意事项。

a）电力电缆的绝缘电阻值与电缆的长度和测量时的温度有关。它的绝缘电阻值的参考标准是按温度为 20℃和长度为 500m 而定的。为了便于比较，如测量时的温度与长度不同于上述数值，实测的绝缘电阻值应进行温度和长度的换算。温度换算公式为

$$R_{20}=R_tK_t \tag{9-9}$$

式中　R_{20}——温度为 20℃时的绝缘电阻值，MΩ；

R_t——湿度为 t℃时的绝缘电阻值，MΩ；

K_t——电力电缆绝缘电阻的温度换算系数。

浸渍纸绝缘电缆绝缘电阻的 K_t 值见表 9-4。

表 9-4　　浸渍纸绝缘电缆绝缘电阻的 K_t 值

温度（℃）	5	10	15	20	25	30	35	40
K_t	0.57	0.70	0.85	1.00	1.18	1.41	1.66	1.92

电缆的绝缘电阻与长度的关系为：随着长度的增加，其绝缘电阻值相应降低。当电缆长

度大于 500m 时，其标准值允许有所降低。

b）具有金属统包外皮的电力电缆，其芯线与外皮间存在较大的电容，所以在测量每相绝缘电阻后，均应对地进行充分放电，时间不少于 2min。

3）分析判断。电力电缆的绝缘电阻没有明确的标准数值，一般应不小于表 9-5 所列数值。

表 9-5　电缆长度为 500m 温度为 20℃ 时绝缘电阻参考值

电缆额定电压（kV）	3 及以下	6～10	20～35
绝缘电阻（MΩ）	200	400	600

多芯电缆在测量绝缘电阻后，还可用不平衡系数来分析判断其绝缘情况。不平衡系数等于同一电缆各芯线的绝缘电阻中最大值与最小值之比。绝缘良好的电缆的不平衡系数不大于 2.5。

（2）直流泄漏及直流耐压试验。本试验是检查和鉴定电缆绝缘状况的主要试验项目。此项试验的优点是：①可以使用小容量的试验设备来对长电缆线路进行高压试验；②此试验不仅能从是否通过耐压来鉴定电缆的绝缘状况，而且还可从试验过程中观察到的一些现象，尤其是泄漏电流的变化情况，来帮助分析判断电缆的绝缘状况及其所存在缺陷的性质；③因为直流耐压试验比交流耐压试验破坏性小，故可以减小高电压对良好绝缘电缆的破坏作用。

1）试验方法。

试验接线。对电力电缆进行直流泄漏及直流耐压试验时，因为试验电压较高，因此测量泄漏电流的微安表在接线中所处的位置，对试验结果的正确性影响甚大。为了消除高压引线电晕和设备杂散电流对试验结果的影响，现场把微安表接在高压侧，高压引线及微安表加屏蔽的接线方式，如图 9-3 所示。对 35kV 及以上的电缆，由于试验电压高，通过试品表面及周围空间的泄漏电流相当大，所以两端终端头均应屏蔽。

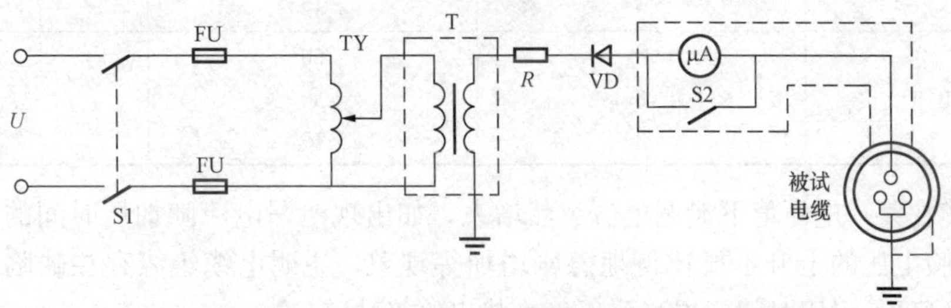

图 9-3　微安表接在高压回路并加屏蔽的电缆直流泄漏及直流耐压试验接线图

TY—单相调压器；T—试验变压器；*R*—限流电阻；VD—高压硅堆；S2—短路开关

试验步骤。

a）测量直流泄漏电流时，在升压过程中，应在 0.25、0.5、0.75 倍试验电压下停留 1min，以观察并读取相应泄漏电流值，最后在全试验电压下按规定时间进行直流耐压试验。

b）电缆直流耐压试验电压标准见表 9-6。

c）每次试验完毕，降压并切断电源后，必须对被试电缆用 0.1～0.2MΩ 的限流电阻对地放电数次，然后再直接对地放电，时间不少于 5min。

表 9-6　　电缆直流耐压试验电压标准

电缆类型	额定电压（kV）	试验电压（额定电压倍数）	
		交接时	运行中
油浸纸绝缘电缆	2～10	6	5
	15～35	5	4
橡胶绝缘电缆	2～10	4	3.5
塑料绝缘电缆		按制造厂规定	

注　对于耐压时间，对交接试验和重包电缆头为 10min，运行中的电缆为 5min。

2）分析判断。

a）直流耐压试验是判断电力电缆绝缘状况最直观的试验项目，合格后方可投入运行。试验测得的泄漏电流值是判断电缆绝缘状况的另一重要数据。表 9-7 列出了油浸纸绝缘电缆长度为 250m 及以下时泄漏电流参考标准。如果长度超过 250m，泄漏电流允许值可按长度比例适当增加。但电缆的泄漏电流并不能作为能否投入运行的唯一标准。耐压试验合格而泄漏电流显著增大的电缆，可以投入运行，但应用缩短试验周期来加强监督；如经较长时间多次试验，泄漏电流已趋于稳定，则该电缆允许继续使用。

表 9-7　　油浸纸绝缘电缆长度为 250m 及以下时的泄漏电流参考值（5～10min 时值）

电缆型式	工作电压（kV）	试验电压（kV）	泄漏电流（μA）
三芯电缆	35	140	85
	20	80	80
	10	50	50
	6	30	30
	3	15	20
单芯电缆	10	50	70
	6	30	45
	3	15	30

b）电缆在某一电压值下泄漏电流突然增大，如出现泄漏电流随加压时间的延长不断增加以及随试验电压的上升不成比例地急剧增加等现象，说明电缆绝缘存在缺陷，应查明原因，必要时可延长耐压时间或提高耐压值来找出绝缘缺陷。

c）如相间泄漏电流相差很大，说明电缆某线芯绝缘可能存在局部缺陷。相间泄漏电流相差的程度可用三相不平衡系数表示。《电力设备绝缘预防性试验规程》规定：工作电压 3kV 及以下的电缆，不平衡系数不应大于 2.5；其余电压等级的，不应大于 2。但应注意，如测得泄漏电流较小时，由于其他因素引起的试验误差的比例相对增加，上述不平衡系数已不适用。因此试验标准同时规定：最大一相泄漏电流对于 10kV 及以上的电缆小于 20μA 时，对于 6kV 及以下的电缆小于 10μA 时，不平衡系数自行规定。

d）若试验电压一定，而泄漏电流呈周期性摆动，则说明被试电缆存在局部孔隙性缺陷。这是因为试验电压上升时，电缆的电容（孔隙）被直流电源充电，当试验电压充到某一值时，孔隙被击穿，泄漏电流便突然增加，此时试验电压就下降，孔隙的绝缘得到恢复，泄漏电流减小，充电电压又上升，电缆电容（孔隙）再次充电，当电压充到某一值时，孔隙又被击穿，泄漏电流再次增加，电压又降低。上述过程不断重复，即产生能观察到的泄漏电流周期性摆动的现象。

（3）检查电缆的相位。新装电缆线路竣工交接，运行中电缆线路重装接线盒或终端头后，必须检查电缆的相位。使用较多的方法是用万用表或绝缘电阻表，依次在一端将芯线接地，在另一端用万用表或绝缘电阻表测量对地的通与断，通的即为同一相。

本章主要讨论电力电容器和电力电缆的绝缘及试验的项目、目的、试验方法的特点、影响因素以及分析判断。

绝缘是电气设备在电力系统中安全可靠运行的保证。电力电容器中绝缘电介质不但对具有不同电位导体起绝缘及机械固定的作用，还有更重要的储藏能量的作用。电容器的比特性主要与储能因数 $\varepsilon_0\varepsilon_r E^2$ 有关，要提高技术经济指标，就要选用 ε_r 高的电介质和高的工作场强 E。

电力电缆由导电芯、绝缘电介质与电缆护层组成。

电力电容器测量绝缘电阻只测两极对外壳的绝缘电阻。测量电容可发现电容器极间有否元件损坏（如击穿、短路、开焊、断路或严重受潮）。测量介质损失角正切值 $\tan\delta$ 主要用来检验电容器的绝缘状况。交流耐压试验只进行两极对外壳的交流耐压试验。冲击合闸试验的目的是检查熔断器是否正常。

电力电缆直流泄漏和直流耐压试验是主要试验项目，优点在于：①可使用小容量试验设备对长电缆线路进行高压试验；②此试验不仅能从是否通过耐压来鉴定电缆的绝缘状况，而且还能从试验过程中观察所发生的现象，帮助分析判断电缆存在的缺陷；③直流耐压试验比交流耐压试验破坏性小，可减少高电压对良好绝缘的损伤。为避免电缆两端头表面泄漏的影响，现场采用借一非被试相作屏蔽连线，另一非被试相接地的试验接线。在交接时直流耐压试验电压达 4～6 倍，而运行中为 3.5～5 倍。

思考题与习题

1. 试述电力电容器的结构特点。
2. 电力电容器的实验项目有哪些？
3. 电力电容器为什么不进行两极间的交流压试验？
4. 电力电缆有哪几部分组成？各起什么作用？
5. 电力电缆为什么要进行直流耐压试验？

第十章　高压套管和高压互感器绝缘

教学要求

了解高压套管和高压互感器的结构及其绝缘特性，熟悉高压套管和高压互感器的试验项目。

第一节　高压套管及其绝缘试验

一、概述

1. 用途和特点

高压套管在高压导体穿过与其电位不同的隔板时，起绝缘和支持作用。它一般用于变压器、断路器等设备的引出线对金属外壳的绝缘，也用于母线穿过墙壁时的绝缘。

由于套管是一种典型的电场具有强垂直电介质表面分量的绝缘结构，套管内的电场分布不均匀，特别是中间法兰边缘，电场十分集中，容易导致表面滑闪放电，同时，法兰和导电杆间的电场也很强，电介质容易击穿。电压等级较高的套管内部绝缘结构比较复杂，往往采用组合绝缘材料，并存在局部放电等问题。因此，必须加强套管的试验检查，提高电介质的绝缘强度。

2. 铭牌及参数

高压套管的铭牌标出型号、额定电压、额定电流等。其型号常用的字母及代表意义见表10-1。

表10-1　高压套管型号常用字母及代表意义

序号	字母符号	代表的意义
1	B	"变"压器用
2	F D J R	"复"合瓷绝缘子 "单"体瓷绝缘子 有附"加"绝缘的 电"容"式
3	Y L	充"油"式 穿"缆"式
4	Q	加"强"式
5	L	可装电"流"互感器
6/7	数字/数字	额定电压（kV）/额定电流（A）

例如，型号BRYQL—220/600，表示变压器用220V、600A可装电流互感器的油纸电容加强式套管。

3. 高压套管的分类

按套管的绝缘结构和主绝缘材料分类如下：

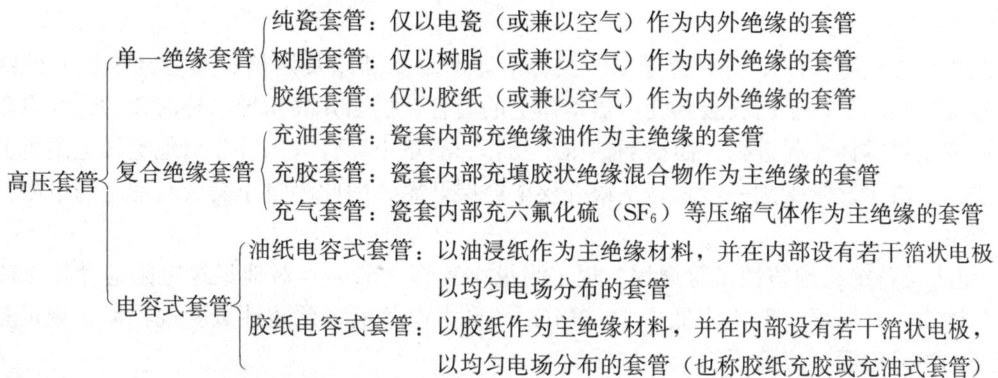

高压套管也可以根据用途分为穿墙套管和电器套管。

目前，35kV 以下多用纯瓷套管和充油套管，60kV 及以上多用胶、油纸电容式套管。随着全封闭电器的发展，充气套管和树脂套管也将得到发展。

4. 高压套管的构造

(1) 纯瓷套管。纯瓷套管以电瓷（还有空气）为绝缘，结构简单，维护方便，广泛用作 35kV 及以下电压等级的穿墙套管和 10kV 及以下电压等级的电器套管。纯瓷套管由瓷套、接地法兰及导体三部分组成，电场分布极不均匀，导体表面极易产生电晕，瓷套表面易产生滑闪放电。为此采取的措施有：①增大接地法兰附近瓷的厚度（径向及纵向），以便提高放电电压；②增大套管导体与瓷壁间的空气间隙；③在 20kV 及 35kV 电压等级的瓷套接地法兰外面和瓷套内表面涂半导电釉层，并使导体与瓷壁短接（经接触弹簧片），防止套管内腔发生放电，提高套管滑闪放电电压。

(2) 充油套管。充油套管由瓷套、法兰、导体及一些绝缘材料构成。35kV 及以上套管采用油屏障绝缘结构，以矿物油作为绝缘的主体，在油间隙中设置了薄层的固体电介质（屏障），并在电极表面包覆上固体电介质（薄层的称覆盖层，较厚的称绝缘层），以提高油间隙的击穿电压。这种油屏障套管称为充油套管。其内腔通过呼吸器与大气相通，密封不严，油质极易氧化变质。因尺寸大、质量重，逐渐为电容式套管所取代。

(3) 电容套管。电容式套管采用电场分布较均匀的电容芯棒为主要绝缘，同时采用全封闭结构，因此运行可靠、体积小、质量轻、易于维护，已全面代替充油套管。

电容式套管由电容芯棒、瓷套和金具三部分组成。为阻止芯棒受潮，它以瓷套作为和大气隔绝的保护容器，并作为外绝缘。电容式套管根据瓷套内腔灌满物质的不同，可分为充腔电容套管和充油电容套管，充腔电容套管多用作 35kV 多油断路器套管。

电容式套管按芯棒的结构可分为胶纸型和油纸型两种。胶纸电容芯棒是将涂有树脂的纸卷绕于预先加热的导管上，每隔一定厚度插入一层铝箔或半导体极板，构成多层串联的同心圆筒形电容器，再经过热处理，成形切削，在芯中部加绑扎线和表面上漆等工序后作成的电容芯棒。油纸电容芯棒是在导管上绕以电容器纸或电缆纸层，并在纸层间放入铝箔极板，然后经干燥，真空脱气和压力下浸以变压器油等工序作成的电容芯棒。由于油纸绝缘的电晕起始电压为空气中的 3～5 倍，又因为极板间的绝缘厚度可以小到胶纸绝缘的 1/10，因此油纸电容芯棒允许有较高的工作场强，其径向尺寸比胶纸芯棒小得多。油纸芯棒还有较高的热稳定性，更适用于高电压情况下运行的要求。

二、高压套管试验

1. 测量绝缘电阻

测量绝缘电阻可以发现套管瓷套裂纹、本体严重受潮以及测量小套管（末屏）绝缘劣化、接地等缺陷。对于已安装到变压器本体上的套管，摇测其高压导电杆对地的绝缘电阻时应连同变压器本体一起进行，而摇测抽压小套管和测量小套管（末屏）对地绝缘电阻可分别单独进行。由于套管受潮一般总是从最外层电容层开始，因此测量小套管对地绝缘电阻具有重要意义。

《电力设备绝缘预防性试验规程》规定测量小套管（末屏）对地绝缘电阻应使用2500V绝缘电阻表，其阻值一般不应低于1000MΩ。《电力设备绝缘预防性试验规程》还规定套管主绝缘的绝缘电阻不应低于10 000MΩ。

2. 介质损失角正切值 $\tan\delta$ 和电容量的测量

套管的 $\tan\delta$ 和电容量的测量是判断套管绝缘状况的一项重要手段。由于套管休积较小、电容量较小（几百皮法），因此测量其 $\tan\delta$ 可以较灵敏地反映套管劣化受潮及某些局部缺陷。测量其电容量也可以发现套管电容芯层局部击穿、严重漏油、测量小套管断线及接触不良等缺陷。

现场一般采用QS1电桥测量套管的 $\tan\delta$ 和电容量。

（1）单独套管的试验。大多数电气设备中广泛使用着35kV及以上的油纸电容式或胶纸电容型套管。该类套管中有一部分带有专供测 $\tan\delta$ 用的小套管，即测量小套管（末屏），也有一部分套管不带测量小套管。

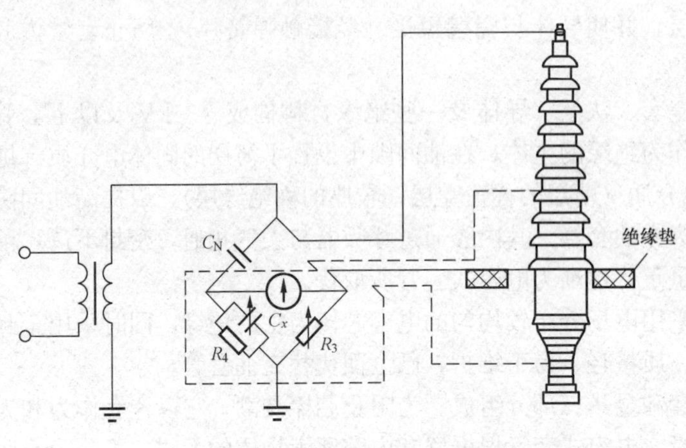

图10-1　电容套管 $\tan\delta$ 测量接线

（当套管带有测量小套管时，电桥 C_x 线接测量小套管芯线，法兰接地）

当套管未安装到设备上或交接大修时从设备本体拆下来单独试验时，可采用QS1电桥正接线测量其 $\tan\delta$ 和电容量，如图10-1所示。值得一提的是，只测量主电容（导电芯对测量小套管或法兰）的 $\tan\delta$ 和电容量，而不做测量小套管对地的 $\tan\delta$ 试验，是不全面的。实践证明：套管初期受潮，潮气和水分总是先进入最外层的电容层，用反接线测量小套管对地的 $\tan\delta$ 对反映套管初期进水受潮是很灵敏的，而只测量主电容层的 $\tan\delta$ 不一定能反映出来，给设备安全运行留下隐患。所以《电力设备绝缘预防性试验规程》规定：当测量小套管对地绝缘电阻小于1000MΩ时，则要求测量小套管对地的 $\tan\delta$。部分套管生产厂家出厂时也提供了测量小套管对地 $\tan\delta$ 的测量值。运行部门可将测量值与出厂值比较，分析判断套管是否有初步受潮现象。

（2）现场变压器电容套管试验。现场运行的变压器电容套管已牢固安装于设备箱体，套管内部导电杆下部与变压器绕组相连接，预防性试验时，无法将套管与内部绕组连接拆开，因此测量时需采取特殊接线，以避免变压器绕组电感、变压器本体电容对套管 $\tan\delta$ 和电容量测量的影响。现场测量接线时，应将测量变压器绕组连同中性点全部短接后接 QS1 电桥高压引线，QS1 电桥 C_x 线接被测量套管的测量小套管，分别测量各相套管的 $\tan\delta$ 和电容量。QS1 电桥用正接线测量，不能采用反接线。

（3）影响套管 $\tan\delta$ 测量的因素。

1）试验接线的影响。如上所述，现场测量变压器套管 $\tan\delta$ 时未将变压器绕组短接，测量多油断路器电容套管时 QS1 电桥正、反接线均对测量结果有影响。从表 10-2 可以看出，对于正常良好绝缘的胶纸电容式套管，正接线测得的 $\tan\delta$ 值比反接线测得值偏小或接近，电容量偏小；对于不良绝缘的，则正、反接线测得值有明显差异。一般情况下，反接线较正接线测得的 $\tan\delta$ 值偏大。

2）温度、湿度的影响。温度对套管 $\tan\delta$ 的影响与对其他设备 $\tan\delta$ 的影响一样。一般情况下，$\tan\delta$ 值随温度升高而增加。有文献给出了套管 $\tan\delta$ 的温度换算系数，不在同一温度下测得的 $\tan\delta$ 值应换算到同一温度，再进行比较分析。值得一提的是，由于多油断路器电容套管和穿墙套管体积小，其温度取试验时的环境温度；而对于大容量变压器的电容套管，套管的温度既不同于主变压器主体温度，也不应按环境温度考虑。有文献推荐变压器套管的温度计算式为

$$t_1 = 0.66t_2 + 0.34t_3$$

式中　t_1——变压器套管温度；

t_2——变压器上层油温；

t_3——室外无阳光照射处的温度。

湿度对 $\tan\delta$ 的测量影响很大。当反接线测量套管 $\tan\delta$ 时，如果相对湿度较大时，表面泄漏电导与被试绝缘部件相并联，将造成 $\tan\delta$ 测量值偏大的误差。而正接线偏小的测量误差往往不会引起注意，可能将一些 $\tan\delta$ 不合格的套管误认为合格，而投入运行，而且由于每次测量时相对湿度的不同，使实测套管的 $\tan\delta$ 值分散比较大。反接线偏大的测量误差又可能造成误判断，将一些合格的套管判为不合格，造成十分费时的解体试验，或不必要的套管检修工作。因此在测量 $\tan\delta$ 时应注意环境湿度的影响，以相对湿度不大于 65%下的测量值为准，湿度较大时，应在采取烘干表面瓷裙、涂硅油等措施后再测量。

3）表面脏污的影响。表面脏污对 $\tan\delta$ 测量的影响同湿度对 $\tan\delta$ 测量的影响机理一样，将造成正接线 $\tan\delta$ 测量值偏小的误差和反接线测量值偏大的误差。如某地曾在相对湿度很低（30%）的情况下，对两只同型号 35kV 多油断路器胶纸电容式套管的 $\tan\delta$ 进行测量，试验结果列于表 10-2（试验温度 18℃，试验电压 10kV）。

被试套管表面干燥清洁，而 $\tan\delta$(%）测量值明显异常，反接线 $\tan\delta$(%）测量值偏大，02 号套管正接线在无电场干扰情况下测得为负介质损失角正切值。为查明原因对这两只套管解体检查，发现套管浸在油中的下部绝缘表面附着一层油泥，对这两只套管清洗后再试验，$\tan\delta$(%）测量值恢复正常，试验结果列于表 10-3。

4）T 形干扰网络的影响。同测量小电容量的电流互感器一样，由于套管的电容量较小，一般为几百皮法，试验时套管附近的梯子、设备构架、试验人员、引线等对试验结果有一定影响，造成 $\tan\delta$ 和电容量测量结果分散性大。如曾对一只 110kV 油纸电容式套管进行试验，将其搁放在枕木上，套管的高压导电杆与地距离 0.3m，正接线加压 5kV 时测得 $\tan\delta$(%) =

0.6；将高压套管用绝缘绳吊起离地1.0m时再进行测量，测得 tanδ(%) =0.4。电桥平衡时，在套管附近放置一梯子，可以明显看出QS1电桥的光带又增宽了。因此测量电容套管 tanδ 时应尽量使套管附近无梯子、构架等杂物或使杂物及试验人员远离被试套管，以提高测量准确度。

表 10-2　两只同型号套管 tanδ 试验结果

套管编号	正接线测量 tanδ(%)	反接线测量 tanδ(%)
01	0.3	8.4
02	−1.7	17.6

表 10-3　消除油泥后 tanδ 的试验结果

套管编号	正接线测量 tanδ(%)	反接线测量 tanδ(%)
01	0.4	0.6
02	0.3	0.4

5）测量小套管对套管 tanδ 测量的影响。套管上设有专门供测量 tanδ 用的测量小套管时，测量小套管的绝缘状况对正接线测量套管的 tanδ 有很大影响。

a）测量小套管接地。安装或运行中测量小套管引线与地接触时，绝缘电阻为0Ω。这种情况下用QS1电桥正接线测量套管 tanδ 时，C_x 被短接，QS1电桥 R_3 不起作用，电桥无法平衡，tanδ(%) 无法测量。对于未装在设备本体上的单独套管 tanδ 尚可用反接线测量，而对于装在设备本体上的变压器测量小套管则无法用反接线测量其 tanδ 值。

b）测量小套管引线开断。安装检验时由于不慎可造成测量小套管内部引线开断。这种情况下，QS1电桥正接线测量时无信号或信号很弱，测量出小套管电容量异常，应查明原因。

c）测量小套管绝缘电阻低。测量小套管由于表面脏污或内部受潮可能造成绝缘电阻偏低。由于偏低的绝缘电阻引起分流作用，即相当于在QS1电桥 R_3 上并联一电阻，将使测量的 tanδ 值产生偏小的测量误差。因此，现场测量套管 tanδ 前，应先摇测小套管绝缘电阻，绝缘电阻低的（小于1000MΩ）应查明原因。

综上所述，套管 tanδ 测量受各种因素影响较大，现场测量时应认真分析各种影响因素，对异常试验结果（偏大或偏小）应查明原因。在分析套管 tanδ 的同时还应分析套管的电容量，对于电容式套管，其 ΔC_x 超过±10%时应视为不合格，超过±5%应引起注意，缩短试验周期。

3. 交流耐压试验

《电力设备绝缘预防性试验规程》要求，交接或大修后的套管应做交流耐压试验，以考验主绝缘的绝缘强度。通过交流耐压试验曾发现过纯瓷充油套管瓷质裂纹，电容式套管电容芯棒局部爬电，胶纸电容式套管下部绝缘表面有擦痕等缺陷。

交流耐压试验时，应将被试套管瓷套表面擦干净，将套管下部浸入绝缘油内（模拟运行状况），法兰与测量小套管可靠接地后，再在导电杆上施加试验电压。耐压时间为1min，预防性试验时试验电压值为出厂值的85%。

第二节　高压互感器绝缘及其试验

一、概述

在电力系统中为了测量和继电保护的需要，必须使用互感器。它的任务，一是将高电压和大电流按比例地变换成低电压和小电流，以便测量并提供继电保护所需信号；二是将电力系统处于高电位的部分与处于低电位的测量仪表和继电保护部分分开，以保证运行人员和设备的安全。其原理接线如图 10 - 2 所示。

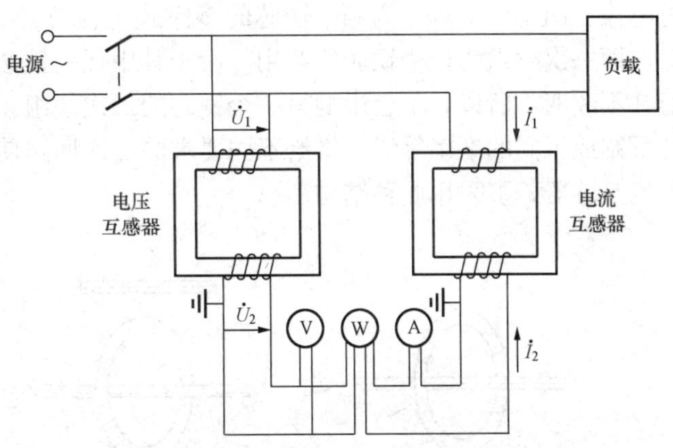

图 10 - 2　电流互感器和电压互感器的原理接线图

目前大部分互感器是应用变压器原理（即电磁感应原理）来变换电压和电流，因此也称电磁互感器。根据所变换信号的不同，互感器可分为电压互感器和电流互感器两大类。它们的工作原理和变压器一致，因此等值电路和相量图也和变压器一致。它们有变压器的一些共性，还要注意和变压器的区别，以及它们彼此间的差别。

二、电压互感器

电压互感器按安装地点可分户内式和户外式，通常额定电压的电压等级在 35kV 及以下的多制成户内式；额定电压等级在 35kV 以上则制成户外式。按相数可分为单相和三相，35kV 及以上一般是单相式。按绕组数目可分双绕组和三绕组，三绕组中除一次绕组和基本二次绕组外，还有一组辅助绕组，供接地保护用。按绝缘方式可分干式、浇注式、油浸式和充气式。干式用于电压等级在 6kV 以下户内装置；环氧树脂浇注式的结构紧凑、尺寸小、无爆炸危险，使用和维护都很方便，适用于电压等级在 3～35kV 户内的配电装置；目前大量生产和使用的都是普通结构油浸式，适用电压等级为 3～35kV；铁芯和绕组放在充有变压器油的接地金属油箱内，绕组经过固定在油箱盖上的套管绝缘子引出，由于电压互感器的容量较小（只有几十到几百伏安），所以可以不要冷却装置。

当使用电压超过 35kV 时，随着电压的增加，芯子与外壳之间的绝缘距离要加大，使油箱尺寸和用油量都大大增加，还需要配置高压出线套管；高低压绕组间的绝缘层要加厚，这一方面加大了互感器的漏磁，使其误差特性变坏，同时也加大了互感器芯子部分的尺寸，使油箱尺寸不易缩小。这将大大增加互感器在绝缘方面的造价，对小容量的电压互感器来说，绝缘占互感器成本的比重很大。

三、电流互感器

电流互感器按一次绕组匝数可分为单匝式和多匝式。单匝式电流互感器由实心圆柱或管形截面的载流导体，或直接用载流导线（母线型）作为其一次绕组，将其直接穿过绕有二次绕组的环形铁芯所构成，因此也常称之为穿芯式电流互感器，如图 10 - 3（a）所示。这种电流互感器的优点是结构简单、尺寸小、价格便宜。主要缺点是，被测电流很小时，由于一次磁动势（I_1W_1）较小，测量的准确度很低。通常，单匝式电流互感器的一次额定电流在 150～250A 以上。

多匝式电流互感器的一次绕组为穿过绕有二次绕组的多匝绕组，如图 10 - 3（b）、（c）所示。由于一次绕组匝数较多，即使一次额定电流很小也能获得较高的准确度。其缺点是，当高电压加于电流互感器，或当大的短路电流通过时，一次绕组的线匝之间可能承受很高的过电流。图 10-3（c）为两个铁芯的多匝式电流互感器，每个铁芯都有自己单独的二次绕组，而一次绕组为两个铁芯所共用。由于其中任一铁芯的二次绕组的负荷变化时，一次电流值并不改变，所以，不会影响另一个铁芯的二次绕组。因此，多铁芯的电流互感器的各个铁芯可制成不同的准确等级，供给不同要求的二次回路使用，一般对 35kV 及以上电压等级的电流互感器，多采用此种结构。

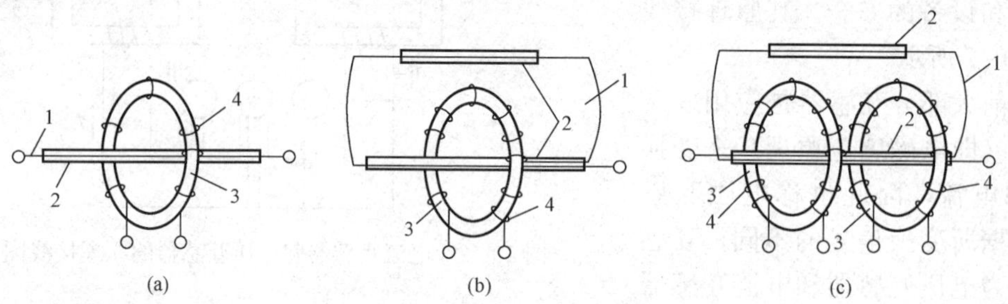

图 10-3 电流互感器结构原理

（a）单匝式；（b）多匝式；（c）具有两个铁芯的多匝式

1—一次绕组；2—绝缘；3—铁芯；4—二次绕组

电流互感器按安装地点的不同可分为户内式和户外式，用瓷套管作箱体，以节约材料，减轻质量和缩小体积。

电流互感器按整体结构及安装方法可分为穿墙式、母线式、套管式（装入式）和支持式等。穿墙式装在墙壁或金属结构的孔中，可代替穿墙套管；母线式利用母线作为高压绕组，安装时将母线直接穿入电流互感器瓷套的内腔；套管式是将电流互感器装入 35kV 及以上的电力变压器或多油断路器的瓷套管内；支持式则安装在平台或支柱上。

按绝缘结构可分为干式、浇注式、油浸式和电容式。干式适于低压户内使用；浇注式是利用环氧树脂作绝缘，浇注成型，适用于 35kV 及以下户内；油浸式多用于户外；电容型多为户外式，用于 110kV 及以上的电压等级。

四、电流互感器的试验

对新安装的电流互感器，一般要进行以下试验：

（1）绝缘特性试验。

（2）检查极性及测量二次绕组的直流电阻。

（3）变流比试验。

（4）录制磁化曲线。

制造厂对于新设计的电流互感器，还抽取一定数量产品做型式试验。在型式试验中，除上列试验项外，还做外部绝缘耐压试验、冲击电压试验、10%倍数测定、温升试验等。当产品技术条件有规定时，还进行二次绕组开路试验，以检查二次绕组匝间绝缘强度。

1. 电流互感器绝缘特性试验

电流互感器一次侧的绝缘电阻和耐压试验，可以单独进行，也可以和相连的一次设备（母线、隔离开关等）一同进行。当测量一次侧对地的绝缘电阻及做耐压试验时，应将二次绕组短路接地，以免绝缘击穿时在二次绕组上产生危险的高电压。电流互感器一次绕组与母线等一同进行耐压时，耐压值应采用与母线相连设备的最低试验电压。电流互感器一次绕组单独耐压时，其试验电压值与高压断路器相同，可参看断路器试验值。二次绕组绝缘电阻用

1000V或2500V绝缘电阻测量，一般应大于10MΩ。二次绕组耐压时的试验电压值为交流1000V。耐压的持续时间均为1min。对于非标准系列产品和出厂试验电压不明的电流互感器的交流耐压试验电压标准可参照表10-4。

表10-4　非标准系列产品和出厂试验电压不明的电流互感器的交流耐压试验电压

额定电压（kV）	3	6	10	15	20	35	44	60
试验电压（kV）	15	21	30	38	47	72	87	120

出厂试验电压与表10-5不同的电流互感器，其试验电压应为制造厂出厂试验电压的90%，但不得比表10-5中的试验电压值更低。

充油式电流互感器套管中的绝缘油，应按照变压器油的要求进行试验。如进行吊芯检查，应顺便测量铁芯夹紧螺栓的绝缘。

对电压为20kV及以上的电流互感器，应测量绕组连同套管的介质损失角正切值$\tan\delta$，20℃时的$\tan\delta$值应不大于表10-5中所列的值。测量一次绕组的介质损失角正切值$\tan\delta$时，其二次绕组应接地。

表10-5　交接时电流互感器的$\tan\delta$（%）标准（20℃）

电压（kV）	20～44	60～220	330
套管充油的电流互感器	3	2	1
套管充胶的电流互感器	2	2	—
套管为胶纸电容性的电流互感器	2.5	2	—

2. 电流互感器的极性检查和直流电阻测量

一般，电流互感器都是做成减极性的，如图10-4所示。一次绕组L1、L2和二次绕组K1、K2在铁芯上是以L1、K1起始按同方向绕制的。当继电器按虚线接入一次回路时电流在继电器内所流过的方向，和当继电器接在二次绕组时由互感器的二次电流在继电器内流过的方向相同，即一次电流由L1流向L2，二次电流由K1经负载流向K2。L1与K1，L2与K2分别为同极性端子，如将L2与K2用导线连接，则L1与K1间的电压值为一次电压（U_1）与二次电压（E_2）的差。故此种绕线方式称为减极性。如将二次绕组反绕，同样情况下两始端间的电压值为一次电压与二次电压之和，则称为加极性。

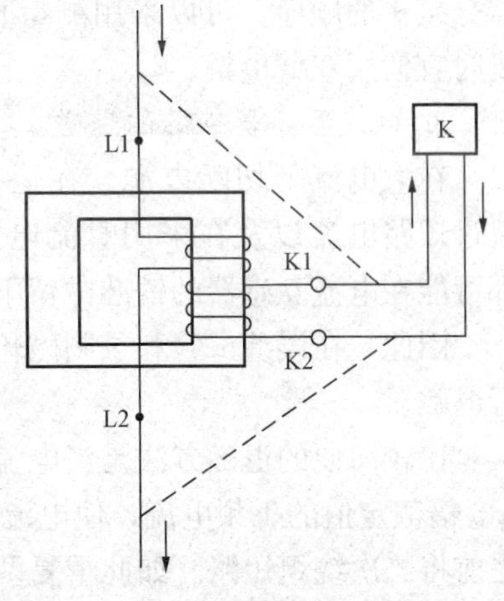

图10-4　电流互感器极性标记图

检查极性时，用一直流毫伏表或灵敏度较差的检流计，仪表的“正”端接在K1上，“负”端接在K2上，干电池的正极接L1，负极接L2，如图10-5所示。当开关S接通瞬间，如表针向右摆，开关断开瞬间，表针向左摆，则L1和K1为同极性端子。

电流互感器的极性是很重要的。如不正确，将会使接入的功率表、电能表等指示错误，或使方向性继电保护误动作，故应仔细检查极性。

电流互感器经过拆开检修后，再装配时可能会将二次绕组极性接反，在这种情况下应在

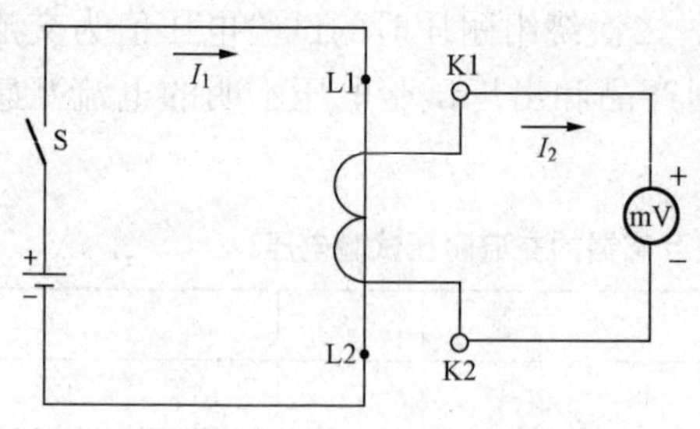

图 10-5 极性试验接线图

装配完后再次检查极性。另外，电流互感器的一次侧极性标号一般标在瓷套管或外壳上，安装时要注意使互感器二次绕组接至仪表及保护的极性与一次侧相对应，以保证功率表的指示及方向性保护的动作正确。套管型电流互感器一次绕组就是油断路器的一次出线（或电力变压器出线），应在安装好后，合上断路器一次触头以检查极性，因为套管上没有标号，所以在做试验时应该记准两侧套管（相当于互感器一次）接至出线侧还是电源侧，以免弄错。每台油断路器三相套管中共有6～12只电流互感器，因为数目较多而且装入套管后就不易取出，所以在油断路器安装完毕但末注油前，应对电流互感器的极性标号做仔细的检查，并在记录纸上画成布置图。图10-6为某变电站DW3-110型油断路器套管型电流互感器的布置图。偶数标号（N_2、N_4、N_6、N_8、N_{10}、N_{12}）绕组是装在主变压器侧的套管中，而奇数标号（N_1、N_3、N_5、N_7、N_9、N_{11}）绕组则是装在线路侧的套管中。制造厂在每一个绕组始端标以“A”（其他抽头为B、C、D、E），A端是与其所在套管的上端（即接导线的一端）同极性的，当油断路器两侧各电流互感器流过同方向一次电流，两侧A端极性相反。

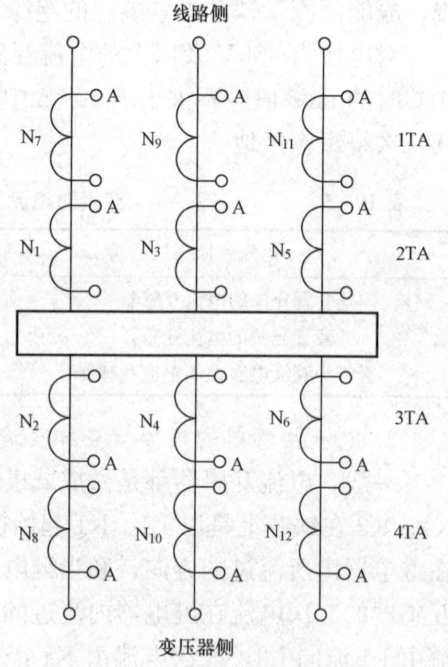

图 10-6 油断路器套管型电流互感器布置图

由于电流互感器结构简单可靠，不容易发生断线或接触不良等故障，因此在交接试验中一般不测量二次绕组直流电阻。有时候，为了判别套管型电流互感器分接头的顺序，可以采用测量直流电阻的方法，测量时宜使用双臂电桥。

3. 电流互感器铁芯的退磁

在大电流下切断电源、在运行中发生二次开路、流过短路电流以及在采用直流电源的各种试验之后，都可能在电流互感器的铁芯中留下剩磁。剩磁使电流互感器的比差尤其是角差增大。

因此，在误差试验和录制磁化曲线以前，以及全部试验结束后，应对互感器各个铁芯进行退磁。

比较简便的退磁方法是当电流互感器一次绕组开路的情况下，在其二次绕组通入0.2～0.5倍额定值的工频电流，使电流由最大值均匀降低到零（时间不少于10s），并在切断电流之前将二次绕组短路。如此重复两三次。也可在二次侧接以相当额定负载10～20倍的可变电阻，而在一次侧通入1.0～1.2倍额定值的工频电流，并均匀降回到零。同时还将所接可变电阻由最大值滑到短路。如此重复两三次。

退磁时用以调节电流的设备，最好采用感应型调压器。如果使用自耦调压器时，需保证其滑动接触良好，在调节过程中不能使电流中断或发生突然变化。对于接在二次侧的可变电阻，同样要求其接触可靠，不能使电路瞬时断开。

4. 变流比试验

电流互感器的变比误差或角误差的检验，系采用与标准电流互感器相比较的方法进行。标准电流互感器应该用 0.1 级或 0.2 级的试验用多测限电流互感器。如果检验级别较低的互感器，同时缺少标准仪器时，也可以用 0.5 级的互感器充作标准互感器。当检验 0.1 级或者 0.2 级的互感器时，允许以同等级的互感器作标准，但应考虑其误差校正值。

检验 0.1 级～1.0 级电流互感器的比差与角差时，实际上是采用特制的 HE_1 型或者 HE_3 型互感器检验器（也称误差电桥）。使用检验器要按照该仪器的使用说明进行。

以互感器检验器检验电流互感器误差的接线图如图 10-7 所示。该图表明当互感器有两个二次绕组时，非被试绕组应短接起来。图中未表示出电源、升流设备和检验器。采用的标准电流互感器 1TA 的变比应与被试互感器 2TA 变比相同。试验时所用的一次电流值及二次侧应接的负载 Z 值见表 10-6。为试验方便，常使用专门的负载箱作为被试电流互感器的负载。当检验二次侧电流为 5A 的互感器时，采用 FY46 型电流负载箱；而当检验二次侧电流为 1A 的电流互感器时，采用 FY47 型电流负载箱。

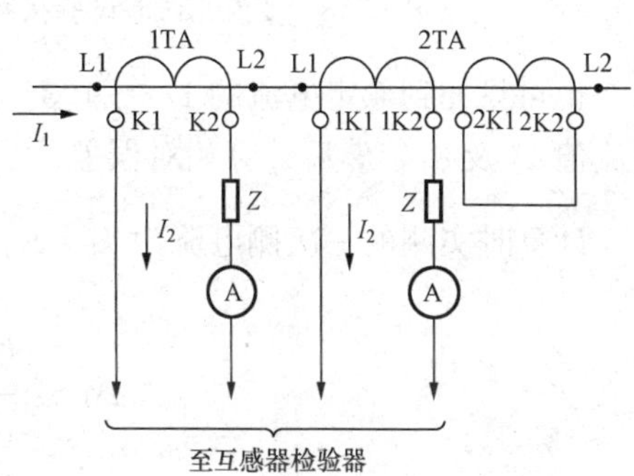

图 10-7　用互感器检验器检查电流互感器的误差

表 10-6　电流互感器最大容许误差

准确等级	一次侧电流占额定电流的百分数（%）	最大变流比误差（%）	最大角误差（分）	二次侧负载范围
0.2	120～100	±0.20	±10	额定负载的 25%～100%之间
	20	±0.35	±15	
	10	±0.50	±20	
0.5	120～100	±0.50	±30	
	20	±0.75	±45	
	10	±1.0	±60	
1	120～100	±1.0	±60	
	20	±1.5	±90	
	10	±2.0	±120	
3	120～50	±3	无规定	额定负载的 50%～100%之间
10	120～50	±10	无规定	

检验母线型及套管型电流互感器时要注意，临时设的一次线匝应均匀分布在铁芯上，如用单匝试验，则应使其从铁芯的中心通过。

检验准确级为 3 级和 10 级的互感器，规定不测角差，因此可以用互感器检验器，也可以采用标准电流互感器和标准电流表的简化试验方法。采用这种简化方法实际上只能得到一个近似的变流比误差。试验接线如图 10-8 所示，TA_0 和 TA_x 分别为标准和被试电流互感器。接线中升流器 B 和自耦调压变压器 TYB 都应按照预定通过的电流来选择，电流应加到接近被试电流互感器的额定电流。若没有适当大容量升流器，也可只加到额定电流的 1/2～1/3。通电流后在同一时间读取电流表 A_0 及 A_x 所指示的电流值 a_0 及 a_x，然后计算相对误差。

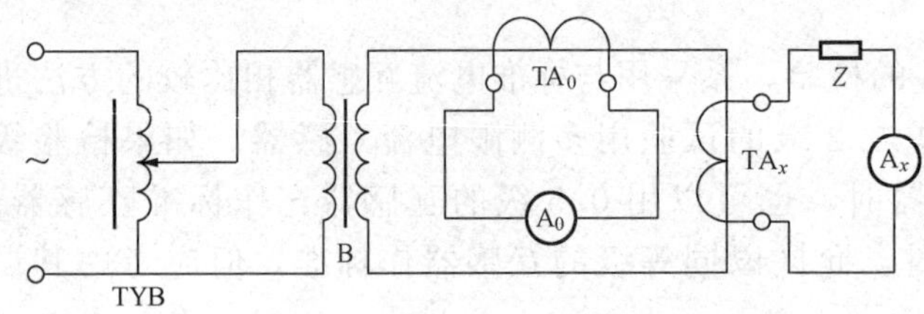

图 10-8　变流比误差试验接线图

计算时实测的一次侧电流为 $I_1=K_{I0}a_0$，实测的变流比 $K_{I1}=\frac{K_{I0}a_0}{a_x}$，所以测得的误差为

$$\Delta_I=\frac{K_{Ie}-\frac{K_{I0}a_0}{a_x}}{\frac{K_{I0}a_0}{a_x}}\times100\% \qquad (10-1)$$

式中　Δ_I——电流互感器交流比误差，百分数；

K_{Ie}——被试电流互感器 LH_x 的计算变流比；

K_{I0}——标准电流互感器的变流比；

a_0——标准电流互感器二次侧电流表的指示数；

a_x——被试电流互感器二次侧电流表的指示数。

式（10-1）也可以写成式（10-2）形式

$$\Delta_I=\frac{K_{Ie}a_x-K_{I0}a_0}{K_{I0}a_0}\times100\% \qquad (10-2)$$

如果所用标准电流互感器的变流比与被试互感器相同，即 $K_{I0}=K_{Ie}$，则此时

$$\Delta_I=\frac{a_x-a_0}{a_0}\times100\% \qquad (10-3)$$

应该指出，虽不把标准表计的误差写在公式中，但在判断所求出的误差 Δ_I 时，应考虑标准电流互感器和标准电流表的误差。在施工现场，由于缺乏互感器检验器，也常常采用此方法检验 0.5 级和 1 级的电流互感器。

现场缺少试验用大电流发生器时，可以采用以下方法。

（1）利用较大容量的交流电焊机。若其二次电流仍不够大，可以用大截面的导线在其铁芯上缠绕几圈，作为电焊变压器的低压侧，以产生大电流。大容量自耦调压变压器亦可改作升流器，即通过其环形铁芯加绕数匝大截面导线，用作产生大电流的二次绕组，自耦变压器原来的绕组作为一次绕组接至调压设备上。

（2）利用电流互感器倒接作为升流器，接线方法如图 10-9 所示。TA_0、TA_x 分别为标准电流互感器和被试电流互感器。TA_1 是作为大电流发生器用的电流互感器。其中接入的电流表 PA 是为监视互感器，TA_1 二次绕组电流，以避免过载引起发热，电压表 PV 用来监视铁芯的磁通密度不超过最大允许值，电压与磁通密度的关系可由式 $E=4.4fW\Phi\times10^{-8}$V 决定，式中磁通 $\Phi=BS$，当截面 S 以 m^2 为单位时，磁通密度 B 的单位是高斯。电流互感器铁芯中磁通密度最大允许值一般按照 15 000GS 计算。

试验时电流互感器的一次连接线，一定要选择截面较大的导线，尽量短些，接头接触应良好。此方法还可使用于有两个铁芯和两个绕组的电流互感器上，在一个二次绕组通入电流，作为升流器，对绕在另一铁芯上的绕组进行检验。

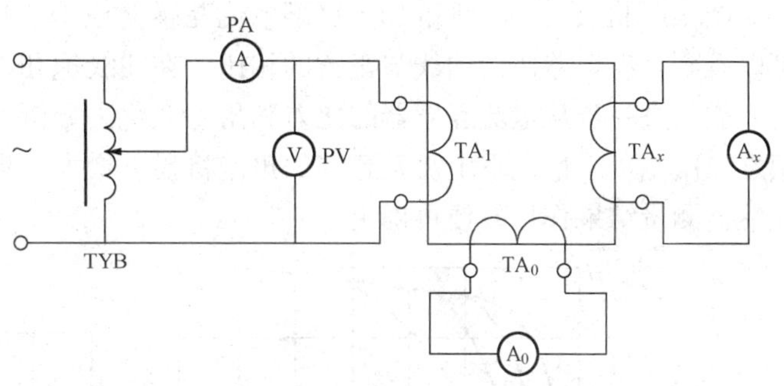

图 10-9　将电流互感器倒接用作升流器的接线图

在没有标准电流互感器的特殊情况下，可以采用比较法粗略地核对变流比。由于电流互感器在出厂时已经进行过试验，运输途中如末发生损坏，其特性是不会有很大变化的。用比较法试验时可以把同规格的电流互感器一次侧串联，二次侧分别接入电流表，加电流后同时记录电流表指示，将结果互相比较，如没有显著差别即可使用。

通大电流作变流比试验时，要注意大电流所产生的强磁场对测量表计的影响。如一个电流互感器具有两个以上的铁芯和二次绕组，试验时均应接上电流表或者用导线将二次端子短路起来，以免试验时因二次绕组开路而损坏绝缘，或危及人身安全。

5. 录制磁化曲线

磁化曲线是电流互感器一次侧开路时，二次侧励磁电流与所加电压的关系曲线，它可以表示铁芯的饱和程度。由磁化曲线可以计算 10%误差曲线，同时，由磁化曲线还可以观察电流互感器二次绕组有无匝间短路。

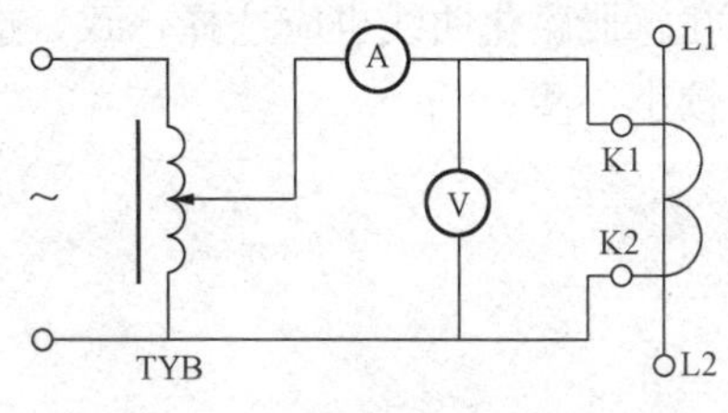

图 10-10　录制磁化曲线的接线图

录制磁化曲线时，令电流互感器一次侧开路，在二次侧加可变化的电压，接上电压表和电流表，如图 10-10所示。

在录制电流互感器的磁化特性曲线时，随着铁芯中磁感应强度的提高，电压和电流的波形均发生畸变，即除工频基波外，出现了不同次数的高次谐波。此时如以不同型式的仪表测量，将得出不同的读数。为了使测量结果受波形变化的影响最小，故测电流时应使用电磁式电流表以读取电流的有效值，测电压时则应使用反应平均值的电压表，例如整流式电压表。

录制特性曲线时用自耦调压器 TYB 电压由零递升上去，选取几个电流值，逐点以电流为准读取电压，在曲线开始饱和前后应多读几点，以便于画曲线。通入的电压或电流的限值，以不超过制造厂技术条件的规定为准。当电流超过 1.5 倍额定值时，读数应迅速，以免绕组过热烧坏绝缘。在磁化特性试验中，曾经发生过二次绕组绝缘击穿的事例。用于差动保护的 D 级电流互感器，其铁芯不易饱和，所加的电压可以峰值 350V 为极限，不宜过高。有一种带短路匝补偿的电流互感器（如 LQ-0.5 型）是不允许用大电流测磁化特性的，因为会烧坏其短路匝，这种电流互感器可不测磁化曲线，如果测的话，电流也不宜超过额定电流的 5%，而且通入电流的时间越短越好。

当发现电流互感器的磁化曲线与相同型式相比，电压显著降低时，应检查是否存在二次绕组的匝间短路。

图 10 - 11 是 LDC 型和 LDCD 型电流互感器模拟二次绕组匝间短路时的磁化曲线示例。可以看到，有短路匝的曲线与正常的相比，在曲线饱和以前电压值显著降低。遇到这种情况后，需要进一步从电流互感器的比差和角差变化去分析。如果确实存在匝间短路，则在接有额定二次侧负载情况下电流互感器的角差将显著增大，把测量值与出厂试验数据或者同型式互感器测量结果作比较便可确定。

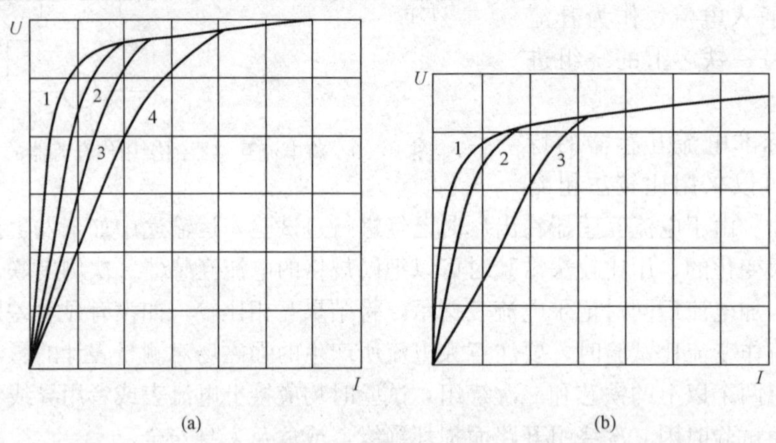

图 10 - 11 电流互感器二次绕组匝间短路时的磁化特性曲线

(a) LDC—1500/5 型，0.5 级；(b) LDCD—1500/5 型，0.5 级

1—正常曲线；2—模拟短路 1 匝；3—模拟短路 2 匝；4—模拟短路 3 匝

电流互感器安装以前，可以选择磁化曲线比较一致的用在一组上。用于差动保护的电流互感器除三相一致外，装在被保护设备同一相两侧的电流互感器磁化曲线也应选择一致，这样在外部短路时流经差动保护继电器的不平衡电流可以比较小一些。

五、电压互感器的试验

电压互感器安装前一般进行下列试验：

(1) 绝缘特性试验。

(2) 测量一次绕组的直流电阻。

(3) 检查极性或接线组别。

(4) 误差试验。

(5) 空载试验。

此外，制造厂在互感器出厂试验或新设计的互感器型式试验中，还进行温升试验、密封性能试验、冲击耐压试验及对外部绝缘进行耐压试验等。

1. 绝缘特性试验

先测量互感器绕组的绝缘电阻。如果一次绕组的一端已经接地（如 JCC 型电压互感器），需临时拆开接地端再测量。对一次绕组应使用 2500V 的绝缘电阻表测量。所测绝缘电阻值可与前次数据或同型设备互相比较，以判断绝缘是否受潮。下列数据也可供参考：20℃时，对于 3～10kV 的电压互感器，其一次绕组的绝缘电阻不应小于 450MΩ；20～35kV 的互感器，不应小于 600MΩ；110～220kV 的互感器，不应小于 1200MΩ。二次绕组绝缘电阻一般应大于 10MΩ。

一次额定电压为 20kV 及以上的电压互感器，应测量其一次绕组对外壳的 $\tan\delta$ 值，交接试验时 tanδ 测量值不应超过表 10-7 的规定。

表 10-7　交接试验时电压互感器 tanδ 值标准　%

温度（℃）		5	10	20	30	40
一次绕组额定电压（kV）	35 及以下	2.0	2.5	3.5	5.5	8.0
	35 以上	1.5	2.0	2.5	4.0	6.0

对于电压为 110kV 及以上的 JCC 型串级式电压互感器，其各级铁芯均不接地而与该级的一次绕组接在一起，其一次绕组是分级绝缘的，这种互感器通过测量介质损失角也能发现绝缘受潮。如用高压电桥测量，试验电压可取 3kV，太低不能保证准确度，太高则超过绕组接地端的绝缘水平。国家标准规定，这种互感器一次绕组接地端的 1min 工频试验电压为 5kV 有效值。应该注意的是，试验时电桥的“C_x”端必须接被试互感器一次绕组的接地端 X，或者 A 与 X 短接后接于 C_x。如仅将一次绕组出线端 A 与电桥的 C_x 连接，测量结果会出现误差。下面简单说明一下产生误差的原因。图 10-12 以 JCC-110 型电压互感器为例，画出了当二次绕组接地时一次绕组的对地绝缘等值电路。由于这种互感器的结构特点，上面一段一次绕组对地分布电容 C_g 很小，而绝缘电阻 R_g 很大；图 10-12 中一次绕组侧对地分布电容 C_d 较大而绝缘电阻 R_d 较小。如近似地看，可以忽略掉 C_g 和 R_g。即认为 C_g 和 R_g 都是被断开的。所以当 A 点接电桥的 C_x 端，就好像与试品串接了一个大电感线圈。

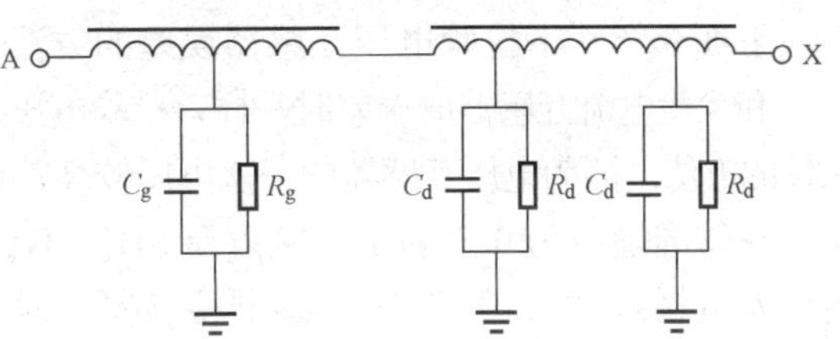

图 10-12　JCC-110 型电压互感器当二次绕组接地时，一次绕组的对地绝缘等值电路

试验表明，试品串接电感后，虽然试品本身的介质损失角 tanδ 并无变化，而西林电桥反映出的介质损失角 tanδ 却大为增加。

电压互感器的绝缘电阻和介质损失角如符合要求，充油互感器的绝缘油也合格并经静置一定时间后，即可进行主绝缘交流耐压试验，试验电压见表 10-8。

表 10-8　电压互感器工频交流试验电压标准

额定电压（kV）	3	6	10	15	20	35	44	60	110	154	220	330
出厂试验电压（kV）	24	32	42	55	65	95		140	220		400	510
交接试验电压（kV）	22	28	38	50	59	85	100	125	180 (210)	(290)	360	

注　1. 括号中数值适用于中性点非直接接地系统用的电压互感器。

2. 互感器二次绕组绝缘的交流耐压试验电压出厂为 2kV，交接为 1kV。

出厂试验电压与表 10-8 不同的电压互感器，其试验电压应为出厂试验电压的 90%。对于额定电压在 35kV 以上的电压互感器，如果没有适当的试验设备，在施工现场可以不进行主绝缘耐压试验。35kV 的电压互感器有 JDJ 型和 JDJJ 型两种，后者的一次绕组是分级绝缘的。在制造厂是结合感应耐压以“支撑法”进行主绝缘耐压，并采用倍频电源。在安装现场，限于设备条件可以不进行主绝缘耐压试验。

各种型式和电压等级的电压互感器，出厂时均进行感应电压试验。为了取得足够的电压并不使励磁电流过大，制造厂使用 100Hz 的倍频电压进行感应电压试验，试验电压为 2 倍额定电压，时间 1min。施工现场如不能取得足够容量的倍频电源，而又认为有必要进行感应耐压时，可进行 1.3 倍额定电压的工频感应电压试验，持续时间 3min。进行主绝缘工频耐压试验或工频感应电压试验时，均应注意试验电源的电压为正弦波形。

2. 测量绕组直流电阻、检查极性和误差试验

因为电压互感器一次绕组发生断线或接触不良等故障的机会较多，而二次绕组因导线较粗极少发生这种情况，所以规定只测量一次绕组的直流电阻。各种型式电压互感器一次绕组的直流电阻均在数百至数千欧之间，故可以很方便地用单臂电桥测量。

电压互感器的极性检查与电流互感器的极性检查相似。

下面介绍一下检验电压互感器误差的方法。

和检验电流互感器的误差时一样，检验电压互感器时也是采用将被试互感器与标准互感器相比较的方法。因为电压互感器的一次电压较高，在试验中应该遵守安全工作规程的有关规定。

检验准确级为 0.5 和 1.0 级以及 3B、6B 级的电压互感器时，应使用互感器检验器（也叫误差电桥），例如 HE_3 型互感器检验器。通过检验器，被试互感器与一个已知比差和角差的 0.1 或 0.2 级的标准电压互感器相比较，使用标准互感器应选择其变比和被试互感器的变比相一致。

校验基本二次绕组的误差时按图 10-13 接线，图中 TV_x 和 TA_0 分别为被试和标准互感器。试品应接以规定的负载 Z，一次绕组施加额定频率且实际为正弦波形的指定电压。对三相电压互感器，三相电压应对称，如互感器带有相角差补偿绕组，还应考虑相序，二次负载应对称，每相负载应为规定值的 1/3。测量三相电压互感器的误差，应在 AB-ab、BC-bc、CA-ca 三对线端间分别测量，在图 10-13（b）中只表示出了 AB-ab 相的接线。如互感器带零序电压绕组或开口三角时，应使之处于开路。试验应在 0.85、1.0 和 1.15 倍额定电压及负载为 25%和 100%额定值下分别进行。

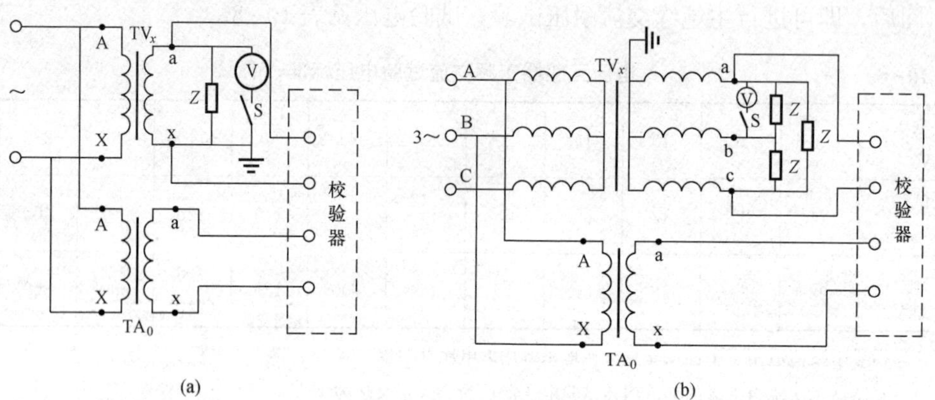

图 10-13 校验电压互感器基本二次绕组误差时的接线

（a）单相互感器；（b）三相互感器

校验单相三绕组电压互感器的零序电压绕组时，按图 10-14 接线。基本二次绕组应接以 0.5 级的负载，一次施加额定频率的正弦电压。对中性点直接接地系统用的互感器，一次

电压分别为 0.85、1.0、1.5 倍额定值；对中性点非直接接地系统用的互感器，一次电压分别为 0.85、1.0、1.9 倍额定值；被试绕组的负载分别为 25%和 100%额定负载，然后，在基本二次绕组不接负载情况下，重复上述试验。

校验三相三绕组电压互感器开口三角端电压的误差时，按图 10-15 接线。试验时，基本二次绕组接以 0.5 级的负载，开口三角接额定负载；一次绕组施加 0.85、1.0、1.1 倍的额定电压，轮流将一次绕组的每相在线端和中点短接，并测量开口三角端电压。然后在基本二次绕组不接负载时重复上述试验。试验时应采用中点对地绝缘的电源。

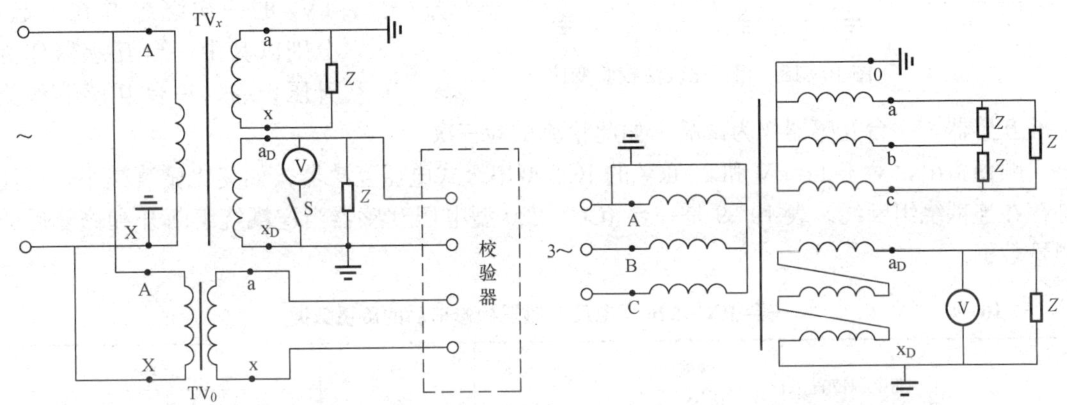

图 10-14　单相三绕组电压互感器零序电压绕组误差校验接线图

图 10-15　三相三绕组电压互感器开口三角端电压误差校验接线图

上面提到的正弦波形，均指实际波形在任一点与正弦波形相比不超过峰值的 5%的波形。

准确级为 3.0 级的电压互感器，允许采用图 10-16 的接线进行检验。接线中的标准互感器 TV_0 与被试互感器 TV_x 的变比应相接近，相差最好不超过 10%。比差 ΔU 可按式（10-4）进行计算

$$\Delta U=\frac{K_{Ue}a_x-K_{U0}a_0}{K_{U0}a_0}\times 100\% \qquad (10-4)$$

式中　K_{Ue}——被试电压互感器铭牌变比；

K_{U0}——标准互感器的变比；

a_x、a_0——被试互感器、标准互感器二次侧电压表读数。

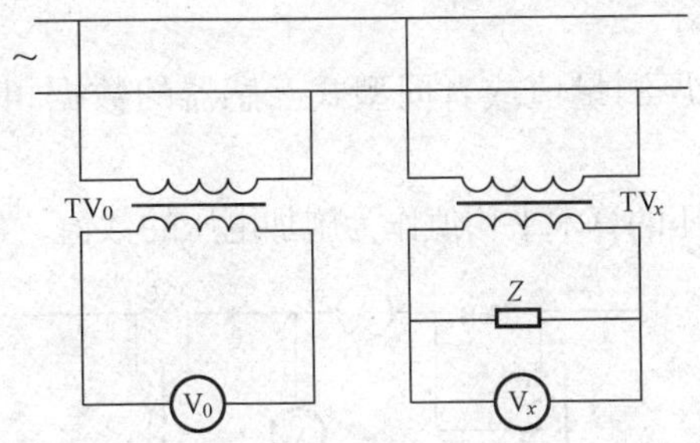

图 10-16　3.0 级电压互感器简化校验接线图

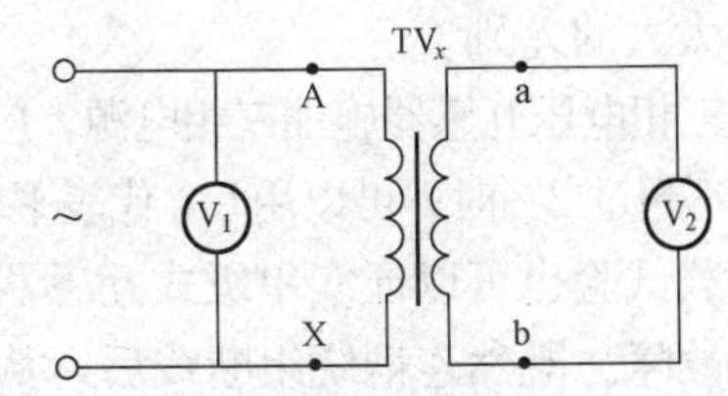

图 10-17　以双电压表法校验变比误差

在施工现场有时由于缺少互感器检验器，也常以此方法检验 0.5 级和 1.0 级的互感器。

为了近似地检查电压互感器的变比，还可以用双电压表法，如图 10-17 所示，一般以

220～380V 电压加在互感器高压侧，以电压表测量一、二次绕组的电压，二者之比即是互感器的变比（近似值）。

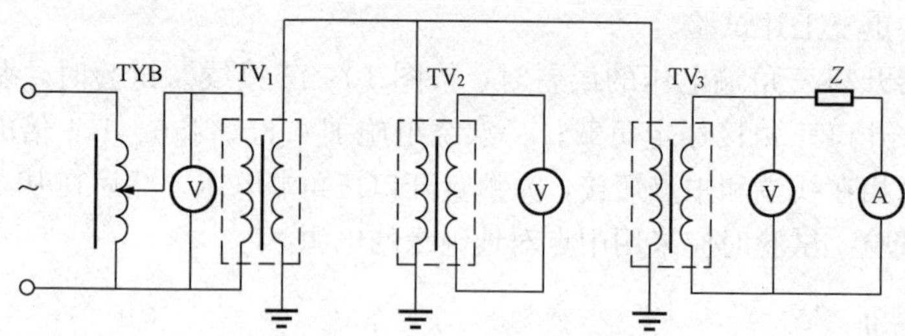

图 10-18　相互比较法校验变比

在施工现场，有时还采用同型电压互感器互相比较的方法检查变比，接线如图 10-18 所示。将三台同型式电压互感器 TV_1、TV_2、TV_3 的一次绕组并在一起，分别以其中一台互感器作为升压设备，一台互感器作为标准互感器，一台互感器作为试品。如此轮流试验三次。

顺便指出，对于 110kV 和 220kV 的 JCC 型串级式电压互感器，如变比显著减小，可能是存在连耦绕组断线。表 10-9 是一台 JCC-220 型电压互感器当连耦绕组断开和修复后的测量数据。

表 10-9　一台 JCC-220 型电压互感器检修前后的测量数据

	加电源位置	一次侧测量位置	二次侧电压（V）	一次侧电压（V）	变比	
					额定值	实测值
检修前	ax	AX	18	20 000	2200	1110
	ax	上半段	18.4	8000	1100	435
	ax	下半段	18	19 200	1100	1066
检修后	ax	AX	4.5	8880	2200	1972
	ax	上半段	4.5	4600	1100	1020
	ax	下半段	4.5	5000	1100	1110

前面已提及，这种串级式电压互感器的二次绕组只与最末一级一次绕组耦合，靠连耦绕组使一次侧各级电压分布均匀，故连耦绕组断线后会发生上述现象。

3. 空载试验

电压互感器空载试验时，一般只测量空载电流，为了方便，试验可在低压侧进行，并按图 10-19 接线。先升至额定电压，测量额定电压下的空载电流。必要时再升至 1.3 倍额定电压，进行为时 3min 的工额感应电压试验。

在额定电压下所测的空载电流数据应与制造厂测量值或者同型式互感器的数据相比较，不应有太大的差别。

对三相电压互感器施加三相电源，应以三相电压的算术平均值作为施加电压的数值。当各相电压差不超过 2%时，可以用 U_{AC} 代表平均电压。

空载试验也可以证实串级式互感器的连耦绕组断线故障。既然连耦绕组断线后，从二次侧加压不能将所有一次绕组励磁，故此时所测得的空载电流和空载损失都将比正常减小。例如表 10-9所述的电压互感器，当二次侧施加 100V 电

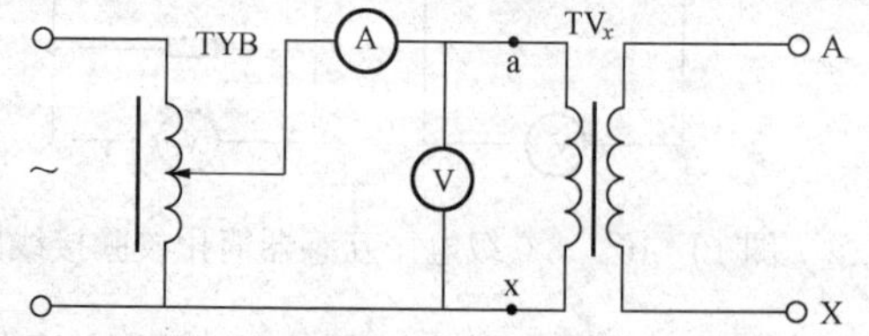

图 10-19　测量电压互感器的空载电流

压，在连耦绕组断开情况下的空载电流为12.3A，修复后的空载电流是20.5A。

相反，如果空载电流在低电压下就大大增加，则可能是连耦绕组极性接反。对新安装经吊芯检查和大修后的电压互感器，应特别注意用递升加压等方法检查连耦绕组的极性是否接对，以免因极性接错使互感器在投入运行后损坏。

绝缘是电气设备在电力系统中安全可靠运行的保证，其材料的选用、结构合理和工艺处理是各类电气设备安全运行的基础。

套管的绝缘与其他一些绝缘相比有一个最明显的特点，就是套管的闪络电压，因高度与长度的增加而增加，但机械性能，特别是抗弯性能，却因高度或长度的增加而下降，这就导致机械性能问题的严重性。电压等级在35kV及以下的套管通常采用纯瓷套管，但易产生电晕和滑闪放电。充油套管为提高油间隙的击穿电压，在电极表面包覆固体电介质（覆盖及绝缘层），在油间隙中设置屏障。电容套管采用内电屏方式而以电场分布较均匀的电容芯棒为主要绝缘。

高压套管的绝缘预防性试验主要有测量绝缘电阻、介质损失角正切值tanδ和电容量的测量、交流耐压试验三种。

互感器应用于电力系统中测量和继电保护。电磁式互感器的工作原理与电力变压器一样。为了使用灵活和制造方便，电压互感器一般都是单相的，特别是35kV及以上不制造三相式。按绝缘可分为干式、浇注式、油浸式和充气式四种类型，目前大量生产和使用的都是普通结构的油浸式电压互感器，它的铁芯和绕组放在充有变压器油的接地金属油箱内，容量较小不需冷却装置。当电压超过35kV则出现两方面情况：①随着电压增高，芯子对外壳的绝缘距离加大，油箱尺寸和用油量增大，还需要高压出线套管，造价就要增高，绝缘在成本中所占比重太高；②随着电压增高，绕组间的绝缘层加厚，加大了互感器的漏磁，使其误差特性变坏。电流互感器按整体结构及安装方法可分为穿墙式、母线式、套管式和支持式等。按绝缘结构也可分为干式、浇注式、油浸式和电容式等。

互感器试验方法基本上与电力变压器相同。因容量小，不测吸收比。交流耐压试验可和相连的一次设备如母线、隔离开关等一起进行，试验电压应取相连设备的最低试验电压。对于电流互感器，为保证继电保护的灵敏度和选择性，必须掌握通过大电流时的性能用10%误差曲线来衡量。

思考题与习题

1. 高压套管的作用是什么？
2. 试述高压套管预防性试验的项目。
3. 影响高压套管tanδ测量的因素有哪些？
4. 电力互感器在电力系统中的主要任务是什么？
5. 试述电压互感器和电流互感器的结构型式。
6. 电压互感器和电流互感器的试验项目各有哪些？

第十一章　电力变压器和高压电机绝缘

教学要求

了解电力变压器和高压电机的结构及其绝缘特性，熟悉电力变压器和高压电机的试验项目。

第一节　电力变压器绝缘及其试验

一、概述

电力变压器是电力系统中用得最广泛，也是最重要的设备之一。每千瓦的发电设备往往需要 8～10kVA 的电力变压器与之配套。

我国国家标准对电力变压器型号和各种性能要求等均有详细规定。本节主要讲述电力变压器的绝缘问题。

电力变压器在电力系统中用以升压和降压，广泛采用的是油浸式电力变压器，其中要使用大量的油、纸等绝缘材料，绝缘油起着散热和绝缘双重的作用。相对于硅钢片、铝线而言，油、纸绝缘材料的耐热性及寿命都较低，是电力变压器中的薄弱环节，80%以上的电力变压器事故是由绝缘问题造成的。

电力变压器一般为三相式（特大容量为单相式），因为三相式技术经济指标比单相式好。绕组有双绕组式，也有三绕组式。自耦变压器的一、二次绕组合为一个，在变比不大的情况下，技术经济指标特别好，在超高压输电系统中常采用。冷却方式有自然冷却和强迫冷却两类，强迫冷却又有风冷和水冷之分。

油浸式电力变压器主要由铁芯、绕组、套管、油箱以及附件组成。附件有分接开关、散热器、气体继电器、温度计等。按照铁芯和绕组的相对位置，电力变压器可分为芯式和壳式两种。绕组包在铁芯外面的称为芯式变压器，铁芯包在绕组外面的称为壳式变压器，铁芯一般由 0.35～0.55mm 厚的硅钢片叠装而成。片与片之间有很薄的绝缘层，以减少涡流损耗。常用的片间绝缘为耐热性和耐油性较好的树脂漆。电力变压器绕组按高低压相互位置的不同分为同心式绕组、交叠式绕组两种基本型式。

电力变压器绝缘可分为内绝缘和外绝缘两类。通常将电力变压器油箱以外的空气绝缘称为外绝缘，直接受到外界气候条件的影响。在油箱以内的绝缘，包括绝缘油以及浸在油里的纸及纸板等都属于内绝缘。内绝缘又常分为主绝缘和纵绝缘两种。主绝缘是指绕组对地间（包括相间）以及与其他绕组间的绝缘。纵绝缘是指同一绕组内部各部分间的绝缘。处于绕组以外，连接绕组的各部分及绕组与套管的那些连接线的绝缘，称为引线绝缘。

二、电力变压器绝缘的工作条件

电力变压器绝缘要求能在电力系统中长期工作，使用年限不低于 25～30 年。在运行中主要面对电、热、机械三方面的作用，此外还有化学、老化和环境等问题。变压器油的老化是个重要问题，油与铜、铁等金属接触在高温下会加速老化，油对绕组中的浸渍漆和其他固体绝缘材料也有相互作用促进劣化等问题。变压器油和纸有很好的相容性，油浸纸绝缘的耐电强度高，到目前为止，超高压电力变压器的绝缘也仍以油和纸两种材料为主。

1. 电气性能方面的要求

电力变压器的绝缘水平是电气性能方面的最基本要求，国家标准对电力变压器的各项试验电压和试验方法均作了规定。

1min 工频耐压试验主要检验电力变压器主绝缘的耐电强度；冲击耐压试验主要检验纵绝缘的耐电强度。由于冲击耐压试验比较复杂，一般只在型式试验中进行，而出厂试验仅进行感应耐压试验等项目；现在已经提出进行操作冲击及局部放电试验，使试验更接近运行情况。

在交接及运行中的预防性试验，主要是测量绝缘电阻、泄漏电流、介质损耗以及气体色谱分析等。因电力变压器主要采用油—屏障绝缘结构，所以绝缘油的性能起着重要的作用。

2. 机械性能方面的要求

电力变压器绝缘结构在机械强度方面的要求是在制造上主要考虑结构结实和尺寸准确，在运行中主要考虑能承受一定短路电流的电动力。电力变压器的短路电流可能达到额定电流的 25～50 倍，绕组上的电动力与电流平方成正比，可达额定电流时的千倍以上，绕组结构可能被拉开、变形或破坏。在正常情况下，高低压绕组有辐向的斥力，这使靠近铁芯的内部绕组受到压缩力，外部绕组受到拉伸力，还产生向中间线匝的压缩力。如果高低压绕组的高度设计不相等或装配不齐，则还可受到互相排斥的轴向力，如图 11 - 1 所示。这些力需要用垫块、撑条等加以支持，一般轴向固定比辐向更困难，特别是在多层圆筒式绕组中。

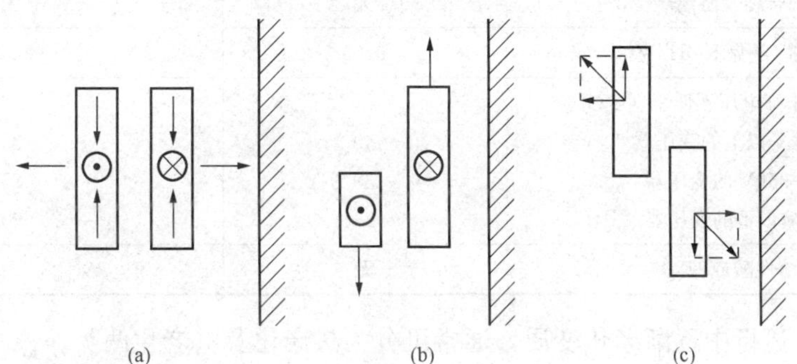

图 11 - 1　电力变压器绕组间的电动力示意图

(a) 轴向力和线匝间压缩力；(b) 高度不相等时的辐向力和轴向力；(c) 装配不齐时的辐向力和轴向力

电力变压器运行中直接短路的机会极少。对绕组机械强度的要求只能考虑一般短路的电动力，不能按最严重的直接短路计算，以免电力变压器的制造成本过高。事实上即使因严重短路而损坏绕组的电力变压器，一般也可以修复后重新投入运行。

3. 热性能方面的要求

电力变压器大都为油浸式，主要绝缘材料是变压器油和纸，在电压等级不高的变压器中也有用酚醛筒、漆布等材料。油浸变压器由于油的循环作用，散热比较好，在设计各处油间隙时，应考虑油的流动而不宜太窄，通常不宜小于 3mm。

对于大型电力变压器采用自冷散热器已不能满足散热要求，通常采用强迫油循环加上强迫风冷或水冷的冷却方式。

4. 其他性能方面的要求

必须考虑老化性能和环境的问题。电力变压器绝缘主要依靠变压器油的耐电强度，油的老化、受潮，含有气泡、杂质，均能使耐电强度下降。因此，设计中必须注意油的各项性能指标以及它与纸、酚醛、油漆、金属等材料的相容性。变压器油在使用前须经过处理，去除气体和水分等杂质。在运行中仍可能吸收水分、产生气体、增加酸值，因此运行中仍需经常抽样检查油的耐电强度、测量 $\tan\delta$ 值和进行气相色谱分析。

纸的老化使绝缘结构机械强度下降，对电气性能的影响较小，但当遇到短路故障时，可能因承受不了机械应力而使纸层断裂，导致绝缘击穿。

三、电力变压器中常用的绝缘材料及其性能

目前国内外的电力变压器，特别是高压电力变压器，几乎都用油、纸绝缘。在要求防爆、防火等特殊场合，才用干式变压器。

1. 变压器油

对变压器油的主要性能要求见表 11-1。

表 11-1　变压器油的主要技术数据

项　目	新　油	运行中油
闪点不低于（℃）	135	(1) 不比新油标准降低 5℃ (2) 不比前次测得值降低 5℃
机械混合物及游离碳	无	无
酸值不超过（毫克 KOH/克油）	0.05	0.4
标准油杯中击穿电压不低于（kV）		
(1) 用于 35kV 以上的变压器	40	35
(2) 用于 6～35kV 的变压器	30	25
(3) 用于 6kV 以下的变压器	25	20
水溶性酸或碱	无	无

变压器油在运行中逐渐老化变质，通常可分为热老化及电老化两类。

(1) 热老化。所有变压器油都会发生热老化。油箱中可能有原来残留的氧，纤维分解时也会产生氧，这样在运行温度较高时，变压器油的氧化过程进行得较快，使得油的黏度增高、颜色变深、油泥增多，出现 $\tan\delta$ 值增大、击穿电压下降等现象。

(2) 电老化。随着加压时间的延长，油间隙的击穿电压会下降，在高场强处产生的局部放电，促使油分子进一步互相缩合成更高分子量的蜡状物质，同时析出低分子的气体。蜡状物质积聚于高场强附近的绕组绝缘上，堵塞油道、影响散热，产生更多气体，使放电更易发展。

因此，运行中需经常取油样进行检查、试验，并及时进行处理（过滤等）。为了防止和减缓油的老化过程，对电力变压器应采用充氮或隔膜等保护措施。

2. 绝缘纸

电力变压器中常用的绝缘纸包括纸板、纸筒等，主要是由经漂白的硫酸纤维制成，在纤

维之间有大量孔隙，具有很强的透气性、吸油性、吸水性等。干纸的电气强度不高，浸变压器油后，电气性能显著提高。硫酸纤维纸的耐热性不高，已逐渐改用耐热性能较高的纸。耐热性较高的纸若工作温度保持不变，则其寿命会大大提高；若出现工作温度增高 20～30℃的情况，其仍能保持普通纸那样的寿命。

用得最多的绝缘纸是电缆纸、电话纸、皱纹纸和纸板（筒、环）。

（1）电缆纸主要用作导线绝缘、层间绝缘及引线绝缘等。

（2）电话纸比电缆纸薄，用作导线或层间绝缘、分接头及出线头的绝缘等。

（3）皱纹纸包扎引线可提高机械强度，而且包扎工艺性好。

（4）纸板用作绕组油道间的垫块、撑条、相间绝缘隔板或制成绝缘筒及对铁轭绝缘的角环、端圈等。

3. 油—屏障绝缘

油与纸的配合使用，可以互相弥补弱点，有很好的相容性，提高绝缘性能。但油、纸绝缘很容易污染，为了减少杂质的影响，提高油间隙的击穿电压，常用油—屏障绝缘。

四、电力变压器试验

电力变压器是电力系统中输变电能的重要设备，担负着电压、电流的转换功能，它的性能好坏直接影响系统的安全可靠和经济运行。由于电力变压器大多在室外露天工作，承受着多种恶劣条件和复杂气候的考验，因此必须对它的导电、导磁和绝缘部件进行定期试验，发现威胁安全运行的缺陷及时进行处理，以防患于未然。

1. 测量绝缘电阻与吸收比

绝缘电阻与吸收比的测量是检验电力变压器绝缘状态简便而通用的方法，可较灵敏地反映绝缘缺陷。测量的目的有以下几方面：

1）初步判断电力变压器绝缘性能的好坏；

2）鉴别电力变压器绝缘的整体或局部是否受潮；

3）检查绝缘表面是否脏污，有无放电或击穿痕迹形成的贯通性局部缺陷；

4）检查是否有瓷套管开裂、引线接地、器身内有导线搭桥等造成的半通性或金属性短路等缺陷；

5）吸收比是两个不同时间所测得绝缘电阻的比值，在一定程度上可消除试品绝缘的几何尺寸、材料等因素的影响，比绝缘电阻更有利于衡量电力变压器的绝缘性能；

6）电力变压器绝缘在干燥过程中，绝缘电阻上升的变化明显，据此可作为结束干燥的依据。

（1）试验方法。

1）试验接线。测量变压器绕组的绝缘电阻和吸收比的接线方式，见表 11-2 所列。对被测绕组所有引线端用导线短接后接入绝缘电阻表，非被测绕组所有引线端也用导线短路并接地。

2）使用仪表。对额定电压 1000V 及以上的绕组，选用量限值不低于 10 000MΩ 的 2500V 绝缘电阻表，对额定电压为 1000V 及以下的绕组用 1000V 绝缘电阻表，绝缘电阻表的准确度要求在 1.5 级以上。

（2）注意事项。

1）试验接线时，应注意将同一侧绕组的各相短路，有中性点引出的也应与各相一起短接，否则会影响测量的准确度。因为要测量的是被测绕组对地及非被测绕组间的绝缘，所以非被测绕组应短路接地，同时能避免非被测绕组中剩余电荷对测量的影响。

表 11-2 测量电力变压器绝缘电阻和吸收比的接线方式

测量顺序	双绕组电力变压器		三绕组电力变压器	
	被测绕组	应接地部位	被测绕组	应接地部位
1	低压	高压及外壳	低压	高压、中压及外壳
2	高压	低压及外壳	中压	高压、中压及外壳
3			高压	中压、低压及外壳
4	高压和低压	外壳	高压和低压	低压及外壳
5			高压、中压和低压	外壳

注 表中 4 和 5 两项只对 16 000kVA 电力变压器进行测量。

2）在测吸收比前，需将被测绕组接地，不可少于 2min。

3）当只测量绝缘电阻的稳定值时，不要求在测量前必须将绕组接地放电，且不限加压时间，表计指示稳定即可读。

4）对刚退出运行的电力变压器，为使油温和绕组温度趋于一致，应在从电力系统断开退出后 30min 进行测量，并记录上层油温作为绕组温度。

5）对新注油或换油的电力变压器，应在注油后静置 5～6h 再测量，对于容量在 8000kVA 及以上电力变压器，需静置 20h 以上。

6）当周围空气温度较大或对套管绝缘有怀疑时，可用导线在套管上部缠绕几圈，然后接入绝缘电阻表的屏蔽端子 G，以消除套管表面泄漏的影响。

（3）测量结果的分析判断。

1）由于电力变压器的结构、容量、电压等级的不同，以及选用材料、处理工艺和制造过程的不同，绝缘电阻会有较大的差别，即使相同的可比产品，有时也相差很多。此外，在多次测量中，由于测量条件不尽相同，测试的结果也会不同。所以分析判断主要采用比较法，即与以往试验数据进行比较，与同类型变压器的数据相比较，与国家标准及有关规程规定进行比较等。通过纵横比较，作出正确判断。

2）由于绝缘电阻与温度有关，所以必须将对比数据换算到相同温度才有可比性。一般将制造厂的原始数据，换算到实际试验时温度下的数据。如制造厂未提供，则在各种温度下测得的绝缘电阻值不应低于表 11-3 中所列的数值。

表 11-3 油浸式电力变压器绝缘电阻的允许值 MΩ

高压绕组电压等级（kV）	温度（℃）							
	10	20	30	40	50	60	70	80
60～220	1200	800	540	360	240	160	100	50
20～35	600	400	270	180	120	80	50	35
3～10	450	300	200	130	90	60	40	25
配电变压器 1kV 以上的低压绕组	100	50	25	13	7	4	3	2

注 同一电力变压器中压和低压绕组的绝缘电阻标准与高压绕组相同（配电变压器 1kV 以下的低压绕组除外）。

由较高温度向较低温度换算时，需乘以表 11 - 4 中所示的油浸式电力变压器绝缘电阻温度换算系数。

表 11 - 4　油浸式电力变压器绝缘电阻温度换算系数

温度差（℃）	5	10	15	20	25	30	35	40	45	50	55	60
换算系数	1.2	1.5	1.8	2.3	2.8	3.4	4.1	5.1	6.2	7.5	9.2	11.2

3）电力变压器绝缘的吸收比也与湿度有关。受潮绝缘在温度升高时吸收比有不同程度的降低，但对干燥绝缘的电力变压器，在 10～30℃的范围内变化很小，所以在交接和预防性试验中一般不进行温度换算。

4）电力变压器交接时，绝缘电阻不应低于制造厂试验值或表 11 - 3 所示数据的 70%，在试验温度为 10～30℃时，额定电压为 110kV 及以上的产品的吸收比不应低于 1.3；额定电压在 20～35kV 产品的吸收比不应低于 1.2；额定电压在 10kV 及以下的配电变压器不作要求，根据经验大多等于 1。

2. 泄漏电流试验

测量电力变压器绕组的泄漏电流，亦连同套管一起进行。DL/T 596—1996《电力设备绝缘预防性试验规程》规定：在交接、预防性试验中，电压等级为 20kV 及以上、容量为 1250kVA 及以上的电力变压器，必须进行泄漏电流试验。

（1）试验方法。

被试电力变压器的试验接线方式与测量绝缘电阻时完全相同。可将电压一次侧升到试验标准电压值，记录 1min 时的泄漏电流。也可分阶段升压，记录各电压下的泄漏电流。测量电力变压器泄漏电流的直流试验电压标准值，见表 11 - 5 所列，对额定电压为 3kV 及以下的绕组，不作直流泄漏试验。

表 11 - 5　测量电力变压器泄漏电流的直流试验电压标准值

绕组额定电压（kV）	3	6～15	20～35	35 以上
直流试验电压（kV）	5	10	20	40

（2）分析判断。

1）电力变压器的泄漏电流测量值与绝缘电阻试验一样，随电力变压器结构等不同常有很大差别。对测量结果分析判断也使用比较法，与同类型电力变压器、各绕组间相互比较，与历年试验结果比较，都不应有显著变化。若其数值逐步增大，应予注意，这往往是绝缘逐渐劣化（包括油质）所致；若数值突然增大，则可能有严重缺陷，应查明原因并予以消除。

2）泄漏电流值也随温度而变化，分析判断应换算到相同的温度，换算式为

$$I_{t2} = I_{t1} \mathrm{e}^{\alpha(t_2 - t_1)} \tag{11 - 1}$$

式中　I_{t2}——换算到 t_2 时的泄漏电流值，μA；

I_{t1}——在温度 t_1 时测得的泄漏电流值，μA；

α——温度系数，0.05～0.06/℃。

一般换算至 20℃，则有　$I_{20} = I_t \mathrm{e}^{\alpha(20-t)}$

3. 测量介质损耗角正切值 $\tan\delta$

DL/T 596—1996《电力设备绝缘预防性试验规程》规定，对于容量为 1250kVA 及以上

的电力变压器，在交接、大修和每隔 1～2 年预防性试验时，连同套管一起必须进行测量 tanδ 值的试验。因为它的灵敏度较高，特别对绝缘劣化、受潮等普遍性缺陷，检出的效果尤其显著。对油质劣化、绕组上附着油泥及较严重的局部缺陷等，也有很好的检出效果。

由于电力变压器的绝缘结构都是由油、纸、木材等多种绝缘材料组成，测试时接线是经过套管接入绕组的，此时相当于多个元件串、并联的综合等值电路，这样测出的 tanδ 值是一个几何平均值，它小于其中某一 tanδ 值最大元件的值，而大于其中某一 tanδ 值最小元件的值。为了对电力变压器各部分绝缘状况作出正确的判断，应尽可能对各个元件作分解试验。如为了检查套管的绝缘状态，可单独测量套管的 tanδ 值。

（1）试验方法。电力变压器绕组做试验时的接线与测量绝缘电阻的接线完全一样（接线方式见表 11 - 2）。较普遍使用的仪器是 QS1 型交流电桥，一般用反接法进行测量，因为现场电力变压器油箱都是接地的。对于额定电压 10kV 及以上的电力变压器，试验电压为 10kV；对于额定电压为 6kV 及以下的，试验电压不超过绕组的额定电压。

（2）注意事项。

1）试验电源频率应为 50Hz，偏差不大于 5%。

2）测量结果常受试品表面泄漏和外界电磁场干扰、气候变化的影响。需采取措施予以消除，保证测量的准确性。

3）测量回路接线应尽量短，在试验前先不接被试电力变压器，对试验回路进行空载测量，用以校正被测电力变压器的实测值。

4）应在油温 10～40℃进行试验。将不同温度下的测量结果换算到同一温度。由较高温度向较低温度换算时，测得的 tanδ 值应除以表 11 - 6 所示的换算系数。

表 11 - 6　　油浸式电力变压器绕组 tanδ 值的温度换算系数

温度差（℃）	5	10	15	20	25	30	35	40	45	50	55	60
换算系数	1.15	1.3	1.5	1.7	1.9	2.2	2.5	3.0	3.5	4.0	4.6	5.3

5）在试验时要注意，由于容升效应使试验电压的升高。

（3）分析判断。与绝缘电阻、直流泄漏分析判断方法类似，用 tanδ 值检测电力变压器通常采用比较法。新装电力变压器交接试验测得绕组连同套管一起的 tanδ 值不得大于制造厂试验值的 130%，当制造厂未提供数据时，应不大于表 11 - 7 所列的油浸式电力变压器连同套管一起的 tanδ 交接试验允许值。

表 11 - 7　　油浸式电力变压器连同套管一起的 tanδ 交接试验允许值

高压绕组电压等级（kV）	温度（℃）						
	10	20	30	40	50	60	70
35 及以下	1.5	2.0	3.0	4.0	6.0	8.0	11.0
35 以上	1.0	1.5	2.0	3.0	4.0	6.0	8.0

注　同一电力变压器中压和低压绕组的 tanδ 标准值与高压绕组相同。

大修后及运行中测得的 tanδ 值与历年测试值比较不应有显著增加，同时不应大于表 11 - 8所列的油浸式电力变压器连同套管一起的 tanδ 大修及运行允许值。

表 11-8　油浸式电力变压器连同套管一起的 tanδ 大修及运行允许值

高压绕组电压等级（kV）		温度（℃）						
		10	20	30	40	50	60	70
35 及以下	大修后	2.5	3.5	5.5	8.0	11.0	15.0	20.0
	运行中	3.5	4.5	7.0	10.5	14.5	20.0	26.0
35 以上 110 以下	大修后	2.0	2.5	4.0	6.0	8.0	11.0	18.0
	运行中	2.5	3.5	5.2	8.0	10.5	14.5	23.0
110 及以上	大修后	1.0	1.5	2.0	3.0	4.0	6.0	8.0
	运行中	2.0	2.5	4.0	6.0	8.0	11.0	18.0

注　同一电力变压器中压和低压绕组的 tanδ 标准值与高压绕组相同。

当测量结果经温度换算后不能满足标准要求时，首先应单独测量油的 tanδ 值，如不合格应换油或对油进行处理。如换油后 tanδ 值仍不合格，可将电力变压器加温至制造厂出厂试验时的温度，并在该温度下稳定 5h 以上重新测量，经综合分析比较作出判断。

经验表明，绝缘油劣化常常影响 tanδ 值的上升。非纯瓷套管也是电力变压器绝缘的薄弱环节，因此对 20kV 及以上的非纯瓷套管，应单独测量 tanδ 值。

4. 交流耐压试验

1min 交流耐压试验是鉴定电力变压器绝缘最有效的方法，可以发现电力变压器集中性绝缘弱点，如绕组主绝缘受潮或开裂、绕组松动或移位、引线绝缘距离不够以及绕组绝缘上附着污物等缺陷。

交流耐压是破坏性试验，必须在非破坏性试验合格后，并静置一定时间方可进行，以免不必要的绝缘击穿和损坏事故。

（1）试验方法。交流耐压试验应对每个绕组进行。被试绕组的端头应短接、非被试绕组短接后接地，有中性点引出线的与三相一起短接。额定电压等级在 35kV 以下的中小型电力变压器，交流耐压试验接线如图 11-2 所示，该试验电压标准见表 11-9。

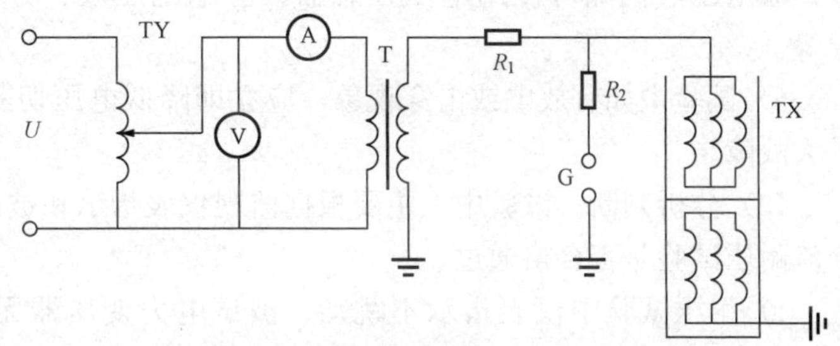

图 11-2　中小型电力变压器交流耐压试验接线图
TY—单相调压器；T—试验变压器；
R_1、R_2—限流电阻；G—保护球隙；TX—被试变压器

（2）注意事项。试验时，除了遵照交流耐压试验一般注意事项外，根据电力变压器的特点，还应注意以下几方面。

1）三相变压器的交流耐压试验不必分相进行，但同一绕组的三相所有引出端头均应短接，否则不仅影响试验电压的准确性，还有可能危害被试电力变压器的绝缘。

2）电力变压器中性点绝缘较其他部分弱的或者分级绝缘的电力变压器，不能用上述外施高压作工频交流耐压试验。而应进行 1.3 倍额定电压的感应耐压试验。1.3 倍额定电压的感应耐压试验就是在电力变压器低压侧施加 1.3 倍额定电压，靠电力变压器自身的电磁感应在高压绕组上得到所需的试验电压值来检验电力变压器的绝缘强度。现在还推行作三倍频感应耐压试验。

表 11-9 电力变压器交流耐压试验电压标准

绕组额定电压（kV）	0.5及以上	2	3	6	10	15	20	35	44	60
出厂试验电压（kV）	5		18	25	35	45	55	85	95	140
交接及大修试验电压（kV）	4		15	21	30	38	47	72	81	120
运行中非标准产品的最低试验电压（kV）	2	8	13	19	26	34	41	64	71	105

注 1. 0.5kV以下的线圈，交接与大修时的试验电压2kV。

2. 出厂试验电压与国家标准不同的电力变压器，其试验电压为实际出厂电压的85%，但也不应低于非标准产品的最低试验电压（除干式电力变压器外）。

3. 出厂试验电压不明的非标准产品，预防性试验电压按过去的试验电压进行，但也不应低于表中的非标准产品的最低试验电压。

4. 全部更换绕组的电力变压器，应按出厂标准试验电压进行试验，局部要更换绕组的变压器，则按交接及大修试验电压标准进行试验。

3）额定电压为35kV及以下，容量为8000kVA及以下的电力变压器，都应进行交流耐压试验。其他的可根据现场试验条件决定是否进行。

4）额定电压不超过35kV的中小容量电力变压器，允许在试验变压器低压侧用电压表测量试验电压。但对于较大的电力变压器，为了准确、可靠，应在试验变压器高压侧直接测量试验电压，例如可使用电压互感器、静电电压表、分压器配低压静电电压表或标准球隙等。

5）试验中如有放电或击穿现象，应立即降低电压切断电源，以免产生过电压、大电流扩大故障。

（3）分析判断。试验中，主要根据监视仪表指示和被试电力变压器发出的声音等来判断交流耐压试验是否合格通过。

1）耐压试验中仪表指示不跳动、被试电力变压器无放电声，则试验正常，耐压试验通过。

2）耐压试验中若电流表指示突然上升或下降，被试电力变压器有放电声等，保护间隙可能放电，则说明被试电力变压器绝缘有问题，应查明原因。

3）额定电压在35kV及以上电力变压器进行交流耐压时，在升压到规定试验电压值后，如发现油箱内有个别轻微的局部放电吱吱声，但并未引起试验装置工作状态的变化，指示仪表没有摆动，保护球隙未放电，则应将电压降下来，稍停再次升压复试，不再有放电声，则认为试验正常。如仍有放电声，则应停止试验，对被试电力变压器采取必要的措施，例如加热、滤油、真空处理或重新干燥处理，然后再行试验。

4）若在耐压时油箱内有明显放电声、仪表指示发生变化，并有气体排出等现象，应停止试验。对电力变压器进行吊芯检修，消除放电原因后再行试验。

5）交流耐压试验时允许电力变压器的外绝缘空气中产生轻微的刷形放电和瓷件外表面有轻微的滑闪放电。但如在出厂试验或以往试验中没有此种现象，则在以后的试验中也不允许有这种现象。

6）电力变压器交流耐压试验中故障性质的判断有以下两方面。

a）加压过程中，被试电力变压器内部有放电声和电流表指示突然变化，表示电力变压器已被击穿。重试时，如重复发生上述异常现象，而施加电压较上次低，则说明是固体绝缘击穿；如施加电压并未降低，则说明是油间隙贯通击穿。油隙击穿的主要原因是引线对地绝缘距离不够或油中有气泡存在等。

b）在加压过程中，油箱内部有啪啪的响声，但电流指示并无明显变化，这可能是电位悬浮的金属部件对地放电，如铁芯接地不良等。

5. 变压器油中溶解气体的色谱分析

实践证明，用一般绝缘试验项目对油浸式电力变压器内部的某些潜伏性故障，如局部过热、局部放电等，是不能及时检测得出来的。而这些潜伏性故障犹如早期“病灶”，需要有一个诊断的方法，变压器油中溶解气体的色谱分析就是较为有效的方法。

油浸式电力变压器内部的局部过热和局部放电都会引起故障点周围绝缘油和固体绝缘材料发生分解而产生气体，不断溶解于油中。因不同性质的故障产生的气体性质不同，即使是同一种性质的故障，由于故障严重程度的不同，产生气体的数量也不相等，所以采用气相色谱分析的方法把油中溶解气体的成分如 CH_4、C_2H_6、C_2H_4、C_2H_2、H_2、CO、CO_2 及总烃及其含量分析出来，便可判断电力变压器内部潜伏故障的性质和严重程度。这一新的试验方法，经十几年探索，已得到了普遍推广，并制订了相应的国家标准，作为大中型电力变压器的常规试验项目，但由于该试验设备复杂、昂贵，要求操作技术水平高，一般中小企业单位还无条件使用。

6. 绝缘油试验

绝缘油试验分电气试验和化学试验两大类。电气试验在前面已讲述了，化学试验项目有透明度、灰分、活性硫、苛性钠抽出、安定性、黏度、凝点、酸值、水溶性酸和碱、闪点、机械杂质、水分和游离碳等，由化学部门测试。

7. 直流电阻的测量

测量电力变压器所有绕组的直流电阻的目的是检查绕组内部导线和引线的焊接质量；并联支路连接是否正确，有无层间短路或内部断线；分接开关、引线与套管的接触是否良好；分接开关实际位置与指示位置是否相符等。因此，是电力变压器试验的主要项目，在交接验收、大修、变更分接头位置后，在 1～2 年的小修中及故障检查时，均需进行。另外，在电力变压器短路试验和温升试验中，为提供准确的绕组电阻值，也需测量直流电阻。

（1）测量方法。一般使用电压降法和电桥法。

（2）注意事项。

1）带有调压分接头的电力变压器，在交接和大修时，应在所有分接头位置上测量；在小修、变更分接头位置后，可只在使用的分接位置上测量。

2）三相变压器有中性点引出时，应测量各相绕组的电阻；无中性点引出时，可测线间电阻。

3）测量必须在绕组温度稳定的情况下进行，一般取上层油温作为绕组温度，要求绕组与周围环境温度相差不超过3℃。

4）测量时，非被试绕组均开路不能短接，在测量低压绕组时，电源合、开瞬间高压绕组将感应出较高的电压。应注意人身安全。

5）由于电力变压器绕组的电感较大，电阻较小，电流稳定所需的时间较长，为了测量准确，需等稳定后再读数，必要时需采取措施缩短稳定时间。

6）由于电力变压器的电感较大，断开试验电源时反电动势很高，因此测量时要特别注意电流回路和电压回路的操作顺序，必须按照先接通电流，再接通电压表或检流计，反之，在断开电压表或检流汁后再断开电流以免损坏仪表。

7）为了与出厂试验或过去的试验数据进行比较，都应将电阻值换算到同一温度（一般为75℃），其换算公式为

$$R_2 = R_1 \frac{T + t_2}{T + t_1} \tag{11-2}$$

式中　R_2——换算至温度为 t_2 时的电阻；

R_1——温度为 t_1 时测得的电阻；

T——常数（铜线为235，铝线为228）。

（3）分折判断。分析判断也是采用比较法，判断标准（在对引线的影响校正之后）为以下几方面。

1）容量在630kVA及以上的电力变压器各相绕组间直流电阻的差别（无中点引出时为线间差别）不应大于三相平均值的2%。与以前（出厂或交接试验）测量的结果比较，相对变化也不应大于2%。

2）容量在630kVA及以下的电力变压器，各相绕组直流电阻的差别不大于三相平均值的4%，线间差别不大于三个线间平均值的2%。

3）相间或线间直流电阻差别的计算如下

$$\delta\% = \frac{R_{max} - R_{min}}{R_{av}} \times 100\% \tag{11-3}$$

式中　$\delta\%$——相间或线间直流电阻差别的百分数；

R_{max}——最大的相或线间电阻；

R_{min}——最小的相或线间电阻；

R_{av}——三相或三线间电阻的平均值。

电力变压器直流电阻不合格的原因主要有：①调压分接开关接触不良，如内部不清洁、电镀脱落、弹簧压力不够、受力不均匀等；②绕组或引线焊接不良、断裂等；③套管导电杆与引线连接不良；④较严重的绕组匝间短路或层间短路。

8. 电压比（以下简称变比）试验

变比是指变压器空载时一次侧电压 U_{10} 与二次侧电压 U_{20} 的比值，即 $K=\frac{U_{10}}{U_{20}}$。可以认为空载时，端电压 U 等于感应电动势 E，所以

$$K = \frac{U_{10}}{U_{20}} \approx \frac{E_1}{E_2} = \frac{4.4 f N_1 \Phi \times 10^{-8}}{4.4 f N_2 \Phi \times 10^{-8}} = \frac{N_1}{N_2} \tag{11-4}$$

式中　K——变比；

U_{10}，U_{20}——一、二次侧空载端电压；

E_1，E_2——一、二次侧电动势；

f——电源频率；

Φ——主磁通量；

N_1、N_2——一、二次绕组匝数。

变比试验的目的为以下几方面：

1）检查变比与铭牌是否相符，保证要求的电压变换；

2）检验分接开关指示位置是否正确；

3）检查各绕组的匝数比，判断变压器是否存在匝间或层间短路；

4）测出三相变压器变比的不对称程度，确定零序分量的大小；

5）提供变比的准确度，以判断变压器能否并列运行。

（1）变比测定方法。变比测定方法常用双电压法和变比电桥法。

1）双电压法是简单的测定方法，虽然影响测量误差因素多，准确度较差，而且采用高压测量，试验电压高，不够安全，但此法简单易行，可使用常用仪表，所以在现场预防性试验中常被采用。

2）变比电桥法是采用专门的交流变比电桥，不受电源稳定程度的限制，准确度和灵敏度很高，而且可直读变比误差，同时还能确定变压器的连接组别，是目前先进的测试方法，应予推广采用。它有变压器式和电阻分压式两种类型。

（2）注意事项。

1）应在分接开关的每一分接位置下测定变比。

2）当不止一个绕组带有分接开关时，可以轮流在一个绕组所有分接位置下测定，而另外带分接开关的绕组置于额定分接位置上。

3）对于三绕组变压器，只检查其两对绕组的变比。一般在阻抗电压较小的那两对绕组上进行；也可在一个绕组施加电压，而在其余两个绕组上测定变比，这样可减少励磁电流所引起的误差。

4）三相变压器变比，理应施加三相试验电源，但由于三相电源的对称度及稳定度较难满足要求，所以实际上是采用单相电源进行试验。

5）试验电压不应低于被试变压器额定电压的1%，并尽量保持电源电压稳定，各侧电压应同时进行读数。

6）仪表的准确度不应低于0.5级，使仪表指示在满刻度的1/2～3/4处。使用互感器的，其准确度应较仪表高一级（即不低于0.2级），试验电压除满足上述要求外，还应考虑尽量选择在互感器额定电压的80%～110%。

7）接线时，电压表引线不宜过长，接触良好。

8）高压测量时应注意人身及设备安全。

（3）分析判断。

1）交接和预防性试验的判断标准是：各相相应分接头的变比与铭牌相比较，不应有显著差别，且符合分接位置变化的规律。变压器制造厂对变比规定较严格，其规定为：变比小于3的变压器，变比允许偏差为1%；其他变比的变压器，在额定分接位置下变比允许偏差为0.5%；其他分接位置下可以大于0.5%，但不超过1%，一般应小于阻抗百分数的1/10。这些规定也可作为运行单位判断的参考。

2）变比不合格，最常见的故障是分接开关引线焊错。因此，应首先考虑分接开关引线位置的正确性，另外应注意分接开关指示位置与内部引线是否一致。

3）在制造或修理时，变比试验发现的故障常常是匝数错误，在运行中发现的故障常常是匝间或层间短路等。

9．变压器极性和连接组别的测定

极性一般是指正、负电荷在导体两端集积的性质。正电荷集积处称为正极性端，负电荷集积处称为负极性端。对于交流电，某一瞬间使电流流向外电路的绕组端头定义为正极性端，反之负极性端。

变压器的极性，就是指单相绕组端头的电性质。单相变压器有一次和二次两个绕组，处在同一铁芯上由一个公共主磁通交链，产生各自的正、负极性端，相同极性的为同性端，不同极性的为异性端。为了更好说明绕组中感应电动势相量的相对关系，表示电流流动的方向，一般用加极性或减极性来表示。这种极性关系决定于一、二次绕组的绕制方向及绕组端头的标号。例如当两个绕组绕制方向相同，端头标号一致（即同性同名时），或者绕制方向相反，端头标号相反（即异性异名时），它们感应电动势方向在任何瞬间都相同，因此称为同极性或减极性，如图11-3（a）所示。如果两个绕组绕制方向相同，端头标号相反（即同性异名者），或者绕制方向相反，端头标号相同（即异性同名者），它们的感应电动势方向在任何瞬间都相反，因此称为异极性或加极性，如图11-3（b）所示。单相变压器常用减极性。

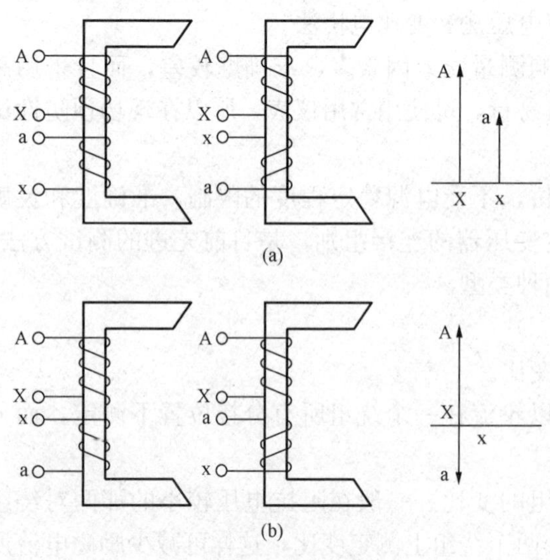

图11-3　变压器绕组极性示意图
（a）减极性；（b）加极性

三相变压器连接组别是代表各相绕组连接方式和相量关系的标号，例如Yyn、Yd11、YNd11等。标号中由左至右依次为三相高压、低压绕组的接线方式，Y或y代表将三相绕组连接成星形，YN或yn代表有中性点引出的星形连接，D或d代表将三相绕组连接成三角形，后面的数字代表相应的高压与低压线电压之间的相量关系用时钟钟点形式表示接线组别的名称。这样，三相变压器的连接组别决定于三个因素，即绕组的绕制方向，首、末端标号和各相绕组的连接方向。按此构成12种连接组别，代表了高压与低压线电压的12种相量关系。这种关系以钟点表示。正好是12点钟代表12个接线组别，1点钟表示相位相差30°，2点钟表示相差60°，如此类推，12点钟代表同相。双绕组变压器的12个连接组别中，有6个是偶数组别，有6个是奇数级别。凡高压和低压绕组接线方式是一致的，如Yy、Dd必定为偶数级别，凡高压和低压绕组接线方式不同的如Yd、Dy必为奇数组别。常用的连接组别有Yy、Yd11和YNd11等，其他则很少应用。

对变压器测定极性和连接组别的目的是：①确定绕组的极性端子，以便串联或并联的正确连接；②确定三相变压器的连接组别，用以判断变压器能否并联运行。因为并联运行的变压器连接组别必须完全相同，否则产生环流烧毁变压器。

变压器在交接、更换绕组和内部接线变动后，即应检查单相变压器的极性和三相变压器的连接组别，检查结果必须与铭牌标志一致。

（1）单相变压器极性的测定方法。有直流法和交流法两种。直流法简单方便，准确度能基本满足要求；交流法较为可靠，判断明显，不过当变比较大时（如大于20），交流法中的两个电压相差很少，判断较为困难。

1）直流法。直流法测量变压器极性的试验接线如图11-4所示。

当刀开关S合上瞬间，如毫伏表指针向正的方向偏转，而拉开刀开关S的瞬间，毫伏表指针向负的方向偏转，则接电池正极的端头与接表计正极的端头是同极性的。如果标号名称相同（如A和a），则此变压器是减极性。反之则是异性端头，变压器则是加极性的。

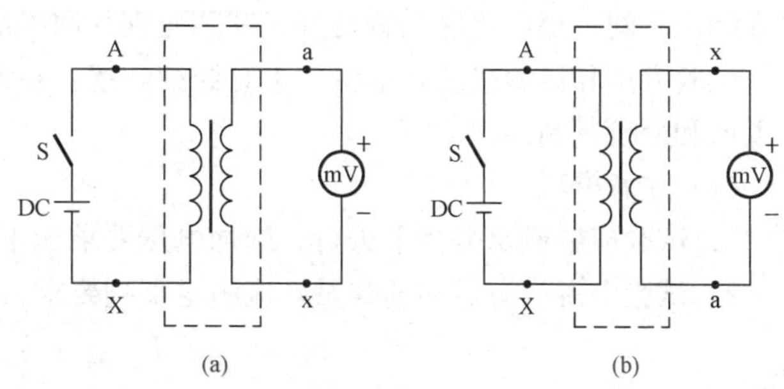

图11-4　直流法测量变压器极性的试验接线图
（a）减极性；（b）加极性

2）交流法。交流法测量变压器极性的试验接线如图11-5所示。

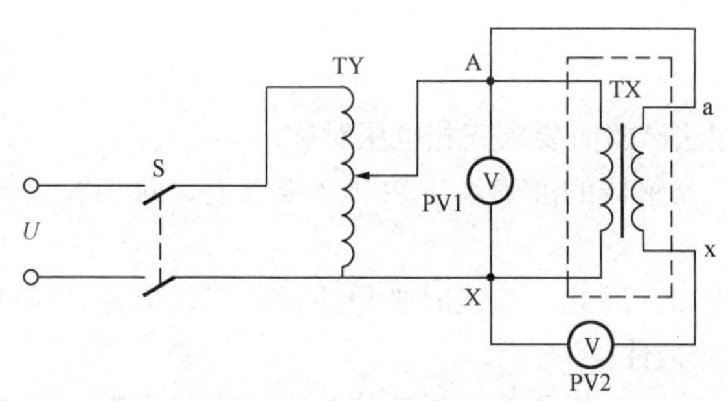

图11-5　交流法测量变压器极性的试验接线图
S—电源开关；TY—单相调压器；TX—被试变压器

调节电压为电压表刻度的1/2～2/3位置，同时读取PV1指示的高压侧电压U_1和PV2指示的高、低压之间的电压U_2。如果U_2大于U_1，则A和a是同极性瑞子，变压器为减极性；如果U_2小于U_1，则A和a是异极性端子，变压器为加极性。

（2）三相变压器连接组别的测定方法。有直流法和交流法两种。交流法中又有双电压表法和交流相位表法。以下介绍用的较多的直流法。

直流法测量三相变压器接线组别的试验接线如图11-6所示。

试验时电池和电压表的极性应相对应，例如高压侧的A接电池正极，B接电池负极性低压侧的a应接电压表的正极，b接电压表的负极。将直流电源依次接入高压绕组AB、BC、AC，每次均在低压侧用直流电压表测量其对应的ab、bc、ac的指示方向及摆动的最大值。总共进行9次，记录9个数值和方向。每次当高压侧接入电池的瞬间，观察低压侧电压表的指示方向和数值，凡是正方向摆动者记录为“+”，负方向摆动者记录为“−”。

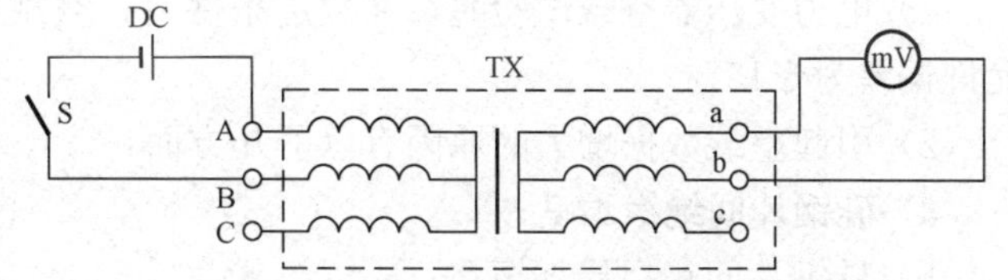

图11-6　直流法测量三相变压器接线组别的试验接线图
S—刀开关；DC—直流电源；TX—被试变压器

10. 空载特性试验

变压器的空载试验是在变压器任意一侧的绕组（一般是低压绕组）施加正弦波形、额定频率的额定电压，在其他绕组开路的情况下测量其空载电流和空载损耗的试验。

变压器在制造过程中，为了检查产品的质量，需要进行多次空载试验。交接预防性试验中，交接和更换绕组时，均应进行空载试验；运行中的变压器发生异常时，空载试验也是一项有效的试验方法。

空载试验的目的是测量变压器的空载电流和空载损耗，发现磁路中的局部或整体缺陷，检查绕组匝间、层间绝缘是否良好，铁芯硅钢片间绝缘状况和装配质量等。

试验方法和试验接线在电机学中有详细叙述，在此就不一一介绍。下面说明试验中的注意事项和分析判断。

(1) 注意事项。

1) 试验应在额定分接下进行，施加电压要求为正弦波额定频率的额定电压。

2) 试验电源应有足够的容量，应满足下列要求

$$S_0 \geqslant S_{\mathrm{T}} \frac{I_0}{100} \text{ 及 } I \geqslant \frac{S_0}{\sqrt{3}U_0} \tag{11 - 5}$$

式中 S_0——估计所需的试验电源容量，kVA；

S_{T}——被试变压器的额定容量，kVA；

I_0——被试变压器的空载电流百分数，%；

U_0——试验时所施加的电压，kV；

I——试验时所需的电流，A。

3) 试验中要求电压保持稳定，在用三相法试验时要求三相电压对称。

4) 测量仪表的准确度应在0.5级以上，互感器的准确度应在0.2级以上，对于容量较大的变压器，应使用低功率因数瓦特表。

5) 因为空载损耗是功率表指示值的代数和，因此，接线时必须注意功率表电流、压线圈的极性；若使用互感器，还应注意互感器的极性。

6) 当被试变压器损耗较小时，为测量正确，应将测得的损耗值减去仪表的损耗。仪表损耗值包括功率表和电压表的损耗，在试验中可直接测量，即在断开被试变压器的情况下施加试验电压，此时所得读数即为仪表损耗。

(2) 分析判断

1) 电力变压器空载试验时，在额定条件下，空载电流的允许偏差为±20%；空载损耗允许偏差为±15%。

2) 引起空载数据增大的原因有以下几方面：

a) 硅钢片间绝缘不良；

b) 硅钢片间存在局部短路；

c) 穿心螺杆或连接片的绝缘损坏，造成铁芯局部短路；

d) 铁芯未压紧，硅钢片有松动，出现空气隙，磁阻增大，使空载电流增加；

e) 绕组匝间或层间短路；

f) 绕组并联支路短路或并联支路匝数不相等；

g) 中小型变压器铁芯叠片接缝不严密。

11. 短路特性试验

短路试验是将变压器一侧绕组短路，从另一侧施加额定频率交流电压的试验。现场试验

时，一般将低压侧短路，从高压侧施加电压，高压侧达到额定电流时，记录功率和电压值，此值换算到额定温度下，便是变压器的短路损耗和短路电压。短路损耗包括电阻损耗和附加损耗，是变压器运行中的重要经济指标。短路电压则是变压器极为重要的参数，通常用额定电压的百分数表示，用百分数表示时，短路电压和短路阻抗是完全相等的。

短路试验的目的就是为了得到变压器的短路损耗和短路电压。主要有如下作用：

1）计算变压器的效率；

2）确定两台及以上变压器能否并联运行；

3）计算短路电流，确定热稳定和动稳定性能；

4）计算变压器二次侧的电压变动；

5）确定变压器温升试验时的温升；

6）发现变压器在结构和制造上的缺陷。

变压器短路试验方法和试验接线在电机学中有详细叙述。

国家标准规定变压器允许短路损耗偏差为±10%，短路电压偏差为±10%。短路损耗不合格大都是由于附加损耗增大而引起的；一种可能是绕组的附加损耗增加，如绕组导线的涡流损耗增大，并绕导线的不完全换位，多股并绕导线的股间短路等；另一种可能是金属构件中附加损耗增加，如铁芯夹件、油箱壁由于漏磁引起附加损耗增大等。

第二节　高压电机绝缘及其试验

一、电机绝缘的工作条件

电机绝缘的工作条件比其他设备的绝缘，如电力变压器、电力电容器等复杂得多。首先它是一种旋转机械，有机械方面的基本要求，其次是使用场合多种多样，对绝缘性能有各种特殊要求。一般电机绝缘的正常工作条件为：①相对湿度不大于65%～70%；②环境温度不高于40℃，不低于−40℃；③海拔高度不大于1000m；④不经常起动或反转；⑤无腐蚀性气体、酸或碱的侵蚀，无导电的尘埃、水分及润滑油的侵蚀，无辐射和生物等侵蚀；⑥电机的体积和质量无特殊要求（如有更高要求，必须使用特殊电机）。

一般电机绝缘应可靠工作20年以上，根据运行条件提出了一系列要求：①绝缘在常温及工作温度下有良好的耐电强度和低的介质损耗，能长期承受工作电压和短时过电压的作用；②绝缘应具有足够的机械强度、耐磨性及弹性，以免在制造和运行中因各种机械应力的作用而磨损、开裂或不可逆的损伤而导致耐电强度的降低；③绝缘有足够的化学稳定性和耐热性，能长期经受工作温度的作用和轻微的电晕而不使绝缘性能显著劣化；④绝缘应具有一定的防潮、耐寒和耐腐蚀的性能；⑤绝缘应具较高的导热系数以利传热，膨胀系数应与相邻金属接近，以免在热的作用下发生机械损伤；⑥绝缘材料必须具有良好的工艺性，易于包绕、浸渍和加工，而且来源充足、价格低廉等。

二、高压电机绝缘结构简介

高压电机一般指额定电压在3kV及以上的交流电机，容量在1000kW以上者为大型、容量在100～1000kW者为中型。在高压电机制造中，绝缘所需的费用约占全部材料费用的1/3～1/2，电机绝缘对于电机性能参数和安全运行起着重要的作用。电机的发展，关键是改进导磁材料，采用导体直接冷却（加强迫氢冷或水冷），采用新型绝缘材料和结构。高压电机绕组的绝缘结构，除材料的选择决定外，确定对地绝缘厚度、防电晕和固定问题都应周密考虑。

（1）新型主绝缘由云母、胶黏剂和补强材料三部分构成。采用以热固性黏合剂（环氧树脂、聚酯树脂和以环氧、聚酯为基础的各种树脂）取代沥青漆和胶，以环氧玻璃纤维布代替纸作衬垫补强材料，以粉云母代替片云母，工艺上作相应改善，使新型绝缘比老的沥青云母带浸胶绝缘具有无可比拟的优异性能。

（2）确定绝缘厚度。对导电材料和缺磁材料的利用程度有很大的影响。槽中绕组的绝缘厚度由导线绝缘厚度、匝间绝缘厚度和对地绝缘厚度组成，它占据槽中一定空间，如果能够减薄绝缘厚度，槽中就有相对较大的空间安放导体。导体所占槽中空间的比率称为槽满率。提高槽满率，在不增大电机体积的情况下就可以提高电机的容量，对地绝缘是影响槽满率的主要因素。确定绝缘厚度时，要考虑导体周围绝缘层中电场的不均匀性，还应考虑主绝缘的耐电强度具有分散性，整台电机绝缘的耐电强度主要取决于最薄弱线棒的耐电强度，而不是其平均水平；耐电强度与绝缘厚度有关，层状材料组成的绝缘都有耐电强度最高的厚度范围，低于和高于这个范围耐电强度都较低；制造过程中形成的缺陷使耐电强度降低；耐电强度与绕组所处的位置有关，局部绝缘具有较低耐电强度是由于在绕包云母带时这一区域的各层最难得到正确的位置；线棒绝缘耐电强度与线捧的结构特性（如端部长度、截面高宽比、线棒重量、刚度等）有关。

当绝缘层中具有气隙（制造的缺陷或运行因素引起）时，由于电场分布不均匀而形成的局部放电是运行时丧失耐电强度的可能原因。运行时热的主要来源是导体上电阻损耗、磁路中的铁磁损耗、绝缘中的电导损耗和介质损耗。绝缘在热的作用下性能逐渐发生劣化称为热老化。在选择绝缘材料和确定结构时应考虑具有较高的耐热指数和良好的导热性能，绕组绝缘在制造和运行过程中可能受到机械作用，引起绝缘损伤使耐电强度降低，因此，绝缘应具有优良的机械性能，在振动、电动力、冲击负荷、拉力、摩擦等作用下，保持足够的电强度。此外，还要考虑电机的运行方式、过电压等问题。必须指出，对绝缘的各种因素的作用并不是孤立的，而是互相联系、互相影响且综合进行的，其结果比单一因素的作用更严重。因此在确定绝缘厚度时不仅要分别考虑绝缘的电气性能、热性能、机械性能等，还要从绝缘的综合功能出发全面考虑，这是相当复杂的问题。

（3）关于防电晕措施。如图 11-7 所示，额定电压高于 6kV 的高压电机中，下列各处可能发生电晕：①槽部主绝缘和槽壁之间的空隙中，如图 11-7（a）所示，这里是绝缘层与空气层串联的电容器的电场；②绕阻在靠近通风沟处，如图 11-7（b）所示，由于存在尖锐的边缘，电场特别集中；③绕组出槽口，如图 11-7（c）所示，属于套管型电场，槽口处电场十分集中，最易发生电晕；④绕组端部相邻线匝的空隙中，如图 11-7（d）所示，以及固定绕组用的支撑环与绕组绝缘相接触的地方。

电晕放电是可见的局部放电，对绝缘材料产生严重的腐蚀破坏作用，因此必须设法防止。对绕组出槽口处的防电晕，从槽口低阻层处开始涂一定长度的半导体涂层，以改善此处的电场分布、提高电晕电压。对主绝缘表面的槽壁之间的防晕，当绝缘线棒放入槽内时，总留有某一间隙，运行时间隙中往往达到足以使气隙放电的场强。因此在线棒直线部分绝缘表面涂低电阻半导体涂层，并且保证涂层与槽壁的充分接触，以便将气隙短路。绕组在靠近通风沟处一般也采用涂低电阻半导体层的方法防晕。在绕组端部，相邻线匝的空隙中发生电晕

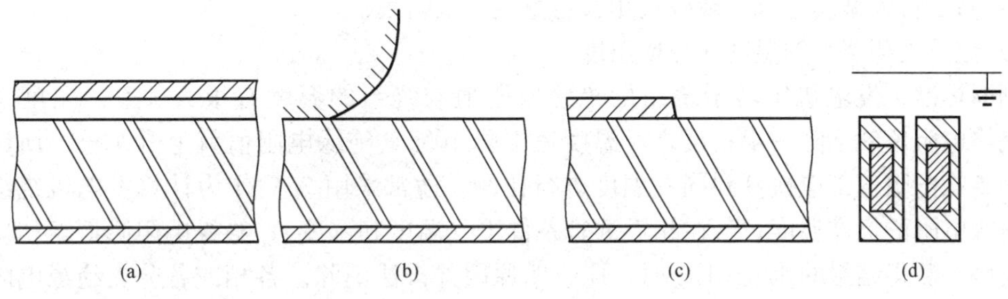

图 11-7　电机中可能发生电晕的若干结构

的条件与线匝的间隔距离有关。固定绕组的支持环与线匝绝缘相接触的地方如果存在气隙，最易被击穿而发生电晕。现在都采用半导电的材料来消除气隙的影响。

(4) 关于电机绕组的匝间绝缘。高压中小型电机具有多匝绕组，匝间绝缘主要采用云母带、合成薄膜、纸带、云母衬垫材料。匝间绝缘通常由两层或三层制成，缺陷重合的几率较大。运行中发生类似主绝缘的老化，主要由于过电压的作用，可能发生匝间绝缘的部分击穿或全部击穿。另外，还因制造和运行中缺少有效的试验方法以剔除所有匝间绝缘存在缺陷的线匝。作用在电机匝间绝缘上的过电压取决于元件的匝数、元件数、绕组长度及其他一系列因素。波头很陡的入侵波对于匝间绝缘特别危险。为了降低侵入波的陡度，如果母线和电缆的电容低于 0.1μF，可在电机端子上接保护电容器。当母线或出线电缆电容很大时，则陡波头的电压波不会侵入电机。

运行资料和理论研究说明，实际上匝间最大过电压幅值很少超过 2kV，而且只是入端的3～5 个元件受较高的过电压，当波头比较平缓时（≥5μs），沿元件的电压分布比较均匀。一般 400V～6kV 电机的正常匝间绝缘耐电强度最小值均大于 2kV，或者接近相电压。运行中击穿的主要原因是匝间绝缘制造上存在的缺陷，因此必须充分注意制造工艺的严格要求。

三、高压电机试验

1. 发电机

发电机在运行过程中不断受到电、热、物理和化学的以及机械振动等的作用，直至损坏。虽然发电机设计的使用寿命在 25 年以上，但由于上述原因，发电机的某些绝缘部件将会提前损坏，从而引起发电机的故障。由于发电机故障损失巨大，所以保证其安全运行十分重要。因而必须对其进行相应的试验。

(1) 绝缘电阻测量。发电机定、转子绕组绝缘电阻的大小，表明绝缘的状况。绝缘材料的电阻率很大，在正常情况下，其绝缘电阻值很大。但当绝缘发生局部缺陷或受潮时，绝缘电阻急剧下降，所以测量绝缘电阻可以初步了解绝缘状况。测量绝缘电阻一般用绝缘电阻表，近几年开始使用电动式绝缘电阻表。使用绝缘电阻表时，应注意以下各点：

1) 绝缘电阻表电压要与被测设备的电压等级适应。测量定子绕组绝缘电阻要用 2500～5000V 的绝缘电阻表，测转子绕组绝缘电阻则用 500～1000V 的绝缘电阻表；

2) 测量大型发电机的绝缘电阻时，要先接地放电至少 2min，放尽剩余电荷。测量完毕，也应进行放电；

3) 绝缘电阻表转动速度应均匀，且保持在 120r/min 左右；

4) 测量用的导线绝缘必须良好；

5）对于特大型发电机，最好选用大容量绝缘电阻表；

6）记下被测绕组的温度和环境温度。

判断标准：发电机定转子绕组的绝缘电阻值与绕组的温度有很大关系。温度每上升10℃绝缘电阻值就下降一半；反之，温度每下降10℃，绝缘电阻值就上升1倍。所以历次测得的绝缘电阻值都应换算到同一温度进行比较。通常采用75℃作为计算发电机绕组热状态下绝缘电阻的标准温度。若在相近试验条件下（温度和湿度），绝缘电阻降低至初次（交接或大修）测得结果的1/3～1/5时，应查明原因并设法消除。各相或各分支绝缘电阻不平衡系数不应大于2，绝缘电阻的最低值，在75℃下不应低于1MΩ/kV。

(2）吸收比测量。由通过绝缘体的电流—时间曲线可看到，绝缘体加上直流电压后，存在吸收现象，绝缘电阻值随着测量时间的增加而逐步上升，最后达到稳定值。有无吸收现象是判断绕组绝缘状况的主要依据。把测量时间为60s和15s时的绝缘电阻值的比值称为吸收比。当绝缘受潮时，由于传导电流数值增大，使吸收现象相对不明显，吸收比也相应不显著。一般当沥青浸胶及烘卷云母绝缘（又名黑绝缘）绕组的吸收比大于或等于1.3，说明绝缘干燥；当环氧粉云母绝缘（又名黄绝缘）绕组的吸收比大于或等于1.6，说明绝缘干燥；如果吸收比小于上述数值，或比上次测试值下降很多，则说明绝缘受潮或有局部缺陷。对大型发电机绝缘状况，也可采用10min和1min的绝缘电阻之比，即极化指数来进行判断，但必须使用整流型绝缘电阻表或电动式绝缘电阻表。《绝缘预防性试验规程》规定，黑绝缘的极化指数不应小于1.5，黄绝缘的极化指数不应小于2.0。

(3）直流耐压试验和泄漏电流测量。用绝缘电阻表测量绝缘电阻时，所加的直流电压比较低（相对于定子绕组的额定电压），这时绝缘的个别弱点和缺陷不一定能暴露出来。直流耐压试验时在试品上加一个比较高的直流电压（为试品额定电压的2～3倍），同时用一只微安表测量通过绝缘的泄漏电流。

发电机定子绕组直流耐压试验可以发现如下问题：

1）存在的局部缺陷和受潮；

2）能有效地发现绕组端部的绝缘缺陷，因为直流耐压试验时绕组上的电压是按照电阻分布的，所以端部电压也较高；

3）在耐压试验时，可同时记录不同试验电压下泄漏电流随加压时间变化的数值，并可根据绘制出的泄漏电流—时间特性曲线和泄漏电流—电压特性曲线的变化，判断绝缘劣化的趋势。

如果直流耐压试验时绝缘击穿，说明绝缘已损坏。如何根据泄漏电流判断绝缘好坏呢？首先将测出的泄漏电流换算到75℃的数值，再与以往的测量数据比较。如果泄漏电流随时间的增长而逐渐减小，随电压上升而按比例呈线性上升，三相（或分支）的泄漏电流平衡，与历史资料比较没有很大的增长时，则认为绝缘状况是好的。如果试验中出现泄漏电流随时间的增长而上升，三相（或分支）的泄漏电流不平衡系数大于2，泄漏电流随电压的增加不成比例增加，泄漏电流数值与历次在相近试验条件下试验数值比较有很大的增长等，说明绝缘存在缺陷，必须找出缺陷点并消除。

直流耐压试验时由于加压高，发电机定子绝缘对地电容大，因而充电电量大，直流耐压试验后如果突然短接放电，会产生很大的冲击电流，所以应先通过10～100MΩ的电阻对地放电，然后再接上接地线进行充分放电，放电时间不少于3min。

目前直流耐压试验所用仪器是成套装置，必须把微安表接在高压侧，并加以屏蔽。

（4）介质损失角正切 $\tan\delta$ 试验。绝缘电阻测量，直流耐压试验和泄漏电流测量都是以直流作为电源，试验结果不反映绝缘部分的功率损耗状况，所以还应在交流电源下对绝缘体进行 $\tan\delta$ 试验。

绝缘体两端加上交流电压，就有能量损失，这个损失称为介质损失。由于这种损失的绝对值很小，都以介质损失角正切值的百分数以 $\tan\delta$(%) 来表示。

当发电机定子绕组绝缘处于良好状态时，一般介质损失很小，因此介质损失角正切值也很小。但当绕组绝缘受潮、局部损伤、老化时，介质损失会增大。尤其是当绕组绝缘老化、流胶严重，绝缘层与铜线分离等使绝缘中存在大量气隙时，则在试验电压达到一定数值时，气隙中产生电晕，介质损失就会显著增大。这时的低压称作游离电压。所以测量单根线棒 $\tan\delta$(%) 和不同电压下 $\tan\delta$(%) 的变化曲线，是检验线棒质量的一个较重要的依据。目前测量发电机定子绕组整体绝缘 $\tan\delta$(%)，只是鉴定绕组绝缘是否老化，而个别线棒的 $\tan\delta$(%)较大，就不能在测得的综合介质损失里反映出来。所以在一般性大小修试验时，不进行 $\tan\delta$(%) 测量。

一般测量介质损失的仪器是交流电桥，如 QS1 型电桥。

（5）工频交流耐压试验。前面讲的几种试验，其所加电压都低于发电机的运行电压，故称为非破坏性试验。这些试验虽然能发现一些绝缘缺陷，但为保证发电机安全运行，还应通过工频交流耐压试验来严格考核绝缘状况。工频交流耐压试验的试验电压是根据确保绝缘水平而又不致引起绝缘劣化的情况决定的，在《电力设备绝缘预防性试验规程》中有明确的规定。

工频交流耐压试验时，被试品属于电容性负载，电容电流会使试验变压器高压侧电压升高，而且发电机的容抗与变压器的漏抗发生串联谐振时，电压升高更为显著，最高可达按变比计算电压的 3～4 倍，这是不允许的。所以一方面要选择容量合适的试验设备，另一方面在高压侧直接测量试验电压，并用球间隙作为过电压保护。

工频交流耐压试验应在其他试验都合格后才能进行。在工频交流耐压试验过程中，如发现电压表指针摆动很大，毫安表指示数值急剧增加，绝缘有烧焦、冒烟、放电等现象或被试品有不正常的响声时，应停止试验，查明原因并消除。耐压试验后，测量绝缘电阻和吸收比，并与耐压试验前比较，如果变化不大，说明耐压合格；如果下降较大，说明耐压试验，缺陷更加严重，已不合格。

经验表明，尽管交流耐压试验可以发现一些局部缺陷，尤其是对发现端部的绝缘弱点更为有效，但通过直流耐压后，交流耐压仍然有可能通不过，这就说明交流工频耐压更接近发电机实际运行状况，有时交流耐压试验能发现直流耐压试验所不能发现的绝缘缺陷。因此两种方式不能互相代替，应互为补充。

（6）发电机定子、转子绕组直流电阻测量。发电机定子、转子绕组中有大量接头，而且这些接头多为锡焊，在运行中受到振动和短路故障的大电流冲击时，接头焊接质量差的，便形成开焊事故。为了及早发现个别接头缺陷或断股，定期测量定子、转子绕组直流电阻是很必要的。由于发电机定子、转子绕组直流电阻数值很小，应采用精确度在 0.5%以内的双臂电桥测量，且使通过被测绕组的电流很小，远小于 10%额定电流，以避免被测绕组发热影响测量精度。由于绕组铜线有较大的电阻温度系数，在测直流电阻的同时，还要用温度计测

量绕组各部分的实际温度，以便将测量的电阻值，换算到75℃时的电阻值，换算式为

$$R_2 = R_1 \times \frac{234.5 + 75}{234.5 + t_1} \tag{11-6}$$

式中 R_2——换算到75℃时的电阻值，Ω；

R_1——实际测得的电阻值 R_1；

t_1——实际测量的绕组平均温度,℃。

定子绕组各相（各分支）换算到75℃的直流电阻值，扣除引线长度不同而引起的误差后，相互间的差别不得大于最小值的1.5%（水轮发电机为1%）；与以前测得的直流电阻值比较，相对变化不得大于1%。转子绕组的直流电阻与基准值（数次测量的平均值）比较，不得大于2%。如果超出上述范围，应该找出原因并消除。

(7) 发电机空载和短路特性试验。

1）空载特性试验。在发电机额定转数下，定子电流为零（开路），定子电压 U_0 和转子励磁电流 I_e 的关系曲线，称为发电机空载特性曲线，如图11-8所示。

通过空载特性试验和以前的比较，可用于判断转子绕组是否有匝间短路故障，也可用于检验发电机磁路的饱和程度。一般汽轮发电机空载特性试验，电压升至130%U_N，水轮发电机为150%U_N。

2）发电机短路特性试验。发电机在额定转数下，定子三相绕组短路时的短路电流 I_k 与转子的励磁电流 I_e 之间的关系曲线，如图11-9所示。

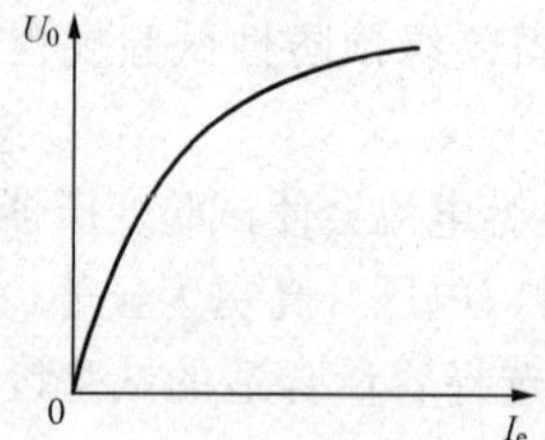

图11-8 发电机空载特性曲线

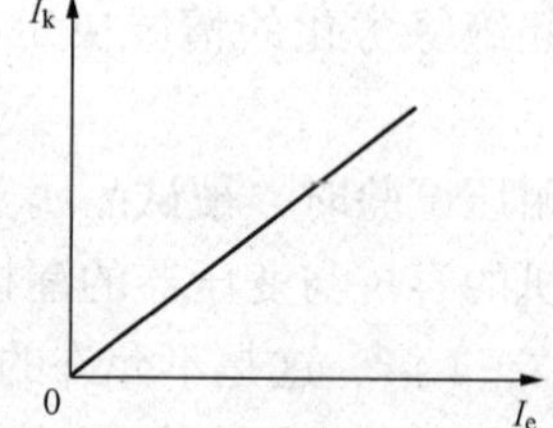

图11-9 发电机短路特性曲线

由于发电机短路时，磁路处于不饱和状态，所以短路特性曲线是一条通过原点的直线。根据试验测得的数据绘制的短路特性曲线与以前测得的进行比较，差值应在测量误差范围内。若差值较大，应进一步对转子的直流电阻、匝间绝缘和绕组接线进行检查，并找出是否有短路故障。

(8) 发电机轴电压测量。发电机轴电压所引起的轴电流会使轴承、汽轮机蜗母轮等产生严重的电腐蚀。为了切断轴电流的通路，在发动机励磁侧的轴承下、励磁机轴承下级轴承的各个油管接头处都要垫上绝缘垫。在运行中，绝缘垫可能因油污堆积、损坏或老化等原因而失去作用，使轴电流能够流通而造成设备损坏。为了检查运行中发电机轴承与底座间的绝缘状况，应定期测量发电机的轴电压。

轴电压的产生有两个原因：一是发电机磁通不对称产生的轴电压，称为“单极效应”；二是高速蒸汽产生的静电引起的轴电压，其数值很高。

测量轴电压时应将轴上原有的接地保护电刷提起，发电机两侧轴与轴承用铜刷短路，用交流电压表PV1测最发电机轴的电压 U_1；然后将发电机轴承与轴经铜丝刷短路，消除油膜压降，在励磁机侧，用交流电压表PV2测量轴承支座与地之间的电压 U_2。

判断标准：当 $U_1 \approx U_2$ 时，说明绝缘垫绝缘情况良好；当 $U_1 > U_2$ 时（U_2 低于 U_1 的 10%），说明绝缘垫的绝缘不好；当 $U_1 < U_2$ 时，说明测量不准，应检查测量方法和仪表。

测量时应该用高内阻（不小于 100kΩ/V）的交流电压表或真空管电压表，在发动机各种工况下（包括空转无励磁、空载额定电压、短路额定电流以及各种负荷下）进行测量。

（9）发电机相序测定。新安装的发电机就位后必须测定出定于绕组的相序，也就是在绕组引出线上标明 A、B、C，否则无法配置继电保护与自动装置及测量仪表的电流互感器和电压互感器。关于定子绕组的相序，可以根据制造图纸及观察发电机定子绕组的实际排列来确定。如已知汽轮机的转动方向，则转子的磁通，先切割绕组 1，然后切割绕组 2，最后切割绕组 3，则可定绕组 1 为 A 相，绕组 2 为 B 相，绕组 3 为 C 相。当然也可以定绕组 2 为 A 相，绕组 3 为 B 相，绕组 1 为 C 相，确定相序的标号，最好根据习惯排列为 A、B、C，如图 11 - 10 所示。

2. 电动机

电动机不但在发电厂中是必不可少的设备，在工农业生产等部门中也大量应用。高压电动机的容量越来越大，一旦出现事故，将造成生产混乱和大量经济损失。为保证电动机的安全运行有必要进行电动机的相关的试验。

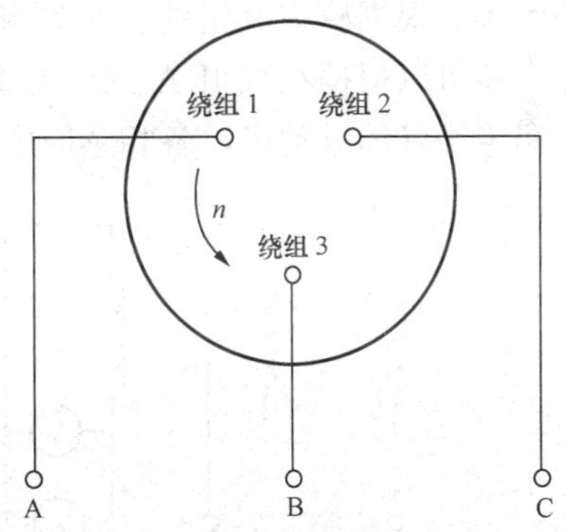

图 11 - 10　决定相序示意图

电动机的试验包括测量绝缘电阻、直流泄漏电流，直流耐压试验，工频交流耐压试验，测量定于绕组的直流电阻等。这些试验的试验方法和标准与发电机相同，不再介绍。下面仅介绍电动机的一些特殊试验项目。

（1）定子绕组的极性检查试验。

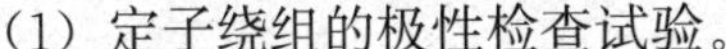

1）试验目的。电动机定子三相绕组按一定规律分布在定子铁芯圆周上，每相绕组均有头尾两端。若将绕组头尾接错，虽通入平衡三相电流，不但不能产生旋转磁场，而且还会损坏电动机。为了使首尾接线正确，必须进行极性试验。

2）试验方法。首先用万用表判断出每相绕组的两个端头号，并做好记号，然后再进一步用下述方法判断极性。

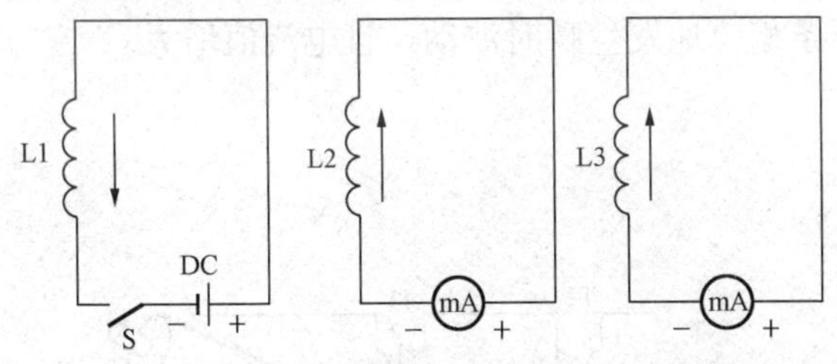

图 11 - 11　直流感应法测极性试验接线图

a）直流感应法。在电动机任一相绕组中通以脉冲电流时，由于互感作用在另外两相绕组中将产生感应电动势，由脉冲电流和感应电动势的方向，便可确定三相绕组的头尾，即相应的极性。试验接线如图 11 - 11 所示。当合上开关 S 时，脉冲电流通过绕组 L1，并在 L2、L3 绕组中感应出电动势，使直流毫安表偏转。若仪表指针向正方向偏转，则接仪表“＋”端和接电池“＋”极的绕组端头为同极性；若仪表指针反向偏转，则接仪表“－”端和接电池“＋”极的绕组为同极性。这样可以定出 3 个端头为同极性，另外三个端头亦为同极性，此三个同极性端头为首，另外 3 个端头为尾。在试验过程中，开关 S 合上后不要马上断开，否则难以正确判断直流毫安表的偏转方向。

b）交流电压法。试验接线如图 11 - 12 所示。将任意两相绕组串联后接至交流 220V 电源上，第三相绕组接电压表或灯泡。当电压表指示从几十伏到一百多伏或灯泡亮，说明串联的两相是首尾相连；如果电压表指针很低，仅几伏或灯泡不亮，说明串联的两相绕组为首—首或尾—尾相连。用同样的方法，可以判断出第三相绕组的首尾。测量时应注意如下两点：

(i) 绕线式电动机转子开路时，感应电压可达200V，应注意选择合适的表计；

(ii) 20kW以上的鼠笼式电动机或转子短路的绕线式电动机，感应电压虽然仅几十伏，但一次电流可达几十安，应注意选择合适的电源或调压器。

(2) 定子绕组匝间绝缘试验。不仅运行中的电动机会因匝间短路（匝间绝缘损坏）而烧毁，而且新投运的电动机也时有发生。所以进行电动机定子绕组匝间绝缘试验很有必要。匝间绝缘损坏的主要原因是制造质量不良、机械损伤、绝缘老化、振动磨损等。匝间绝缘试验常用的方法为感应法。

试验接线如图11-13所示。在一相绕组加上一定值的交流电压，观察各绕组感应电压的大小。根据感应电压的大小判断是否有匝间短路。感应电压越小，说明短路越严重。另外，还可以根据在绕组A、B、C加压，所测出的任一相绕组感应电压值是否相同来判断。匝间绝缘好的电动机，各相感应电压基本一致。

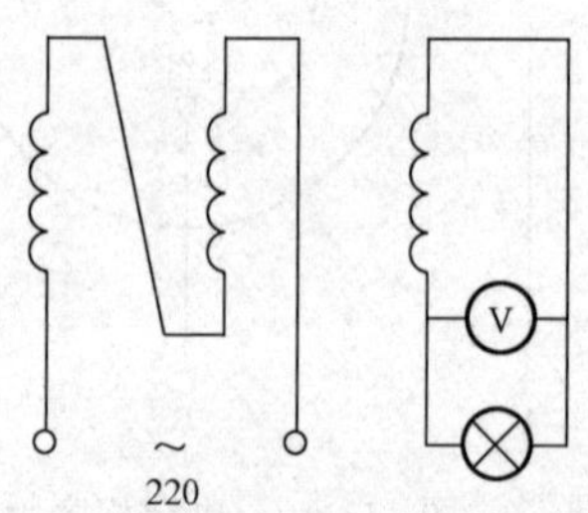

图11-12 外加交流电压测量极性图

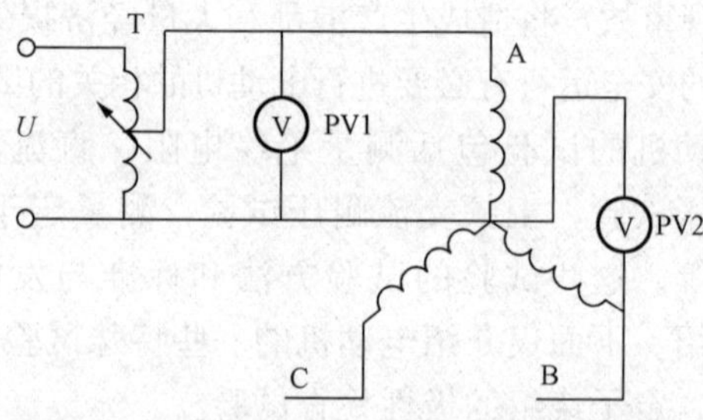

图11-13 感应法匝间绝缘试验接线图

(3) 鼠笼式电动机转子鼠笼条故障检查。当电动机鼠笼条断裂时，运行中往往出现转矩减小振动大、起动噪声大等现象，检查鼠笼条断裂的方法如下：

1) 电流曲线法。试验接线如图11-14所示。先把试验电流调到3～4A，并用手将电动机转子缓慢转动一周，记录型电流表在记录纸上记录下电流值。如果转子没有断条，记录纸上是一条直线；若有断条，则电流曲线随断条相应地发生瞬时波动，且电流值增大。

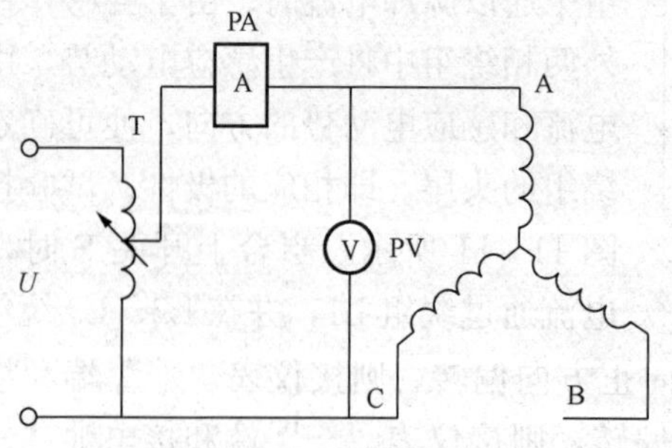

图11-14 用电流曲线法检查鼠笼条断裂试验接线

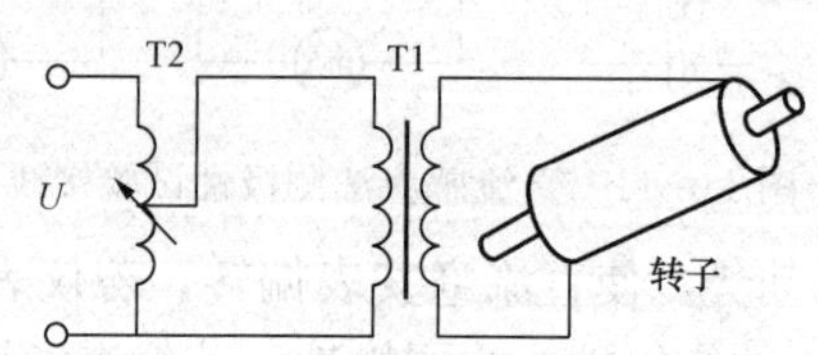

图11-15 用铁粉法检查鼠笼条断裂试验接线

2) 铁粉法。测试方法如图11-15所示。用白纸把转子包起来，转子通电后往上撒铁粉，然后升电流直到铁粉排列清晰为止。如果鼠笼条断裂，则铁粉撒不上去或排列不整齐；

若鼠笼条无断裂，铁粉排列整齐。

绝缘是电气设备在电力系统中安全可靠的保证，其材料的选用、结构合理与工艺处理是各类电气设备安全运行的保证。

电力变压器绝缘可分为内绝缘与外绝缘，内绝缘又有主绝缘和纵绝缘之分，主绝缘是绕组与接地部分间以及与其他绕组间的绝缘，同一绕组各部分之间的绝缘称为纵绝缘。

电力变压器作绝缘电阻和吸收比试验时，被测绕组各相引出线端应短接后接入兆欧表，非被测绕组的各相应短接后接地。泄漏电流测量、$\tan\delta$ 值测量接线方式与测量绝缘电阻的接线一样。交流耐压试验是鉴定电力变压器绝缘最有效的方法，对中性点绝缘较其他部分弱的或者分级绝缘的电力变压器不能作交流耐压，而应进行 1.3 倍额定电压的感应耐压试验。交流耐压试验主要靠仪表指示和被试电力变压器发出的声音及异常现象来判断试验是否合格，测量电力变压器绕组直流电阻能检查焊接质量、有无短路、断线和接触是否良好，因此是电力变压器试验中的主要项目，分析判断时要换算到相同温度。由于电力变压器绕组的电感较大，电阻较小，因此在测量直流电阻时，绕组在直流电压作用下，从充电至稳定所需时间很长。变比试验、极性和连接组别的测定都是重要的电气特性。变压器空载、短路特性试验，主要是测量它的空载电流、空载损耗、短路电压、短路损耗等重要参数。

电机是一种旋转机械，除有机械方面的基本要求外，对绝缘有各种特殊要求。高压电机的绝缘结构，除绝缘厚度应满足耐电强度外，还要注意电晕放电现象，要采取恰当的防晕措施。至于电机线匝的匝间绝缘在制造中要予以重视，在电机端子上接电容器可降低侵入波的陡度，防止匝间绝缘击穿。

由于电机分为发电机和电动机，所以关于电机的绝缘试验也分为两种。在发电机的绝缘试验中分别介绍了绝缘电阻测量，吸收比测量，直流耐压试验和泄漏电流测量，介质损失角正切 $\tan\delta$ 试验，工频交流耐压试验，发电机定子、转子绕组直流电阻测量，发电机空载和短路特性试验，发电机轴电压测量，发电机相序测定；电动机的试验主要介绍了与发电机不同的试验：定子绕组的极性检查试验、定子绕组匝间绝缘试验、鼠笼式电动机转子鼠笼条故障检查。

思考题与习题

1. 电力变压器的绝缘分哪几类？
2. 电力变压器绝缘的工作条件是什么？
3. 试述电力变压器中常用的绝缘材料及其性能。
4. 电力变压器试验包括哪些内容？
5. 对高压电机绝缘有哪些基本要求？
6. 试述高压电机绝缘结构。
7. 试述发电机试验的项目？
8. 电动机定子绕组的极性怎样判断？

第四篇　过电压及其防护

第十二章　线路和绕组中的波过程

教学要求

了解线路中波过程产生的一些基本概念和传播中的特性，掌握线路中和具体电力设备中的波过程，熟悉冲击电晕对线路波过程的影响。

第一节　无损耗单导线线路中的波过程

先讨论单导线—地的等值电路，将线路看成是由无数个长度为 dx 的小段所组成。若每单位长度导线的电感及电阻为 L_0 及 r_0，每单位长度导线对地的电容及电导为 C_0 及 g_0，则长度为 dx 导线的参数应为 L_0dx、r_0dx、C_0dx 和 g_0dx，线路的等值电路如图 12 - 1 所示。实际上，L_0、r_0、C_0、g_0 这些参数都和频率有关，当线路导线发生电晕时还与电压有关，但在分析波过程的基本规律时，可以假定它们都是常数。这样，从等位电路图 12 - 1 就可以列出下面方程

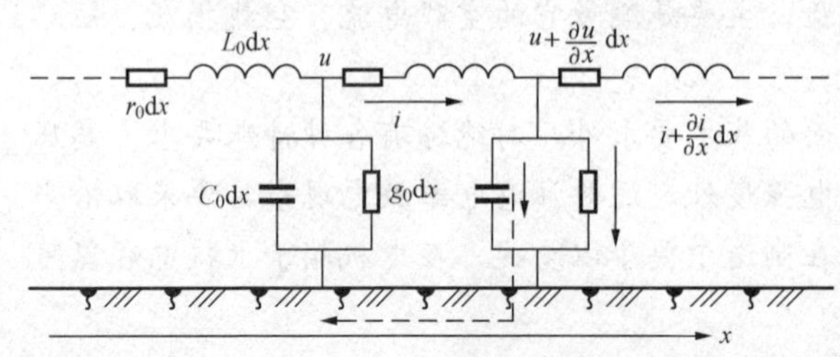

图 12 - 1　单导线线路的等值电路

$$u-\left(u+\frac{\partial u}{\partial x}dx\right)=-\frac{\partial u}{\partial x}dx=ir_0dx+L_0dx\frac{\partial i}{\partial t}$$

$$i-\left(i+\frac{\partial i}{\partial x}dx\right)=-\frac{\partial i}{\partial x}dx=g_0dx\left(u+\frac{\partial u}{\partial x}dx\right)+C_0dx\frac{\partial\left(u+\frac{\partial u}{\partial x}dx\right)}{\partial t}$$

略去上式中的二阶无限小 $(dx)^2$ 各项，整理后得

$$-\frac{\partial u}{\partial x}=r_0i+L_0\frac{\partial i}{\partial t} \tag{12 - 1}$$

$$-\frac{\partial i}{\partial x}=g_0u+C_0\frac{\partial u}{\partial t} \tag{12 - 2}$$

在一般情况下，输电线路的对地电导甚小，可以略去。而以地为回路的线路电阻要引起波的衰减和变形，其影响将随波的传播距离而增加。但是，为了简化分析，在本章中将以无损耗的单导线线路为例，略去 r_0 和 g_0 后，式（12 - 1）和式（12 - 2）可以改写为

$$-\frac{\partial u}{\partial x}=L_0\frac{\partial i}{\partial t} \tag{12 - 3}$$

$$-\frac{\partial i}{\partial x}=C_0\frac{\partial u}{\partial t} \tag{12-4}$$

应用拉氏变换来求解上述方程。将式（12-3）和式（12-4）化为拉氏运算式，得

$$-\frac{\mathrm{d}\bar{u}}{\mathrm{d}x}=pL_0\bar{i} \tag{12-5}$$

$$-\frac{\mathrm{d}\bar{i}}{\mathrm{d}x}=pC_0\bar{u} \tag{12-6}$$

式（12-5）和式（12-6）中，$\bar{u}$ 及 $\bar{i}$ 为 u 及 i 的拉氏运算式。

合并后得

$$\frac{\mathrm{d}^2\bar{u}}{\mathrm{d}x^2}=\gamma^2\bar{u} \tag{12-7}$$

$$\frac{\mathrm{d}^2\bar{i}}{\mathrm{d}x^2}=\gamma^2\bar{i} \tag{12-8}$$

其中 $\gamma^2=p^2L_0C_0$ 或 $\gamma=p\sqrt{L_0C_0}$。

式（12-7）和式（12-8）称为无损单导线线路的波动方程。γ 称为波动系数，解之可得

$$\begin{aligned}\bar{u}&=\bar{u}_{\mathrm{q}}\exp(-\gamma x)+\bar{u}_{\mathrm{f}}\exp(\gamma x)\\&=\bar{u}_{\mathrm{q}}\exp\left(-\frac{x}{\frac{1}{\sqrt{L_0C_0}}}p\right)+\bar{u}_{\mathrm{f}}\exp\left(\frac{x}{\frac{1}{\sqrt{L_0C_0}}}p\right)\end{aligned} \tag{12-9}$$

$$\begin{aligned}\bar{i}&=\bar{i}_{\mathrm{q}}\exp(-\gamma x)+\bar{i}_{\mathrm{f}}\exp(\gamma x)\\&=\bar{i}_{\mathrm{q}}\exp\left(-\frac{x}{\frac{1}{\sqrt{L_0C_0}}}p\right)+\bar{i}_{\mathrm{f}}\exp\left(\frac{x}{\frac{1}{\sqrt{L_0C_0}}}p\right)\end{aligned} \tag{12-10}$$

$\bar{u}_{\mathrm{q}}$、$\bar{u}_{\mathrm{f}}$ 或 $\bar{i}_{\mathrm{q}}$、$\bar{i}_{\mathrm{f}}$ 函数的具体形式要由线路的边界条件和初始条件来决定。

将式（12-9）和式（12-10）进行拉氏反变换后，可得

$$u=u_{\mathrm{q}}\left(t-\frac{x}{v}\right)+u_{\mathrm{f}}\left(t+\frac{x}{v}\right) \tag{12-11}$$

$$i=i_{\mathrm{q}}\left(t-\frac{x}{v}\right)+i_{\mathrm{f}}\left(t+\frac{x}{v}\right) \tag{12-12}$$

其中

$$v=\frac{1}{\sqrt{L_0C_0}} \tag{12-13}$$

应当怎样来理解式（12-11）和式（12-12）呢？以 $u_{\mathrm{q}}\left(t-\frac{x}{v}\right)$为例，$u_{\mathrm{q}}\left(t-\frac{x}{v}\right)$表示 u_{q} 是变量$\left(t-\frac{x}{v}\right)$的函数，其定义是：当 $t<\frac{x}{v}$时，$u_{\mathrm{q}}\left(t-\frac{x}{v}\right)=0$；当 $t\geqslant\frac{x}{v}$时，$u_{\mathrm{q}}\left(t-\frac{x}{v}\right)$有值，假定 $t=t_1$ 时，线路上位置为 x_1 的这一点的电压函数值为 U_{a}（见图 12-2），则当时间由 t_1 变到 t_2 时，具有相同电压值 U_{a} 的点必须满足

$$t_1-\frac{x_1}{v}=t_2-\frac{x_2}{v}$$

即必须使

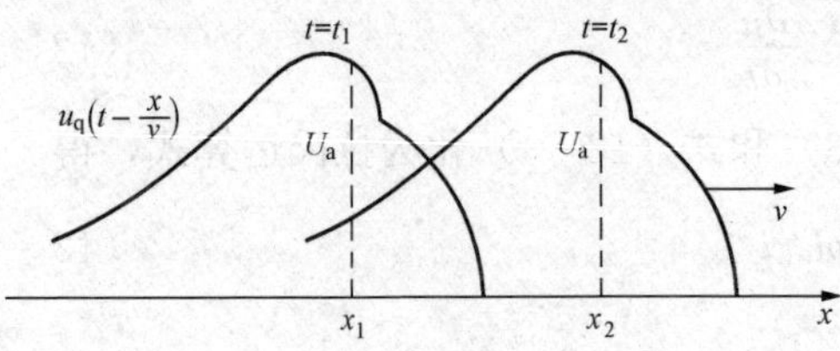

图 12-2 前行电压波 $u_q\left(t-\frac{x}{v}\right)$流动的示意图

$$t-\frac{x}{v}=常数$$

将上式微分得

$$\frac{dx}{dt}=v \tag{12-14}$$

式（12-14）表明，式（12-11）和式（12-12）中的 v 实际上是一个速度。对固定的电压值 U_a 而言，它在导线上的坐标是以速度 v 向 x 正方向移动的，因此 $u_q\left(t-\frac{x}{v}\right)$代表一个以速度 v 向 x 正方向行进的电压波。同样，可以说明 $u_f\left(t+\frac{x}{v}\right)$代表一个以速度 v 向 x 负方向行进的波。通常称 u_q 为前行电压波，u_f 为反行电压波。同理，i_q 是前行电流波，i_f 是反行电流波。如式（12-13）所示，波速 $v=\frac{1}{\sqrt{L_0C_0}}$，对于单导线架空线而言，$L_0$（单位：H/m）及 C_0（单位：F/m）如下

$$L_0=\frac{\mu_0}{2\pi}\ln\frac{2h}{r} \tag{12-15}$$

$$C_0=\frac{2\pi\varepsilon_0}{\ln\frac{2h}{r}} \tag{12-16}$$

式中 h——导线离地而的平均高度，m；

r——导线的半径，m；

μ_0，ε_0——空气的磁导系数和介电常数。

将单导线架空线的 L_0［式（12-15）］和 C_0［式（12-16）］化入式（12-13）中可得

$$v=\frac{1}{\sqrt{\mu_0\varepsilon_0}}=3\times10^8(\text{m/s})$$

即 v(m/s) 等于空气中的光速。对电缆来说，因其单位长度对地电容 C_0 较大，故电缆中的波速一般约为 1/2～2/3 的光速。

从式（12-11）和式（12-12）可知，线路上任一点的电压 u 由前行电压波 u_q 和反行电压波 u_f 叠加而成，任一点的电流 i 由前行电流波 i_q 和反行电流波 i_f 叠加而成。u_q 与 i_q，u_f 与 i_f 之间的联系可由下面导出，将式（12-9）中的 $\bar{u}$ 对 x 微分可得

$$-\frac{d\bar{u}}{dx}=\gamma\bar{u}_q e^{-\gamma x}-\gamma\bar{u}_f e^{\gamma x} \tag{12-17}$$

以 $\gamma=p\sqrt{L_0C_0}$代入式（12-17），并将式（12-17）代入式（12-5），可得

$$\bar{i}=\frac{1}{\sqrt{\frac{L_0}{C_0}}}\bar{u}_q e^{-\gamma x}-\frac{1}{\sqrt{\frac{L_0}{C_0}}}\bar{u}_q e^{-\gamma x} \tag{12-18}$$

将式（12-18）与式（12-10）相对照，显然有

$$\bar{i}_q e^{-\gamma x}=\frac{1}{\sqrt{\frac{L_0}{C_0}}}\bar{u}_q e^{-\gamma x} \tag{12-19}$$

$$\bar{i}_{\mathrm{f}}\mathrm{e}^{\gamma x} = -\frac{1}{\sqrt{\frac{L_0}{C_0}}}\bar{u}_{\mathrm{f}}\mathrm{e}^{-\gamma x} \tag{12-20}$$

将式（12 - 19）和式（12 - 20）进行拉氏反变换，可得

$$i_{\mathrm{q}}\left(t-\frac{x}{v}\right)=\frac{1}{z}u_{\mathrm{q}}\left(t-\frac{x}{v}\right) \tag{12-21}$$

$$i_{\mathrm{f}}\left(t+\frac{x}{v}\right)=-\frac{1}{z}u_{\mathrm{f}}\left(t+\frac{x}{v}\right) \tag{12-22}$$

式中

$$z=\sqrt{\frac{L_0}{C_0}} \tag{12-23}$$

显然，z 具有阻抗的性质，其单位应为欧姆，通常称为波阻抗，其值取决于单位长度线路的电感 L_0 和对地电容 C_0，波阻抗 z 与线路长度无关，即 z 并无单位长度的含义。

由以上可知，电压行波与电流行波的比值为波阻抗，波阻抗为一定值，故电压行波与电流行波波形相间。同时从式（12 - 21）和式（12 - 22）中，还可以得到一个重要的结论：前行电压波 u_{q} 与前行电流波 i_{q} 极性相同，反行电压波 u_{f} 与反行电流波 i_{f} 极性相反。对于这个结论，可以解释如下：假定正电荷向 x 正方向运动形成的电流行波的极性是正的，因而正极性前行电压波 u_{q} 必然伴随正极性的前行电流波。反之，负极性前行电压波 u_{q} 必然伴随负极性前行电流波 i_{q}，也即 u_{q} 与 i_{q} 一定是同极性的。对反行波来说，就不一样，如果是正极性的反行电压波 u_{f}，则意味着正极性电荷向 x 反方向运动，它对应的反行电流波 i_{f} 应该是负极性的；同样，如果 u_{f} 是负的，则意味着负的电荷向 x 反方向运动，而此时对应的 i_{f} 却是正极性的。因此，u_{f} 的极性必然与 i_{f} 的极性相异。

将 L_0［式（12 - 15）］和 C_0［式（12 - 16）］代入式（12 - 23）中，便可得到单导线架空线的行波阻抗 z

$$z=\frac{1}{2\pi}\sqrt{\frac{\mu_0}{\varepsilon_0}}\ln\frac{2h}{r}=60\ln\frac{2h}{r}=138\log\frac{2h}{r} \tag{12-24}$$

一般，对单导线架空线而言，$z=500\Omega$ 左右，计及电晕影响时取 400Ω 左右。由于分裂导线和电缆的 L_0 较少和 C_0 较大，故分裂导线架空线路和电缆的波阻抗都较少，电缆的波阻抗约为十几欧姆至几十欧姆不等。

综上所述，可以得到如下的结论，无损单导线线路波过程的基本规律由下面四个方程所决定

$$\begin{cases} u=u_{\mathrm{q}}+u_{\mathrm{f}} \\ i=i_{\mathrm{q}}+i_{\mathrm{f}} \\ u_{\mathrm{q}}=zi_{\mathrm{q}} \\ u_{\mathrm{f}}=-zi_{\mathrm{f}} \end{cases} \tag{12-25}$$

它们的含义可以概括如下：导线上任何一点的电压或电流，等于通过该点的前行波与反行波之和，前行波电压与电流之比为$+z$，反行波电压与电流之比为$-z$。由这四个基本方程出发，加上边界条件和起始条就可以解决各种具体问题。

线路上的前行波和反行波并非在任何时刻、任何情况下都同时存在的，有时可能只有前行波，如一直流电源 E 合闸于线路，如图 12 - 3 所示，此时，将有一与电源电压相同的前行

电压波 $u_q(u_q=E)$ 自电源侧向线路末端运动，在 u_q 到达线路末端之前，线路上将只有前行电压波 u_q，而无反行电压波 u_f。

尚须强调指出，当线路上某点的前行波及反行波同时存在时，则该点的电压与电流的比值并不等于波阻抗 z，即

$$z \neq \frac{u_q + u_f}{i_q + i_f}$$

现在从电磁场的观点来简要地说明行波在无损线路上的运动。当行波在无损导线路上传播时，在行波到达处的导线周围空间就建立了电场和磁场，图 12 - 4 表示无损导线周围的电场和磁场的分布，电磁场的相量 E 及 H 相互垂直，并且完全处于垂直于导线轴的平面内，这样的电磁场称为平面电磁场，因此，行波沿无损导线的传播过程就是平面电磁场的传播过程。对架空线来说周围介质是空气，故电磁场的传播速度必然等于光速。

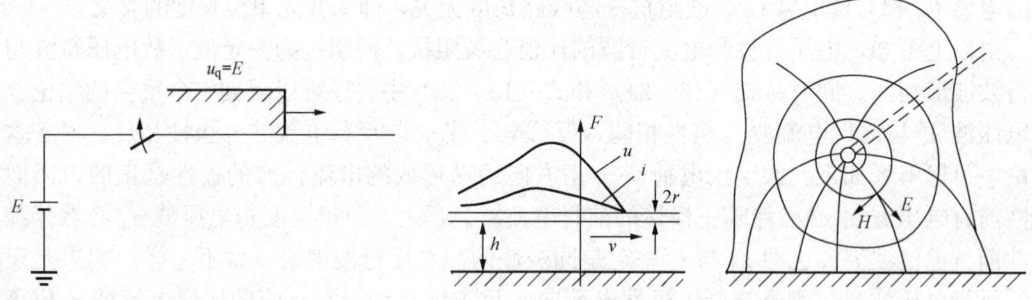

图 12 - 3 直流电源 E 合闸于线路

图 12 - 4 单导线线路上平面电磁波的传播

当线路上有一个行波如前行波 u_q 时，单位长度导线获得的电场能和磁场能分别为 $\frac{1}{2}C_0u_q^2$ 和 $\frac{1}{2}L_0i_q^2$。由于 $u_q=\sqrt{\frac{L_0}{C_0}}i_q$，故 $\frac{1}{2}C_0u_q^2=\frac{1}{2}L_0{i_q}^2$，即单位长度导线获得的电场能与磁场能相等。单位长度导线获得的总能量为 $\frac{1}{2}C_0u_q^2+\frac{1}{2}L_0i_q^2=L_0i_q^2=C_0u_q^2$。因为波传播速度为 v，故单位时间内导线获得的能量为 $vC_0u_q^2=vL_0i_q^2=u_q^2/z=i_q^2z$。

由上述可知，从功率的观点来看，波阻抗 z 与一数值相等的集中参数电阻相当，但在物理含义上是不同的。电阻要消耗能量，而波阻抗并不消耗能量，当行波幅值一定时，波阻抗决定了单位时间内导线获得电磁能量的大小。

第二节 行波的折射与反射

在电力系统中，常常会遇到以下的情况：线路末端与另一不同波阻抗的线路相连，例如一架空线与一电缆相连接；线路末端接有集中参数阻抗（如电阻、电容、电感或它们的组合）等。在这些情形下，当线路上有行波传播且到达两个不同波阻抗线路的连接点或到达接有集中参数的连接点时将会发生什么情况呢？这便是本节所要讨论的主要问题，下面以两条不同波阻抗线路相连接的情况为例来讨论之。

一、行波的折、反射规律

若具有不同波阻抗的两条线路相连接，如图 12 - 5 所示，连接点为 A。现状线路 z_1 合

闸于直流电源 U_0，合闸后沿线路 z_1 有一与电源电压相同的前行电压波 $u_{1q}(u_{1q}=U_0)$ 自电源向连接点 A 传播，到达连接点 A 遇到波阻为 z_2 的线路，根据前节所述，在连接点 A 前后都必须保持单位长度导线的电场能与磁场能相等的规律。但是由于线路 z_1 与 z_2 的单位长度电感与对地电容都不相同，因此当 u_{1q}到达 A 点时必然要发生电压、电流的变化，也就是说，在连接点 A 处要发生行波的折射与反射，反射电压波 u_{1f} 自连接点 A 沿线路 z_1 返回传播，折射电压波则自连接点 A 沿线路 z_2 继续向前传播。显然，此折射电压波也就是线路 z_2 上的前行电压波，以 u_{2q}表示。通过下面的分析，可以求得反射电压波 u_{1f}和折射电压波 u_{2q}。

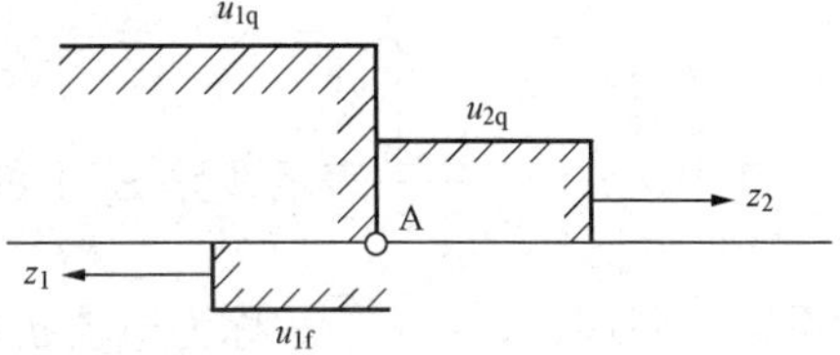

图 12 - 5　行波在连接点 A 的折射与反射

假设折射电压波 u_{2q}尚未到达线路 z_2 的末端，即线路 z_2 上尚未出现反行电压波。一般的说法是，u_{2q}虽已到达 z_2 的末端，线路 z_2 上已出现反行电压波，但此反行电压波尚未到达连接点 A。于是根据式（12 - 22）有：

对于线路 z_1

$$u_1 = u_{1q} + u_{1f};\ i_1 = i_{1f} + i_{1q}$$

$$u_{1q} = z_1 i_{1q};\ u_{1f} = - z_1 i_{1f}$$

对于线路 z_2，因 z_2 上的反行电压波 $u_{2f}=0$，故

$$u_2 = u_{2q}$$

$$i_2 = i_{2q}$$

$$u_{2q} = z_2 i_{2q}(\text{也即 } u_2 = z_2 i_2)$$

在 A 点处只能有一个电压和电流值，故

$$u_1 = u_2;\ i_1 = i_2$$

于是得

$$u_{1q} + u_{1f} = u_{2q} \tag{12 - 26}$$

$$i_{1q} + i_{1f} = i_{2q} \tag{12 - 27}$$

将式（12 - 27）化为

$$u_{1q} - u_{1f} = \frac{z_1}{z_2} u_{2q} \tag{12 - 28}$$

将式（12 - 26）和式（12 - 28）相加，得

$$2u_{1q} = \left(1 + \frac{z_1}{z_2}\right) u_{2q}$$

故

$$u_{2q} = \frac{2z_2}{z_1 + z_2} u_{1q} = \alpha_u u_{1q} \tag{12 - 29}$$

$$i_{2q} = \frac{u_{2q}}{z_2} = \frac{2}{z_1 + z_2} u_{1q} = \frac{2z_1}{z_1 + z_2} i_{1q} = a_i i_{1q} \tag{12 - 30}$$

将 u_{2q}代入式（12 - 26）可得

$$u_{1f} = u_{2q} - u_{1q} = \frac{2z_2}{z_1 + z_2} u_{1q} - u_{1q} = \frac{z_2 - z_1}{z_1 - z_2} u_{1q} = \beta_u u_{1q} \tag{12 - 31}$$

$$i_{1f}=-\frac{u_{1f}}{z_1}=-\frac{z_2-z_1}{(z_1+z_2)z_1}u_{1q}=\frac{z_1-z_2}{z_1+z_2}i_{1q}=\beta_i i_{1q} \tag{12-32}$$

其中，$a_u=\dfrac{2z_2}{z_1+z_2}$表示线路 z_2 上的折射电压波 u_{2q}与入射电压波 u_{1q}的比值，称为电压折射系数，同理，$a_i=\dfrac{2z_1}{z_1+z_2}$称为电流折射系数。$\beta_u=\dfrac{z_2-z_1}{z_1+z_2}$表示线路 z_1 上的反射电压波 u_{1f}与 u_{1q}的比值，称为电压反射系数，同理，$\beta_i=\dfrac{z_1-z_2}{z_1+z_2}$称为电流反射系数。

折射系数的值永远是正的，这说明折射电压波 u_{2q}总是和入射电压波 u_{1q}同极性的，当 $z_2=0$ 时，$a_u=0$；当 $z_2\to\infty$时，$a_u\to 2$，因此 $0\leqslant a_u\leqslant 2$。反射系数可正可负，当 $z_2=0$ 时，$\beta_u=-1$，当 $z_2\to\infty$时，$\beta_u\to 1$，因此$-1\leqslant\beta_u\leqslant 1$，同理可知 $0\leqslant a_i\leqslant 2$，$-1\leqslant\beta_i\leqslant 1$。折射系数 a 与反射系数 β 之间满足下列关系

$$a=1+\beta \tag{12-33}$$

下面举几个简单的例子。

【例 12-1】　已知线路 z_1 末端开路，沿线路 z_1 有一无限长直角波 u_{1q}向前传播，如图 12-6 所示。求线路 z_1 上的 α_u、β_u、α_i、β_i。

解　线路 z_1 末端开路，相当于末端接有一条 $z_2\to\infty$的线路，因此根据式（12-29）～式（12-32）可得

$$u_{1f}=u_{1q};\ 2u_{1q}=u_2=u_{2q}$$
$$i_{1q}=-i_{1f};\ i_2=i_{2q}=0$$

即

$$a_u=2;\ \beta_u=1$$
$$a_i=0;\ \beta_i=-1$$

这表明当 u_{1q}到达末端时将发生折反射，反射电压波等于入射电压波，折射电压波即末端电压将上升一倍，末端电流为零，反射电压波将自末端返回传播，所到之处将使电压上升一倍，电流降为零值。反射电压波到达处的全部磁场能将转变为电场能，从而使电压上升一倍。

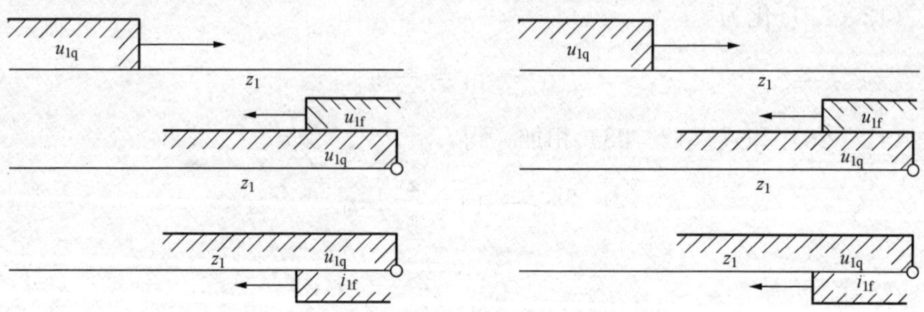

图 12-6　线路末端断开时的折反射　　　图 12-7　线路末端短路时的折反射

【例 12-2】　已知线路 z_1 末端短路接地，如图 12-7 所示。求线路 z_1 上的 α_u、β_u、α_i、β_i。

解　线路 z_1 末端短路接地相当于在末端接一条 $z_2=0$ 的线路，根据式（12-29）～式（12-32）可得

$$-u_{1q}=u_{1f};\ u_2=u_{2q}=0$$

$$i_{1q}=i_{1f};\ i_2=2i_{1q}$$

即

$$\alpha_u=0;\ \beta_u=-1$$

$$\alpha_i=2;\ \beta_i=1$$

这表明，当 u_{1q} 到达末端时将发生折反射，反射电压波等于负的入射电压波，末端电压即折射电压波 u_{2q} 等于零。末端电流将增加一倍，反射电压波所到之处将使电压降为零，使电流上升一倍，反射电压波所到之处的全部电场能将转变成为磁场能量，从而使电流上升一倍。

【例 12-3】 已知两条不同波阻抗 z_1、z_2 线路的连接，如图 12-8 所示。求线路 z_1、z_2 上的 α_u、β_u、u_{1f}、u_{1q}、u_{2q} 的变化范围。

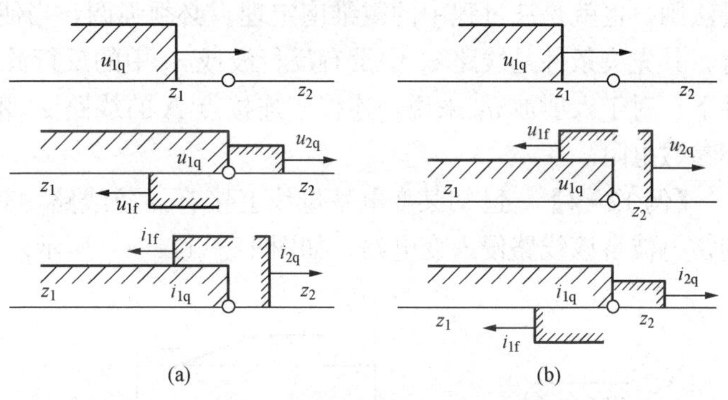

图 12-8　$z_1\neq z_2$ 时波的折、反射

(a) $z_2<z_1$，$\alpha_u<1$，$\beta_u<0$，$u_{1f}<0$，$u_{2q}<u_{1q}$

(b) $z_2>z_1$，$\alpha_u>1$，$\beta_u>0$，$u_{1f}>0$，$u_{2q}>u_{1q}$

解　若 $z_2<z_1$，则 $\alpha_u<1$，$\beta_u<0$，反射电压 $u_{1f}<0$，折射电压 $u_{2q}<u_{1q}$

若 $z_2>z_1$，则 $\alpha_u>1$，$\beta_u>0$，反射电压 $u_{1f}>0$，折射电压 $u_{2q}>u_{1q}$

下面讨论线路 z_1 末端接一集中参数电阻 R 时的情况，如图12-9（a）所示，u_{1q} 到达电阻 R 处发生折反射，折射电压等于电阻 R 上的电压，此时，电压的折、反射系数分别为

$$\alpha_u=\frac{2R}{z_1+R}$$

$$\beta_u=\frac{R-z_1}{z_1+R}$$

电阻 R 上的电压 u_R 为

$$u_R=\alpha_u u_{1q}=\frac{R}{z_1+R}2u_{1q}$$

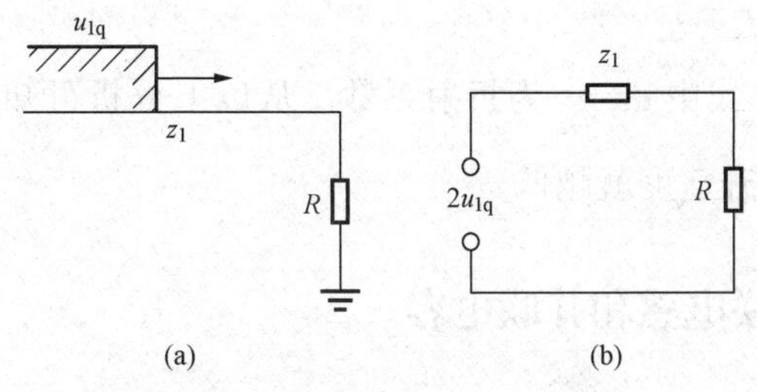

图 12-9　线路末端接有电阻 R 时计算折射电压的等值电路

(a) 线路末端接有电阻 R；(b) 等值电路

上式的等值电路如图 12-9（b）所示。

如果末端电阻 R 等于线路波阻抗 z_1，则 $\alpha_u=1$，$\beta_u=0$，即 u_{1q} 到达 R 处，将不发生折、反射。

二、彼德逊法则

在两条不同波阻抗线路相连的情况下，波阻抗为 z_1 的线路上有电压行波 u_{1q} 向连接点 A 传播时，如图 12-10（a）所示，为了要决定连接点 A 上的电压（即线路 z_2 上的折射电压 u_{2q}），可以根据式（12-29）将此问题化为

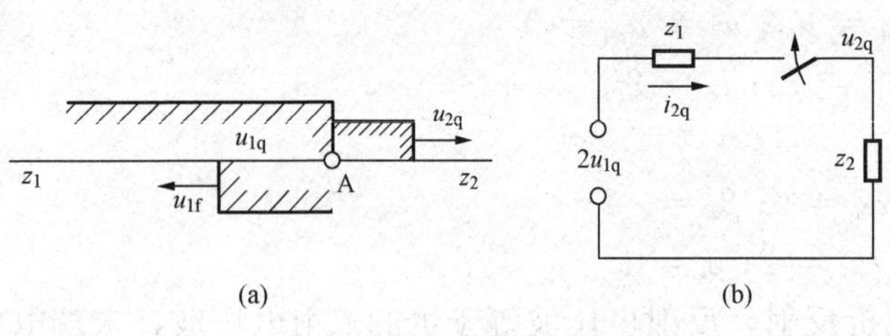

图 12 - 10　彼德逊法则

(a) 入射波电压 u_{1q}在连接点 A 的折反射；

(b) 计算 z_2 上折射电压 u_{2q}的彼得逊等值电路

图 12 - 10 (b)所示的一个集中参数的等值电路来求解。按式 (12 - 29) 得，$u_{2q}=\dfrac{2u_{1q}}{z_1+z_2}z_2$，故此电路可看成由一个内阻值为线路波阻 z_1、电动势为入射波 2 倍即 $2u_{1q}$的电源连接于一个阻值等于 z_2 的电阻所构成。在此电路中，z_2 上的电压即为折射电压波 u_{2q}。这个法则称为彼德逊法则，也就是波过程中的戴维南定理。必须强调，当使用上述彼德逊法则求解连接点电压时，其先决条件是线路 z_2 中没有反行波或 z_2 中的反行波尚未到达连接点 A。在满足上述条件下，对于入射波 u_{1q}来说，连接于连接点 A 的线路 z_2 相当一阻值等于波阻抗 z_2 的一个集小参数电阻。

【例 12 - 4】　已知某变电站母线上接有 n 条线路，其中某一线路落雷，电压幅值为 U_0 的雷电波自该线路侵入变电站，如图 12 - 11 (a) 所示。求母线上的电压。

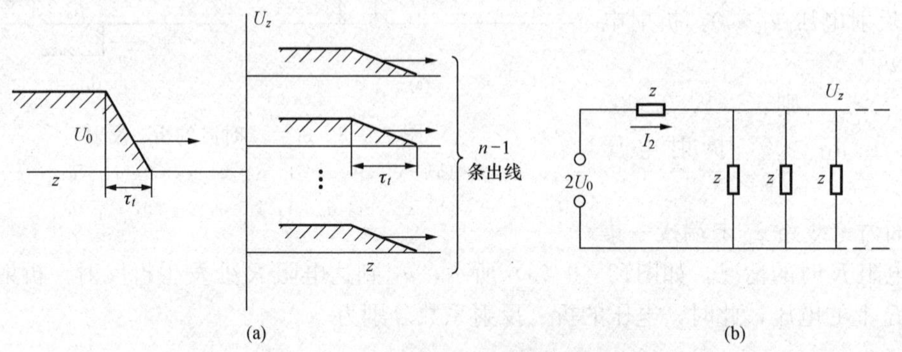

图 12 - 11　波入侵变电站的等值电路

(a) 接线图；(b) 等值电路

解　变电站的 n 条出线的波阻抗相等，其值为 z，在非落雷线路上的反行波尚未到达母线时，根据彼德逊法则可画出等值电路如图 12 - 11 (b) 所示，其中 I_2 为

$$I_2=\frac{2U_0}{z+\dfrac{z}{n-1}}$$

母线上电压幅值 $U_2=I_2\dfrac{z}{n-1}=\dfrac{2U_0}{n}=\alpha U_0$，式中 $\alpha=\dfrac{2}{n}$为折射系数。从以上分析可知，连接在母线上的线路越多则母线上的电压和其上升速度就越低。

第三节　行波通过串联电感和并联电容

在电力系统中常常会遇到线路和电感与电容的各种方式的连接。在线路上串联电感和并联电容是常见的方式，电感、电容的存在将使线路上行波的波形和幅值发生变化，下面分析其影响。

一、无限长直角波通过串联电感

图 12 - 12 为一无限长直角波 u_{1q} 投射到具有串联电感 L 的线路上的情况。L 前后两线路的波阻抗分别为 z_1 及 z_2，当 z_2 中的反行波尚未到达两线连接点时，其等值电路如图 12 - 12（a）所示，由此可得

$$2u_{1q}=i_{2q}(z_1+z_2)+L\frac{\mathrm{d}i_{2q}}{\mathrm{d}t} \tag{12 - 34}$$

式中　i_{2q}——线路 z_2 中的前行电流波。

解式（12 - 34）得

$$i_{2q}=\frac{2u_{1q}}{z_1+z_2}(1-\mathrm{e}^{-\frac{t}{T}}) \tag{12 - 35}$$

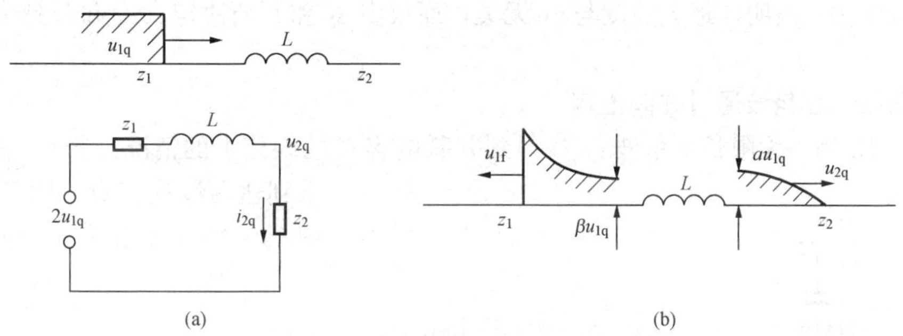

图 12 - 12　行波通过串联电感

（a）线路示意图及等值电路；（b）折射波与反射波

沿线路 z_2 传播的折射电压波 u_{2q} 为

$$u_{2q}=i_{2q}z_2=\frac{2z_2}{z_1+z_2}u_{1q}(1-\mathrm{e}^{-\frac{t}{T}})=\alpha u_{1q}(1-\mathrm{e}^{-\frac{t}{T}}) \tag{12 - 36}$$

式中　T——该电路的时间常数，$T=\frac{L}{z_1+z_2}$；

　　α——电压折射系数，$\alpha=\frac{2z_2}{z_1+z_2}$。

由式（12 - 36）可知，u_{2q} 由强制分量 au_{2q} 和自由分量 $-au_{1q}\mathrm{e}^{-\frac{t}{T}}$ 组成，自由分量的衰减速度由电路时间常数 T 决定。

因线路 z_1 与 z_2 相串联，故 z_1 中电流 i_1 与 z_2 中电流 i_{2q} 相等，即

$$i_1=\frac{u_{1q}}{z_1}-\frac{u_{1f}}{z_1}=i_{2q}=\frac{u_{2q}}{z_2} \tag{12 - 37}$$

式中　u_{1f}——z_1 中的反射电压波。

由式（12 - 37）可解得

$$u_{1f}=\frac{z_2-z_1}{z_1+z_2}u_{1q}+\frac{2z_1}{z_1+z_2}u_{1q}\mathrm{e}^{-\frac{t}{T}} \tag{12 - 38}$$

从式（12 - 38）可知，当 $t=0$ 时，$u_{1f}=u_{1q}$，这是由于电感中的电流不能突变。初始瞬间电感相当于开路的缘故，全部磁场能量转变为电场能量，使电压上升一倍，随后根据时间常数按指数变化，如图 12 - 12（b）所示，当 $t\to\infty$ 时，$u_{1f}\to\beta u_{1q}\left(\beta=\frac{z_2-z_1}{z_1+z_2}\right)$。

在线路 z_2 中的折射电压 u_{2q}随时间按指数规律增长。如图 12 - 12（b）所示，当 $t=0$ 时，$u_{2q}=0$；当 $t\to\infty$时，$u_{2q}\to au_{1q}$。这说明无限长直角波通过电感后改变为一指数波头的行波，串联电感起了降低行波上升速率的作用。所有，降低行波的上升速率（即陡度）对电力系统的防雷保护具有很重要的意义。

从式（12 - 36）中可得出折射波 u_{2q}的陡度为

$$\frac{du_{2q}}{dt}=\frac{2u_{1q}z_2}{L}e^{-\frac{t}{T}} \tag{12 - 39}$$

当 $t=0$，陡度最大，即

$$\left(\frac{du_{2q}}{dt}\right)_{max}=\frac{du_{2q}}{dt}\Big|_{t=0}=\frac{2u_{1q}z_2}{L} \tag{12 - 40}$$

式（12 - 40）表明，最大陡度与 z_1 无关，而仅由 z_2 和 L 所决定，z_2 和 L 越大，则陡度降低越多。

二、无限长直角波通过并联电容

图 12 - 13 为一无限长直角波 u_{1q}投射到并联电容 C 的线路上的情况。若 z_2 中反行波尚未到达两线连接点，则等值电路如图 12 - 13（a）所示。由此可得

$$2u_{1q}=i_1z_1+i_{2q}z_2 \tag{12 - 41}$$

$$i_1=i_{2q}+C\frac{du_{2q}}{dt}=i_{2q}+Cz_2\frac{di_{2q}}{dt} \tag{12 - 42}$$

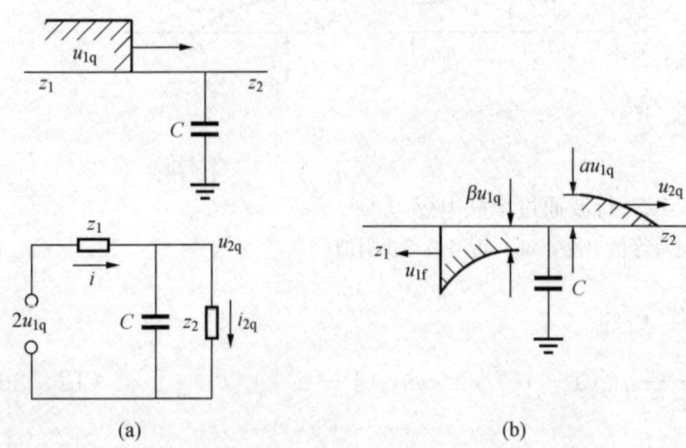

图 12 - 13 行波通过并联电容

（a）线路示意图及等值电路；（b）折射波与反射波

由式（12 - 41）和式（12 - 42）可解得

$$i_{2q}=\frac{2u_{1q}}{z_1+z_2}(1-e^{-\frac{t}{T}}) \tag{12 - 43}$$

$$u_{2q}=i_{2q}z_2=\frac{2z_2}{z_1+z_2}u_{1q}(1-e^{-\frac{t}{T}})=\alpha u_{1q}(1-e^{-\frac{t}{T}}) \tag{12 - 44}$$

式（12 - 43）中 $T=\dfrac{z_1z_2}{z_1+z_2}C$ 为该电路的时间常数。式（12 - 44）中 $\alpha=\dfrac{2z_2}{z_1+z_2}$为电压折射系数。

因为

$$u_1=u_{1q}+u_{1f}+u_{2q}$$

故

$$u_{1f}=u_{2q}-u_{1q}=\frac{z_2-z_1}{z_1+z_2}u_{1q}-\frac{2z_2}{z_1+z_2}u_{1q}e^{-\frac{t}{T}} \tag{12 - 45}$$

式（12 - 45）表明，当 $t=0$ 时，$u_{1f}=-u_{1q}$，这是由于电容上的电压不能突变，初始瞬间全部电场能量转变为磁场能量，相当于短路的缘故，随后则根据时间常数按指数规律变化，如图 12 - 13（b）所示。当 $t\to\infty$时，$u_{1f}\to\beta u_{1q}\left(\beta=\dfrac{z_2-z_1}{z_1+z_2}\right)$。

在线路 z_2 中的折射电压 u_{2q}随时间按指数规律增长。如图 12 - 13（b）所示，当 $t=0$

时，$u_{2q}=0$；当 $t\rightarrow\infty$ 时，$u_{2q}\rightarrow au_{1q}$。这表明并联电容的作用和串联电感一样，可以使入侵波的波头变平缓。

由式（12 - 44）可得 u_{2q} 的陡度为

$$\frac{\mathrm{d}u_{2q}}{\mathrm{d}t}=\frac{2}{z_1C}u_{1q}\mathrm{e}^{-\frac{t}{T}} \tag{12 - 46}$$

当 $t=0$ 时，陡度最大，即

$$\left(\frac{\mathrm{d}u_{2q}}{\mathrm{d}t}\right)_{\max}=\frac{\mathrm{d}u_{2q}}{\mathrm{d}t}\Big|_{t=0}=\frac{2u_{1q}}{z_1C} \tag{12 - 47}$$

这表明，最大陡度取决于电容 C 和 z_1，而与 z_2 无关。

由上述可知，为了降低入侵波的陡度可以使用串联电感或并联电容的措施。对于波阻抗很大的设备（如发电机），要想用串联电感来降低入侵波陡度一般是有困难的，常用并联电容的办法。

近年来，为降低入侵波陡度，利用电感线圈（400～1000μH）作为配电站进线防雷保护的方法也有所应用。

以上只讨论了无限长直角波入侵的情况，对于任意波形入侵波的情况，可应用卷积积分来求解。

第四节　行波的多次折、反射

在电网中，线路的长度总是有限的，常常会遇到行波在线路两个连接点间来回多次反射的情况。例如直配线发电机往往通过电缆段后接到架空线上，当雷电波入侵时，行波将在电缆段两连接点间发生多次折、反射。

图 12 - 14（a）所示为一波阻抗为 z_0、长度为 l_0 的线段连接于波阻抗为 z_1 及 z_2 的线路之间。假设线路 z_1、z_2 是无限长的或另一种说法是 z_1、z_2 线路远方端点处产生的反行波尚未到达线段 z_1 的两个端点 1 及 2。

现若有一无限长直角波 U_0 自线路 z_1 向 z_2 入侵，则波在线段 z_0 的两个连接点 1、2 之间将发生多次折、反射。设波由 z_1 向连接点 1、2 方向传播时在连接点 1 处的折射系数为 α_1，在连接点 2 处的折射系数为 α_2，反射系数为 β_2，当波由连接点 2 向连接点 1 方向前进时在连接点 1 处的反射系数为 β_1，其值分别如下

$$\alpha_1=\frac{2z_0}{z_1+z_0};\ \alpha_2=\frac{2z_2}{z_0+z_2}$$

$$\beta_1=\frac{z_1-z_0}{z_1+z_0};\ \beta_2=\frac{z_2-z_0}{z_0+z_2}$$

入侵波 U_0 沿线路 z_1 传播到达连接点 1，在连接点 1 上发生折、反射，折射波 α_1U_0 沿线路 z_0 继续向连接点 2 传播，经过 l_0/v 时间后（v 为波速）到达连接点 2，在连接点 2 上又发生折、反射，反射波 $\alpha_1\beta_2U_0$ 自连接点 2 返回向连接点 1 传播，经 l_0/v 时间后又到达连接点 1，在连接点 1 上又将发生折、反射，反射波 $\beta_1\beta_2\alpha_1U_0$ 经 l_0/v 时间后又到达连接点 2，如此折、反射不已。上述过程可以用图 12 - 14（b）所示的行波网格图表示。

在分析中，假定 z_2 的反行波尚未到达连接点 2，故连接点 2 的电压就是 z_2 上的前行波。在线路 z_2 上的前行波为连接点 2 上所有折射波总和，但需要考虑各个折射波在连接点 2 上

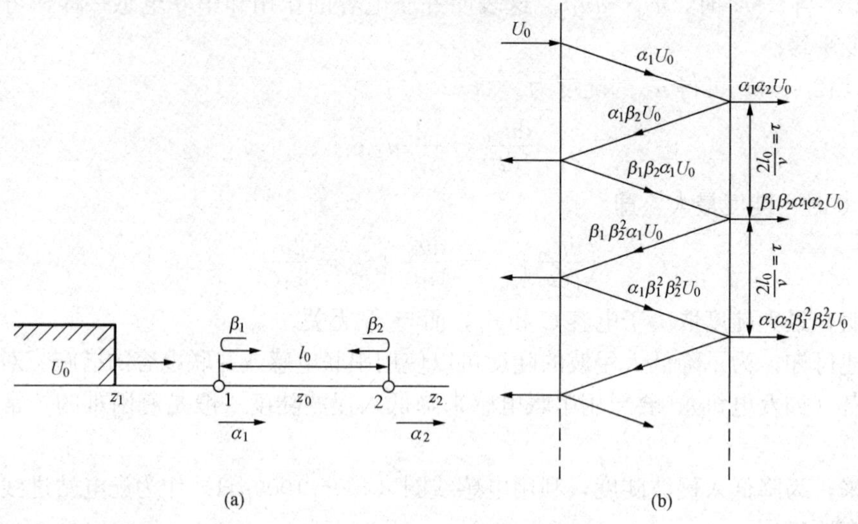

图 12 - 14　行波的多次反射
(a) 接线图；(b) 行波网格图

出现时间上的差异，如图 12 - 14 所示，相邻的前后两个折射波相差 $2l_0/v$ 的时间。若以波到达连接点 2 的时间为起点，则当时刻为 t 时（若此时在连接点 2 上已有 n 次反射），在线路 z_2 上的前行波 $u_{2q}(t)$ 应为

$$
\begin{aligned}
u_{2q}(t) =& U_0\alpha_1\alpha_2(t) + U_0\alpha_1\alpha_2\beta_1\beta_2(t-\tau) \\
&+ U_0\alpha_1\alpha_2\beta_1^2\beta_2^2(t-2\tau)+\cdots \\
&+ U_0\alpha_1\alpha_2\beta_1^k\beta_2^k(t-k\tau)+\cdots \\
&+ U_0\alpha_1\alpha_2\beta_1^{n-1}\beta_2^{n-1}[t-(n-1)\tau]
\end{aligned}
\tag{12 - 48}
$$

式中 $\tau=\dfrac{2l_0}{v}$ 为行波在 z_1 线段中来回一次所需的时间。$U_0\alpha_1\alpha_2\beta_1^k\beta_2^k(t-k\tau)$ 表示时间滞后 $k\tau$ 才出现的折射波，即当 $t<k\tau$ 时，此折射波为零，当 $t>k\tau$ 时，此折射波幅值为 $U_0\alpha_1\alpha_2\beta_1^k\beta_2^k$。

若 β_1 及 β_2 符号相同，则 $u_{2q}(t)$ 的波形如图 12 - 14 所示，前一个折射波与后一个折射波的幅值之比为 $\beta_1\beta_2$，因为 β_1 和 β_2 都小于 1，故后一个折射波的幅值将比前一个折射波低。

经 n 次反射 $n\to\infty$ 时，$u_{2q}(t)$ 的幅值 $u_{2q}\mid_{n\to\infty}$ 为

$$
\begin{aligned}
U_{2q}\mid_{n\to\infty} &= U_0\alpha_1\alpha_2[1+\beta_1\beta_2+(\beta_1\beta_2)^2+\cdots] \\
&= U_0\alpha_1\alpha_2\frac{1}{1-\beta_1\beta_2} = \frac{2z_2}{z_2+z_2}U_0 = \alpha U_0
\end{aligned}
\tag{12 - 49}
$$

式（12 - 49）表明，当反射次数 $n\to\infty$ 后，线段 z_0 已不再起作用，也就是说线段 z_0 对线路 z_2 上的前行波 u_{2q} 的最终幅值是没有影响的，从 u_{2q} 的最终幅值来看，犹如无线段 z_0，而是 z_1 和 z_2 直接相连一样。但线段 z_0 的存在对 u_{2q} 的波形有影响，其影响取决于 z_0 与 z_1 及 z_2 的相对值，分析如下。

（1）若 $z_1>z_0$，$z_2>z_0$。此情况下 β_1 与 β_2 皆为正，u_{2q} 的波形如图 12 - 15 所示。从图可知，线段 z_0 的存在降低了 z_2 中折射波 u_{2q} 的上升速率，可以近似认为，u_{2q} 的最大陡度等于第一个折射电压 $a_1a_2U_0$ 除以时间 $2l_0/v$，即

$$\left(\frac{\mathrm{d}u_{2q}}{\mathrm{d}t}\right)_{\max}=\frac{\mathrm{d}u_{2q}}{\mathrm{d}t}\Big|_{t=0}$$
$$=U_0\frac{2z_0}{z_1+z_0}\times\frac{2z_2}{z_2+z_0}\times\frac{v}{2l_0}$$

若 $z_0\ll z_1$，$z_0\ll z_2$，则

$$\left(\frac{\mathrm{d}u_{2q}}{\mathrm{d}t}\right)_{\max}=\frac{2u_0}{z_1}\times\frac{v}{l_0}z_0=\frac{2U_0}{z_1C_1}\tag{12-50}$$

式中 C_1 为线段 z_0 的对地电容，与式（12 - 47）相对照，可以看出在此情况下线段 z_0 的作用相当于在线路 z_1 与 z_2 的连接点上并联一电容，其电容量为线段 z_0 的对地电容值。

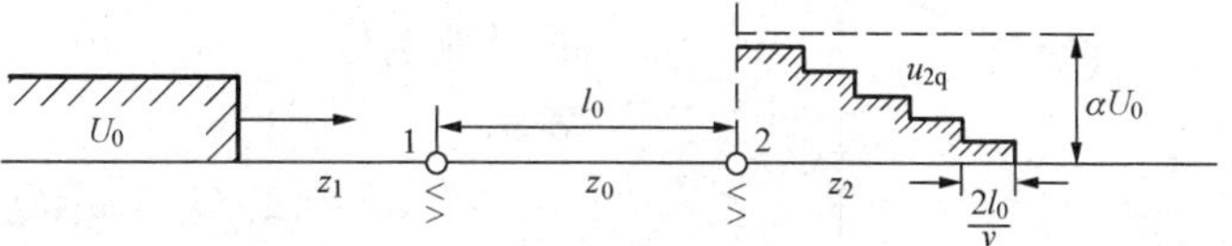

图 12 - 15　中间线路 z_0 对 z_2 上折射波 u_{2q} 的影响
（$z_1>z_0<z_2$ 或 $z_1<z_0>z_2$ 时的折射波 u_{2q}）

（2）若 $z_1<z_0$，$z_2<z_0$。此时 β_1 与 β_2 皆为负，u_{2q} 的波形也仍与图 12 - 15 相同。

若 $z_0\gg z_1$，$z_0\gg z_2$，则

$$\left(\frac{\mathrm{d}u_{2q}}{\mathrm{d}t}\right)_{\max}=\frac{\mathrm{d}u_{2q}}{\mathrm{d}t}\Big|_{t=0}$$
$$=\frac{2U_0z_2}{z_0}\times\frac{v}{l_0}$$
$$=\frac{2U_0z_2}{L_1}\tag{12-51}$$

式中 L_1 为线段 z_0 的电感值，若与式（12 - 40）相对照，可以看出在此情况线段 z_0 的作用相当于在线段 z_1 与 z_2 之间串联一电感 L_1，其电感量为线段 z_0 的电感值。

综上所述可得以下结论：一有限长度的线段，经过多次反射后，可以按条件的不同以一集中参数的电容或电感来近似。

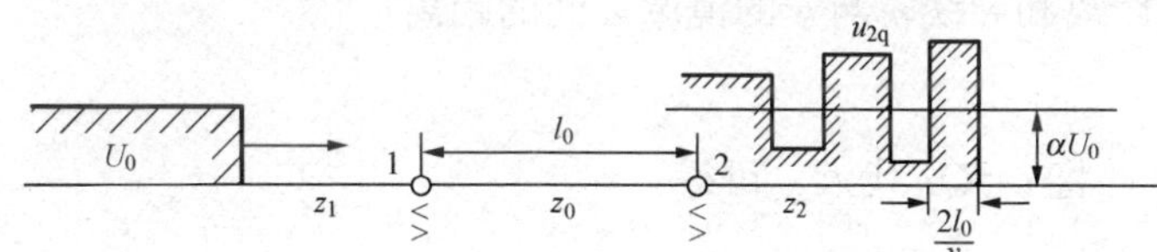

图 12 - 16　中间线路 z_0 对 z_2 上折射波 u_{2q} 的影响
（$z_1>z_0>z_2$ 或 $z_1<z_0<z_2$ 时的折射波 u_{2q}）

（3）若 $z_1>z_0>z_2$ 或 $z_1<z_0<z_2$。此时 β_1 与 β_2 符号相反，u_{2q} 的波形如图 12 - 16 所示为一振荡波，但其最终幅值仍为 $\frac{2z_2}{z_1+z_2}U_0$，振荡周期为 $4l_0/v$。

第五节　无损耗平行多导线系统中的波过程

前面分析的都是单导线的线路，实际上输电线路是由多根平行导线所组成的，如通常带有避雷线的三相输电线有四根或五根（其中一根或两根为避雷线）平行导线。

由于假定线路是无损耗的，因而导线中波的运动可以看成是平面电磁波的传播，这样，只需引入波速的概念就可以将静电场系统的麦尔斯韦尔方程运用于平行多导线的波过程中。

根据静电场的概念可知，当单位长度导线上有电荷 Q_0 时，其对地电压 $u=Q_0/C_0'$，C_0' 为单位长度导线的对地电容。如 Q_0 以速度 $v\left(v=\frac{1}{\sqrt{L_0C_0}}\right)$ 沿导线运动，则在导线上将有一个

以速度 v 传播的幅值为 u 的电压波，同时也将伴随着电流波 i，此时 i 为

$$i = Q_0 v = uC'_0 \frac{1}{\sqrt{L_0 C'_0}} = u/z$$

因此，导线上的波过程可以看作是电荷 Q_0 运动的结果。根据上述概念，便可以来讨论无损平行多导线系统中的波过程。

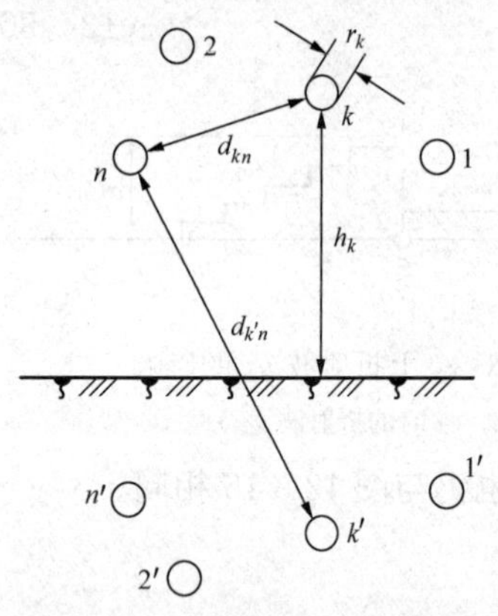

图 12 - 17 n 根平行多导线系统

现有 n 根平行导线系统如图 12 - 17 所示，它们单位长度上的电荷分别为 Q_1、Q_2、…、Q_k、…、Q_n，那么，各导线的对地电位 u_1、u_2、…、u_k…、u_n 可用下列麦克斯韦尔方程表示

$$\begin{cases} u_1 = \alpha_{11}Q_1 + \alpha_{12}Q_2 + \cdots + \alpha_{1k}Q_k + \cdots + \alpha_{1n}Q_n \\ u_2 = \alpha_{21}Q_1 + \alpha_{22}Q_2 + \cdots + \alpha_{2k}Q_k + \cdots + \alpha_{2n}Q_n \\ \vdots \\ u_k = \alpha_{k1}Q_1 + \alpha_{k2}Q_2 + \cdots + \alpha_{kk}Q_k + \cdots + \alpha_{kn}Q_n \\ \vdots \\ u_n = \alpha_{n1}Q_1 + \alpha_{n2}Q_2 + \cdots + \alpha_{nk}Q_k + \cdots + \alpha_{nn}Q_n \end{cases} \tag{12 - 52}$$

式（12 - 52）中 a_{kk} 为导线 k 的自电位系数，a_{kn} 为导线 k 与导线 n 间的互电位系数，分别列出如下

$$\alpha_{kk} = \frac{1}{2\pi\varepsilon_0}\ln\frac{2h_k}{r_k} = 2\times 9\times 10^9 \ln\frac{2h_k}{r_k}(\text{m/F}) \tag{12 - 53}$$

$$\alpha_{kn} = \frac{1}{2\pi\varepsilon_0}\ln\frac{d_{k'n}}{d_{kn}} = 2\times 9\times 10^9 \ln\frac{d_{k'n}}{d_{kn}}(\text{m/F}) \tag{12 - 54}$$

式中 h_k、r_k——导线 k 的离地面平均高度和导线半径；

d_{kn}、$d_{k'n}$——导线 k 与 n 间的距离和导线 n 与 k 的镜像 k' 间的距离；

ε_0——空气的介电系数。

将式（12 - 52）右边乘以 $\frac{v}{v}$，并将 $i=Qv$ 代入，可得

$$\begin{cases} u_1 = \frac{\alpha_{11}}{v}Q_1 v + \frac{\alpha_{12}}{v}Q_2 v + \cdots + \frac{\alpha_{1k}}{v}Q_k v + \cdots + \frac{\alpha_{1n}}{v}Q_n v \\ \quad = z_{11}i_1 + z_{12}i_2 + \cdots + z_{1k}i_k + \cdots + z_{1n}i_n \\ u_2 = z_{21}i_1 + z_{22}i_2 + \cdots + z_{2k}i_k + \cdots + z_{2n}i_n \\ \vdots \\ u_k = z_{k1}i_1 + z_{k2}i_2 + \cdots + z_{kk}i_k + \cdots + z_{kn}i_n \\ \vdots \\ u_n = z_{n1}i_1 + z_{n2}i_2 + \cdots + z_{nk}i_k + \cdots + z_{nn}i_n \end{cases} \tag{12 - 55}$$

式中

$$z_{kk} = \frac{\alpha_{kk}}{v} = 60\ln\frac{2h_k}{r_k} \tag{12 - 56}$$

$$z_{kn} = \frac{\alpha_{kn}}{v} = 60\ln\frac{d_{k'n}}{d_{kn}} \tag{12 - 57}$$

z_{kk}为导线k的自波阻抗，而z_{kn}则称为导线k与n间的互波阻抗，导线k与n越近，则z_{kn}越大，其极限等于导线k与n相重合时的自波阻抗z_{kk}（或z_{nn}）。因此，在一般情况下，z_{kn}总是小于z_{kk}（或z_{nn}），此外，由于完全的对称性，$z_{kn}=z_{nk}$。

若导线上同时有前行波和反行波存在时，则对n根平行导线系统中的每一根导线（如第k根导线）可以列出下列方程组

$$\left.\begin{aligned} u_k &= u_{kq}+u_{kf},\ i_k = i_{kq}+i_{kf} \\ u_{kq} &= z_{k1}i_{1q}+z_{k2}i_{2q}+\cdots+z_{kk}i_{kq}+\cdots+z_{kn}i_{nq} \\ u_{kf} &= -[z_{k1}i_{1f}+z_{k2}i_{2f}+\cdots+z_{kn}i_{kf}+\cdots+z_{kn}i_{nf}] \end{aligned}\right\} \tag{12-58}$$

式中　u_{kq}、u_{kf}——导线k上的前行电压波和反行电压波；

i_{kq}、i_{kf}——导线k中的前行电流波和反行电流波。

n根导线就可以列n个方程组，加上边界条件就可以分析无损平行多导线系统的波过程。

下面分析几个典型的例子。

【例 12-5】　已知二平行导线系统，如图 12-18 所示。雷击于导线 1，导线 2 对地绝缘，雷击时相当于有一很大的电流注入导线 1，此电流引起的电压波u_1自雷击点沿导线 1 向两侧运动。试求导线 2 的电压u_2。

解　对该系统可列出下列方程

$$u_1 = z_{11}i_1 + z_{12}i_2$$
$$u_2 = z_{21}i_1 + z_{22}i_2$$

因为导线 2 是对地绝缘的，$i_2=0$，于是得

$$u_2 = \frac{z_{12}}{z_{11}}u_1 = ku_1 \tag{12-59}$$

式（12-59）中$k=\frac{Z_{12}}{Z_{11}}$，称为导线 1、2 间的几何耦合系数，其值仅由导线 1 及导线 2 间的相对位置及几何尺寸所决定。式（12-59）表明，导线 1 上有电压波u_1传播时，在导线 2 上将被感应出一个极性和波形都与u_1相同的电压波u_2，耦合系数k表示导线 2 上的被感应电压u_2与导线 1 上的感应电压u_1之间的比值。

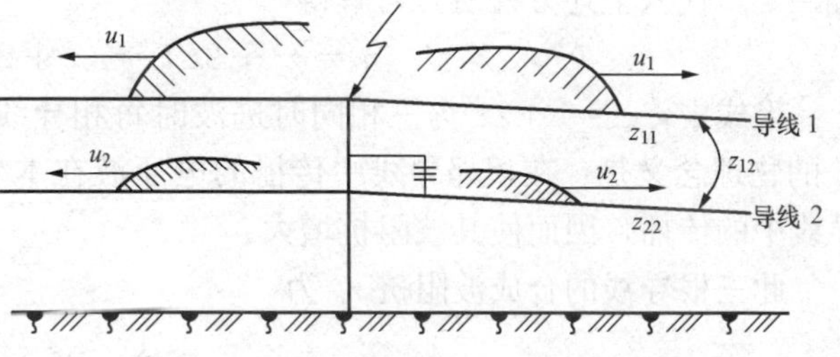

图 12-18　二平行线系统，导线 1 受雷击，导线 2 对地绝缘

因为$z_{12}<z_{11}$，故耦合系数永远小于 1，即$k<1$。导线 1、2 间的电位差为$u_1-u_2=(1-k)u_1$，耦合系数k越大，则导线 1、2 间的电位差越小。若导线 1 为输电线上的避雷线，导线 2 为相线，则雷击避雷线时，相线与避雷线之间的绝缘所承受的电压值取决于耦合系数k，k越大，则绝缘上所承受的电压值越低，由此可见，耦合系数对防雷保护有很大影响。

【例 12-6】　已知一带有两根避雷线的输电线路，避雷线受雷击，如图 12-19 所示。求导线与地线间的耦合系数。

解　因为导线 3、4、5 是对地绝缘的，故$i_3=i_4=i_5=0$，这样，根据式（12-55）可列出下的方程

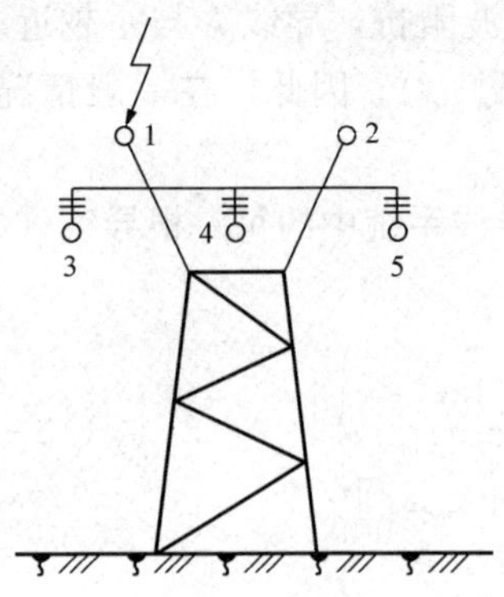

图 12 - 19 雷击有二根避雷线的线路

$$u_1 = z_{11}i_1 + z_{12}i_2$$
$$u_2 = z_{21}i_1 + z_{22}i_2$$
$$u_3 = z_{31}i_1 + z_{32}i_2$$
$$u_4 = z_{41}i_1 + z_{42}i_2$$
$$u_5 = z_{51}i_1 + z_{52}i_2$$

两根避雷线是对称的，故 $u_1 = u_2$，$i_1 = i_2$，$z_{11} = z_{22}$。于是可解得边相导线 3 与两避雷线间的耦合系数 k 为

$$k = \frac{u_3}{u_2} = \frac{z_{13} + z_{23}}{z_{11} + z_{12}} = \frac{z_{13}/z_{11} + z_{23}/z_{11}}{1 + z_{12}/z_{11}} = \frac{k_{13} + k_{23}}{1 + k_{12}} \tag{12 - 60}$$

式（12 - 60）中 k_{12} 为导线 1、2 间的耦合系数，k_{13}、k_{23} 分别为导线 1、3 间和 2、3 间的耦合系数。

同理，可求得导线 4、5 与两根避雷线间的耦合系数，显然，导线 5 与两根避雷线间的耦合系数与式（12 - 60）相同。

【例 12 - 7】 已知一对称三相系统，电压波沿三相导线同时入侵，如图 12 - 20 所示。求此时的三相等值波阻抗。

解 由图 12 - 20 可列出下列方程

$$u_1 = z_{11}i_1 + z_{12}i_2 + z_{13}i_3$$
$$u_2 = z_{21}i_1 + z_{22}i_2 + z_{23}i_3$$
$$u_3 = z_{31}i_1 + z_{32}i_2 + z_{33}i_3$$

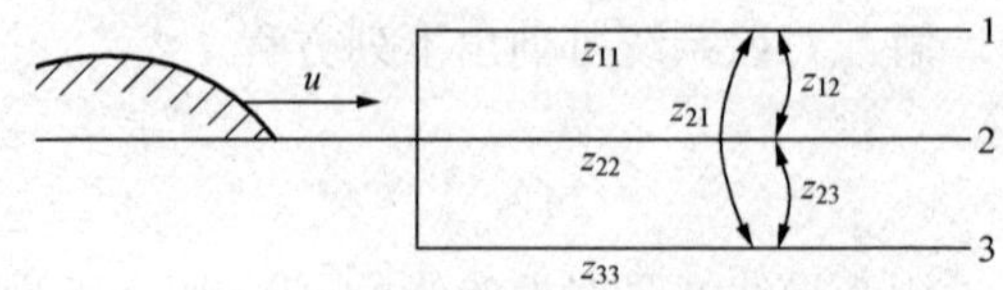

图 12 - 20 波沿三相导线同时入侵

因三相导线对称分布，故 $u_1 = u_2 = u_3 = u$，$i_1 = i_2 = i_3 = i$，$z_{11} = z_{22} = z_{33} = z$，$z_{12} = z_{23} = z_{31} = z'$，代入上述方程后，可解得

$$u = zi + 2z'i = (z + 2z')i = z_s i$$

上式中，$z_s = z + 2z'$ 为三相同时进波时每相导线的等值波阻抗，此值较单相进波时大。z_s 的物理念义是：在相邻导线中传播的电压波在本导线中感应出反电动势，阻碍了电流在导线中的传播，因而使其波阻抗增大。

此三根导线的合成波阻抗 z_{s3} 为

$$z_{s3} = \frac{z_s}{3} = \frac{z + 2z'}{3}$$

同理，若有 n 根平行导线，其自波阻抗及互波阻抗分别为 z 及 z'，则 n 根导线的合成波阻抗 z_{sn} 应为

$$z_{sn} = \frac{z + (n - 1)z'}{n}$$

第六节 冲击电晕对线路波过程的影响

在电网中，导线和大地的电阻会引起行波的衰减和变形，线路参数随频率而变的特性也会引起行波的畸变，此外，在过电压作用下导线出现电晕现象将是引起行波衰减和变形的主要因素。

当雷击或出现操作过电压时，若导线上的冲击电压超过起始电晕电压，则导线上将发生冲击电晕。形成冲击电晕所需的时间极短，可以认为冲击电晕的发生只与电压的瞬时值有关而无时延。

冲击电晕的强烈程度与电压大小有关，因此，电晕是一个非线性的因素，正负极性的冲击电晕由于空间电荷的分布和作用不同而有差异。实践表明，负极性电晕对过电压波的衰减和变形比较小，对过电压保护不利，而雷击又大部分是负极性的，因而应着重考虑负极性电晕的影响。

出现电晕后，由于电晕圈的存在使导线的径向尺寸等值增大，将导致导线间耦合系数的增大。输电线路中导线与避雷线间的耦合系数 k 通常以电晕效应校正系数来修正，即

$$k = k_1 k_0$$

式中　k_0——几何耦合系数，取决于导线和避雷线的几何尺寸和相对位置；

k_1——电晕效应校正系数，我国《交流电气装置的过电压保护和绝缘配合》(DL/T 620—1997) 建议按表 12 - 1 选取。

表 12 - 1　　耦合系数的电晕修正系数 k_1

线路额定电压（kV）	20～35	66～110	220～330	500
两根避雷线	1.1	1.2	1.25	1.28
一根避雷线	1.15	1.25	1.3	—

由于电晕要消耗能量，消耗能量的大小与电压的瞬时值有关，故将使行波发生衰减的同时伴有波形的畸变。实践表明，由冲击电晕引起的行波衰减和变形的典型图形如图 12 - 21 所示。曲线 1 表示原始波形，曲线 2 表示行波传播距离 l 后的波形，从图 12 - 21 可以看到，当电压高于电晕的起始电压 u_k 后，波形开始剧烈衰减和变形，可以把这种变形看成是电压高于 u_k 的各个点由于电晕使线路对地电容增加而以不同的波速向前运动所产生的结果。图中低于 u_k 的部分，由于不发生电晕而仍以光速前进，图中 A 点由于产生了电晕，它就以比光速小的速度 v_k 前进，在行经距离 l 后它就落后了 $\Delta\tau$ 时间而变成图中 A′点。因电晕的强烈程度与电压 u 有关，故 v_k 必然是电压 u 的函数，通常称 v_k 为相速度，这种计算由电晕引起的行波变形的方法称为相速度法。显然，$\Delta\tau$ 将是行波传播距离 l 和电压 u 的函数，DL/T 620—1997 建议采用下列经验公式

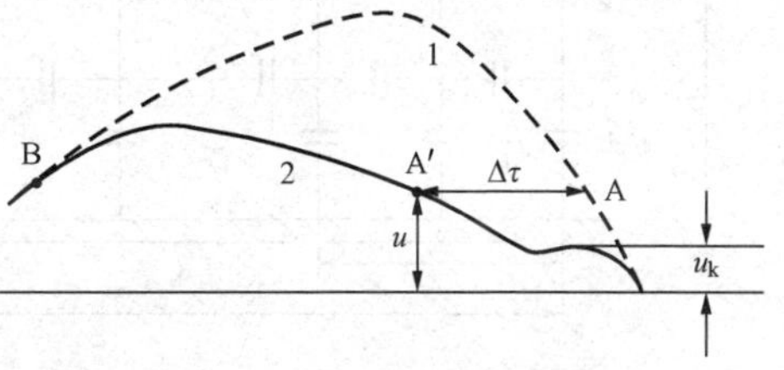

图 12 - 21　由电晕引起的行波衰减和变形

$$\Delta\tau = l\left(0.5 + \frac{0.008u}{h}\right)$$

式中　l——行波传播距离，km；

u——行波电压，kV；

h——导线对地平均高度，m。

实测表明，电晕在波尾上将停止发展，且电晕圈逐步消失，衰减后的波形与原始波形的波尾相交点即可近似视为衰减后波形的波幅，如图 12 - 21 所示 B 点，其波尾与原始波形的波尾大体上相同。

利用冲击电晕会使行波衰减和变形的特性，可设置进线保护段作为变电站防雷保护的一个主要保护措施。

出现电晕后导线对地电容增大，导线波阻抗和波速将下降，DL/T 620—1997 建议在雷击杆塔时，导线和避雷线的波阻抗可取为 400Ω，两根避雷线的波阻抗可取为 250Ω，此时波速可近似取为光速。由于雷击避雷线档距中央时电位较高，电晕比较强烈，故 DL/T 620—1997 建议，在一般计算时避雷线的波阻抗可取为 350Ω，波速可取为 0.75 倍光速。

第七节 变压器绕组中的波过程

一、单相变压器绕组中的波过程

电力变压器经常受到雷电或操作过电压的侵袭，这时，在绕组内部将出现很复杂的电磁振荡过程，使绕组各点对地绝缘和绕组各点之间的绝缘（如匝间、层间或线盘间）上出现很高的过电压。实际上由于绕组结构的复杂性和由于铁芯的存在而引起的绕组参数的非线性性质，为了求取在不同波形的冲击电压作用下绕组各点对地电压及各点间电位差（即电位梯度）随时间而变化的分布规律，不能完全依靠理论分析，通常用瞬变分析仪在实体上进行试验或模拟试验。为了掌握绕组中波过程的基本规律，将主要讨论直流电压 U_0 突然合闸于绕组简化等值电路的情况。

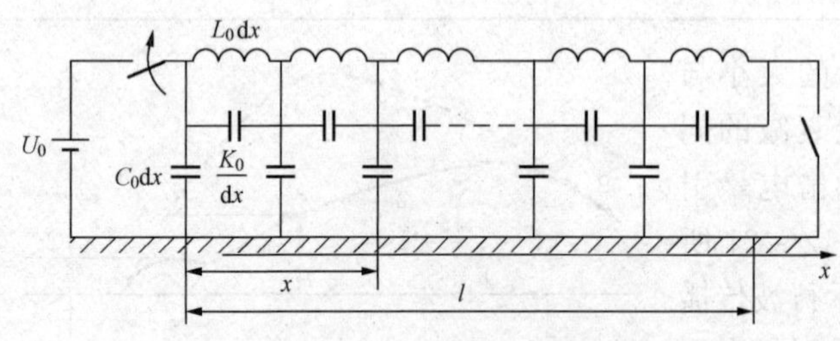

图 12-22 单相绕组简化等值电路

1. 绕组中的初始电压分布和入口电容

为了便于定性分析，将绕组作了一系列简化，如假定绕组各处的参数完全相同，略去二次绕组的影响，略去互感及损耗等，简化后绕组的典型等值电路如图 12-22 所示。其中 K_0、C_0 和 L_0 分别为绕组单位长度的纵向（匝间）电容、对地电容和电感。

当绕组合闸于直流电压 U_0 的初瞬间，电感中的电流不能突变，即 $t=0$ 时，电感中的电流为 0，这就相当于电感为开路，此时绕组的等值电路将转换成图 12-23 所示电路。

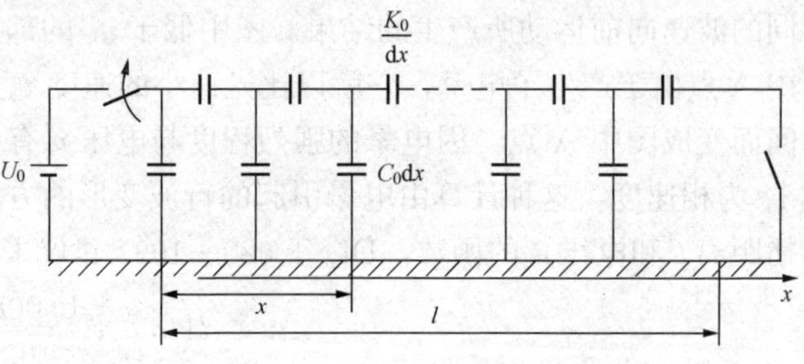

图 12-23 $t=0$ 瞬间绕组的等值电路

若距绕组首端距离为 x 点上的电荷和电压分别为 Q 和 u，则在纵向电容 $K_0/\mathrm{d}x$ 上的电荷即为

$$Q=\left(\frac{K_0}{\mathrm{d}x}\right)(-\mathrm{d}u) \tag{12-61}$$

而在对地电容 $C_0\mathrm{d}x$ 上的电荷就等于 Q 电荷在 x 方向增量的负数，即

$$-\mathrm{d}Q=(C_0\mathrm{d}x)u \tag{12-62}$$

将式（12-61）微分后代入式（12-62）可得

$$\frac{\mathrm{d}^2 u}{\mathrm{d}x^2}-\frac{C_0}{K_0}u=0 \tag{12-63}$$

其解为

$$u=A\mathrm{e}^{\alpha x}+B\mathrm{e}^{-\alpha x} \tag{12-64}$$

式中

$$\alpha=\sqrt{\frac{C_0}{K_0}} \tag{12-65}$$

根据边界条件可以决定 A 和 B。

在绕组首端（$x=0$）处，$u=U_0$；当绕组末端接地时，在绕组末端（$x=l$）处 $u=0$，由此可得

$$A=-\frac{U_0\mathrm{e}^{-\alpha l}}{\mathrm{e}^{\alpha l}-\mathrm{e}^{-\alpha l}}$$

$$B=\frac{U_0\mathrm{e}^{\alpha l}}{\mathrm{e}^{\alpha l}-\mathrm{e}^{-\alpha l}}$$

$$u=U_0\frac{\mathrm{sh}\alpha(l-x)}{\mathrm{sh}\alpha l} \tag{12-66}$$

当绕组末端开路时，绕组首端（$x=0$）处，$u=U_0$，而最末一个纵向电容 $K_0/\mathrm{d}x$ 的极板上的电荷必定为 0，即 $Q|_{x=l}=0$，由式（12-61）可得 $\frac{\mathrm{d}u}{\mathrm{d}x}|_{x=l}=0$，由此即可求出

$$u=U_0\frac{\mathrm{ch}\alpha(l-x)}{\mathrm{ch}\alpha l} \tag{12-67}$$

式（12-66）和式（12-67）是绕组合闸于直流电压 U_0 的初瞬（$t=0$）时，绕组各点对地电位分布规律，称为初始电位分布。

对于普通连续式绕组，αl 约为 5～30，此时 $\mathrm{sh}\alpha l\approx\mathrm{ch}\alpha l$，式（12-66）和式（12-67）可近似简化为同一式

$$u=U_0\mathrm{e}^{-\alpha x} \tag{12-68}$$

这就是说，对于普通连续式绕组来说，不论其末端接地或开路，其初始电位分布可近似看成相同的，如图 12-24（a）、（b）所示。由图可见，绕组中的初始电位分布是很不均匀的。初始电位不均匀分布的原因是因为对地电容 $C_0\mathrm{d}x$ 的存在，其不均匀程度与 αl 值有关，αl 值越大，则分布越不均匀，大部分电位降落在绕组首端附近，绕组首端的电位梯度最大，根据式（12-68）可得

$$\frac{\mathrm{d}u}{\mathrm{d}x}=-\alpha U_0\mathrm{e}^{-\alpha x}$$

$$\frac{\mathrm{d}u}{\mathrm{d}x}\Big|_{\max}=\frac{\mathrm{d}u}{\mathrm{d}x}\Big|_{x=0}=-U_0\alpha=-\left(\frac{U_0}{l}\right)(\alpha l) \tag{12-69}$$

式（12-69）表明，在 $t=0$ 瞬间，绕组首端的电位梯度将为平均电位梯度 $\frac{U_0}{l}$ 的 αl 倍，因此对绕组首端的绝缘需要采取一定的保护措施。

从上面的分析可知，$t=0$ 瞬间，绕组相当于一电容链，此电容链可等值为一集小电容 C_{T}，称为变压器的入口电容。实践证明，当很陡的冲击波作用时，一般在 10μs 以内，流经

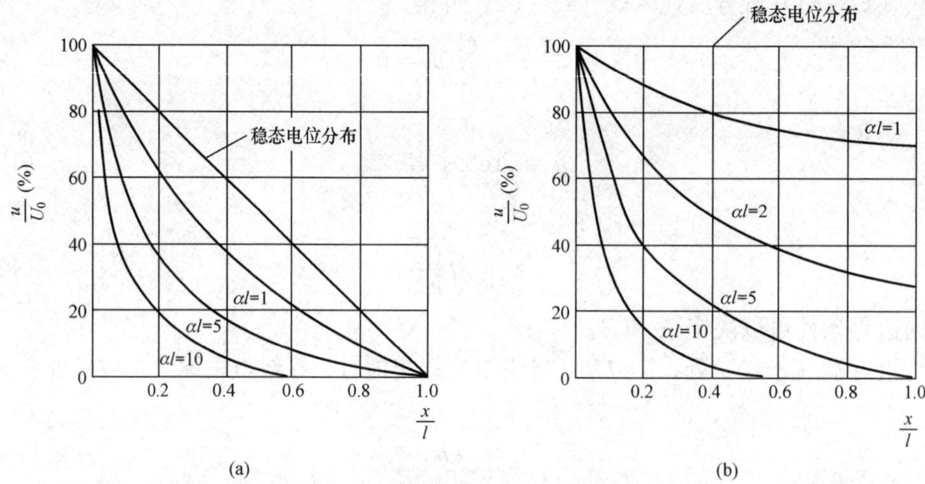

图 12-24 绕组的初始电位分布和稳态电位分布

(a) 绕组末端接地；(b) 绕组末端开路

绕组电感中的电流很小，可以忽略，因此在分析变电站防雷保护时，不论绕组末端是否接地，变压器皆可用入口电容来等值。变压器的入口电容与其额定电压及容量大小有关，对连续式绕组，如缺乏确切数据，则高压绕组的入口电容 C_T 值可参考表 12-2；对纠结式绕组，其入口电容要比表中所列数值大得多。此外，还应注意同一变压器，不同电压等级的绕组，其入口电容是不同的。

表 12-2　　　变压器高压绕组的入口电容

高压绕组的额定电压（kV）	35	110	220	330	500
高压绕组的入口电容（pF）	500～1000	1000～2000	1500～3000	2000～5000	4000～6000

2. 绕组中稳态电压分布和振荡过程

在直流电压 U_0 的作用下，当绕组末端接地时，其稳态（$t\to\infty$）电位分布 $u_\infty(x)$ 将按绕组的电阻分布，可以看作是均匀分布的，即

$$u_\infty(x) = U_0\left(1-\frac{x}{l}\right)$$

当绕组末端开路（不接地）时，其稳态电位分布为

$$u_\infty(x) = U_0$$

末端接地和开路的单相绕组中的起始电压分布、稳态电压分布和振荡过程中对地电压的分布分别如图 12-25（a）、（b）所示。

由于绕组中的初始电位分布和稳态电位分布不同，因此，从初始分布到稳态分布必然有一个过渡过程，同时，由于绕组电感和电容作用，此过渡过程必将具有振荡的性质，在振荡过程的不同时刻，绕组各点对地电位的分布如图 12-25（a）、（b）中曲线 t_l，t_2，t_3…所示，将振荡过程中绕组各点出现的最大电位记录下来并将其连起来成为最大电位包络线，如图 12-25（a）、（b）中曲线 4 所示。作为定性分析，通常将稳态分布与初始分布的差值分布［见图 12-25（a）、（b）中曲线 3］叠加在稳态分布上，如图 12-25（a）、（b）中曲线 5 所示，用以近似地描述绕组各点的最大电位包络线。从图可知，对普通连续式绕组，如末端接

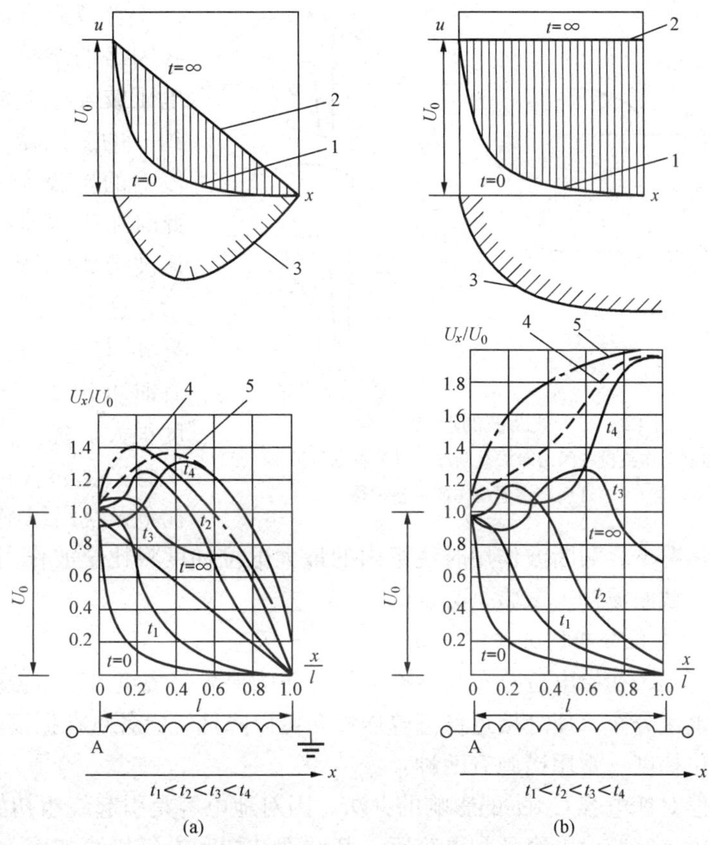

图 12-25　单相绕组中的起始电压分布、稳态电压分布和振荡过程中对地电压的分布

(a) 末端接地；(b) 末端开路（不接地）

地，则最大电位将出现在绕组首端附近，其值将达 1.2～1.4U_0 左右；如末端开路，则最大电位将出现在绕组末端，其值将达 1.8～2.0U_0 左右。实际上由于绕组内的损耗，最大值将低于上述数值。

前已得知，不论绕组末端是接地或开路，当 $t=0$ 时，绕组纵向最大电位梯度将出现在绕组首端，其值为 $U_0\alpha$。理论分析和实验结果均表明，随着振荡过程的发展，最大电位梯度的出现点将向绕组深处传播，以致绕组各点将在不同时刻出现最大电位梯度，这对绕组纵绝缘的保护和设计是很重要的问题。

绕组内的振荡过程与作用在绕组上的冲击电压波形有关，冲击电压波头时间越长，上升速度越低，则绕组上的初始电压分布由于受电感分流的影响，就将与稳态电位发布较为接近，振荡过程的发展就比较缓和，绕组各点对地的最大电位和纵向电位梯度也将较低；反之，当波头很陡的冲击电压作用时，绕组内的振荡过程将很激烈。所以，减小入侵冲击电压的陡度对绕组的主绝缘特别是对绕组的纵绝缘的保护具有很重要的意义。此外，冲击电压波波尾的长短对变压器绕组内的振荡的过程也是有影响的。如果冲击电压波尾较短，则在绕组中的振荡过程尚未充分发展时，外加冲击电压幅值已有较大的衰减，故绕组各点的对地最大电位也会较低。

在运行中，变压器绕组还可能受到截断波的作用，如图 12-26 (a) 所示。在变电站内

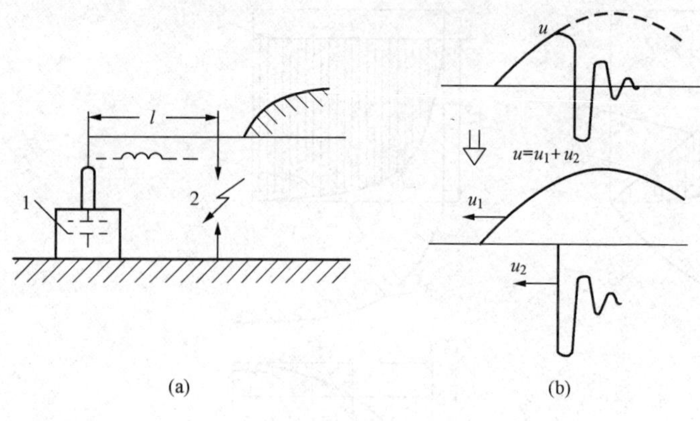

图 12-26　截断波的形成

(a) 管型避雷器动作或设备闪络造成截断波；(b) 截断波波形
1—变压器；2—管型避雷器动作或设备闪络

由于管型避雷器动作或设备绝缘闪络的结果，使入侵的冲击电压波发生截断，原已被充电到 u 的变压器入口电容将经线段 l 的电感放电，形成振荡，此时在变压器绕组端点上的电压波形将如图 12-26（b）所示。这个波形可以看成两个分量 u_1 与 u_2 的叠加，u_2 的幅值有时可达 1.6～2.0u，且其陡度很大，犹如直角波，在绕组中将产生很高的电位梯度，从而危及绕组纵绝缘。实测表明，在相同电压幅值情况下，截断波作用时绕组内的最大电位梯度将比全波作用时要大，因此，对电力变压器进行截断波冲击试验是必要的。

3. 改善绕组中电位分布的方法

由以上分析可知，初始电位分布与稳态电位分布的差异是绕组内产生振荡过电压的根本原因，改变初始电压分布，使之接近稳态电压发布可以降低绕组各点在振荡过程中出现的最大电位和最大电位梯度。常用措施有两种：

（1）采用补偿对地电容 $C_0\mathrm{d}x$ 的影响的办法，因对地电容是引起绕组初始电位分布的主要原因。如在绕组首端装设电容环和电容匝，其原理结构和电气接线如图 12-27 所示，电容环和电容匝与绕组首端相连，电容环（匝）与高压绕组间的电容为 $C_b\mathrm{d}x$，由电容环（匝）

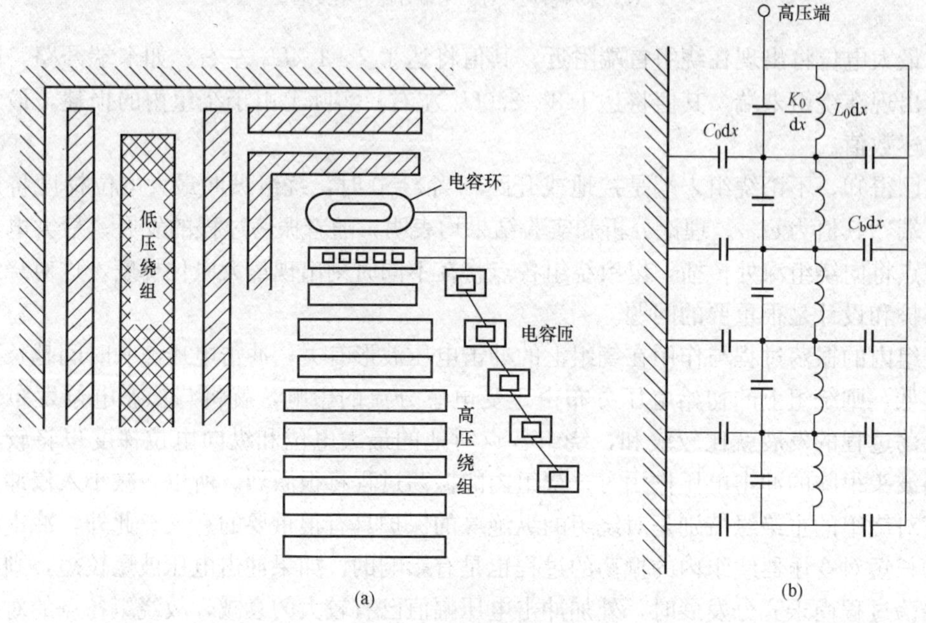

图 12-27　变压器绕组绝缘结构中电容环和电容匝结构示意图及等值电路

(a) 结构示意图；(b) 等值电路

等流经图中 $C_b dx$ 的电流部分补偿了由绕组流经对地电容 $C_0 dx$ 的电流，从而起到均压的效果。但对 220kV 以上电压等级的变压器，这种方法会使变压器的体积和重量显著增大，因此，此法的应用有一定的局限性。

(2) 采用增大纵电容 K_0/dx 的办法使绕组对地电容 $C_0 dx$ 的影响相对减小，图 12 - 28 表示了纠结式绕组与普通连续式绕组的电气接线和等值电容链的比较。可以明显地看出，纠结式绕组的纵向电容比连续式大得多，一般纠结式绕组的 αl 只有 1.5 左右，这样，其初始分布就比较接近于稳态分布，振荡过程也要缓和得多。现在高压大容量变压器的绕组已较普遍地采用此类结构。

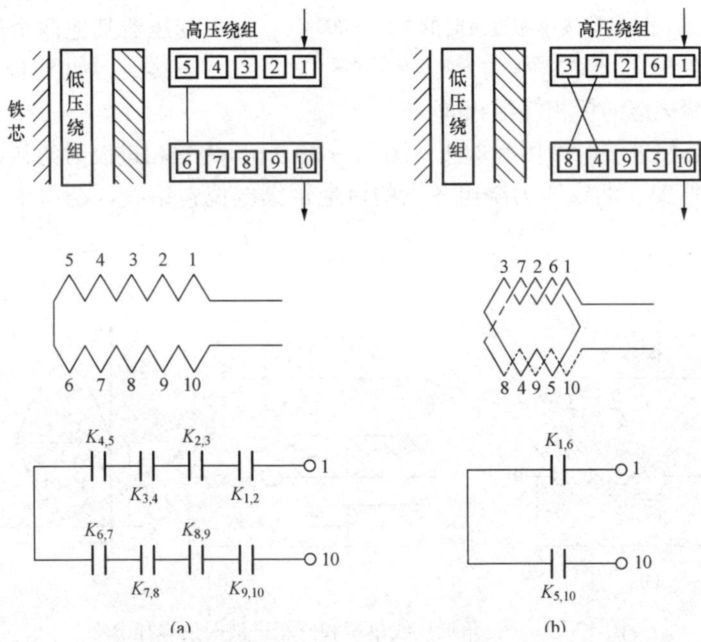

图 12 - 28　连续式和纠结式绕组的电气接线和等值匝间电容结构图

(a) 连续式；(b) 纠结式

二、三相变压器绕组中的波过程

三相绕组中波过程的基本规律与单相绕组一样，现分别讨论。

1. 星形接线中性点接地

该接线绕组可以看成是三个独立的绕组，不论一相、两相或三相进波，均与单相绕组的波过程规律相同。

2. 星形接线中性点不接地

由于绕组对冲击波的阻抗远大于线路波阻，故当一相进波时其他两相绕组首端可视为与接地相当。其初始分布和稳态分布见图 12 - 29 中曲线 1 和 2。曲线 3 为绕组各点对地的最大电压包络线，中性点的稳态电压为 $\frac{1}{3}U_0$，因此在过渡过程中中性点最大对地电位将不超过 $\frac{2}{3}U_0$。

两相进波时可用叠加法来估计绕组各点的最大对地电位，中性点的稳态电位将为 $\frac{U_0}{3}+$

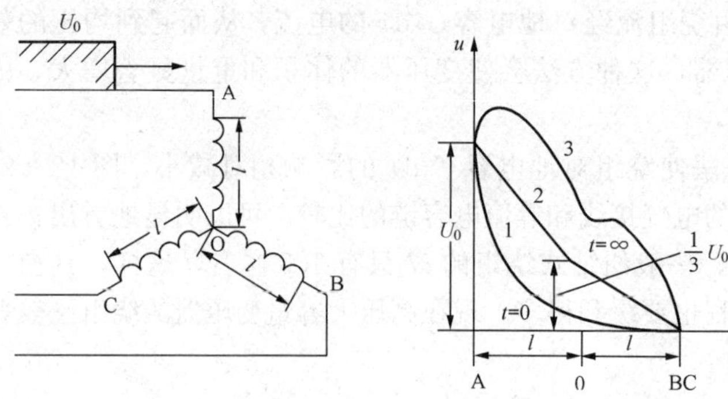

图 12 - 29　星形接线单相进波时的电压分布

1—初始分布；2—稳态分布；3—最大电压包络线

$\frac{U_0}{3}=\frac{2U_0}{3}$，在过渡过程中中性点最大对地电位将不超过去$\frac{4}{3}U_0$。

三相进波时，其规律与末端开路的单相绕组相同。

3. 三角形接线

因绕组对冲击波的阻抗远大于线路波阻，故当一相进波时，变压器其他两个端点可视为相当于接地，如图 12 - 30（a）所示，因此其情况与末端接地的单相绕组相同。

两相进波或三相进波时可用叠加法，图 12 - 30（b）为三相进波时的初始分布（曲线 1）和稳态分布（曲线 2），曲线 3 为绕组各点的对地最大电位包络线，绕组中部对地最高电位可达 $2U_0$ 左右。

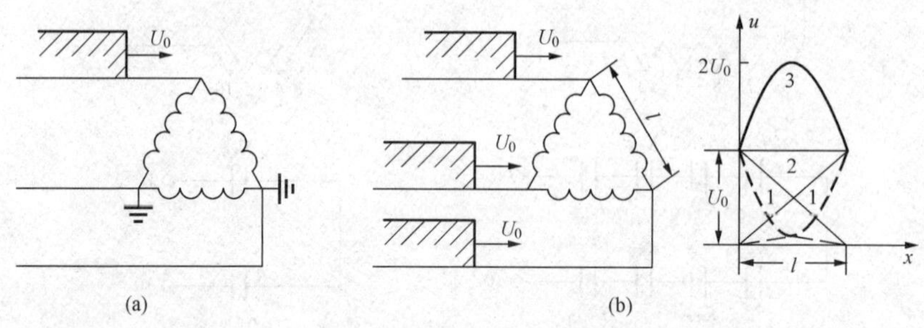

图 12 - 30　三角形接线单相和三相进波时的电压分布

（a）单相进波；（b）三相进波时的电压分布

1—初始分布；2—稳态分布；3—最大电压包络线

三、冲击电压在绕组间的传递

当冲击电压波入侵变压器某一绕组时，由于绕组间的电磁耦合，该变压器的其他绕组上也会出现过电压。在冲击电压作用下，绕组间电压的传递基本上有两个分量，其一是静电耦合所产生，其二是电磁耦合所产生。现分别简述如下。

1. 静电分量

图 12 - 31 为变压器两个绕组间的电容耦合等值接线，当冲击电压入侵绕组Ⅰ时，绕组Ⅰ的对地电位为 U_0。由于静电电容耦合，在绕组Ⅱ上出现的静电分量 u_{2g} 为

$$u_{2g}=\frac{C_{12}}{C_{12}+C_2}U_0 \tag{12 - 70}$$

式中　C_{12}——绕组Ⅰ、Ⅱ间的电容；

C_2——绕组Ⅱ的对地电容（包括与绕组Ⅱ相连设备和线路的对地电容）。

若绕组Ⅱ为低压绕组，则因低压绕组通常与很多线路或电缆相连，故 C_2 远大于 C_{12}，因此静电分量对低压绕组一般是没有危险的。但若低压绕组处于开路状态，例如三绕组变压

器，高压侧和中压侧均处于运行状态，低压侧开路，则此时 C_2 仅为低压绕组本身的对地电容，其值较小。当高压或中压侧进波时，静电分量有可能危及低压绕组的绝缘，需要采取相应保护措施。

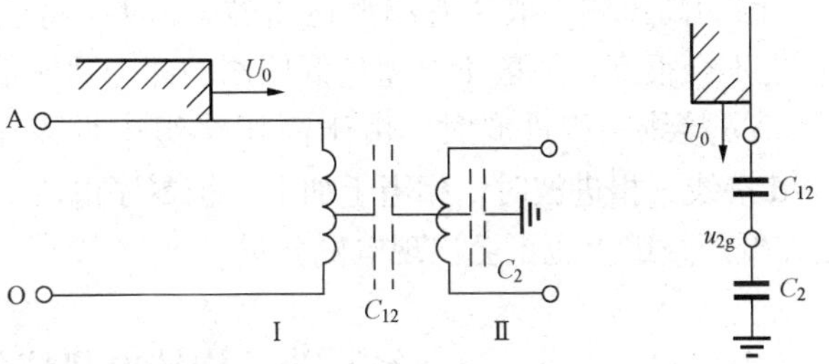

图 12-31　绕组间的静电耦合

2. 电磁分量

在冲击电压波入侵到变压器绕组的瞬间，由于电感中电流不能突变，故在初始时刻绕组间电压的传递是以静电耦合形式进行的，以后电流流经绕组产生磁通，将在未受冲击电压入侵的绕组中产生感应电压，此电压由电磁感应所产生，故称为电磁分量。电磁分量按绕组的变比传递，在三相绕组中又与绕组的接线方式及一相、两相或三相进波有关，现以 Yd 接线单相进波为例进行分析。

Yd 接线中一般 Y 为高压侧接线，d 为低压侧接线。现若 Y 侧 A 相进波，其端点对地电压为 U_0，如图 12-32 所示。在冲击波作用下变压器绕组波阻抗远大于 B、C 相线路波阻抗，故 B、C 两相端点相当于接地，这样，在绕组 AO 上的压降为 $\frac{2}{3}U_0$，绕组 BO、CO 上的压降为 $\frac{1}{3}U_0$，故低压绕组 ac、ab、bc 中的电磁分量分别为 $u_{ac}=\frac{2}{3}\times\frac{U_0}{n}$，$u_{ab}=\frac{1}{3}\times\frac{U_0}{n}$，$u_{bc}=\frac{1}{3}\times\frac{U_0}{n}$，式中 n 为绕组 AO 与 ac、BO 与 ab、CO 与 bc 之间的变化。若取高低压线电压的变比为 K，则 $u_{ac}=\frac{2}{\sqrt{3}}\times\frac{U_0}{K}$，$u_{ab}=\frac{1}{\sqrt{3}}\times\frac{U_0}{K}$，$u_{bc}=\frac{1}{\sqrt{3}}\times\frac{U_0}{K}$，因 b 点对称于 a、c 点，故 $u_b=0$，则 $u_a=\frac{1}{\sqrt{3}}\times\frac{U_0}{K}$，$u_c=-\frac{1}{\sqrt{3}}\times\frac{U_0}{K}$。

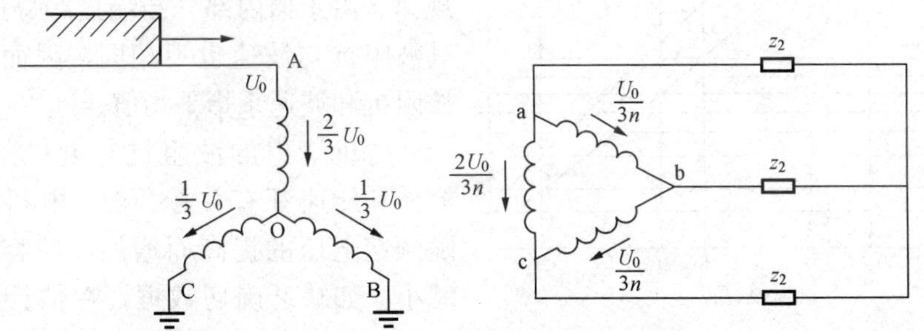

图 12-32　Yd 接线单相进波时的电磁分量

z_2—低压侧波阻抗

按相同方法，可以求得不同接线方式下单相或两相进波时传递到低压绕组上的电磁分量，其结果与上述相同，可按下式估算。

$$u_{2m}=\frac{U_0}{\sqrt{3}K} \tag{12-71}$$

式中　K——高低压侧线电压的变比；

U_0——作用在 Y 侧绕组上的冲击电压幅值。

因为高压侧一般装有阀型避雷器，故 U_0 将受避雷器的残压所限制，低压侧电磁分量 u_{2m} 也不会很高，一般不会超过低压侧的冲击耐压值。

Yd 接线三相进波时，由于高压绕组中性点不接地，故在低压侧不会出现电磁分量；YNd 接线三相进波时，相当于加上一组零序电压，低压侧的 d 接线对零序电压形成了短路，故在低压绕组上也不会出现电磁分量。

第八节　旋转电机绕组中的波过程

旋转电机（包括发电机、同期调相机、大型电动机等）与电网的连接方式有通过变压器与电网相连和直接与电网相连两种。在前一种连接方式下，雷击电网时冲击电压波将通过变压器绕组间的传递再传到旋转电机，实践证明对旋转电机的危害性不大。在直接与电网架空线相连的方式下，雷电产生的冲击电压将直接自线路传至电机，对电机的危害性很大，需要采取相应的保护措施。为了能够正确地制订旋转电机的防雷保护措施，需要掌握旋转电机绕组在冲击电压作用下波过程的基本规律。

旋转电机绕组可分为单匝和多匝两大类，大功率的高速电机往往是单匝的，小功率低转速或电压较高的电机往往是多匝的。

对于单匝绕组，因为不存在匝间电容，所以此类绕组的等值接线就与输电线路相同。对于多匝绕组，匝间电容显然是存在的。但是考虑到在运行中的电机大都采用了限制侵入波陡度的措施，使得侵入电机的冲击电压的波头已很平缓，故匝间电容的作用也就相应减弱，如果略去其作用，则多匝绕组的等位接线也可认为与输电线路相同，这样，电机绕组就可以用波阻抗和波速的概念来表征其波过程规律。由于槽内部分与端接部分的参数不同，其波阻抗与波速也不相同，因而电机绕组的波阻抗和波速系指平均值。

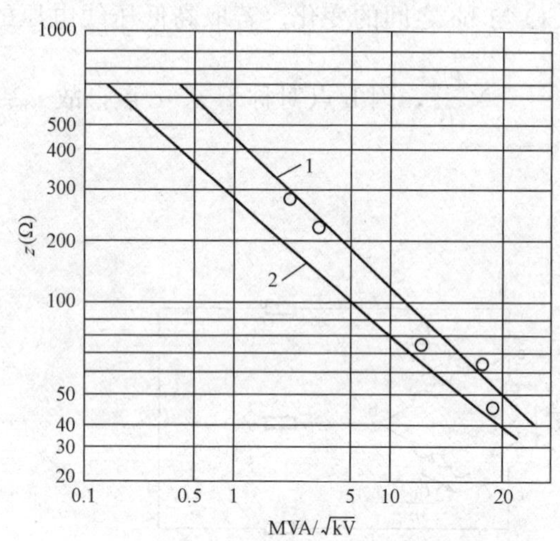

图 12 - 33　汽轮发电机绕组的波阻抗

1— 一相进波时的波阻抗；

2—三相进波时一相等值波阻抗

电机绕组的波阻抗与电机的额定电压、容量和转速都有关，一般，电机绕组波阻抗随额定电压的提高而增加，随容量的增加而减小。如缺乏确切数据，在估计汽轮发电机波阻值时，可参考图 12 - 33；对低速电机，波阻值可以近似地估计为图中值的两倍。

图 12 - 34 为汽轮发电机绕组的平均波速，在缺乏实际数据时可参考。

波在电机绕组中传播时，与波在输电线路中传播不同，它存在着可观的铁损、铜损和介质损（主要是铁损），因而随着波的传播，波将较快地衰减和变形。

波到达中性点并再返回时，其幅值已衰减得很小，其陡度也已极大地缓和了，因此，在估计绕组中最大纵向电位差时，可以认为是由侵入绕组的前行电压波造成的，并将出现在绕组首端。

若入侵波的陡度为 a，绕组一匝长度为 l，平均波速为 v，则作用在匝间绝缘上的电压 u 如图 12 - 35 所示，由此可写出

$$u = a\frac{l}{v} \tag{12 - 72}$$

从式（12 - 72）可知，匝间电压与入侵波陡度 a 成正比。a 很大时，匝间电压将超过匝间绝缘的冲击耐压值而发生击穿事故。试验结果表明，为了保护匝间绝缘，必须将入侵波陡度 a 限制在 5kV/μs 以下。

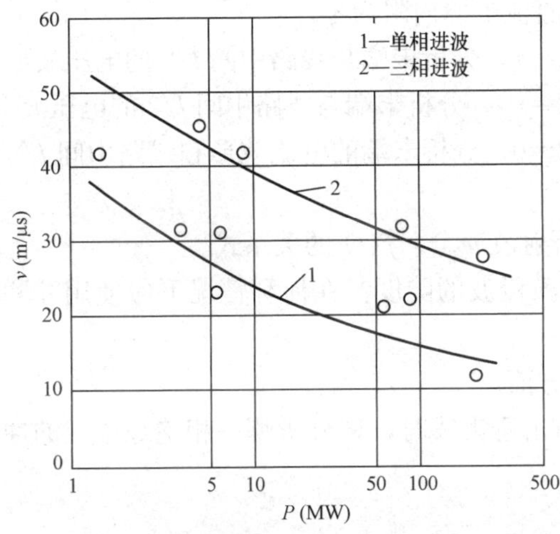

图 12 - 34 汽轮发电机绕组的平均波速

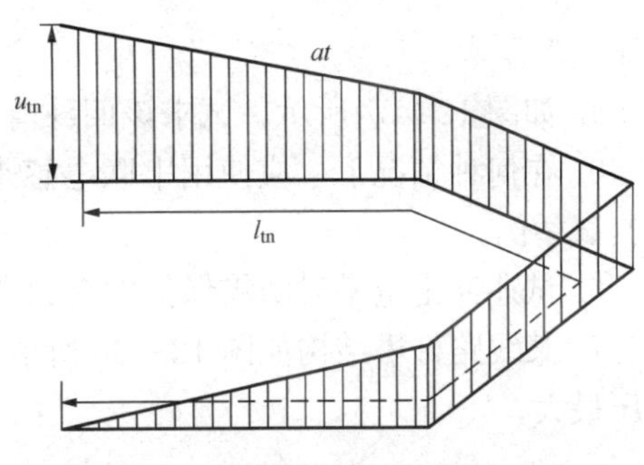

图 12 - 35 匝间电压计算示意图

在电力系统中，输电线路、电缆以及变压器、电机绕组等，都是具有分布参数的电路元件。当在电路的某一点出现电压、电流的突然变化时，这一变化并不能立即在其他各点出现，而要以电磁波的形式按一定的速度从该点向其他各点传播。例如，当输电线路受到雷击时，在雷击点导线对地出现的高电压将沿着导线向两边传播。这个沿线路传播的电压波以及与其相伴而行的电流波一般称为行波（分布参数电路的过渡过程实质上就是电磁波传播的过程，简称为波过程）。当行波到达变电站或其他节点时，由于电路参数的改变，将引起波的折射和反射。因此，为了研究在变电站设备上出现的过电压，就要研究行波的传播及其折射、反射等过程。而为了了解变压器、电机绕组在受到雷电冲击电压作用下的电压分布，也需要研究绕组内部的波过程。

因而，本章先从无损耗单导线中波过程的产生入手，引出了前行波、反行波、波阻抗等一些基本概念，随后进一步阐述了行波在传播中的一些特性，即折射与反射（或多次折射、反射）。通过以上的阐述后又分别介绍了行波通过串联电感和并联电容，无损耗平行多导线系统中的波过程，冲击电晕对线路波过程的影响三个方面的内容，从而进一步加深对线路中波过程的认识。最后结合实际，阐述了电力线路中的一些具体设备（如单相变压器，三相变压器，旋转电机）的绕组中的波过程，以及冲击电压在变压器绕组中传递的特性。

思考题与习题

1. 试分析波阻抗的物理意义及其与电阻的不同点。

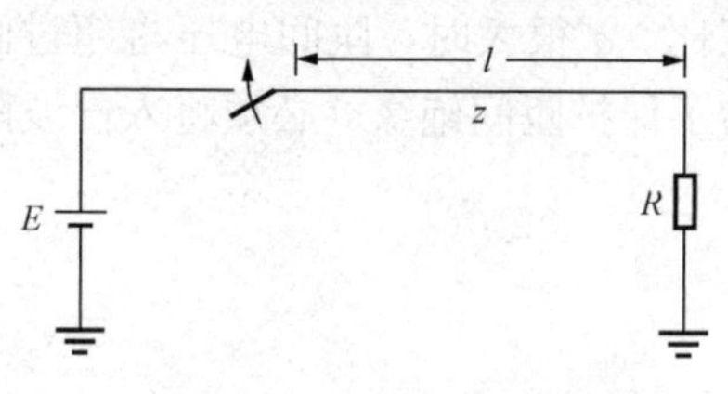

图 12 - 36 直流电源合闸于有限长线路

2. 试论述彼德逊法则的使用范围。

3. 试分析直流电源 E 合闸于有限长导线（长度为 l，波阻为 z）的情况，末端对地接有电阻 R（见图 12 - 36）。假设直流电源内阻为零。

（1）$R=z$，分析末端与线路中间 $l/2$ 的电压波形；

（2）$R=\infty$，分析末端与线路中间 $l/2$ 的电压波形；

（3）$R=0$，分析末端的电流波形和线路中间 $l/2$ 的电压波形。

4. 如图 12 - 37 所示，试求该四种情况下折射波 $u_{2q}=f(t)$ 的关系式。

5. 在何种情况下，应使用串联电感来降低入侵波的陡度？在何种情况下应使用并联电容？试举例。

6. 试述冲击电晕对防雷保护的有利和不利方面。

7. 某线路杆塔结构如图 12 - 38 所示，当雷击避雷线时，试分析哪一相绝缘子上的冲击电压最大。

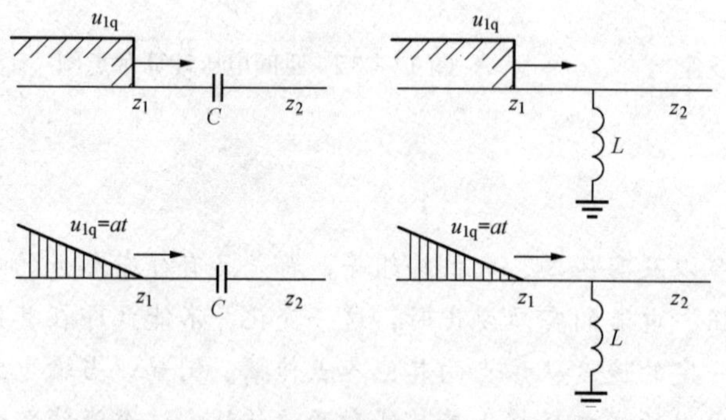

图 12 - 37 直角波和斜角波通过串联电容和通过并联电感

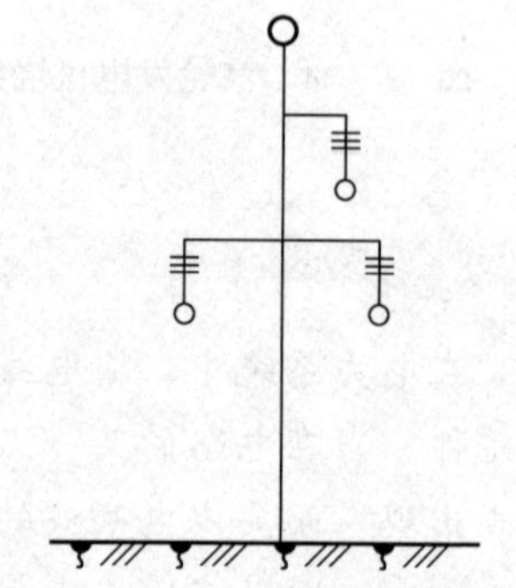

图 12 - 38 某线路杆塔结构

8. 当冲击电压作用于变压器绕组时，在变压器绕组内将出现振荡过程，试分析出现振荡的根本原因，并由此分析冲击电压波形对振荡的影响。

9. 为什么说冲击截断波比全波对变压器绕组的影响更为严重？

10. 试分析变压器绕组内部波过程和旋转电机绕组内部波过程的不同点。

第十三章 雷电及防雷设备

教学要求

了解雷电放电过程和雷电过电压的种类，熟悉雷电参数；了解避雷针（线）和避雷器的工作原理，熟悉避雷器的结构和分类；掌握避雷针（线）的保护范围计算方法；掌握避雷器的电气性能。

第一节 雷电放电和雷电过电压

雷电是自然界中一种极为壮观的气体放电现象。通常将雷电引起的电力系统过电压，称为大气过电压，也叫雷电过电压或雷闪过电压。大气过电压分为直击雷过电压和感应雷过电压两种。大气过电压对电气设备绝缘威胁很大，所以必须采取保护措施。

一、雷云的形成和雷电放电过程

1. 雷云的形成

雷电的形成与带电的云层——雷的存在分不开，有关雷形成的机理解释很多，但迄今为止尚未有统一完整的学说。通常认为雷云是在有利的大气和大地条件下，由强大的潮湿的热气流不断上升进入稀薄的大气层冷凝的结果。强烈的上升气流穿过云层，水滴被撞分裂起电，轻微的水沫带负电，被风吹得较高，形成大块的带负电的雷云；大滴水珠带正电，凝聚成雨下降，或悬浮在云中，形成一些局部带正电的区域，如图 13-1 所示。

测量数据表明，一般在 5～10km 的高度主要是正电荷的云层，在 1～5km 的高度主要是负电荷的云层，但在云层的底部也有一块不大区域的正电荷聚集。这是由于在离地面 4～5km 的高空，大气温度经常处于－10～－20℃，因而此处的水分均已变成冰晶，它们与空气摩擦时也会起电。冰晶带负电，空气带正电。带正电的气流携带着冰晶碰撞时造成的细微碎片向上运动，使雷云的上部充满正电荷，而带负电的大粒冰晶下降到云的下部时，因此处气温已在 0℃以上，冰晶融化而成为带负电的水滴。

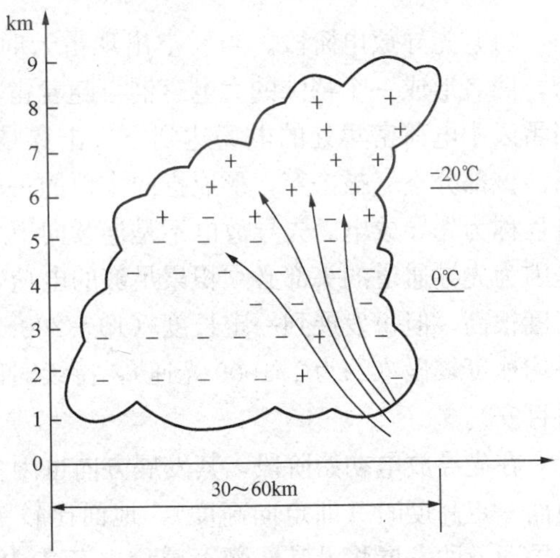

图 13-1 雷云中的电荷分布

所以雷云中的电荷分布不均匀，往往形成多个电荷密集中心，每个电荷中心的电荷约为 0.1～10C，而一大块雷云同极性的总电荷则可达数百库仑。负电荷中心位于雷云的下部，直接击向地面的放电通常从负电荷中心的边缘开始。

从雷云中电荷分布结构来看，云层上部带大量正电荷，下部带大量负电荷，所以雷雨云下部以负电荷为主，离地面较近，更容易与大地发生放电现象，即容易发生负地闪；而云中的大部分正电荷离地面较远，相对负地闪而言，对地放电要困难些，所以正地闪的次数少。但是，由于云中的正负电荷量基本相等，所以正地闪必须比负地闪输送更多的电量。因此，正地闪的电流明显大于负地闪。

2. 雷电放电过程

随着雷云的发展和运动，一旦空间电场强度超过大气游离放电的临界电场强度（大气中的电场强度约为30kV/cm，有水滴存在时约为10kV/cm）时，就会发生云间或对地的火花放电。大多数雷电放电是在雷云与雷云之间进行的，只有少数是对地进行的。在防雷工程中，主要关心的是雷云对大地的放电。

雷云对大地放电经常是多重性的，每次放电分为先导放电、主放电和余光放电三个阶段，如图13－2所示。

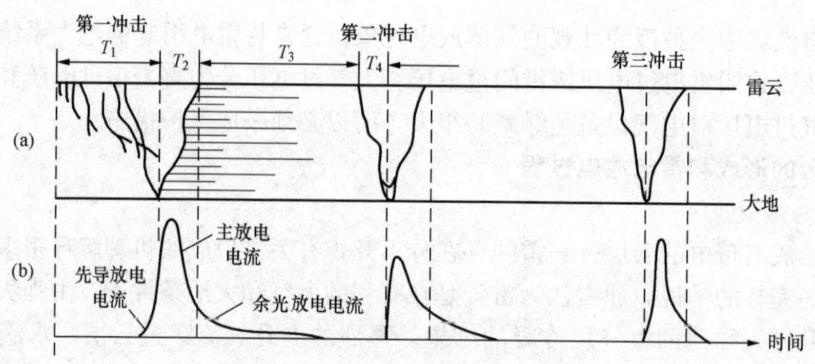

图13－2 雷电放电的发展过程

(a) 放电的光学照片；(b) 雷电流的变化情况

(1) 先导放电阶段。当天空出现雷云时，雷云下的大地会感应出与雷云电荷异号的电荷，两者形成一个特殊的大电容器，随着雷云中电荷逐步累积，空间的电场强度不断增大。当雷云中电荷密集处的电场达到空气击穿场强（25～30kV/cm）时，就产生强烈的碰撞游离，该部分空气被击穿，形成指向大地的一段导电通道。这个导电通道的形成和向下发展的过程称为先导放电。先导放电不是连续向下发展的，而是一段接着一段分级向下前进的，这是因为先导通道的头部必须积累足够的电荷，才能使它前面的空气游离。每一级先导发展的速度很高，但每发展到一定长度（10～200m）就有一个10～100μs的间隔，故先导放电的平均速度较慢（约为1/1000光速），持续时间0.005～0.010s，相应的电流也较小（数十到数百安）。

在先导放电初始阶段，其发展方向也因受到一些偶然因素的影响，并不固定。但当它距地面一定高度时（即定向高度），地面比较突出的部位上出现感应电荷，使局部电场增强，先导通道的发展将沿其头部至感应电荷集中点之间发展。因此，先导通道的发展具有定向性，或者说雷击有选择性。

(2) 主放电阶段。当先导通道接近地面时，先导头部和地面的电位差可达数兆伏。这时地面比较突出的部位会发展向上的迎面先导，迎面先导通道中的电荷与下行先导中的电荷为异极性。当迎面先导与下行先导相遇时，便产生强烈的“中和”过程，引起极大的电流，这就是雷电的主放电阶段，伴随出现闪电和雷鸣现象。主放电过程是沿着负的下行先导通道由下向上发展的，主放电阶段的时间极短，约 50～100μs，放电速度为光速的 1/20～1/2；主放电时电流可达数十到数百千安。

(3) 余光放电阶段。主放电到达云端时，主放电结束。云中的残余电荷经主放电通道下泄，称为余光放电阶段。余光放电阶段的电流不大，约为数百安，但持续时间可达 0.03～0.15s。

由于雷云中的电荷分布不均，可能存在多个电荷密集中心，第一个电荷密集中心完成上述放电过程之后，可能会引起其他电荷密集中心放电，第二次及以后的放电通常沿第一次放电通道进行，因此雷电可能是多重性的。第二次及以后的主放电电流一般较小，但电流的上升速度比第一次高。

二、直击雷过电压

直击雷过电压是指雷电直接对电气设备放电，引起强大的雷电流通过被击物导入大地，在被击物上产生的过电压。直击雷过电压的幅值通常可达数百千伏至数兆伏，电流幅值可达几十千安至数百千安。下面以雷击避雷针为例，来说明直击雷过电压，如图 13 - 3 所示。

若避雷针高度为 h，避雷针接地体的冲击接地电阻为 R_{ch}。假定雷电通道中的线电荷密度为 σ(c/m)，主放电速度为 v，则雷电主放电电流为

$$i = \sigma v \tag{13-1}$$

由图 13 - 3 可以看出，避雷针顶端对地电位等于避雷针针体电压降与避雷针接地体的电压降之和。由于雷电流波形为典型的冲击波形，雷电流波前陡度很大，所以雷电流在通过避雷针时，避雷针的周围磁场会产生剧烈的变化。设单位长度避雷针的电感为 L_0，雷电流的陡度为 di/dt，则雷电流在避雷针针体上的电压降为 $L_0 h di/dt$（避雷针针体电阻引起的电压降较小，忽略不计），接地体电压降为 iR_{ch}。由此得到雷击避雷针顶端后，避雷针顶端对地电压为

$$U = L_0 h \frac{di}{dt} + iR_{ch} \tag{13-2}$$

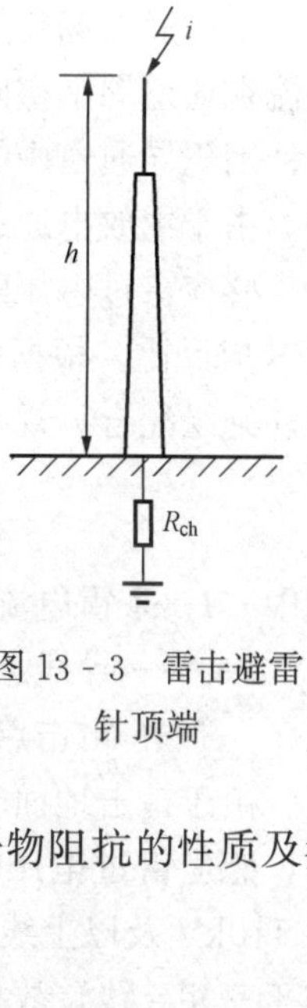

图 13 - 3 雷击避雷针顶端

由式（13 - 2）可知，直击雷过电压幅值受到下列因素影响：①被击物阻抗的性质及参数；②雷电流的幅值及波形。

三、感应雷过电压

感应雷过电压是指当雷闪击中电气设备附近地面，在放电过程中由于空间电磁场的急剧变化而使未直接遭受雷击的电气设备上感应出的过电压。感应雷过电压可由静电感应产生，也可由电磁感应产生。下面以雷击输电线路附近地面为例，说明感应雷过电压的形成。

如图 13 - 4 所示，以负雷云为例，在雷云放电的先导阶段，先导通道充满了负电荷，线路处于雷云与先导通道的电场中，在先导通道产生的空间电场水平分量 E_x 作用下，将导线两端与雷云异号的正电荷吸引到靠近先导通道的一段导线上来成为束缚电荷。因为先导通道发展速度较慢，所以导线上束缚电荷聚积也很缓慢，由此引起的电流不大；同时由于导线对地泄漏电导的存在，导线电位将与导线远离雷云处的导线电位相同。当先导通道到达地面

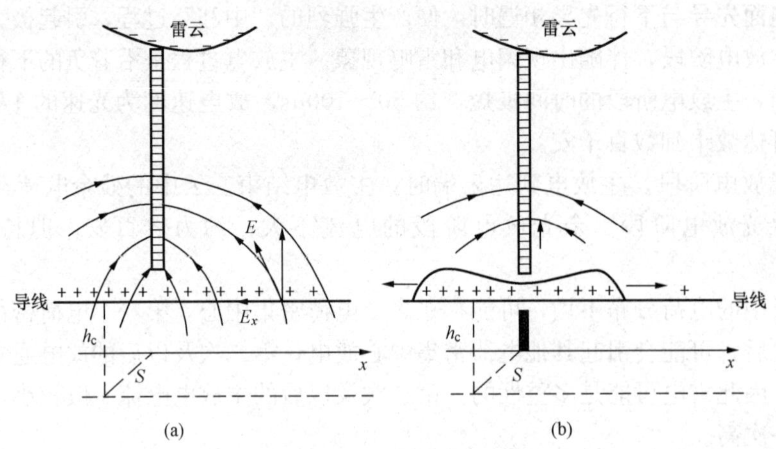

图 13-4 感应过电压的形成

(a) 先导阶段；(b) 主放电阶段

时，主放电开始，先导通道中的电荷被迅速中和，先导通道所产生的电场急剧降低，使导线上的束缚电荷变成自由电荷，沿导线向两侧运动形成感应雷过电压，这种因先导通道中电荷所产生的静电场突然消失而引起的感应电压称为感应电压静电分量。同时，雷击通道中的雷电流在通道周围空间建立的强大的磁场，该磁场的变化也将会在导线上感应出很高的电压，这种因先导通道中的雷电流所产生的磁场变化而引起的感应电压称为感应过电压的电磁分量。由于主放电通道与输电线路垂直，互感不大，所以电磁感应分量比较小。

感应雷过电压的大小与雷电流幅值 I 和导线悬挂高度 h_c 成正比，与雷击点距线路的距离 S 成反比。根据理论分析和实测结果，我国 DL/T 620—1997《交流电气装置的过电压保护和绝缘配合》规程建议，当 S>65m 时，导线上的感应雷过电压幅值 U_i(kV) 为

$$U_i = 25\frac{Ih_c}{S} \tag{13-3}$$

式中 I——雷电流幅值，kV；

h_c——导线悬挂的平均高度，m；

S——雷击点离线路的距离，m。

由于雷击地面时雷击点的自然接地电阻较大，雷电流幅值一般不超过 100kA。根据实测，感应雷过电压幅值一般为 300～400kV，对 35kV 及以下水泥杆线路会引起闪络事故；对 110kV 及以上线路，由于绝缘水平较高，一般不会引起闪络事故。感应雷过电压同时存在于三相导线，故相间不存在电压差，所以感应雷过电压不会引起架空线路相间绝缘闪络。感应过电压的极性与雷电流极性相反。

第二节 雷电放电的计算模型和雷电参数

一、雷电放电的计算模型

雷击地面由先导放电发展到主放电的过程可以用一根已充电的垂直导线突然遇大地接通来模拟，如图 13-5（a）所示。主放电过程的开始相当于开关 S 突然闭合，此时将有大量正、负电荷沿着通道相向运动，如图 13-5（b）所示，从而使地面上感应的正电荷与来自

雷云的负电荷迅速中和，这些相向运动的正、负电荷形成主放电电流。若大地为一理想导体，则流经主放电通道的电流为先导通道中的电荷线密度 σ 和主放电发展的速度 v 的乘积（即 $i_L=\sigma v$）。

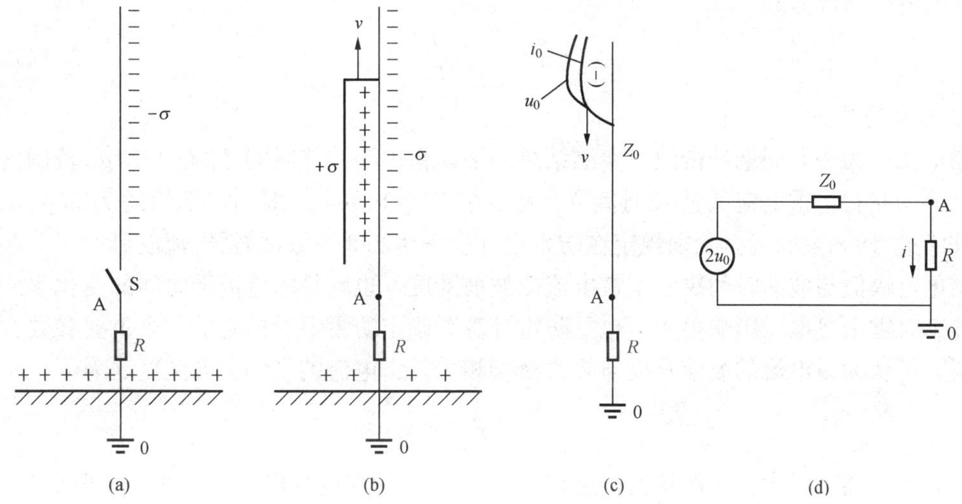

图 13-5 雷电放电计算模型和等值电路

(a) 先导放电；(b) 主放电；(c) 计算模型；(d) 彼德逊等值电路

研究表明，先导通道具有分布参数的特征，其波阻抗用 Z_0 表示（通常 Z_0 取为 300Ω）。当被击物体的阻抗为任意值 Z 时，流经被击物的电流 i_Z 为

$$i_Z=\sigma v\frac{Z_0}{Z_0+Z} \tag{13-4}$$

从式（13-4）可知，流经被击物体的电流 i_Z 与被击物体的阻抗 Z 有关，Z 越大，流经被击物体的电流越小。当 $Z=0$ 时，流经被击物体的电流被定义为“雷电流”，以 i_L 表示。但实际上，被击物体的阻抗不可能为零值，故国际上习惯于把雷击于接地阻抗小于 30Ω 的物体时流过该物体的电流称为“雷电流”。

从实际效果来看，雷击物体的过程可以看作为一个入射波为雷电流一半（$i_L/2$）的电流波沿一条波阻抗为 Z_0 的通道向被击物体传播过程，如图 13-5（c）所示，其彼德逊等值电路如图 13-5（d）所示。

二、雷电参数

从雷电过电压计算和防雷设计角度来看，最为关心雷电流的波形、雷电流的幅值分布及落雷密度等参数。

1. 雷电流幅值

雷电流幅值是表示雷电强度的指标。雷电流幅值的大小主要与气象、地质条件和地理位置有关，只有通过大量实测才能正确估算雷电流幅值的概率分布规律。根据我国长期进行的大量实测结果，对于一般地区，雷电流幅值超过 I 的概率的计算式

$$\lg P=-\frac{I}{88} \tag{13-5}$$

式中 I——雷电流幅值，kA；

P——幅值大于 I 的雷电流出现的概率，例如幅值大于 88kA 的雷电流出现的概率为10%。

对于我国西北、内蒙古等年平均雷暴日小于 20 的地区，雷电流幅值较小，雷电流幅值超过 I 的概率的计算式

$$\lg P = -\frac{I}{44} \tag{13-6}$$

2. 雷电流波形

雷电流作为一非周期冲击波，实测结果表明，雷电流波前时间 T_1 在 1～4μs 范围内，平均为 2.6μs 左右。雷电流的波长时间 T_2 大多在 20～100μs 范围内，平均约为 50μs，大于 50μs 的仅占 18%～30%。我国规定在防雷设计中采用 2.6/50μs 的雷电流波形。

雷电流幅值与波前时间决定了雷电流的波前陡度，也就是雷电流随时间的变化率。雷电流的陡度对雷击过电压影响很大，也是防雷计算和确定防雷保护措施的一个重要参数。据统计分析，可认为雷电流的波前陡度与幅值密切相关，雷电流的平均上升陡度 α 为

$$\alpha = \frac{I}{T_1} = \frac{I}{2.6}(\mathrm{kA}/\mu\mathrm{s}) \tag{13-7}$$

即幅值越大，陡度越大。一般认为陡度超过 50kA/μs 的雷电流出现的概率已经很小。

电气设备的雷电冲击试验和防雷设计要求将雷电波波形等值为可用公式表示的典型波形。常用的等值波形有双指数波、斜角波和半余弦波等三种。

双指数波形是雷电流的标准波形，如图 13-6（a）所示，这是与实际雷电流波形最为接近的等值波形，其表达式为

$$i = I_0(e^{-\alpha t} - e^{-\beta t}) \tag{13-8}$$

式中 I_0——雷电流幅值；

α、β——时间常数。

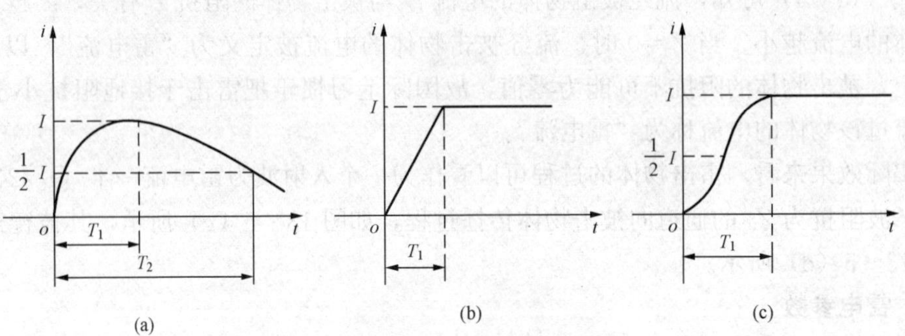

图 13-6 雷电流等值波形

(a) 双指数波；(b) 斜角波；(c) 半余弦波

为了简化防雷计算，在一般线路防雷计算中采用斜角波，如图 13-6（b）所示，其波前陡度有雷电流幅值和波前时间决定，其表达式为

$$i = \alpha t \tag{13-9}$$

式中 α——波前陡度，kA/μs

在设计特殊大跨越、高杆塔时采用半余弦波，如图 13-6（c）所示，这种波形较为接近实际雷电流波前形状，计算结果更加接近实际而且偏严格，其表达式为

$$i=\frac{I}{2}(1-\cos\omega t) \tag{13-10}$$

式中 ω——角频率，由波前时间决定，即 $\omega=\pi/T_1$。

半余弦波的最大陡度出现在 $t=T_1/2$ 处，其值为

$$\alpha_{max}=\left(\frac{di}{dt}\right)_{max}=\frac{I\omega}{2} \tag{13-11}$$

平均陡度为

$$\alpha=\frac{I}{T_1}=\frac{I\omega}{\pi} \tag{13-12}$$

由此可见，采用半余弦波时的最大波前陡度比采用斜角波时的波前陡度大 $\pi/2$ 倍。

雷电流极性是由雷云电荷的极性决定的。据实测统计，75%～90%左右的雷电是负极性的，而且负极性过电压波对电气设备绝缘的危害较大，所以在防雷计算中一般均按负极性考虑。

3. 雷暴日及雷暴小时

在进行防雷设计时，应从当地雷电活动的具体情况出发。表征某一地区雷电活动的频繁程度通常是以年平均雷暴日数或雷暴小时数度量的。雷暴日是指一年中有雷电的天数。雷暴小时是指一年中有雷电的小时数。在一天或一个小时内只要有雷声就算是一个雷暴日或一个雷暴小时。据统计，我国大部分地区一个雷暴日折合为 3 个雷暴小时。

雷电活动的强弱不但和地球的纬度有关，而且与气象条件有很大关系。我国海南省和广东雷州半岛是我国雷电活动最为频繁的地区，年平均雷暴日高达 100～133；长江以南一带为 40～80；长江以北大部分地区（包括东北）多在 20～40 之间；西北地区多数在 20 以下。通常把年平均雷暴日数超过 90 的地区叫做强雷区，超过 40 的地区为多雷区，不足 15 的地区为少雷区。因此，在防雷设计中，应根据雷暴日数的多少因地制宜。

4. 地面落雷密度

地面落雷密度是描述雷云对地放电活动强度的基本参数。地面落雷密度是指每一雷暴日每平方千米地面遭受雷击的次数，以 γ 表示。年雷暴日数 T_d 不同地区的 γ 也各不相同，一般年雷暴日数 T_d 较大地区 γ 值也较大。我国 DL/T 620—1997《交流电气装置的过电压保护和绝缘配合》规定，对 $T_d=40$ 的地区取 $\gamma=0.07$。

第三节 避雷针和避雷线的保护范围

避雷针和避雷线是用来保护建筑物、电气设备及线路等避免雷击的装置。在电力系统中装设避雷针或避雷线是防直击雷过电压的有效措施。避雷针和避雷线是由接闪器、引下线和接地装置三部分组成。

当雷云先导开始向下伸展时，因先导头部离地较高，其发展方向不受地面物体的影响，但当先导头部发展到距地面某一高度 H 时，高出地面的避雷针（线）将影响其电场的分布，先导与避雷针（线）之间形成足够大的电场强度，使先导向避雷针（线）定向发展，最终向避雷针（线）放电，从而保护使处于它们周围的较低物体免遭雷击。高度 H 称为定向高度，它与避雷针的高度 h 有关。根据实验，当 $h\leqslant30$m 时，$H\approx20$h；当 $h>30$m 时，$H\approx600$m。

避雷针（线）的保护范围可以通过模拟试验并结合运行经验来确定。对于不同的雷击概率有不同的保护范围。通常，避雷针（线）的保护范围是指可遭受雷击概率不大于 0.1%的

空间范围。实践证明，此雷击概率是可以接受的。

避雷针和避雷线保护范围的计算方法有保护角法和滚球法两种。

一、保护角法确定避雷针和避雷线的保护范围

保护角法是基于保护角的概念，在保护角确定后，根据接闪器所处的高度计算保护半径。根据保护角确定保护范围用在户外变配电装置的独立避雷针和架空线路避雷线的保护范围计算时比较方便。我国电力行业标准 DL/T 620—1997《交流电气装置的过电压保护和绝缘配合》规定了对于避雷针和避雷线保护范围的计算方法。

（一）避雷针的保护范围

1. 单支避雷针

单支避雷针的保护范围是一个以其本体为轴线的折线圆锥体，如图 13-7 所示。在高度为 h_x 的水平面上，其保护半径 r_x 可按下式计算

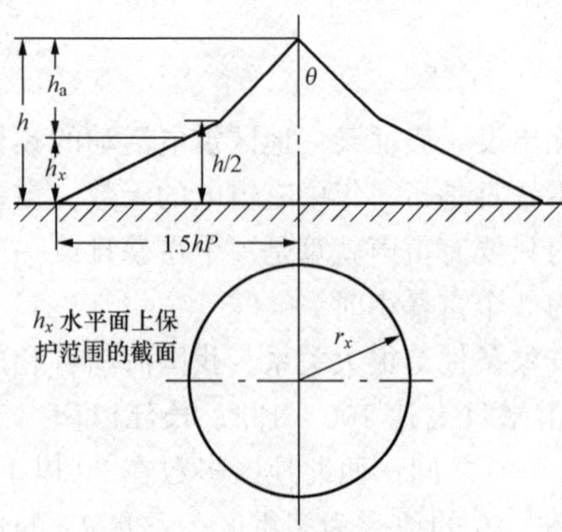

图 13-7 单支避雷针的保护范围

（$h\leqslant 30$m 时，$\theta=45°$）

$$\left.\begin{aligned}&\text{当 } h_x \geqslant \frac{h}{2} \text{ 时}, r_x=(h-h_x)p=h_a p\\&\text{当 } h_x < \frac{h}{2} \text{ 时}, r_x=(1.5h-2h_x)p\end{aligned}\right\}\tag{13-13}$$

式中 h——避雷针高度，m；

h_x——被保护物的高度，m；

h_a——避雷针有效高度，m；

p——高度影响系数。

当 $h\leqslant 30$m 时，$p=1$；当 30m$<h\leqslant 120$m 时，$p=\dfrac{5.5}{\sqrt{h}}$；当 $h\geqslant 120$m 时，按 120m 计算。

2. 两支等高避雷针

两支等高避雷针相距不太远时，由于两针的联合屏蔽保护作用，使两针中间部分的保护范围比单针时要大，如图 13-8 所示。确定两针外侧保护范围的方法与单支避雷针的相同，两针间的保护范围可以通过两针顶点及保护范围上部边缘的最低点 O 的圆弧来确定，O 点

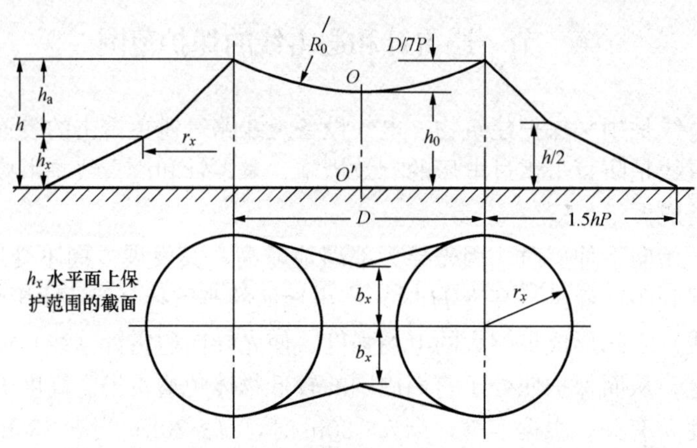

图 13-8 两支等高避雷针的保护范围

的高度 h_0 计算式为

$$h_0 = h - \frac{D}{7p} \tag{13-14}$$

式中 D——两针间的距离，m。

两针间高度为 h_x 的水平面上的保护范围的一侧最小宽度 b_x 按图 13-9 确定。当 $b_x > r_x$ 时，取 $b_x = r_x$。求得 b_x 后，可按图 13-8 绘出两针间的保护范围。

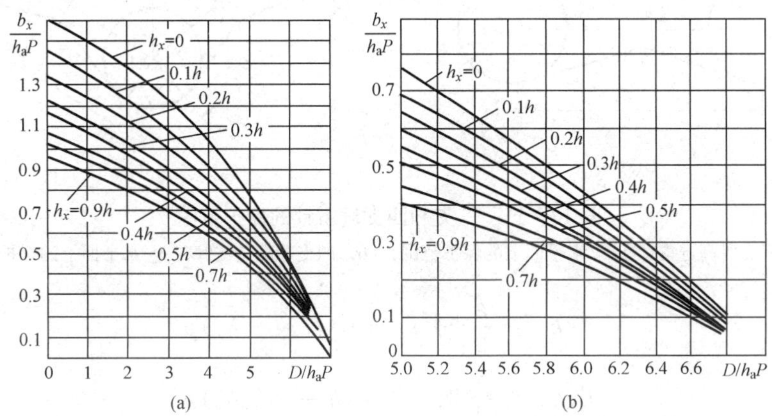

图 13-9 两等高（h）避雷针间保护范围的一侧最小宽度（b_x）与 D/h_aP 的关系

(a) $D/h_aP=0\sim7$；(b) $D/h_aP=5\sim7$

为保证两针联合保护效果，两针间距离与针高之比 D/h 不宜大于 5。

3. 两支不等高避雷针

当两支避雷针不等高时，先按单个避雷针分别作出其保护范围，确定两针外侧的保护范围，如图 13-10 所示，然后由低针 2 的顶点作水平线与高针 1 的保护范围边界交于点 3，再设点 3 为一假想针的顶点，最后按两等高避雷针的方法，确定 2 和 3 两针之间的保护范围。图中 $f=\dfrac{D'}{7p}$。

在发电厂或变电站防雷工程中，实际上大都采用多支避雷针保护的方法。三支等高避雷针形成的三角形的外侧保护范围，可以分别按两支等高避雷针的计算方法确定。如在三角形内被保护物最大高度 h_x 水平面上，各相邻避雷针间保护范围的一侧最小宽度 $b_x \geqslant 0$ 时，则全部面积受到保护，参看图 13-11（a）。四支及以上多支避雷针的保护范围，可将其分成两个或多个三角形，然后按三支等高针的方法计算，如果各边保护范围一侧最小宽度 $b_x \geqslant 0$ 时，则全部面积受到保护，参看图 13-11（b）。

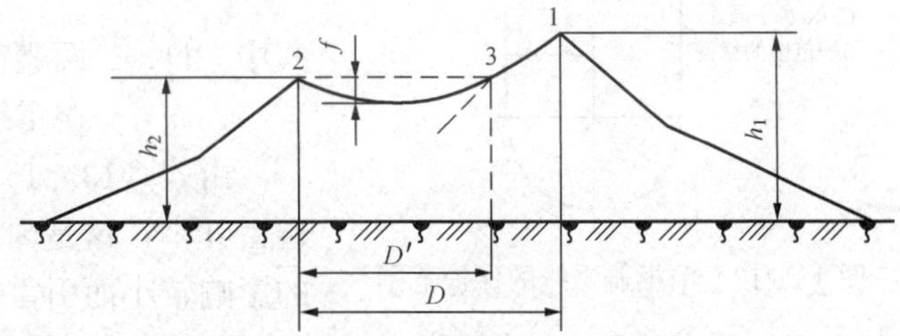

图 13-10 两支不等高避雷针的保护范围

（二）避雷线的保护范围

1. 单根避雷线

单根避雷线的保护范围如图 13-12 所示，可按下式进行计算：

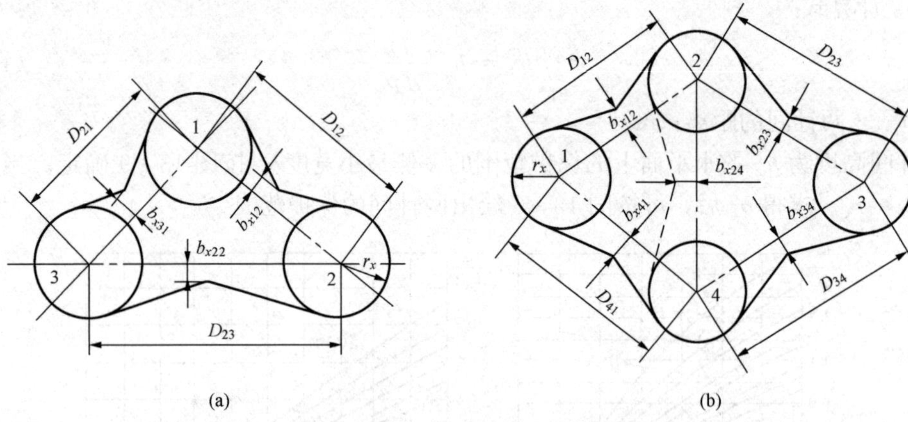

图 13 - 11　三支和四支避雷针的保护范围

(a) 三支等高避雷针在 h_x 水平面上的保护范围；(b) 四支等高避雷针在 h_x 水平面上的保护范围

$$\left.\begin{aligned}&当 h_x \geqslant \frac{h}{2} 时, r_x = 0.47(h-h_x)p\\&当 h_x < \frac{h}{2} 时, r_x = (h-1.53h_x)p\end{aligned}\right\} \tag{13 - 15}$$

式中　r_x——每侧保护范围的宽度，m；

p——高度影响系数。

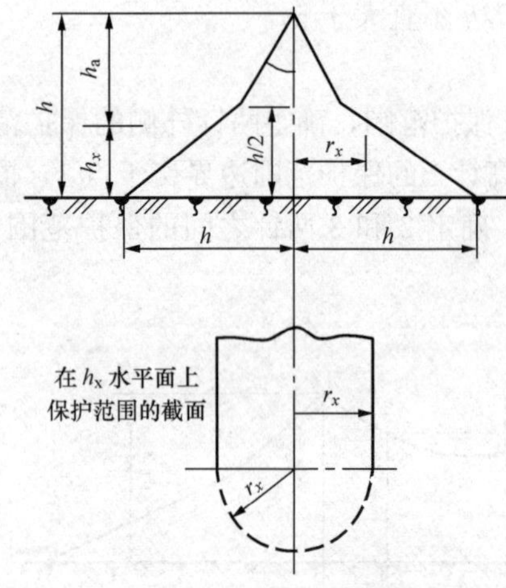

图 13 - 12　单根避雷线的保护范围

2. 两根等高避雷线

两等高避雷线的保护范围如图 13 - 13 所示。两避雷线外侧的保护范围按单线的计算方法确定。两根避雷线之间保护范围横截面可通过两避雷线 1、2 及保护范围上部边缘最低点 O 的圆弧确定，O 点的高度 h_0 计算式为

$$h_0 = h - \frac{D}{4p} \tag{13 - 16}$$

式中　D——两避雷线间的距离，m；

h——避雷线高度，m。

由式（13 - 15）可知，避雷线的保护范围宽度比避雷针小，这是因为避雷线对雷云与大地间电场畸变的影响较小而引雷作用小的缘故。

在架空输电线路上一般用保护角来表示避雷线对导线的保护程度。保护角是指避雷线的铅垂线与避雷线和外侧导线之间的连线之间的夹角，如图 13 - 14 中的 α。显然，保护角越小，避雷线对导线的屏蔽保护作用越有效。单根避雷线线路的保护角一般取 20°～30°；220～330kV 双避雷线线路的保护角采用 20°左右；500kV 线路一般不大于 15°；山区宜采用较小的保护角。两避雷线的间距 D 不宜超过避雷线与中间导线高度差（$h-h_0$）的五倍。

二、滚球法确定避雷针和避雷线的保护范围

滚球法是以闪击距离为依据来计算保护范围的，滚球半径相当于闪击距离，滚球半径较小，相当于模拟雷电流幅值较小的雷击，保护的概率较高。根据建筑物防雷类别确定滚球半

径，见表 13 - 1。滚球法常用于分析高层建筑物屋顶接闪器的布置是否符合防雷要求。GB 50057—1994《建筑物防雷设计规范》规定了对于避雷针和避雷线保护范围的计算方法。

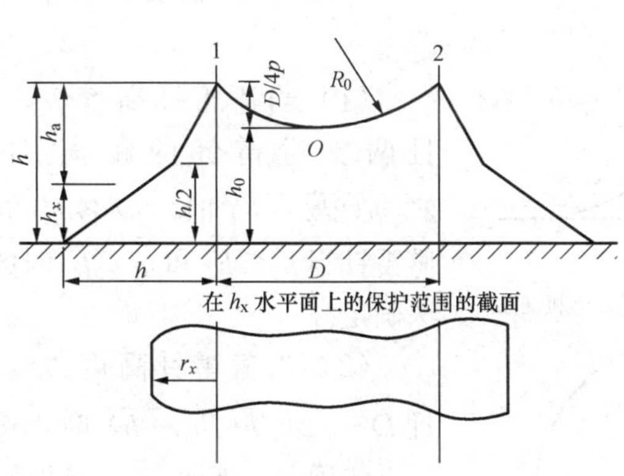

图 13 - 13　两根等高避雷线的联合保护范围

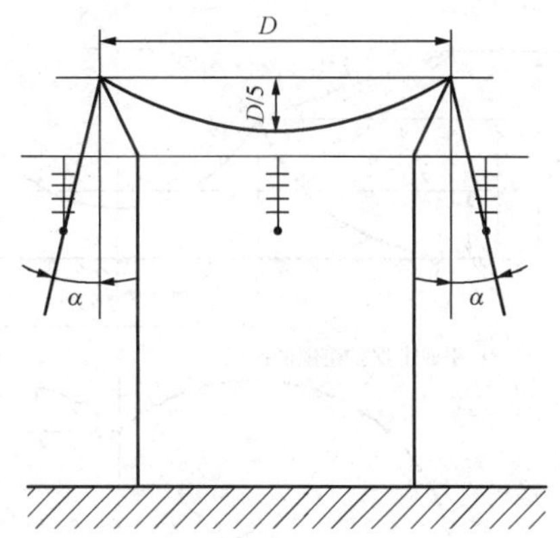

图 13 - 14　避雷线保护角

表 13 - 1　不同防雷类别建筑物滚球半径

建筑物防雷类别	滚球半径 h_r（m）	建筑物防雷类别	滚球半径 h_r（m）
第一类防雷建筑物	30	第三类防雷建筑物	60
第二类防雷建筑物	45		

（一）滚球法确定避雷针的保护范围

1. 单支避雷针的保护范围

单支避雷针的保护范围如图 13 - 15 所示。

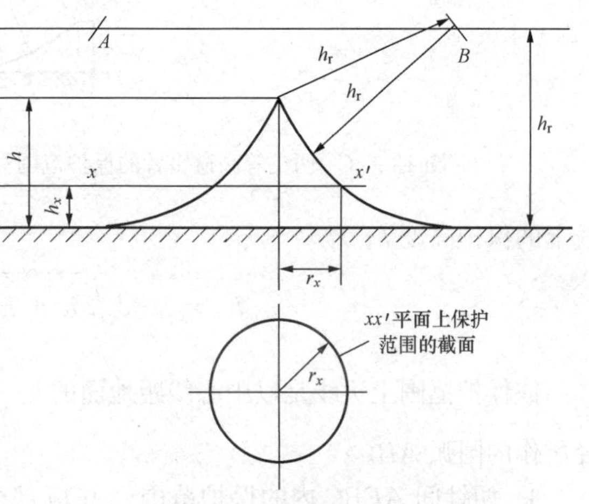

图 13 - 15　单支避雷针的保护范围

（1）当避雷针高度 $h \leqslant h_r$ 时：

1）距地面 h_r 处作一平行于地面的平行线；

2）以针尖为圆心，h_r 为半径，作弧线交于平行线的 A、B 两点；

3）以 A、B 为圆心，h_r 为半径作弧线，该弧线与针尖相交并与地面相切，从此弧线起到地面止就是保护范围，保护范围是一个对称的锥体；

4）避雷针在 h_x 高度的 xx' 平面上保护半径 r_x 和在地面上的保护半径 r_o 为

$$r_x = \sqrt{h(2h_r - h)} - \sqrt{h_x(2h_r - h_x)} \tag{13 - 17}$$

$$r_o = \sqrt{h(2h_r - h)} \tag{13 - 18}$$

式中　h_x——被保护物高度，m；

h——避雷针的高度，m；

h_r——滚球半径，m。

（2）当避雷针高度 $h > h_r$ 时，在避雷针上取高度 h_r 的一点代替单支避雷针针尖作为圆心，其余的作法同避雷针高度$h\leqslant h_r$时各项相同。式（13 - 17）、式（13 - 18）中h用h_r代入。

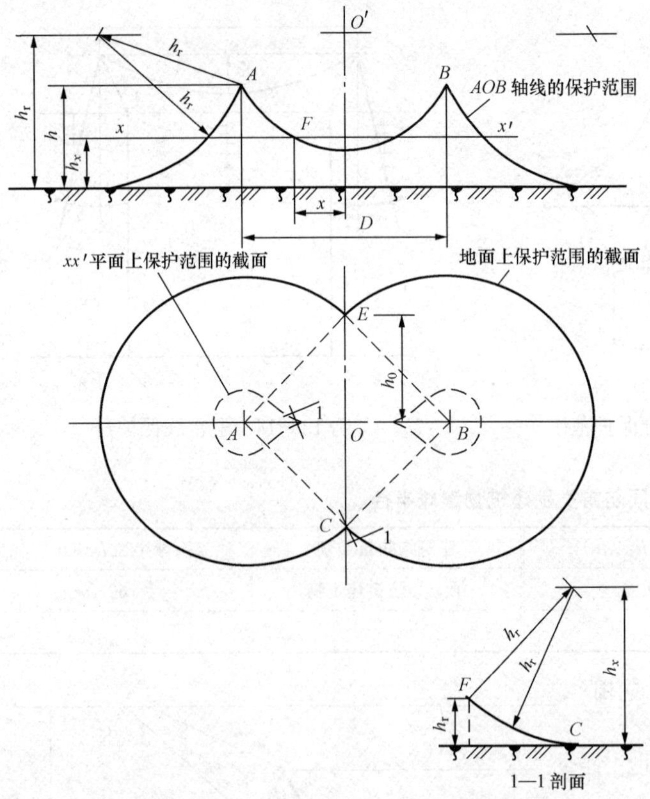

图 13 - 16　两支等高避雷针的保护范围

2. 两支等高避雷针的保护范围

（1）当避雷针高度$h\leqslant h_r$，且两支避雷针的距离$D\geqslant 2\sqrt{h(2h_r-h)}$时，应各按单支避雷针当$h_1\leqslant h_r$和$h_2\leqslant h_r$时的方法确定。

（2）当避雷针高度$h\leqslant h_r$，且$D<2\sqrt{h(2h_r-h)}$时，按下面方法确定，如图 13 - 16 所示。

1）$AEBC$外侧的保护范围按单支避雷针的方法确定。

2）C、E点位于两针间的垂直平分线上。在地面每侧的最小保护宽度b_0的计算式为

$$b_0=CO=EO=\sqrt{h(2h_r-h)-\left(\frac{D}{2}\right)^2} \tag{13 - 19}$$

在AOB轴线上，距中心线任一距离x处，其在保护范围上边线上的保护高度h_x为

$$h_x=h-\sqrt{(h_r-h)^2+\left(\frac{D}{2}\right)^2-x^2} \tag{13 - 20}$$

该保护范围上边线是以中心线距地面的h_r一点O'为圆心，以$\sqrt{(h_r-h)^2+\left(\frac{D}{2}\right)^2}$为半径所作的圆弧$AB$。

3）两针间$AEBC$内的保护范围。ACO部分的保护范围按以下方法确定：在任一保护高度h_x和C点所处的垂直平面上，以h_x作为假想避雷针，按单支避雷针的方法逐点确定，见图 13 - 16 的 1—1 剖面图。确定BCO、AEO、BEO部分的保护范围的方法与ACO部分的相同。

4）确定xx'平面上保护范围截面的方法。以单支避雷针的保护半径r_x为半径，以A、B为圆心作弧线与四边形$AEBC$相交；以单支避雷针的r_0-r_x为半径，以E、C为圆心作弧线与上述弧线相接。见附图 13 - 16 中的粗虚线。

3. 双支不等高避雷针的保护范围

设两避雷针高度分别为h_1和h_2。

（1）当$h_1\leqslant h_r$和$h_2\leqslant h_r$，且$D\geqslant\sqrt{h_1(2h_r-h_1)}+\sqrt{h_2(2h_r-h_2)}$，其保护范围应各按

单支避雷针所规定的方法确定。

（2）当 $h_1 \leqslant h_r$ 和 $h_2 \leqslant h_r$，且 $D \leqslant \sqrt{h_1(2h_r - h_1)} + \sqrt{h_2(2h_r - h_2)}$，则应按下列方法确定，如图 13-17 所示。

1）$AEBC$ 外侧的保护范围，按照单支避雷针的方法确定。

2）CE 线或 HO' 线的位置按下式计算

$$D_1 = \frac{(h_r - h_2)^2 - (h_r - h_1)^2 + D^2}{2D} \tag{13-21}$$

3）在地面上每侧的最小保护宽度 b_0 的计算式为

$$b_0 = CO = EO = \sqrt{h_1(2h_r - h_1) - D_1^2} \tag{13-22}$$

在 AOB 轴线上，A、B 间保护范围上边线按下式确定

$$h_x = h_r - \sqrt{(h_r - h_1)^2 + D_1^2 - x^2} \tag{13-23}$$

式中　x——距 CE 线或 HO' 线的距离。

该保护范围上边线是以 HO' 线上距地面 h_r 的一点 O' 为圆心，以 $\sqrt{(h_r - h)^2 + D_1^2}$ 为半径所作的圆弧 AB。

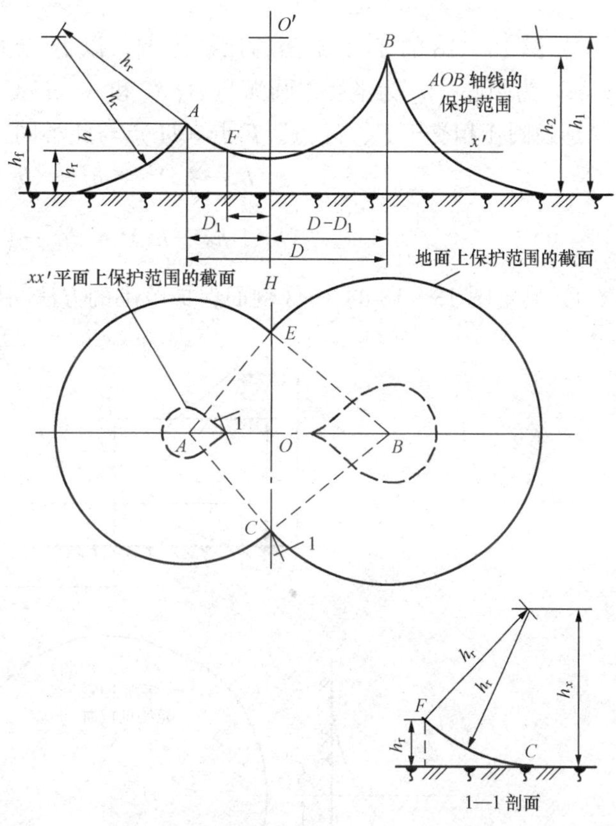

图 13-17　两支不等高避雷针的保护范围

4）两针间 $AEBC$ 内的保护范围，ACO 与 AEO 是对称的，BCO 与 BEO 是对称的，ACO 部分的保护范围按以下方法确定：在 h_x 和 C 点所处的垂直平面上，以 h_x 作为假想避雷针，按单支避雷针的方法确定，如图 13-17 的 1—1 剖面图所示。确定 AEO、BCO、BEO 部分的保护范围的方法与 ACO 部分的相同。

5）确定 xx' 平面上保护范围截面的方法与双支等高避雷针相同。

4. 矩形布置的四支等高避雷针的保护范围

（1）当避雷针高度 $h \leqslant h_r$，且对角两针间距 $D_3 \geqslant 2\sqrt{h(2h_r - h)}$ 时，应各按双支等高避雷针的方法确定。

（2）当避雷针高度 $h \leqslant h_r$，且对角两针间距 $D_3 < 2\sqrt{h(2h_r - h)}$ 时，则应按下列方法确定，如图 13-18 所示。

1）四支避雷针的外侧各按双支避雷针的方法确定。

2）B、E 避雷针连线上的保护范围见图 13-18 的 1—1 剖面图，外侧部分按单支避雷针的方法确定。两针间的保护范围按以下方法确定：以 B、E 两针针尖为圆心，h_r 为半径作弧

相交于O点，以O点为圆心、h_r为半径作圆弧，与针尖相连的这段圆弧即为针间保护范围。保护范围最低点的高度h_0计算式为

$$h_0 = \sqrt{h_r^2 - \left(\frac{D_3}{2}\right)^2} + h - h_r \tag{13-24}$$

3）图 13-18 的 2—2 剖面的保护范围，以P点的垂直线上的O点（距地面的高度为$h_r + h_o$）为圆心，h_r为半径作圆弧与B、C和A、E双支避雷针所作出在该剖面的外侧保护范围延长圆弧相交于F、H点。F点（H点与此类同）的位置及高度可按下列计算式确定

$$(h_r - h_x)^2 = h_r^2 - (b_0 + x)^2 \tag{13-25}$$

$$(h_r + h_0 - h_x)^2 = h_r^2 - \left(\frac{D_1}{2} - x\right) \tag{13-26}$$

4）确定图 13-18 的 3—3 剖面保护范围的方法与第 3）项相同。

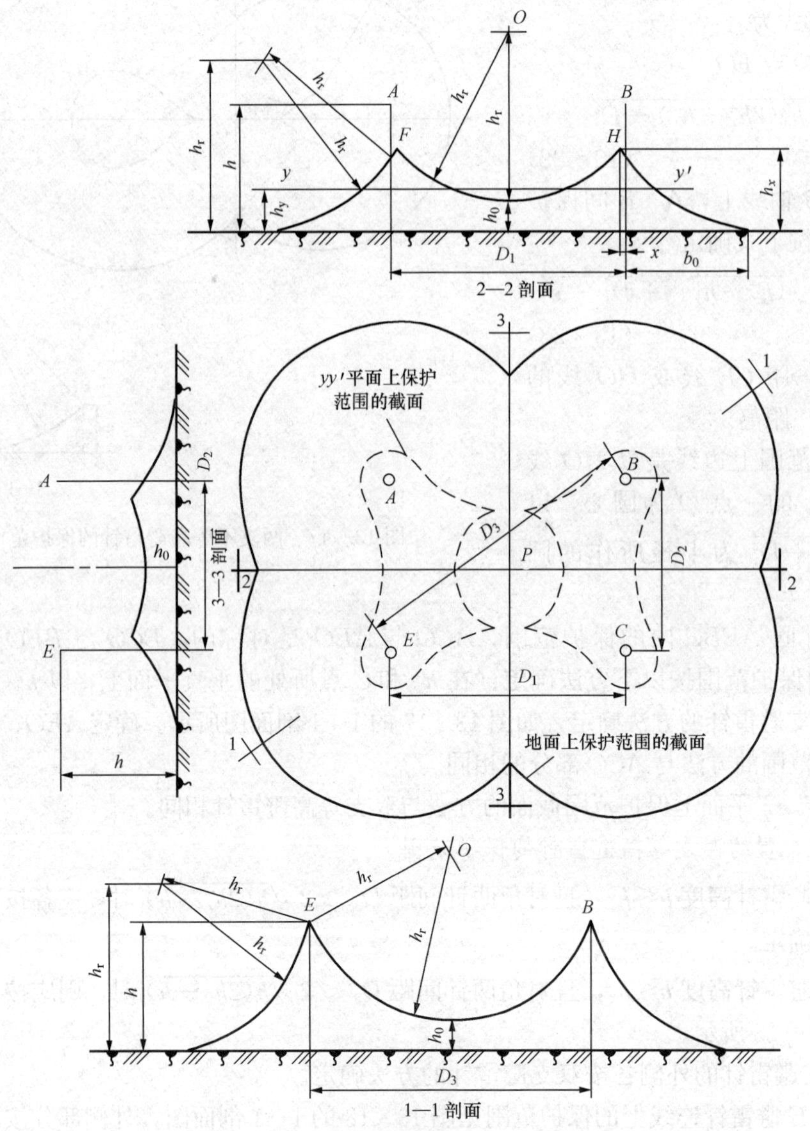

图 13-18 四支等高避雷针的保护范围

5）确定四支等高避雷针中间在 h_0 至 h 之间于 h_y，高度的 yy' 平面上保护范围截面的方法：以 P 点为圆心、$\sqrt{2h_r(h_y-h_0)-(h_y-h_0)^2}$ 为半径作圆或圆弧，与各双支避雷针在外侧所作的保护范围截面组成该保护范围截面，见图 13 - 18 中的虚线。

（二）滚球法确定避雷线的保护范围

1. 单根避雷线的保护范围

采用避雷线防雷时，避雷线的高度 h 必须小于 $2h_r$，否则避雷线无保护范围。当避雷线的高度 $h<2h_r$ 时，其保护范围应按下列方法确定，如图 13 - 19 所示。

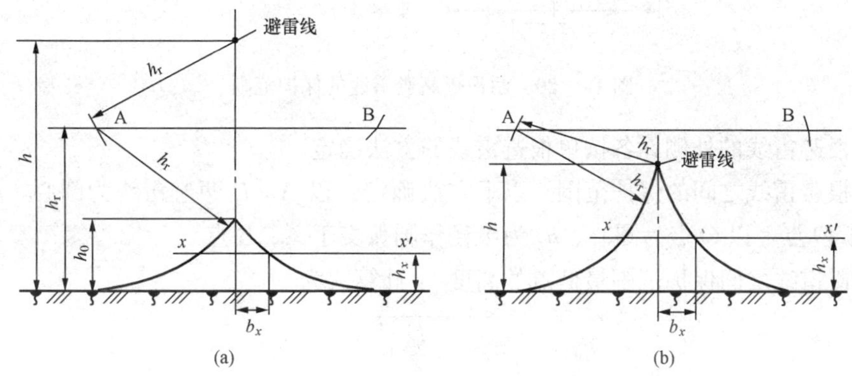

图 13 - 19 单根避雷线的保护范围

(a) 当 h 小于 $2h$，但大于 h_r 时；(b) 当 h 小于或等于 h_r 时

（1）距地面 h_r 处作一平行于地面的平行线。

（2）以避雷线为圆心、h_r 为半径，作弧线交于平行线的 A、B 两点。

（3）以 A、B 为圆心，h_r 为半径作弧线，该两弧线相交或相切并与地面相切。从该弧线起到地面止就是保护范围。

（4）当 $h_r<h<2h_r$ 时，保护范围最高点的高度 h_0 的计算式为

$$h_0 = 2h_r - h \tag{13 - 27}$$

（5）避雷线在 h_x 高度的 xx' 平面上的保护宽度 b_x 的计算式为

$$b_x = \sqrt{h(2h_r-h)} - \sqrt{h_x(2h_r-h_x)} \tag{13 - 28}$$

式中 b_x——避雷线在 h_x 高度的 xx' 平面上的保护宽度，m；

h_r——滚球半径，m；

h_x——被保护物的高度，m；

h——避雷线的高度，m，确定架空避雷线的高度时应计及弧垂的影响。

在无法确定弧垂的情况下，当等高支柱间的距离小于 120m 时架空避雷线中点的弧垂宜采用 2m，距离为 120～150m 时宜采用 3m。

（6）避雷线两端的保护范围按单支避雷针的方法确定。

2. 两根等高避雷线的保护范围

（1）在避雷线高度 $h\leqslant h_r$ 的情况下，若避雷线间距 $D\geqslant 2\sqrt{h(2h_r-h)}$，其保护范围各按单根避雷线所规定的方法确定，否则，按下列方法确定［即 $D<2\sqrt{h(2h_r-h)}$ 时］，如图 13 - 20 所示。

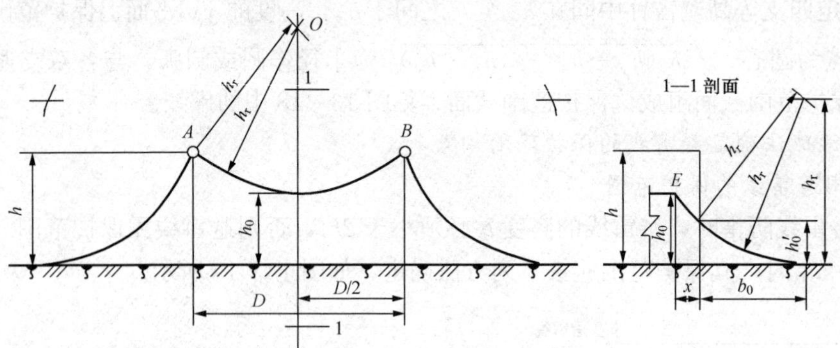

图 13-20　两根等高避雷线的保护范围

1）两根避雷线的外侧，各按单根避雷线的方法确定。

2）两根避雷线之间的保护范围按以下方法确定：以 A、B 两避雷线为圆心，h_r 为半径作圆弧交于 O 点，以 O 点为圆心、h_r 为半径作圆弧交于 A、B 点。

3）两避雷线之间保护范围最低点的高度 h_0 计算式为

$$h_0 = \sqrt{h_r^2 - \left(\frac{D}{2}\right)^2} + h - h_r \tag{13-29}$$

4）避雷线两端的保护范围按双支避雷针的方法确定，但在中线上 h_0 线的内移位置按以下方法确定（见图 13-20 的 1—1 剖面）：以双支避雷针所确定的保护范围中点最低点的高度 $h'_0 = h_r - \sqrt{(h_r - h)^2 + (D/2)^2}$ 作为假想避雷针，将其保护范围的延长弧线与 h_0 线交于 E 点。内移位置的距离 x 的计算式为

$$x = \sqrt{h_0(2h_r - h_0)} - b_0 \tag{13-30}$$

式中　b_0——按式（13-19）确定。

（2）在避雷线高度 $h_r < h < 2h_r$，而且避雷线之间的距离 $2[h_r - \sqrt{h(2h_r - h)}] < D < 2h_r$ 时，按下列方法确定，如图 13-21 所示。

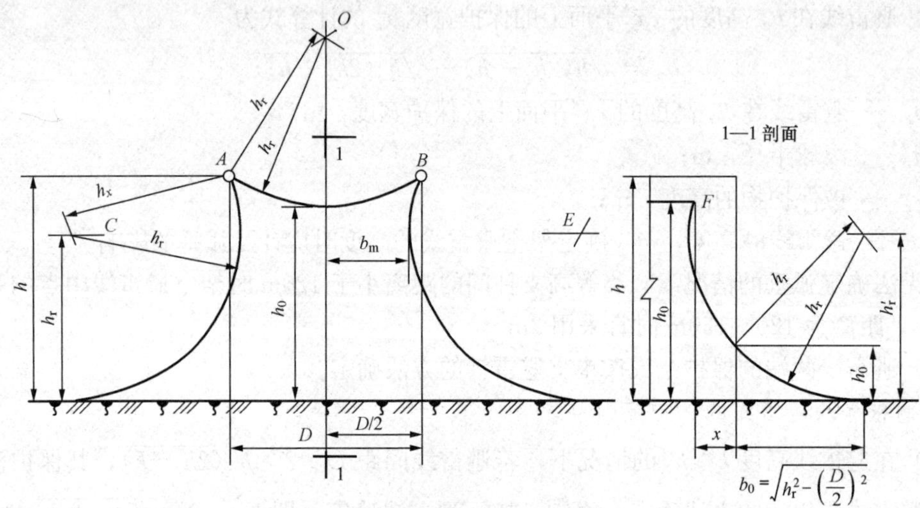

图 13-21　两根等高避雷线在高度 $h_r < h < 2h_r$ 的保护范围

1）距地面 h_r 处作一与地面平行的线。

2）以避雷线 A、B 为圆心，h_r 为半径作弧线相交于 O 点并与平行线相交或相切于 C、E 点。

3）以 O 点为圆心、h_r 为半径作弧线交于 A、B 点。

4）以 C、E 为圆心，h_r 为半径作弧线交于 A、B 并与地面相切。

5）两避雷线之间保护范围最低点的高度 h_0 的计算式为

$$h_0 = \sqrt{h_r^2 - \left(\frac{D}{2}\right)^2} + h - h_r \tag{13-31}$$

6）最小保护宽度 b_m 位于 h_r 高处，b_m 计算式为

$$b_m = \sqrt{h(2h_r - h)} + \frac{D}{2} - h_r \tag{13-32}$$

7）避雷线两端的保护范围按双支高度 h_r 的避雷针确定，但在中线上 h_0 线的内移位置按以下方法确定（见图 13 - 21 的 1—1 剖面）：以双支高度 h_r 的避雷针所确定的中点保护范围最低点的高度 $h_0' = (h_r - D/2)$ 作为假想避雷针，将其保护范围的延长弧线与 h_0 线交于 F 点。内移位置的距离 x 为

$$x = \sqrt{h_0(2h_r - h_0)} - \sqrt{h_r^2 - \left(\frac{D}{2}\right)^2} \tag{13-33}$$

第四节 避 雷 器

避雷器是用于限制过电压以保护电气设备的过电压保护装置。避雷针和避雷线可以防止电气设备遭受雷电直击，但不能防止沿线路传入发电厂和变电站的雷电波（侵入波）对电气设备的危害。由于变电站中各类电气设备的绝缘水平远低于同级线路的绝缘水平，因此，沿线路传到发电厂和变电站的高幅值的雷电波常危及电气设备的安全。为了限制侵入波过电压的幅值，保证设备安全，通常将避雷器并联在被保护设备附近。当沿线路传来的过电压超过避雷器的放电电压时，避雷器先行放电，把过电压波中的电荷引入地中，限制作用在被保护设备上的电压幅值，保护设备绝缘。过电压作用后，避雷器迅速恢复原状，以保证系统正常运行。

为了达到预想的保护效果，对避雷器有两条基本要求：一是避雷器与被保护设备之间应有合理的伏秒特性配合，在过电作用时，避雷器应先于被保护设备放电；二是避雷器应具有一定的灭弧能力，在过电压作用过去后，能迅速截断在工频电压作用下的续流，使系统恢复正常运行。

目前使用的避雷器类型主要有保护间隙、管型避雷器、阀型避雷器和氧化锌避雷器等几种。

一、放电间隙与管型避雷器

保护间隙是最简单的一种避雷器。它是由主间隙和辅助间隙串联组成，并接在被保护设备的两端，如图 13 - 22 所示。当雷电波侵入时，间隙先击穿，线路接地，避免了被保护设备上电压升高，从而保护了设备。过电压消失后，间隙中仍有工频续流。主间隙电极做成角形，是为了使工频续流电弧在自身电动力和热气流作用下易于上升拉长而自行熄灭。辅助间隙是为了防止主间隙被外物短路误动而设的。

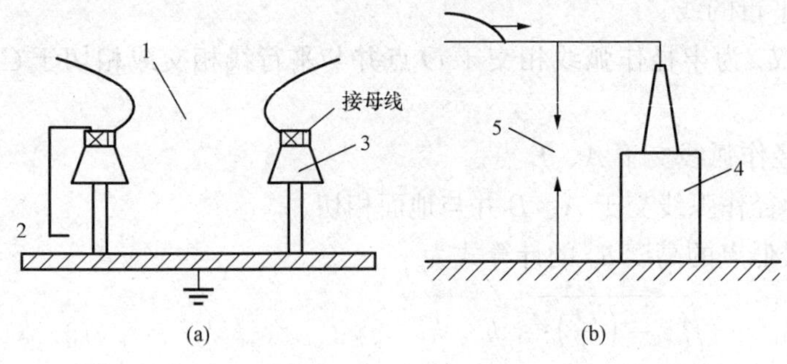

图 13 - 22 保护间隙

(a) 保护间隙结构；(b) 与被保护设备连接

1—主间隙；2—辅助间隙；3—绝缘子；4—被保护设备；5—保护间隙

保护间隙具有结构简单、价廉的优点。由于保护间隙熄弧能力低，往往不能切断工频续流，引起断路器跳闸，所以只能在无避雷器而且有自动重合闸装置配合的条件下使用。

管型避雷器实质上是一种具有较高熄灭弧能力的保护间隙，其原理结构如图 13 - 23 所示。它由装在产气管内的内间隙和在大气中的外间隙串联而成，外间隙的作用是隔离工作电压，避免产气管被泄漏电流烧坏；外间隙由棒形电极和环形电极组成。产气管由纤维、塑料和橡胶等产气材料制成。在过电压波袭来时，内外间隙均被击穿，冲击电流经间隙流入大地；过电压消失后，在系统工频电压作用下，间隙流过工频续流（即该点的短路电流），工频续流的电弧高温使产气管内产气材料分解出大量气体，管内压力急速升高，高压气体由环形电极的开口孔喷出，形成强烈的纵吹，使工频续流在第一次经过零值时熄灭。

管型避雷器的熄弧能力与工频续流的大小、管子材料及内径有关，续流太大产气过多，管内压力超过产气管的机械强度将造成管子炸裂；续流太小产气过少，管内压力不足而不能熄弧，所以，管型避雷器切断工频续流有上下限的规定，通常在型号中注明。如 GXS $\dfrac{U_N}{I_{min}-I_{max}}$ 中，U_N 为额定电压，I_{min}、I_{max} 是熄弧电流的上、下限（有效值）。

管型避雷器的主要缺点是：伏秒特性较陡，放电分散性较大，不能与伏秒特性平直的变压器和其他设备的绝缘很好配合；动作后会产生截断波，对变压器绝缘不利。放电特性受大气条件影响，故它只适用于线路大跨越和交叉档距及发电厂、变电站的进线段保护中。

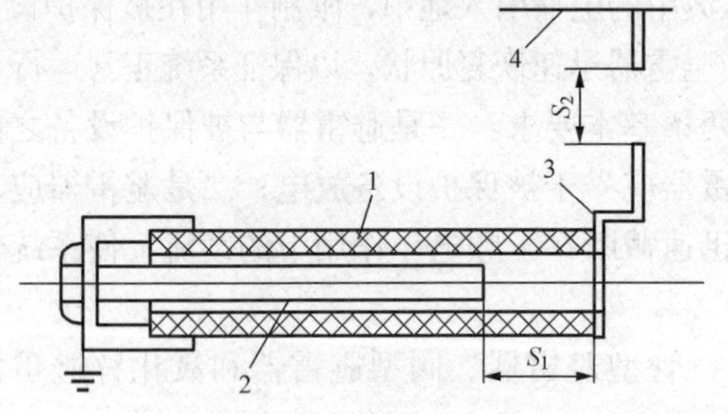

图 13 - 23 管型避雷器

1—产器管；2—棒形电极；3—环形电极；

4—工作母线；S_1—内间隙；S_2—外间隙

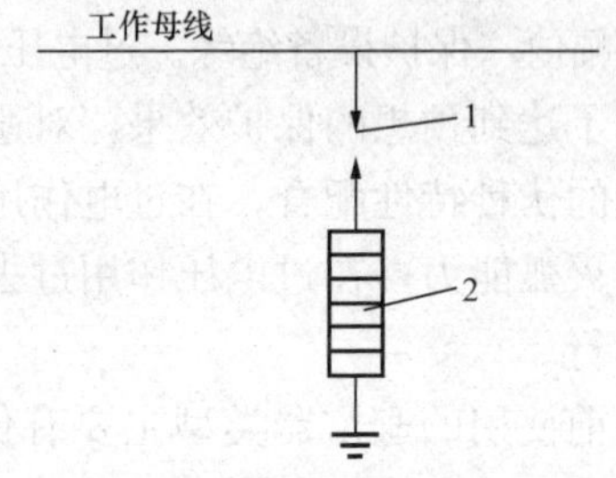

图 13 - 24 阀型避雷器原理示意图

1—火花间隙；2—电阻阀片

二、阀型避雷器

阀型避雷器主要由火花间隙和非线性电阻（又称阀片）两大部分串联并装在密闭的瓷瓶中构成的，其结构原理如图 13 - 24 所示。间隙具有平坦的伏秒特性，放电电压分散性小，能与变压器绝缘的冲击放电特性很好配合。阀片的电阻值与流过的电流大小有关，具有非线性特性，电流越大电阻越小；反之，电流越小电阻越大。阀型避雷器的基本工作原理是：当系统正常工作时，间隙将电阻阀片与工作母线隔离，以免由母线的工作电压在电阻阀片中产生的电流使阀片烧坏。当系统中出现过电压且其峰值超过间隙放电电压时，间隙击穿，冲击电流通过阀片流入大地，由于阀片的非线性特性，在冲击电流通过时，呈现低电阻，故在阀片上产生的压降（称为残压）将得到限制，使其低于被保护设备的冲击耐压，设备就得到了保护。当过电压消失后，间隙中有由工作电压产生的工频电弧电流（称为工频续流）继续流过，由于受电阻阀片的非线性特性所限制，使间隙能在工频续流第一次经过零值时就将电流切断。以后，就依靠间隙的绝缘强度能够耐受电网恢复电压的作用而不会发生重燃，系统恢复正常运行。

阀型避雷器分普通型和磁吹型两类。

(一) 普通阀型避雷器

普通阀型避雷器的熄弧完全依靠间隙的自然熄弧能力，其阀片通流容量有限。此类避雷器通常只用于 220kV 及以下系统中大气过电压保护，不能用于内过电压的保护。

1. 火花间隙

普通阀型避雷器的火花间隙有多个单间隙串联组成。每个单间隙由两个由黄铜板冲压而成的圆盘状电极和一个厚 0.5～1mm 的云母垫圈组成，结构如图 13 - 25 所示。由于间隙电场近似均匀电场，而且在云母垫圈与电极之间的气隙中当未达到间隙放电电压时就因电场强大而产生局部放电，对间隙产生照射作用，从而缩短了间隙的放电时间，因此间隙伏秒特性较平坦且放电分散性较小，单个间隙的工频放电电压为 2.7～3.0kV（有效值），冲击系数可降低到 1.1 左右。

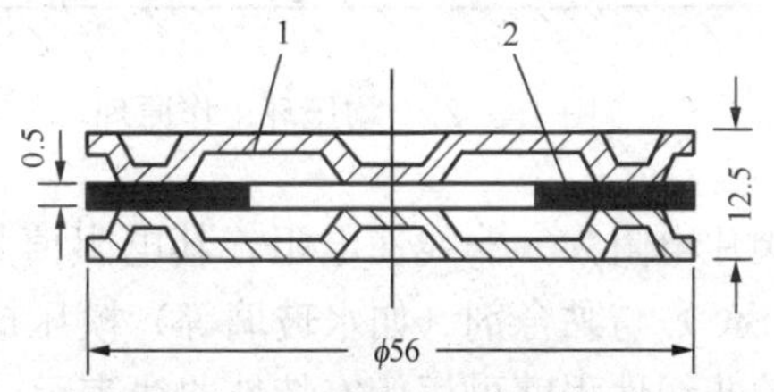

图 13 - 25　阀型避雷器单个火花间隙

1—黄铜电极；2—云母垫圈

这种多个串联间隙结构使工频续流电弧分割成许多短弧，利用短电弧的自然熄弧能力使电弧熄灭，提高了避雷器间隙绝缘强度的恢复能力。实践证明，在没有热电子发射时，单个间隙的初始恢复强度可达 250V 左右，间隙绝缘强度恢复的快慢与工频续流的大小有关。我国生产的 FS 和 FZ 型避雷器，当工频续流分别不大于 50A 和 80A（峰值）时，能够在续流第一次过零时使电弧熄灭。

阀型避雷器的多间隙串联以后形成一个等值电容链。由于间隙各电极对地和对高压端的寄生电容的影响，使间隙上的电压分布不均匀，这会使每一个火花间隙的作用得不到充分发挥，从而减弱避雷器的熄弧能力，其工频放电电压也将下降和显得不稳定。为改善阀型避雷器的性能，除用于低压配电系统的阀型避雷器外，均在火花间隙并联一组均压电阻，称为分路电阻，如图 13 - 26 所示。在工频电压和恢复电压作用下，间隙电容阻抗大于分路电阻，间隙上的电压分布主要由分路电阻决定，因分路电阻值相等，故间隙上电压分布均匀，从而提高了熄弧电压和工频放电电压。在冲击电压作用下，由于冲击电压的等值频率很高，间隙电容的阻抗小于分路电阻，间隙上的电压分布

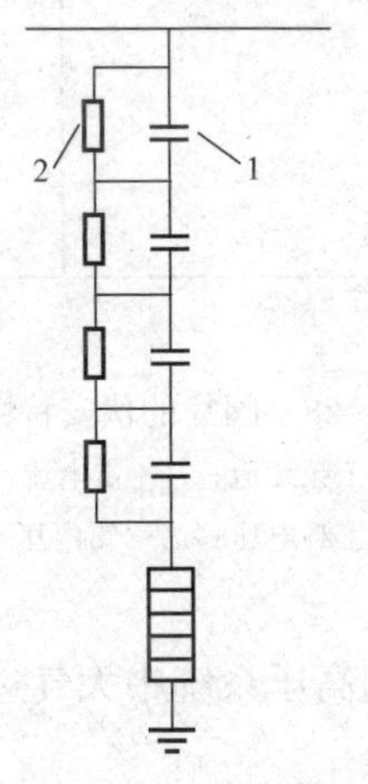

图 13 - 26　分路电阻原理图

1—间隙；2—分路电阻

主要取决于电容分布，由于间隙对地和对瓷套寄生电容的存在，使电压分布很不均匀，因此其冲击放电电压较低，冲击系数一般为 1 左右，甚至小于 1。由于在电网正常运行时，分路电阻中将长期有电流流过。因此分路电阻必须具有足够的热容量，通常采用非线性电阻，其 $\alpha=0.35\sim0.45$。

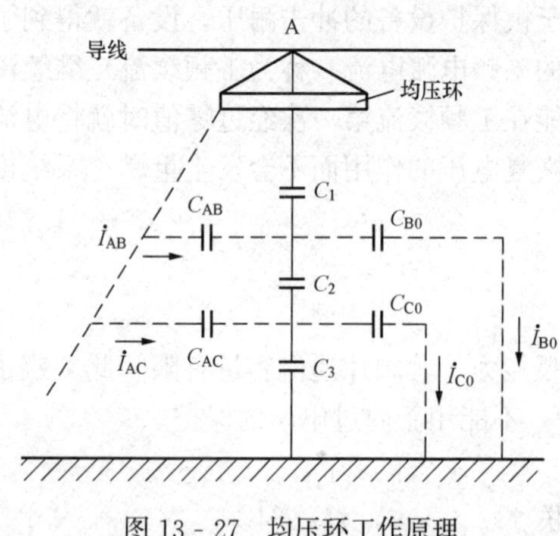

图 13 - 27　均压环工作原理

为防止高压避雷器的冲击系数过低引起不必要的动作，有时需在避雷器的顶部装设均压环，用以提高避雷器冲击放电电压，均压环工作原理如图 13 - 27 所示。均压环接于 A 点与导线等电位，它与 B、C 等点形成一电容 C_{AB}、C_{AC}，其中流过的电流 I_{AB}、I_{AC} 可与从 B、C 点对地的杂散电容 C_{B0}、C_{C0} 中流过的电流 I_{B0}、I_{C0} 相补偿，使得通过 C_1、C_2、C_3 等的电流近似相等，各间隙上的压降也近似相等。

2. 阀片

阀片主要作用是限制工频续流，使间隙能在续流第一次过零时将电弧熄灭。避雷器中所用的阀片电阻为一非线性电阻，其电阻值是随通过的电流大小而变化的。阀片电阻是由金刚砂（SiC）与黏合剂（如水玻璃等）模压成圆饼，在 300～350℃的温度下焙烧而成。阀片电阻的非线性程度可用伏安特性曲线表示，如图 13 - 28 所示，也可用下式表示

$$u = Ci^{\alpha} \tag{13 - 34}$$

式中　C——材料常数，与阀片材料和尺寸有关；

α——非线性系数，其值小于 1，α 越小阀片的非线性程度越高，性能越好。普通阀型避雷器为低温阀片，一般 $\alpha\approx0.2$。

阀型避雷器阀片电阻采用非线性电阻，在雷电流作用下，由于电流大，阀片电阻小，限制了雷电流在阀片电阻上产生的电压降（即残压）的升高。雷电流过后，由于作用在避雷器上的工频电压值相对较低，阀片电阻变大，限制了工频续流。由此可见，阀片电阻的非线性程度越高，保护性能越好。

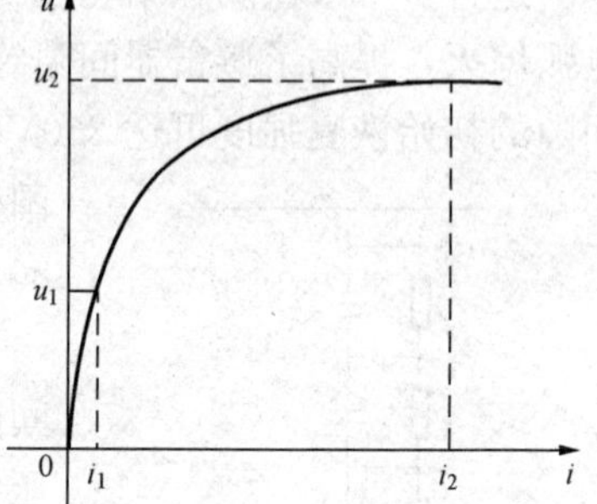

图 13 - 28　阀片的伏安特性

i_1—工频续流；i_2—雷电流

u_1—工频电压；u_2—雷电压

此外，阀型避雷器阀片采用了非线性电阻，在动作后将不会产生对绝缘不利的截断波。

（二）磁吹避雷器

磁吹避雷器的基本结构和工作原理与普通阀型避雷器相似，主要区别在于采用了灭弧能力较强的磁吹火花间隙和通流能力较大的高温阀片。其间隙熄弧能力较高，其冲击放电电压和残压较低，保护性能较好。常用于电机的防雷保护和超高压系统中大气过电压保护，并兼作内过电压的后备保护。

磁吹火花间隙是利用磁场对电弧的电动力，迫使间隙中的电弧加快运动（旋转或拉长）来加强去游离以提高间隙的灭弧能力。国产磁吹间隙主要是限流式间隙（也称拉长电弧型间

隙），其单个间隙的基本结构如图 13 - 29 所示。间隙由一对羊角形电极组成，装在由陶瓷或云母玻璃材料制成的灭弧盒内。电极间工频续流电弧被轴向磁场拉长进入灭弧盒里的灭弧栅中，电弧在灭弧栅中受到强烈的去游离而熄灭，并使间隙的绝缘强度迅速恢复。这种磁吹间隙可以切断 450A 左右的工频续流。

由于电弧被拉长、冷却，电弧电阻明显增大，可以起到限制续流的作用，故而此种间隙称为限流间隙。计入电弧电阻的限流作用后，就可以适当减少阀片的数目，这样又降低了避雷器的残压。

磁场是由工频续流通过与间隙相串联的线圈时产生的。其原理接线如图 13 - 30 所示。在冲击过电压作用下，放电电流通过磁吹线圈时将在线圈上产生很大电压降，从而增大了避雷器的残压。为了避免这种情况，将磁吹线圈两端装设一辅助间隙，在冲击电流流过时线圈两端的电压将会使辅助间隙击穿，磁吹线圈被短路，冲击放电电流经过辅助间隙、主间隙和阀片而流入大地，使避雷器的残压不致增大。而当工频续流流过时，续流在磁吹线圈中产生的电压降不足以维持辅助间隙放电，续流仍自线圈流过并产生磁场吹弧作用。

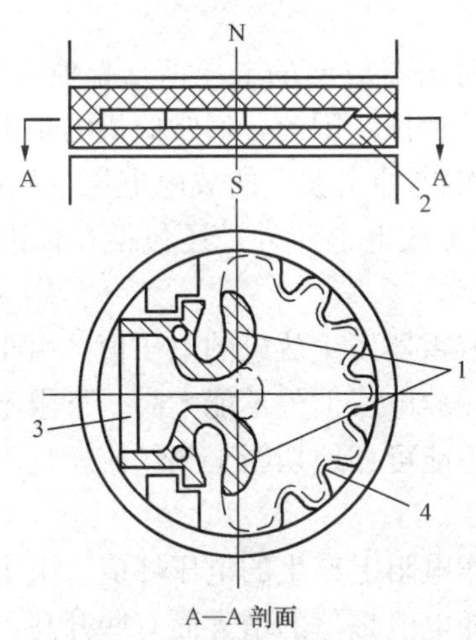

图 13 - 29　限流式磁吹间隙

1—角形电极；2—灭弧盒；3—并联电阻；4—灭弧栅

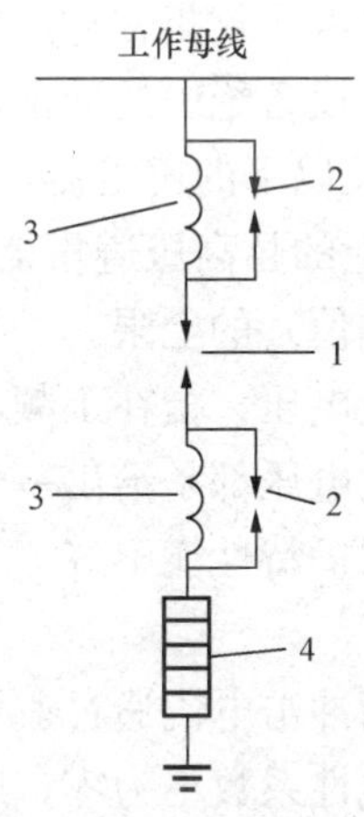

图 13 - 30　磁吹避雷器的结构原理

1—主间隙；2—辅助间隙；3—磁吹线圈；4—阀片电阻

磁吹避雷器的阀片电阻也是以 SiC 为原料，在 1350～1390℃的高温下焙烧的，称为高温阀片。其通流能力较大，但非线性系数较高（$\alpha \approx 0.24$）。国产磁吹型阀片的通流容量为通过波形为 20/40μs、峰值为 10kA 的冲击电流和 2000μs 方波 800～1000A 电流各 20 次。普通型阀片通流容量为通过波形为 20/40μs、峰值为 5kA 的冲击电流和幅值为 100A 的工频电流半波各 20 次。

（三）阀型避雷器的电气参数

国产各类阀型避雷器系列见表 13 - 2。

表征阀型避雷器电气特性的参数主要有：

（1）额定电压：指使用此避雷器的电网额定电压，也就是正常运行时作用在避雷器上的工频工作电压。

表 13-2　阀型避雷器的系列

系列名称		型号	结构特点	主要用途
普通型	配电所型	FS	有火花间隙和阀片电阻	用于配电系统中变压器、电缆头、柱上开关等保护
	变电站型	FZ	同上，但间隙有分路电阻	用于变电站电气设备的保护
磁吹型	变电站型	FCZ	同上，采用磁吹火花间隙	同上，用于 330kV 及以上系统
	旋转电机型	FCD	同上，部分间隙有并联电容	用于旋转电机保护

（2）灭弧电压：指保证避雷器能够在工频续流第一次过零值时可靠地熄灭电弧的条件下，允许加在避雷器上的最高工频作用电压。灭弧电压应该大于避雷器安装地点可能出现的最高工频电压，否则避雷器就可能因不能灭弧而损坏。对中性点直接接地电网中，灭弧电压应不小于电网额定（线）电压的 80%；对中性点不接地电网中，灭弧电压应不小于电网额定（线）电压的 100%；对中性点经消弧线圈接地电网中，灭弧电压应不小于电网额定（线）电压的 110%。

（3）冲击放电电压：指在冲击电压作用下，避雷器放电的电压值（幅值）。由于其伏秒特性应低于被保护设备绝缘的冲击击穿电压的伏秒特性，因此，通常给出的是上限值。对额定电压为 220kV 及以下的避雷器，就是指在标准雷电冲击波下的放电电压（幅值）的上限。对于 330kV 及以上的超高压避雷器，除了雷电冲击放电电压外，还包括在标准操作冲击波下的放电电压（幅值）的上限。

（4）工频放电电压：指在工频电压作用下，避雷器发生放电的电压值。由于间隙击穿的分散性，工频放电电压都是给出一个上下限。工频放电电压上限不能太高，下限不能过低，上限太高。避雷器保护特性能不好；下限过低，将不能可靠地切断工频续流，且可能在内过电压下误动作。

（5）残压：指冲击电流通过避雷器时，在工作电阻上产生的电压峰值。由于避雷器所用的阀片电阻的非线性系数不为零，所以残压仍会随电流幅值的增大而有些升高，为此在规定残压的上限（不大于）时，必须同时规定所对应的冲击电流幅值。我国标准对此所作的规定分别为 5kA（220kV 及以下的避雷器）和 10kA（330kV 及以上的避雷器），电流波形则统一取 $8/20\mu s$。

此外，还有几个常用的评价阀式避雷器性能的技术指标。

（1）阀式避雷器的保护水平：指在该避雷器上可能出现的最大冲击电压的峰值。我国和国际标准都规定以残压、标准雷电冲击（$1.2/50\mu s$）放电电压及陡波放电电压除以 1.15 后所得电压值三者之中的最大值作为该避雷器的保护水平。阀式避雷器的保护水平越低越有利。

（2）冲击系数：指避雷器冲击放电电压与工频放电电压幅值之比。一般希望它接近于 1，这样避雷器的伏秒特性就比较平坦，有利于绝缘配合。

（3）切断比：指避雷器工频放电电压的下限与灭弧电压之比。这是表示火花间隙灭弧能力的一个技术指标，切断比越接近于 1，说明该火花间隙的灭弧性能越好、灭弧能力越强。

（4）保护比：指避雷器的残压与灭弧电压之比。保护比越小，表明残压低或灭弧电压高，意味着绝缘上受到的过电压较小，而工频续流又能很快被切断，因而该避雷器的保护性能越好。

三、氧化锌避雷器

氧化锌（ZnO）避雷器是国外20世纪60年代开始发展起来的过电压保护装置，它是由封装在瓷套内的若干氧化锌非线性电阻阀片串联组成。由于氧化锌非线性电阻具有优异的非线性伏安特性，可以取消串联火花间隙，实现避雷器无间隙、无续流，保护性能优越，所以在电力系统中得到了广泛的应用。

（一）工作原理

氧化锌避雷器的核心元件是ZnO阀片，它是以氧化锌（ZnO）为主并掺入精选的多种微量的氧化铋（Bi_2O_3）、氧化钴（Co_2O_3）、氧化锑（Sb_2O_3）、氧化锰（MnO_2）、氧化铬（Cr_2O_3）等添加剂，经过粉碎、混合、造粒成型后，在1250℃的高温下烧结成电阻片，再经表面处理等工艺而制成的，具有极其优异的非线性伏安特性。

氧化锌阀片的非线性特性与其微观结构密切相关，如图13-31所示。它由ZnO晶粒、包围在ZnO晶粒外的晶界层和零散分布于晶界层中的尖晶石三部分组成。ZnO晶粒是结构的主体，粒径约为10μm，电阻率较低，为1～10Ω·cm。晶界层以Bi_2O_3为主，厚约0.1μm，其电阻率在低电场下为10^{12}～10^{13}Ω·cm，呈高电阻状态，当层间电位梯度达到10^4～10^5V/cm时，其电阻率骤然下降进入低阻状态。晶界层的相对介电系数为1000～2000，因此氧化锌阀片还有较大的固有电容。在大电流密度时，氧化锌晶粒本体的电阻逐渐起明显作用，使非线性变坏。尖晶石在晶界层中不是连续存在，其对非线性特性无直接的影响。所以，氧化锌阀片的非线性特性主要取决于晶界层。

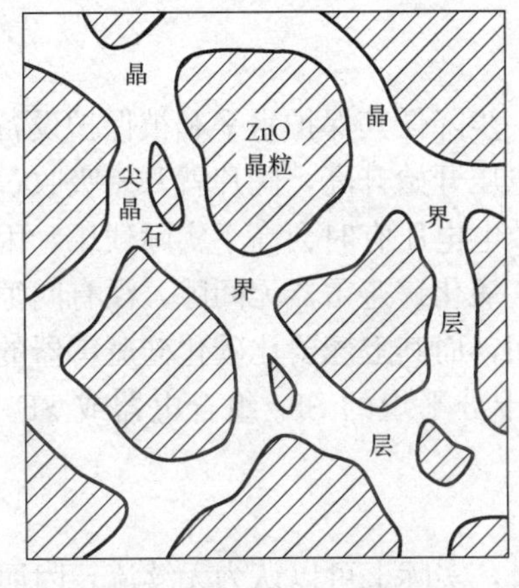

图13-31　氧化锌阀片微观结构示意图

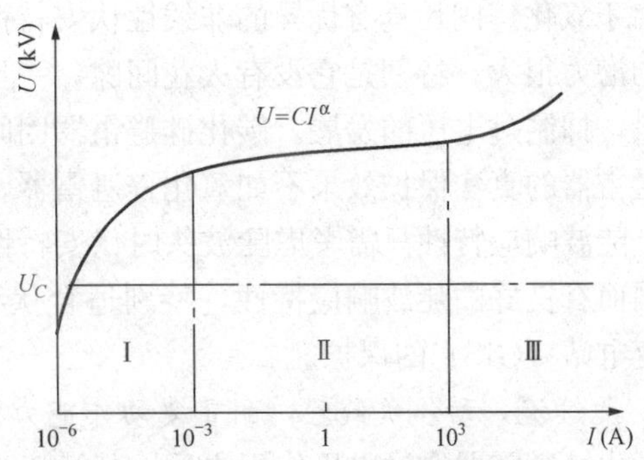

图13-32　氧化锌阀片的非线性伏安特性

Ⅰ—小电流区；Ⅱ—非线性区；Ⅲ—饱和区

氧化锌阀片的非线性伏安特性如图13-32所示。随着作用在阀片电阻上电压的变化可以分为小电流区、非线性区和饱和区。在小电流区，通过氧化锌阀片的电流在1mA以下，非线性系数α较大，为0.1～0.2。在这个区域内曲线比较陡，避雷器的正常持续运行电压U_C就工作在这个区域，阀片电阻特别高，相当于一个绝缘体，通过避雷器的电流只有几十微安。在非线性区，阀片电阻非线性系数α变得很小，为0.015～0.05，曲线形状十分平坦，虽然流过阀片电阻的电流增加很多，但阀片电阻上的电压变化不大。氧化锌避雷器的阀片电阻在遭受过电压作用时即工作在非线性区域，阀片电阻上的残压保持一个较低的数值。

在饱和区，由于电场强度较高，氧化锌晶粒电阻逐渐起主要作用，使非线性变坏，非线性系数又增大，约为0.1，非线性减弱，伏安特性明显上翘。

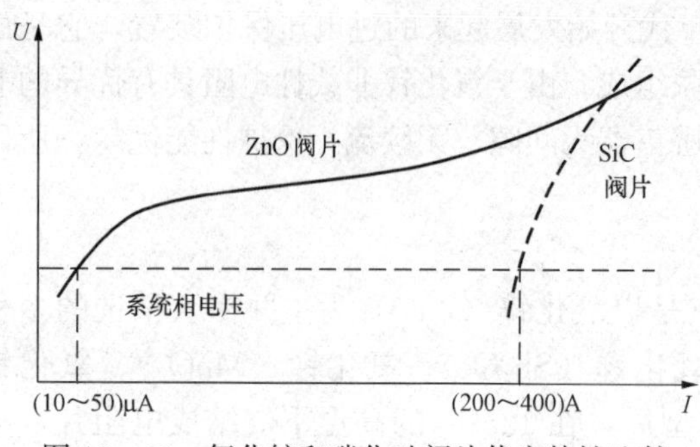

图 13－33　氧化锌和碳化硅阀片伏安特性比较

图 13－33 是氧化锌阀片和碳化硅阀片伏安特性的比较，两者在 10kA 雷电流下的残压大致相等，但在工频电压下，碳化硅阀片将流过幅值达数百安的电流，因而需要用火花间隙加以隔离；而氧化锌阀片流过的电流却仅为几个或几十个微安，不会对系统运行造成影响，所以氧化锌避雷器可以不用串联放电间隙，制成为无间隙、无续流的避雷器。

氧化锌避雷器由于具有极其优异的非线性伏安特性，在正常运行工频电压作用下，避雷器阀片处于低电场作用，阀片电阻呈高阻状态，流过阀片电阻的电流极其微小，近似于一个绝缘体。而在过电压作用时，阀片中的电场强度增加使得阀片电阻骤然降低，阀片电阻处于低阻状态，从而限制了避雷器上的残压，将过电压能量以电流的形式迅速泄入大地。当过电压的作用消失后，阀片的电阻又自动恢复高电阻状态，使电网与大地绝缘。

（二）氧化锌避雷器的特点

氧化锌避雷器与传统有串联间隙的碳化硅相比，氧化锌避雷器具有明显的优点，目前正逐步取代传统的碳化硅避雷器，其特点如下。

1. 保护性能优越

由于氧化锌阀片具有优异的非线性伏安特性，进一步降低其保护水平和被保护设备绝缘水平的潜力很大。特别是它没有火花间隙，一旦作用电压开始升高，阀片就开始吸收过电压的能量，抑制过电压的发展。碳化硅避雷器因间隙的放电电压有时会高于实际残压，因而碳化硅避雷器的真实保护效果不如氧化锌避雷器。此外，氧化锌避雷器无间隙，没有间隙放电时延，陡波响应特性只需考虑陡波头时伏安特性的上翘，而其上翘要比碳化硅避雷器的低得多，因而有良好的陡波响应特性，特别适合伏秒特性十分平坦的 SF_6 组合电器或 SF_6 气体绝缘变电站（GIS）的保护。

2. 无续流，动作负载轻，耐重复动作能力强

氧化锌避雷器在过电压作用之后，其续流为微安级，实际上可以认为无续流。因而在雷电和操作过电压作用下，只需吸收过电压的能量，而无需吸收续流的能量，这样不仅减轻了氧化锌避雷器的动作负载，且对系统的影响也甚微。再加上氧化锌阀片通流容量大，所以氧化锌避雷具有耐受多重雷击和重复动作的操作冲击过电压的能力。

3. 通流容量大

氧化锌避雷器的通流能力，不受串联间隙的制约，仅与阀片本身的通流能力有关。与碳化硅阀片相比较，ZnO 阀片单位面积通流能力比 SiC 阀片大 4～4.5 倍，因而可以用于限制操作过电压，也可以耐受一定持续时间的暂时过电压。此外，ZnO 阀片的残压特性分散性小，电流分布较为均匀，采用多阀片并联或整只避雷器并联的方法进一步提高通流容量，制造出用于特殊保护用途的重载避雷器，用于保护长电缆线路或大电容器组。

4. 耐污性能好

氧化锌避雷器没有串联间隙，可以避免因避雷器瓷套严重污秽或带电清洗时改变瓷套表面电位分布而使串联间隙放电电压不稳定的问题，因此氧化锌避雷器耐污性能良好，易于设计制造经济的耐污型和带电清洗型避雷器。

5. 性能稳定，运行寿命长

氧化锌避雷器在大电流冲击后，阀片的残压特性变化很小，可靠性高，预期运行寿命长。

6. 适于大批量生产，造价低

氧化锌避雷器内部结构只有阀片电阻，元件单一通用，结构简单，因此体积很小，而且用复合外套制作的交流无间隙氧化锌避雷器可以将阀片电阻整体密封压铸在复合外套的绝缘保护层内，可以避免受潮渗水，简化维护工作量，体积也大为缩小，特别适合于大规模自动化生产。与同电压的等级的 SiC 避雷器相比，具有尺寸小、质量轻、造价低的特点。变电站采用氧化锌避雷器，可以减少变电站面积，节省建设投资。

（三）氧化锌避雷器的电气特性参数

氧化锌避雷器与碳化硅避雷器的技术特性有许多不同点，因此，它们的电气特性参数也有不同。ZnO 避雷器没有串联火花间隙，也就没有灭弧电压、冲击放电电压等特性参数，但也有自己独特的电气特性。

1. 额定电压

额定电压是指避雷器两端之间允许施加的最大工频电压有效值。即在系统发生短时工频电压过电压时，因避雷器无间隙，此电压直接施加在氧化锌电阻片上，避雷器仍正常可靠地工作一段时间（完成规定的雷电及操作过电压动作负载、特性基本不变、不会出现热损坏）。它相当于碳化硅避雷器的灭弧电压，但含义不同，只是作为决定避雷器各种特性的基准参数。

氧化锌避雷器的额定电压仍按照电网中单相接地条件下健全相的最大暂态工频过电压选取，并通过动作负载试验和工频电压耐受特性试验进行考核。

2. 持续运行电压

持续运行电压是指在运行中允许持续地施加在避雷器两端的工频电压有效值，其值一般应等于或大于系统最高运行相电压。氧化锌避雷器应在吸收过电压能量而温度升高后，在持续运行电压下能够平稳冷却，不发生热击穿。

3. 起始动作电压（或参考电压）

起始动作电压是避雷器伏安特性曲线中小电流区域上升部分进入大电流区域平坦部分拐弯处的电压。从这一电压开始，避雷器中的电流将随电压的升高而迅速增大，并起到限制过电压的作用，所以这个电压也称为转折电压。通常以通过 1mA 工频电流阻性分量峰值或者 1mA 直流电流时避雷器端电压的峰值 U_{1mA} 定义为起始动作电压（或参考电压）。

4. 残压

残压是指放电电流通过氧化锌避雷器时，其端子间出现的电压峰值。此时存在三个残压值。

（1）雷电冲击电流下的残压 $U_{R(1)}$：电流波形为 7～9/8～22μs，标称放电电流为 5、10、20kA。

(2) 操作冲击电流下的残压 $U_{R(s)}$：电流波形为 30～100/60～200μs，电流峰值为 0.5（一般避雷器）、1（330kV 避雷器）、2kA（500kV 避雷器）。

(3) 陡波冲击电流下的残压 $U_{R(st)}$：电流波前时间为 1μs，峰值与标称（雷电冲击）电流相同。

5. 压比

压比是指避雷器在波形为 8/20μs 的额定冲击放电电流时的残压与起始动作电压（或参考电压）之比。例如 10kA 压比为 U_{10kA}/U_{1mA}。压比越小，表明非线性越好，通过冲击大电流时的残压越低，避雷器的保护性能越好。目前产品制造水平所能达到的压比约为 1.6～2.0。

6. 荷电率

荷电率是表征单位电阻片上的电压负荷，使氧化锌避雷器的持续运行电压峰值与起始动作电压（或参考电压）的比值。荷电率的高低直接影响到避雷器的老化进程。荷电率高时，会加速避雷器老化；降低荷电率时，不仅老化性能较好，暂时过电压的耐受能力也会提高，但荷电率偏低时会使避雷器的保护性能变坏。所以确定合理的荷电率时，必须考虑阀片特性的稳定性、泄漏电流的大小、温度对伏安特性的影响、阀片预期寿命等因素，一般选用 45%～75%，甚至更高。在中性点非有效接地系统中，因一相接地时健全相上的电压会升至线电压，所以一般选用较小的荷电率。而在中性点直接接地系统，工频电压升高不突出，故可采用较高的荷电率。

氧化锌避雷器的保护比是指额定冲击放电电流下的残压与持续运行电压（峰值）的比值，也等于压比与荷电率之比。因此，降低压比或提高荷电率均可降低氧化锌避雷器的保护水平。

7. 工频耐受伏秒特性

工频耐受伏秒特性是考核氧化锌避雷器对工频过电压的耐受能力。按我国技术条件规定，对中性点非直接接地的系统，氧化锌避雷器应在下列时间内耐受相应的工频过电压倍数：

$1.2U_m$　　1000s

$1.3U_m$　　100s

$1.4U_m$　　1s

其中 U_m 为系统最高工作相电压。

GB 11032—1989 规定的氧化锌避雷器的电气特性见表 13-3。

（四）氧化锌避雷器的型号表示

氧化锌避雷器的型号表示如图 13-34 所示。

例如，HY5WZ2-42/127G 表示高原型电站用复合绝缘外套无间隙氧化锌避雷器，标称放电电流为 5kA，额定电压为 42kV，标称放电电流下的残压为 127kV。

（五）有间隙氧化锌避雷器

氧化锌避雷器分为无间隙避雷器和有间隙避雷器两类，有间避雷器所使用的间隙，根据具体用途，可以是串联间隙，也可以是并联间隙。采用并联或串联间隙的氧化锌避雷器既能降低大电流时的残压，又不增加荷电率。

表 13-3 110～500kV 变电站用氧化锌避雷器电器特性

避雷器额定电压（有效值，kV）	系统额定电压（有效值，kV）	容许最大持续运行电压（有效值，kV）	直流 1mA 参考电压峰值（kV），不小于			残压峰值（kV）								
						雷电冲击电流下，不大于			操作冲击电流下，不大于			陡波冲击电流下，不大于		
			避雷器等级（标称放电电流，kA）											
			5	10	20	5	10	20	5	10	20	5	10	20
100	110	73	145	145	—	260	260	—	221	221	—	299	291	—
						290	290	—	247	247	—	334	325	—
126			214	—	—	332	—	—	282	—	—	382	—	—
200	220	146	290	290	—	520	520	—	442	442	—	598	582	—
						580	580	—	494	494	—	668	650	—
288	330	210	—	408	—	—	698	—	—	593	—	—	782	—
300		215	—	424	—	—	727	—	—	618	—	—	814	—
312		220	—	441	—	—	756	—	—	643	—	—	847	—
396	500	312	—	532	532	—	905	986	—	804	808	—	1015	1104
420		318	—	565	565	—	960	1046	—	852	858	—	1075	1170
444		324	—	597	597	—	1015	1106	—	900	907	—	1137	1238
468		330	—	630	630	—	1070	1166	—	950	956	—	1198	1306

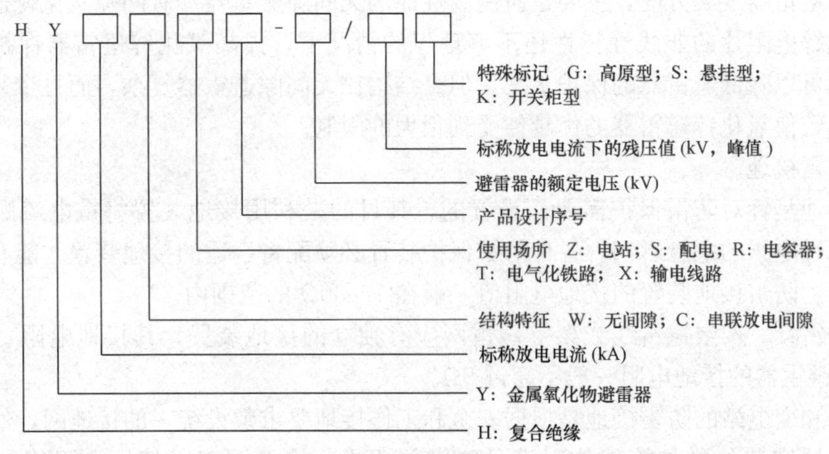

图 13-34 氧化锌避雷器的型号表示

并联间隙氧化锌避雷器的原理如图 13-35 所示。图中 F 为并联间隙，R_1、R_2 均为氧化锌电阻片。正常运行时，系统电压由 R_1、R_2 共同承担，荷电率较低，可以将泄漏电流限制到足够低的水平。在雷电或操作过电压作用下，流过 R_1、R_2 的电流迅速增大。如果冲击放电电流过大，避雷器上的残压有可能超过要求的保护水平时，R_2 上的压降促使间隙 F 击穿，将 R_2 短路，整个氧化锌避雷器的残压仅由 R_1 决定，从而降低了残压和压比。在幅值等于标称放电电流的雷电流下，避雷器的残压值可以低于无间隙避雷器，因此可用来保护雷电冲击绝缘水平较低的设备，具有一定的优越性。

带串联间隙的氧化锌避雷器的原理如图 13－36 所示。图中 F_1、F_2 为串联放电间隙，R_1、R_2 为碳化硅分路电阻，R_Z 为氧化锌电阻片，C 为并联电容，用于降低避雷器德的冲击系数。正常运行时，R_1、R_2 作为 F_1、F_2 的均压电阻，并与 R_Z 组成分压器，可要求 R_1、R_2 与 R_Z 分别承担外加电压的一半，这样就可大大降低氧化锌电阻阀片的电压负荷。当过电压作用时，R_1、R_2 上的电压升高，F_1、F_2 击穿，避雷器的残压完全由氧化锌电阻片决定。在灭弧过程中间隙也只承担 50％的恢复电压，而碳化硅避雷器中间隙几乎要负担 100％的恢复电压。

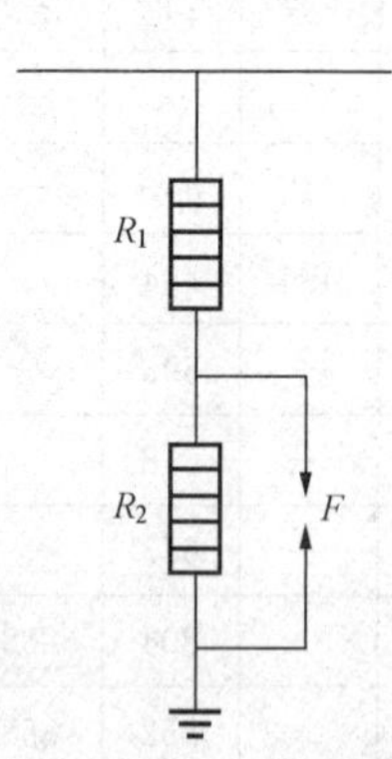

图 13－35 并联间隙氧化锌避雷器原理图

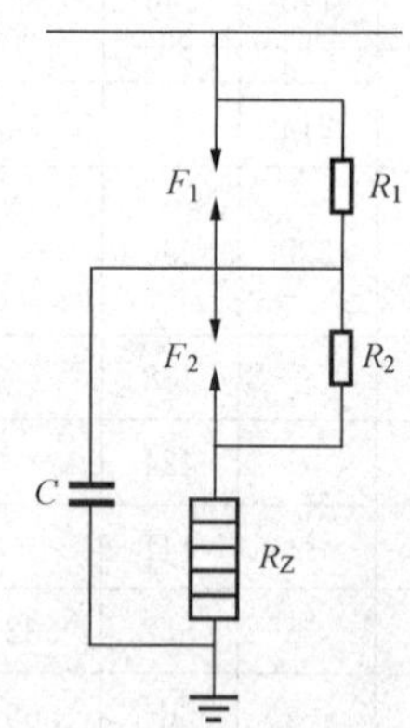

图 13－36 串联间隙氧化锌避雷器原理图

氧化锌避雷器发展方向，主要是研制高性能的无间隙避雷器。有间隙氧化锌避雷器只是在目前氧化锌电阻片的非线性特性还不够理想的情况下，提高氧化锌避雷器保护性能的措施，它虽然可以降低避雷器的保护水平，但是结构比无间隙避雷器复杂，而且带来了有关间隙的弊病，致使氧化锌避雷器的优越性受到很大的限制。

四、防雷接地

防雷接地是针对防雷保护需要而设置的，其目的是利用接地装置将雷电流顺利泄入地下，以消除过电压的危险影响。各种防雷保护装置必须配备合适的接地装置才能有效地发挥其保护作用。防雷接地装置的接地电阻值一般在 1～30Ω 的范围内。

独立避雷针、架空避雷线或架空避雷网应有独立的接地装置，其接地电阻一般不超过 10～30Ω。避雷器的接地电阻一般不超过 5Ω。

发电厂和变电站的防雷接地是根据安全和工作接地要求敷设统一的接地网，然后再在避雷针和避雷器安装处增加接地体以满足防雷的要求。接地网工频接地电阻值一般要求在 0.5～5Ω 的范围内。

雷电放电分先导放电、主放电和余光放电三个阶段。先导通道的发展具有定向性。主放电过程是沿着负的下行先导通道由下向上发展的，主放电阶段的时间极短，为50～100μs，放电速度为光速的 1/20～1/2；主放电时电流可达数十到数百千安。余光放电主要是雷云中的残余电荷经主放电通道下泄过程。

由雷电引起的电力系统过电压，称为大气过电压。大气过电压分为直击雷过电压和感应雷过电压两种。直击雷过电压是指雷电直接对电气设备放电，引起强大的雷电流通过被击物导入大地，在被击物上产生的过电压。当雷闪击中电气设备附近地面，在放电过程中由于空间电磁场的急剧变化而使未直接遭受雷击的电气设备上感应出的过电压，称为感应雷过电压。感应雷过电压对于110kV及以上电压等级的设备，一般不会产生危害；但对35kV及以下的绝缘是危险的，应采取措施加以保护。感应雷过电压不会引起架空线路相间绝缘闪络。感应雷过电压的极性与雷电流极性相反。

国际上习惯于把雷击于接地阻抗小于30Ω的物体时流过该物体的电流称为“雷电流”。从雷电过电压计算和防雷设计的角度来看，值得注意的雷电参数有雷暴日及雷暴小时、雷电流幅值、雷电流的计算波形等。我国规定在防雷设计中采用2.6/50μs的雷电流波形。常用的等值波形有双指数波、斜角波和半余弦波三种。雷电流极性在防雷计算中一般均按负极性考虑。

电力系统中广泛采用避雷针和避雷线作为直接雷击防护装置。避雷针和避雷线是由接闪器、引下线和接地装置三部分组成。

避雷针（线）的保护范围可以通过模拟试验并结合运行经验来确定。我国有关规程所采用的保护范围是指具有0.1%左右雷击概率的空间范围。避雷针和避雷线保护范围的计算方法有保护角法和滚球法两种。保护角法是基于保护角的概念，在保护角确定后，根据接闪器所处的高度计算保护半径。根据保护角确定保护范围用在户外变配电装置的独立避雷针和架空线路避雷线的保护范围计算时比较方便。滚球法是以闪击距离为依据来计算保护范围的，滚球半径相当于闪击距离，滚球半径较小，相当于模拟雷电流幅值较小的雷击，保护的概率较高。

避雷器是用于限制过电压以保护电气设备的过电压保护装置。对避雷器的基本要求：一是避雷器与被保护设备之间应有合理的伏秒特性配合，在过电压作用时，避雷器应先于被保护设备放电；二是避雷器应具有一定的灭弧能力，在过电压作用过后，能迅速截断在工频电压作用下的续流，使系统恢复正常运行。

保护间隙和管型避雷器伏秒特性较陡，放电分散性较大，动作后会产生截断波，不能广泛应用于电力系统。放电间隙只能在无避雷器而且有自动重合闸装置配合的条件下使用。管型避雷器只使用于线路大跨越和交叉档距及发电厂、变电站的进线段保护中。

阀型避雷器主要由火花间隙和非线性电阻（又称阀片）两大部分串联并装在密闭的瓷瓶中构成的。间隙具有平坦的伏秒特性，放电电压分散性小，能与变压器绝缘的冲击放电特性很好配合。

普通阀型避雷器采用多个串联间隙结构使工频续流电弧分割成许多短弧，利用短电弧的自然熄弧能力使电弧熄灭，提高了避雷器间隙绝缘强度的恢复能力。

为改善阀型避雷器的性能，除用于低压配电系统的阀型避雷器外，均在火花间隙并联一组均压电阻，称为分路电阻。为防止高压避雷器的冲击系数过低引起不必要的动作，有时需在避雷器的顶部装设均压环，用以提高避雷器冲击放电电压。

阀型避雷器阀片电阻采用非线性电阻，在雷电流作用下，由于电流大，阀片电阻小，限制了雷电流在阀片电阻上产生的电压降（即残压）的升高。雷电流过后，由于作用在避雷器上的工频电压值相对较低，阀片电阻变大，限制了工频续流。阀片电阻的非线性程度越高，保护性能越好。

磁吹避雷器的基本结构和工作原理与普通阀型避雷器相似，主要区别在于采用了灭弧能力较强的磁吹火花间隙和通流能力较大的高温阀片。

氧化锌避雷器由于具有极其优异的非线性伏安特性，使得氧化锌避雷器可以不用串联间隙。氧化锌避雷器与传统有串联间隙的碳化硅相比，氧化锌避雷器具有明显的优点，目前正逐步取代传统的碳化硅避雷器。

氧化锌避雷器与碳化硅避雷器的技术特性有许多不同点，因此，它们的电气特性参数也有不同。ZnO避雷器没有串联火花间隙，也就没有灭弧电压、冲击放电电压等特性参数，但也有自己独特的电气特性。

氧化锌避雷器发展方向，主要是研制高性能的无间隙避雷器。有间隙氧化锌避雷器只是在目前氧化锌电阻片的非线性特性还不够理想的情况下，提高氧化锌避雷器保护性能的措施。

防雷接地是针对防雷保护需要而设置的，目的是减小雷电流通过接地装置时的电位升高，它的接地电阻值一般在1～30Ω的范围内。防雷接地所释放的电流是雷电流。

思考题与习题

1. 试述雷电放电的基本过程及各阶段的特点。

2. 雷电流有哪几种常用的等值波形？设实测雷电流的幅值$I=200$kA，最大陡度$\alpha_{max}=50$kA/μs，如果分别用斜角波和半余弦波等值，其波头T_1各为多少？

3. 某厂油罐直径为10m，高出地面10m，现采用单根避雷针保护，避雷针距罐体不得小于5m，试求该避雷针的高度应为多少米？

4. 设有4根高度均为18m的避雷针，布置在边长为40m的正方形面积的4个顶点上，试画出它们对10m高的物体的保护范围。

5. 什么是避雷线保护角？对不同电压等级的输电线路避雷线的保护角有何要求？

6. 阀型避雷器并联分路电阻和均压环各有何作用？

7. 氧化锌避雷器与阀型避雷器相比有何优点？

8. 为什么氧化锌避雷器可以制成无间隙避雷器？

第十四章　架空输电线路的防雷保护

教学要求

了解线路防雷保护的目的，熟悉输电线路防雷保护的原则；熟悉反击、绕击、耐雷水平、雷击跳闸率等基本概念；掌握输电线路耐雷水平分析计算和雷击跳闸率分析计算的方法，掌握输电线路防雷保护的具体措施。

架空输电线路是电力网及电力系统的重要组成部分之一。由于它纵横交错分布在旷野上，极易遭受雷击。相关资料显示，架空输电线路的供电故障多半是雷电引起的。此外，雷击线路时产生的侵入波过电压传入变电站，还可能引起站内设备损坏造成更大的设备事故，因此输电线路的防雷一直是影响电力系统安全可靠运行的一个重要环节。

第一节　输电线路耐雷性能的若干指标

输电线路防雷保护的目的是提高线路的防雷性能，降低线路的雷击跳闸率，尽可能减少线路雷害事故的次数和损失。

一、架空输电线路防雷的"四道防线"

架空线路雷害事故的形成通常要经历以下阶段：输电线路受到雷电过电压的作用下，输电线路绝缘发生闪络，然后从冲击闪络转变为稳定的工频电弧，引起输电线路跳闸，如果在跳闸后线路不能迅速恢复绝缘，则发生停电事故。针对雷害形成的不同阶段，现代输电线路在采取防雷保护措施时，要做到"四道防线"，现分析如下。

1. 防止雷电直击导线

雷电直击导线时，导线上可能产生很高电位，极易引起绝缘闪络。若沿线架设避雷线可防止雷电直击线路。通常来说，线路电压越高，采用避雷线的效果越好，避雷线的保护角越小，其保护效果越好，而且避雷线在线路造价中所占的比重也越低。因此，110kV及以上电压等级的输电线路都应沿全线架设避雷线。

2. 防止避雷线受雷击后引起绝缘闪络

线路的杆塔或避雷线受到雷击后，雷电流经过杆塔或接地引下线及接地装置流入大地。由于杆塔或接地引下线的电杆，以及接地电阻上的电压降，使杆顶电位增高，有可能引起绝缘子串闪络，这种放电现象称为反击。要防止反击，需要改善避雷线的接地，降低杆塔接地阻抗值，加强线路绝缘，架设耦合地线，增设线路避雷器。

3. 防止线路雷击闪络后建立稳定的工频电弧

线路绝缘受雷击发生闪络后，不一定都引起线路跳闸。只有当雷击引起的冲击闪络转变为稳定的工频电弧，才会引起线路跳闸。工程上常采用增加绝缘子片数、电网中性点非有效接地和装设避雷器等措施，降低雷击闪络后建立稳定工频电弧的几率。

4. 防止线路中断供电

雷击线路跳闸后，应保证线路供电不中断。雷击线路闪络多为瞬时性故障的，可采用自动重合闸装置或双回路、环网供电等措施，提高线路供电的可靠性。

二、输电线路耐雷性能指标

衡量一条架空输电线路的耐雷性能和所采用防雷措施的效果，通常采用的指标有耐雷水平和线路跳闸率两个指标。

1. 耐雷水平（I）

雷击线路时，线路绝缘不发生闪络的最大雷电流幅值或能引起绝缘闪络的最小雷电流幅值，称为线路耐雷水平，单位为 kA。线路耐雷水平越高，线路绝缘发生闪络的机会越小。线路防雷保护应根据技术经济比较，采取合理的措施以满足有关规程规定的耐雷水平要求，尽量较少绝缘闪络的发生。我国电力行业标准 DL/T—1997《交流电气装置的过电压保护和绝缘配合》规定的各级电压线路的耐雷水平见表 14 - 1。表中也列出了超过该耐雷水平的雷电流出现的概率，由此可见，即使是电压等级很高的线路，也并不是完全耐雷的，仍有一部分雷击会引起绝缘闪络。

表 14 - 1 各级电压线路的耐雷水平

额定电压 U_N(kV)	35	66	110	220	330	500
额定电流 I_N(kA)	20～30	30～60	40～75	75～110	100～150	127～175
雷电流超过 I 的概率 P(%)	59～46	46～21	35～14	14～6	7～2	3.8～1

2. 雷击跳闸率（n）

雷击跳闸率是指在雷暴日数为 40 的标准条件下，每年每 100 公里线路的雷击跳闸次数，其单位为“次/（100km·40 雷暴日·年）”。评估处于不同地区、长度各异的实际输电线路的防雷效果，就必须将它们都折算到相同标准的条件下，才能进行比较。雷击跳闸率越高，耐雷性能越差。

雷电流超过线路耐雷水平，只会引起冲击闪络，线路发生冲击闪络之后，能否建立起稳定工频电弧，主要与电弧路径的平均电场强度 E 有关。由冲击闪络转变为稳定工频电弧的概率称为建弧率（η），计算式为

$$\eta=(4.5E^{0.75}-14)\times 10^{2} \tag{14 - 1}$$

式中 E——弧道的平均电场强度有效值，kV/m。

对中性点有效接地的电网

$$E=\frac{U_N}{\sqrt{3}l_1} \tag{14 - 2}$$

对中性点非有效接地的电网

$$E=\frac{U_N}{2l_1+l_2} \tag{14 - 3}$$

式中 U_N——系统额定电压，kV；

l_1——绝缘子串闪络距离，m；

l_2——木横担线路的线间距离，m，对铁横担货钢筋混凝土横担线路，$l_2=0$。

实践证明，当 $E \leqslant 6\text{kV/m}$，建弧率很小，可以近似认为 $\eta=0$。

雷击跳闸率较之耐雷水平能更好地说明线路的耐雷性能。

三、输电线路的绕击率（P_a）

绕击是指在有避雷线保护的输电线路上，由于各种随机因素，如遇避雷线的屏蔽保护失效，发生雷闪绕过避雷线直接击中导线的情况。一次雷击线路中发生绕击的比率称为绕击率。虽然绕击的概率很低，但其危害较大，一旦发生绕击，往往会引起绝缘子串闪络。

根据模拟试验和运行经验证明，绕击率 P_a 与避雷线对外侧导线保护角 α、杆塔高度 h 和线路经过地区的地形地貌和地质条件有关，可按以下近似公式计算

$$\left.\begin{aligned} &\text{对平原地区线路} \qquad \lg P_a = \frac{\alpha\sqrt{h}}{86} - 3.9 \\ &\text{对山区线路} \qquad \lg P_a = \frac{\alpha\sqrt{h}}{86} - 3.35 \end{aligned}\right\} \tag{14-4}$$

式中　P_a——绕击率；

α——保护角（°）；

h——杆塔高度，m。

第二节　输电线路耐雷性能的分析计算

线路耐雷性能分析计算包括线路耐雷水平分析计算和线路雷击跳闸率分析计算。

一、线路耐雷水平分析计算

分析计算线路耐雷水平，就要知道雷击时线路绝缘所受电压的大小。雷击时线路绝缘所受电压包括直击雷电压和感应雷电压，同时还要计及线间耦合作用。

（一）线路感应雷电压

1. 雷击线路附近时导线上的感应过电压

无避雷线的输电线路附近落雷时，线路上的感应过电压可以按式（13－3）计算。

如果线路上架设有接地避雷线，由于避雷线的屏蔽作用，导线上的感应过电压就会下降。因为导线附近出现了与大地相连保持地电位的避雷线，导线对地电容会增加，使得导线对地电压降低。同时，接地避雷线可以部分抵消导线上的电磁感应电动势。

设导线和避雷线的平均高度分别为 h_c 和 h_g，假设避雷线未接地，导线和避雷线上的感应雷过电压分别为

$$U_{i(c)} = 25\frac{Ih_c}{S}$$

$$U_{i(g)} = 25\frac{Ih_g}{S} = U_{i(c)}\frac{h_g}{h_c}$$

但避雷线实际上是接地的，其电位为零。为了满足这一条件，可以设想为在避雷线上又叠加了一个 $-U_{i(g)}$ 的感应电压，它将在导线上产生一个耦合电压 $k(-U_{i(g)})$，其中 k 为避雷线和导线之间的几何耦合系数。这时导线上的实际感应雷击过电压为

$$U'_{i(c)} = U_{i(c)} - kU_{i(g)} = U_{i(c)}\left(1-k\frac{h_g}{h_c}\right) \approx U_{i(c)}(1-k) \tag{14-5}$$

式（14－5）说明，避雷线使导线上的感应过电压下降至 $1-k$ 倍。避雷线距导线越近，

耦合系数越大，导线上的感应过电压越低。

2. 雷击线路塔顶时导线上的感应过电压

当落雷距离线路 $S<65\text{m}$ 时，由于线路的引雷作用而击中线路或杆塔。当雷击杆塔或避雷线时，由于雷电通道所产生的磁场的迅速变化，也会在导线上感应出雷电流极性相反的过电压。规程 DL/T 620—1997 建议，对一般高度的线路，无避雷线时导线上的感应过电压最大值计算式为

$$U_{\mathrm{i}}=\alpha h_{\mathrm{c}} \tag{14-6}$$

式中 α——感应过电压系数，kV/m，其值近似等于以 kA/μs 为单位的雷电流平均陡度值。

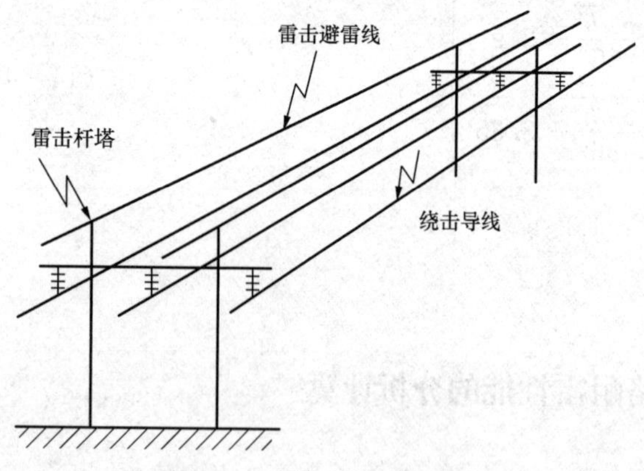

图 14-1 线路落雷的情况

有避雷线时，导线上的感应过电压相应为

$$U_{\mathrm{i}}'=\alpha h_{\mathrm{c}}(1-k) \tag{14-7}$$

（二）线路直击雷过电压和耐雷水平计算

输电线路遭受直击雷的情况分为雷击杆塔塔顶、雷击档距中央附近的避雷线及雷绕过避雷线直击于导线（或无避雷线时直击导线）三种，如图 14-1 所示。

1. 雷击塔顶时的过电压和耐雷水平

(1) 无避雷线时的过电压和耐雷水平。当雷击线路杆塔顶时，雷电流 i 将流经杆塔及其接地电阻 R_{i} 流入大地。若杆塔的电感 L_{t}，雷电流为斜角波，波头陡度 $\alpha=\dfrac{I}{T_1}$，杆塔顶电位可按式（13-2）计算为

$$u_{\mathrm{top}}=R_{\mathrm{i}}i+L_{\mathrm{t}}\frac{\mathrm{d}i}{\mathrm{d}t} \tag{14-8}$$

杆塔顶点位的幅值为

$$U_{\mathrm{top}}=R_{\mathrm{i}}I+L_{\mathrm{t}}\frac{I}{T_1}=I\left(R_{\mathrm{i}}+\frac{L_{\mathrm{t}}}{T_1}\right) \tag{14-9}$$

式中 L_{t}——杆塔的等值电感（H），不同类型杆塔等值电感可由表 14-2 查得。

表 14-2 杆塔的等值电感的平均值

杆塔型式	杆塔电感（μH/m）	杆塔型式	杆塔电感（μH/m）
无拉线水泥单杆	0.84	铁　塔	0.50
有拉线水泥单杆	0.42	门形铁塔	0.40
无拉线水泥双杆	0.42		

雷击杆塔顶时，导线上的感应过电压为

$$U_{\mathrm{i}}=\alpha h_{\mathrm{c}}=\frac{I}{T_1}h_{\mathrm{c}} \tag{14-10}$$

由于感应过电压极性与杆塔顶电位极性相反，所以，作用在线路上绝缘子串的电压为

$$U_{\mathrm{j}}=U_{\mathrm{top}}-(-U_{\mathrm{i}})=I\left(R_{\mathrm{i}}+\frac{L_{\mathrm{t}}}{T_1}\right)+\frac{h_{\mathrm{c}}I}{T_1}=I\left(R_{\mathrm{i}}+\frac{L_{\mathrm{t}}}{T_1}+\frac{h_{\mathrm{c}}}{T_1}\right) \tag{14-11}$$

由式（14-11）可知，加在绝缘子串上的雷电过电压与雷电流的大小、陡度、杆塔高度

及杆塔接地电阻有关。当绝缘子串上电压大于或等于绝缘子串的50%雷电冲击放电电压时，杆塔顶将会对导线产生反击闪络。在中性点直接接地系统中，单相接地短路电流引起保护动作，线路跳闸。此时线路的耐雷水平为

$$I=\frac{U_{50\%}}{R_i+L_t/T_1+h_c/T_1} \tag{14-12}$$

式（14-12）中$U_{50\%}$应采用绝缘子串的正极性放电电压，这是由于雷电多数为负极性的，雷击杆塔顶时，绝缘子串挂导线端为正极性。$U_{50\%}$正极性放电电压要比负极性放电电压低。

在非有效接地系统中，杆塔顶对一相导线放电时，工频接地电流很小，不会引起线路跳闸，仍可继续供电。必须再向第二相导线反击放电后，形成相间短路大电流，从而引起线路跳闸。

在杆塔顶与第一相之间闪络后，该相导线获得杆塔顶电位。由于第一相导线与第二相导线之间的耦合作用，两相导线间电压为

$$U_j'=(1-k_c)U_j=I\left(R_i+\frac{L_t}{T_1}+\frac{h_c}{T_1}\right)(1-k_c) \tag{14-13}$$

式中　k_c——两相导线间的耦合系数。

此时线路的耐雷水平为

$$I=\frac{U_{50\%}}{(1-k)(R_i+L_t/T_1+h_c/T_1)}$$

（2）有避雷线时的过电压和耐雷水平。雷击有避雷线的杆塔顶时，由于避雷线的分流作用，大部分雷电流经被击杆塔入地，有部分雷电流则沿避雷线流向两侧杆塔入地，可近似认为各支路电流也具有斜角波头，如图14-2所示。流经杆塔的电流i_t将小于雷电流i，$i_t=\beta i$，其中β为杆塔的分流系数，其值小于为1。对于不同电压等级一般长度档距的杆塔，β值可由表14-3查的。

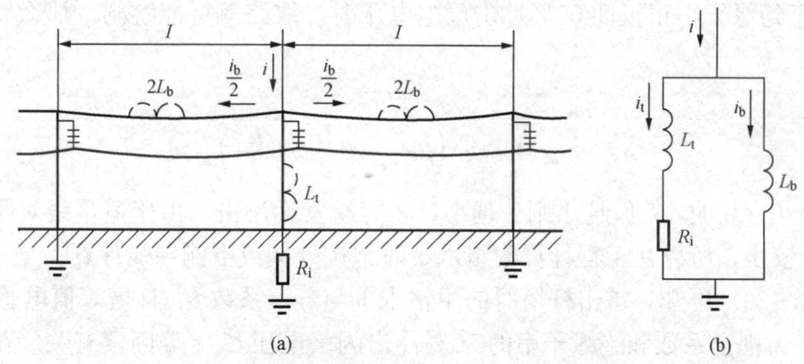

图14-2　雷击塔顶示意图及等效电路

（a）示意图；（b）等效电路

表14-3　一般长度档距的线路杆塔分流系数

线路额定电压（kV）	避雷线根数	β值	线路额定电压（kV）	避雷线根数	β值
110	1	0.90	330	2	0.88
	2	0.86			
220	1	0.92	500	2	0.88
	2	0.88			

杆塔顶电位 u_{top} 为

$$u_{top}=R_i i_t+L_t\frac{di_t}{dt}=R_i\beta i+L_t\beta\frac{di}{dt} \tag{14-14}$$

以 $\frac{di}{dt}=\frac{I}{T_1}$ 代入式（14-14），杆塔塔顶电位的幅值 U_{top} 为

$$U_{top}=\beta\left(R_i I+L_t\frac{I}{T_1}\right)=\beta I\left(R_i+\frac{L_t}{T_1}\right) \tag{14-15}$$

避雷线与杆塔顶相连，所以避雷线也具有与杆塔顶相同的电位 u_{top}。由于避雷线和导线之间的耦合作用，在导线上会产生与雷电流极性相同的耦合电位 ku_{top}。此外，雷击杆塔顶时，在导线上感应出与雷电流极性相反的感应电位 $\alpha h_c(1-k)$。因此，导线上的电位 u_c 为

$$u_c=ku_{top}-\alpha h_c(1-k) \tag{14-16}$$

其幅值 U_c 为

$$U_c=kU_{top}-\alpha h_c(1-k) \tag{14-17}$$

雷击有避雷线的杆塔顶时，线路绝缘子串两端电压幅值 U_j 为

$$U_j=U_{top}-U_c=(1-k)U_{top}+\alpha h_c(1-k)=(1-k)(U_{top}+\alpha h_c) \tag{14-18}$$

将式（14-15）及 $\alpha=I/T_1$ 代入式（14-18），得

$$U_j=(1-k)\left(\beta R_i+\beta\frac{L_t}{T_1}+\frac{h_c}{T_1}\right) \tag{14-19}$$

由于雷击时，导线和避雷线上的电位很高，会产生强烈的冲击电晕，耦合系数应计及电晕的影响。同时还须指出，上述计算绝缘子串两端电压时没有考虑导线上的工作电压。对于220kV及以下线路，工作电压值所占比重较小，一般可以略去，但对于超高压线路来说，则不可忽略，雷击时导线上工作电压的瞬时值应作为一随机变量加以考虑。

在中性点接地电网中，一相绝缘闪络就可能引起线路跳闸。因此，只要线路绝缘子串两端电压 U_j 大于绝缘子串正极性50%冲击放电电压时，线路就可能跳闸。那么线路的耐雷水平为

$$I=\frac{U_{50\%}}{(1-k)\left(\beta R_i+\beta\frac{L_t}{T_1}+\frac{h_c}{T_1}\right)} \tag{14-20}$$

式（14-20）表明，k 值越小则 I 越小，较容易发生反击。由于避雷线对距离较远的导线耦合系数 k 较小，所以在工程计算耐雷水平时常按外侧或下侧导线计算。

从式（14-20）可知，雷击杆塔时的耐雷水平与分流系数 β、杆塔等值电感 L_t、杆塔冲击接地电阻 R_i、耦合系数和绝缘子串的50%冲击闪络电压 $U_{50\%}$ 等因素有关。在工程上通常采用降低冲击接地电阻 R_i 和提高耦合系数 k 作为提高线路耐雷水平的主要手段。对于一般高度的杆塔，冲击接地电阻上的电压降对绝缘子串两端电压影响较大，降低杆塔接地电阻 R_i 能有效提高线路的耐压水平，而且相对经济。将单避雷线改为双避雷线或增设耦合地线，可以提高耦合系数，同时也增加地线的分流作用，减少绝缘子串上电压，同样可以提高耐压水平。

2. 雷击避雷线档距中央时的过电压

雷击避雷线档距中央时也会在雷击点产生很高的过电压，不过由于避雷线的半径较小，雷击点离杆塔较远，过电压波向两侧杆塔传播时，受到强烈的电晕衰减作用，过电压波传播

到杆塔时，已不足以使绝缘子串击穿，因此通常只需考虑雷击点处避雷线对导线的反击问题。

雷击避雷线档距中央如图 14 - 3 所示，图中 Z_0 和 Z_b 分别为主放电通道和避雷线的波阻抗。雷击点阻抗为 $Z_b/2$，可以求得流入雷击点的雷电流波 i_z 为

$$i_z = i\frac{Z_0}{Z_0 + Z_b/2}$$

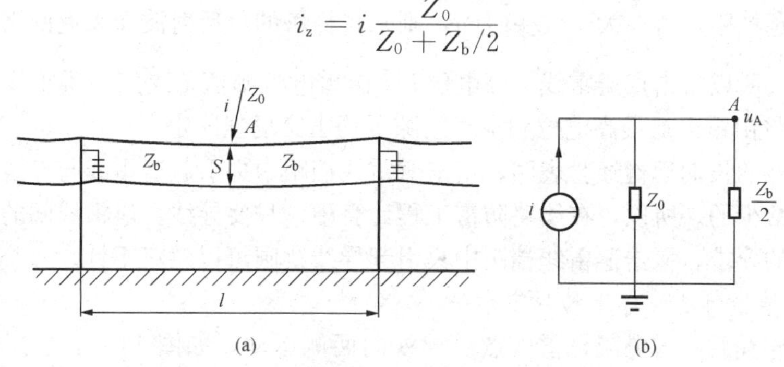

图 14 - 3　雷击避雷线档距中央及其等效电路

(a) 示意图；(b) 等效电路

那么雷击点电压 u_A 为

$$u_A = i_z \cdot Z_b/2 = i\frac{Z_0 Z_b}{2Z_0 + Z_b} \tag{14 - 21}$$

（雷击点电压也可用彼得逊等值电路计算）

该电压波 u_A 自雷击点沿避雷线向两侧杆塔运动，经$\frac{l}{2v_b}$时间（l 为档距长度，v_b 为避雷线中的波速）时间到达杆塔。由于杆塔接地，因此将有一负反射波沿原路返回，又经$\frac{l}{2v_b}$时间后到达雷击点。若此时雷电流仍未达到幅值，即 $2\times\frac{l}{2v_b}=\frac{l}{v_b}$小于雷电流波头时间 T_1，则雷击点的电位在自负反射波到达之时起不再升高，故雷击点 A 的最高电位出现在 $t=\frac{l}{v_b}$时刻。设若雷电流取为斜角波头，即 $i=\alpha t$，则根据式（14 - 21）可求得雷击点的最高电位 U_A 为

$$U_A = \alpha\times\frac{l}{v_b}\times\frac{Z_0 Z_b}{2Z_0 + Z_b} \tag{14 - 22}$$

由于避雷线与导线间的耦合作用，在导线上将产生耦合电压 kU_A，所以此时雷击处避雷线与导线间空气间隙 S 上所承受的最高电压 U_S 为位

$$U_S = U_A(1-k) = \alpha\times\frac{l}{v_b}\times\frac{Z_0 Z_b}{2Z_0 + Z_b}(1-k) \tag{14 - 23}$$

当 U_S 值大于或等于空气间隙 S 的 50％冲击放电电压 $U_{50\%}$ 时，避雷线将对导线反击放电，造成电网接地短路。为了避免雷击避雷线档距中央发生反击，工程上需要根据线路档距长度 l，确定档距中央不发生反击的最小允许间隙距离 S。

根据不闪络条件 $U_S \leqslant U_{50\%}$，由式（14 - 23）并依据空气间隙耐电强度，可以计算出不发生反击的最小允许间隙距离 S。我国规程 DL/T 620—1997 规定，档距中央避雷线与导线

间的空气间隙距离 S 宜按以下公式确定

$$S \geqslant 0.012l + 1\text{m} \tag{14-24}$$

式中　l——档距长度，m。

式（14－24）中 1m 是考虑到杆塔和接地体中波过程的影响。

对于大跨越档距，若$\frac{l}{v_b}$大于波头时间，则来自杆塔的负反射波尚未返回雷击点之前，雷电流已过峰值，所以雷击点避雷线最高电位 U_A 由雷电流幅值 I 决定。避雷线与导线间的空气间隙距离 S 将由雷击点最高电位和空气间隙平均击穿场强决定。

根据国内外的长期运行经验表明，雷击避雷线档距中央引起避雷线与导线间空气间隙闪络的事例是非常少的。所以，在线路防雷工程计算中，只要导线、避雷线间的空气间距满足式（14－24）的要求，雷击避雷线档距中央引起导线跳闸可以忽略不计。

3. 雷直击导线时的过电压和耐雷水平

雷电直击导线后，雷电流自雷击点沿导线向两侧运动，如图 14－4（a）所示。设雷电通道的波阻抗为 Z_0，导线波阻抗为 Z_c，若不考导线远端返回 A 点的反射波，则根据彼德逊法则计算 A 点的电位，等值电路如图 14－4（b）所示。

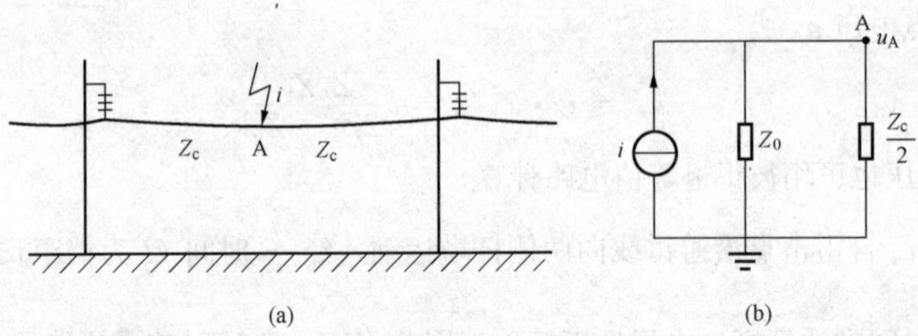

图 14－4　雷直击线路导线及等效电路

（a）示意图；（b）等效电路

流经雷击点 A 的雷电流 i_A 为

$$i_A = i\frac{2Z_0}{2Z_0 + Z_c}$$

雷击点 A 的电压 u_A 为

$$u_A = i_A \times \frac{Z_c}{2} = i \times \frac{Z_0 Z_c}{2Z_0 + Z_c}$$

其幅值 U_A 为

$$U_A = I\frac{Z_0 Z_c}{2Z_0 + Z_c}$$

在工程近似计算中，有时假设 $Z_0 \approx Z_c/2$，则雷击点 A 的电压幅值 U_A 为

$$U_A = \frac{I}{2} \times \frac{Z_c}{2} = \frac{1}{4}IZ_c \tag{14-25}$$

若取 $Z_c = 400\Omega$，则式（14－25）简化为

$$U_A \approx 100I \tag{14-26}$$

这就是 DL/T 620—1997 规程中，用来估算直击和绕击导线的过电压和耐雷水平的近似公式。

雷击导线的过电压与雷电流的大小成正比，雷击导线的过电压幅值随雷电流幅值的增加而增高。如果导线的过电压 U_A 超过线路绝缘子串的 50%冲击击穿电压 $U_{50\%}$，则发生冲击闪络。由此可得线路的耐压水平 I 为

$$I = U_{50\%}\frac{2Z_0 + Z_c}{Z_0 Z_c} \tag{14 - 27}$$

我国 DL/T 620—1997 规程建议也可根据式（14 - 26）近似估算线路直击和绕击时的耐雷水平，有

$$I = \frac{U_{50\%}}{100} \tag{14 - 28}$$

雷电直击导线多发生在无避雷线的线路，但对架设有避雷线的线路，避雷线的屏蔽作用也不是绝对的，仍然有雷电绕过避雷线直击于导线的可能性。雷电绕击于导线时，忽略避雷线和导线的耦合作用，以及杆塔接地的影响，导线上出现的过电压和无避雷线雷击导线时完全一样。绕击导线的耐雷水平可以用式（14 - 27）计算，工程上近似估算可用式（14 - 28）计算。

通过以上分析可知，雷电直击或绕击线路的耐雷水平很低。由式（14 - 28）计算得，110、220、500kV 线路绕击时的耐雷水平分只有 7、12、27.4kA。所以，对于 110kV 及以上中性点直接接地系统的输电线路，一般都要求沿全线架设避雷线，以防止线路频繁发生雷击闪络跳闸事故。

二、输电线路雷击跳闸率分析计算

雷击过电压导致线路跳闸需要具备两个条件：首先雷电流必须超过线路的耐雷水平，才能引起线路绝缘发生冲击闪络，此时雷电流沿闪络通道入地，但由于时间只有几十微秒，线路开关来不及动作；其次冲击闪络能转化为稳定的工频短路电弧，才能导致线路跳闸。所以，分析计算线路雷击跳闸率时，必须考虑上述因素的影响。

根据线路雷击跳闸率的定义可知，雷击跳闸率是各种可能发生雷击跳闸率之和。由于雷击线路附近地面时的感应过电压不足以引起 110kV 及以上线路绝缘闪络。雷击避雷线档距中央引起的线路闪络跳闸极为罕见。所以在求线路雷击跳闸率时，只需分析计算雷击杆塔顶和雷绕击导线两种情况。

分析计算线路跳闸率时，首先应计算线路可能受到雷击的次数。线路可能受雷击的次数与线路等效受雷击宽度、地面落雷密度 γ、线路长度及线路所经地区的雷电活动程度有关。根据模拟试验和运行经验表明，由于线路高出地面很多，线路的受雷击面积要比其长度与宽度的乘积要大很多，线路越高，等效受雷击面积越大。对于一般高度线路国家标准推荐的等效受雷宽度为 $b+4h$，h 为避雷线的平均对地高度（m），b 为两根避雷线间的距离（m），这样每 100km 线路的受雷击面积 $A(\text{km}^2)$ 为

$$A = (b + 4h) \times 10^{-3} \times 100 = 0.1(b + 4h)$$

那么每年 100km 输电线路受雷击次数 N 为

$$N = \gamma A T_d = 0.1(b + 4h)\gamma T_d \tag{14 - 29}$$

式中　h——避雷线的平均对地高度（无避雷线时为最上层导线的平均高度），m；

b——两根避雷线间的距离，m。若为单根避雷线，则 $b=0$，若无避雷线，则 b 为两边相导线间的距离。

1. 雷击杆塔顶时的雷击跳闸率 n_1

根据式（14-29）计算出年雷暴日数 $T_d=40$，如果地面落雷密度 $\gamma=0.07$，则每100km线路年落雷总数 N 为（次/100km·年·40雷暴日）

$$N=0.07\times 40\times 0.1(b+4h)=0.28(b+4h) \tag{14-30}$$

表14-4 击杆率

地形 \ 避雷线根数	0	1	2
平原	1/2	1/4	1/6
山地	0	1/3	1/4

在线路年落雷总数 N 中，雷击中杆塔的次数为 N_1，将雷击中杆塔的次数为 N_1 与线路年落雷次数 N 比定义为击杆率 g，其值可由表14-4查出。则每100km线路每年雷击杆塔次数 N_1 为

$$N_1=0.28(b+4h)g \tag{14-31}$$

若雷击杆塔时的耐雷水平为 I_1，由式（13-5）计算出超过线路耐雷水平 I_1 的概率为 P_1，则雷击杆塔引起绝缘闪络的次数为 NgP_1；再由式（14-1）计算建弧率 η。这样每100km线路每年雷击杆顶时的跳闸次数 n_1 为

$$n_1=NgP_1\eta=0.28(b+4h)g\eta P_1 \tag{14-32}$$

2. 雷绕击线路跳闸率 n_2

根据式（14-4）计算雷击导线的绕击率 P_α，则每100km线路每年雷击绕击导线次数 n_2 为

$$N_2=NP_\alpha=0.28(b+4h)P_\alpha \tag{14-33}$$

若雷绕击导线时的耐雷水平为 I_2，同理可计算出超过线路耐雷水平 I_2 的概率为 P_2，雷绕击导线引起绝缘闪络的次数为 $NP_\alpha P_2$，建弧率 η，则每100km线路每年雷绕击导线时的跳闸次数 n_2 为

$$n_2=NP_\alpha P_2\eta=0.28(b+4h)P_\alpha\eta P_2 \tag{14-34}$$

3. 线路雷击跳闸率 n

如前所述，若避雷线与导线在档距中央处的空气间隙距离 S 满足式（14-24）要求，则雷击避雷线档距中央引起线路跳闸可以忽略不计，故其跳闸率可视为零。因此，线路的总跳闸率为雷击杆塔顶时的雷击跳闸率 n_1 与雷绕击线路跳闸率 n_2 之和，即

$$n=n_1+n_2=N(gP_1+P_\alpha P_2)\eta=0.28(b+4h)(gP_1+P_\alpha P_2)\eta \tag{14-35}$$

第三节 输电线路防雷措施

线路防雷的基本任务是采用技术上与经济上合理的措施，将雷击事故减少到可以接受的程度。在确定输电线路的具体防雷方式时，应全面考虑线路的电压等级、重要程度、系统运行方式、线路经过地区雷电活动的强弱、地形地貌的特点、土壤电阻率的高低等条件，结合当地实际运行经验，进行技术经济比较，从而确定合理的保护措施。

一、架设避雷线

架设避雷线是高压和超高压输电线路最基本和最有效的防雷保护措施。其主要作用是防止雷电直接击中导线，同时还有分流、耦合及屏蔽作用，因此降低线路绝缘承受的电压，提高线路耐雷水平，降低跳闸率。通常来说，线路电压越高，采用避雷线的效果越好，而且避

雷线在线路造价中所占的比重也越低。

规程 DL/T 620—1997 规定，35kV 及以下的线路，因其绝缘水平较低，装设避雷线效果不大，一般不全线架设避雷线。110kV 线路一般沿全线架设避雷线，在雷电活动特别强烈的地区，以架设双避雷线，其保护角一般取 20°～30°。在少雷区（即 T_d<15）或运行经验证明雷电活动轻微的地区，可以不沿全线架设避雷线，但应装设自动重合闸装置。220kV 线路应沿全线架设避雷线，在山区除少雷区外宜架设双避雷线，保护角取 20°左右。杆塔上两根避雷线间的距离，不应超过导线与避雷线间垂直距离的 5 倍。

对于 330～500kV 超高压线路，绝缘水平和耐雷水平较高，由于每条线路长、平均高度较高、经过山区的概率增大，使其反击和绕击概率增大。同时其输送功率大，重要性高。所以 330～500kV 线路应沿全线架设双避雷线，保护角取 15°及以下。国外有些超高压线路要求绕击率趋近于零，有时需采用负的保护角（即避雷线位于导线外侧）。

在超高压线路上，正常的工作电流会在每个档距中两根避雷线之间所构成的闭合回路里感应出电流引起的附加损耗，为了降低此损耗和利用避雷线兼作高频通道，将避雷线经小间隙对地（杆塔）绝缘。当线路正常运行时，避雷线是绝缘的；当线路空间出现强雷云电场或雷击线路时，小间隙击穿，避雷线自动转变为接地状态。

二、降低杆塔接地电阻

对一般高度杆塔，降低杆塔冲击接地电阻是提高线路耐雷水平、降低雷击跳闸率的最经济而有效的措施。输电线路杆塔接地电阻值越大，线路的耐雷水平越低。杆塔接地电阻的增大，避雷线所起的防雷效果就会降低。规程 DL/T 620—1997 规定，有避雷线线路，每基杆塔不连避雷线的工频接地电阻，在雷季干燥时，不宜超过规定的数值。降低杆塔接地电阻的主要方法有增加射线长度、采用垂直接地体、采用降阻剂或接地模块降低土壤电阻率等。在土壤电阻率低的地区，应充分利用杆塔的自然接地电阻，一般按照常规的设计，接地电阻值即能达到要求，而在山区和土壤电阻率高的地区，降低接地电阻较困难时，要根据具体的地形、地势和土壤电阻率，做特殊的设计，充分利用杆塔所在处的地形，采用多根放射形接地体，或连续伸长接地体或配合使用降阻剂等切实可行的降阻措施。

在实际工程中，由于杆塔接地的主要作用是防雷，而雷电流属于高频电流，有很强的趋肤效应，在地中的流动也只是沿地表散流，深层土壤并不起作用。因而线路杆塔接地降阻改造应以水平射线结合降阻剂降阻的方法进行，充分利用现场地势，沿等高线做水平射线，或在山岩地带利用山岩裂缝铺设水平接地体并施加膨润土类降阻剂可有效地降低杆塔接地电阻。

此外，在输电工程中，杆塔接地电极的造价在总造价中所占的比例很低，不到 1%，通过改善接地电阻来提高线路耐雷水平的成本并不高，降低雷击跳闸率的经济效益十分明显。

三、架设耦合地线

在高土壤电阻率地区，若雷击跳闸频繁，单靠改善接地不能满足要求时，可在导线下方架设耦合地线。耦合地线能连同避雷线一起来增大它们与导线间的耦合系数，降低绝缘子串上的电压；增大雷击杆塔雷电流的分流作用，降低杆塔电位；同时还具有提高杆线处的“地”电位面，使杆塔有效高度相应减少，从而在雷击塔顶时导线上感应电压分量减小，有利于提高耐雷水平，降低雷击跳闸率。

在山区架设耦合地线，相当于补偿地形落差、减少杆塔高度，从而减少绕击。所以应该在雷害事故频繁发生的山区全线架设耦合地线。

四、采用不平衡绝缘方式

在现代高压及超高压线路中，采用同杆架设双回线路的情况日益增多，为了降低雷击时双回路同时闪络跳闸，在采用通常的防雷措施仍无法满足要求时，可考虑采用不平衡绝缘方式。也就是使一回路的三相绝缘子片数少于另一回路的，这样在雷击线路时，绝缘水平较低的那一回路将先发生冲击闪络。闪络后的导线相当于地线，增加了对另一回路导线的耦合作用，提高了另一回路的耐雷水平，不发生闪络，保证线路继续供电。双回路绝缘水平差异不宜过大，通常为$\sqrt{3}$倍相电压（幅值），否则会增加线路总跳闸率。由于采用不平衡绝缘方式使其中一回路将先发生冲击闪络，影响了电网的供电可靠性因而在输电线路中已很少采用。

五、加强绝缘

由于输电线路个别地段需采用大跨越高杆塔（如跨河杆塔），这就增加了杆塔落雷的机会。高塔落雷时塔顶电位高，感应过电压大，而且受绕击的概率也较大。为降低线路跳闸率，可在高杆塔上增加绝缘子片数（塔高在40～100m之间，每增高10m加装一片绝缘子），加大大跨越档导线与地线之间的距离，或更换为大爬距的合成绝缘子，以加强线路绝缘。在35kV及以下的线路可采用瓷横担等冲击闪络电压较高的绝缘子来降低雷击跳闸率。

用增加绝缘子片数或更换为大爬距的合成绝缘子的方法来提高线路绝缘，对防止雷击塔顶反击过电压效果较好，但对于防止绕击则效果较差，且增加绝缘子片数受杆塔头部绝缘间隙及导线对地安全距离的限制，因此线路绝缘的增强也是有限的。

六、装设自动重合闸装置

由于线路绝缘具有自恢复功能，大多数雷击造成的冲击闪络和工频电弧在线路跳闸后能迅速去游离，线路绝缘不会发生永久性的损坏或老化，因此装设自动重合闸的效果很好。据统计，我国110kV及以上线路的重合闸成功率高达75%～95%，35kV及以下线路的重合闸成功率约为50%～80%，因此，各级电压的线路应尽量装设自动重合闸装置。

七、采用消弧线圈接地方式

在雷电活动强烈、接地电阻又难以降低的地区，电力系统中可考虑采用中性点不接地或经消弧线圈接地的方式。这样可使由雷击引起的大多数单相接地故障能够自动消除，不致引起相间短路和跳闸。在两相或三相落雷时，由于先对地闪络的一相相当于一条避雷线，增加了分流和对未闪络相的耦合作用，使未闪络相绝缘上的电压下降，从而提高了线路的耐雷水平。在非有效接地系统中，为了减少雷击引起的多相短路和两相异点接地引起的断线事故，规程规定钢筋混凝土杆、铁塔以及木杆线路中的铁横担均宜接地，接地电阻不受限制，但多雷区不宜超过30Ω。

八、安装线路避雷器

在雷电活动频繁地区，在线路上安装线路避雷器装置，将其与线路绝缘子串并联。当雷电绕击线路或雷击杆塔在绝缘子串两端产生过电压超过避雷器动作电压时，避雷器可靠动作，利用阀片的非线性的伏安特性，限制避雷器残压低于线路绝缘子串的闪络电压，雷电流经过避雷器泄放后，流过避雷器的工频续流仅为毫安级，工频电弧在第一次过零时熄灭，线路两端断路器不会跳闸，系统恢复到正常状态。装设线路避雷器后，提高安装处线路的绕击和反击耐雷水平，并有效保护绝缘子不闪络，从而降低雷击跳闸率。

安装线路避雷器技术的应用要根据线路所处的地理条件和实际运行情况，因地制宜地安装才能取得较好的效果。

架空输电线路防雷的“四道防线”是：防止雷电直击导线，防止避雷线受雷击后引起绝缘闪络，防止线路雷击闪络后建立稳定的工频电弧，防止线路中断供电。

耐雷水平和线路跳闸率是衡量架空输电线路的耐雷性能和防雷效果的指标。

雷击线路时，线路绝缘不发生闪络的最大雷电流幅值或能引起绝缘闪络的最小雷电流幅值，称为线路耐雷水平。线路耐雷水平越高，线路绝缘发生闪络的机会越小。

雷击跳闸率是指在雷暴日数为 40 的标准条件下，每年每 100 公里线路的雷击跳闸次数，其单位为“次/（100km·40 雷暴日·年)”。雷击跳闸率越高，耐雷性能越差。

雷电流超过线路耐雷水平，只会引起冲击闪络，线路发生冲击闪络之后，能否建立起稳定工频电弧，主要与电弧路径的平均电场强度 E 有关。由冲击闪络转变为稳定工频电弧的概率称为建弧率。雷击跳闸率较之耐雷水平能更好地说明线路的耐雷性能。

绕击是指在有避雷线保护的输电线路上，由于各种随机因素，会发生雷闪绕过避雷线直接击中导线的情况。一次雷击线路中发生绕击的比率称为绕击率。绕击率 P_α 与避雷线对外侧导线保护角度 α、杆塔高度 h 和线路经过地区的地形地貌和地质条件有关。

避雷线使导线上的感应过电压下降至 $1-k$ 倍。避雷线距导线越近，耦合系数越大，导线上的感应过电压越低。

当雷击杆塔或避雷线时，由于雷电通道所产生的磁场的迅速变化，也会在导线上感应出雷电流极性相反的过电压。

雷击无避雷线杆塔时，在中性点直接接地系统中，线路的耐雷水平为

$$I=\frac{U_{50\%}}{R_{\mathrm{i}}+L_{\mathrm{t}}/T_1+h_{\mathrm{c}}/T_1}$$

在中性点非有效接地系统中，线路的耐雷水平为

$$I=\frac{U_{50\%}}{(1-k)(R_{\mathrm{i}}+L_{\mathrm{t}}/T_1+h_{\mathrm{c}}/T_1)}$$

雷击有避雷线杆塔时的耐雷水平为

$$I=\frac{U_{50\%}}{(1-k)\left(\beta R_{\mathrm{i}}+\beta\frac{L_{\mathrm{t}}}{T_1}+\frac{h_{\mathrm{c}}}{T_1}\right)}$$

雷直击或绕击导线的耐雷水平为

$$I=\frac{U_{50\%}}{100}$$

在线路防雷工程计算中，只要导线、避雷线间的空气间距 S 满足 $S\geqslant 0.012l+1\mathrm{m}$，雷击避雷线档距中央引起导线跳闸可以忽略不计。

雷击过电压导致线路跳闸需要具备两个条件，首先是雷电流必须超过线路的耐雷水平，其次冲击闪络能转化为稳定的工频短路电弧，才能导致线路跳闸。

线路的总跳闸率为雷击杆塔顶时的雷击跳闸率 n_1 与雷绕击线路跳闸率 n_2 之和，即

$$n=n_1+n_2=N(gP_1+P_\alpha P_2)\eta=0.28(b+4h)(gP_1+P_\alpha P_2)\eta$$

在确定输电线路的具体防雷方式时，应全面考虑线路的电压等级、重要程度、系统

运行方式、线路经过地区雷电活动的强弱、地形地貌的特点、土壤电阻率的高低等条件，结合当地实际运行经验，进行技术经济比较，从而确定合理的保护措施。

输电线路具体防雷措施有架设避雷线，降低杆塔接地电阻，架设耦合地线，采用不平衡绝缘方式，加强绝缘，装设自动重合闸装置，采用消弧线圈接地方式及安装线路避雷器等。

思考题与习题

1. 输电线路防雷有哪些措施？线路避雷器为什么能提高线路的耐雷水平？

2. 输电线路的耐雷水平、建弧率和雷击跳闸率各是什么含义？

3. 35kV 级以下的输电线路为什么一般不采取全线装设避雷线？

4. 某 500kV 输电线路档距为 400m，导线水平布置，导线悬挂高度为 28.15m，相间距离 12.5m，弧垂 12.5m，导线为四分裂导线，半径 11.75mm，分裂距离 0.45m（等值半径为 19.8cm）。两根避雷线半径 5.3mm，相距 21.4m，其悬挂点高度为 37m，弧垂 9.5m。杆塔电感 15.6μH，冲击接地电阻为 10Ω。线路采用 28 片 XP - 16 绝缘子，串长 4.48m，其正极性的 50％放电电压为 2.35MV，负极性的为 2.74MV，试求该线路的跳闸率。（计算时雷电流波头长度取 2.6μs，冲击电晕对耦合系数的校正系数为 1.35）

第十五章　发电厂和变电站的防雷保护

教学要求

了解发电厂、变电站直击雷保护的原则，熟悉其方法和规定；掌握避雷器的保护作用及其保护范围；掌握变电站进线段保护的接线和作用；掌握变压器防雷的原理；熟悉发电机防雷的接线和原理；了解GIS变电站的防雷。

第一节　概　　述

发电厂是电能供应的来源，变电站是电力系统的枢纽，一旦发生雷害事故，将造成大面积停电；而且发电机、变压器等主要电气设备的内绝缘大都没有自恢复性能，万一雷害损坏，修复起来十分困难，势必延长停电时间，严重影响国民经济和人民生活。因此，发电厂和变电站的雷电过电压保护必须十分可靠。

发电厂和变电站的雷害可能来自两个方面：一是雷直击于发电厂、变电站；二是雷击输电线路产生的雷电过电压波沿线路侵入发电厂、变电站。

对直击雷的防护一般采用避雷针或避雷线。我国运行经验表明，凡按电力行业标准DL/T 620—1997《交流电气装置的过电压保护和绝缘配合》的要求正确装设避雷针、避雷线和接地装置的发电厂、变电站，绕击和反击的事故率都非常低，每年每一百个变电站发生绕击或反击约为0.3次，防雷效果是十分可靠的。

由于雷击线路比较频繁，因此雷电侵入波是造成发电厂、变电站雷害事故的主要原因。侵入变电站的雷电波幅值虽然在一定程度上受到线路绝缘水平的限制，但是因为线路的绝缘水平高于变电站电气设备的绝缘水平（如220kV线路绝缘子串的50%冲击放电电压为1200kV，而变压器的全波冲击试验电压只有850kV或950kV，全波多次冲击保证耐压只有850/1.1=773kV或864kV；10kV线路绝缘的50%冲击放电电压为80kV，而直配线发电机出厂时估计的冲击耐压值只有34kV），所以必须采用防护措施，削弱来自线路的雷电侵入波幅值和陡度，限制变电站内的过电压水平，才能避免电气设备发生雷害事故。

对侵入波过电压防护的主要措施是合理确定发电厂、变电站内装设避雷器的类型、参数、数量和位置；同时在线路进线段上采取辅助措施，以限制流过避雷器的雷电流和降低侵入波陡度；使发电厂、变电站电气设备上过电压幅值限制在电气设备的雷电冲击耐受电压以下。对于直接与架空线路相连的发电机（一般称为直配电机），除在电机母线上装设避雷器外，还应装设并联电容器以降低电机绕组侵入波的陡度，从而保护电机匝间绝缘和中性点绝缘不受损坏。

SF_6气体绝缘全封闭变电站（GIS）的出现，新型氧化锌避雷器的应用，电子计算机数值计算技术的进步等，为发电厂、变电站的过电压保护和绝缘配合带来新的活力和特点。计算机的应用使许多原来认为比较复杂难解的问题变得容易，在过电压防护和绝缘配合的研究设计中，也应当提倡尽可能推广新的方法和手段。

变电站防雷保护是一个系统工程，其防雷保护系统是由三个子系统即三道防线组成的。

(1) 第一道防线，第一子系统是防止雷击于变电站电气设备上。雷击是不能防止其发生的，只能拦截导引改变入地路径，很好地设计和建设是能避免产生破坏后果的。这道防线是由拦截受雷（接闪）、引流、接地散流防护系统构成。接闪器有避雷针（线）。小变电站一般多采用独立避雷针，大变电站一般多采用变电站构架上避雷针或避雷线，或这两者组合。引流线和接地装置有严格的要求。

(2) 第二道防线，第二子系统是进线保护段。雷击进线保护段首端及以外时，绝大部分雷电流被引入地中，很小部分雷电流沿架空线路导线侵入变电站。雷电波沿架空线路导线上传播时，受到冲击电晕和大地效应而衰减，达到变电站电气装置绝缘强度允许值。

变电站主要危险是来自进线保护段之内架空线路遭雷击，反击导线或绕击导线产生雷电侵入波。因此进线段又称危险段。加强进线段防雷保护是十分重要的。要求避雷线具有很好屏蔽和较高耐雷水平。不管如何，反击和绕击仍是可能的。因此，变电站设防要求的进线保护段（危险段）越短越好，即允许侵入波陡度和幅值较大。

(3) 第三道防线，第三子系统是用于将侵入变电站雷电波降低到电气装置绝缘强度允许值。对于第三子系统，我国主要是采用金属氧化物避雷器（MOA），西方国家除用 MOA 外，还在所有电气装置上安装空气间隙，在 MOA 失效后作后备保护。这是保护电力设备的最后一道防线。由这三个子系统的三道防线构成一个完整的变电站防雷保护系统。

这三道防线，各司其责，缺一不可，不存在谁替代谁的问题。那种把这三道防线割裂地、孤立地设置的做法是错误的，三道防线之间关系密切，互相影响着。尤其二、三道防线之间，若第三道防线能力强，可缩短要求的第二道防线——危险段长度，变电站耐雷可靠性提高；若第二道防线能力很强，可以减轻第三道防线负担，变电站耐雷可靠性同样可以提高。

第二节 直击雷保护

一、发电厂、变电站直击雷保护要求

为发电厂、变电站直击雷保护要求防止雷直击于变电设备上，可装设避雷针（线、网、带）保护系统。避雷针（线）的防雷保护作用，在于它比被保护物高，能把雷电从被保护物上方引向自身，并安全泄入大地。

避雷针的装设可分为独立避雷针和架构避雷针两种。

发电厂、变电站内下列设施应装直击雷防护系统。

(1) 室外配电装置，包括与之相连的母线桥及软连线。

(2) 室内配电装置建筑物和电机大厅建筑。

(3) 变压器修理、油务处理、燃油设备、电解和乙炔发生站建筑。

(4) 碎煤机、翻斗机车、易燃液体或气体储存罐。

(5) 氢气储存罐的地方。

(6) 冷水塔和烟囱。

(7) 连接有发电机电压的 3～10kV 回路。

为了防护发电厂和变电站的电气设备及其他构筑物遭受直接雷击，需要装设避雷针或避

雷线，使被保护物体处于避雷针或避雷线的保护范围之内；同时还要求雷击避雷针或避雷线时，不应对被保护物体发生反击。

发电厂的主厂房（无钢筋的砖木结构主厂房除外）、主控制室和配电装置室一般不装设直击雷防护的专门的受（引）雷装置，而将其金属结构接地即可。因为雷击的机会本来不多，即使落雷一般只打掉一块水泥，不会引起严重后果，因为这些建筑本身对室内电气设备起了保护作用。为保证其他设备而装设避雷针，亦不宜装在独立的主控室和35kV及以下变电站的屋顶上。但采用钢结构或钢筋混凝土结构等有屏蔽作用的建筑物的车间变电站，可不受此限制。

雷电活动特强地区的主厂房、主控室和配电装置室宜设直击雷防护系统。

主厂房如装设直击雷防护系统或为保护其他设备而在主厂房上装设的避雷针，应采取加强分流和装设集中接地装置。设备的接地点尽量远离避雷针接地引下线的入地点，避雷针接地引下线尽量远离电气设备等防止反击措施，并宜在靠近避雷针的发电机出线上装设一组旋转电机专用的氧化锌避雷器。

主控制室、配电装置室和35kV及以下变电站的屋顶，如果是金属屋顶或屋顶上有金属结构时，将金属屋顶、金属结构、金属部件充分接地。如果屋顶为钢筋混凝土结构，将其焊接成网接地；结构为非导电的屋顶时，采用避雷带防护系统，避雷带的网格为8～10m，每隔10～20m设引下线接地。

上述接地引下线应与主接地网连接，并在连接处加装集中接地装置。

峡谷地区的发电厂、变电站宜用避雷线防护系统。

已在相邻高建筑物保护范围内的建筑物或设备，可不装设避雷针（线）保护。但建筑物金属构件或设备金属外壳应接地。

金属烟囱的直击雷防护应做好引流和接地。砖砌的、钢筋混凝土的烟囱的直击雷防护系统是在其顶上安装避雷针，接地引下线沿烟囱敷设并与接地网连接，要采取措施防止对引风机的反击。

露天布置的SF_6全封闭组合电器（GIS）的外壳应做接地系统，不需专设避雷针（线）防护。

发电厂、变电站内有爆炸危险和失火危险且爆炸后可能危及发电厂、变电站内主设备或严重影响发供电的建筑物（如制氢站、露天氢气储罐、氢气储存室、易燃油泵房、露天易燃储罐、厂区内的架空易燃油管道、装卸油台和天然气管道以及露天天燃气储罐等），应该用独立避雷针防护系统，并应采取防止感应雷的措施。

独立避雷针（线）宜设独立的接地装置。在高土壤电阻率地区，其接地电阻不宜超过10Ω。当有困难时，该接地装置可与主接地网连接，但避雷针与主接地网的地中连接点至35kV及以下设备与主接地网的地中连接点之间，沿接地体的长度不得小于15m。

独立避雷针不应设在人经常通行的地方，避雷针及其接地装置与道路或出入口等的距离不宜小于3m，否则应采取均压措施，或铺设砾石或沥青地面。

110kV及以上的配电装置，一般将避雷针设在配电装置的架构或室内110kV及以上配电装置的屋顶上，但土壤电阻率大于1000Ω·m的地区，宜装设独立避雷针。否则，应通过验算，采取降低冲击接地电阻或加强绝缘等措施。

66kV的配电装置，允许将避雷针装在配电装置的架构或室内66kV配电装置的屋顶上，但土壤电阻率大于500Ω·m的地区，宜装设独立避雷针。

35kV及以下配电装置架构或屋顶不宜装设避雷针。

装在架构上的避雷针应与接地网连接，并应在其附近装设集中接地装置。为保证雷电流的泄流，一般在架构避雷针引下线入地点沿接地干线不得少于2～3条带，1～2根长3～5m的垂直电极，电极至避雷针引下线入地点的距离不得小于电极长度。装有避雷针的架构上，接地部分与带电部分之间的空气中距离不得小于绝缘子串的长度；但在空气污秽地区，如有困难，空气中距离可按非污秽地区标准绝缘子串的长度确定。

除水力发电厂外，装设在架构（不包括变压器门型架构）上的避雷针与主接地网的地中连接点至变压器接地线与主接地网的地中连接点，沿接地体的长度不得小于15m。

除水力发电厂外，在变压器门形架构上和在变压器主接地线小于15m的配电装置的架构上，当土壤电阻率大于350Ω·m时，不允许装设避雷针（线）；如土壤电阻率不大于350Ω·m时，根据方案比较确有经济效益，经过计算采取相应的防止反击措施，并至少遵守下列规定，方可在变压器门形架构上装设避雷针（线）。

（1）装在变压器门形架构上的避雷针应与接地网连接，并应沿不同方向引出3～4根放射形水平接地体，在每根水平接地体上离避雷针架构3～5m处装设一根垂直接地体。

（2）连接在3～35kV侧变压器所有绕组出线上或离变压器电气距离不大于5m处装设一组MOA。

高压侧电压为35kV的变电站，在变压器门形架构上装设避雷针时，变电站接地电阻不应超过4Ω（不包括架构基础的接地电阻）。

110kV及以上配电装置，可将线路的避雷线引接到出线门形架构上，应装设集中接地装置。一般在门形架构引下线入地点铺设2～3条接地带。在土壤电阻率小于500Ω·m时，35～110kV架空输电线路进线保护段避雷线允许连接到户外配电装置接地架构上，在架构引下线入地点应铺设2～3条接地带，且应在距入地点不小于电极长度的地方打入2～3根长3～5m的垂直电极。35kV户外配电装置附近架空线路杆塔的接地电阻不应超过10Ω。

在土壤电阻率大于500Ω·m的地区，避雷线应架设到终端杆塔为止。从线路终端杆塔到配电装置的一挡线路的防雷保护，可采用独立避雷针，也可在线路终端杆塔上装设避雷针。火力发电厂烟囱附近的引风机及其电动机的外壳应与主接地网连接，并应装设集中接地装置，该接地装置宜与烟囱的接地装置分开。如不能分开，引风机的电源线应采用带金属外皮的电缆，电缆的金属外皮应与接地装置连接。机械通风冷却塔上电动机的电源线、装有避雷针（线）的架构上的照明灯电源线，均必须采用直接埋入地中的带金属外皮的电缆或穿入金属管的导线。电缆外引或金属管应埋入地中长度10m以上，才允许与35kV及以下配电装置的接地网及低压配电装置相连接。

严禁在装有避雷针（线）的构筑物上架设未采取保护措施的通信线、广播线和低压线。独立避雷针受雷击时，雷电流流过避雷针和接地装置，将会出现很高的电位。如图15-1所示，设避雷针在高度为h处的电位为u_a，接地装置上的电位为u_e，则

$$u_a = iR_i + L_0 h \frac{di}{dt}$$

$$u_e = iR_i$$

式中　R_i——接地装置的冲击接地电阻，Ω；

L_0——避雷针单位高度的等值电感，$\mu H/m$；

h——高度，m；

i——流过避雷针的雷电流，kA；

$\frac{di}{dt}$——雷电流陡度，$kA/\mu s$。

计算所得到的 u_a、u_e 的单位为 kV。

为了防止避雷针对被保护物体发生反击，避雷针与被保护物体之间的空气间隙 S_a 应有足够的距离。若取空气间隙的击穿场强为 E_a(kV/m)，则 S_a 应满足

$$S_a > \frac{u_a}{E_a}$$

同理为了防止避雷针接地装置与被保护设备接地装置之间击穿造成反击，两者之间地中距离 S_e 也应满足

$$S_e > \frac{u_e}{E_e}$$

式中　E_e——土壤的平均击穿场强，kV/m。

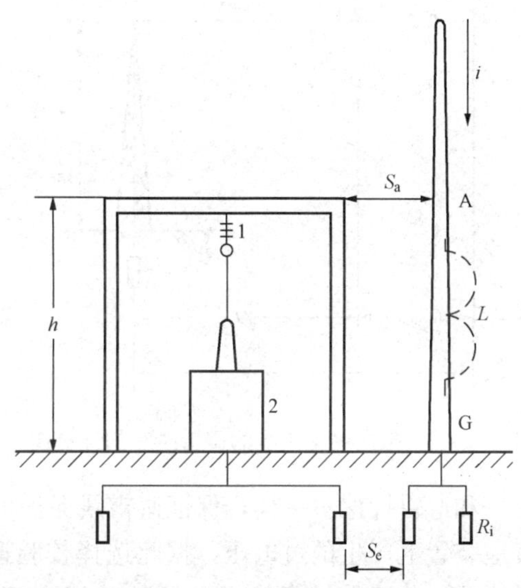

图 15 - 1　雷击独立避雷针时的高电位分析

根据以上各式，并考虑实际运行经验，独立避雷针（线）与配电装置及其架构之间的空气距离以及独立避雷针（线）的接地装置与接地网之间的地中距离，应符合下列要求：

（1）具有自身接地装置的独立避雷针与配电装置带电部分、发变电站电气设备接地部分、架构等空气中距离，S_a 应符合

$$S_a \geqslant 0.2R_i + 0.1h \tag{15 - 1}$$

S_a 不宜小于 5m。

（2）独立避雷针（线）是不允许连接到变电站接地网上的。独立避雷针（线）自身接地装置至变电站接地网最近点之间的地中距离 S_e 应符合

$$S_e \geqslant 0.2R_i \tag{15 - 2}$$

S_e 不宜小于 3m。

对 66kV 及以下配电装置，包括组合导线、母线廊道等，应尽量降低雷电感应过电压。当条件许可时，S_a 尽量选大些。

二、发电厂、变电站采用避雷线保护的要求

关于是否采用避雷线保护的问题，过去因为强调避雷线断线有造成母线短路的危险，所以发电厂、变电站用的很少。国内外多年运行经验表明，采用架空避雷线保护的发电厂、变电站，只要结构布置合理，设计参数选择正确，避雷线具有足够的截面和机械强度，同样可以得到很高的防雷可靠性。因此，近年来国内外兴建的 500kV 变电站又出现采用避雷线保护的趋势。我国发布实施的规程标准也规定了或可采用避雷线保护。

采用独立避雷线保护，基本上有两种布置形式。一种形式是避雷线一端经配电装置架构接地，另一端经绝缘子串与厂房建筑物绝缘，如图 15 - 2 所示；当有两根及以上一端绝缘的

避雷线并行架设时，为降低雷击时的过电压，有时还将所有避雷线的绝缘端连接起来，形成一个封闭的架空接地网。另一种形式是避雷线两端都接地，如图 15 - 3 所示，例如将变电站进线的架空避雷线延伸至变电站内，通过架构接地并形成一个架空地网。

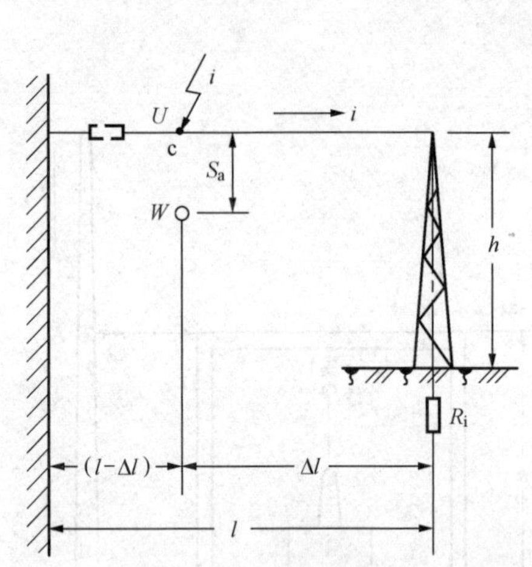

图 15 - 2 雷击一端绝缘的避雷线时的计算图

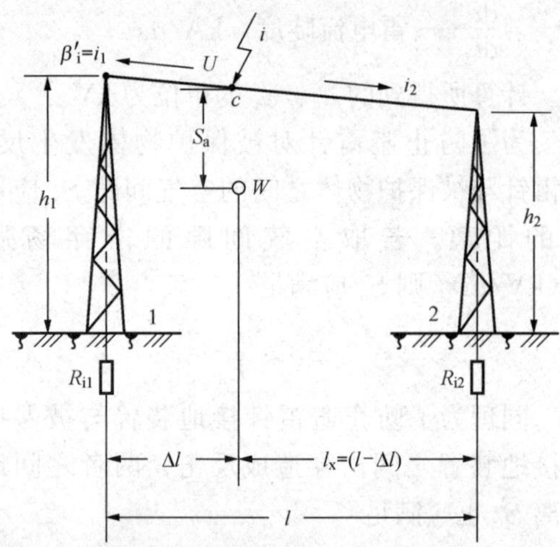

图 15 - 3 雷击两端接地的避雷线时的计算图

和避雷针保护一样，保证避雷线保护可靠性的关键仍然是正确计算雷击时在避雷线上和接地装置上产生的过电压，据此选择校验避雷线与被保护设备之间的空气间隙距离 S_a，避雷线接地装置与被保护设备接地装置之间的地中距离 S_e，以及避雷线绝缘端的绝缘子串片数。

当避雷线一端绝缘时，如图 15 - 2 所示，雷击绝缘子串近旁的避雷线开路端 c 的过电压最高。该点的过电压 u_c 计算式为

$$u_c = iR_i + L_0(h+\Delta l)\frac{di}{dt} \tag{15 - 3}$$

式中 L_0——避雷线和接地架构单位长度的平均电感，μH/m；

Δl——雷击点至架构的距离，m；其他符号同前。

避雷线两端接地时，如图 15 - 3 所示，雷击校验点 c 的过电压计算式为

$$u_c = i_1R_{i1} + L_0(h_1+\Delta l)\frac{di_1}{dt} = \beta'\left[iR_{i1} + L_0(h_1+\Delta l)\frac{di}{dt}\right] \tag{15 - 4}$$

式中 i——总的雷电流；

i_1——流向架构 1 的雷电流；

h_1 和 R_{i1}——架构 1 的高度和冲击接地电阻；

Δl——雷击点离架构 1 的距离；

β'——避雷线的分流系数；

$\beta' = i_1/i$，可根据电路的基尔霍夫定律推导得到。

当忽略接地电阻对 β' 的影响，并设两侧架构高度相同（为 h）时

$$\beta' \approx \frac{l-\Delta l+h}{l+2h}$$

和避雷针保护类似，根据式（15 - 3）、式（15 - 4），对避雷线与被保护设备之间的空气间隙

距离 S_a、避雷线接地装置与被保护设备接地装置之间的地中距离 S_e 提出以下要求：

当避雷线一端绝缘时

$$S_a \geqslant 0.2R_i + 0.1(h + \Delta l)$$

$$S_e \geqslant 0.2R_i$$

此外，对避雷针和避雷线还要求 S_a 不小于 5m，S_e 不小于 3m。

避雷线一端绝缘时的绝缘子串片数，按雷击绝缘子串近旁避雷线不致使绝缘子串闪络的条件选择。

当避雷线根数多形成比较复杂的架空接地网时，避雷线及接地架构分流系数的计算十分繁琐，上述各式难于实用。如有必要，宜用电子计算机数值计算方法，计算避雷线和接地网各点的过电压，以校验安全距离 S_a、S_e 等。

避雷针或避雷线接地装置的工频接地电阻一般不宜大于 10Ω（以工频接地电阻为标准便于现场检查）。接地电阻过大，将增大 S_a、S_e 和避雷针（线）架构高度，经济上不合理。关于线路终端杆塔上的避雷线能否与变电站架构相连，也按是否发生反击的原则处理。一般情况下，110kV 及以上的变电站允许相连。土壤电阻率特高或特低的地区，可参照有关规程规定决定。

对于发电厂、变电站的直击雷防护，上述是推荐采用常规的避雷针（线）的受（引）雷、引流和接地散流防护系统，为发电厂、变电站防雷系统中第一道防线，作整个防雷保护系统工程中第一个子系统。

第三节　阀式避雷器保护作用分析

变电站直击雷防护可靠性，比侵入波防护可靠性高。

变电站连接的进出架空输电线路，不论是遭受直击杆顶反击导线还是绕击导线，都会在导线上产生很高的过电压，沿导线侵入变电站损坏电力设备绝缘。因此，必须对侵入波限制，达到电力设备绝缘水平允许值。

变电站对侵入波的限制，可利用第十五章第一节所述的第二道和第三道两道防线联合作用。第二道防线是变电站进线保护段，第三道防线是变电站母线上安装的 MOA。

雷击杆顶反击导线和绕击导线产生的原始雷电波陡度大、幅值高，原始雷电波直接进入变电站，而第三道防线是难以承受的，必须靠第二道防线即进线保护段的作用，限幅降陡达到第三道防线能承受的水平。这两道防线，关系密切，互相影响。若第三道防线能力很强，如 MOA，对第二道防线就可要求低些；若第二道防线很强，则第三道防线负担减轻，变电站耐雷可靠性提高。

这两道防线水平设置得很高，现在技术上可以做到。例如，进线保护段采用多根避雷线，保护角很小甚至是负保护角，接地电阻很低，变电站母线多装性能优良、可靠性高的 MOA，但是经济上不合算。

这两道防线水平的最佳选择，应是获得综合经济效益最大。防护水平选择得很高，变电站耐雷可靠性提高，运行维护和事故损失减少，但基建投资增大；反之，防护水平低，耐雷可靠性低，事故损失和运行维护费上升，基建投资减少。最大综合经济效益是允许变电站有一定的可接受的故障率（或称危险率）。

我国变电站防护雷电侵入波的40多年成功经验综合起来有两条：

（1）对不同电压等级、不同重要程度的变电站，要求的加强防雷保护的进线保护段长度不同。在进线保护段之外的全部侵入变电站的雷电波受到第三道防线保护装置即MOA的限制，是无危险的。危险仅是雷击在进线保护段以内架空输电线路上发生的雷电侵入波。所以进线保护段又称危险段。在危险段以内发生的雷电侵入波（截波）通常是很短的波尾，这些雷电侵入波不一定都会引起变电站设备绝缘的损坏或闪络。

（2）根据不同进线保护段长度，由可能产生的侵入波最大陡度来决定阀式避雷器至被保护设备之间的允许最大电气距离。

一、避雷器的保护动作过程分析

装设阀式避雷器是变电站对入侵雷电过电压波进行防护的主要措施，它的保护作用主要是限制过电压波的幅值。但是，为了使阀式避雷器不至于负担过重（流过的冲击电流太大）和有效地发挥其保护功能，还需要有“进线段保护”与之配合，这是现代变电站防雷接线的基本思路。

阀式避雷器的保护作用基于三个前提：①它的伏秒特性与被保护绝缘的伏秒特性有良好的配合，在一切电压波形下，前者均处于后者之下；②它的伏安特性应保证其残压低于被保护绝缘的冲击电气强度；③被保护绝缘必须处于该避雷器的保护范围之内。

首先分析阀式避雷器直接装设在变压器端的简单接线。如图15-4（a）所示，设在A点接有变压器和避雷器，雷电侵入波$u(t)$沿线路袭来，通过A点后向无穷远处传去，线路波阻抗为Z。为简化分析，暂时忽略变压器入口电容，并假定避雷器的伏秒特性$u_s(t)$和伏安特性$u_A=f(i_a)$为已知。这样就得到避雷器动作前后的等值电路如图15-4（b）、（c）所示。避雷器动作前如图中15-4（b）所示，A点电压$u_A(t)$与侵入波$u(t)$相同。$u(t)$上升到某一电压值U_d时，与避雷器的伏秒特性曲线$u_s(t)$相交，避雷器的火花间隙即击穿放电。避雷器放电以后的等值电路如图15-4（c）所示，此时相当于在A点并接入一非线性动作支路。电压u_A可由下列联立方程求出

$$2u=\left(i_a+\frac{u_A}{Z}\right)Z+u_A$$
$$u_A=f(i_a)$$

即

$$u_A+i_a\frac{Z}{2}=u(t)$$
$$u_A=f(i_a)$$

这是一个非线性方程组，Z是已知的线路波阻抗，当$u(t)$、$u_A=f(i_a)$给定时可用图解法求解，具体分析如下。

如图15-5所示，纵坐标取电压u，横坐标分别取时间t和电流i。在u-t坐标平面内，当侵入波$u(t)$与伏秒特性$u_s(t)$相交于U_d时避雷器开始放电，放电时间为t_d。在u-i坐标平面内，根据给定的伏安特性$u_A=f(i_a)$和线路波阻抗Z，可以画出曲线$u_A+i_a\dfrac{Z}{2}$，它必须与$u(t)$相等。因此就可以根据给定的$u(t)$波形，按照图15-5中虚线表示的步骤，逐点求出避雷器上的电压$u_A(t)$，这也就是变压器上的电压。

由图15-5可见，在图15-4接线条件下，避雷器上的电压$u_A(t)$在放电前决定于侵入

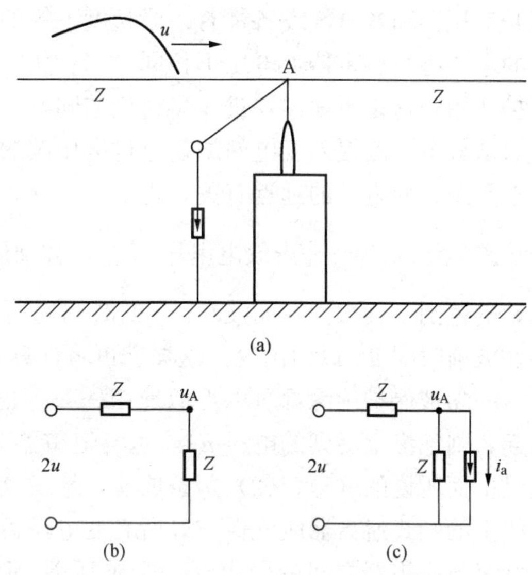

图 15 - 4　避雷器直接装设在变压器端的接线和等值电路

波 $u(t)$；在放电时有一个负的电压跃变，然后再随着 $u(t)$ 的继续上升而增长。因此电压 $u_A(t)$ 具有两个峰值：一个是避雷器的放电电压 U_d，它决定于避雷器的伏秒特性，由于阀式避雷器的伏秒特性 $u_s(t)$ 很平，故此值基本上不随侵入波陡度而变；另一个是避雷器的残压最高值 U_r，在避雷器伏安特性 $u_A=f(i_a)$ 已定的情况下，它与通过避雷器的电流的大小有关，但由于阀片的非线性，电流在很大范围内变动时残压变化很小。在具有正常防雷接线的 110～220kV 变电站中，流经避雷器的雷电流一般不超过 5kA（对 330kV 为 10kA），故残压的最大值取为 5kA 以下的数值。在一般情况下，避雷器的冲击放电电压与 5kA 下的残压基本相同。这样在以后的分析中可以将避雷器上的电压 $u_A(t)$ 近似地视为一斜角平顶波，其幅值为 5kA 时的残压，波头时间（即避雷器放电时间）则取决于侵入波陡度。若侵入雷电波为斜角波，即 $u=at$，则避雷器的作用相当于在避雷器放电时刻 t_d 在其安装处产生一负电压波 $-a(t-t_d)$，如图 15 - 6 所示。

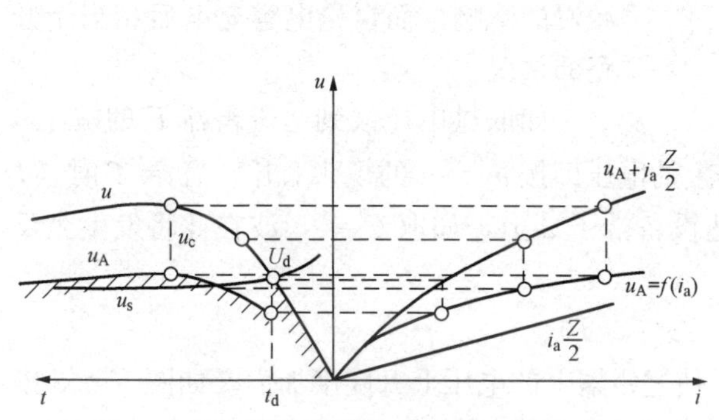

图 15 - 5　避雷器电压的图解法

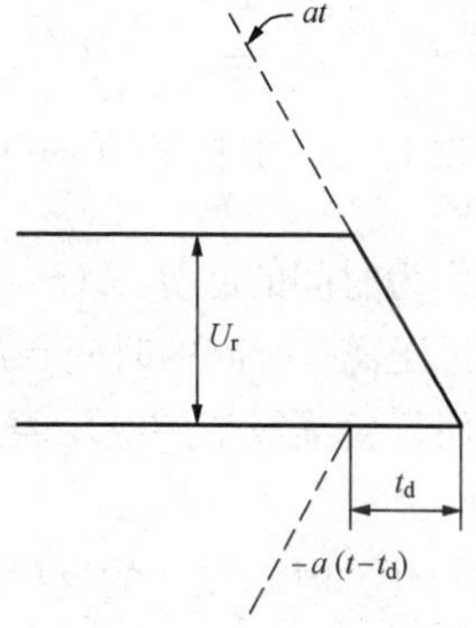

图 15 - 6　分析用避雷器上电压波形

应当指出，上述关于避雷器电压波形简化为斜角平顶波的假设是理想化的，与实际情况常有较大的出入。例如，它忽略了由实际保护接线和避雷器伏秒特性、伏安特性决定的实际放电电压与额定冲击放电电压，避雷器端电压与残压之间的差别；忽略了避雷器放电时负的电压跃变对被保护设备上的过电压的影响等。因此，由此分析得出的结论，在定性解释保护原理上具有一定的意义，而在定量计算上存在很大的局限性。

由于避雷器直接接在变压器旁，故变压器上的过电压波形与避雷器上电压相同，若变压器的冲击耐压大于避雷器的冲击放电电压和 5kA 以下的残压，则变压器将得到可靠的保护。变电站中有很多电气设备，不可能在每个设备旁边都装设一组避雷器，一般只在变电站母线上装设避雷器。由于变压器是最重要的设备，因此避雷器应尽量靠近变压器。这样，避雷器离开变压器和各电气设备都有一段长度不等的距离，当雷电波侵入时，变压器和各电气设备上的电压将与避雷器上电压不相同，二者相差多少？避雷器对变电站所有设备是否都能起到保护作用？这是下面需要进一步讨论的问题。

从输电线路侵入变电站的雷电过电压波的幅值受到线路绝缘水平的限制，而波前陡度与雷击点距离变电站的远近有关，为从严要求，可取抵达变电站的为一斜角平顶波，其幅值等于线路绝缘的50%冲击放电电压$U_{50\%}$，波前陡度$a=\frac{U_{50\%}}{T_1}$，波前时间T_1取2.6μs。由于变电站的范围不会太大，而波在T_1的时间内所能传播的距离约为780m，可见各种波过程大多在波前时间T_1以内出现。这样就可将计算波形进一步简化为斜角波$u=at$。

一切被保护绝缘都可以近似地用一只等值电容C来代表，如果它与避雷器直接连接在一起，则绝缘上受到的电压u_2永远与避雷器上的电压u_1完全相同，只要避雷器的特性能够满足上面所说的（1）、（2）两条成功，绝缘就能得到有效的保护。但在实际变电站中，接在母线上的阀式避雷器应该保护好所有变电设备的绝缘，它们离避雷器有近有远，这时在被保护绝缘与避雷器之间就会出现一个电压差ΔU。为了确定ΔU值，可利用图15-7中的接线图。

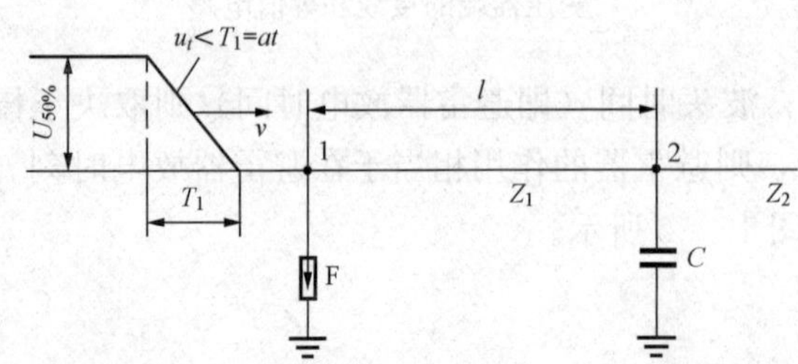

图15-7　求取ΔU值的简化计算接线图

首先来看一下最简单的只有一路进线的终端变电站的情况，这时图15-7中的$Z_2=\infty$，C即为电力变压器的入口电容。由于一般电力设备的等值电容C都不大，可以忽略波刚到达时电容使电压上升速度减慢的影响，而讨论电容充电后相当于开路的情况。

如取过电压波到达避雷器F的端子1的瞬间作为时间的起算点（$t=0$），避雷器上的电压即按$u_1=at$的规律上升。当$t=T$时（T为波传过距离l所需的时间$=l/v$），波到达设备端子2上，如取$C=0$，波在此将发生全反射，因而设备绝缘上的电压表达式应为

$$u_2=2a(t-T)$$

当$t=2T$时，点2的反射波到达点1，使避雷器上的电压上升陡度加大，如图15-8中的线段mb所示。由图15-8可知，如果没有从设备来的反射波，避雷器将在$t=t_b'$时动作，而有了反射波的影响，避雷器将提前在$t=t_b$时动作，其击穿电压为U_b，它等于

$$U_b=a(2T)+2a(t_b-2T)=2a(t_b-T)$$

由于一切通过点1的电压波都将到达点2，但在时间上要后延T，所以避雷器放电后所产生的限压效果要到$t=t_b+T$时才能对设备绝缘上的电压产生影响，这时u_2已经达到下式所表示的数值

$$U_2=2a[(t_b+T)-T]=2at_b$$

可见电压差

$$\Delta U=U_2-U_b=2at_b-2a(t_b-T)=2aT=2a\frac{l}{v}$$

如果已进波的空间陡度a'(kV/m)来代替上式中的时间陡度a(kV/μs)，则上式可改写为

$$\Delta U = 2a'l$$

由此可知，被保护绝缘与避雷器之间的电气距离（沿母线和连接线计算的距离）l 越大、进波陡度 a 或 a' 越大，电压差值 ΔU 也就越大。

综上所述，变压器等被保护设备上的过电压，与避雷器的保护特性（放电电压、残压）、侵入波的陡度、离避雷器的距离、被保护设备的入口电容等许多因素有关。避雷器的放电电压和残压越高，侵入波陡度越陡，离避雷器的电气距离越长，入口电容越大，被保护设备上的过电压就越高。

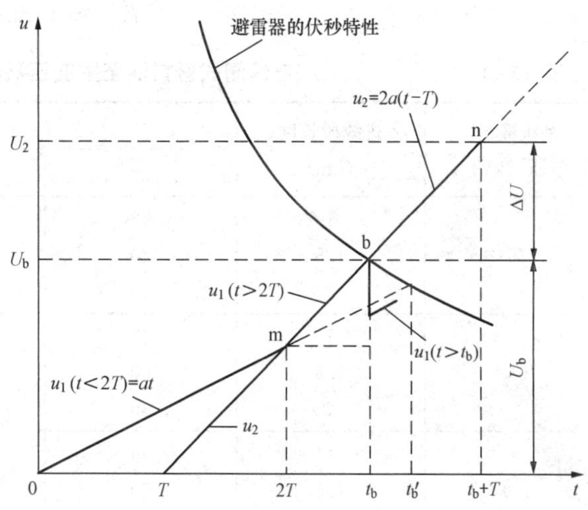

图 15 - 8　避雷器和被保护绝缘上的波形

二、避雷器的侵入波防护方式

从上面的分析已知，要使变电站电气设备上的过电压水平限制在其冲击绝缘水平下，首先必须限制从线路传来的侵入波陡度，限制流过避雷器的雷电流（它决定避雷器的残压）。同时必须合理确定变电站的保护接线方式，包括选择避雷器的型式、参数，确定避雷器的装设数量和位置，也就是决定避雷器与电气设备之间的距离，使所有设备都能得到有效的保护。

1. 避雷器的防护距离问题

为了使设备绝缘不至于被击穿，应按下式选定绝缘的冲击耐压水平

$$U_p \geqslant U_d + \Delta U$$

式中　U_p——绝缘的雷电冲击耐压值；

U_d——阀式避雷器的冲击放电电压。

对于一定的进波陡度 a'，即可求得被保护绝缘与避雷器之间的最大允许距离为

$$l_{max} = \frac{U_p - U_d}{2a'} \tag{15 - 5}$$

或者，对于已安装好的距离 l，可求出最大允许进波陡度为

$$a'_{max} = \frac{U_p - U_d}{2l} \tag{15 - 6}$$

如果是中间变电站或多出线变电站，出线数将不小于 2，这时图 15 - 7 中的 Z_2 将等于或小于 Z_1，情况显然要有利的多，这时的最大允许距离要比终端变电站时大得多，计算式为

$$l_{max} = K\frac{U_p - U_d}{2a'} \tag{15 - 7}$$

式中　K——变电站出线修正系数。

根据上述方法计算出来的结果，我国所推荐的避雷器至主变压器的最大电气距离 l_{max} 见表 15 - 1 和表 15 - 2。

l'_{max} 就是阀式避雷器的保护距离，一般的做法可先求出电力变压器的 l_{max}，而其他变电设备不像变压器那样重要，但它们的冲击耐压水平却反而比变压器更高，因而不一定要一一验算，而可近似地取它们的最大允许距离 l'_{max} 比变压器大 35% 即可

$$l'_{max} \approx 1.35 l_{max} \tag{15-8}$$

表 15 - 1 普通阀式避雷器至主变压器间的最大电气距离 m

系统额定电压（kV）	进线段长度（km）	进线路数			
		1	2	3	≥4
35	1	25	40	50	55
	1.5	40	55	65	75
	2	50	75	90	105
66	1	45	65	80	90
	1.5	60	85	105	115
	2	80	105	130	145
110	1	45	70	80	90
	1.5	70	95	115	130
	2	100	135	160	180
220	2	105	165	195	220

注 1. 全线有避雷线时按进线段长度为 2km 选取；进线段长度在 1～2km 之间时按补差法确定，表 15 - 2 亦然。
2. 35kV 也适用于有串联间隙金属氧化物避雷器的情况。

表 15 - 2 金属氧化物避雷器至主变压器间的最大电气距离 m

系统额定电压（kV）	进线段长度（km）	进线路数			
		1	2	3	≥4
35	1	25	40	50	55
	1.5	40	55	65	75
	2	50	75	90	105
66	1	45	65	80	90
	1.5	60	85	105	115
	2	80	105	130	145
110	1	55	85	105	115
	1.5	90	120	145	165
	2	125	170	205	230
220	2	125 (90)	195 (140)	235 (170)	265 (190)

注 1. 本表也适用于变电站碳化硅磁吹避雷器的情况。
2. 本表括号内距离所对应的雷电冲击全波耐受电压为 850kV。

通过以上分析可知，为了得到阀式避雷器的有效保护，各种变电设备最好都能装的离避雷器近一些，这显然是不可能的，所以在选择避雷器在母线上的具体安装点时，应遵循“确保重点、兼顾一般”的原则。在诸多的变电设备中，需要确保的重点无疑是主变压器，所以应在兼顾到其他变电设备保护要求的情况下，尽可能把阀式避雷器装的离主变压器近一些。在某些超高压大型变电站中，可能出现一组（三相）避雷器不可能同时保护好所有变电设备的情况，这时应再加装一组甚至更多组避雷器，以满足保护要求。

不难理解，采用保护特性比普通阀式避雷器更好的磁吹避雷器或氧化锌避雷器，就能增大保护距离（有时可减少所需的避雷器组数）或增大绝缘裕度，提高保护的可靠性。

2. 变电站的防护接线

根据以上分析和多年来的设计运行经验，对于220kV及以下的一般变电站，无论变电站的电气主接线形式如何，实际上只要保证在每一段可能单独运行的母线上都有一组避雷器，就可以使整个变电站得到保护。例如图15-9所示双母线主接线的220kV变电站，仅在每段母线（包括分段母线）上装设一组避雷器（变压器的中性点保护另外考虑）。只有当母线或设备连接线很长的大型变电站，或靠近大跨越、高杆塔的特殊变电站，经过计算或试验证明以上布置不能满足要求时，才需要考虑是否在适当的位置增设避雷器。

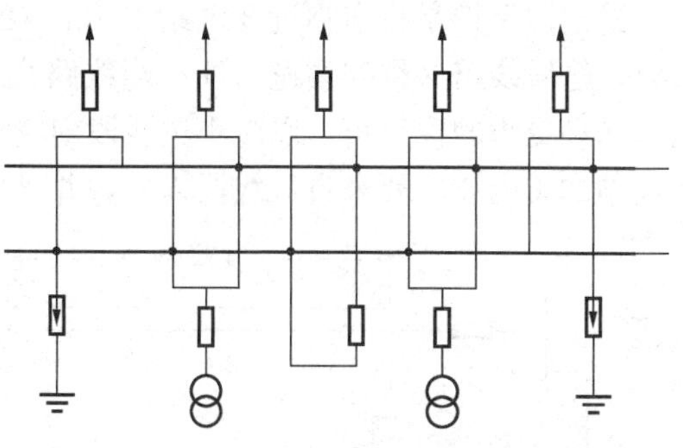

图15-9　220kV变电站的典型保护接线

对于500kV的超高压变电站，目前国内主要采用双母线带旁路的或一个半断路器的电气主接线。500kV敞开式变电站防雷保护接线的重要特点是电气距离长，无论是哪一种主接线形式，即使在一台变压器一回出线的初期工程中，接线长度也达数百米。这样就使每组避雷器一般主要只能保护与它靠近的某些电气设备。再加上操作过电压保护的需要，一般500kV敞开式变电站的保护接线是，在每回线路入口的出线断路器的线路侧装设一组线路型避雷器，在每台变压器的出口装设一组电站型避雷器；如果线路入口有并联电抗器并且通过断路器进行操作，则在电抗器侧增设一组避雷器；典型的保护接线如图15-10所示。只有当变电站的规模很大，母线很长；经过计算机计算或模拟试验结果证明不能满足要求时，才需要考虑是否在母线或旁路母线的适当位置增设避雷器。

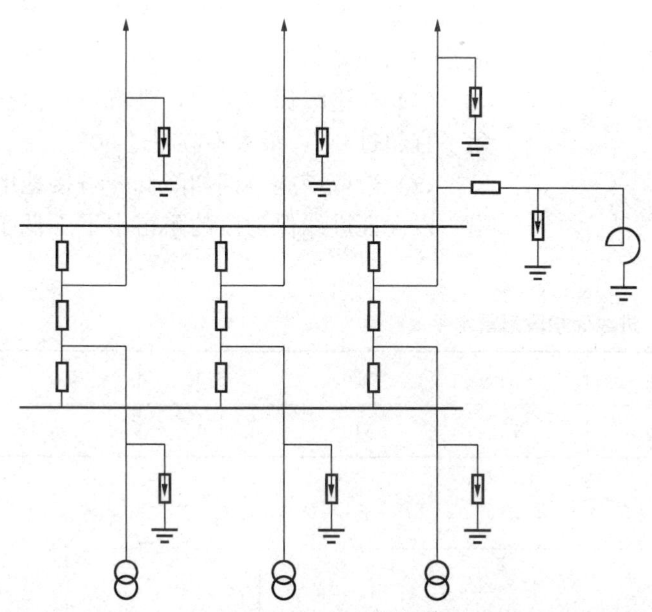

图15-10　500kV敞开式变电站的典型保护接线

第四节　变电站进线段保护

由上一节分析可知，当雷电波侵入变电站时，要使变电站的电气设备得到可靠的保护，必须限制侵入波的陡度，并限制通过避雷器的雷电流以降低残压。这就要求变电站的线路进线段应有更好的保护。运行经验表明，变电站的雷电侵入波事故约有50%是由雷击离变电站1km以内的线路引起的，约有71%是由雷击3km以内线路引起的，可见加强线路进线段保护的重要。

进线段保护是指在临近变电站 1～2km 的一段线路上加装防雷保护。当线路全线无避雷线时，这段线路必须架设避雷线；当线路全线有避雷线时，则应使这段 线路具有更高的耐雷水平和更小的保护角，以减小进线段内绕击和反击形成侵入波的概率。这样就可以使侵入变电站的雷电波主要来自进线段以外，并且由于受到 1～2km 线路冲击电晕的影响，削弱了侵入波的陡度和幅值；同时由于进线波阻抗的作用，减小了通过避雷器的雷电流。

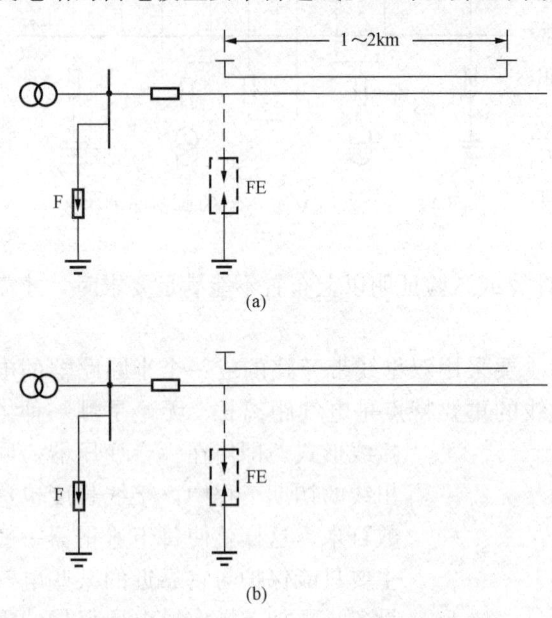

图 15-11　变电站进线段保护接线

一、35kV 及以上架空进线段的保护

图 15-11 为 35kV 及以上变电站的进线段保护接线图。图 15-11（a）是 35～110kV 线路全线无避雷线时进线段保护的标准接线方式。其中 FE 是排气式避雷器，F 是变电站内的阀型（含氧化锌）避雷器。图 15-11（b）是全线有避雷线时的进线段保护接线。在进线段以内，避雷线的保护角应适当减小，以降低绕击率；并采取措施适当提高其耐雷水平。

（1）在进线保护段内，避雷线的保护角不宜超过 20°，最大不应超过 30°。

（2）采取措施（例如降低杆塔接地电阻）以保证进线保护段的耐雷水平不低于表 15-3 的要求。

表 15-3　　进线保护段耐雷水平

额定电压（kV）	35	66	110	220	330	500
耐雷水平（kA）	30	60	75	110	150	175

进线段限制通过避雷器的雷电流的作用可用图 15-12 的等值电路进行计算和说明。考虑最不利的情况，设变电站只有一回线运行，线路终端只与一台避雷器相连，雷电侵入波幅值等于线路绝缘的 50%冲击放电电压。由于雷电波在 1～2km 线路内往返一次所需要的时间 $\tau = 2l/v = 2(1000 \sim 2000)/300 = 6.7 \sim 13.3\mu s$，侵入波的波头又很短，故避雷器动作产生的负反射波折回雷击点，经过该点的再反射到达避雷器时避雷器的电流已过峰值。因此可以不计这项再反射波及其以后过程的影响，只按原侵入波进行分析计算。

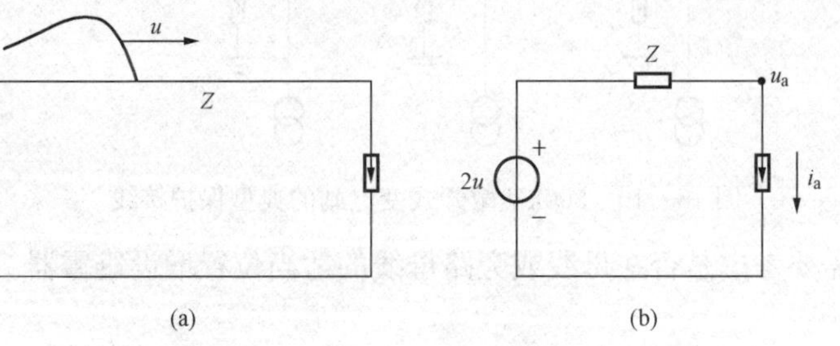

图 15-12　进线段限制通过避雷器雷电流的计算

根据图 15-12（a）画出彼德逊等值电路图 15-12（b），列出电路方程

$$2u = iZ + u_a$$
$$u_a = f(i_a)$$

式中 Z——线路波阻抗；

u_a——避雷器阀片的非线性伏安特性。

可用图解法求出通过避雷器的最大电流 I_a，如图 15 - 13 所示。

例如，220kV 线路冲击绝缘强度 $U_{50\%}$ = 1200kV，线路波阻抗 $Z=400\Omega$，采用 FZ220J 型避雷器，可以算得通过避雷器的最大雷电流不超过 4.5kA。这也就是 220kV 以下避雷器电气特性一般以 5kA 时的残压作为标准的理由。大型变电站装有多台避雷器时，通过每台避雷器的雷电流有减小的趋势，但并不与台数成反比。

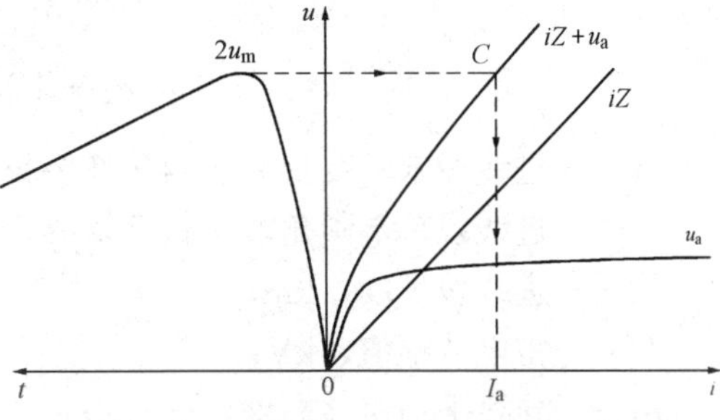

图 15 - 13 图解法求通过避雷器的雷电流

【例 15 - 1】 某变电站中安装的是 FZ - 110J 型阀式避雷器，110kV 母线有可能以单条进线方式运行，110kV 线路的 $U_{50\%}$=700kV，求该避雷器的最大冲击电流幅值 I_a。

解 FZ - 110J 在 5kA 下的残压 U_r=332kV，导线波阻抗 Z=400Ω，即得最大冲击电流幅值

$$I_a = \frac{2U_{50\%} - U_r}{Z} = \frac{2\times 700 - 332}{400} = 2.67(\text{kA})$$

用同样的方法，可计算出流过不同电压等级阀式避雷器的冲击电流幅值，见表 15 - 4。

表 15 - 4 流过阀式避雷器的最大冲击电流幅值计算结果

额定电压（kV）	避雷器型号	$U_{50\%}$（kV）	I_a（kA）
35	FZ - 35	350	1.41
110	FZ - 110J	700	2.67
220	FZ - 220J	1200～1400	4.35～5.38
330	FCZ - 330J	1645	7.06
500	FCZ - 500J	2060～2310	8.63～10

由表 15 - 4 可知，取 l=1～2km，以足以保证流过各种电压等级避雷器的冲击电流均不会超过各自的允许值：35～220kV 避雷器不超过 5kA；330～500kV 避雷器不超过 10kA。这也正是按避雷器伏安特性作绝缘配合时所规定的配合电流值。

雷电波在输电线路上传播，由于冲击电晕和地的效应而衰减。在行走一定距离后，任何实际可能的雷电波头陡度都能降低到允许值，这就是设置进线保护段（第二道防线）的目的。在进线保护段以外的全部的侵入变电站的雷电波应该都是 MOA（第三道防线）可能承受的，也就是说不会发生危及电气设备绝缘的情况。危险仅是雷击在进线保护段以内架空线路上反击导线和绕击导线产生的雷电侵入波。

变电站进线段保护能使侵入波陡度降低的主要原因是，线路导线在雷电波作用下发生强烈的冲击电晕使波变形和衰减。冲击电晕的影响，一方面是增加了电晕能量损耗使波幅值衰

减；另一方面是加大了导线对地电容而使波速度降低引起波的变形和衰减。工程计算中通常忽略电晕能量损耗的影响，只根据波速度减缓的影响来分析波变形。

关于雷电冲击波在电晕作用下的变形，国际上有很多计算公式，因为都是试验数据得出的经验公式，世界各国各个学者推荐的计算公式亦不相同，但物理概念是一致的。

设进线段首端侵入波为斜角平顶波形，因电晕效应变形后的波头长度，我国标准推荐计算式为

$$\tau = \tau_0 + \left(0.5 + \frac{0.008U}{h_c}\right)l$$

式中　τ——进线段末端变形后的斜角波头长度，μs；

τ_0——进线段首端斜角波头长度，μs；

l——进线段长度，km；

U——雷电波幅值，kV；

h_c——导线平均对地高度，m。

可以认为在最不利的情况下，出现在进线段首端的侵入波的最大幅值为线路绝缘的50%冲击闪络电压（$U_{50\%}$），且具有直角波头（即取 $\tau_0=0$）。$U_{50\%}$ 已大大超过导线的临界电晕电压，因此在侵入波的作用下，导线将产生冲击电晕，于是直角波头的雷电波自进线段首端向变电站的传播过程，波形发生变形，波头变缓，则进入变电站雷电波的陡度 a 可估算为

$$a = \frac{U_{50\%}}{\tau} = \frac{U_{50\%}}{\left(0.5 + \frac{0.008U_{50\%}}{h_c}\right)l}(\text{kV}/\mu\text{s}) \tag{15-9}$$

$$a' = \frac{a}{v} = \frac{a}{300}(\text{kV/ms}) \tag{15-10}$$

表 15-5 列出了用式（15-9）计算出的不同电压等级变电站侵入波的计算用陡度 a' 值。由该表按已知的进线段长度求出 a' 值后，就可以根据式（15-7）或式（15-8）求得变压器或其他设备到避雷器的最大允许距离。

表 15-5　变电站侵入波计算用的陡度 a'

额定电压（kV）	侵入波陡度 a'（kV/m）		额定电压（kV）	侵入波陡度 a'（kV/m）	
	1km 进线段	2km 进线段全线有避雷线		1km 进线段	2km 进线段全线有避雷线
35	1.0	0.5	154		1.0
66	1.1	0.6	220		1.5
110	1.5	0.75	330		2.2

如令 a 为进波陡度的允许值，则所需的进线段长度

$$l = \frac{U_{50\%}}{a\left(0.5 + \frac{0.008U_{50\%}}{h_c}\right)}$$

计算结果表明，l 一般均不大于 1～2km。

图 15-11 中的管式（排气式）避雷器 FE，一般线路不必装设。对于进线的断路器或隔

离开关在雷雨季节可能经常处于开路状态，而线路又经常带电的线路（热备用状态），需装设 FE。否则，当沿线路有雷电波侵入时，在开断点将发生全反射使过电压提高一倍，有可能使开路状态的断路器或隔离开关发生对地闪络。此时由于线路带电，将进一步导致工频短路，有可能烧毁断路器或隔离开关的绝缘部件。但是应使 FE 在断路器处于合闸状态时不会动作，以免产生截波，危害变压器绝缘，所以 FE 应处于阀式避雷器的保护范围以内。若选不到合适参数的管式避雷器，FE 也可以考虑用阀式避雷器或保护间隙代替。

二、35kV 及以上电缆进线段的保护

对变电站 35kV 及以上电缆进线段，在电缆与架空线的连接处，由于波的多次折、反射，可能形成很高的过电压，因而一般都需装设避雷器保护；避雷器的接地端应与电缆金属外皮连接。对三芯电缆，末端的金属外皮应直接接地，如图 15－14（a）所示。对单芯电缆，因为不许外皮流过工频感应电流而不能两端同时接地，又需限制末端形成很高的过电压，所以应经氧化锌电缆护层保护器（FC）或保护间隙（FG）接地，如图 15－14（b）所示。

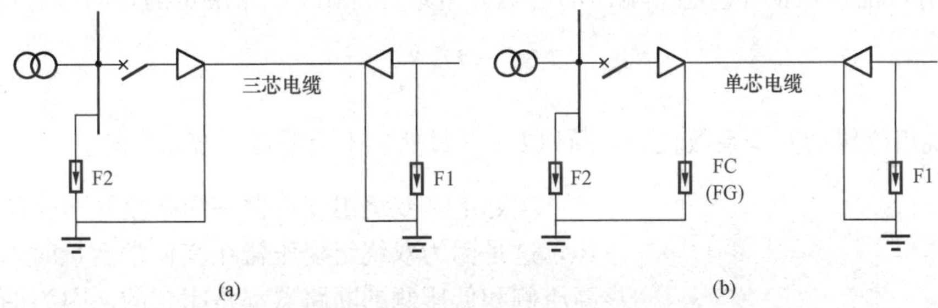

图 15－14　35kV 及以上电缆进线段的保护接线

若电缆长度较长，且断路器在雷雨季节可能经常开路运行时，防止开路端全反射形成很高的过电压损坏断路器，应在电缆末端装设管式避雷器或阀式避雷器。

连接电缆进线段前的 1km 架空线路应架设避雷线。

对全线电缆变压器组接线的变电站内是否装设避雷器，应根据电缆前端有无雷电过电压波侵入，经校验确定。

三、35kV 小容量变电站进线段的简易保护

对于 35kV 小容量变电站，可根据变电站的重要性和雷电活动强度等情况，采取简化的进线保护。由于 35kV 小容量变电站范围小，避雷器距变压器的距离一般在 10m 以内，故侵入波陡度允许增加，进线长度可以缩短到 500～600m。为限制流入变电站阀式避雷器的雷电流，在进线段首端可装设一组管式避雷器或保护间隙，如图 15－15 所示。

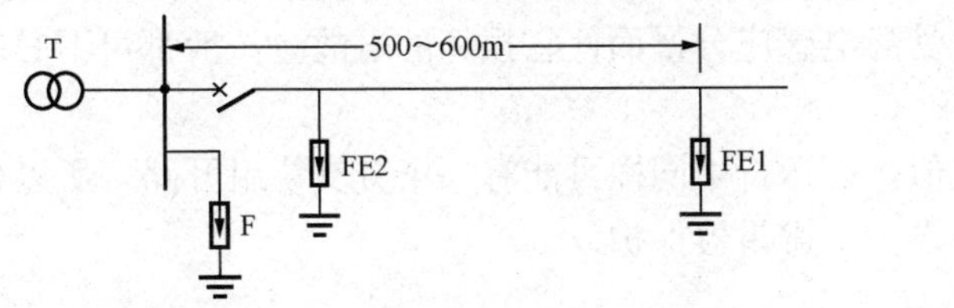

图 15－15　3150～5000kVA、35kV 变电站的简化保护接线

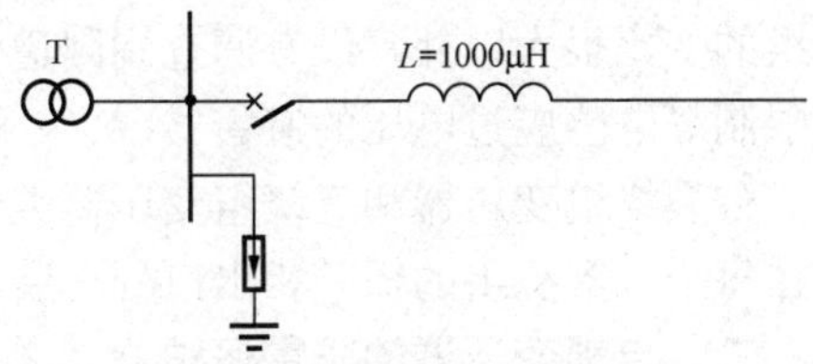

图 15－16　用电抗线圈代替进线段的保护接线

35～66kV 变电站，如进线段装设避雷线有困难或进线段杆塔接地电阻难以下降，不能

达到耐雷水平的要求时，可在进线的终端杆上安装一组 1000μH 左右的电抗线圈来代替进线段，如图 15 - 16 所示。此电抗线圈既能限制流过避雷器的雷电流，又能限制侵入波陡度。

第五节 变电站防雷的几个具体问题

一、三绕组变压器的防雷保护

双绕组变压器绕组之间波的传递，如图 15 - 17 所示，当高压绕组来波为 U_0 时，低压绕组受到感应也会出现一定的电压，感应电压的静电分量 U_{2j} 是由 C_{12} 和 C_{22} 分压决定的

$$U_{2j}=U_0\frac{C_{12}}{C_{12}+C_{22}}$$

由于低压侧接有出线，所以 C_{22} 较大，因此 U_{2j} 一般不会使低压绕组损坏。但如果低压绕组侧开路，U_{2j} 有可能使之损坏。感应电压的电磁分量是由匝比 n_2/n_1 决定的，即

$$U_{2jc}=U_0\frac{n_2}{n_1}$$

由于低压绕组绝缘的安全系数较高，所以 $U_0\dfrac{n_2}{n_1}$ 显然也不会使低压绕组损坏。

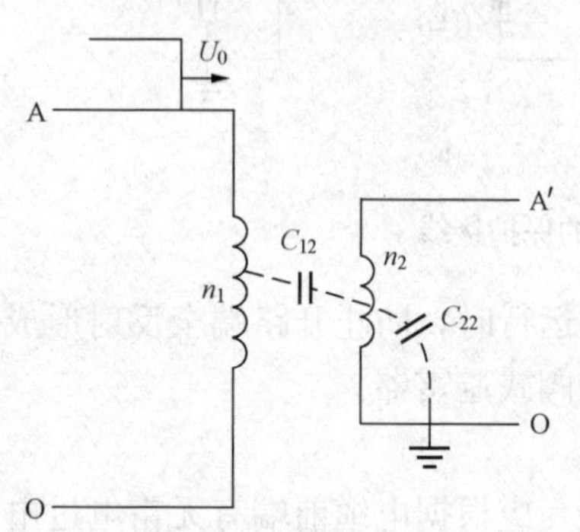

图 15 - 17 双绕组变压器传递过电压

实际上，双绕组变压器一侧来波并不会使另一侧损坏，这是因为双绕组变压器在其正常运行时，变压器的高压侧和低压侧的断路器都是闭合的。因为两侧都有避雷器保护，所以任一侧来波，感应到另一侧电压都不会造成损坏。

但是三绕组变压器在正常运行时，可能只有高—中压绕组处于工作状态，而低压绕组开路。此时若由高压侧或中压侧来波，由于 C_{22} 不大则对开路的低压绕组的静电感应分量可能达到很高的数值，从而能将低压绕组对地绝缘击穿。由于静电感应电压分量是使低压绕组三相电位同时抬高的，所以，为了限制这种过电压，要在低压绕组任一相直接出口处对地加一只阀式避雷器，以限制静电感应分量。运行经验表明，这种保护是有效的。如果低压绕组连有 25m 以上金属外皮电缆时，由于 C_{22} 已足够限制静电感应分量，因此就不必再装避雷器了。

三绕组变压器的中压侧虽然也有开路运行的可能，但其绝缘水平较高，所以除了高中压绕组的变比很大以外，没有调查到因遭受静电感应分量而使它损坏的事故。一般都可不必装设限制静电感应过电压的避雷器。

分裂绕组变压器和三绕组变压器类似，在运行中同样可能有一个分支绕组开路，所以也应在每个分支绕组的任一相出口处，装设一个避雷器保护。

二、自耦变压器的防雷保护

自耦变压器在 220kV 大容量变电站应用十分普遍。为了减小系统的零序阻抗和改善电压波形，自耦变压器除了高、中压自耦绕组外，还有一个三角形接线的低压绕组。因此，有可能高、低压绕组长期运行，而中压绕组端子开路，也可能中、低压绕组长期运行而高压绕

组端子开路。以这种方式运行时，自耦变压器除应按三绕组变压器的规定，在低压非自耦绕组上加一只避雷器，还需按照自耦变压器本身的特点加以保护。

当幅值为 U_0 的侵入波加在自耦绕组的高压端 A 时，绕组中电位的起始分布、稳态分布以及最大电位包络线，都和中性点接地的单绕组相同，如图 15 - 18（a）所示。在开路的中压端子 A′上出现的最大电压约为高压侧电压 U_0 的 $\frac{2}{k}$ 倍（k 为高压侧与中压侧的变比），这可能使处于开路状态的中压端套管闪络，因此在中压端套管与断路器之间应装设一组避雷器保护。

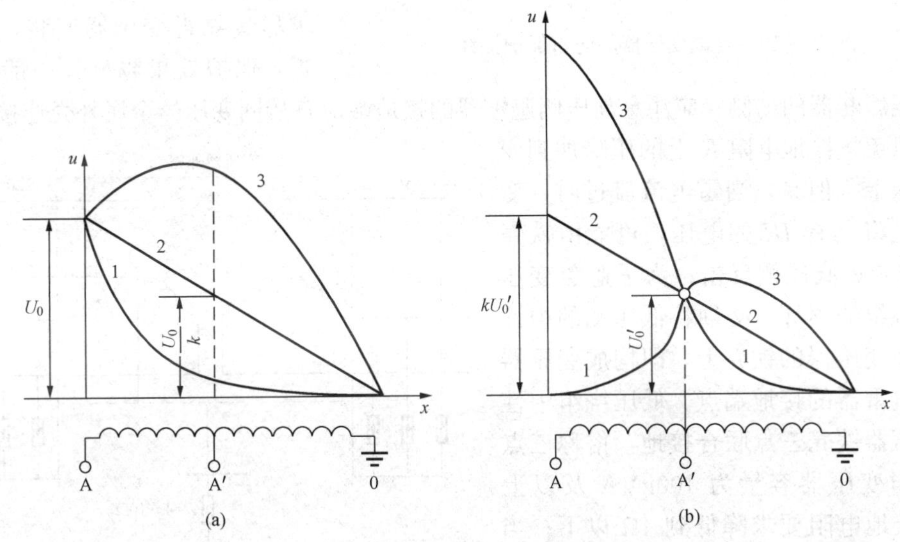

图 15 - 18　雷电波侵入自耦变压器时的过电压分布

1—绕组中电位的起始分布；2—绕组中电位的稳态分布；3—绕组中电位的最大电位包络线

当高压侧开路，中压侧端子 A′上出现幅值为 U'_0 的侵入波时，绕组中电位的起始分布、稳态分布以及最大电位包络线，如图 15 - 18（b）所示。由图可见，由 A′到 0 这段绕组的稳态电位分布和末端接地的变压器绕组相同，但由 A′到 A 这段绕组的稳态电位分布因为是由与 A′0 段稳态分布相应的电磁感应所形成，所以高压端 A 的稳态电压上升至 kU'_0。而且在振荡过程中 A 点的电位最高可达到 $2kU'_0$，这将危及处于开路状态的高压端绝缘。因此在高压端和断路器之间也应装设避雷器保护。

此外，在自耦变压器的防雷保护中还应注意下述情况。当中压侧接有出线时，相当于 A′点经线路波阻抗接地。由于绕组对冲击波的阻抗比线路波阻抗大得多，当高压侧有雷电波袭来时，A′点相当于接地，过电压主要加在 AA′绕组上，可能使它损坏。同样，当高压侧接有出线而中压侧来波时，也如此。AA′段绕组越短（即高中压的变比越小）时上述情况越危险。因此当变压比小于 1.25 时，在高压端 A 和中压端 A′之间还应加装一组避雷器，如图 15 - 19（a）中虚线所示。这组避雷器的灭弧电压还应大于高压侧或中压侧接地短路条件下 AA′上所出现的最高工频电压。

图 15 - 19（a）是自耦变压器的典型保护接线。图 15 - 19（b）是采用“自耦”避雷器的保护接线，与前者相比，它可以节省避雷器元件，但引线较麻烦。

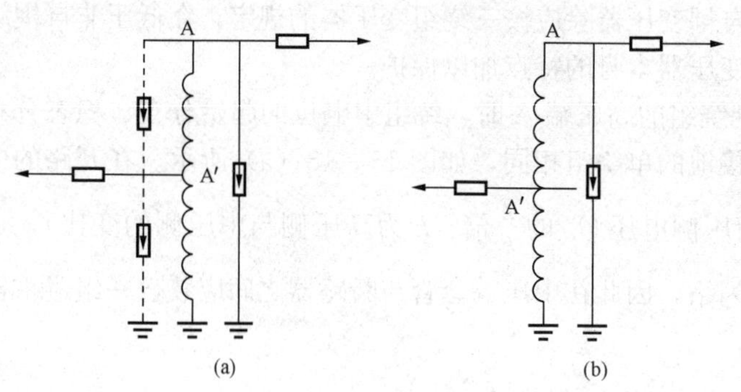

图 15-19 自耦变压器的防雷保护接线

三、配电变压器的防雷保护

配电变压器是配电线路中十分重要的设备，担负着对广大用户供电的任务。为防止雷击损坏配电变压器，应在其高低压两侧都安装阀式避雷器来保护，其典型接线如图 15-20 所示。

保护配电变压器的避雷器要求尽量靠近变压器安装，距离越近，保护效果越好，一般都要求装在高压熔断器的内侧。应注意高压侧避雷器的接地端应直接同变压器金属外壳连接后共同接地，以免将接地电阻 R 上的压降加到变压器绝缘上。但是，当雷电流流过时，变压器外壳将具有 IR 的电压，可能由铁壳向 220/380V 低压侧反击，为了避免变压器低压绕组的损坏，必须将低压侧的中性点也连在变压器的铁壳上，即构成变压器高压侧避雷器的接地端点、低压绕组中性点和变压器铁壳三点联合接地，俗称三点共地。当变压器容量为 100kVA 及以上时，其接地电阻要求降低到 4Ω 以下；当变压器容量小于 100kVA 时，其接地电阻能做到 10Ω 以下即可，这主要是从容量大小及重要性为出发点来考虑的。对于配电变压器三点连在一起接地的方式，当高压侧避雷器动作放电时，变压器绝缘上所承受的即是避雷器的残压，而雷电流通过接地装置时的电压降并没有作用在变压器的绝缘上，这对保护变压器的安全是十分有利的。这种共同接地也有缺点，因为高压侧落雷时，接地电阻 R 上的压降 IR 会转到低压绕组，对用户引起危害，这一缺点可用加强用户防雷保护办法来弥补。

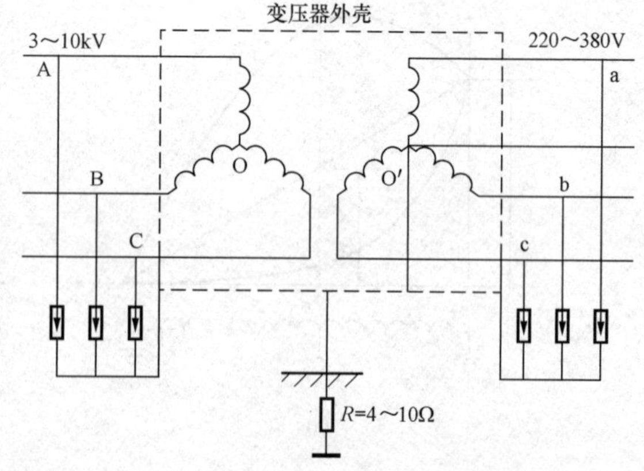

图 15-20 配电变压器的防雷保护接线

我国配电变压器线圈一般都采用 Yyn 的接线方式，高压侧中性点不引出，而低压侧为三相四线制，其额定电压为 380/220V。即使在上述情况下，仍会在高压绕组侧产生“正变换”和“反变换”过电压。

(1) 正变换过电压。配电变压器低压侧的过电压会通过变压器高、低压绕组间的电磁耦合按变压器的变比变换到高压侧形成高压侧的过电压。这种低压侧遭雷击直接变换到高压侧的过电压称为正变换过电压。由于配电变压器高压绕组的绝缘裕度远比低压侧绕组低，因此常会出现变压器低压侧落雷，低压绕组未损坏，而高压侧绕组因正变换过电压而损坏的现象。

(2) 反变换过电压。配电变压器高压侧受雷击造成高压侧避雷器动作放电后，流经避雷器的雷电流 I 在接地电阻 R 上产生的电压降 IR 将作用到配电变压器低压侧绕组的中性点上，并引起三相绕组上电压同时升高，同时将通过高、低压绕组间的电磁耦合按变比使高压绕组形成过电压。这种由于高压侧落雷引起低压侧电压升高再变换回高压侧的过电压，称为反变换过电压。此时还将使高压侧绕组的中性点附近出现过电压，危及中性点附近的主绝缘，也可能使纵绝缘被击穿。接在配电变压器低压侧的低压避雷器可以有效地限制反变换过电压。

为了增强配电变压器承受正、反变换过电压的能力，提高配电变压器的防雷可靠性，可考虑采用高压绕组为Z形接线的配电变压器，如图15-21所示。这种Z形变压器的每相高压绕组由两个相差120°的匝数相同的绕组串联组成。由于正、反变换过电压都是在变压器低压侧的两相绕组上出现零序冲击过电压时产生的，当高压绕组采用Z形接线后，低压侧出现零序冲击电压 U_0 时，在高压侧每一相绕组中感应的总电压由于两个串联绕组中的电压相等、方向相反而被抵消。因此，Z形接线的配电变压器可克服正、反变换过电压所引起的高压侧绕组中性点电位的升高，其耐雷性能很高。但由于Z形接线的变压器在制造中需多用10%以上的铜材，价格较贵，因此一般只在强雷地区（年平均雷暴日超过90日者）才考虑采用。

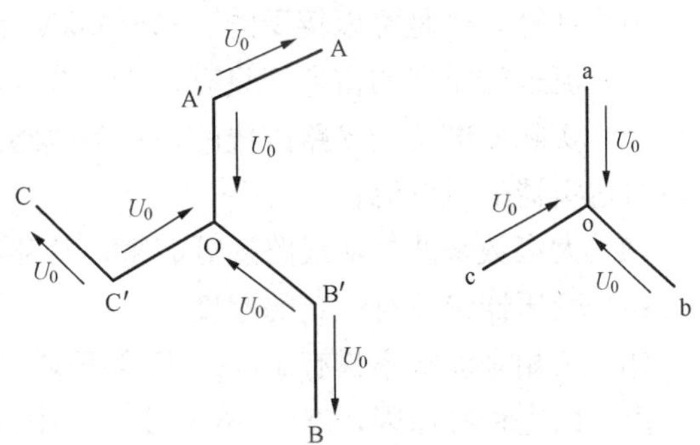

图15-21 Z形变压器的位形图

四、变压器中性点的保护

我国生产的电力变压器的中性点绝缘水平，在66kV及以下时，与相端的绝缘水平相等，称为全绝缘变压器。而在110kV及以上时，一般都低于相端，称为分级绝缘变压器；但也生产少数全绝缘变压器（仅用于中性点不接地系统）。电力变压器中性点的绝缘耐压值见表15-6。

表15-6　　35～500kV变压器中性点试验电压

额定电压（kV）	中性点绝缘等级（kV）	工频试验电压（有效值）（kV）	变压器冲击试验电压（幅值）（kV）
35	35	85	180
66	60	140	300
110	35，60，110	85，140，200	425
220	110	200	835
330	154	275	1175（不带励磁） 1540（不带励磁）
500（自耦变压器直接接地或经小电抗接地）	35	85	180

我国66kV及以下电网的中性点是非直接接地的。这种电网因额定电压较低，所以线路绝缘不高，35kV及其以下的线路通常不架避雷线，因此常有沿三相来波的机会。统计资料证明，来波的机会约占10%。当三相来波时，波侵入变压器绕组到达非直接接地的中性点，相当于到达末端开路的情况，冲击电压会上升约1倍。实验证明，冲击电压可上升到

150%～180%。因此，会造成对中性点绝缘的威胁。但运行经验证明，在785台·年的35～66kV中性点无保护的变压器中，只有3次中性点雷害故障，而且是由于中性点隔离开关绝缘不良或排气式避雷器误动作引起的，是可以避免的。即使以 $\frac{3}{785}=0.38$ 次/(100台·年)的故障率计算，也是可以接受的。35～66kV中性点雷害较少，原因如下：

(1) 流过避雷器的雷电流只有1.41～2.03kA，此时残压为134～227kV(对FZ型)；

(2) 实际变电站是多路进线的，一条线路来波可由其他线路流走一部分电流，进一步减少流过避雷器的雷电流；

(3) 大多数来波是从线路远处袭来，其陡度很小；

(4) 变压器绝缘有一定的裕度；

(5) 三相来波概率只有10%，机会不多。根据统计，约15年才有一次。

由于以上种种原因，35～66kV变压器中性点一般不需保护。对于中性点非直接接地的个别110kV的电网来说，其变压器中性点是全绝缘的。此时由于线路上装有避雷线而线路的绝缘较高，所以三相来波的机会更少。考虑到上述各种有利因素的同时存在，所以中性点也不需要保护。

但在多雷区单路进线的中性点非直接接地的35～110kV变电站，宜在中性点加装避雷器保护。装有消弧线圈的变压器且有单路进线的可能性时，也应在中性点上加装避雷器，并且在非雷雨季节也不许退出运行，以限制开断两相短路时，消弧线圈因释放磁能时引起的操作过电压。所有这些避雷器的额定电压都可按线电压选择，至少不应低于相电压，具体按表15-7选用。

表15-7 中性点非直接接地电网中用于保护变压器中性点的避雷器

变压器额定电压（kV）	35	66	110
中性点避雷器型号	FZ-35	FZ-40	FZ-110J

我国110kV及以上的电网中性点一般是直接接地的，但是为了限制单相短路电流并满足继电保护的需要，其中一部分变压器中性点是不接地的。如果中性点是半绝缘变压器，就要进行避雷保护。避雷器的选择方法是，其灭弧电压高于单相接地时的中性点电位升高，其残压则低于中性点的冲击耐压值。

系统中，零序入口电抗与正序入口电抗之比 $X_{r0}/X_{r1}=K$，其值一般不超过3，因此在发生单相接地时，中性点位移电压就是母线的零序电压

$$\dot{U}_0=-\dot{I}_0X_0$$

而

$$\dot{I}_0=\frac{\dot{E}_A}{2X_1+X_0}$$

则

$$\dot{U}_0=-\dot{E}_A\frac{X_0}{2X_1+X_0}=-\dot{E}_A\frac{\frac{X_0}{X_1}}{2+\frac{X_0}{X_1}}$$

当 $\frac{X_0}{X_1}=3$，则中性点稳态电压 U_0 为

$$U_0 = \frac{3}{2+3} U_P = 0.6 U_P = 35\% U_{em}$$

式中　U_{em}——电网最大运行线电压；

U_P——故障前三相对地电压。

由此可见，为了可靠灭弧，中性点避雷器最少采用灭弧电压为 $35\%U_{em}$ 的避雷器，一般用 $40\%U_{em}$ 的避雷器。过去防雷普遍采用 FZ - 40 型避雷器来保护变压器半绝缘的中性点，其灭弧电压为 50kV（而 $0.35U_{em}=0.35\times110\times1.15=44.3\text{kV}<50\text{kV}$）。另外，避雷器在 5kA 下的残压为 160kV，低于变压器中性点的冲击试验电压 180kV，故可满足要求。对于 220kV 变压器的半绝缘的中性点，则用 FZ - 110J 型避雷器保护即可。但近十多年来，无间隙金属氧化锌避雷器已获得广泛的应用。因此，变压器中性点用它进行保护时，应符合下列要求：

（1）避雷器的持续运行电压和额定电压，应不低于规定值。

（2）避雷器能承受所在系统的暂时过电压和操作过电压能量。

由于 110～220kV 系统中部分变压器中性点不接地，在发生断线时（包括断路器的非同期操作）会激发铁磁谐振，中性点上将产生很高的过电压。如果采用普通阀型避雷器，没有足够的通流能力来限制这种过电压而将导致发生爆炸。因此，我国在某些变压器中性点上加装对地的间隙，其间隙距离的选择应保证只在内过电压下动作，而在雷电过电压下不动作。

500kV 变压器的中性点直接接地或经小电抗接地（用于限制单相接地电流），其绝缘水平为 35kV，并用相应等级的避雷器保护。

五、气体绝缘变电站（GIS）的过电压防护

全封闭 SF_6 气体绝缘变电站（GIS）是将变压器以外的整个变电站的高压电力设备及母线，封闭在一个接地的金属壳内，壳内充以 3～4 个大气压的 SF_6 气体作为相间和对地的绝缘。

GIS 变电站具有体积小、占地面积小、维护工作量小、不受周围环境条件影响，以及对环境没有电磁干扰以及运行性能可靠等优点，在许多国家已经推广使用。在我国 110、220kV 系统已经有了一些运行经验；在 500kV 输变电系统中，特别是在大型水电工程和城市高压电网的建设中，正在得到日益广泛的应用。

GIS 变电站在过电压保护和绝缘配合方面与敞开式常规变电站相比又有某些特点，需要加以研究解决。下面主要介绍其在雷电过电压保护方面的特点及保护接线方式。

1. GIS 变电站过电压防护的特点

（1）GIS 绝缘的全伏秒特性比较平坦，且负极性击穿电压比正极性低，因此其绝缘水平主要决定于雷电冲击水平。

GIS 变电站和常规变电站绝缘在冲击伏秒特性和极性效应上的差异，是由于它们的绝缘结构和电场分布不同引起的。在敞开式的空气绝缘变电站，空气绝缘间隙距离大，高压电气设备处于极不均匀电场中，冲击伏秒特性陡峭，雷电冲击绝缘水平和操作冲击绝缘水平的比值较大，可达 1.6 甚至更高。而且由于棒电极电晕放电空间电荷的影响，使正极性击穿电压比负极性低，如图 15 - 22 所示。

而在 GIS 变电站中，SF_6 气体绝缘结构都是均匀或稍不均匀电场。在均匀或稍不均匀电场中，SF_6 的冲击伏秒特性平坦，雷电冲击绝缘水平与操作冲击绝缘水平十分接近。负极性

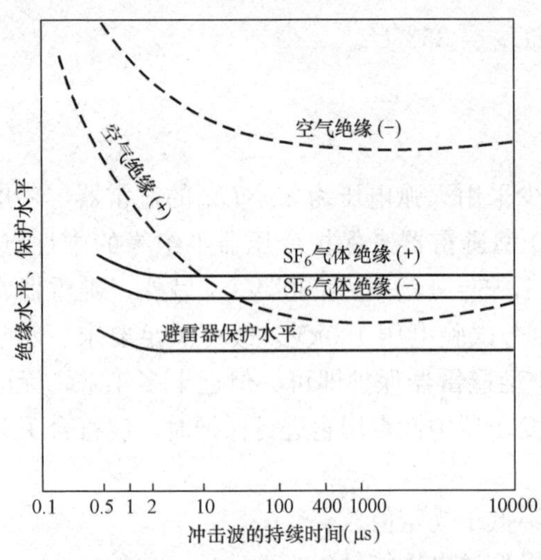

图 15 - 22 GIS 绝缘的伏秒特性

时导体电极表面的高场强，使电子崩容易从这里开始发展形成击穿。故负极性击穿电压比正极性低。因此一般认为 GIS 的绝缘水平主要取决于雷电冲击水平，要降低绝缘水平，首先要降低雷电过电压水平。基于此，采用保护性能优异的氧化锌避雷器，限制 GIS 的雷电过电压，特别是陡波过电压具有重要的意义。

(2) GIS 变电站的波阻抗远比架空线路低，对变电站的侵入波保护有利。

在 GIS 变电站中，单相封闭同轴母线和三相共壳封闭母线都有采用，但在 220kV 及以上的电压等级中单相封闭式母线比较常见。在雷电波过程中，由于集肤效应，大部分电流靠近内导体的外表面和外壳的内表面流动，且几乎全部电流均由外壳返回，因而三个单相母线之间没有耦合，每个单相封闭母线可以当做一个单相导线来处理。根据这些假定，GIS 的波阻抗可以表示为

$$Z=\frac{1}{2\pi}\sqrt{\frac{\mu_0}{\varepsilon_r\varepsilon_0}}\ln\frac{r_2}{r_1}\approx\frac{1}{\sqrt{\varepsilon_r}}60\ln\frac{r_2}{r_1}$$

式中 r_2 和 r_1——外壳的内半径和内导体的外半径；

ε_r——电介质的相对介电常数。

对 SF_6 来说 $\varepsilon_r\approx1$，所以

$$Z\approx60\ln\frac{r_2}{r_1}$$

从 GIS 绝缘结构的优化设计考虑，希望 r_2 与 r_1 之比接近最佳比例，即 $r_2/r_1\approx e$。此时，$\ln\frac{r_2}{r_1}=1$，$Z=60\Omega$，但为了允许较高的电流密度，实际结构常常是 $r_2/r_1>e$。所以 GIS 的波阻抗一般在 60～100Ω 之间，约为架空线路的 1/5。

由于 GIS 的波阻抗远比架空线的低，折射系数较小，因此，从架空线路进入 GIS 内的折射波的幅值和陡度，都比到达 GIS 入口的侵入波要小得多。这在 GIS 较长或侵入波较陡的情况下，对 GIS 的保护特别有利。

至于 GIS 中波的传播速度，由于 SF_6 的 $\varepsilon_r\approx1$，一般认为其波速等于光速。

(3) GIS 变电站结构紧凑，设备之间的电气距离小，避雷器离被保护设备较近，防雷保护措施比敞开式变电站容易实现。

(4) GIS 绝缘完全不允许发生电晕，一旦发生电晕将立即击穿；而且没有自恢复性能。致命的绝缘损伤可能导致整个 GIS 系统的损坏。此外，GIS 的价格还比较昂贵。因此要求包括母线在内的整套 GIS 装置的过电压保护应有较高的可靠性，在设备绝缘配合上留有足够的裕度。

2. GIS 变电站过电压防护的接线方式

根据以上分析和国内外大量的模拟试验或计算机计算表明，GIS 变电站的雷电冲击过电

压水平比敞开式常规变电站低，实现过电压保护比较容易。

实际的GIS变电站可能有不同的主接线方式。就架空输电线路与GIS变电站的连接来说，有经过电缆段和不经过电缆段的区别。至于变压器的连接，有直接相连的，也有经一段电缆线或架空线连接的。后者应当尽可能避免，这样对变压器的保护较为有利。下面先就对防雷保护来说比较严重的简化接线（即一条架空线路进入GIS变电站，GIS末端连接变压器）的情况，讨论GIS的典型保护接线方式。然后通过实例，介绍500kV GIS变电站的实际保护接线。

（1）与架空线路直接相连的GIS变电站的防雷保护接线。可能的保护接线方式有图15-23所示的几种。对于母线长度不长（大约50m以下）的GIS变电站，如图15-23(a)在GIS入口处内侧装设一组ZnO避雷器（若经过验算合格也可用常规避雷器）；如图15-23(b)在GIS入口处内侧装设ZnO避雷器（或金属封闭的常规避雷器），均能得到可靠的保护，但后者效果较好。

对于母线较长的GIS变电站，上述保护方式不能满足要求时，可以考虑在变压器出口加装一组避雷器，如图15-23（c）和图15-23（d）所示。这样还能进一步降低变压器和GIS的绝缘水平。实际上，变压器侧是否装设避雷器要通过技术经济比较来决定。

如果GIS变电站的规模较大，母线很长，或许需要在母线中部增加一组避雷器，如图15-23（e）所示。

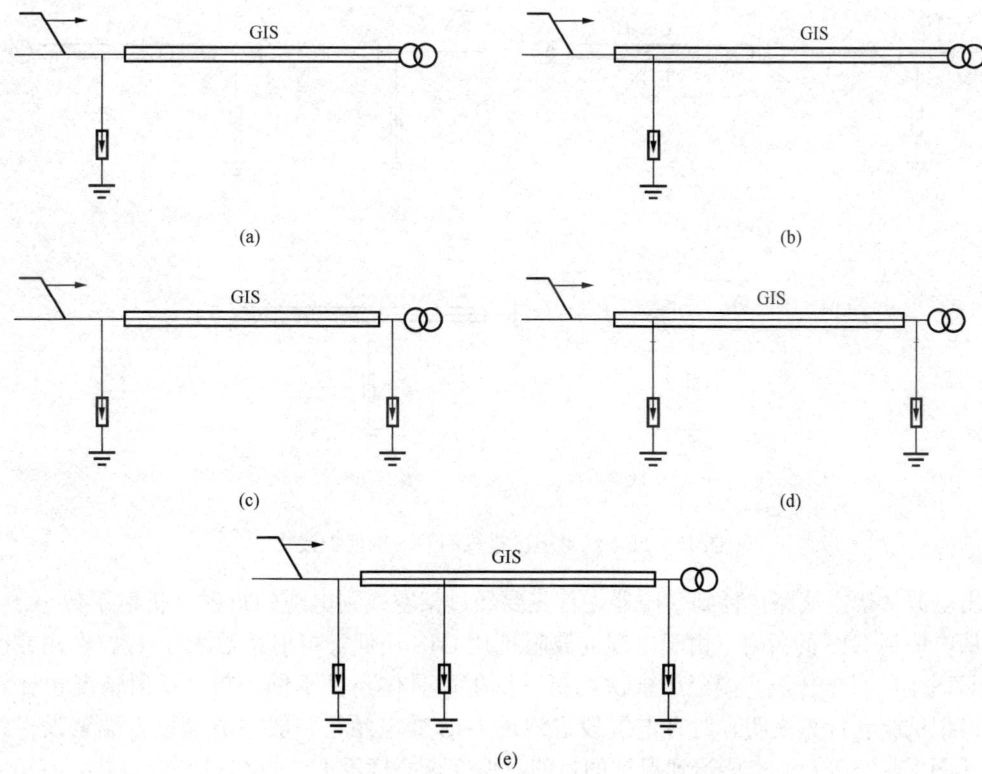

图15-23　与架空线直接相连的GIS的保护接线

图15-24表示一个大型水电站500kV GIS变电站的防雷保护典型接线。变电站的主接

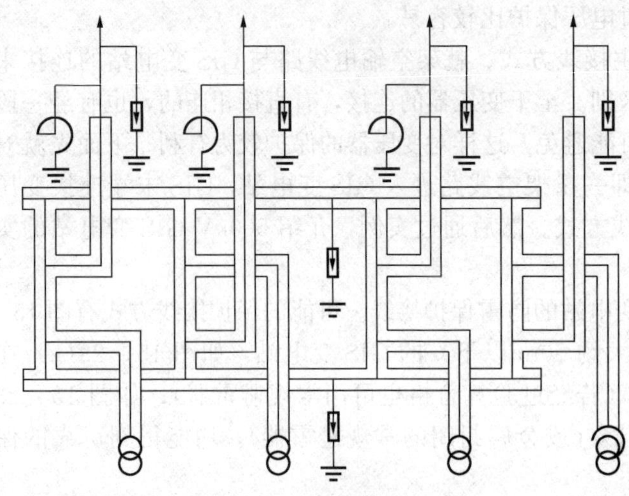

图 15-24　500kV GIS 的典型保护接线

线为一个半断路器接线，架空线路和变压器均与 GIS 直接相连，GIS 主母线长 84m，GIS 至变压器的电气距离仅约 16m。除了每条线路的 GIS 入口处装设一组 ZnO 避雷器外，仅在 GIS 内每组主母线中部装设一组 ZnO 避雷器，即可保护整个 GIS 和变压器。不像敞开式常规变电站那样，需在每台变压器出口装设避雷器保护。模拟计算表明，在 GIS 主母线长达 196m 的情况下，这种保护接线仍有足够的可靠性。

(2) 经电缆段进线的 GIS 变电站的防护接线方式。许多城市高压电网和某些水电站，采用经电缆进线接到架空线的 GIS 接线方式。电缆段也可采用 SF_6 充气管道，但一般认为充气管道只有在超高压系统才能有明显的经济效益。对于有电缆段进线的 GIS 变电站的过电压保护，可根据具体情况分别采用如图 15-25 所示的不同保护接线。

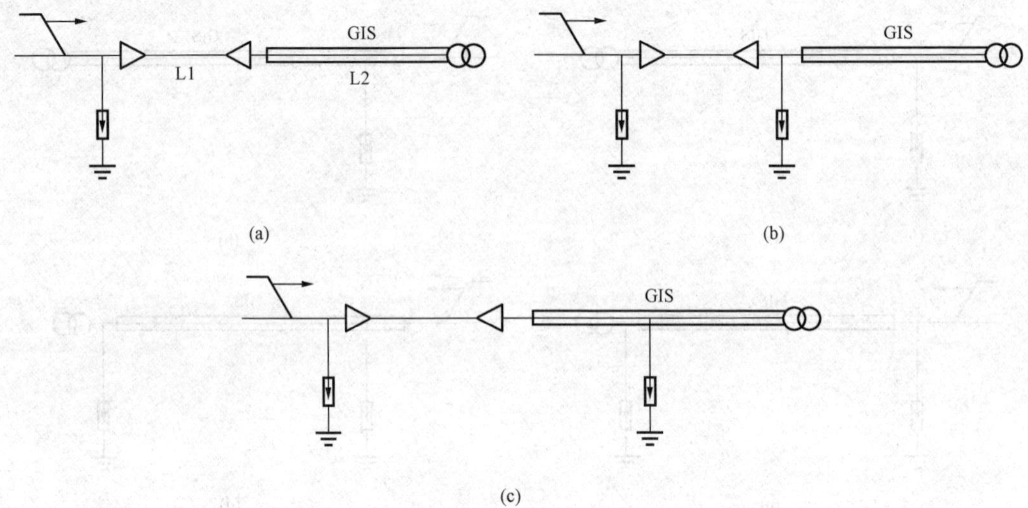

图 15-25　经电缆段进线的 GIS 的保护接线

雷电波从架空线路传播到变压器，首先要经过架空线到电缆的折射（折射系数小于 1），然后从电缆到 GIS 的折射（由于电缆的波阻抗比 GIS 还低，折射系数大于 1）。作用在变压器和 GIS 上的过电压波，要经历多次的折、反射；具体条件不同，折、反射情况也比较复杂。模拟试验和计算表明，对有电缆段进线的 GIS 变电站，一般在电缆段首端装设一组避雷器 [图 15-25 (a)] 也能达到保护的目的，但安全裕度不大。当在 GIS 入口处装有第二组避雷器时 [图 15-25 (b)、(c)]，保护效果很好。

一些实际 GIS 变电站，不仅在电缆段首端而且常常在 GIS 内部也装有避雷器保护。图 15-26 所示为有两条电缆出线、两条架空线出线和两台变压器的 220kV GIS 变电站的典型保护方式。

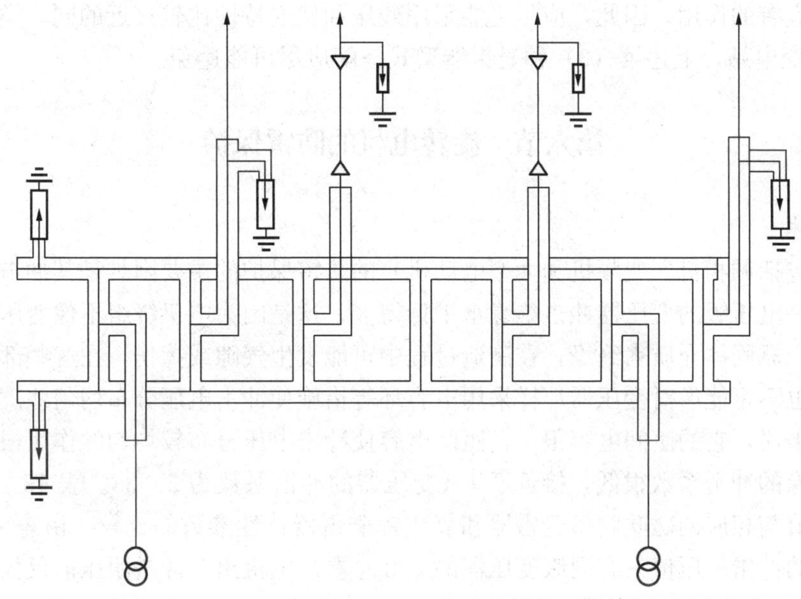

图 15 - 26　有两条电缆出线的 220kV GIS 的典型保护方式

3. GIS 变电站防护用的避雷器型式

GIS 变电站除了上述是否经过电缆出线的差别外，还可能存在全封闭式结构和半封闭式（混合式）结构的差别。混合式结构就是还有一部分高压电气设备，例如 500kV 线路的电容式电压互感器和并联电抗器等仍用敞开式布置的空气绝缘结构。加上保护接线方式的差别，GIS 变电站保护采用的避雷器型式基本上有以下几种情况。

（1）采用单一种的常规有间隙的 SiC 避雷器或无间隙的 ZnO 避雷器装在 GIS 入口处外部。

（2）采用一种装在 GIS 内部的无间隙的 ZnO 避雷器或金属封闭式气体绝缘避雷器。

（3）装在 GIS 内部的无间隙 ZnO 避雷器或金属封闭气体绝缘避雷器，和装在 GIS 外部的常规带间隙避雷器混合使用。在我国早年的实际工程上常会碰到这种情况：引进的 GIS 内部往往带有 ZnO 避雷器，而在 GIS 外部进出线或主变上却用国产的带间隙的 SiC 避雷器。

由于 GIS 的伏秒特性比较平坦，而带间隙的 SiC 避雷器在陡波部分的放电伏秒特性比较陡峭，所以要用带间隙的避雷器来保护很陡的近区雷击过电压是很困难的，即其伏秒特性很难和 GIS 的伏秒特性很好地配合。装在 GIS 内部的 ZnO 避雷器不存在间隙放电特性问题，当冲击电压上升到起始动作电压以上时，ZnO 阀片即开始释放能量抑制过电压的增长。而且 ZnO 避雷器的伏安特性比较平坦，在陡波部分的残压也比 SiC 避雷器低。所以从绝缘配合的角度看，GIS 变电站的保护应尽可能采用保护性能优异的 ZnO 避雷器。

此外还有一个值得注意的问题是，如果在 GIS 内部和外部各自采用保护性能很不相同的避雷器，由于伏安特性的差异，可能出现避雷器动作后放电电流负担很不均匀的问题。例如如图 15 - 26 所示的 220kV GIS 变电站保护接线，当电缆段首端的避雷器采用其残压比 GIS 内部的 ZnO 避雷器低 135kV 的 FCZ - 220J 型磁吹避雷器时，模拟计算表明，磁吹避雷器的放电电流将比 ZnO 避雷器大 6 倍以上（侵入波幅值 1500kV，波头长度 3.3μs 时），致使磁吹避雷器的负担大大超过其额定动作负载电流，而 ZnO 避雷器的电流却非常小，实际上没有发挥应有的作用。因此，应尽可能采用残压和伏安特性比较接近的同一类型的避雷器来保护 GIS 变电站，上述第（3）种避雷器型式搭配应尽可能避免。

第六节 旋转电机的防雷保护

一、概述

电机（包括调相机、变频机和大型电动机）的防雷保护的主要困难是其冲击绝缘水平很低，要比同一电压级的变压器冲击绝缘水平低得多，这是因为电机绕组不像变压器那样浸在油中，而是全靠固体介质来绝缘，在制造过程中可能发生气隙或擦伤，在这些部分容易发生游离；同时也不可能像对变压器那样采用电容环等措施使冲击电压分布均匀些。特别对大容量单匝电机来说，它的匝间电容很小，匝间电容使冲击电压分布较均匀的作用根本没有，所以电机主绝缘的冲击系数很低，接近于 1（变压器的冲击系数为 2～3）。表 15 - 8 列出了电机出厂耐压值与相应的磁吹阀型避雷器和氧化锌避雷器特性参数的比较。由表 15 - 8 可见，电机出厂时的冲击耐压值只有同级变压器的 1/3 左右。电机出厂冲击耐压值仅仅稍高于相应电压等级 FCD 型的 3kA 时的残压值。

表 15 - 8 电机耐压值与相应 FCD 型及 YW 型避雷器特性比较

电机额定电压（kV）	电机出厂工频耐压试验电压（kV）	电机出厂冲击耐压估算值（kV）	同级变压器出厂冲击试验电压（幅值，kV）	运行中交流耐压 $2.5U_e$（kV）	运行中直流耐压 $2.5U_e$（kV）	FCD3kA 残压（幅值，kV）	YW3kA 残压（幅值，kV）
3.15	$2U_e+1$	10.3	43.5	6.7	7.9	9.5	7.8
6.3	10MW 以下：$2U_e+1$ 10MW 以上：$2.5U_e$	19.2 22.3	60	13.4	15.8	19	15.6
10.5	$2U_e+3$	34.0	80	22.3	26.3	31	26
13.8	$2U_e+3$	43.3	108	29.3	34.5	40	34.2
15.75	$2U_e+3$	48.8	108	33.4	39.4	45	39

必须指出，电机绝缘在运行中容易受潮、脏污以及受臭氧等侵蚀，同时又经常受到机械力的作用（如振动、短路电流电动力，以及热胀冷缩的作用等），因此，对于电机绝缘（如云母等），特别是导线出槽处，由于电场极不均匀，每逢过电压作用后，该处即受一些轻微损伤，日久积累可能发生击穿。所以，电机的老化作用很厉害。运行中的电机预防性试验电压已低于相应磁吹避雷器的残压，因此单靠磁吹避雷器来保护是不可靠的。磁吹避雷器必须与电容器、电抗器、电缆段甚至与变压器（防雷变压器的变比为 1∶1）联合起来，才能可靠地保护电机。

另外，对电机防雷时要求限制来波陡度，因为电机绕组所受电压为

$$u=\frac{a\Delta l}{v}$$

式中　Δl——每匝长度；

a——来波陡度；

v——波速。

为了保护匝间绝缘，要求 $a<5\text{kV}/\mu\text{s}$。同时，由于波在绕组内运动时的强烈衰减，实测结果表明，将电压上升速度限制到 $2\text{kV}/\mu\text{s}$ 以下时，电机绕组中性点电压才会下降到基本上等于来波电压，不会损坏中性点绝缘。

总之，旋转电机的防雷保护要求高、困难大，而且要全面考虑绕组的主绝缘、匝间绝缘和中性点绝缘的保护要求。

从防雷的观点来看，发电机可分为两大类：

（1）非直配电机。经过变压器再接到架空线上去的电机。

（2）直配电机。直接与架空线相连（包括经过电缆段、电抗器等元件与架空线相连）的电机。

二、直配电机防雷保护

作用在直配电机上的大气过电压有两类：一类是与电机相连的架空线路上的感应雷过电压；另一类是由雷直击于与电机相连的架空线路导线上的感应电荷转为自由电荷所引起的。在相同的感应电荷下增加导线对地电容可以降低感应过电压，为了限制作用在电机上的感应过电压使之低于电机的冲击耐压强度值，可在发电机电压母线上装设电容器。

雷直击于与电机相连的线路，雷电波自线路侵入电机，这是直配电机防雷保护的主要方面，其防雷保护的主要措施如下：

（1）在每台发电机出线母线处装设一组 FCD 型避雷器，以限制入侵波幅值，同时采取进线保护措施以限制流经 FCD 型避雷器中的雷电流使之小于 3kA。

（2）在发电机电压母线上装设电容器，以限制入侵波陡度 a 和降低感应过电压。

在变电站中限制 a 的主要目的是为了限制由变压器与避雷器之间的距离而引起的电压差。而在直配电机防雷保护中，由于避雷器直接装在每台电机的出线处，故上述问题不突出，限制 a 的主要目的是保护匝间绝缘和中性点绝缘。

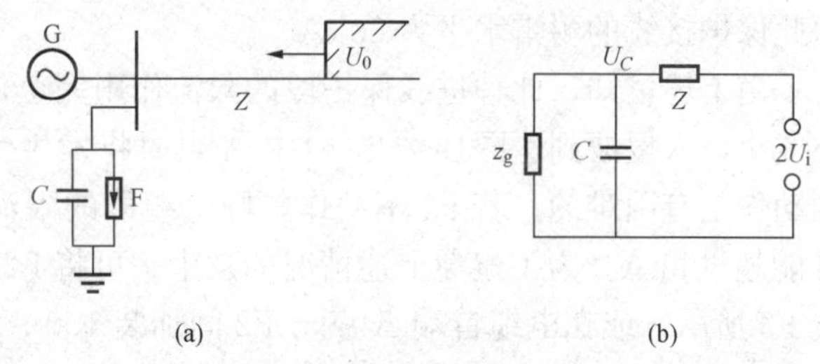

图 15 - 27　电机母线上装设电容 C 以限制来波陡度

（a）原理接线图；（b）等值电路

z_g—发电机波阻抗

通常采取在发电机电压母线上装设电容器的办法来降低入侵波陡度，如图 15 - 27 所示。若入侵波为幅值 U_0 的直角波，则发电机母线上电压（即电容 C 上电压 U_C）可按图 15 - 27（b）的等值电路计算。计算结果表明，每相电容为 0.25～0.5μF 时，能够满足 $a<2\text{kV}/\mu\text{s}$ 的要求，同时也能满足限制感应过电压使之低于电机冲击耐压强度的要求。

（3）进线段保护。图 15 - 28 为电缆与管型避雷器联合作用的典型进线保护段。为了限制流经 F1 中的雷电流使之小于 3kA，需要设置进线保护段。雷电波入侵时，管型避雷器 F2 动作，电缆芯线与外皮经 F2 短接在一起，雷电流流过 F2 和接地电阻 R_1 所形成的电压 iR_1 同时作用在外皮与芯线上，沿着外皮将有电流 i_2 流向电机侧，于是在电缆外皮本身的电感

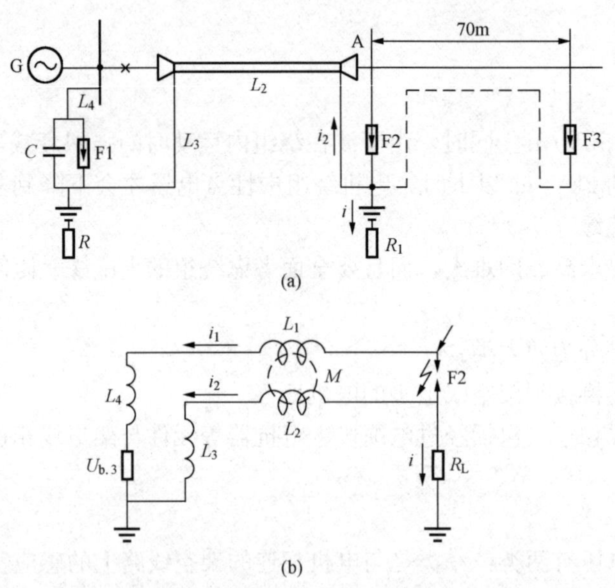

图 15 - 28　有电缆段的进线保护接线

(a) 原理接线；(b) 等值计算电路

L_1—电缆芯线的自感；L_2—电缆外皮的自感；L_3—电缆末端外皮接地线的自感；L_4—电缆末端至发电机之间连接线的电感；M—电缆外皮与芯线间的互感；$U_{b.3}$—FCD 磁吹避雷器 3kA 下的残压；R_1—电缆首端 F2 的接地电阻（以上皆为三相进波时的参数）

L_2 上将出现压降 $L_2\dfrac{di_2}{dt}$，此压降是由环绕外皮的磁力线变化所造成的，这些磁力线也必然全部与芯线相匝链，结果在芯线上也感应出一个大小相等的反电动势$\left(其值为 L_2\dfrac{di_2}{dt}\right)$。此电动势阻止雷电流从 A 点沿芯线向电机侧流动，也即限制了流经 F1 的雷电流。如果 $L_2\dfrac{di_2}{dt}$与 iR_1 完全相等，则在芯线中就不会有电流流过，但因电缆外皮末端的接地引下线总有电感 L_3 存在（假定电厂接地网的接地电阻很小，可略去），则 iR_1 与 $L_2\dfrac{di_2}{dt}$之间就有差值，差值越大则流经芯线的电流就越大。

计算表明，当电缆长度为 100m，电缆末端外皮接地引下线到接地网的距离为 12m，$R_1=5\Omega$，电缆段首端落雷且雷电流幅值为 50kA 时，流经每相 FCD 的雷电流不会超过 3kA，即此保护接线的耐雷水平为 50kA。

由上述可知，此种进线保护段的限流作用完全依靠 F2 动作，但因为电缆的波阻远比架空线小，入侵波到达图15 - 28(a)中 A 点时将发生负反射，使 A 点电压降低，故实际上 F2 的动作是有困难的。若 F2 不动作，则电缆段的限流作用将不能发挥，流经 F1 的电流就有可能超过 3kA。为了避免上述情况的发生，可将 F2 沿架空线前移 70m，如图 15 - 28(a)中虚线 F3 所示，或在电缆首端 A 点与 F2 间加装 100～300μH 的电感也可获相同效果。F2 的接地端应通过连接线与电缆首端外皮的接地装置相连接地，连接线悬挂在杆塔导线下面 2～3m 处，其目的是为了增加两线间的耦合，增加导线上的感应电动势以限制流经导线中的电流。当雷电波入侵时，电缆首端 A 点的负反射波尚未到达 F2 处，F2 已动作，但由于 F2 的接地端到电缆首端外皮的连接线上的压降不能全部耦合到导线上，所以沿导线向电缆芯线流动的电流就会增大，遇到强雷时每相可能超过 3kA。为了防止这一情况，应在电缆首端 A 点再加装一组管型避雷器，遇强雷时，此避雷器也动作，这样，电缆段的限流作用就可以充分发挥。

直配电机的防雷保护接线方式应根据电机的容量、雷电活动的强弱和相对运行可靠性的要求来确定。下面介绍几种典型保护接线方式。

1）单机容量为 25～60MW 的直配电机，宜采用图 15 - 29（a）所示的保护接线。

60MW 以上的电机，不应与架空线路直接连接。

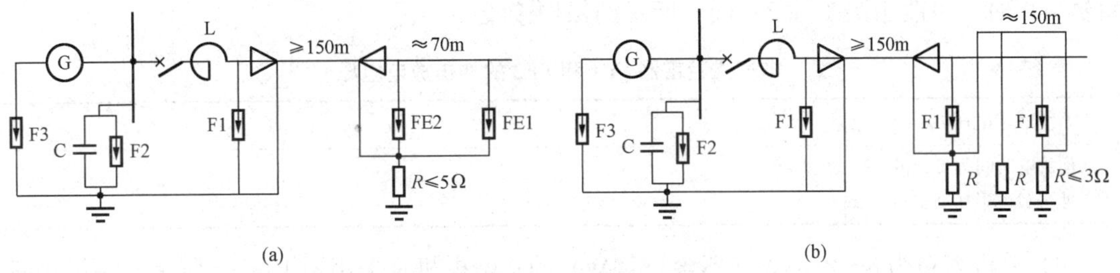

图 15 - 29　25～60MW 直配电机的保护接线

(a) 进线采用耦合地线的保护接线；(b) 进线采用避雷线的保护接线

F1—配电阀式避雷器；F2—旋转电机阀式避雷器；G—发电机；L—限制短路电流的电抗器；C—电容器

直配发电机的防雷保护是电力系统防雷中的一大难题，因为这时过电压波直接从线路入侵，幅值大、陡度也大。在旋转电机保护专用的 FCD 型磁吹避雷器问世之前，由于普通阀式避雷器和其他防雷措施实际上都不能满足直配电机的保护要求，因而有相当长的一段时期不得不作出以下规定："容量在15 000kVA 以上的旋转电机不得与架空线相连，如果发电机容量大于15 000kVA，而又必须以发电机电压给邻近负荷供电时，只能选用下列两种方法中的一种：第一种是经过变比为 1∶1 的防雷变压器再接到架空线上去；第二种是全线采用地下电缆送电"。显然从经济观点来看，这两种方法都是极其不利的。

FCD 型磁吹避雷器，特别是现代氧化锌避雷器的问世为旋转电机的防雷保护提供了新的可能性，但是仍需有完善的防雷保护接线与之配合，方能确保安全。图 15 - 29（a）就是我国标准推荐的 25～60MW 直配发电机的防雷保护接线。其他容量较小的中小型发电机的防雷保护接线则可降低一些要求，作某些简化。例如缩短电缆段的长度，省去某些元件等。图 15 - 29（a）中的防雷接线可以说已是"层层把关，处处设防"了，现对图中各种措施、各个元件的作用简要介绍如下：

a）发电机母线上的 F2 是一组保护旋转电机专用的 ZnO 避雷器或 FCD 型磁吹避雷器，是限制进入发电机绕组的过电压波幅值的最后一关。

b）发电机母线上的一组并联电容器 C 起着限制进波陡度和降低感应雷击过电压的作用；为了保护发电机的匝间绝缘，必须将进波陡度限制到一定值以下。

c）L 为限制工频短路电流的电抗器，但它在防雷方面也能发挥降低进波陡度和减小流过 F2 的冲击电流的作用。

d）阀式避雷器 F1 则用来保护电抗器 L 和与 L 相连的电缆头的绝缘。

e）插接的一段长 150m 以上的电缆段主要是为了限制流入避雷器 F2 的冲击电流不超过 3kA 而设（与发电机冲击耐压作绝缘配合的是 3kA 下的残压）。

f）排气式避雷器 FE1 和 FE2 的冲击放电电压不应超过表 15 - 9 所列的数值，FE1 和 FE2 的接地端应用钢绞线连接。钢绞线设在导线下方，距导线应小于 3m，但大于 2m，并应与电缆首端的金属外皮在装设 FE2 杆塔处连在一起接地，工频接地电阻不应大于 5Ω。

g）进线电缆段应直接埋设在土壤中，以充分利用其金属外皮的分流作用。如受条件限制不能直接埋设，可将电缆金属外皮多点接地，即除两端接地外，再在两端间做 3～5 处接地。

如电缆首端的短路电流较大，按图 15 - 29（a）所示的保护接线无适当参数的排气式避雷器可用时，可改用图 15 - 29（b）所示的保护接线。

表 15 - 9　排气式避雷器 FE1 和 FE2 的冲击放电电压

系统额定电压（kV）	3	6	10
预放电时间为 2μs 的冲击放电电压（kV）	10	50	60

2）单机容量为 6～25MW（不含 25MW）的直配电机宜采用图 15 - 30 所示的保护接线，在多雷区，也可采用图 15 - 29 所示的保护接线。

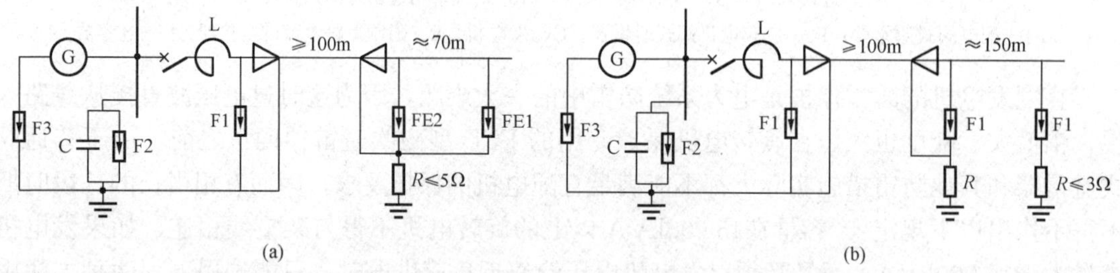

图 15 - 30　6～25MW（不含 25MW）直配电机保护接线

（a）进线采用耦合地线的保护接线；（b）进线无耦合地线的保护接线

3）单机容量为 6～12MW 的直配电机，如出线回路中无限流电抗器，可采用图 15 - 31（a）、（b）所示的保护接线。

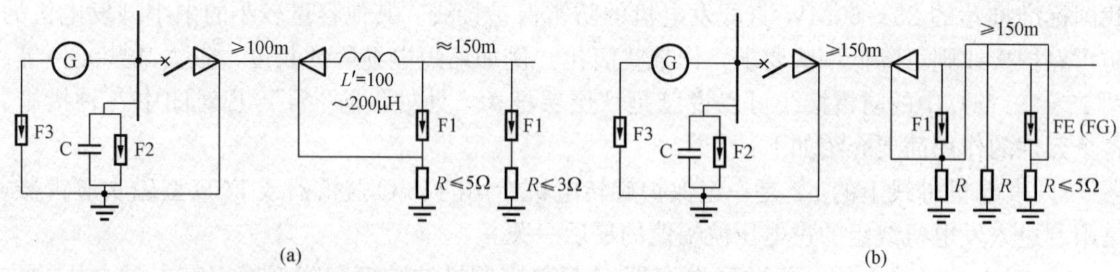

图 15 - 31　6～12MW 直配电机的保护接线

（a）进线段采用电感线圈的保护接线；（b）进线段采用避雷线的保护接线

4）单机容量为 1500～6000kW（不含 6000kW）或少雷区的 60MW 以下的直配电机，可采用图 15 - 32 所示的保护接线。

在进线段长度 l_0 内，应装设避雷针或避雷线。进线段长度与排气式避雷器接地电阻关系应符合下列要求：

对 3kV 和 6kV 线路

$$\frac{l_0}{R} \geqslant 200$$

对 10kV 线路

$$\frac{l_0}{R} \geqslant 150$$

式中　l_0——进线保护段长度，m；

R——接地电阻，Ω。

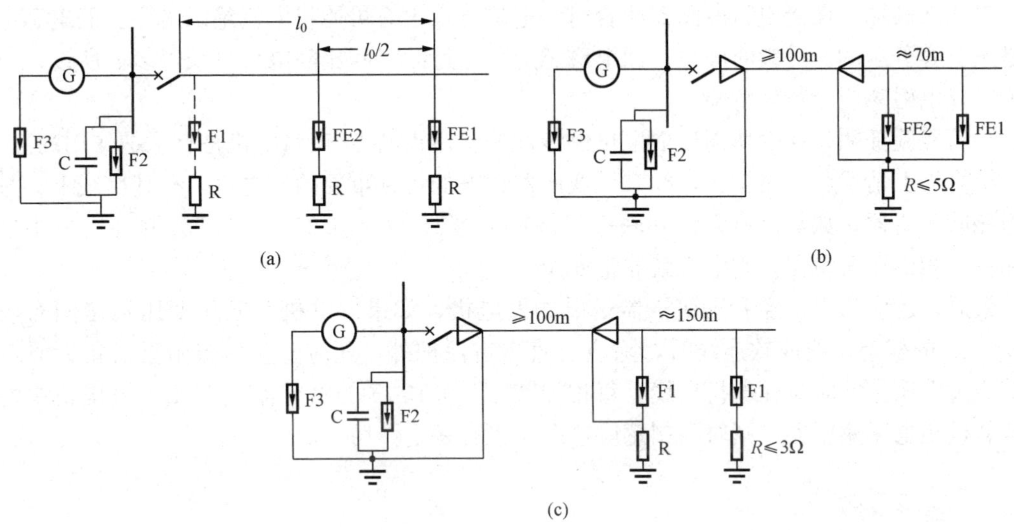

图 15 - 32　1500～6000kW（不含 6000kW）或少雷区的 60MW 以下的直配电机保护接线

（a）进线段采用 FE 的保护接线；（b）进线段采用耦合地线的保护接线；

（c）进线段采用 F 的保护接线

进线保护段长度一般采用 450～600m。

5）单机容量为 1500～6000kW 或列车电站的直配电机，可采用图 15 - 33 所示的保护接线。

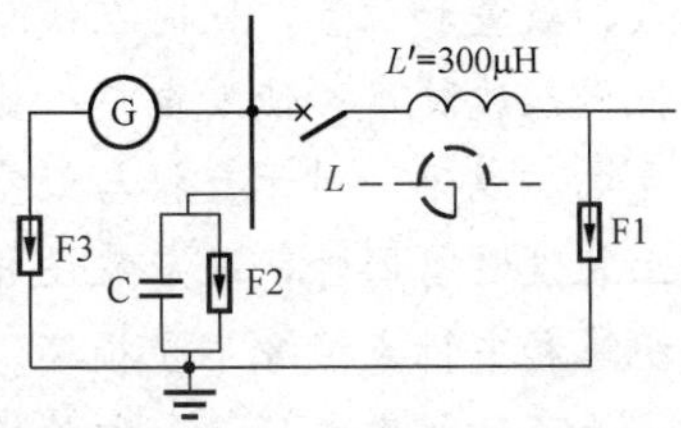

图 15 - 33　1500～6000kW 直配电机或列车电站直配电机保护接线

（4）发电机中性点有引出线时，中性点加装一组避雷器。为了保护中性点绝缘，除了限制入侵波陡度 a 不超过 2kV/μs 外，尚需在中性点加装避雷器。考虑到电机在受雷击同时可能有单相接地存在，中性点将出现相电压，故中性点避雷器的灭弧电压应大于相电压，可按表 15 - 10 选定。若中性点不能引出，则需将每相电容增大至 1.5～2μF，以进一步降低入侵波陡度确保中性点绝缘。

三、经变压器送电的电机防雷保护

对于直配电机采用上述各种有电抗器的保护接线，具有很好的防雷效果。但是，经变压器送电的发电机，却没有这样好的防雷效果。

表 15 - 10　保护电机中性点绝缘的避雷器

电机额定电压（kV）	3	6	10
避雷器型式	FCD - 2 FZ - 2	FCD - 4 FZ - 4	FCD - 6 FZ - 6

变压器对电机防雷作用不如电抗器的原因如下：

（1）电抗器后接有电缆段或保护电容器，而变压器后面一般没有，所以变压器的漏感的保护作用就不大了。此外，实验证明，变压器在高频时的漏感只有工频漏感的 1/4，特别是大容量变压器在冲击波作用下的漏感并不很大。

(2) 冲击波由高压绕组传递到低压绕组，当电机断路器开路时，静电分量可以使电机绝缘（母线）破坏，而当电机断路器闭合时，电磁分量也有可能将电机绝缘击穿。静电感应分量是按电容分压的，持续时间短。而电磁感应分量持续时间比静电分量长得多。所以，对电机绝缘，电磁感应分量较危险。

运行经验证明，在变压器后面电机侧装设磁吹避雷器 FCD 对电机是有保护作用的。

综合以上情况，在多雷区，经升压变压器送电的特别重要的发电机，在其出线上，宜装一组磁吹避雷器。如与该避雷器并联一组保护电容器（$C=0.25\sim0.5\mu F$）并在电机中性点上加一个相电压避雷器，则电机就非常安全。

最后，还应指出，经升压变压器送电的发电机，如果发电机与升压变压器之间有较长（>50m）的架空母线或软连线时，除应有直击雷保护外，还应防止雷击附近避雷针时产生的感应过电压。此时应在电机出线上每相加装 $C\geqslant0.15\mu F$ 的电容器或 FCD。发电机中性点上若装设相电压避雷器，则对限制感应过电压也有一定作用。

发电厂和变电站的雷害可能来自两个方面：一是雷直击于发电厂、变电站；二是雷击输电线路产生的雷电过电压波沿线路侵入发电厂、变电站。

对直击雷的防护一般采用避雷针或避雷线。

对侵入波过电压防护的主要措施是合理确定发电厂、变电站内装设避雷器的类型、参数、数量和位置；同时在线路进线段上采取辅助措施，以限制流过避雷器的雷电流和降低侵入波陡度；使发电厂、变电站电气设备上过电压幅值限制在电气设备的雷电冲击耐受电压以下。对于直接与架空线路相连的发电机（一般称为直配电机），除在电机母线上装设避雷器外，还应装设并联电容器以降低电机绕组侵入波的陡度，以保护电机匝间绝缘和中性点绝缘不受损坏。

为了防护发电厂、变电站的电气设备及其他构筑物遭受直接雷击，需要装设避雷针或避雷线，使被保护物体处于避雷针或避雷线的保护范围之内；同时还要求雷击避雷针或避雷线时，不应对被保护物体发生反击。

要使变电站电气设备上的过电压水平限制在其冲击绝缘水平下，首先必须限制从线路传来的侵入波陡度，限制流过避雷器的雷电流（它决定避雷器的残压）。同时必须合理确定变电站的保护接线方式，包括选择避雷器的型式、参数，确定避雷器的装设数量和位置，也就是决定避雷器与电气设备之间的距离，使所有设备都能得到有效的保护。

进线段保护是指在临近变电站 1～2km 的一段线路上加装防雷保护。当线路全线无避雷线时，这段线路必须架设避雷线；当线路全线有避雷线时，则应使这段线路具有更高的耐雷水平，以减小进线段内绕击和反击形成侵入波的概率。这样就可以使侵入变电站的雷电波主要来自进线段以外，并且由于受到 1～2km 线路冲击电晕的影响，削弱了侵入波的陡度和幅值；同时由于进线波阻抗的作用，减小了通过避雷器的雷电流。

三绕组变压器在正常运行时，可能只有高—中压绕组处于工作状态，而低压绕组开路。这时由高压或中压侧的来波，对开路的低压绕组的静电感应分量能将低压绕组对地绝缘击穿。由于静电感应电压分量是使低压绕组三相电位同时抬高的。所以，为了限制这种过电压，要在低压绕组任一相直接出口处对地加一只阀式避雷器，以限制静电感应分量。

自耦变压器除应按三绕组变压器的规定，在低压非自耦绕组上加一只避雷器，在中压端套管与断路器之间及高压端和断路器之间也应装设一组避雷器保护。

高压端和断路器之间也应装设避雷器保护。

配电变压器应在其高低压两侧都安装阀式避雷器来保护，同时应注意变压器高压侧避雷器的接地端点，低压绕组中性点和变压器铁壳三点联合接地，俗称三点共地。

我国生产的电力变压器的中性点绝缘水平，在66kV及以下时，与相端的绝缘水平相等，称为全绝缘变压器；而在110kV及以上时，一般都低于相端，称为分级绝缘变压器。但也生产少数全绝缘变压器（仅用于中性点不接地系统）。

35～66kV变压器中性点一般不需保护。对于中性点非直接接地的个别110kV的电网来说，其变压器中性点是全绝缘的。此时由于线路上装有避雷线而线路的绝缘较高，所以三相来波的机会更少。考虑到上述各种有利因素的同时存在，所以中性点也不需要保护。

但在多雷区单路进线的中性点非直接接地的35～110kV变电站，宜在中性点加装避雷器保护。装有消弧线圈的变压器且有单路进线的可能性时，也应在中性点上加装避雷器，并且在非雷雨季节也不许退出运行，以限制开断两相短路时，消弧线圈因释放磁能时引起的操作过电压。

我国110kV及以上电网的中性点一般是直接接地的，但是为了限制单相短路电流并满足继电保护的需要，其中一部分变压器中性点是不接地的，如果中性点是半绝缘变压器，就要进行避雷保护。

由于110～220kV系统中部分变压器中性点不接地，在发生断线时（包括断路器的非同期操作）会激发起铁磁谐振，中性点上将产生很高的过电压。如果采用普通阀型避雷器，没有足够的通流能力来限制这种过电压而将导致发生爆炸。因此，我国在某些变压器中性点上加装对地的间隙，其间隙距离的选择应保证只在内过电压下动作，而在雷电过电压下不动作。500kV变压器的中性点直接接地或经小电抗接地（用于限制单相接地电流），其绝缘水平为35kV，并用相应等级的避雷器保护。

旋转电机的防雷保护要全面考虑绕组的主绝缘、匝间绝缘和中性点绝缘的保护要求。

思考题与习题

1. 发电厂、变电站直击雷保护的原则是什么？为防止反击应采取什么措施？
2. 阀式避雷器为什么具有一定保护范围？
3. 试述变电站进线保护段标准接线中各元件的作用？
4. 三绕组变压器低压侧出口为什么要加装避雷器保护？
5. 什么是全绝缘变压器？什么是分级绝缘变压器？变压器中性点如何进行防雷保护？
6. 配电变压器如何进行防雷保护？
7. 试述电缆段在旋转电机防雷保护接线中的作用？如何充分发挥电缆段的作用？
8. GIS变电站的过电压保护有什么特点？

第十六章 暂时过电压

教学要求

掌握内部过电压的相关概念，理解工频电压升高的各种原因，熟悉各种工频电压升高的预防和限制措施，掌握各种谐振过电压的机理，熟悉各种谐振过电压的预防和限制措施。

第一节 概 述

在电力系统中，由于断路器操作、故障及其他原因，使系统参数发生变化，引起系统内部电磁能量的振荡转化或传递所造成的电压升高，称为电力系统内部过电压。

内部过电压的能量来源于系统本身，所以其幅值与系统标称电压成正比。一般将内部过电压幅值与系统最高运行相电压幅值之比，称为内部过电压倍数 K，表征过电压的高低。K 值与系统结构、中性点运行方式、各组成元件的性能参数、故障性质及操作过程等因素有关，并具有明显的统计性。

我国电力系统绝缘配合要求内部过电压倍数不大于表 16 - 1 所列数值。

表 16 - 1 要求限制的内部过电压倍数

系统电压等级（kV）	500	330	110～220	60 及以下
内部过电压倍数 K	2.4	2.75	3	4

内部过电压分为两大类，即操作过电压和暂时过电压。因操作或故障引起的瞬间（以毫秒计）电压升高，称为操作过电压；在瞬间过程完毕后出现的稳态性质的工频电压升高或谐振现象，称为暂时过电压。暂时过电压虽然具有稳态性质，但只是短时存在或不允许其持久存在。相对于正常运行时间，它是"暂时"的。

暂时过电压包括工频过电压（工频电压升高）和谐振过电压。电力系统中的空载长线路电容效应、不对称接地和突然甩负荷均能引起工频过电压；由于操作或故障使系统中电感元件与电容元件参数匹配时，会出现谐振，产生谐振过电压。因谐振回路中电感元件的性质不同，谐振过电压分为线性谐振、非线性谐振（铁磁谐振）过电压和参数谐振过电压三种。

作为暂时过电压中的一类，工频电压升高的倍数虽然不大，一般不会对电力系统的绝缘直接造成危害，但是它在绝缘裕度较小的超高压输电系统中仍然受到很大的注意，这是因为：

(1) 由于工频电压升高大都在空载或轻载条件下发生，与多种操作过电压的发生条件相同或相似，所以它们有可能同时出现，相互叠加，也可以说多种操作过电压往往就是在工频电压升高的基础上发生和发展的，所以在设计高压电网的绝缘时，应该计及它们的联合作用。

(2) 工频电压升高是决定某些过电压保护装置工作条件的重要依据，例如避雷器的灭弧电压就是按照电网单相接地时健全相上的工频升高来选定的，所以它直接影响到避雷器的保护特性和电力设备的绝缘水平。

(3) 由于工频电压升高具有不衰减或弱衰减现象，持续的时间很长，对设备绝缘及其运行条件也有很大的影响。例如，有可能导致油纸绝缘内部发生局部放电、染污绝缘子发生沿面闪络、导线上出现电晕放电等。

电力系统中的谐振过电压泛指由电感、电容元件组成的电路中，由于操作或故障，引起参数变化，形成不利组合，在某一特定频率电动势的作用下，这些元件上出现严重的过电压，从而引起绝缘击穿，或者引起严重过电流而烧损。

谐振过电压的持续时间有时会很长，因此谐振过电压的严重危害性不仅在于过高的过电压幅值对电气设备的绝缘造成击穿破坏，而且即使谐振过电压的幅值有时并不很高，但长时间作用在电气设备上，造成电气设备长时间电流过载，因过热而损坏。例如 3～66kV 电力系统因单相接地故障消除等原因而激发分频谐振过电压时，常常引起电压互感器和避雷器损坏。引起电压互感器损坏的原因是由于铁芯严重饱和，励磁电流过大，引起线圈烧坏，导致互感器击穿；引起避雷器损坏的原因是在过电压作用下的避雷器长时间通过过大的对地泄漏电流，热容量不够而击穿。因此，为了防止电压互感器和避雷器损坏，必须限制谐振过电压的持续时间，在发生分频谐振过电压时，立即在电压互感器的二次开口三角回路内并入一阻尼电阻，使谐振迅速消除。这样，在电压互感器和避雷器的发热情况尚未达到设备损坏的程度时，谐振提前消除，从而保证了这些设备的安全。

在过去的过电压保护规程中，没有“暂时过电压”这个名称。例如，我国于 1959 年由原水利电力部颁布的《过电压保护规程》，将内部过电压分为操作过电压和谐振过电压，没有“暂时过电压”的名称。1976 年该规程被修订，改名为 SDJ 7—1976《电力设备过电压保护设计技术规程》；1979 年，又进行了修改补充，仍取名 SDJ 7—1979《电力设备过电压保护设计技术规程》，这两本规程中没有对过电压进行明确的分类，也都没有出现“暂时过电压”的名称。1997 年原电力工业部颁布的电力行业标准 DL/T 620—1997《交流电气装置的过电压保护和绝缘配合》中对电力系统运行中出现于设备绝缘上的电压分为四类，除了正常运行的工频电压外，其他三类为过电压，即雷电过电压、暂时过电压和操作过电压。其中的暂时过电压包括工频过电压和谐振过电压，都是持续时间有可能较长的过电压。在 GB 311.1—1997《高压输变电设备的绝缘配合》中指出暂时过电压是指存在时间在 0.03s 以上，一般不超过 1h 的低频过电压。其频率范围为 $10\text{Hz}<f<500\text{Hz}$。属于这一范围的过电压有工频电压升高和谐振过电压。实际上工频电压升高，例如空载长线路的电容效应引起的工频电压升高，或者中性点不接地系统中由于单相接地故障引起另外两个健全相对地工频电压升高都属于稳态性质，如果不采取措施改变电网运行状态，例如改变线路的空载状态，或者投入并联电抗器，以改变线路中的电容电流，对于中性点不接地系统中的单相接地故障如果不及时消除，则工频电压升高会持续存在。

第二节 空载长线路的电容效应

输电线路在距离较短的情况下，工程上可用集中参数的感性阻抗 L、r 和电容 C_1、C_2 所组成的 π 形电路来等值，如图 16－1（a）所示。一般线路的容抗远大于线路的感抗，故在线路末端空载（$\dot{I}_2=0$）的情况下，在首端电压 $\dot{U}_1$ 的作用下，回路中流过的电流为电容性电流 $\dot{I}_{C2}$。由于线路感性阻抗中 L 上的电压 $\mathrm{j}X_L\dot{I}_{C2}$ 和电容 C_2 上电压 $\dot{U}_2$ 分别超前和滞后 $\dot{I}_{C2}$ 90°，r 上压降与 $\dot{I}_{C2}$ 同相，又 $\dot{U}_1=\dot{U}_2+r\dot{I}_{C2}+\mathrm{j}X_L\dot{I}_{C2}$，由此可得到如图 16－1（b）所示的相量图。

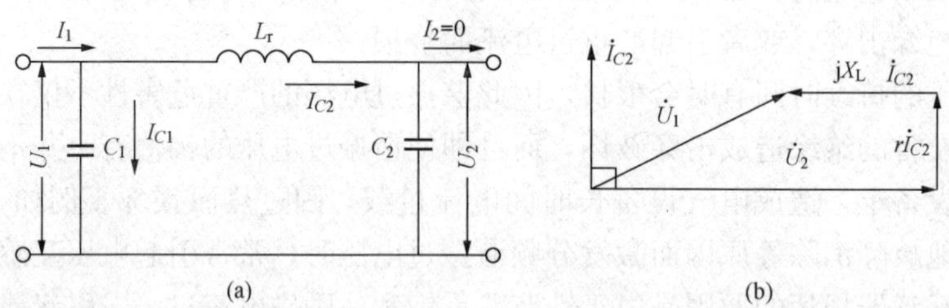

图 16－1 线路集中参数 π 形等值电路及其末端开路时的相量图

（a）等值电路；（b）相量图

由图 16－1（b）所示的相量图可以看到：空载线路末端电压值 $\dot{U}_2$ 较线路首端电压值 $\dot{U}_1$ 有较大的升高，这就是空载线路的电容效应（空载线路总体表现为电容性阻抗）所引起的工频电压升高或工频过电压。

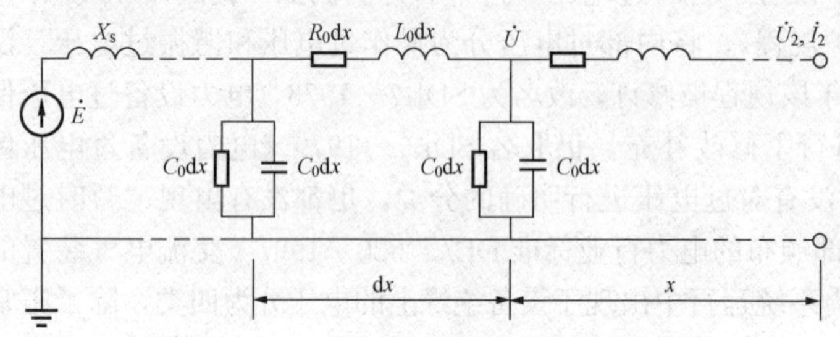

图 16－2 线路分布参数 π 形链式等值电路

对于距离较长的线路，一般需要考虑它的分布参数特性，输电线路就需要采用如图 16－2 所示的 π 形链式电路来等值。

图中 L_0，C_0 分别表示线路单位长度的电感和对地电容，x 为线路上某点到线路末端的距离，$\dot{E}$ 系统电源电压，X_s 为系统电源等值电抗。

根据图 16－2 所示的分布参数 π 形链式等值电路，可以求得线路上距末端 x 处的电压为

$$\dot{U}_x=\frac{\dot{E}\cos\theta}{\cos(\alpha l+\theta)}\cos\alpha x \tag{16-1}$$

$$\theta=\mathrm{arctg}\frac{X_s}{Z}$$

$$Z=\sqrt{\frac{L_0}{C_0}}$$

$$\alpha=\frac{\omega}{v}$$

式中　$\dot{E}$——系统电源电压；

Z——线路导线波阻抗；

ω——电源角频率；

v——光速。

由式（16 - 1）可见：

（1）沿线路的工频电压从线路末端开始向首端按余弦规律分布，在线路末端电压最高。线路末端电压 $\dot{U}_2$ 为

$$\dot{U}_2=\frac{\dot{E}\cos\theta}{\cos(\alpha l+\theta)}\cos\alpha x\big|_{x=0}=\frac{\dot{E}\cos\theta}{\cos(\alpha l+\theta)}$$

将此式代入式（16 - 1）就得

$$\dot{U}_x=\dot{U}_2\cos\alpha x \qquad (16-2)$$

这表明 $\dot{U}_x$ 为 αx 的余弦函数，且在 $x=0$（即线路末端）处达到最大。

（2）线路末端电压升高程度与线路长度有关。线路首端电压 $\dot{U}_1$ 为

$$\dot{U}_1=\frac{\dot{E}\cos\theta}{\cos(\alpha l+\theta)}\cos\alpha x\big|_{x=l}=\frac{\dot{E}\cos\theta}{\cos(\alpha l+\theta)}\cos\alpha l=\dot{U}_2\cos\alpha l$$

$$\frac{\dot{U}_2}{\dot{U}_1}=\frac{1}{\cos\alpha l} \qquad (16-3)$$

这表明线路长度 l 越长，线路末端工频电压升高的越厉害。对架空线路，α 约为 0.06°/km，当 $\alpha l=90°$，即 $l=\frac{90°}{0.06°/\mathrm{km}}=1500\mathrm{km}$，$U_2=\infty$。此时线路恰好处于谐振状态。实际的情况是，这种电压的升高受到线路电阻和电晕损耗的限制，在任何情况下，工频电压升高将不会超过 2.9 倍。

（3）空载线路沿线路的电压分布。通常已知的是线路首端电压 $\dot{U}_1$。根据式（16 - 2）及式（16 - 3）可得

$$\dot{U}_x=\frac{U_1}{\cos\alpha l}\cos\alpha x \qquad (16-4)$$

线路上各点电压分布如图 16 - 3 所示。

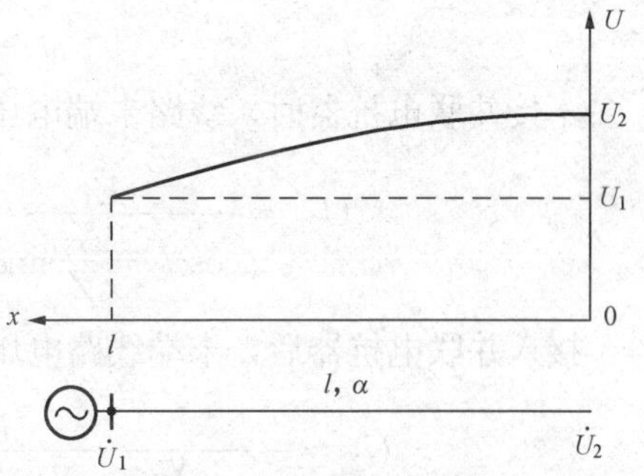

图 16 - 3　空载线路电压分布

（4）工频电压升高与电源容量有关。将式（16 - 1）中 cos（$\alpha l+\theta$）展开，并以 $\mathrm{tg}\theta=\frac{X_s}{Z}$ 代入得

$$\dot{U}_x=\frac{\dot{E}\cos\theta}{\cos\alpha l\cos\theta-\sin\alpha l\sin\theta}\cos\alpha x$$

$$\dot{U}_x=\frac{\dot{E}}{\cos\alpha l-\tan\theta\sin\alpha l}\cos\alpha x$$

$$\dot{U}_x=\frac{\dot{E}}{\cos\alpha l-\frac{X_s}{Z}\sin\alpha l}\cos\alpha x \qquad (16-5)$$

由式（16 - 5）可看出，X_s 的存在使线路首端电压升高，从而加剧了线路末端工频电压的升高。电源容量越小（X_s 越大），工频电压升高越严重。当电源容量为无穷大时，$\dot{U}_x=\frac{\dot{E}}{\cos\alpha l}\cos\alpha x$，工频电压升高为最小。因此，为了估计最严重的工频电压升高，应以系统最小电源容量为依据。在单电源供电的线路中，应取最小运行方式时的 X_s 为依据。在双端电源线路中，线路两端的断路器必须遵循一定的操作程序：线路合闸时，先合电源容量较大的一侧，后合电源容量较小的一侧；线路切除时，先切电源容量较小的一侧，后切电源容量较大的一侧。这样的操作能减弱电容效应引起的工频过电压。

既然空载线路工频电压升高的根本原因在于线路中电容性电流在感抗上的压降使得电容上的电压高于电源电压，那么通过补偿这种电容性电流，从而削弱电容效应，就可以降低这种工频过电压。鉴于在超高压系统中，由于其工频电压升高比较严重，应当采取措施将工频电压升高限制在一定水平以下，通常采用并联电抗器来限制工频过电压。并联电抗器视需要可以装设在线路的末端、首端或中部。在超高压系统中，随着输送距离的增长，线路的充电功率相当可观。例如，我国 500kV 线路，若电压按 525kV 计算，则每百公里线路的充电功率可达 110Mvar，因此，超高压系统多数采用并联电抗器。并联电抗器降低工频过电压的效果，可以通过一具体例子加以说明。

【例 16 - 1】 某 500kV 线路，长度为 250km 电源电抗 $X_s=263.2\Omega$，线路每单位长度电感和电容分别为 $L_0=0.9\mu H/m$，$C_0=0.0127nF/m$，求线路末端开路时末端的电压升高。若线路末端接有 $X_L=1837\Omega$ 的并联电抗器，求此时开路线路末端的电压升高。

解

$$Z=\sqrt{\frac{L_0}{C_0}}=\sqrt{\frac{0.9\times10^{-6}}{0.0127\times10^{-9}}}=266.2(\Omega)$$

$$\alpha l=0.06\times250=15^\circ$$

不接并联电抗器时，线路末端电压为

$$\dot{U}_2=\frac{\dot{E}}{\cos\alpha l-\frac{X_s}{Z}\sin\alpha l}=\frac{\dot{E}}{\cos15^\circ-\frac{263.2}{266.2}\sin15^\circ}=1.41\dot{E}$$

接入并联电抗器后，末端线路电压可用下列公式计算

$$\dot{U}_2=\frac{\dot{E}}{\left(1+\frac{X_s}{X_L}\right)\cos\alpha l+\left(\frac{Z}{X_L}-\frac{X_s}{Z}\right)\sin\alpha l}$$

$$=\frac{\dot{E}}{\left(1+\frac{263.2}{1837}\right)\cos15^\circ+\left(\frac{266.2}{1837}-\frac{263.2}{266.2}\right)\sin15^\circ}=1.13\dot{E}$$

可见并联电抗器接入后可大大降低工频过电压。并联电抗器的容量通常以补偿度表示，补偿度即并联电抗器的容量 Q_L 与空载线路电容无功功率 Q_C 之比 Q_L/Q_C。一般补偿度选在 60%左右。但是并联电抗器的作用不仅是限制工频电压升高，还涉及系统稳定、无功平衡、潜供电流、调相调压、自励磁及非全相状态下的谐振等因素。因而，并联电抗器容量及安装位置的选择必须综合考虑实际系统结构、参数、可能出现的运行方式以及故障形式等各方面的因素，确定合理的方案。

第三节　接地故障引起的工频电压升高

不对称短路是输电线路最常见的故障形式，短路电流的零序分量会使健全相出现工频电压升高，常称为不对称效应。以不对称效应系数或接地系数表示由此产生的工频电压升高的程度。系统中不对称短路故障，以单相接地故障最为常见，且引起的工频电压升高也最严重。

系统在发生不对称故障时，故障点各相电压和电流是不对称的，可以采用对称分量法利用复合序网方便地进行分析，下面以单相接地故障为例进行分析。

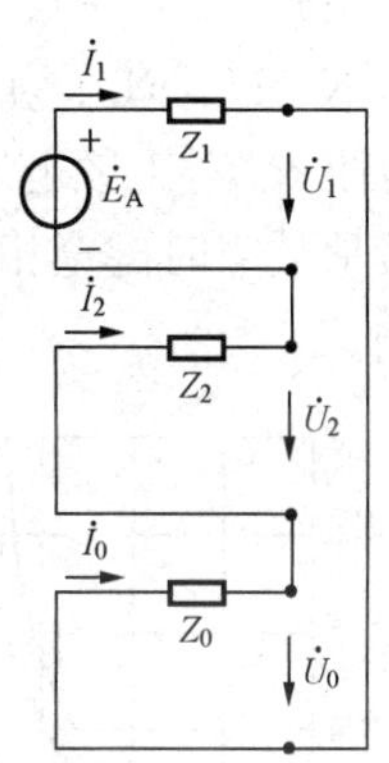

图 16 - 4　单相接地故障时的复合序网图

设系统中 A 相发生单相接地故障，其边界条件为 $\dot{U}_A=0$、$\dot{I}_B=\dot{I}_C=0$，图 16 - 4 所示为其复合序网图。

图中 $\dot{E}_A$ 为正常运行时故障相对地电压（正序），Z_1、Z_2、Z_0 分别为从故障点看进去的网络正、负、零序入端阻抗，$\dot{U}_1$、$\dot{U}_2$、$\dot{U}_0$ 及 $\dot{I}_1$、$\dot{I}_2$、$\dot{I}_0$ 分别为序网中电压和电流的正、负、零序分量。计算可得

$$\dot{I}_1=\dot{I}_2=\dot{I}_0=\frac{1}{3}\dot{I}_A$$

$$\dot{U}_1=\dot{E}_A-\dot{I}_1Z_1;\quad \dot{U}_2=-\dot{I}_2Z_2;\quad \dot{U}_0=-\dot{I}_0Z_0$$

健全相电压则为

$$\dot{U}_B=a^2\dot{U}_1+a\dot{U}_2+\dot{U}_0=\frac{(a^2-1)Z_0+(a^2-a)Z_2}{Z_0+Z_1+Z_2}\dot{E}_A \tag{16 - 6}$$

$$\dot{U}_C=\frac{(a-1)Z_0+(a^2-a)Z_2}{Z_0+Z_1+Z_2}\dot{E}_A \tag{16 - 7}$$

若以 $K^{(1)}$ 表示单相接地故障时的接地系数，则有健全相电压为

$$\dot{U}=K^{(1)}\dot{E}_A$$

对式（16 - 6）、式（16 - 7）进行计算，$K^{(1)}$ 可表示为

$$K^{(1)}=-\frac{1.5Z_0}{Z_0+Z_1+Z_2}\pm j\frac{\sqrt{3}(2Z_2+Z_0)}{2(Z_0+Z_1+Z_2)} \tag{16 - 8}$$

对于较大电源容量的系统 $Z_1\approx Z_2$，若忽略各序阻抗中的电阻分量 R_0、R_1、R_2，则式（16 - 8）可简化为

$$K^{(1)}=-\frac{1.5\dfrac{X_0}{X_1}}{2+\dfrac{X_0}{X_1}}\pm j\frac{\sqrt{3}}{2} \tag{16 - 9}$$

同理可得两相对地短路时的接地系数

$$K^{(1,1)}=\frac{\dfrac{3Z_2Z_0}{Z_2+Z_0}}{Z_1+\dfrac{Z_2Z_0}{Z_2+Z_0}} \tag{16 - 10}$$

同样也可简化为

$$K^{(1,1)}=\frac{3}{2+\frac{X_1}{X_0}} \tag{16-11}$$

分析式（16-8）～式（16-11），接地系数的大小与零序阻抗关系极大，特别是在简化式（16-9）及式（16-11）中，接地系数的大小决定于比值 X_0/X_1，而 X_0/X_1 值取决于系统中性点的接地方式，接地系数亦由此得名。

由式（16-8）、式（16-9）可知，系统发生单相接地故障时，若忽略损耗，则 $U_B=U_C=K^{(1)}U_{ph}$（U_{ph}为相电压有效值）。通常在超高压系统中正序电阻 R_1 可以忽略不计，而零序电阻 R_0 对工频电压升高有一定影响，U_C 将高于 U_B。图 16-5（a）、（b）给出了 A 相发生接地故障时健全相的工频电压升高与 X_0/X_1 的关系曲线，同时也给出了电阻分量 R_0 的影响。

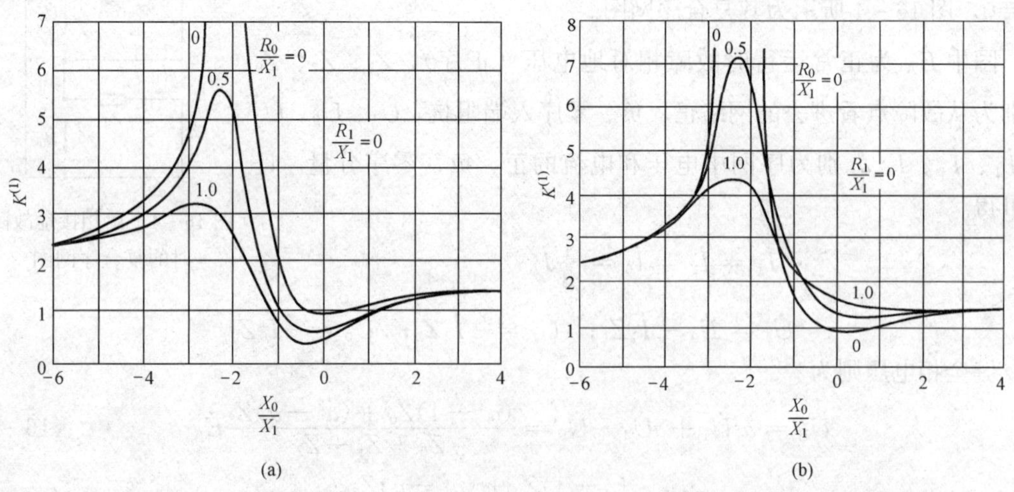

图 16-5 A 相接地故障时健全相的工频电压升高

（a）A 相接地故障时 B 相的工频电压升高；（b）A 相接地故障时 C 相的工频电压升高

由曲线及式（16-9）的计算可以看出单相接地故障时健全相工频电压升高系数（即接地系数）与 X_0/X_1 的变化关系。当 X_0/X_1 为不大的正值时，健全相电压低于额定电压 U_N。例如 $X_0/X_1=1$ 时，$U_B=U_{ph}$；$X_0/X_1=3.5$ 时，$U_B=1.3U_{ph}=0.75U_N$。当 X_0/X_1 在（－1～20）范围内，曲线具有特殊的形状，不考虑损耗时，健全相电压在 $X_0/X_1=-2$ 处趋于无穷大，$X_0/X_1=-20$ 时 $U_B=1.9U_{ph}=1.1U_N$。当 $|X_0/X_1|\to\infty$时，$U_B\to\sqrt{3}U_{ph}=U_N$。

系统中的正序电抗 X_1，包括发电机的次暂态同步电抗、变压器漏抗及线路感抗等，一般是电感性的；而系统的零序电抗 X_0，则因系统中性点接地方式的不同有较大的差别。参看图 16-6，若在线路 k 处发生单相接地故障，则根据定义，X_0 是故障点 k 处的零序输入电抗，它应由线路导线的对地电容及中性点对地电抗并联决定。

中性点绝缘系统中，X_0 由线路容抗决定，因此是负值，而 X_1 是正值。通常 3、6、10kV 系统采用这种运行方式，所以线路不会太长。X_0/X_1 值在（－20～－∞）的范围内，单相接地故障时，工频电压升高可达 1.1 倍额定电压。一般不会达到 $X_0/X_1=-2$ 的状态，但若为了防雷等的需要，三相母线对地接有较大电容时，会使 $|X_0/X_1|$ 值降低，应当加以

验算，以免造成过高的工频电压升高。

中性点经消弧线圈接地系统，按补偿度可以分为两种情况。欠补偿方式时，X_0 为很大的容抗，$|X_0/X_1|\to-\infty$；过补偿方式时，X_0 为很大的感抗，$|X_0/X_1|\to+\infty$，单相接地故障时，健全相电压接近额定电压。通常 35～66kV 系统采用这种接地方式。

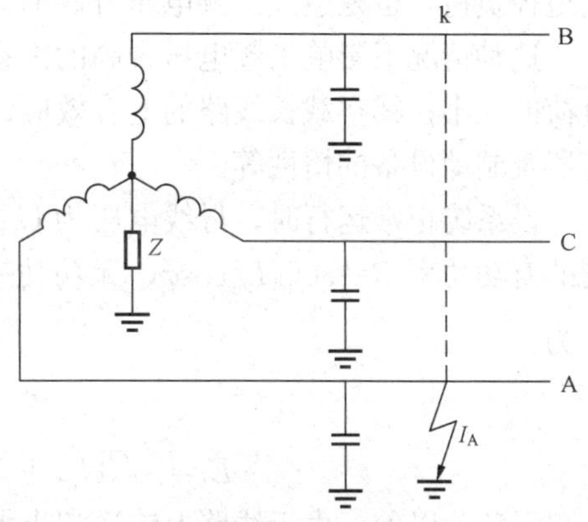

图 16 - 6 单相接地故障时系统的等值阻抗

中性点直接接地系统，X_0 为不大的正值，通常输电线的 $X_0/X_1\approx3$，系统中一部分或全部变压器中性点接地，故 $X_0/X_1\leqslant3$，称为有效接地。一般 110kV 及以上系统均采用这种运行方式。单相接地故障时，健全相的工频电压升高不大于 1.4 倍相电压，即 0.8 倍额定电压。

在三相电力系统中，无论发生单相接地故障或两相接地故障，在一般情况下，非故障相的电压都要升高。其中单相接地时非故障相的电压升高可能达到更高的数值，有时甚至出现极高的数值。但在某些极个别的情况下，发生接地故障时，非故障相电压不仅不升高反而略有降低。当零序电抗为电感性，X_0/X_1 为正值，且小于 1 时，或者零序电抗为电容性，X_0/X_1 为负值，且绝对值小于 0.5 时，发生单相接地故障，非故障相电压都降低。作为特例，在 $X_0=0$ 时，非故障相的电压降低至原来正常电压的 0.866 倍。

当发生两相接地时，例如 A、B 两相接地，且系统正序阻抗与负序阻抗相等，电阻忽略不计，即 $\dot{Z}_1=\dot{Z}_2=\mathrm{j}X_1$，则非故障相 C 相电压为

$$U_C = U_{ph}\frac{3X_0}{2X_0+X_1}$$

可以看出两相接地时，非故障相的电压升高一般没有单相接地时非故障相的电压升高得多。但也有极端情况例外，例如在 $X_0/X_1<4$ 时（X_0 为电感性，X_0/X_1 为负值），单相接地时非故障相的电压升高没有两相接地时非故障相的电压升高得多。

系统工频电压升高是决定阀型避雷器灭弧电压的依据。3、6、10kV 系统工频电压升高可达系统最高电压的 1.1 倍，避雷器的灭弧电压即规定为系统最高电压的 1.1 倍，称为 110%避雷器。例如，10kV 系统的最高电压按 $1.15U_N$ 考虑，避雷器的灭弧电压为 12.7kV。35～66kV 系统工频电压升高可达系统最高电压，避雷器的灭弧电压规定为系统最高电压的 100%，称为 100%避雷器；例如 35kV 避雷器灭弧电压为 41kV。对 110、220kV 系统中的避雷器，其灭弧电压则按系统最高电压的 80%确定，称为 80%避雷器；例如 FZ - 110J 的灭弧电压为 100kV。对 330kV 及以上系统，输送距离较长，计及长线路的电容效应时，线路末端工频电压升高可能超过系统最高电压的 80%，则根据安装位置的不同分为电站型避雷器（即 80%避雷器）及线路型避雷器（即 90%避雷器）两种。

第四节 甩负荷引起的工频电压升高

当输电线路重负荷运行时，由于某种原因（例如发生短路故障）线路末端断路器突然跳

闸甩掉负荷，也是造成工频电压升高的另一重要原因，通常称为甩负荷效应。

这种情况下影响工频电压升高的因素较多，主要有以下几个方面：①断路器跳闸前输送负荷的大小；②空载长线路的电容效应；③发电机励磁系统及电压调整器的特性，原动机调速器及制动设备的惰性等。

设系统正常运行时，母线电压为 U_{ph}，线路首端电流为 I_{ph}，功率因数为 $\cos\varphi$，因此传输的有功功率 $P=3U_{ph}I_{ph}\cos\varphi$，无功功率 $Q=3U_{ph}I_{ph}\sin\varphi$，图 16-7（a）中发电机电动势 $\dot{E}$ 为

$$\dot{E}=\mathrm{j}X_s\dot{I}_{ph}+\dot{U}_{ph}$$

$$E=\sqrt{(U_{ph}+I_{ph}X_s\sin\varphi)^2+(I_{ph}X_s\cos\varphi)^2}$$

甩负荷以前，由于线路上输送相当大的有功及感性无功功率，因此电源电动势必然高于母线电压，正如计算表明 $E>U_{ph}$。甩负荷以后，根据磁链不变原理，电源暂态电动势 E'_d 维持原来数值，$E'_d=E$，所以

$$\begin{aligned}\frac{E'_d}{U_{ph}}&=\sqrt{\left(\frac{U_{ph}+I_{ph}X_s\sin\varphi}{U_{ph}}\right)^2+\left(\frac{I_{ph}X_s\cos\varphi}{U_{ph}}\right)^2}\\&=\sqrt{\left(1+\frac{3U_{ph}I_{ph}\dfrac{X_s}{Z_C}\sin\varphi}{\dfrac{3U_{ph}^2}{Z_C}}\right)^2+\left(\frac{3U_{ph}I_{ph}\dfrac{X_s}{Z_C}\cos\varphi}{\dfrac{3U_{ph}^2}{Z_C}}\right)^2}\\&=\sqrt{\left(1+\frac{QX_s}{P_nZ_C}\right)^2+\left(\frac{PX_s}{P_nZ_C}\right)^2}\end{aligned}\tag{16-12}$$

式中　X_s——电源的等值电抗，包括发电机的暂态电抗 X'_d 和变压器的漏抗 X_T，即 $X_s=X'_d+X_T$；

Z_C——线路的波阻抗；

P_n——输电线路的三相自然功率，$P_n=\dfrac{3U_{ph}^2}{Z_C}$。

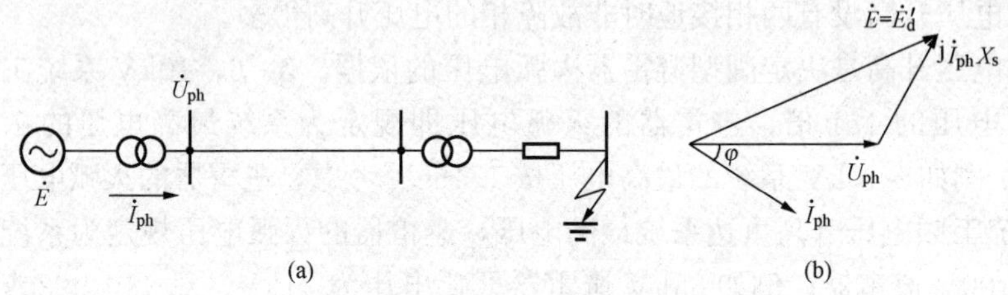

图 16-7　甩负荷后暂态电动势计算示意图

（a）电路图；（b）相量图

设电源变压器与发电机的容量相等，均为 S，将 X_s 化作以 S 为基值的标幺值 X_s^*，则

$$X_s^*=X_s\frac{S}{3U_{ph}^2}\tag{16-13}$$

于是

$$\frac{X_s}{Z_C}=X_s^*\frac{P_n}{S}\tag{16-14}$$

代入式（16-12）

$$\frac{E'_d}{U_{ph}}=\sqrt{\left(1+\frac{Q}{S}X_s^*\right)^2+\left(\frac{P}{S}X_s^*\right)^2}$$
$$=\sqrt{(1+X_s^*\sin\varphi)^2+(X_s^*\cos\varphi)^2} \tag{16 - 15}$$

其中，$P=S\cos\varphi$，$Q=S\sin\varphi$。

例如，某系统 $X_s^*=0.3$，$\cos\varphi=0.85$，利用式（16 - 5）可算得

$$\frac{E'_d}{U_{ph}}=\sqrt{(1+0.3\times0.527)^2+(0.3\times0.85)^2}=1.186$$

这就是说，在给定的参数条件下，甩负荷以前为保持母线电压为 U_{ph}，电源电动势 E 应是 $1.186U_{ph}$。因此甩负荷后，电机的暂态电动势 E'_d 仍是此值。

甩负荷后，由于线路末端断路器跳闸，形成电源带空载长线路的运行方式，必须计及长线路的电容效应对工频电压升高的影响。例如上述情况中，线路长度 $l=300$km，$P=\frac{2}{3}P_n$，则由式（16 - 14）有

$$\frac{X_s}{Z_C}=0.3\times\frac{3}{2}\times0.85=0.383$$

$$\varphi=\arctan\frac{X_s}{Z_C}=21^\circ$$

其中 $\alpha l=18^\circ$得

$$\dot{U}_2=\frac{\dot{E}}{\cos\alpha l-\frac{X_s}{Z}\sin\alpha l}=\frac{1.186U_{ph}}{\cos18^\circ-0.383\sin18^\circ}=1.424U_{ph}$$

如果断路器的开断是由短路故障引起，则由于强行励磁的作用，E'_d的数值还会更高些。另外，在故障切除后，发电机的自动电压调整器经过一段时间后会起到降压作用，使 E'_d降低。因此，电动势 E'_d、母线电压及线路末端电压将首先上升，然后下降，上升的数值以及时间则取决于系统的参数及所用设备的性能。

影响工频电压升高的另一因素发电机转速的增加。甩负荷后，由于调速器和制动设备的惰性，不能立即起到应有的调速效果，导致发电机加速旋转（飞逸现象），使电动势及其频率上升，从而使空载线路中的工频电压升高更为严重。但这种飞逸过程的形成和衰减很慢。待自动电压调整器起作用后 E'_d将降低，一般这个过程可持续几秒钟之久。

上面介绍了电力系统中引起工频电压升高的主要三种情况。工频过电压的数值一般不会很大，对正常绝缘的电气设备是没有危险的。例如，对于 3～10kV 系统，一般采取中性点非直接接地系统，主要考虑单相接地故障时，健全相的电压升高可达线电压的 1.1 倍，这个电压对正常绝缘的电气设备没有危险。由于 3～10kV 系统的线路一般不会很长，因此不必考虑由于空载长线路引起的电容效应工频过电压。

对于 35～66kV 电力系统，一般采取中性点接消弧线圈运行，而且采取过补偿方式。单相接地时，健全相的对地电压升高略低于线电压，因此 35～66kV 系统的工频过电压可按线电压考虑。由于线路不会很长，35～66kV 电力系统也不必考虑空载长线路电容效应引起的过电压。

对于 110～220kV 电力系统，一般采用中性点直接接地运行方式。在发生单相接地短路故障时，健全相电压不会升高到线电压，而且单相接地短路使继电保护迅速跳闸，故障快速

切除。考虑到中性点直接接地系统也不是全部所有的电力变压器中性点都处在直接接地的运行方式下运行，但是只要满足 $R_0/X_1<1$ 和 $X_0/X_1<3$ 的条件，即所谓有效接地时，单相接地时健全相的工频电压升高一般不超过相电压的 1.3～1.4 倍。只要中性点直接接地系统的变压器占系统中变压器总容量的 1/3 以上，这个条件一般都能满足。因此电力行业标准 DL/T 620—1997《交流电气装置的过电压保护和绝缘配合》中指出：对 110kV 和 220kV 系统工频过电压一般不超过最高工作电压相电压的 1.3 倍。

对于 330kV 及以上的电力系统，虽然和 110～220kV 一样也都采取中性点直接接地的运行方式，由于单相接地故障引起的健全相工频过电压不会很高，但是 330kV 及以上的电力系统，其输电线路一般会很长，有的达到几百公里，这时就要考虑空载长线路电容效应所引起的工频过电压。因此，需要采取措施限制工频过电压，DL/T 620—1997《交流电气装置的过电压保护和绝缘配合》中指出：对 252kV 以上的电力系统，工频过电压水平一般不宜超过最高工作电压相电压的 1.3～1.4 倍。

从上面所述可以看出，工频过电压的数值一般可以控制在最高工作电压线电压的 1.1 倍以下（对于 3～66kV 中性点非直接接地系统），或者控制在最高工作电压相电压的 1.4 倍以下（对于 110kV 及以上中性点直接接地系统），因此对系统中具有正常绝缘的电气设备应该没有危险。但是由于工频过电压持续时间可能很长，因此不仅要求电气设备具有足够的绝缘耐电强度，而且对选择保护电器有重要影响。例如氧化锌阀型避雷器的持续运行电压和额定电压的选取就是考虑必须能耐受工频过电压的持续作用，因此氧化锌避雷器的额定电压比其所安装地点电力系统的额定电压高出很多。另外，如果在伴随着工频电压升高的情况下，由于操作或故障（例如间隙性接地电弧）而出现操作过电压时，操作过电压叠加在升高的工频电压上，使操作过电压更趋危险。

第五节 谐振过电压

电力系统中包括有许多电感和电容的元件，作为电感元件的有电力变压器、互感器、发电机、消弧线圈以及线路导线等的电感，作为电容元件的有线路导线的对地电容和相间电容、补偿用的串联和并联电容器组以及各种高压设备的寄生电容等。在系统进行操作或发生故障时，这些电感和电容元件，可能形成各种不同的振荡回路，在一定的能源作用下，产生谐振现象，引起谐振过电压。

谐振过电压不仅会在操作或发生故障的过程中产生，而且可能在过渡过程结束后的较长时间内稳定存在，直到发生新的操作，谐振条件受到破坏为止。因此谐振过电压比操作过电压的持续时间长，性质上属于暂时过电压。谐振过电压的严重性既取决于它的幅值，也取决于它的持续时间。谐振过程不仅会产生过电压危及电气设备的绝缘，产生持续的过电流而烧毁设备，而且还可能影响过电压保护装置的工作条件，如影响阀型避雷器的灭弧条件。

在不同电压等级、不同结构的系统中可以产生不同类型的谐振过电压。通常认为系统中的电阻和电容元件为线性元件，电感元件则一般有三种不同的特性参数。对应三种电感参数，在一定的电容参数和其他条件的配合下，可能产生三种不同性质的谐振现象。

(1) 线性谐振。电路中电感参数为常数，电感值不随元件上的电压或电流的变化而变化。这类电感元件主要有不带铁芯的电感元件（如输电线路的电感、变压器的漏电感）及励磁特性接近线性的带铁芯的电感元件（如消弧线圈，其铁芯常带有空气隙）。在交流电源的作用下，当系统回路的自振频率等于或接近电源频率时，可能产生强烈的线性谐振现象。

（2）铁磁谐振。电路中的电感元件因带有铁芯会产生饱和现象，电感参数不再是常数，而是随着电流或磁通的变化而变化。这种含有非线性电感元件的电路，在满足一定条件时，会产生铁磁谐振。与线性谐振比较，铁磁谐振现象具有很多特点。铁磁谐振现象常发生在由空载变压器、电压互感器（正常工作时接近空载）和电容组成的回路中。

（3）参数谐振。系统中某些元件的电感参数在外力的影响下发生周期性变化，例如电机旋转时，电感参数的大小周期性地变化。当电机接有电容性负荷（如空载线路），参数配合不当时，就可能产生参数谐振现象。参数谐振过电压亦被称作旋转电机的自励磁或自励过电压。

实际电力系统的结构比较复杂，发生故障和操作的方式很多，可能发生谐振的接线方式也比较多。对于铁磁谐振和参数谐振，因为电路参数不是常数，描述这些振荡过程的方程属于非线性或变参数微分方程，这对于定量地计算和分析过电压带来一定困难。因此本书将着重于定性地分析产生过电压的物理过程，比较不同类型谐振过电压的特点，以及指出防止和限制过电压的主要途径。

一、线性谐振过电压

线性谐振过电压，是指由恒定电感、电容和电阻组成的电路，在正弦电源作用下，当电路自振频率与电源频率相等或接近时，产生谐振，在电感、电容等各元件上引起的过电压。如图 16－8 所示为最简单的 RLC 串联电路，如果电阻 R 很小，甚至可以忽略不计，则当电源角频率为 ω，且 $\omega L=\frac{1}{\omega C}$时，电路中的电流 $\dot{I}\rightarrow\infty$，电感 L 和电容 C 上的电压在数值上将均趋于无限大，亦即出现过电压。实际上，只要电源电压 u 足够高，电阻 R 相对很小，这时如果感抗 $X_L=\omega L$ 和容抗 $X_C=\frac{1}{\omega C}$接近相等，则电感和电容上都会出现过电压。能使电路中感抗等于容抗的角频率（用 ω_0 表示）称为电路的自振角频率，即 $\omega_0 L=\frac{1}{\omega_0 C}$，$\omega^2=\frac{1}{LC}$，自振角频率 $\omega_0=\frac{1}{\sqrt{LC}}$。如果电源角频率 ω 等于或接近等于电路的自振角频率 ω_0，则会发生谐振过电压。因为角频率 ω 与频率 f 有对应关系 $\omega=2\pi f$，因此可以用 f_0 代表电路的自振频率，$f_0=\frac{1}{2\pi\sqrt{LC}}$，亦即当外加电源频率 f 与电路固有的自振频率 f_0 相等或接近相等时，电路就会出现谐振现象。这里所谓接近相等，是指线性谐振过电压只发生在 f 与 f_0 十分接近的某一区域内。根据理论计算可以画出发生线性谐振时，电感和电容上的电压与电源角频率 ω 和电路自振角频率 ω_0 的比值 ω/ω_0 之间的变化关系。图 16－9 所示为 R、L、C 串联电路，当比值 ω/ω_0 变化时，串联电路中，电容 C 上的电压 U_C 与电源电压 U 之间的比值的变化关系。当电源角频率 ω 与电路固有自振角频率 ω_0 相等时，$\omega/\omega_0=1$，这时出现线性谐振，电容、电感上的过电压最为严重。发生线性谐振时电容和电感元件上承受的过电压倍数为 $U_C/U=$

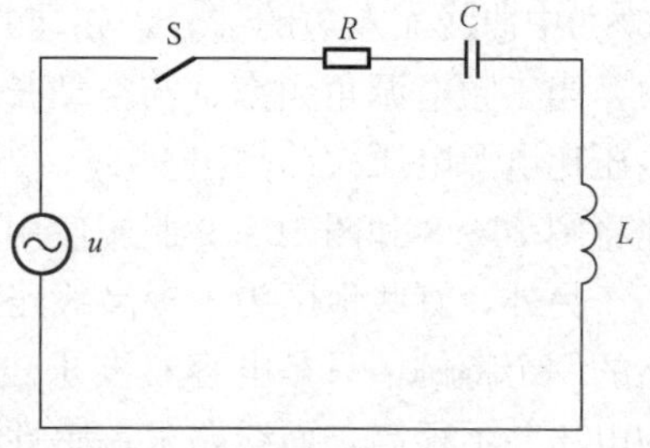

图 16－8　RLC 串联电路

$U_L/U=\sqrt{L/C}/R$，式中$\sqrt{L/C}$为振荡回路的特性阻抗。亦即线性谐振时，电容、电感上的过电压倍数由振荡回路的特性阻抗$\sqrt{L/C}$对电阻R的比值决定。

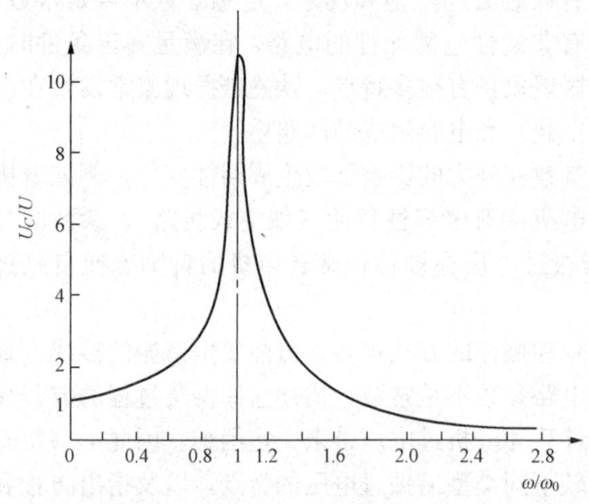

图 16 - 9 线性振荡回路稳态时电容上的过电压倍数随ω/ω_0的变化关系

由图 16 - 9 中的曲线可见，当电源角频率$\omega=0$时，电容上的电压U_C等于电源电压U，这是因为电源为直流，电容有隔直作用。在稳态时，电容上的电压等于直流电源电压。这也说明，图 16 - 9 中的曲线指的是稳态时的情况。在图 16 - 9 所示的曲线上，只有当ω/ω_0的比值在0.6～1.4 的范围内，电容上的稳态电压过电压倍数才达到电源电压的 2 倍以上。这个范围的具体确定与电路中的电阻值R与电感L和电容C的比值有关，图 16 - 9 的曲线只是其中的某一特例，但也足以说明线性谐振过电压的危险主要发生在电源角频率ω与电路自振角频率ω_0十分接近的一个狭窄范围内。

实际上，前面介绍的空载长线路由于电容效应而引起的工频过电压，也属于线性谐振电路，只是系统工频电源角频率ω与线路自振角频率ω_0的比值ω/ω_0远小于 1，即工作在图 16 - 9中曲线靠左边的部分，亦即并未引起线性谐振过电压的一种特例。例如，在图 16 - 9 中，当工频电源角频率ω与空载长线路的自振角频率ω_0的比值ω/ω_0约为 0.2 时，电容上的电压比电源电压大约高出 30%。当然，空载长线路的电容、电感都是分布参数，不能简单地将图 16 - 8 和图 16 - 9 照搬使用。

另外，有些地区为了提高线路末端电压，在线路中采用串联电容器，这也是线性谐振电路的一个特例，只是电容C要求较大，$x_C \ll x_L$，而且ω/ω_0的值也较大，这时串联电容C上的电压并不很高，而线路末端感性负荷上的电压有所升高，亦即工作在图 16 - 9 中曲线靠右边的部分，并未达到线性谐振过电压状态。

二、非线性（铁磁）谐振过电压

如果由R、L、C串联组成的电路中，电感L是具有铁芯的线圈，由于铁的导磁系数不是常数，因此电感L不是恒定值，是非线性参数。特别是铁芯的材质和截面确定后，允许通过的磁通有一定限制，亦即当铁磁线圈流过的电流足够大时，铁芯会出现磁通饱和。由于线圈的感应电动势与磁通成正比，因此铁磁线圈两端的电压达到一定数值后，不可能无限制地增加。这种现象称为铁芯饱和。所以，由铁磁电感L与电容C、电阻R组成的电路，称为非线性电路，这种电路发生谐振过电压称为非线性（铁磁）谐振过电压。

非线性（铁磁）谐振过电压与线性谐振过电压两者的特点和性能有很大区别。其主要不同点有以下几种。

（1）发生铁磁谐振过电压时，电路中必定出现电流相位角从落后电源电压突然改变到超前电源电压，也就是说电路突然从感性变为容性。这种现象称为相位反倾。在发生相位反倾时，电路中的电抗数值从感抗大于容抗突变为容抗大于感抗。而这种现象在线性谐振电路中是绝不会出现的。铁磁谐振过电压在发生相位反倾的同时，电路中各元件上的电压突然大幅度跳跃升高。

（2）发生铁磁谐振时电感线圈的铁芯出现饱和，线圈上的电压受到饱和程度的限制，因此不会像线性谐振过电压那样无限制地增加。铁磁谐振过电压幅值一般不会很高。

（3）由于非线性（铁磁）谐振电路中具有非线性（铁磁）电感元件，电流波形必然发生畸变，亦即电路中存在谐波源，除了工频基波外，还可能引起高次谐波谐振过电压或分次谐波谐振。分次谐波谐振频率接近于1/2次工频或1/3工频。由于频率较低时，铁磁线圈的铁芯容易饱和，激发谐振所需的电压也较低；而高频时，线圈的铁芯不容易饱和，激发谐振所需的电压也较高。因此，铁磁谐振时出现分次谐波谐振过电压的概率也较大。

（4）铁磁谐振具有“自保持”特点。这里所谓“自保持”是指非线性（铁磁）谐振电路，由于受某种原因的扰动（例如操作或故障，甚至打雷）引起电路两端电压升高，铁芯电感饱和，激发产生铁磁谐振过电压后，即使在扰动因素消失，电路两端重新又恢复到正常较低的电压后，电路中的铁磁谐振过电压仍能保持下去，即由于某种原因，一旦激发产生铁磁谐振过电压后，即使由于进行新的操作，或者由于故障状态发生变化，引起铁磁谐振的原因已经消除，但是在已发生铁磁谐振过电压的电路中仍可能继续较长时间保持铁磁谐振状态，直到能量耗尽为止。

（5）发生铁磁谐振过电压的一个必要条件是铁磁电感元件弯曲的伏安特性曲线必须与电容元件的具有某一斜率的伏安特性直线互相有一个交点，亦即在这个交点之前，电路综合阻抗呈感性；在这个交点上，感抗等于容抗，综合电抗为零，电路处于谐振状态；过了这个交点，电路综合阻抗呈容性。如果电感伏安特性曲线与电容伏安特性直线互相没有交点，则不可能发生铁磁谐振过电压。当电容C很小，容抗很大时，电容元件的伏安特性直线很陡，与电感元件的伏安特性曲线没有相交，不会出现铁磁谐振。如果电容很大，容抗很小，则电容伏安特性直线很低，与电感伏安特性曲线的交点被推向很远的右端（见图16-10），则铁磁谐振过电压不容易出现，即使发生，也由于电路中需要流过很大的电流，电源容量难以维持而迅速终止。因此，为了避免发生铁磁谐振过电压，希望采取措施减少电容，或者增加电容。改变电容数值实际上很难实施，为此，也可以考虑增大电感。

下面用作图方法来说明发生铁磁谐振时电路中电流、电压的变化过程。

如图16-10所示，电容C、电阻R、铁磁电感L组成串联电路，图16-10（b）中曲线A代表铁磁电感线圈的伏安特性曲线，随着励磁电流的增大，曲线迅速饱和，感抗$X_L=U_L/I$逐渐减小，是变量。而电容C和电阻R的伏安特性均为直线，分别用直线B和C表示，这说明容抗和电阻数值都不随电流变化，都是恒定值。串联电路两端的电源电压$\dot{U}$等于电容C、电阻R和电感L上三部分电压的相量和。为了画出整个串联电路总的$U=f(I)$伏安特性曲线，首先找出特征点：曲线A与直线B的交点E，对应于这一点的横坐标为电流I_3。在电路中电流为I_3时，电感上的电压U_{L3}与电容上的电压U_{C3}绝对值相等，但相位互差180°，相量相加时互相抵消，因此这时的电源电压与电阻上的电压U_{R3}相等。所以，当电路中的电流为I_3，电源电压对应于图16-10（b）中直线C上的点3。在图16-10（b）中，折线0—1—2—3—4—D代表电源电压U与电路中电流I的关系曲线，下面用这些曲线来分析铁磁谐振过电压发生的原因和特点。

当电源电压$U=U_1$时，回路电流$I=I_1$；当电源电压逐渐升高到U_2时，回路电流增大

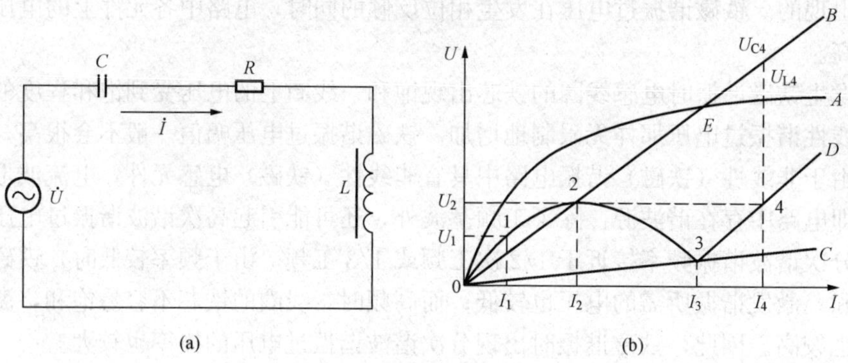

图 16-10 *RLC* 串联电路铁磁谐振原理图

(a) 原理接线；(b) 伏安特性

到 I_2，即图 16-10（b）中曲线 *D* 上的点 2。当电源电压继续升高时，遇到曲线上的凹段 2—3—4，于是电流从 I_2 跳跃到 I_4，电流突然剧烈增大。在电流增大的同时，各元件上的电压也随之增大，其中电容上的电压 U_C 增大最为明显。原来电容上的电压 U_C 比电感上的电压 U_L 数值小，而现在 $U_{C4}>U_{L4}$。电路中的电流原来呈感性，落后电源电压某一角度，而现在突然翻转为容性，电流超前电压某一角度。发生这一现象的原因是电感 *L* 的铁芯出现饱和，感抗下降，而容抗不变。因此原来感抗大于容抗，而现在容抗大于感抗。这就是所谓相位反倾，是铁磁谐振的一个重要特点。

从图 16-10 的分析可知，发生铁磁谐振的一个重要条件，就是电感和电容的伏安特性曲线必须有交叉点。如果电容特别小，则容抗特别大，电容上电压、电流伏安特性直线特别陡，从一开始就位于电感伏安特性曲线上面，这样它们之间不会出现相交，也就是说，从一开始电路就呈容性，而不是感性，那样，也就不会出现相位反倾。

在供配电系统中，线性和非线性谐振过电压发生较多。例如，在中性点非直接接地系统中发生较多的分频谐振过电压就是非线性（铁磁）谐振过电压；又如，通过变压器高、低压线圈发生的传递过电压则通常是线性谐振过电压。至于一相断线过电压一般属于非线性谐振过电压。

三、参数谐振

当同步发电机接有容性负荷（如空载线路）时，由于容性电流的助磁作用，如果参数配合不当，即使励磁电流很小，甚至为零（零起升压），也会使发电机的端电压和电流急剧上升，最终产生很高的过电压，使与其他电机的并联运行成为不可能，这种现象称作电机的自励磁，所产生的自励磁过电压称自励过电压。电机的自励磁现象就其物理本质来说是由于电机旋转时电感参数发生周期性变化，与电容形成参数谐振而引起的。

下面分析产生参数谐振的基本过程。

图 16-11 给出电机接有容性负载的参数谐振电路的等值电路图以及电感参数的变化曲线。在正常运行时，水轮发电机（凸极机）的同步电抗在 $X_d=\omega L_d$ 和 $X_q=\omega L_q$ 之间周期性变化（$X_d>X_q$），且在每一个周期 *T* 内电感值在 L_d 和 L_q 之间变化两个周期。当电机处于异步运行时，无论是水轮发电机还是汽轮发电机（隐极机），其电抗将在一周期内在暂态电抗 X'_d 和 X_q 之间变化两个周期（$X_q>X'_d$）。为了简化，假设电感变化曲线如图 16-11（b）

所示。

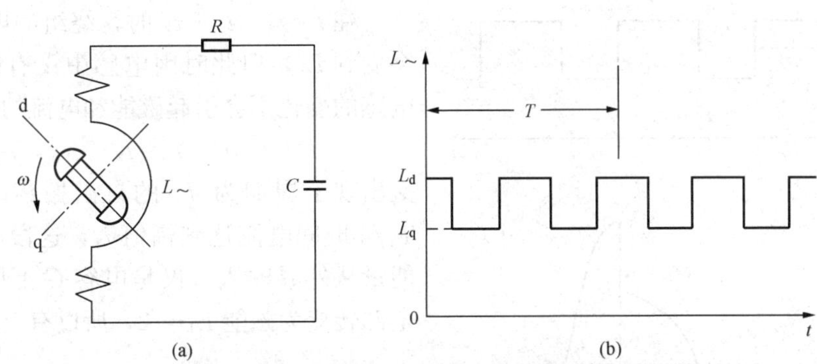

图 16 - 11　参数谐振电路及电感参数的变化曲线
(a) 等值电路图；(b) 电感变化曲线

为了定性分析参数谐振的发展过程，对电感参数的变化规律作一些理想化的假定：

(1) 电感参数的变化是突变的，如图 16 - 12 所示，且有 $L_1=kL_2$，其中 $k>1$。因此当电感为 L_1 和 L_2 时，回路的自振周期分别为

$$T_2 = 2\pi\sqrt{L_2C}$$

$$T_1 = 2\pi\sqrt{L_1C} = \sqrt{k}T_2 > T_2$$

(2) 电感变化的时间间隔 τ_1、τ_2 恰好分别为其自振周期的 1/4，即

$$\tau_1 = \frac{1}{4}T_1$$

$$\tau_2 = \frac{1}{4}T_2$$

(3) 略去回路损耗。

下面按自励发展过程分阶段说明（参看图 16 - 12）。

1) $t<t_1$。设在 $t<t_1$ 时电机绕组中流过电流 i_1，该电流可以是在无励磁的情况下由剩磁产生的。在 $t=t_1$ 时，电感参数由 L_1 突变到 L_2。由于电感线圈中磁链 Ψ 不能突变，绕组中的电流将从 i_1 突变到 i_2，即

$$\Psi = L_1i_1 = L_2i_2$$

$$i_2 = \frac{L_1}{L_2}i_1 = ki_1$$

此时电感中的储能从 W_1 突变到 W_2

$$W_1 = \frac{1}{2}L_1i_1^2$$

$$W_2 = \frac{1}{2}L_2i_2^2 = kW_1$$

可见，电感从 L_1 突变到 L_2 时，线圈中的电流和磁能都增加为原来的 k 倍。能量的增加系来自使参数发生变化的机械能。

2) $t_1<t\leqslant t_2$，$t_2=t_1+\tau_2$。当 $t>t_1$ 以后，由于外界无电源，也没有机械能输入（电感等于常数 L_2 没有改变），回路中出现以周期为 T_2 的自由振荡，电流按余弦规律变化，经过 $\tau_2=T_2/4$ 时间以后从 i_2 降为零。这时电感中的全部磁能 kW_1 转化成电容 C 的电能 $Cu^2/2$，

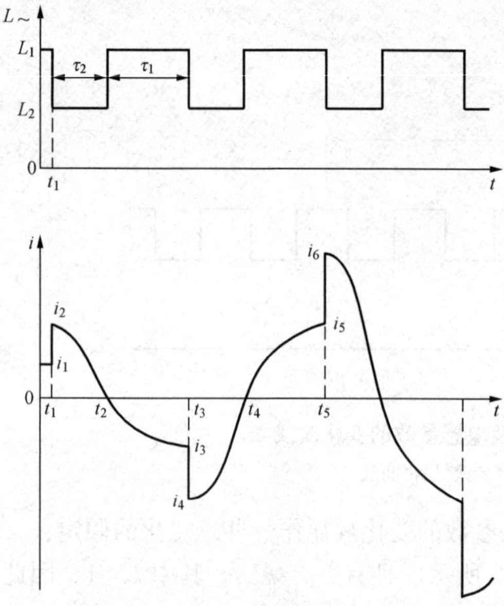

图 16-12 参数谐振的发展过程

在电容上出现了电压。

在 $t=t_2=t_1+\tau_2$ 时，绕组的电感又从 L_2 突变到 L_1，但此时因电感中没有磁能，所以电感的变化不会引起磁能和电流的变化。

3）$t_2<t\leqslant t_3$，$t_3=t_2+\tau_1$。$t>t_2$，回路中又出现了周期为 T_1 的自由振荡，经过 $\tau_1=T_1/4$ 时间电流达到幅值 i_3，这段时间内没有能量从外界输入，仅是电容 C 上的电能 kW_1 全部转变为磁能 $L_1i_3^2/2$，所以有

$$\frac{1}{2}L_1i_3^2=kW_1=\frac{1}{2}kL_1i_1^2$$

$$i_3=\sqrt{k}i_1$$

在 $t=t_3$ 时，电感参数再一次由 L_1 突变为 L_2，根据磁链不变原则，电流又将发生突变

$$L_1i_3=L_2i_4$$

$$i_4=ki_3=k^{\frac{3}{2}}i_1$$

对应的磁场能量为

$$W_4=\frac{1}{2}L_2i_4^2=\frac{1}{2}L_1k^2i_1^2=k^2W_1$$

如此循环，每经过 $\tau_1+\tau_2$ 的时间，电流 i 增加$\sqrt{k}$倍，如图 16-12 中 $i_5=\sqrt{k}i_3=ki_1$、$i_6=\sqrt{k}i_4=k^2i_1\cdots$。经过电磁振荡，不断把机械能转化为电磁能，电感电流和电容电压越来越大，这就是参数谐振的发展过程。

以上分析表明，铁磁元件电感参数的变化是在交变磁通或电流作用下，由于元件本身的非线性特性所决定的，其变化能量来自交变电源；而旋转电机参数的突变所需的能量则是由电机在转动时通过原动机提供的，如水轮机或汽轮机，不需要其他的电源电压。

应当指出，以上分析是在理想条件下进行的，即认为电感参数会发生突变。一般可以认为电机在等速旋转时其电抗不会发生突变，而是按正弦规律变化，但参数谐振的发展过程和以上的讨论是一致的。

下面分析产生参数谐振应满足的条件。

电机的电感参数变化的频率是电源频率的两倍。所以参数谐振的频率即电源的频率——基频。通常把电机在同步运行时引起的参数谐振称为同步自励，在异步运行时产生的自励现象称为异步自励。对于凸极机，产生同步自励参数谐振时，回路的自振频率应满足以下条件

$$\frac{1}{\sqrt{L_{\mathrm{d}}C}}<\omega<\frac{1}{\sqrt{L_{\mathrm{q}}C}}$$

即

$$\omega L_{\mathrm{d}}>\frac{1}{\omega C}>\omega L_{\mathrm{q}}$$

或

$$X_{\mathrm{d}}>X_C>X_{\mathrm{q}}$$

显然，隐极机是不可能产生同步自励的，因为 $X_d = X_q$。对于异步自励，则回路参数应满足

$$X_d > X_C > X'_d$$

理论分析得到电机的同步和异步自励的参数范围曲线，如图 16-13 所示。在此曲线范围以内的 X_C 及 R 参数配合下，将会产生自励现象。半圆曲线Ⅰ的范围为自励的同步区，范围Ⅱ为异步区，其中虚线和实线分别表示电机有阻尼和无阻尼绕组时的自励区域。实际电力系统中，若发电机带有较长的空载线路，则 X_C 较小，而一般系统的损耗亦较小，因此回路可能处于自励范围之内。

为了消除自励现象，可以采取的措施主要有：①临时在电机定子绕组中串入大电阻以增大回路的阻尼电阻，使之大于 R_1 和 R_2 值（见图 16-13）；②超高压系统中常采用并联电抗器补偿，这相当于增加了 X_C 值，使回路参数处于自励范围之外；③采用快速自动调节励磁装置，通常可消除同步自励；④在操作方式的安排上尽可能使回路参数处于自励范围之外；等等。

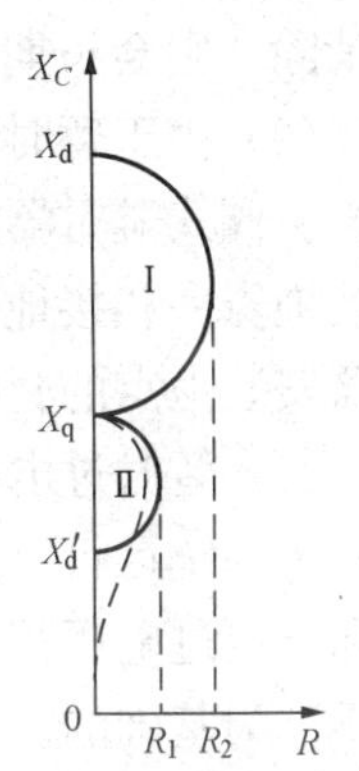

图 16-13　同步发电机的自励范围

由上可知，参数谐振的特性为以下几方面。

（1）谐振所需的能量是由改变电感参数的原动机供给的，不需要单独的电源。但起始时，回路要有某些起始扰动，如电机转子剩磁切割绕组而产生不大的感应电压或回路中的电子热运动电流等，参数配合不当就可能产生谐振。

（2）每次参数变化所引入的能量应足够大，即要求电感量的变化幅度（$L_1 \sim L_2$）足够大，以便不仅可补偿谐振回路中电阻的能量损耗，并使储能越积越大，才能保证谐振发展，因此对应一定的回路电阻有一定的自励范围。

（3）谐振后，回路中的电流、电压在理论上可趋于无穷大。当然，实际中随着电流的增大，电感线圈达到磁饱和，电感迅速减小，回路自动偏离谐振条件，限制了谐振的发展，使自励过电压不能继续增大。

（4）当参数变化频率与振荡频率之比等于 2 时，谐振最易发生。

第六节　暂时过电压保护

电力系统中电气设备在运行中除了受到正常工频电压作用外，还可能受到幅值大大超过标称电压值的过电压作用。这些过电压对电气设备的危害程度不仅与过电压的幅值密切有关，而且与过电压的波形和持续时间长短有关。为了预防过电压对电气设备造成击穿损坏，所采取的保护措施是否有效也与过电压的波形和持续时间密切有关。因此，在国家有关标准中是以电压的波形和持续时间来划分过电压种类的。在 GB 311.1—1997《高压输变电设备的绝缘配合》中对设备在运行中可能受到的作用电压，按照作用电压的幅值、波形及持续时间，分为：

（1）持续工频电压（其值不超过设备最高电压，持续时间等于设备设计的运行寿命）；

（2）暂时过电压（包括工频电压升高、谐振过电压）；

（3）缓波前（操作）过电压；

（4）快波前（雷电）过电压；

（5）陡波前过电压；

（6）联合过电压。

根据暂时过电压的发生起因、幅值、波形和持续时间可以归纳出以下特点。

（1）暂时过电压是指其频率为工频或某谐波频率，且在其持续时间范围内无衰减或衰减慢的过电压。

（2）暂时过电压包括工频过电压和谐振过电压，其起因主要是接地故障、负荷突变和发生谐振，其能量由电源供给。有些暂时过电压，例如工频过电压，如果引起过电压的原因没有消除，则会长期存在。

（3）由于暂时过电压作用时间长，因此不能利用阀式避雷器或保护间隙对电气设备进行保护。阀式避雷器或保护间隙应能承受安装地点的暂时过电压持续作用而不会动作（一般以安装地点一相接地后正常相的工频过电压来计算），因此，阀式避雷器的额定电压不低于避雷器安装地点的暂时过电压。

（4）暂时过电压的幅值大小与系统运行方式、系统结构、参数有关，因此可以通过采取适宜的系统运行方式、系统结构和参数来限制暂时过电压。限制暂时过电压对限制操作过电压和雷电过电压都有连带作用。因为操作过电压的电压升高是以暂时过电压（特别是工频过电压）为基础的。而雷电过电压的保护装置阀式避雷器的残压高低也受系统暂时过电压的数值制约。

（5）电气设备耐受暂时过电压的能力可以用短时工频耐压试验来考核。对于系统最高电压高于252kV的电气设备，由于电压太高，进行短时工频耐压试验实施起来有困难。对于系统最高电压不大于252kV的电气设备，其暂时过电压下的相对地和相间绝缘性能用短时工频耐压试验来校验。短时工频耐压试验合格的设备在系统工频过电压时具有足够的承受能力。但是在谐振过电压时就未必能承受住，这是因为谐振过电压的幅值变数很大，有时会大大超过设备绝缘的承受能力，使设备击穿损坏。因此，必须特别注意防止发生谐振过电压。

在3～220kV电压范围内的设备绝缘水平主要由雷电过电压决定，但有时也要估计操作过电压的影响；在确定330～500kV电压范围内的设备绝缘时，操作过电压的影响较为突出。

但是，选择避雷器的额定电压时与暂时过电压有关，因此避雷器的防雷保护水平与暂时过电压的高低直接有关。而且，操作过电压的幅值大小常常受暂时过电压幅值大小的影响。因此，为了限制雷电过电压和操作过电压，以降低设备的绝缘水平，就必须对暂时过电压进行限制。例如，制订电气设备的短时工频耐压（1min工频耐压）试验标准时就是考虑电气设备在长期运行中必须能承受持续作用的工频运行电压和较为常见的暂时过电压。这里所说的暂时过电压主要是指工频过电压。

在三相电力系统中，为了限制工频过电压，必须考虑采取适当的中性点接地方式。DL/T 620—1997《交流电气装置的过电压保护和绝缘配合》对电力系统的中性点接地方式规定如下：

（1）110～500kV系统应该采用有效接地方式，即系统在各种条件下应该使零序与正序电抗之比（X_0/X_1）为正值并且不大于3。而其零序电阻与正序电抗之比（R_0/X_1）为正值并且不大于1。

110kV及220kV系统中变压器中性点直接或经低阻抗接地，部分变压器中性点也可不接地。

330kV及500kV系统中不允许变压器中性点不接地运行。

（2）3～10kV不直接连接发电机的系统和35、66kV系统，当单相接地故障电容电流不超过下列数值时，应采用不接地方式；当超过下列数值又需在接地故障条件下运行时，应采用消弧线圈接地方式。

1）3～10kV钢筋混凝土或金属杆塔的架空线路构成的系统和所有35、66kV系统，10A。

2）3～10kV非钢筋混凝土或非金属杆塔的架空线路构成的系统，当电压为①3kV和6kV时，30A；②10kV时，20A。

3）3～10kV电缆线路构成的系统，30A。

（3）3～20kV具有发电机的系统，发电机内部发生单相接地故障不要求瞬时切机时，如单相接地故障电容电流不大于表16-2所示允许值时，应采用不接地方式；大于该允许值时，应采用消弧线圈接地方式，且故障点残余电流也不得大于该允许值。消弧线圈可装在厂用变压器中性点上，也可装在发电机中性点上。

表16-2　发电机接地故障电流允许值

发电机额定电压（kV）	发电机额定容量（MW）	电流允许值（A）	发电机额定电压（kV）	发电机额定容量（MW）	电流允许值（A）
6.3	≤50	4	13.8～15.75	125～200	2
10.5	50～100	3	18～20	≥300	1

注　对额定电压为13.8～15.75kV的氢冷发电机为2.5A。

发电机内部发生单相接地故障要求瞬时切机时，宜采用高电阻接地方式。电阻器一般接在发电机中性点变压器的二次绕组上。

（4）6～35kV主要由电缆线路构成的送、配电系统，单相接地故障电容电流较大时，可采用低电阻接地方式。但应考虑供电可靠性要求、故障时瞬态电压、瞬态电流对电气设备的影响、对通信的影响和继电保护技术要求以及本地的运行经验等。

（5）6kV和10kV配电系统以及发电厂厂用电系统，单相接地故障电容电流较小时，为防止谐振、间歇性电弧接地过电压等对设备的损害，可采用高电阻接地方式。

（6）消弧线圈的应用。

1）消弧线圈接地系统，在正常运行情况下，中性点的长时间电压位移不应超过系统标称相电压的15%。

2）消弧线圈接地系统故障点的残余电流不宜超过10A，必要时可将系统分区运行，消弧线圈宜采用过补偿运行方式。

3）消弧线圈的容量应根据系统5～10年的发展规划确定，并按下式计算

$$W = 1.35 I_C \frac{U_n}{\sqrt{3}} \tag{16-16}$$

式中　W——消弧线圈的容量，kVA；

I_C——接地电容电流，A；

U_n——系统标称电压，kV。

4）系统中消弧线圈装设地点应符合的要求：

a）应保证系统在任何运行方式下，断开一、二回线路时，大部分不致失去补偿。

b）不宜将多台消弧线圈集中安装在系统中的一处。

c）消弧线圈宜接于 YNd 或 YNynd 接线的变压器中性点上，也可接在 ZNyn 接线的变压器中性点上。接于 YNd 接线的双绕组或 YNynd 接线的三绕组变压器中性点上的消弧线圈容量，不应超过变压器三相总容量的 50%，并不得大于三绕组变压器的任一绕组的容量。如需将消弧线圈接于 YNyn 接线的变压器中性点，消弧线圈的容量不应超过变压器三相总容量的 20%，但不应将消弧线圈接于零序磁通经铁芯闭路的 YNyn 接线的变压器，如三台单相变压器组成的变压器组。

d）如变压器无中性点或中性点未引出，应装设专用接地变压器，其容量应与消弧线圈的容量相匹配。

3～10kV 系统大多采取中性点不接地的运行方式，X_0 由导线的对地电容决定，因此 X_0 是容性的，X_0/X_1 将处于负值范围内，如果 X_0/X_1 落在 −20～−1 的范围内，则当发生单相接地时，非故障相电压会升到极高的数值，甚至发生谐振，这是非常危险的。在通常情况下，一般均有 $|X_0/X_1| \geqslant |-20|$，所以不会出现这一类的情况。

但是，在电网中有时为了某种目的人为地在导线对地之间接入电容。例如旋转电机的防雷保护在避雷器旁就并有电容。这样的电容接多了，容性零序电抗 X_0 的绝对值大大下降，必须注意防止 X_0/X_1 的绝对值下降到使工频过电压出现危险的程度。又如目前高压电容器一般都采用星形接线，其中性点在运行中是不可接地的，如果接地，必将对工频过电压产生严重的不利影响。

目前，在城市的供配电系统中广泛采用电力电缆代替架空线路，这就增加了对地电容。有的城市为此在 10kV 配电系统安装了消弧线圈。由于消弧线圈处于过补偿状态，X_0/X_1 处于正值，这就使工频过电压有所降低，从 1.1 倍线电压降低至线电压以下（一般约为 0.9～1.0 线电压）。

也有的城市 10kV 系统中性点采用小电阻接地，这样，不仅零序电抗从容性变为感性，而且在选择氧化锌避雷器时，考虑到中性点经小电阻接地后能在 10s 内切除故障，选择氧化锌避雷器的额定电压时，切除单相接地故障时间系数从 1.3 下降到 1.0，从而可以大大降低残压，有利于防雷要求。

在 110～220kV 系统中，由于只是一部分变压器的中性点直接或经低阻抗接地，有部分变压器也可不接地，因此应避免在 110kV 及 220kV 有效接地系统中偶然形成局部不接地系统，其目的是为了避免产生较高的工频过电压。规程规定对有可能形成这种局部系统、低压侧有电源的 110kV 及 220kV 变压器不接地的中性点应装设间隙。此间隙在系统以有效接地方式运行并发生接地故障时应不动作；而当发生接地故障且又形成局部不接地系统时该间隙应动作。另外，对于变压器为分级绝缘时，此间隙也可兼作防雷电过电压之用。

中性点为分级绝缘的 220kV 变压器，如果中性点不接地，在变压器空载合闸时，若遇断路器三相同期性能不良，则变压器的中性点会出现过电压。为防止变压器因过电压而损坏，宜用间隙保护。此间隙距离可采用 250～350mm，随 X_0/X_1 值的大小而定。

在电力系统中，由于断路器操作、故障及其他原因，使系统参数发生变化，引起系统内部电磁能量的振荡转化或传递所造成的电压升高，称为电力系统内部过电压。

内部过电压分为两大类，即操作过电压和暂时过电压。因操作或故障引起的瞬间（以毫秒计）电压升高，称为操作过电压；在瞬间过程完毕后出现的稳态性质的工频电压升高或谐振现象，称为暂时过电压。

暂时过电压包括工频过电压（工频电压升高）和谐振过电压。

谐振过电压分为线性谐振、非线性谐振（铁磁谐振）和参数谐振过电压三种。

空载线路工频电压升高的根本原因在于线路中电容性电流在感抗上的压降使得电容上的电压高于电源电压。通常采用并联电抗器来限制工频过电压。并联电抗器视需要可以装设在线路的末端、首端或中部。

不对称短路是输电线路最常见的故障形式，短路电流的零序分量会使健全相出现工频电压升高，常称为不对称效应。以不对称效应系数或接地系数表示由此产生的工频电压升高的程度。系统中不对称短路故障，以单相接地故障最为常见，且引起的工频电压升高也最严重。系统工频电压升高是决定阀型避雷器灭弧电压的依据。

当输电线路重负荷运行时，由于某种原因（例如发生短路故障）线路末端断路器突然跳闸甩掉负荷，也是造成工频电压升高的另一重要原因，通常称为甩负荷效应。

线性谐振过电压，是指由恒定电感、电容和电阻组成的电路，在正弦电源作用下，当电路自振频率与电源频率相等或接近时，产生谐振，在电感、电容等各元件上引起的过电压。电路中电感参数为常数，电感值不随元件上的电压或电流的变化而变化。这类电感元件主要有不带铁芯的电感元件（如输电线路的电感、变压器的漏电感）及励磁特性接近线性的带铁芯的电感元件（如消弧线圈，其铁芯常带有空气隙）。在交流电源的作用下，当系统回路的自振频率等于或接近电源频率时，可能产生强烈的线性谐振现象。

由铁磁电感 L 与电容 C、电阻 R 组成的电路，称为非线性电路，这种电路发生谐振过电压称为非线性（铁磁）谐振过电压。

电路中的电感元件因带有铁芯会产生饱和现象，电感参数不再是常数，而是随着电流或磁通的变化而变化。这种含有非线性电感元件的电路，在满足一定条件时，会产生铁磁谐振。与线性谐振比较，铁磁谐振现象具有很多特点。铁磁谐振现象常发生在由空载变压器、电压互感器（正常工作时接近空载）和电容组成的回路中。

由于电机旋转时电感参数发生周期性变化，与电容形成参数谐振而引起的。

系统中某些元件的电感参数在外力的影响下发生周期性变化，例如电机旋转时，电感参数的大小周期性地变化。当电机接有电容性负荷（如空载线路），参数配合不当时，就可能产生参数谐振现象。参数谐振过电压亦被称作旋转电机的自励磁或自励过电压。

思考题与习题

1. 什么是内部过电压？什么是操作过电压？什么是暂时过电压？
2. 什么是谐振过电压？谐振过电压分为哪几种？
3. 什么是空载长线路的电容效应？可以采用哪些措施来削弱这种电容效应？
4. 铁磁谐振有哪些特点？
5. 参数谐振有哪些特点？
6. 暂时过电压有哪些特点？

第十七章 操 作 过 电 压

教学要求

掌握操作过电压的相关概念，理解各种操作过电压产生的原因和机理，熟悉各种操作过电压的预防和限制措施。

前面已经介绍，暂时过电压是一种低频暂态过电压，主要有工频过电压和谐振过电压。而操作过电压则是瞬态过电压，在 GB 311.1—1997《高压输变电设备的绝缘配合》中其电压波形规定为波头时间 $20\mu s < T_1 < 5000\mu s$，波长时间 $T_2 < 20ms$ 的冲击电压。这种波形的冲击过电压称为缓波前（慢波前）冲击过电压。操作过电压与雷电过电压都属于瞬态冲击过电压，其区别是操作过电压是缓波前冲击波，而雷电过电压是快波前冲击波。雷电过电压的波头时间一般 $T_1 < 20\mu s$。

操作过电压是在系统中由于操作或事故，引起电流、电压的突然变化，从而引起电感、电容元件上的磁场、电场能量重新分配，在从暂态往稳态过渡的过程中引起电磁场振荡而产生的过电压。容易发生操作过电压的操作项目有：①切、合空载线路；②切空载变压器；③空载线路跳闸后自动重合闸；④中性点不接地系统发生单相通过不稳定电弧接地时，在健全相和故障相都有可能引起过电压，这种过电压称为电弧接地过电压。电弧接地过电压发展的物理过程，主要与各相对地电容上电场能量重新分配的暂态过程引起的振荡有关，因此也属于操作过电压的范畴。

第一节 空载线路分闸过电压

切除空载线路是电网中常见操作之一，这时引起的操作过电压幅值大、持续时间也较长，所以是按操作过电压选择绝缘水平的重要因素之一。在实际电网中，经常可以遇到切除空载线路过电压引起阀式避雷器爆炸、断路器损坏、套管或线路绝缘闪络等情况。在没有进一步探究这种过电压的发展机理之前，许多人对于能够切断巨大短路电流的断路器反而不能无重燃地切断一条空载的输电线路感到难以理解。

切除空载线路，断路器切除的是较小的电容电流，通常为几十安至几百安，与短路电流相比小得多。然而在分闸初期，由于断路器（特别是油断路器和真空断路器）触头间恢复电压上升速度可能超过介质恢复强度的上升速度，造成电弧重燃现象，从而引起电磁振荡，出现过电压。它不仅威胁电气设备的安全，也给断路器本身最终完成切除空载线路的动作造成困难。运行经验表明，断路器灭弧能力越差，重燃几率越大，过电压幅值越高。因此，对于高压断路器而言，不仅要求具备足够的断流容量，而且要求通过实际的切除空载线路试验。

大量的统计数据表明，切空载线路不仅会引起高幅值的过电压，而且线路侧过电压的持续时间特别长，可达到0.5～1个周期以上。我国的运行经验指出，在35～220kV电网内，虽然绝缘水平选得很高，都曾经由于切除空载线路而发生过闪络和击穿。20世纪70年代以来，随着高压电器制造水平的提高，以及并联电阻的采用，断路器在切除小电流时，基本上达到不重燃。因此，在超高压系统中，切除空载线路过电压已经受到有效的限制。

一、发展过程

采用分布参数等值电路和行波理论来分析这种过电压的发展机理。

设被切除的空载线路长度为 l，波阻抗为 Z，电源容量足够大，工作相电压 u 的幅值为 U_{ph}。

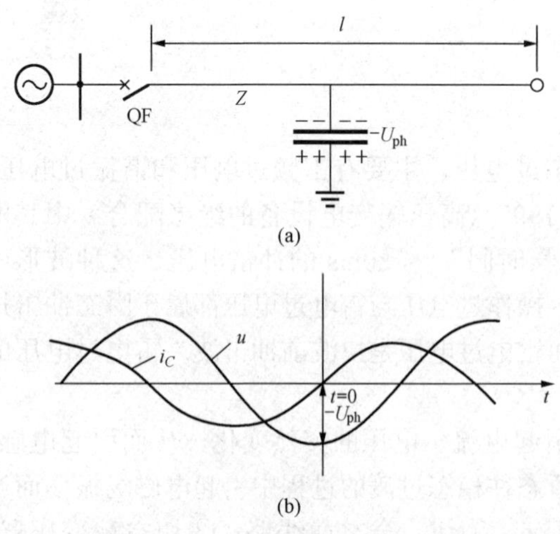

图17-1　空载线上的电压与电流
(a) 电路图；(b) 波形图

如图17-1所示，当断路器QF闭合时，流过的电流将是空载线路的充电（电容）电流 i_C，它比电压 u 超前90°，如图17-1(b)所示。当断路器在任何瞬间拉闸时，其触头间的电弧总是要到电流过零点附近才能熄灭，这时电源电压正好处于幅值 U_{ph} 的附近。触头间的电弧熄灭后，线路对地电容上将保留一定的剩余电荷，如忽略泄漏，导线对地电压将保持为电源电压的幅值。

设第一次熄弧（取这一瞬间为时间起算点 $t=0$）发生在 $u=-U_{ph}$ 的瞬间，因而熄弧后全线对地电压将保持"$-U_{ph}$"值，如图17-2(a)所示，此时全线均无电流（$i=0$）。

当 $t=\dfrac{T}{2}$（T 为正弦电源电压的周期）时，电源电压已变为 $+U_{ph}$，因而作用在触头间电位差将达到 $2U_{ph}$。虽然触头间隙的电气强度在这段时间内已有所恢复，但仍有可能在这一电位差下被击穿而出现电弧重燃现象，这样，线路又与电源连接起来，其对地电压将由"$-U_{ph}$"变成此时的电源电压"$+U_{ph}$"，这相当于一个幅值为 $+2U_{ph}$ 的电压波和相应的电流波 $i\left(i=\dfrac{2U_{ph}}{Z}\right)$ 从线路首端向末端传播，所到之处电压将变为 $+U_{ph}$，电流将由零变为 $\dfrac{2U_{ph}}{Z}$，如图17-2(b)所示。

当上述幅值为 $+2U_{ph}$ 的电压波传到线路的开路末端时$\left(\text{此时 } t=\dfrac{T}{2}+\tau,\ \tau=\dfrac{l}{v}\right)$，将发生全反射而造成 $+3U_{ph}$ 的对地电压［$+4U_{ph}+(-U_{ph})=+3U_{ph}$ 或 $+U_{ph}+2U_{ph}=+3U_{ph}$］；与此相反，电流波将发生负的全反射，所以反射波所到之处，合成电流 $i=0$，如图17-2(c)所示。当这个反射波达到线路首端时$\left(t=\dfrac{T}{2}+2\tau\right)$，触头间的电流将反向（见图17-3），因而必然有一过零点，电弧再次熄灭。

熄弧后，线路再次与电源分离而保持 $+3U_{ph}$ 的对地电压，而电源电压仍然按正弦规律变化，当 $t=T$ 时，电源电压 u 又由"$+U_{ph}$"变为"$-U_{ph}$"，作用在触头间的电位差增大为

$4U_{ph}$。如这时触头间的距离还分得不够大，或触头间隙的电气强度还没有很好地恢复，就有可能再次被这一电位差所击穿，电弧再一次重燃。这时线路的对地电压将由$+3U_{ph}$转变为此时的电源电压“$-U_{ph}$”，这相当于一个幅值等于“$-4U_{ph}$”的电压波由线路首端向末端传播，相应的电流$i=-\frac{4U_{ph}}{Z}$，如图 17 - 2（d）所示。当这个电压波和电流波到达开路末端时（$t=T+\tau$），又将发生全反射，线路上的合成电压将等于$-8U_{ph}+3U_{ph}=-5U_{ph}$［或$-U_{ph}+(-4U_{ph})=-5U_{ph}$］，如图 17 - 2（e）所示。

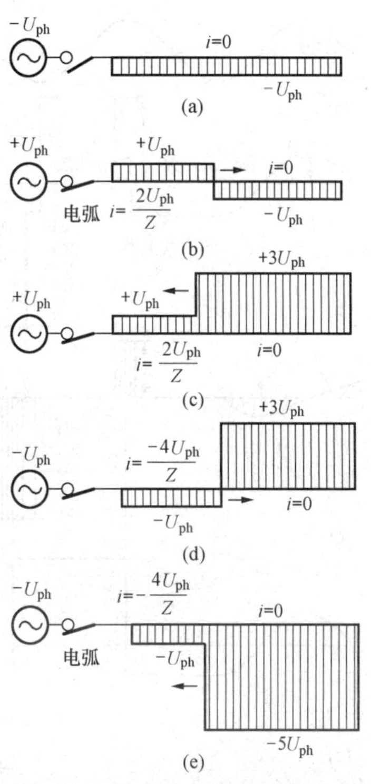

图 17 - 2 切除空载线路时电压沿线分布图

以此类推，线路上的过电压将不断增大（$-U_{ph}\rightarrow+3U_{ph}\rightarrow-5U_{ph}\rightarrow+7U_{ph}\rightarrow\cdots$），不过实际上，现代断路器的触头分离速度很快，灭弧能力很强，在绝大多数情况下，只可能发生 1～2 次重燃。国内外大量实测数据表明：这种过电压的最大值超过$3U_{ph}$的概率很小（小于 5%）。

在上述过程中，电源电压、线路首端和末端电压及流过断路器的电流波形变化如图 17 - 4 所示。

二、影响因素和限制措施

1. 影响因素

上述分析是理想化的，为的是说明形成过电压的基本过程，实际上过电压的形成是受一系列复杂因素影响的。

（1）断路器触头间电弧重燃有明显的选择性。开断时不一定每次都发生重燃，即使重燃也不一定在电源电压为最大值，并与线路残留电压（C上的电压）极性相反时发生。若重燃提前发生，振荡振幅及相应的过电压随之降低。若重燃发生在熄弧后 1/4 工频周期内（称为复燃），则不会引起过电压。正因为如此，油断路器触头间的介质抗电强度在断弧后恢复很慢，可能发生多次重燃，但不一定会产生严重的过电压。另外，分断速度对介质强度的恢复速度也有影响，提高分断速度显然有利于降低过电压。

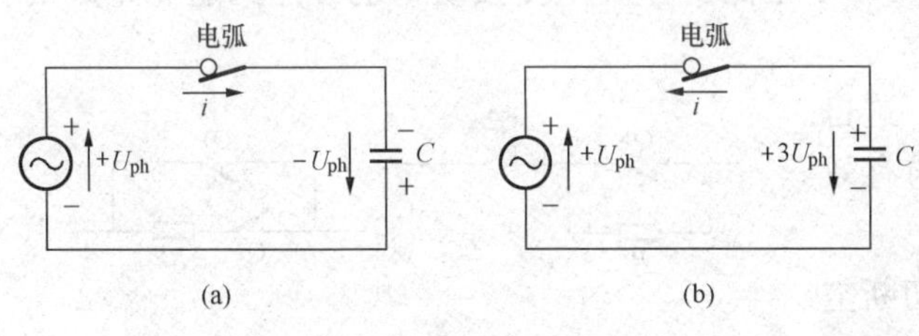

图 17 - 3 电流的反向

（a）电流的方向由电源流向线路；（b）电流的方向由线路流向电源

（2）熄弧也有明显的随机性。若重燃后不是在高频电流第一次过零时熄灭，而是在高频电流第二次、第三次过零时才熄弧。则线路上残留电压大大降低，相应地断路器触头间的恢复电压及再次重燃所引起的过电压都将大大降低。

（3）其他出线负荷的影响。当母线上有其他出线时，带有有功负荷，则能对电磁振荡起阻尼作用，可进一步降低过电压。

（4）电力系统中性点运行方式对切除空载线路亦有较大影响。中性点直接接地的系统，三相基本上各自成独立回路，切除空载线路过程可近似按单相电路处理。而中性点不接地系统或经消弧线圈接地的系统，会形成瞬间的不对称电路，出现中性点位移电压，三相有相互

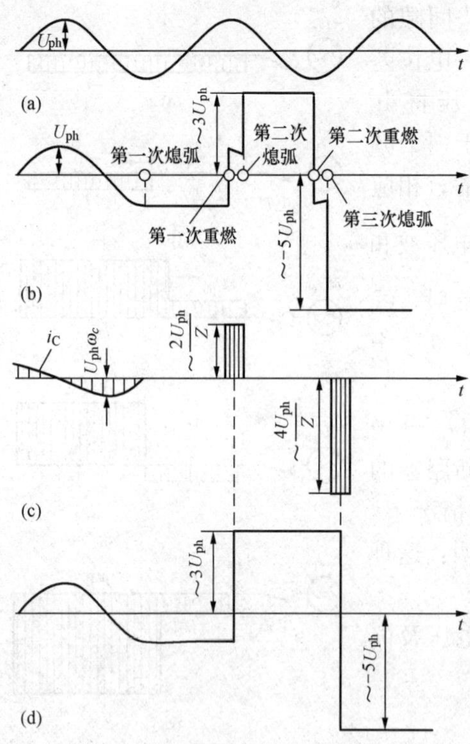

图 17-4　切空线时电压、电流波形

（a）电源电压；（b）线路首端电压；（c）流过断路器的电流；（d）线路末端电压

牵连，在不利条件下，过电压会明显增大。通常，中性点不接地系统过电压要比中性点直接接地的系统增大 20%左右。若考虑中性点不接地系统在带单相接地时开断空载线路，则其重燃后的振荡是在线电压基础上进行的，形成的切除空载线路过电压将接近于中性点直接接地系统的$\sqrt{3}$倍。例如，东北某 35kV 线路单相接地时的最大分闸过电压为 4.3 倍，66kV 一次切除空载线路引起多相避雷器的爆炸。在中性点直接接地的 110、220kV 系统中，我国曾进行了大量切除空载线路试验，实测过电压一般不大于 3 倍，并符合正态分布规律。

（5）其他电磁式设备的影响。在断路器外侧是否接有电磁式电压互感器等设备，它们的存在将使线路上的剩余电荷有了附加的泄放路径，因而，能降低这种过电压。

2. 限制措施

切除空载线路过电压在 220kV 及以下高压线路绝缘水平的选择中有重要的影响，所以设法采取适当措施以消除或降低这种操作过电压是有很大的技术和经济意义的。

限制切空载线路过电压的最根本措施是设法消除断路器的重燃现象。为此目的，可以从两方面入手。

（1）改善断路器结构，提高触头间介质的恢复强度和灭弧能力，避免重燃。我国生产的 SF_6 断路器、压缩空气断路器以及装有压油活塞的少油断路器采用外能方式灭弧，开断小电流时介质强度恢复很快，一般可以实现无重燃，可在源头上抑制过电压的形成。

（2）降低断路器触头间的恢复电压，使之低于介质恢复强度，也可达到避免重燃的目的，具体措施有：

1）断路器触头间并联分闸电阻。这也是降低触头间恢复电压、避免重燃的有效措施。

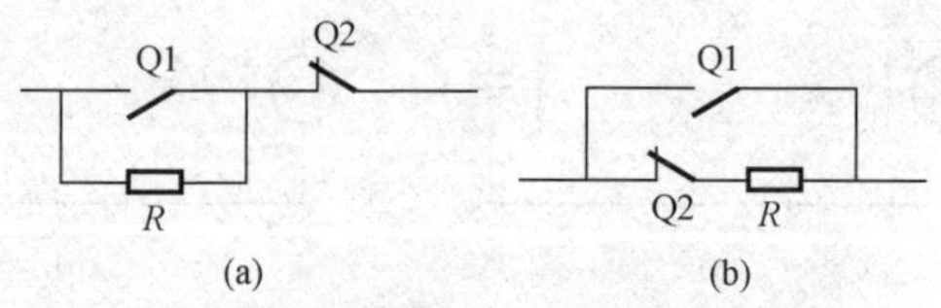

图 17-5　断路器触头间并联分闸电阻的接法

（a）辅助触头与主触头串联；（b）辅助触头与主触头并联

如图 17-5（a）、（b）所示，在切断空载线路时，应先打开主触头 Q1，使并联电阻 R 串联接入电路，然后经过 1.5～2 个周期后再将辅助触头 Q2 打开，完成整个拉闸操作。

分闸电阻 R 的降压作用主要包括：

a）在打开主触头 Q1 后，线路仍通过 R 与电源相连，线路上的残余电荷可通过 R 向电源释放。这时 Q1 上的恢复电压就是 R 上的压降；只要 R 值不太大，触头间就不会发生电弧的重燃。

b）经过一段时间后再打开 Q2 时，恢复电压已较低，电弧一般也不会重燃。即使发生了重燃，由于 R 上有压降，沿线传播的电压波远小于没有 R 时的数值；此外，R 还能对振荡起阻尼作用，因而亦能减小过电压的最大值。实测表明，当装有分闸电阻时，这种过电压的最大值不会超过 $2.28U_{ph}$。

为了兼顾降低两个触头恢复电压的需要，并考虑 R 的热容量，这种分闸电阻应为中值电阻，其阻值一般处于 1000～3000Ω 的范围内。

2）断路器线路侧装电磁式电压互感器。为系统并网需要，若在断路器线路侧装电磁式电压互感器，当断路器断开后，线路上的残余电荷可通过电压互感器绕组泄放，降低断路器两端的恢复电压，避免重燃或减少重燃后的过电压。

3）线路上并联电抗器。当断路器触头间断弧后，并联电抗器与线路电容构成振荡回路，使线路上的残余电压成为交流电压，此时断路器两端的恢复电压呈现拍频波形，幅值上升速度大为下降，断路器产生重燃的可能性较少，出现高幅值过电压的几率也明显下降。

4）采用性能良好的氧化锌避雷器作为切除空载线路过电压的后备保护。安装在线路首端和末端的氧化锌避雷器或磁吹避雷器，亦能有效地限制这种过电压的幅值。

顺此提及，在变电站中采用隔离开关开断空载母线时，有可能会多次重燃过电压，这种过电压自振频率很高，达几百千赫，过电压幅值也很高，陡度很大，有较大的危害性，应充分注意。

5）采用不重燃断路器。如前所述，断路器中电弧的重燃是产生这种过电压的根本原因，如果断路器的触头分离速度很快，断路器的灭弧能力很强，熄弧后触头间隙的电气强度恢复速度大于恢复电压的上升速度，则电弧不再重燃，当然也就不会产生很高的过电压。在 20 世纪 80 年代之前，由于断路器制造技术的限制，往往不能完全排除电弧重燃的可能性，因而这种过电压曾是按操作过电压选择 220kV 及以下线路绝缘水平的控制性因素；但随着现代断路器设计制造水平的提高，已能基本上达到不重燃的要求，从而使这种过电压在绝缘配合中降至次要的地位。

第二节　空载线路合闸过电压

将一条空载线路合闸到电源上去，也是电力系统中一种常见的操作，这时出现的操作过电压称为合空载线路过电压或合闸过电压。空载线路的合闸又分为两种不同的情况，即正常合闸和自动重合闸。重合闸过电压是合闸过电压中最严重的一种。与许多别的操作过电压相比，合闸过电压的倍数其实并不算大，但在现代的超高压和特高压输电系统中，由于采取了种种措施将其他幅值更高的操作过电压一一加以抑制或降低（例如采用不重燃断路器、新的变压器铁芯材料等），而这种过电压却很难找到限制保护措施，因此它在超高压和特高压系统的绝缘配合中，上升为主要矛盾，成为选择超高压和特高压系统绝缘水平的决定性因素。

一、发展过程

在对空载线路合闸操作时，会引起线路过电压。这是因为线路有电感和对地电容，因此，相当于电感电容串联电路。在正常合闸之前，电感中电流为零，电容上电压也为零。因此合闸后的最初瞬间，线路对地电容上的电压不能突变，需要有一个充电过程。这个充电电流流经线路电感，电感中流过的电流也不能突变，因此存在一个过渡过程。在这过渡过程中，产生电流、电压振荡，振荡频率取决于线路的电感、电容参数，这个频率一般比工频高许多倍，因此称为高频振荡。

如忽略回路损耗引起的衰减，则由于振荡而产生的过电压幅值可以用一个较为普遍的公式来计算

$$过电压值 = 稳态值 + (稳态值 - 初始值) \tag{17-1}$$

式中 稳态值——合闸时电源的瞬时电压值，如果合闸瞬间电源电压瞬时值恰好为幅值 U_{ph}，则稳态值就是 U_{ph}；

初始值——合闸之前线路上的原有电压，合闸之前线路上无电压，则初始值为零。

由式（17 - 1）可知，对空载线路合闸引起的过电压最大可能是电源电压幅值的两倍，即 $2U_{ph}$。

以上是正常合闸的情况，空载线路上没有残余电荷，初始电压等于零。如果是自动重合闸的情况，那么条件将更为不利，主要原因在于这时线路上有一定残余电荷和初始电压，重合闸时振荡将更加激烈。

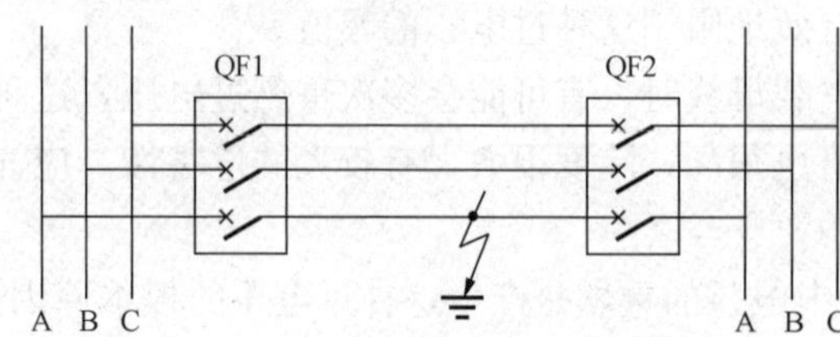

图 17 - 6 中性点直接接地系统中单相接地故障和自动重合闸示意图

例如在图 17 - 6 中，线路的 A 相发生了接地故障。设断路器 QF2 先跳闸，然后断路器 QF1 再跳闸。在 QF2 跳闸后，流过 QF1 健全相的电流为线路的电容电流，所以 QF1 动作后，B、C 两相的触头间的电弧将分别在该相电容电流过零时熄灭，这时 B、C 两相导线上的电压绝对值均为 U_{ph}（极性可能不同）。经过 0.5s 左右，QF1 或 QF2 自动重合，如果 B、C 两相导线上的残余电荷没有泄漏掉，仍然保持原有的对地电压，那么在最不利的情况下，B、C 两相中有一相的电源电压在重合闸瞬间正好经过幅值，而且极性与该相导线上的残余电压（设为“$-U_{ph}$”）相反，那么重合闸后出现的振荡将使该相导线上出现最大的过电压，其值为

$$过电压值 = 2 \times 稳态值 - 初始值 = 2U_{ph} - (-U_{ph}) = 3U_{ph}$$

如果计入电阻及能量损耗的影响，振荡分量也将逐渐衰减。如果采用的是单相自动重合闸，只切除故障相，而健全相不与电源电压相脱离，那么当故障相重合闸时，因该相导线上不存在残余电荷和初始电压，就不会出现上述高幅值重合闸过电压。

由上述可知：在合闸过电压中，以三相重合闸的情况最为严重，其过电压理论幅值可达 $3U_{ph}$。实际上，过电压的幅值会受到许多因素的影响，如系统的参数、运行方式及电网的结构等。此外，如断路器三相动作的不同期，合闸的相位等随机因素，不但影响过电压的幅值，还使其具有统计性。

如果考虑空载线路的电容效应，由于终端的稳态电压最高，故过电压最高，线路首端的合闸过电压最低。

在 110、220kV 的高压电网中，绝缘水平目前定得很高，即取操作过电压水平为 $3U_{ph}$；这种线路一般较短，电容效应并不显著，线路末端电压值略大于 1，正常的合闸过电压比 $2U_{ph}$ 高出不多，即远比绝缘水平低。在最不利的情况下，重合闸过电压虽有可能达到 $3U_{ph}$ 的水平，但其产生的概率很小。因此可以认为，在这些高压线路中合闸过电压是不危险的。随

着断路器性能的改善和切空载线路过电压的显著降低，也由于采用性能较好的氧化锌避雷器或复合式避雷器，将过电压限制在允许范围内。

在采用单相重合闸的情况下，如果线路中不设置并联电抗器，虽然故障相中不存在残余电荷但因有健全相的电容传递作用，故障相在熄弧后仍会产生较低的工频恢复电压，其极性恰与故障相的电源电压极性相反，使得单相重合闸过电压有所增大。如果线路中设置并联电抗器，由于熄弧后的传递电压和相应的重合过电压将会显著增加。在这种情况下，电抗器的中性点应当投入一只小电抗，借以保证潜供电弧的顺利熄灭，从而也就大大降低了传递电压和重合过电压。

二、影响因素和限制措施

1. 影响因素

(1) 合闸时电源电压的相位角。电源相电动势 $e(t)=E_m\sin(\omega t+\varphi_0)$，合闸瞬间的电动势 $e(0)=E_m\sin\varphi_0$，取决于合闸初相位 φ_0。正常合闸时，若 $\varphi_0=\pm90°$是其中最严重的情况。

而合闸初相位 φ_0 又是一个随机量，具有统计规律。由于断路器触头在闭合之前可能发生预击穿现象，而且多发生在触头间电压接近最大的情况，即相当于电源电动势在最大值附近合闸或接近反相重合闸。预击穿是指断路器触头在机械上未闭合前，触头间电压已将介质击穿，使触头在电气上先接通。试验表明，预击穿现象的发生与断路器触头动作速度有关。速度越低，越易发生预击穿。幅值（反相）合闸的几率越高，合闸相位 φ_0 多处在最大值附近±30°之内，油断路器就属于这种情况。若触头动作速度较高时，合闸相位 φ_0 的分布比较均匀，有幅值（反相）合闸，也有零值合闸。

为了限制合闸过电压，选相合闸（亦称同步合闸）是一种可以采用的措施。所谓选相合闸，就是通过专门的装置进行控制，使断路器在两触头间电位极性相同或电位差接近于零时完成合闸操作，从而将合闸过电压降至尽可能低的程度。

(2) 线路长度和电源容量。在其他参数一定时，过电压的幅值将随线路的增长（稳态分量电压迅速上升）而明显增大。对即定长度的线路，系统电源容量越小，等值漏抗 X 越大，线路电容效应越显著，稳态电压和过电压幅值会急剧上升。故在确定线路最大可能的合闸过电压时，应以系统最小运行方式（电源容量最小）为依据。

(3) 三相断路器非同期合闸。通常，断路器合闸时，总存在一定程度的三相不同期，因而形成三相电路瞬间的不对称，这种不对称的程度会因为中性点非直接接地或中性点绝缘而更加严重。

此外，由于三相之间存在互感及电容的耦合作用，在未合闸相上感应出与已合闸相极性相同的电压，待该相合闸时可能出现反极性的情况，以致产生高幅值的过电压。

模拟试验表明，三相断路器非同期合闸会使过电压的幅值增高10%～30%。

(4) 线路残压的极性和大小。在自动重合闸的过程中（约0.5s），由于线路残余电荷的泄放，实际上线路残压是下降的。

线路绝缘子存在一定的泄漏电阻，使线路上的残余电荷泄放入地。根据国外实测，110～220kV线路残压接近于随时间按指数关系衰减，其下降速度与线路绝缘的污秽状况、大气湿度、雨雪等情况有关。因此它在较大的范围内变化，参考实测结果，110～220kV线路在0.3～0.5s内，残压下降10%～30%。

线路侧接有电磁式电压互感器时，由线路电容、电压互感器的励磁电感及等值电阻（约

3～15kΩ）构成阻尼振荡回路。在该回路中，残余电荷得以泄放入地。实测表明，在这种情况下，在几个工频周期内残余电荷得以全部泄放，使重合闸过电压受到限制。

超高压线路上常接有并联电抗器，所不同的是，并联电抗器的电阻较小，逐渐使线路上的残余电荷经电抗器呈现弱阻尼的振荡放电，而且由于补偿度较高，使回路的振荡频率接近工频频率。在重合闸时有可能使断路器断口两侧的电位极性相反，甚至会造成接近反相重合的结果。此时线路上即使接有电磁式电压互感器，亦不会起到使电荷泄放的作用，仍可能出现严重的过电压。

实际上，并联电抗器的作用是降低空载线路的工频电压升高，从而降低合闸过电压。

（5）线路损耗。实际输电线路的能量损耗会引起自由分量的衰减，使过电压幅值降低。

能量的损耗主要来自于两方面：一方面是输电线路存在电阻；另一方面是当过电压较高时，线路上将出现冲击电晕放电现象，而且过电压倍数越高，冲击电晕现象越强烈，电晕损失也越大。

显然，无论哪一种形式的能量损耗，能量的损耗越大对过电压的限制作用也越明显。

（6）采用单相自动重合闸。若线路存在永久性故障，一般情况下，三相自动重合闸，特别是在非故障相上的工频稳态电压要比接地消失后的高。因此，不成功的三相自动重合闸过电压比成功的三相自动重合闸过电压要严重。这主要是由于不对称效应使健全相残压高于相电压以及空载长线路的电容效应和相间耦合等原因所致。

因此，为了降低重合闸过电压，超高压系统中多采用单相自动重合闸。在这种操作方式中，由于故障相被切除后，线路上没有残余电荷，加之系统零序回路的阻尼作用大于正序回路，甚至会使单相自动重合闸过电压低于正常合闸过电压。

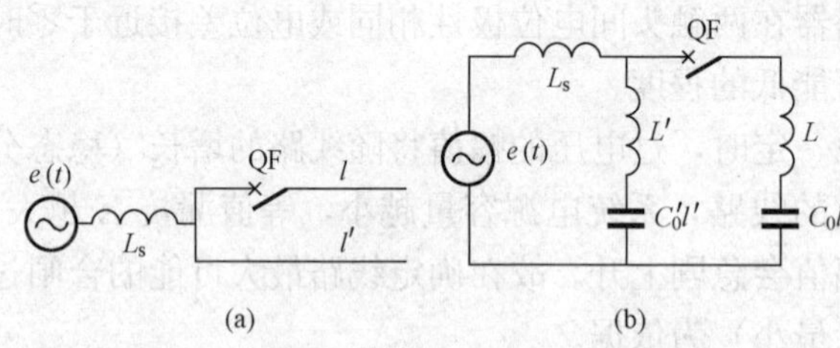

图 17-7 线路合闸时母线上有其他出线

（a）接线图；（b）等值电路图

（7）变电站母线上接有其他出线。如图 17-7（a）所示，母线上接有其他一定长度的线路 l'，当断路器 QF 向 l 线路合闸时，首先，已合闸线路 l' 通过寄生电感与被合闸线路 l 之间有较高频率的电荷重新分配过程［其等值电路见图 17-7（b）］；其后是电源对接于母线上的所有线路的低频率的充电过程。分析可知，无论被合闸线路上电压初始值和合闸相位如何，经电荷重新分配后，总会使合闸过渡过程的起始值与稳态值更接近，降低了过电压；再者，母线上的其他线路 l' 越长，合闸时吸收被合闸线路 l 的振荡能量越多，降压作用也越大。

2. 限制措施

针对此类过电压的形成及其影响因素，限制合闸过电压的主要措施有：

（1）采用带合闸电阻的断路器。合闸电阻在断路器中的位置与分闸电阻相同，但断路器在完成合闸过程中，主触头、辅助触点动作次序和对电阻的要求是不同的。带并联合闸电阻的断路器，合闸线路也分两个阶段，即先合辅助触点，再接入电阻 R，完成断路器的合闸动作。开断时则相反。

经分析可知，在要求限制的过电压值下，合闸并联电阻 R 值决定于线路长度、线路波阻抗、电源容量等参数。当其他条件相同时，R 值与线路长度成正比。针对我国一般情况，

500kV断路器的合闸并联电阻R取为400Ω。但断路器带有合闸并联电阻，会使断路器的结构复杂、造价增大。如在一定条件下，电源容量不太小（≥100MW）、线路较短（≤100km）、合闸过电压不高时，仍可选用不带合闸并联电阻的线路断路器。

(2) 同步合闸。借助专门装置控制断路器在两端电位同极性时合闸，甚至要求在触头间电位差接近零时完成合闸动作，使合闸瞬态过程降至最微弱的程度。

(3) 降低工频稳态电压。合理装置并联电抗器是降低工频稳态电压的有效措施。超高压电网在建成初期，由于电源容量小，线路长，合闸过电压严重，但随着电网的发展，系统容量的增大，出线增多，过电压会明显地下降。

(4) 消除和泄放线路残余电荷。采用在故障相分闸、故障相自动重合的单相自动重合闸，能避免在线路上形成残余电压，在有零序回路的损耗电阻和其阻尼作用较正序回路的电阻大，因而成功的单相自动重合闸过电压可能低于计划性合闸过电压。断路器的分闸电阻R也能在一定程度上限制残余电荷。

如果在断路器侧装有电磁式电压互感器时，利用电压互感器绕组的直流电阻较大，在泄放线路残余电荷时不会产生振荡，既削减了残余电压又使重合闸过电压明显下降。

(5) 采用氧化锌（MOA）避雷器或复合式避雷器。在线路首末端安装性能良好的氧化锌（MOA）避雷器或复合式避雷器，可限制线路合闸过电压。当断路器并联电阻失灵或其他意外情况出现较高幅值的过电压时，氧化锌（MOA）避雷器能可靠动作，将过电压限制在允许范围内，即氧化锌（MOA）避雷器是作为后备保护配置的。

在超高压系统中，线路较长，大多数是二端供电，因此需在线路首、末端同时安装避雷器。

第三节　空载变压器分闸过电压

电力系统中的空载（或轻载）变压器、消弧线圈、电动机及并联电抗器等均为电感性元件。对这些设备进行分闸（断开）操作时，由于被开断的感性元件中所储存的电磁能量释放产生振荡，将形成分闸过电压。

一、发展过程

切除空载变压器也是电力系统中常见的一种操作。空载变压器在正常运行时表现为一励磁电感，因此切除空载变压器就是开断一个小容量电感负荷，这时会在变压器上和断路器上出现很高的过电压。

产生这种过电压的原因是流过电感的电流在到达自然零值之前就被断路器强行切断，从而迫使储存在电感中的磁场能量转为电场能量而导致电压的升高。实验研究表明：在切断100A以上的交流电流时，开关触头间的电弧通常都是在工频电流自然过零时熄灭的；但当被切断的电流较小时（空载变压器的励磁电流很小，一般只是额定电流的0.5%～5%，约数安到数十安），电弧往往提前熄灭，亦即电流会在过零之前被强行切断（截流现象）。

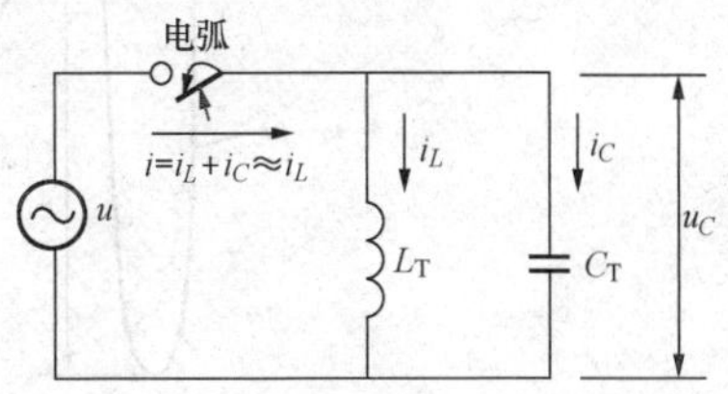

图17-8　切除空载变压器等值电路

为了具体说明这种过电压的发展过程，可利用图17-8中的简化等值电路：图中L_T为变压器的励磁电感，C_T 为变压器绕组及连接线的对地电容（其值处于数百到数千微微法的范围内）。在工频电压的作用下，$i_C \ll i_L$，因而开关所要切断的电流 $i=i_L+i_C \approx i_L$。

假如，电流 i_L 是在其自然过零时被切断，电容 C_T 和电感 L_T 上的电压正好等于电源电压 u 的幅值 U_{ph}。这时 $i_L=0$ 及 $\frac{1}{2}L_T i_L^2=0$，因此 i_L 被切断后的情况是电容 C_T 上的电荷（$q=C_T U_{ph}$）通过电感 L_T 作振荡性放电，并逐渐衰减至零（因为存在铁芯损耗和电阻损耗），可见这样的拉闸不会引起大于 U_{ph} 的过电压。

如果电流 i_L 在自然过零之前就被提前切断，设此时 i_L 的瞬时值为 I_0，u_C 的瞬时值为 U_0，则切断瞬间在电感和电容中所储存的能量分别为

$$W_L = \frac{1}{2}L_T I_0^2$$

$$W_C = \frac{1}{2}C_T U_0^2$$

此后即在 L_T、C_T 构成的振荡回路中发生电磁振荡，在某一瞬间，全部电磁能量均变为电场能量，这时电容 C_T 上出现最大电压 U_{max}，因而

$$\frac{1}{2}C_T U_{max}^2 = \frac{1}{2}L_T I_0^2 + \frac{1}{2}C_T U_0^2$$

$$U_{max} = \sqrt{\frac{L_T}{C_T}I_0^2 + U_0^2} \tag{17-2}$$

若略去截流瞬间电容上所储存的能量 $\frac{1}{2}C_T U_0^2$，则

$$U_{max} \approx \sqrt{\frac{L_T}{C_T}I_0^2} = Z_T I_0 \tag{17-3}$$

式中 Z_T——变压器的特性阻抗，$Z_T=\sqrt{\frac{L_T}{C_T}}$。

在一般变压器中，Z_T 之值很大，因而 $\frac{L_T}{C_T}I_0^2 \gg U_0^2$，可见在近似计算中，完全可以忽略 $\frac{1}{2}C_T U_0^2$。

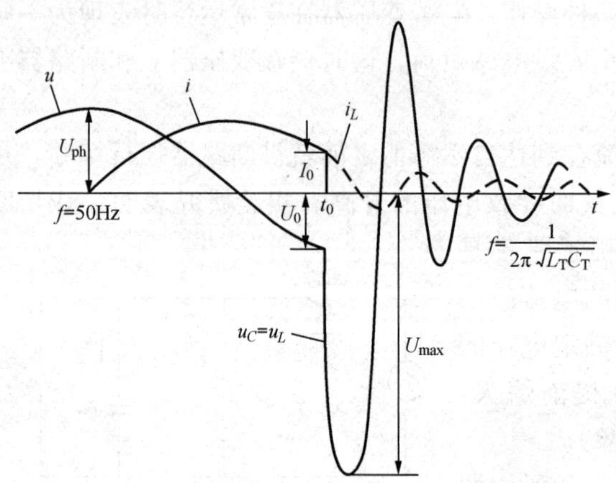

图 17-9 切除空载变压器过电压曲线图

截断流（截流）现象通常发生在电流曲线的下降部分，设 I_0 为正值，则相应的 U_0 必为负值。当开关中突然灭弧时，L_T 中的电流 i_L 不能突变，将继续向 C_T 充电，使电容上的电压从“$-U_{ph}$”向更大的负值方向增大，如图 17-9 所示，此后在 L_T、C_T 回路中出现衰减性振荡，其频率为

$$f = \frac{1}{2\pi\sqrt{L_T C_T}}$$

以上介绍的是理想化的切除空载变压器过电压的发展过程，实际过程往往要复杂很

多。断路器触头间会发生多次电弧重燃，不过与切除空载线路时相反，这时电弧重燃将使电感中的储能越来越小，从而使过电压幅值变小。

从图 17 - 8 可见，当断路器开断后，储存在 C_T 和 L_T 中的能量必会在 L_T、C_T 回路中产生振荡。回路中自振频率与变压器的额定电压、容量、结构型式，以及外部连线、电气设备的杂散电容等有关。一般高压变压器的自振频率最高可达工频的 10 倍左右，超高压大容量变压器的自振频率只有工频的几倍，相应的过电压也较低。在我国，切除空载变压器引起的过电压事故曾多次发生。

二、影响因素及限制措施

1. 断路器性能

由式（17 - 3）可知，这种过电压的幅值近似地与截流值 I_0 成正比，每种类型的断路器每次开断时的截流值 I_0 有很大的分散性，但其最大可能截流值 $I_{0(max)}$ 有一定的限度，且基本上保持稳定，因而成为一个重要的指标，并使每种类型的断路器所造成的切除空载变压器过电压最大值亦各不相同。一般说来，灭弧能力越强的断路器，其对应的切除空载变压器过电压最大值也越大。上述分析过电压的产生过程，是在断路器不发生重燃条件下的情况。事实上，截流后变压器回路的高频振荡使断路器的断口恢复电压上升很快，极易发生重燃。如果考虑重燃因素，切除空载变压器过电压将会有所下降。这是因为，一方面触头重燃相当于限压间隙动作；另一方面，在多次重燃过程中，由于振荡回路中的能量不断减少，使过电压幅值降低。因此，用开断感性小电流时灭弧能力差的断路器切除空载变压器，不会产生高幅值的过电压。国内曾做过这样的试验，即用隔离开关代替断路器来切断小容量的变压器，发现电弧被缓慢切断而无过电压产生。

2. 变压器特性

首先是变压器的空载励磁电流 $I_L\left(=\dfrac{U_{ph}}{\omega L_T}\right)$或电感 L_T 的大小，对 U_{max}会有一定的影响。令 I_L 为 i_L 的幅值，如果 $I_L \leqslant I_{0(max)}$，则过电压幅值 U_{max}将随 I_L 的增大而增高，最大的过电压幅值将出现在 $i_L=I_L$ 时；如果 $I_L > I_{0(max)}$，则最大的 U_{max}将出现在 $i_L=I_{0(max)}$时。空载励磁电流的大小与变压器容量有关，也与变压器铁芯所用的导磁材料有关。近年来，随着优质导磁材料的应用日益广泛，变压器的励磁电流减小很多；此外，变压器绕组改用纠结式绕法以及增加静电屏蔽等措施亦使对地电容 C_T 有所增大，使过电压有所降低。变压器中性点接地方式也是影响切除空载变压器过电压的因素。中性点非直接接地的三相变压器，由于断路器三相动作不同期，会出现复杂的相间电磁联系和中性点电位的位移，在最不利的情况下，开断三相空载变压器的过电压会比单相的高 50%。根据我国的统计，在中性点直接接地的 110～330kV 电网中，切除空载变压器过电压一般不超过 3 倍，个别可达 6 倍；在中性点不接地或经消弧线圈接地的 35～154kV 电网中，过电压一般不超过 4 倍，个别可达 7 倍。在切除空载变压器过程中，绕组中振荡电流产生的主磁通通过整个铁芯，故变压器另一侧绕组的对地电容也参与暂态振荡，应按变比归算至开断侧，因而若这一侧接有较长的连接线，如电缆线，则显著增大了对地电容，会使过电压明显下降。也由于绕组间存在电磁联系，在变压器的低、中压侧进行操作时，高压侧也会出现同样倍数的过电压，威胁高压绕组的绝缘。

3. 安装避雷器

这种过电压持续时间短、能量小，因而要加以限制并不困难，甚至采用普通阀式避雷器也能有效地加以限制和保护。如果采用磁吹避雷器或氧化锌避雷器，效果更好。避雷器的安装地址应该是在断路器的变压器侧，并且非雷雨季节也不应退出运行。若变压器高、低压侧中性点接地方式相同，则可在低压侧装避雷器来限制高压侧切除空载变压器产生的过电压。

4. 断路器主触头并联电阻

在断路器主触头上并联一线性或非线性电阻，也能有效地降低这种过电压，不过为了发挥足够的阻尼作用和限制励磁电流的作用，其阻值应接近于被切除电感的工频励磁阻抗（数万欧姆），故为高值电阻，这对于限制切、合空载线路过电压都显得太大了。

第四节 间歇电弧接地过电压

单相接地是电网的主要故障形式，约占60%以上。在中性点不接地的系统内，发生稳定性单相接地，这种故障并不改变变压器三相绕组间电压的对称性，即线电压之间的电压关系不变。由于接地的故障电流不大，因而不需立即切除故障线路。允许在2h之内可以继续向用户供电，以便值班人员借助接地信号来查明故障进行处理，从而提高了供电可靠性。这是电力系统中性点不接地所带来的优点。当然，单相接地同时会使健全相电压上升到线电压，但是由于电压等级较低，线路、变压器绝缘上所增加的投资也不大，同时变电站设备的绝缘的裕度较大，由于这些特点，我国35kV及以下的系统都采用中性点不接地的方式。

但在单相接地故障中，绝大部分为电弧不稳定，处于时燃时灭的状态，这种间歇性电弧接地使系统工作状态时刻在变化，导致电感电容元件之间的电磁振荡，形成遍及全系统的过电压，这就是间歇性电弧接地过电压，也称弧光接地过电压。

一、发展过程

到目前为止，在分析电弧过程方面有三种理论，即高频熄弧理论、工频熄弧理论和熄弧恢复抗电强度理论。

以高频振荡电流第一次过零时熄弧来分析电压发展过程的，称为高频熄弧理论；

以工频电流过零时熄弧来分析电压发展过程的，称为工频熄弧理论；

苏联专家提出的，在过电压发展过程中，起主要作用的不是熄弧时间，而是熄弧后间隙的恢复抗电强度。当电流过零后，弧隙抗电强度恢复速度大于电压恢复速度时，重燃便不会再发生。这被称为熄弧恢复抗电强度理论。

长期以来，大多数研究人员认为电弧的熄灭与重燃的时间是决定最高过电压的主要因素。根据交流电弧理论，电弧电流过零时电弧熄灭，而电弧是否重燃，取决于电流过零后弧道的恢复电压与介质恢复强度之间的相对关系。系统单相接地时通过弧道的电流有两个分量，即工频电流（强制）分量和高频电流（自由）分量。燃弧瞬间出现的自由振荡频率远远高于工频，故接地瞬间弧道中的电流以高频电流为主，高频电流迅速衰减后，弧道中的电流为工频电流。在分析间歇性电弧接地过电压时主要有两种假设：

（1）以高频电流第一次过零熄弧为前提进行分析，即高频熄弧理论。按此分析，因高频电流过零时，高频振荡电压为最大值，熄弧后残留在非故障相上的电荷量较大，故电压较高。

（2）以工频电流过零时熄弧为前提进行分析，即工频熄弧理论。按此分析，熄弧后残留在非故障相上的电荷量较小，过电压值较低，但接近系统中实测的过电压值。

虽然二者所提出的过电压值不同，但反映过电压形成的物理本质是相同的。

下面就用工频电流过零时熄弧的情况来说明这种过电压的发展机理。

为了使分析不致过于复杂，可作下列简化：①略去线间电容的影响；②设各相导线的对地电容均相等，即 $C_1=C_2=C_3=C$。这样就可得出图 17 - 10（a）中的等值电路图，其中故障点的电弧以发弧间隙 F 来代替，中性点不接地方式相当于图中中性点 N 处的开关 S 呈断开状态。设接地故障发生于 A 相，而且是正当 $\dot{U}_A$ 经过正幅值 U_{ph} 时发生，这样 A 相导线的电位立即变为零，中性点电位 $\dot{U}_0$ 由零升至相电压，即 $\dot{U}_0=-\dot{U}_A$，B、C 两相的对地电压都升高到线电压 $\dot{U}_{BA}$、$\dot{U}_{CA}$。

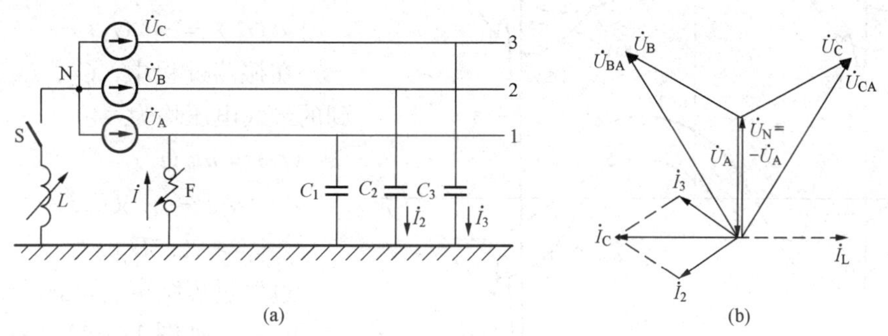

图 17 - 10 中性点不接地系统中的单相接地故障

（a）等值电路图；（b）相量图

流过 C_2 和 C_3 的电流 $\dot{I}_2$ 和 $\dot{I}_3$ 分别较 $\dot{U}_{BA}$ 和 $\dot{U}_{CA}$ 超前 90°，其幅值为

$$I_2=I_3=\sqrt{3}\omega CU_{ph}$$

因为 $\dot{I}_2$ 和 $\dot{I}_3$ 在相位上相差 60°，所以故障点的电流幅值为

$$I_C=\sqrt{3}I_2=3\omega CU_{ph}\propto U_N l$$

式中 U_N——电网的额定（线）电压，kV；

l——线路总长度，km；

C——每相导线的对地电容，$C=C_0 l$，F；

C_0——单位长度的对地电容，F/km。

由此可知：①流过故障点的电流是线路对地电容所引起的电容电流，其相位较 $\dot{U}_A$ 滞后 90°（较 $\dot{U}_0$ 超前 90°）；②故障电流的大小与电网额定电压和线路总长度成正比。

如以 u_A、u_B、u_C 代表三相电源电压，即 C_1、C_2、C_3 上的电压，则通过以上分析即可得出图 17 - 11 所示的过电压发展过程。

设 A 相在 $t=t_1$ 瞬间（此时 $u_A=+U_{ph}$）对地发弧，发弧前瞬间（以 t_1^- 表示）三相电容上的电压分别为［参阅图 17 - 11（b）］

$$u_1(t_1^-)=+U_{ph}$$
$$u_2(t_1^-)=-0.5U_{ph}$$
$$u_3(t_1^-)=-0.5U_{ph}$$

发弧后瞬间（以 t_1^+ 表示），A 相 C_1 上的电荷通过电弧泄入地下，其电压降为零；而两健全相电容 C_2、C_3 则由电源的线电压 u_{BA}、u_{CA} 经过电源的电感（图中未画出）进行充电，

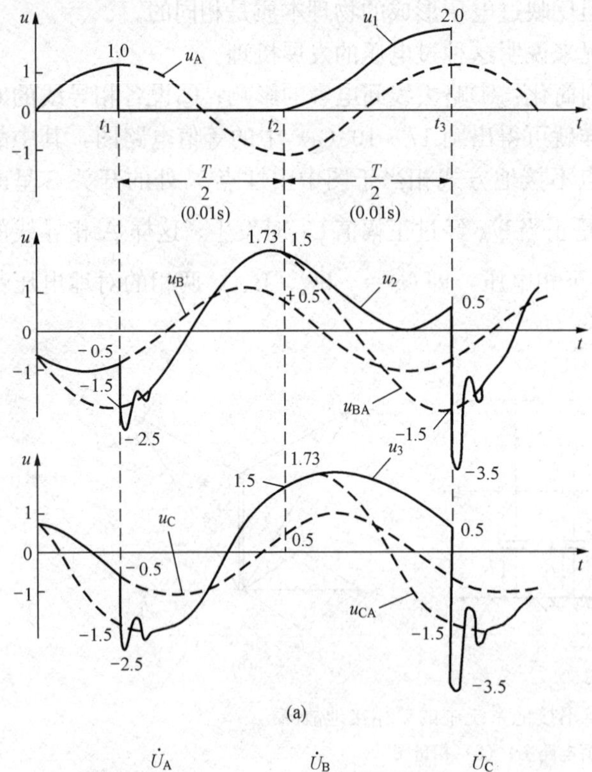

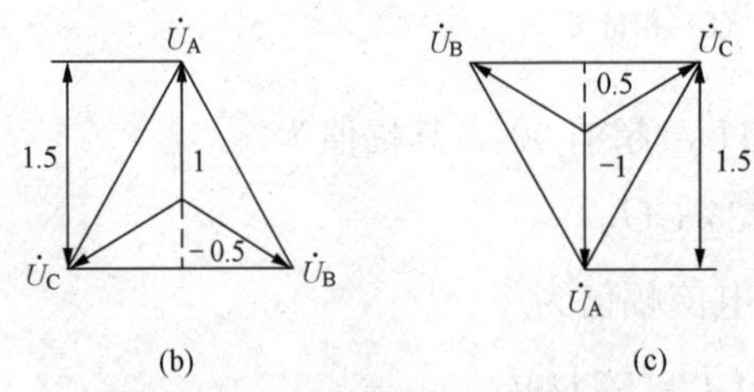

图 17 - 11 在工频电流过零时熄弧的条件下间歇电弧接地过电压的发展过程

(a) 三相导线上的电压波形；(b) t_1 瞬间的电压相量图；(c) t_2 瞬间的电压相量图

由原来的电压"$-0.5U_{ph}$"向 u_{BA}、u_{CA}此时的瞬时值"$-1.5U_{ph}$"变化。显然这一充电过程是一个高频振荡过程，其振荡频率取决于电源的电感和导线的对地电容 C。

可见三相导线电压的稳态值分别为

$$u_1(t_1^+) = 0$$

$$u_2(t_1^+) = u_{BA}(t_1) = -1.5U_{ph}$$

$$u_3(t_1^+) = u_{CA}(t_1) = -1.5U_{ph}$$

在振荡过程中，C_2、C_3 上可能达到的最大电压均为

$$\begin{aligned} u_{2m}(t_1) &= u_{3m}(t_1) \\ &= 2(-1.5U_{ph}) - (-0.5U_{ph}) \\ &= -2.5U_{ph} \end{aligned}$$

过渡过程结束后，u_2 和 u_3 将等于 u_{BA}和 u_{CA}，如图 17 - 11 (a) 所示。

故障点的电弧电流包含有工频分量和迅速衰减的高频分量。如果在高频电流分量过零时，电弧不熄灭，则故障点的电弧将持续燃烧半个工频周期$\left(\frac{T}{2}\right)$，直到工频电流分量过零时才熄灭（t_2 瞬间），由于工频电流分量 $\dot{I}_C$ 与 $\dot{U}_A$ 的相位差为 90°，t_2 正好是 $u_A = -U_{ph}$的瞬间。

如果故障电流很大，那么在工频电流过零时（t_2），电弧也不一定能熄灭，这是稳定电弧的情况，不属于间歇电弧的范畴。

t_2 瞬间熄弧后，又会出现新的过渡过程，这时三相导线上的电压初始值分别为

$$u_1(t_2^-) = 0$$

$$u_2(t_2^-) = +1.5U_{ph}$$

$$u_3(t_2^-) = +1.5U_{ph}$$

由于中性点不接地，各相导线电容上的初始电压在熄弧后仍将保留在系统内（忽略对地泄漏电导），但将在三相电容上重新分配，这个过程实际上是 C_2、C_3 通过电源电感给 C_1 充电的过程，其结果是三相电容上的电荷均相等，从而使三相导线的对地电压亦相等，亦即使对地绝缘的中性点上产生一对地直流偏移电压 $U_0(t_2)$

$$U_0(t_2) = \frac{0 \times C_1 + 1.5U_{ph}C_2 + 1.5U_{ph}C_3}{C_1 + C_2 + C_3} = U_{ph}$$

可见在故障点熄弧后，三相电容上的电压可由对称的三相交流电压分量和一直流电压分量叠加而得，即熄弧后的电压稳态值分别为

$$u_1(t_2^+) = u_A(t_2) + U_0 = -U_{ph} + U_{ph} = 0$$
$$u_2(t_2^+) = u_B(t_2) + U_0 = 0.5U_{ph} + U_{ph} = 1.5U_{ph}$$
$$u_3(t_2^+) = u_C(t_2) + U_0 = 0.5U_{ph} + U_{ph} = 1.5U_{ph}$$

所以

$$u_1(t_2^+) = u_1(t_2^-)$$
$$u_2(t_2^+) = u_2(t_2^-)$$
$$u_3(t_2^+) = u_3(t_2^-)$$

可见三相电压的新稳态值均与起始值相等，因此在 t_2 瞬间熄弧时将没有振荡现象出现。

再经过半个周期$\left(\frac{T}{2}\right)$，即在 $t_3=t_2+\frac{T}{2}$时，故障相电压达到最大值 $2U_{ph}$，如果这时故障点再次发弧，u_1 又将突然降为零，电网中将再一次出现过渡过程。

这时在电弧重燃前，三相电压初始值分别为

$$u_1(t_3^-) = 2U_{ph}$$
$$u_2(t_3^-) = u_3(t_3^-) = U_N + u_B(t_3) = U_{ph} + (-0.5U_{ph}) = 0.5U_{ph}$$

新的稳态值为

$$u_1(t_3^+) = 0$$
$$u_2(t_3^+) = u_{BA}(t_3) = -1.5U_{ph}$$
$$u_3(t_3^+) = u_{CA}(t_3) = -1.5U_{ph}$$

振荡过程中过电压的最大值可达

$$u_{2m}(t_3) = u_{3m}(t_3) = 2(-1.5U_{ph}) - (0.5U_{ph}) = -3.5U_{ph}$$

显然，此后的“熄弧—重燃”过程均将与此相同，故过电压最大值亦相同（$3.5U_{ph}$）。

由以上分析可知，按工频电流过零时熄弧的理论所作的分析结论是：①两健全相的最大过电压倍数为 3.5；②故障相上不存在振荡过程，最大过电压倍数等于 2.0。

不过，长期以来大量试验研究表明：故障点电弧在工频电流过零时和高频电流过零时熄灭都是可能的。一般来说，发生在大气中的开放性电弧往往要到工频电流过零时才能熄灭；而在强烈去电离的条件下（例如发生在绝缘油中的封闭性电弧或刮大风时的开放弧），电弧往往在高频电流过零时就能熄灭。在后一种情况下，理论分析所得到的过电压倍数将比上述结果更大。

还应指出，电弧的燃烧和熄灭会受到发弧部位的周围媒介和大气条件等的影响，具有很强的随机性质，因而它所引起的过电压值具有统计性质。在实际电网中，由于发弧不一定在故障相上电压正好为幅值时，熄弧也不一定发生在高频电流第一次过零时，导线相间存在一定的电容，线路上存在能量损耗，过电压下将出现电晕而引起衰减等因素的综合影响，这种过电压的实测值不超过 $3.5U_{ph}$，一般在 $3.0U_{ph}$ 以下。但由于这种过电压的持续时间可以很长（例如数小时），波及范围很广，在整个电网某处存在绝缘弱点时，即可在该处造成绝缘闪络或击穿，因而是一种危害性很大的过电压。

二、影响因素及限制措施

1. 影响因素

产生弧光接地过电压的根本原因是不稳定的电弧过程。影响弧光接地过电压的主要因素

有以下几点。

(1) 电弧过程的随机性。由于受到发弧部位的介质以及大气条件的影响，电弧的燃烧与熄灭具有强烈的随机性，直接影响弧光接地过电压的发展过程，使过电压数值具有统计性。

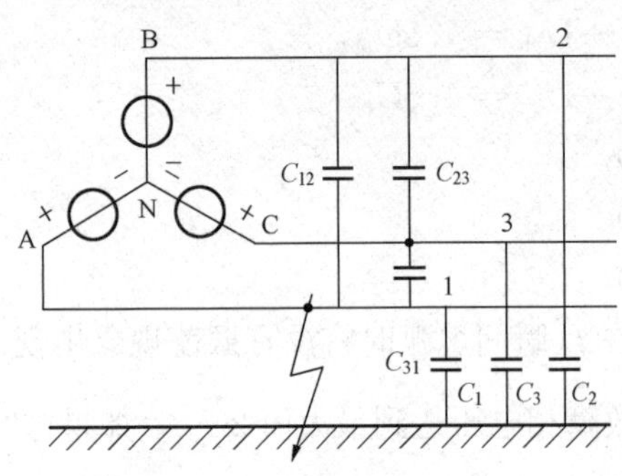

图 17 - 12 考虑相间电容时中性点不接地系统的等值电路

(2) 导线相间电容的影响。图 17 - 12 为考虑相间电容时中性点不接地系统的等值电路，设线路完全对称，则 $C_1=C_2=C_3=C$，$C_{12}=C_{23}=C_{31}=C_m$。在故障点断弧后，电路上 C_{12} 与 C_2、C_{31} 与 C_3 并联，但是燃弧前相间电容与相对地电容上的电压是不同的，因此在发弧后振荡过程之前，还会存在一个电荷重新分配的过程。其结果使健全相电压起始值增高，这就减少了与稳态值的差，从而使过电压降低。当然，这个相间电容的存在，对以后的熄弧及重燃也有类似的影响。

(3) 电网的损耗电阻。如电源的内阻、导线的电阻、电弧的弧阻等，使振荡的回路存在有功损耗，加强了振荡的衰减。

(4) 对地绝缘的泄漏电导。电弧熄灭后，电网对地电容中所储存的电荷，因绝缘有泄漏，不可能保持不变。电荷泄漏的快慢与线路绝缘表面状况及气息条件等因素有关，电荷泄漏使系统中性点位移减小，相应的弧光接地过电压有所下降。

综上所述，这种过电压的幅值并不太高，通常变压器、电器及线路绝缘应能承受得住。但是这种过电压遍及全系统，且持续时间较长，对于绝缘较弱的设备如直配电机等威胁较大，必须予以重视。

2. 限制措施

防止产生弧光接地过电压的根本途径是消除间隙电弧。为此，根据系统实际运行状况可以采取以下相应的措施。

(1) 采用中性点有效接地方式。这时单相接地将造成很大的单相短路电流，断路器将立即跳闸，切断故障，经过一段短时间歇让故障点电弧熄灭后再自动重合。如能成功，可立即恢复送电；如不能成功，断路器将再次跳闸，不会出现断续电弧现象。我国 110kV 及以上电网均采用这种中性点接地方式，除了避免出现这种过电压外，还因为能降低所需的绝缘水平，缩减建设费用。

(2) 采用中性点经消弧线圈接地方式。采用中性点有效接地方式虽然能解决断续电弧问题，但每次发生单相接地故障都会引起断路器跳闸，大大降低了供电可靠性。对于 66kV 及以下的线路来说，降低绝缘水平的经济效益不明显，所以大都采用中性点非有效接地方式，以提高供电可靠性。当单相接地流过故障点的电容电流不大时，不能维持断续电弧长期存在，因而可以采用中性点不接地（绝缘）的方式；当电网的电容电流达到一定数值时，单相接地点的电弧将难以自熄，需要装设消弧线圈来加以补偿，方能避免断续电弧的出现。正确运用消弧线圈可补偿单相接地电流和降低弧道恢复电压上升速度，促使接地电弧自动熄灭，大大减小出现高幅值弧光接地过电压的概率，但不能认为消弧线圈能消除弧光接地过电压。在某些情况下，因有消弧线圈的作用，熄弧后原弧道恢复电压上升速度减慢，增长了去游离时间，有可能在恢复电压最大的最不利时刻发生重燃，使过电压仍然较高。消弧线圈的补偿方式有三种，即全补偿、过补偿、欠补偿。从消弧的视角出发，采用全补偿无疑是最佳方案，但在实际电网中，由于其他方面的原因（特别是为了避免中性点位移电压过高），并不采用全补偿方式，而是采用过补偿或欠补偿方式。由于多方面原因，一般希望采用过补偿为主的运行方式。消弧线圈的运行主要就是调谐值的整定。在选择消弧线圈的调谐值（即 L 值）时，应该满足下述两方面的基本要求。

1）单相接地时流过故障点的残流应符合能可靠地自动消弧的要求。

2）在电网正常运行和发生故障时，中性点位移电压都不可升高到危及绝缘的程度。

实际上，这两个要求是互相矛盾的，因而只能采取折中的方案来同时满足两方面的要求。

（3）采用分网运行方式。在中性点不接地系统中，若线路过长，当运行条件许可，可采用分网运行方式，减小电容电流，有利于接地电弧的自熄。

（4）采用中性点经电阻接地方式。消弧线圈的应用虽然有许多优点，但是已经不能适应电力工业的发展，尤其是城市电网的扩充改造和发展的需要。目前，我国电网结构有了很大的变化，出现了许多以电缆线路为主体的配电网。消弧线圈接地方式也逐渐暴露出了许多弊病，例如容易发生谐振、内过电压倍数较高；电网运行方式变化时需要频繁调整脱谐度，操作麻烦，要求熟练的运行维护技术；配电网的电容电流大增（有的地区已达 100A～150A 及以上），需要的补偿容量很大，很不经济；等等。况且，运行中的电容电流随机变化的范围很大，即使采用跟踪范围有限的自动调谐，无论在机械寿命、响应时间、调节限位等方面也难以满足这种频繁的大范围调节的需要。因此近年来，我国许多地区的 6～10kV 甚至 35kV 的送、配电网中性点，已经突破传统的不接地或消弧线圈接地方式，采用了低电阻、中电阻或高电阻接地方式。我国电力行业标准《交流电气装置的过电压保护和绝缘配合》（DL/T 620—1997）中对此已经有了相关的规定（见第十六章第六节）。

另外，在实际系统中，为了提高功率因数而装设星形（或三角形）连接的电容器组，则相当于加大了相间电容，一般不会产生严重的弧光接地过电压。

确定电网的中性点接地方式是一项系统工程，必须综合考虑电网和线路的结构、供电的安全性和可靠性、过电压保护和绝缘配合、继电保护的构成和跳闸方式、设备和人身安全、对通信和电子设备的电磁干扰等各种因素，认真进行技术经济比较，权衡利弊，从实际出发，因时因地制宜。

第五节 解列过电压

多电源供电系统中，出现异步运行或非对称短路而使系统解列时，在其形成的单端供电空载线路上会产生解列过电压。

多电源系统在正常运行时，线路两侧电源电动势之间按负荷大小保持一定的功率相角差 δ。若系统失步，δ 将摆动，可为 0°～180°范围内的任意值。在不利情况下，断路器于 δ 接近 180°时分闸，系统解列，出现高幅值过电压。若线路有永久性单相接地故障，单相重合闸不成功，线路一端三相解列分闸，此时要计及不对称接地和电容效应引起的工频电压升高，非故障相上的解列过电压会更高。

图 17 - 13 所示为两端供电系统，系统失步，在解列前瞬间（断路器 QF 闭合）两端电

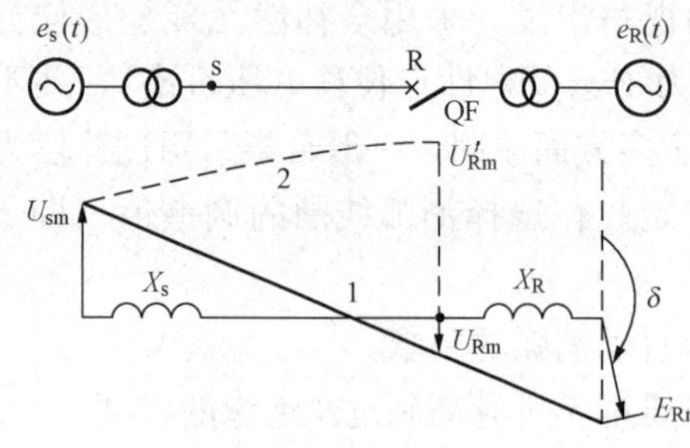

图 17-13　解列前后线路稳态电压分布

动势接近反相，$\delta \approx 180°$，此时沿线稳态电压分布如图中曲线 1 所示，靠近电源处电压极性两端相反，线路中间某处电压为零，解列点 R 处的电压为$-U_{Rm}$。当断路器 QF 打开时，系统解列，由于电源 $e_s(t)$ 带空载线路，沿线稳态电压分布呈余弦规律，线末电压 U'_{Rm}最高，并与解列前 U_{Rm} 反极性，沿线电压分布如图中曲线 2 所示。显然，解列瞬间，解列点的电压将由$-U_{Rm}$过渡到$+U'_{Rm}$，其振荡过程将会产生接近于 3 倍的过电压。断路器 QF 触头间的恢复电压可接近运行相电压的 4 倍。

影响解列过电压的首要因素是两侧电动势间的功角差 δ，其次是线路长度以及解列后仍带线路的电源容量、解列点的位置等。若解列发生在 $\delta \approx 180°$、线路很长、电源容量较小等不利情况下，过电压会很高。不过，实际中这种可能性是很小的，若计及两侧电源的低一级电压线路的联系，上述不利条件更难同时出现。

限制解列过电压的现实措施是采用金属氧化物避雷器。当然，理想的方法是采用自动装置。当系统异步运行时，控制断路器在两端电动势摆动不超过一定角度的范围内开断，从根源上限制解列过电压。

第六节　有关操作过电压若干总的概念与结论

通过对以上常见的典型操作过电压及其防护措施的分析与介绍，可以得到一些有关操作过电压的总的概念与结论。

（1）电力系统中各种操作过电压的产生原因和发展过程各异、影响因素很多，但其根源均为电力系统内部储存的电磁能量发生交换和振荡。其幅值和波形与电网的结构及参数、中性点接地方式、断路器性能、运行接线及操作方式、限压保护装置的性能等多种因素有关。

（2）操作过电压具有多种多样的波形和持续时间（从数百微秒到工频的若干周波），较长的持续时间对应于线路较长的情况。经过适当筛选、简化和处理，可归纳成两种典型的波形。

1）在工频电压分量上叠加一高频（数百到数千赫兹）衰减性振荡波。

2）在工频电压分量上叠加一非周期性冲击波，后者的波前时间为 0.1～0.5ms，半峰值时间为 3～4ms。在此基础上，国际电工委员会（IEC）和我国国家标准推荐的 250/2500μs 冲击长波和衰减振荡波作为试验用的标准操作冲击电压波形，应该说是合适的。

（3）在断路器内安装并联电阻是降低多种操作过电压的有效措施，但这些操作过电压对并联电阻的阻值提出了不同的要求。显然，不可能在断路器内为每种过电压单独安装一组并联电阻，而只能合用一组，那么它的阻值究竟应怎么选择呢？首先，切除空载变压器过电压要求采用高值并联电阻，这与切、合空载线路过电压所要求的大不相同，好在切除空载变压器过电压持续时间短、能量小，可以用任何一种避雷器加以限制和保护，因而在选择并联电阻的阻值时可不予考虑。但切、合空载线路过电压所要求的阻值也不相同，因而只能采取折中的方案。即，在 220kV 及以下电网中，通常更多地倾向于采用以限制切除空载线路过电压为主的中值电阻；而在500kV电网中，倾向于以限制合空载线路过电压为主的低值电阻。在采用现代氧化锌避雷器的情况下，是否尚需装用并联合闸电阻，可通过验算决定。

（4）操作过电压的幅值受到许多因素的影响，因而具有显著的统计性质。根据国内外大量实测资料，综合考虑各种操作过电压的幅值及出现概率，我国标准规定了在未采用避雷器对操作过电压幅值进行限制的情况下按操作过电压作绝缘配合时，可采用表17-1所给出的计算倍数。

表17-1　操作过电压的计算倍数

系统额定电压（kV）	中性点接地方式	相对地操作过电压计算倍数
66及以下	非有效接地	4.0
35及以下	有效接地（经小电阻）	3.2
110～220	有效接地	3.0

又3～220kV电力系统的相间操作过电压可取相对地过电压的1.3～1.4倍。

（5）能同时保护操作过电压和雷电过电压的磁吹避雷器，特别是现代金属氧化物避雷器为操作过电压的限制与防护提供了可能性。普通阀式避雷器是不能用来保护操作过电压的，因为它的通流能力和热容量有限，如在操作过电压下动作，往往发生爆炸或损坏。对于保护操作过电压用的避雷器有以下一些特殊的要求。

1）有间隙避雷器的火花间隙在操作过电压下的放电电压可与工频放电电压不同，而且分散性较大。

2）操作过电压下流过避雷器的电流虽然一般小于雷电流，但持续时间长，因而对阀片通流容量的要求较高。

3）在操作过电压的作用下，避雷器可能多次动作，因而对阀片和火花间隙的要求都比较苛刻。

磁吹避雷器虽可用来限制操作过电压，但由于所采用的高温阀片的非线性指数较大，当避雷器在雷电过电压下动作时，流过的冲击电流所造成的残压可能偏高。为了协调限制雷电过电压和操作过电压的不同要求，研制了复合式磁吹避雷器。现代氧化锌避雷器由于具有无间隙、动作电压低、非线性指数较小、残压低、通流容量大、保护距离长等一系列优点，所以可同时满足限制雷电过电压和操作过电压的要求，是目前最理想的保护装置。

操作过电压是在系统中由于操作或事故，引起电流、电压的突然变化，从而引起电感、电容元件上的磁场、电场能量重新分配，在从暂态往稳态过渡的过程中引起电磁场振荡而产生的过电压。容易发生操作过电压的操作项目有：切、合空载线路，切除空载变压器，空载线路跳闸后自动重合闸。中性点不接地系统发生单相通过不稳定电弧接地时，在健全相和故障相都有可能引起过电压，这种过电压称为电弧接地过电压。

切除空载线路，断路器切除的是较小的电容电流，通常为几十安至几百安，与短路电流相比是小得多。然而在分闸初期，由于断路器（特别是油断路器和真空断路器）触头间恢复电压上升速度可能超过介质恢复强度的上升速度，造成电弧重燃现象，从而引起电磁振荡，出现过电压。它不仅威胁电气设备的安全，也使断路器本身最终完成切除空载线路的动作造成困难。运行经验表明，断路器灭弧能力越差，重燃几率越大，过电压幅值越高。因此，对于高压断路器而言，不仅要求具备足够的断流容量，而且要求通过实际的切除空载线路试验。

将一条空载线路合闸到电源上去，也是电力系统中一种常见的操作，这时出现的操作过电压称为合空载线路过电压或合闸过电压。空载线路的合闸又分为两种不同的情况，即正常合闸和自动重合闸。重合闸过电压是合闸过电压中最严重的一种。与许多别的操作过电压相比，合闸过电压的倍数其实并不算大，但在现代的超高压和特高压输电系统中，由于采取了种种措施将其他幅值更高的操作过电压一一加以抑制或降低（例如采用不重燃断路器、新的变压器铁芯材料等），而这种过电压却很难找到限制保护措施，因此它在超高压和特高压系统的绝缘配合中，上升为主要矛盾，成为选择超高压和特高压系统绝缘水平的决定性因素。电力系统中的空载（或轻载）变压器、消弧线圈、电动机及并联电抗器等均为电感性元件。对这些设备进行分闸（断开）操作时，由于被开断的感性元件中所储存的电磁能量释放产生振荡，将形成分闸过电压。产生这种过电压的原因是流过电感的电流在到达自然零值之前就被断路器强行切断，从而迫使储存在电感中的磁场能量转为电场能量而导致电压的升高。

单相接地是电网的主要故障形式，约占60%以上。在中性点不接地的系统内，发生稳定性单相接地，这种故障并不改变变压器三相绕组间电压的对称性，即线电压之间的电压关系不变。由于接地的故障电流不大，因而不需立即切除故障线路。允许在2h之内可以继续向用户供电，以便值班人员借助接地信号来查明故障进行处理，从而提高了供电可靠性，这是电力系统中性点不接地所带来的优点。当然，单相接地同时会使健全相电压上升到线电压，但是由于电压等级较低，线路、变压器绝缘上所增加的投资也不大，同时变电站设备的绝缘的裕度较大，由于这些特点，我国35kV及以下的系统都采用中性点不接地的方式。但在单相接地故障中，绝大部分为电弧不稳定，处于时燃时灭的状态，这种间歇性电弧接地使系统工作状态时刻在变化，导致电感电容元件之间的电磁振荡，形成遍及全系统的过电压，这就是间歇性电弧接地过电压，也称弧光接地过电压。

多电源供电系统中，出现异步运行或非对称短路而使系统解列时，在其形成的单端供电空载线路上会产生解列过电压。

思考题与习题

1. 试述空载线路分闸过电压产生的物理过程，影响因素及其限制措施？
2. 试述空载线路合闸过电压产生的物理过程，影响因素及其限制措施？
3. 试述空载变压器分闸过电压产生的物理过程，影响因素及其限制措施？
4. 试述间歇电弧接地过电压产生的物理过程，影响因素及其限制措施？
5. 试述解列过电压产生的物理过程，限制措施？
6. 操作过电压有哪些特点？

第十八章 电力系统绝缘配合

教学要求

掌握电力系统绝缘配合的相关概念，理解绝缘配合的三种方法，熟悉电气设备和输电线路的绝缘配合。

第一节 概 述

电力系统运行的可靠性主要由停电次数及停电时间来衡量，尽管停电原因很多，但绝缘的击穿是造成停电的主要原因之一。因此，电力系统运行的可靠性，在很大程度上决定于设备的绝缘水平及工作状况。为了提高系统的运行可靠性，合理地确定设备的绝缘水平，具有十分重大的意义。

电力系统中的绝缘，包括发电厂、变电站中电气设备绝缘和输配电线路的绝缘。从绝缘结构和特性区分，有外绝缘和内绝缘。外绝缘是指与大气直接接触的绝缘部件，一般是瓷或硅橡胶等表面绝缘和空气绝缘。外绝缘的耐受电压值与大气条件（气压、气温、湿度、雾、雨露、冰雪等）密切相关，沿面闪络和气隙击穿是外绝缘丧失绝缘性能的常见形式，但事后能恢复其绝缘性能，故属自恢复型绝缘。内绝缘是指不与大气直接接触的绝缘部件，其耐受电压值基本上与大气条件无关。一般地说，内绝缘是由固体、液体、气体等绝缘材料组成的复合绝缘。例如，变压器类设备的内绝缘主要是油纸绝缘，这类绝缘在过电压多次作用下，会因累积效应使绝缘性能下降，一旦绝缘被击穿或损坏，不能自动恢复原有的绝缘性能，故属非自恢复型绝缘。实际上，一台设备的绝缘结构总是由自恢复和非自恢复两部分组成，通常并不简单地把一台设备的绝缘说成是自恢复型或非自恢复型，仅当一台设备的非自恢复绝缘部分发生沿面或贯穿性放电的概率可以忽略不计时，才可称其绝缘为自恢复型的，或者相反。

电气设备的绝缘水平是指设备绝缘能耐受的试验电压值（耐受电压），在此电压作用下，绝缘不发生闪络、击穿或其他损坏现象。由于设备绝缘对于不同的作用电压的耐受能力不同，同一绝缘对不同的作用电压有其相应的耐受电压值，即同一绝缘对于不同的作用电压有其不同的绝缘水平。为考核设备绝缘承受运行电压、工频过电压及等价承受操作过电压和雷电过电压的能力，用短时（1min）工频耐受电压值；为考核绝缘承受运行电压和工频过电压作用下内绝缘老化和外绝缘耐污秽性能，用长时间（1～2h）工频耐受电压值；为考核绝缘承受雷电过电压作用的能力，用雷电冲击耐受电压值；为考核超高压设备绝缘承受操作过电压作用的能力，用操作冲击耐受电压值。

合理的绝缘配合是电力系统安全、可靠运行的基本保证，是高电压技术的核心内容。电力系统绝缘配合是指综合考虑电气设备在系统中可能承受的各种作用电压（工作电压及过电压）、保护装置的特性和设备绝缘对作用电压的耐受特性之间的关系。合理地确定电气设备的绝缘水平，使设备造价、维护费用和设备绝缘故障引起的事故损失费用三者总和为最小。不会因绝缘水平取得过高，而使设备尺寸过大及造价过高，形成不必要的投入；也不会因绝缘水平取得过低，而使设备在运行中事故率增加，导致事故损失及维护费用过大。所以，电力系统绝缘配合是一个复杂的、综合性很强的技术经济问题。由于任何一种电气设备在运行中都不是孤立存在的，首先是它们一定和某些过电压保护装置一起运行并接受后者的保护；其次是各种电气设备绝缘之间，甚至各种保护装置之间在运行中都是互有影响的，所以在选择绝缘水平时，需要考虑的因素很多，需要协调的关系很复杂。电力系统中存在着许多绝缘配合方面的问题。

一、电力系统绝缘配合的种类

1. 架空线路与变电站绝缘之间的绝缘配合

大多数过电压发源于输电线路，在电网发展的早期，为了使侵入变电站的过电压不致太高，曾一度把线路的绝缘水平取得比变电站内电气设备的绝缘水平低一些，因为线路绝缘（它们都是自恢复绝缘）发生闪络的后果不像变电站设备绝缘故障那样严重。这在当时的条件下，有一定的合理性。

在现代变电站内，装有保护性能相当完善的阀式避雷器，来波的幅值大并不可怕，因有避雷器可靠地加以限制，只要过电压波前陡度不太大，变电设备均处于避雷器的保护距离之内，流过避雷器的雷电流也不超过规定值，大幅值过电压波就不会对设备绝缘构成威胁。

实际上，现代输电线路的绝缘水平反而高于变电设备，因为有了避雷器的可靠保护，降低变电设备的绝缘水平不但可能，而且经济效益显著。

2. 同杆架设的双回路线路之间的绝缘配合

为了避免雷击线路引起两回线路同时跳闸停电的事故，同杆架设的双回路线路可以采用不平衡绝缘的方法，两回路绝缘水平之间应选择多大的差距，就是一个绝缘配合问题。

3. 电气设备内绝缘与外绝缘之间的绝缘配合

在没有获得现代避雷器的可靠保护之前，曾将内绝缘水平取得高于外绝缘水平，因为内绝缘击穿的后果较外绝缘（套管）闪络更为严重。

4. 各种外绝缘之间的绝缘配合

有不少电力设施的外绝缘不止一种，它们之间往往也有绝缘配合问题。架空线路塔头空气间隙的击穿电压与绝缘子串的闪络电压之间的关系就是一个典型的绝缘配合问题。又如，高压隔离开关的断口耐压必须设计得比支柱绝缘子的对地闪络电压更高一些，这样的配合是保证人身安全所必须的。

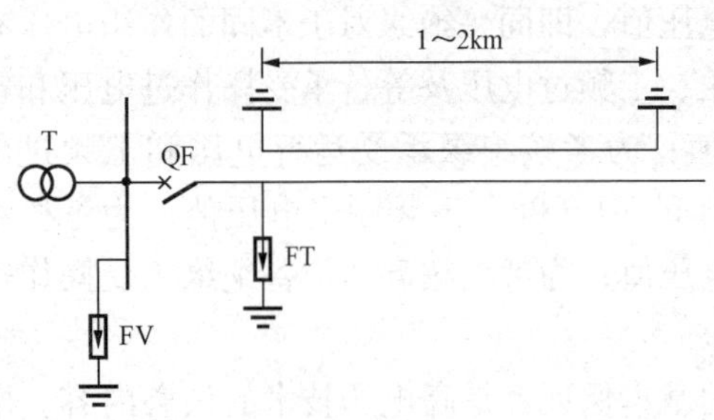

图 18-1 未沿全线装设避雷线的35～110kV变电站进线段保护接线

5. 各种保护装置之间的绝缘配合

图 18-1 的变电站防雷接线中的阀式避雷器 FV 与断路器外侧的管式避雷器 FT 放电特性之间的关系就是不同保护装置之间绝缘配合的一个很典型的例子。

6. 被保护绝缘与保护装置之间的绝缘配合

这是最基本和最重要的一种配合，将在后面作详细的分析。

二、电力系统绝缘配合的原则

在20世纪前半叶，是使设备绝缘足以耐受可能出现的最大过电压来满足系统运行安全方面的要求。但是，随着系统规模的扩大，输电电压等级不断提高，这种做法的不合理性逐渐显示出来。由于高电压系统中，绝缘水平对设备造价及绝缘故障损失的显著影响，合理地确定绝缘水平，即是技术性问题，又是经济性问题。当然，这是一个相当复杂的问题，影响因素很多，而且许多因素具有随机性。任何简单、孤立地以某一方面因素确定绝缘水平的做法，都是不可取的。理想的做法是采用最优化方法，科学地进行绝缘配合。工程上要实现最优化设计，必须深入研究电力系统过电压的概率分布及绝缘的击穿概率，应用统计法对绝缘故障率进行预测，并进行敏感度分析。近年来由于应用了概率论方法及电子计算机技术，这方面的研究取得了较大的进展。但是苦于统计法用于非自恢复型绝缘存在的困难，目前统计法主要用于220kV以上超高压系统设备的自恢复绝缘。

绝缘配合总的原则是综合考虑系统中可能出现的各种作用电压、保护装置特性及设备的绝缘特性确定设备的绝缘水平，从而使设备绝缘故障率或停电事故率降低到在经济上和运行上可以接受的水平。要做到符合这个总原则，必须计及不同电压等级、系统结构等诸多因素的影响，具体情况，灵活处理。

(1) 对不同电压等级系统，配合原则是不同的。在不同电压等级的系统中，正常运行条件下的工频电压不会超过系统的最高工作电压，这是绝缘配合的基本参数。然而，其他几种作用电压在绝缘配合中的作用则因系统电压等级的不同而不同，因此在高压及超高压系统中绝缘配合的具体原则不同，绝缘试验类型的选择亦有差别。

对于220kV及以下的系统，问题相对简单。一般以大气过电压决定设备的绝缘水平。其主要保护装置是避雷器，以避雷器的保护水平为基础确定设备的绝缘水平，并保证输电线路具有一定的耐雷水平。对于这些设备，在正常情况下应能耐受内过电压的作用，因此一般不专门采用针对内过电压的限制措施。

随着电压等级的提高，操作过电压的幅值将随之提高，所以在超高压电力系统（≥330kV）的绝缘配合中，操作过电压将逐渐起控制作用。因此，超高压系统中一般都采用了专门的限制内过电压的措施，例如并联电抗器、带有并联电阻的断路器及金属氧化物避雷器（MOA）等。由于对限制过电压措施的要求不同，绝缘配合的作法也不同。例如前苏联主要用复合型磁吹避雷器及限压器（实际上是氧化锌避雷器）限制操作过电压，所以是按避雷器在操作过电压下的保护特性决定设备的绝缘水平。美国、日本、法国等则主要通过改进断路器的性能，将操作过电压限制到预定的水平，避雷器则作为操作过电压的后备保护。这样设备绝缘水平实际上是以雷电过电压下避雷器的保护特性为基础确定的。我国是采取后一种作法。实际上无论哪一种作法，都是以避雷器的保护特性为基础的。

(2) 为符合总的原则，在技术上要力求做到作用电压与绝缘强度的全伏秒特性配合。为此要求具有一定伏秒特性和伏安特性的避雷器能将过电压限制在设备绝缘耐受强度以下，这个要求是通过避雷器与设备绝缘强度的全伏秒特性配合来实现的。

(3) 在电力系统绝缘配合中不考虑谐振过电压，因此，在系统设计及运行操作中应避免谐振过电压的发生。

(4) 为了兼顾设备造价、运行费用和停电损失等的综合经济效益，绝缘配合的原则需因不同的系统结构、不同的地区以及不同的发展阶段而有所不同。

不同的系统，因结构不同，过电压水平不同，且同一系统中不同地点的过电压水平亦有差异，造成事故的后果也是不同的。在系统发展初期，采用单回长距离线路送电，系统联系薄弱，一旦发生故障，经济损失较大。到了发展的中期或后期，系统联系增强，而设备制造水平提高，保护设备性能改善，设备损坏几率减少，即使个别设备损坏，造成的经济损失也会降低。因此，从经济方面考虑，对同一电压等级，不同地点、不同类型的设备，允许选择不同的绝缘水平。此外，许多系统的绝缘水平，初期较高，中、后期较低。就是说，不同的系统，在不同的发展阶段应该允许根据实际情况选择不同的绝缘水平。我国早年建成的330kV及500kV系统，均选取了较高的绝缘水平。

在超高压系统中，随着系统的发展，各种作用电压在绝缘配合中的作用也会有所变化。某些情况下，工频电压升高及长时间的工作电压都可能成为决定系统绝缘水平的重要因素。例如，随着系统额定电压的提高，限制过电压的措施不断完善，操作过电压可能被限制到1.7～1.8倍或更低，而此时因系统操作或故障而发生的工频电压升高，其幅值却可达1.7倍或更高，这就将成为重要的因素必须加以考虑。再如，操作过电压降低后，变压器等设备的绝缘水平相对降低了，但是在工作电压下的游离老化问题会变得突出起来，等等。

(5) 对于输电线路的绝缘水平，一般不需要考虑与变电站的绝缘配合。通常是以保证一定的耐雷水平为前提，基本上由工作电压和操作过电压决定。通常，为保证线路的安全运行，线路绝缘水平远高于变电站电气设备的绝缘水平。虽然多数过电压发源于线路，但高幅值的过电压波传入变电站时，将被站内的避雷器所限制，而站内设备绝缘是以避雷器保护水平为基础确定的。所以，线路过电压波不会威胁站内电气设备绝缘。

(6) 在污秽地区，外绝缘强度受污秽影响而大大降低，污闪事故常在恶劣气象条件和工作电压下发生。所以，严重污秽地区电力系统外绝缘水平主要由系统最高运行电压所决定。

(7) 应从运行可靠性的角度出发，选择合理的绝缘水平，以使各种作用电压下设备绝缘的等效安全系数都大致相同。

(8) 中性点接地方式对绝缘水平的影响。电力系统中性点接地方式是一个涉及面很广的综合性技术课题，它对电力系统的供电可靠性、过电压与绝缘配合、继电保护、通信干扰、系统稳定等方面都有很大的影响。中性点接地方式可以分为两种，即有效接地（包括直接接地及经小阻抗接地）和非有效接地（包括不接地和经消弧线圈接地）。这样的分类方法从过电压和绝缘配合的角度来看也是特别合适的。因为在这两类接地方式不同的电网中，过电压水平和绝缘水平都有很大的差别。在这方面，中性点直接接地系统有很大的优越性。

1）最大长期工作电压（指相对地绝缘所承受的电压）为相电压。中性点非直接接地系统单相故障时并不立即跳闸，可以继续带故障运行一定时间，因而它的最大长期工作电压可达线电压，即U_N。考虑到调压需要，实际运行电压可能比U_N高出10%～15%，因此最大长期运行电压为（1.1～1.15）U_N。中性点直接接地系统相电压为$\frac{1.05-1.15}{\sqrt{3}}U_N$，220kV及以下为$\frac{1.15}{\sqrt{3}}U_N$，330kV及以上为$\frac{1.1}{\sqrt{3}}U_N$。这样，对避雷器的灭弧条件比较有利，避雷器的阀片数目及间隙均可减少，避雷器的结构尺寸可以减小。

2）大气过电压低。由于设备绝缘上所承受大气过电压的数值取决于避雷器的特性，而在中性点直接接地系统中，根据较低的最大长期运行电压确定的阀片及间隙的数目也少，因此其残压和冲击放电电压也比中性点非直接接地系统低，一般约低20%。

3）内部过电压低。在中性点非直接接地系统中，内部过电压是在线电压的基础上发生和发展的，而中性点直接接地系统中内部过电压是在相电压的基础上发生和发展的，因而数值较低，一般比中性点非直接接地系统低20%～30%。而超高压系统之所以采用中性点直接接地的方式正是基于这个优点。因为随着电压等级的提高，设备绝缘费用所占比重越来越大，特别是在超高压系统中，采用中性点直接接地方式，可以大大降低设备造价。在低电压等级的系统中这一优点就不突出了，相反，中性点直接接地方式的缺点可能成为问题的主要方面。

中性点直接接地的缺点有以下几方面。

1）在电力系统中，单相接地故障所占比例很大，若中性点直接接地，一旦出现很大的单相短路电流，线路立即跳闸，不但给断路器造成严重的负担，也造成突然停电，影响供电的可靠性。

2）中性点非直接接地系统发生单相接地故障时，故障电流很小，不会对邻近通信线路产生很强的干扰；而中性点直接接地系统中很大的故障电流的电磁感应作用很强，将在邻近通信线路上产生很危险的感应电压，造成对设备或人身的危害。

3）中性点直接接地系统中发生单相接地故障时，大的故障电流产生很大的电动力，可能造成电气设备绝缘的损坏。综合以上所述优、缺点，不同电压等级的电网采取不同的中性点接地方式，以便兼顾电网运行可靠性及经济性两方面的要求。

对于60kV及以下电压等级的系统，我国电力行业标准规定，根据系统的具体条件，允许采用低电阻接地方式、高电阻接地方式，或消弧线圈接地等非有效接地方式，后者虽然要求绝缘水平较高，但因电压等级低，增加投资不多，却可使系统运行可靠性有所提高。不过6～35kV配电网往往发展很快，采用电缆的比重也不断增加，且运行方式经常变化，给消弧线圈的调谐带来困难，并易引发多相短路。故近年来有些以电缆网络为主的6～10kV大城市或大企业配电网不再像过去那样一律采用中性点非有效的接地方式，有一部分改用了中性点经低值或中值电阻接地的方式，它们属于有效接地系统，发生单相接地故障时立即跳闸。对于110kV及以上电压等级的系统，采用中性点直接接地方式，主要取其要求绝缘水平低的优点，以降低绝缘投资，至于可靠性问题可以采取相应措施解决。例如，为解决频繁跳闸问题，一般全线架设避雷线，增加投资不多（对超高压输电线路）却可大大减少雷击跳闸次数；还可以加装自动重合闸装置，提高运行的可靠性，为减小故障电流，一般110kV系统中部分变压器中性点绝缘。为防止对邻近通信线的干扰，通常在设计线路时使其远离通信线路，或在通信线路上加装保护装置。

三、电力系统绝缘配合的发展

从电力系统绝缘配合的发展过程来看，大致可分为以下三个阶段。

1. 多级配合（1940年以前）

由于当时使用的避雷器保护性能不够好、特性不稳定，因而不能把它的保护特性作为绝缘配合的基础。

当时采用的多级配合的原则是：价格越昂贵、修复越困难、损坏后果越严重的绝缘结构，其绝缘水平应选得越高。按照这一原则，显然变电站的绝缘水平应高于线路，设备内绝缘水平应高于外绝缘水平，等等。

有些国家直到20世纪50年代仍沿用这种绝缘配合方法，例如把变电站中的绝缘水平分为四级（见图18-2）：①避雷器（FV）；②并联在套管（外绝缘）上的放电间隙（F），其作用是防止沿面电弧灼烧套管的釉面，图18-3为其示意图；③套管（外绝缘）；④内绝缘。按照上述多级配合的原则，这四级绝缘的伏秒特性应采取图18-2表示的配合方式。

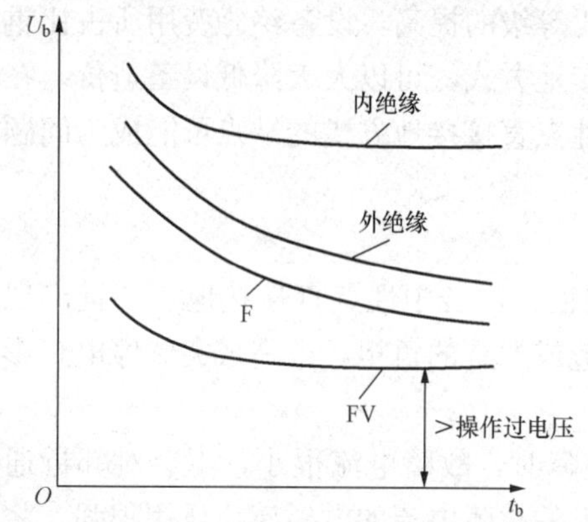

图18-2　以50%伏秒特性表示的多级配合

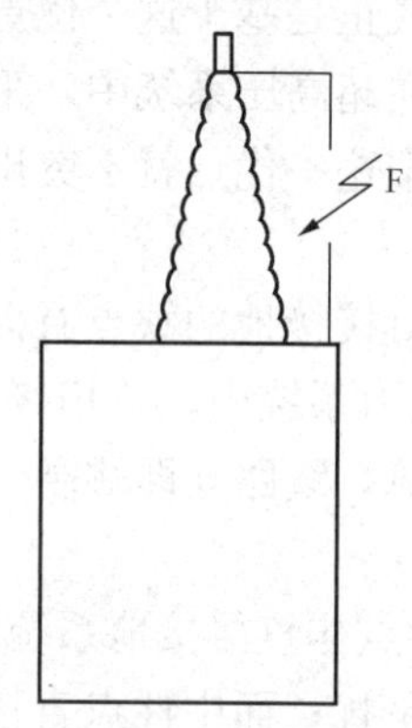

图18-3　在套管上跨接放电间隙

粗略看来，这种配合原则似乎也有一定的合理性。但实际上采用这种配合原则会引起严重的困难，其中最主要的问题是：为了使上一级伏秒特性带的下包线不与下一级伏秒特性带的上包线发生交叉或重叠，相邻两级50%伏秒特性之间均需保持15%～20%左右的差距（裕度），这是冲击波下闪络电压和击穿电压的分散性所决定的。因此不难看出，采用多级配合必然会把设备内绝缘水平抬得很高，这是特别不利的。

如果说在过去由于避雷器的保护性能不够稳定和完善，因而不能过于依赖它的保护功能而不得不把被保护绝缘的绝缘水平再分成若干档次，以减轻绝缘故障后果、减小事故损失；那么在现代阀式避雷器的保护性能不断改善、质量大大提高的情况下，再采用多级配合的原则就是严重的错误。

2. 两级配合（惯用法阶段）

从20世纪40年代后期开始，有越来越多的国家逐渐摒弃多级配合的概念而转为采用两级配合的原则，即各种绝缘都接受避雷器的保护，仅仅与避雷器进行绝缘配合，而不再在各种绝缘之间寻求配合。换言之，阀式避雷器的保护特性变成了绝缘配合的基础，只要将它的保护水平乘上一个综合考虑各种影响因素和必要裕度的系数，就能确定绝缘应有的耐压水平。从这一基本原则出发，经过不断修正和完善，终于发展成为直至今日仍在广泛应用的绝缘配合惯用法。

3. 绝缘配合统计法阶段

随着输电电压等级的提高，绝缘费用因绝缘水平的提高而急剧增大，因而降低绝缘水平的经济效益也越来越显著。

在惯用法中，以过电压的上限与绝缘电气强度的下限作绝缘配合，而且还要留出足够的裕度，以保证不发生绝缘故障。但这样做并不符合优化总经济指标的原则。从20世纪60年代以来，国际上出现了一种新的绝缘配合方法，称为“统计法”。它的主要原则如下：电力系统中的过电压和绝缘的电气强度都是随机变量，要求绝缘在过电压作用下不发生任何闪络和击穿现象，是不合理的（特别是在超高压和特高压输电系统中）；正确的做法应该是：规定出某一可以接受的绝缘故障率（例如将超、特高压线路绝缘在操作过电压下的闪络概率取作0.1%～1%），容许冒一定的风险。总之，应该用统计的观点及方法来处理绝缘配合问题，以求获得优化的总经济指标。

目前进行绝缘配合的方法有惯用法、统计法及简化统计法。

由于对非自恢复绝缘进行绝缘放电概率的测定，费用很高，目前难以使用统计法，主要采用惯用法。但是，现在国内外都正在致力于研究采用统计模拟的方法解决非自恢复绝缘的配合问题。对于降低绝缘水平经济效益不是非常显著的220kV及以下电压等级设备的绝缘，通常仍采用惯用法。在采用惯用法进行绝缘配合时，无法定量预估绝缘的故障率，只是在确定绝缘水平时留有一定的安全裕度，即所谓配合系数（或安全裕度系数）。

对于330kV及以上设备的自恢复绝缘，可以采用统计法进行绝缘配合，因此也可以用统计法对各项可靠性指标进行预估。

最后应当指出，以上各条原则只是分别反映某一方面因素对绝缘配合的影响，在绝缘配合中必须综合考虑各影响因素和国内外类似系统的运行经验，进行总体的优化设计以取得最佳方案。

第二节 绝缘配合的方法

由于220kV（其最大工作电压为252kV）及以下电压等级（高压）和220kV以上电压等级（超高压）电力系统在过电压保护措施、绝缘耐压试验项目、最大工作电压倍数、绝缘裕度取值等方面都存在差异，所以在作绝缘配合时，将它们分成如下两个电压范围（以系统的最大工作电压U_{max}来表示）：

范围Ⅰ　$1kV \leqslant U_{max} \leqslant 252kV$；

范围Ⅱ　$U_{max} > 252kV$。

绝缘配合方法，基本上分为两类：一类是长期沿用下来的方法，通常称为惯用法（常规法），又称确定性法，主要是根据运行经验，考虑各种因素的影响，利用一系列系数来协调，因此又称系数法或经验法；另一类是统计法，在超高压和特高压电网中，即电压范围Ⅱ的电网中，操作过电压在决定绝缘水平时起着主要作用，为此用统计法较精确地预测自恢复绝缘在操作过电压下的绝缘放电的故障率，从而选择绝缘水平。

统计法计算绝缘故障率需要的是高幅值过电压概率和低概率绝缘放电电压，要直接得到这样的数据，需要大量的试验次数，是较困难的。

为了便于在实际工作的计算，对过电压分布和绝缘放电概率的统计规律作一些假定，简化计算。简化后的统计法，称为简化统计法，又称为近似统计法。

对电压范围Ⅰ，以及所有电压范围的非自恢复绝缘，通常不用统计法和简化统计法。

一、惯用法

长期以来被广泛采用的电力系统绝缘配合方法是惯用法。惯用法要求设备绝缘的最低抗电强度高于可能作用于设备的预期过电压值，并留有一定的裕度。

应用惯用法时，先要确定设备安装点用作绝缘配合的过电压值，再根据运行经验乘以考虑各种影响过电压值的因素以及有一定裕度的配合系数，得出电气设备需具有的耐受电压值。于是，要求设备绝缘抗电强度必须不低于此耐受电压。由于实际的过电压值和绝缘强度都是随机变量，很难准确确定其上下限，为安全运行，采取留有较大裕度的办法解决。因此，惯用法确定的绝缘水平是偏严格的，而且不能定量预估绝缘故障的概率。虽然如此，除了330kV及以上的自恢复绝缘部分（输电线路）采用统计法外，其他情况下仍主要采用惯用法。目前，惯用法中所采用的计算用雷电过电压是以避雷器残压为基础决定的。计算用最大操作过电压则按实测和模拟实验的结果统计归纳得出，我国相对地计算用最大操作过电压的倍数 K_0（以电网最高运行相电压幅值为基数）为：

66kV及以下（低电阻接地系统除外） 4.0；

110kV及220kV 3.0；

330kV和500kV 分别为2.2和2.0。

有关设备绝缘上作用电压与绝缘水平之间的配合系数大小，将在下节叙述。

二、统计法

采用统计法进行绝缘配合的前提是已知各种过电压和绝缘耐电强度的统计特性（概率密度、分布函数等）。

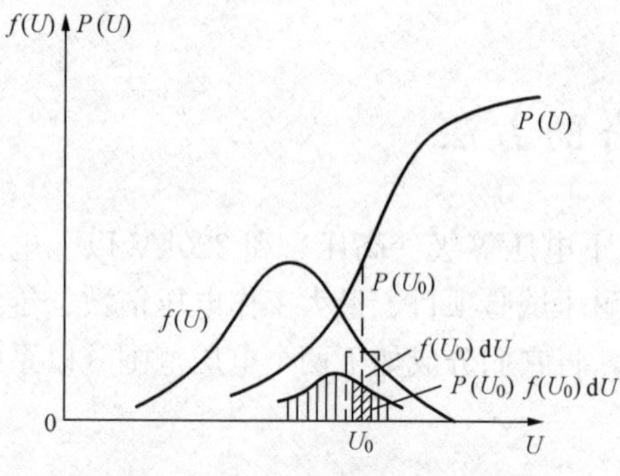

图18-4 绝缘故障率的估算

设过电压幅值的概率密度函数为 $f(U)$，绝缘击穿（或闪络）概率分布函数为 $P(U)$，且 $f(U)$ 与 $P(U)$ 互不相关，如图18-4所示。$f(U_0)\mathrm{d}U$ 为过电压在 U_0 附近 dU 范围内出现的概率，$P(U_0)$ 为过电压 U_0 作用下绝缘击穿（或闪络）的概率，这二者是相互独立的。因此，出现这样高的过电压并损坏绝缘的概率为 $P(U_0)f(U_0)\mathrm{d}U=\mathrm{d}R$，$\mathrm{d}R$ 称为微分故障率，即图18-4中阴影部分 dU 区内的面积。

习惯上，过电压是按绝对值统计的（不分正、负极性，约各占一半），并根据过电压的含义，$U>U_{xg}$（最大运行相电压幅值），所以过电压 U 的范围是 $U_{xg}\sim\infty$（或到某一最大值），故绝缘故障率 R 为

$$R=\int_{U_{xg}}^{\infty}P(U)f(U)\mathrm{d}U \tag{18-1}$$

显然，R 值是图18-4中阴影部分的总面积。

在一定的过电压条件下，即 $f(U)$ 不变，若增加绝缘强度，$P(U)$ 曲线向右移动，阴影部分面积减小，即故障率减小，其代价是设备投资增大；若降低绝缘强度，$P(U)$ 曲线向左移动，阴影部分面积增大，即故障率增大，设备维护及事故损失费增大，当然，相应地设备投资费减小。因此，可用统计法按需要对敏感因素作调整，进行一系列试验设计与故障率的估算，根据技术经济比较，在绝缘投资和故障率之间协调，在满足预定故障率的前提下，选择合理的绝缘水平。

采用统计法进行绝缘配合时，安全裕度不再是一个带有随意性的量值，而是一个与绝缘故障率相联系的变数。

三、简化统计法

在实际工程中严格采用统计法是相当繁琐和困难的。如对非自恢复绝缘做放电概率的测定，耗资太大，无法接受；对一些随机因素（气象条件、过电压波形影响等）的概率分布有

时并非已知，所以统计法虽是合理的，却难以实用。从而产生了简化统计法。

简化统计法是设定实际过电压的绝缘放电概率为正态分布规律，并已知其标准偏差，在此设定基础上，上述两条概率分布曲线就可分别用某一参考概率相对应的点来表示，此两点对应的值分别称为统计过电压和统计耐受电压。国际电工委员会绝缘配合标准推荐采用出现概率为2%过电压（即等于和大于此过电压的出现概率为2%）作为统计过电压U_S，推荐采用闪络概率为10%，即耐受概率为90%的电压作为绝缘统计耐受电压U_W。于是，绝缘故障率就与这两个值有关，通过计算可得故障率R；再根据技术经济比较，定出能接受的R值，选择相应的绝缘水平。

实际上，绝缘故障率R只决定于U_W与U_S之间的裕度，因此称它们的比值$K_S=\dfrac{U_W}{U_S}$为统计安全系数。在过电压保持不变的条件下，提高绝缘水平，其U_W值增大，K_S值也增大，故障率R会相应减小。

从形式上看，简化统计法中统计安全系数的表达与惯用法中最低绝缘强度与最大过电压之间的配合相类似。但惯用法没有引入参数的统计概念，不去估算绝缘故障率。或者说，惯用法是要求绝缘故障率很小，甚至可忽略不计，这是与统计法不同的。

目前，对各电压等级的非自恢复绝缘和降低绝缘的经济效益不显著的220kV及以下自恢复绝缘，仍一直沿用惯用法进行绝缘配合。只在某些超高压线路，有采用简化统计法进行绝缘配合的工程实例。

第三节　电气设备绝缘水平的确定

在变电站的诸多电气设备中，以电力变压器最为重要，通常以确定电力变压器的绝缘水平为中心环节，再确定其他设备的绝缘水平。

图18-5为500kV变电站主接线示意图。由于母线侧和线路侧的工频电压升高不同，对避雷器的灭弧电压（氧化锌避雷器的额定电压）要求不同，需采用两种不同参数的避雷器。变压器的绝缘水平应与灭弧电压较低的变电站型避雷器进行配合，其他设备则与灭弧电压较高的线路型避雷器相配合。

对于330～500kV电气设备的绝缘水平由两个参数表示：①全波基本冲击绝缘水平（BIL），即额定雷电冲击耐受电压；②操作基本冲击绝缘水平（BSL），即额定操作冲击耐受电压。

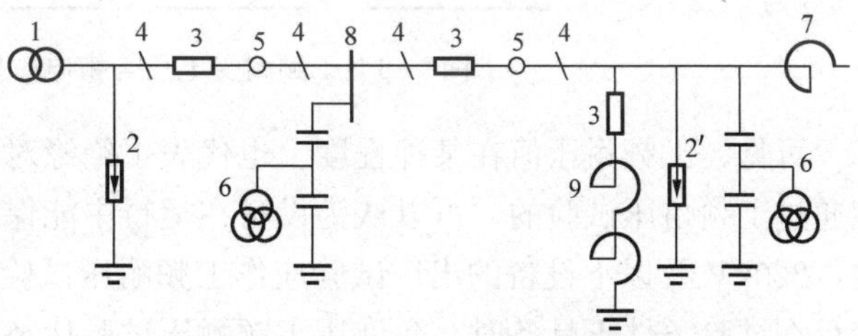

图18-5　500kV变电站主接线示意图

1—变压器；2、2′—变电站型、线路型避雷器；3—断路器；4—隔离开关；5—电流互感器；6—电容式电压互感器；7—阻波器；8—母线；9—电抗器

在330～500kV系统中，避雷器同时用作雷电过电压和操作过电压的保护，因此，变压器的全波基本冲击绝缘水平（BIL）与避雷器的雷电冲击保护水平（U_p）之间取一定的配合系数，此系数根据各国的运行经验及传统的取值略有不同，一般在1.2～1.4之间。国际电工委员会（IEC）规定此系数大于等于1.2，即

$$BIL \geqslant 1.2U_p \tag{18-2}$$

我国新的行业标准规定，全波冲击绝缘水平以避雷器的标称放电电流时的额定残压 U_r 为基础，配合系数取 1.4，即

$$BIL = 1.4U_r \tag{18-3}$$

配合系数是一个综合多方面影响因素的系数，这些影响因素主要有：①避雷器与被保护设备间的距离；②避雷器内部电感；③变压器绝缘的老化，即累积效应；④避雷器运行中参数的变化；⑤ 变压器工频励磁的影响，等等。

由于变电站的雷电过电压和绝缘故障是一种随机性事件，影响因素很多，而且大多数是随机性因素，因此对于大型复杂的 500kV 变电站，上述以避雷器为基础进行的绝缘配合，还需经过计算机数值模拟来校核，进行方案比较，以便确定电气设备最优或比较合理的绝缘水平。

变压器的操作基本冲击绝缘水平（*BSL*）与避雷器的操作冲击保护水平（U'_p）相配合，配合系数不低于 1.15，即

$$BSL = 1.15U'_p \tag{18-4}$$

这里操作冲击的配合系数比雷电冲击的小，主要考虑避雷器与被保护设备之间的距离对避雷器操作冲击保护效果的影响比雷电冲击保护效果小的缘故。对超高压设备应当进行雷电及操作冲击耐受电压试验，以检验设备在雷电过电压和操作过电压下的绝缘性能。

在 220kV 及以下的系统中，由于操作过电压对正常绝缘无危害，避雷器不动作，避雷器只用作雷电过电压的防护措施。因此，按上述原则根据避雷器的雷电冲击保护水平可以确定变压器的全波基本冲击绝缘水平（*BIL*）。而操作冲击绝缘水平（*BSL*）是用额定短时工频耐受电压，即工频绝缘水平代替。实际上这种工频试验电压值是由设备的 *BSL* 和 *BIL* 共同决定的。这主要是基于雷电或操作冲击对绝缘的作用，在某种程度上可以用工频来等价。工频耐受电压与雷电、操作过电压的等价关系如图 18-6 所示，图中 β_1、β_2 为雷电和操作过电压换算为等值工频电压用的冲击系数。

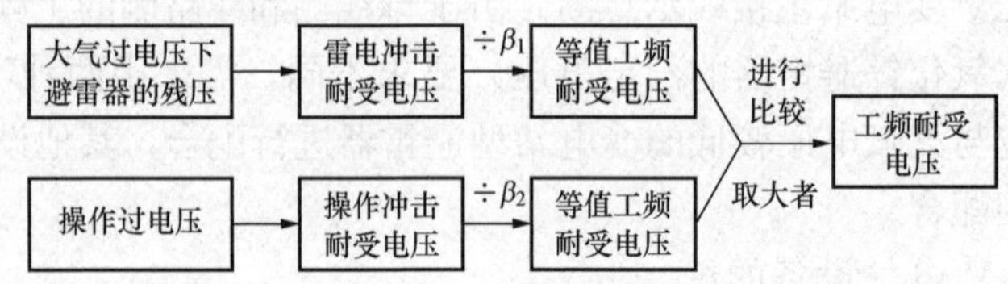

图 18-6 工频耐受电压与雷电、操作过电压的关系

可见，工频耐压值在某种程度上也代表了绝缘对操作、雷电过电压总的耐受水平。凡是能通过工频耐压试验的，可以认为设备在运行中能保证一定的可靠性。由于工频试验简单方便，220kV 及以下设备的出厂试验应作工频耐压试验；而 330～500kV 超高压设备的出厂试验只在试验条件不具备时，允许用工频耐压试验代替。

以上是以变压器为代表的用避雷器保护的设备的绝缘水平的确定过程。

对于不用避雷器保护或非有效保护的设备，如断路器、仪用互感器等，应选用较高的雷电冲击耐受电压及与之对应的操作冲击耐受电压。这些数值的选定亦应根据系统结构的特点，过电压保护设备的性能及预期的过电压水平等具体情况，以保证在设备安装点可能出现的过电压引起的破坏性放电概率在可接受的水平之内。

现以 500kV 和 110kV 变电站为例，具体选择电气设备的绝缘水平。

【例 18 - 1】 某 500kV 变电站，母线避雷器额定电压为 420kV，20kA 雷电流残压为 1046kV，在操作过电压作用下的残压为 858kV。断路器线路侧避雷器的额定电压和残压分别为 444kV 和 1106kV，在操作过电压作用下的残压为 907kV。试求变压器绝缘的雷电冲击耐受电压和操作冲击耐受电压？其他设备绝缘的雷电冲击耐受电压和操作冲击耐受电压？

解 变压器绝缘的雷电冲击耐受电压为

$$BIL = 1.4 \times 1046 = 1464.4(\mathrm{kV})$$

按标准值取 $BIL = 1550(\mathrm{kV})$。

其他设备绝缘的雷电冲击耐受电压为

$$BIL = 1.4 \times 1106 = 1548.4(\mathrm{kV})$$

取 $BIL = 1550(\mathrm{kV})$

在某些情况下，考虑到设备长期运行的可靠性，按经验会取比 1550kV 更高一级的 BIL 值（即 1675kV）。

已知变电站避雷器在操作过电压作用下的残压分别为 858kV 和 907kV，故变压器绝缘的操作冲击耐受电压为

$$BSL = 1.15 \times 858 = 986.7(\mathrm{kV})$$

取 $BSL = 1050(\mathrm{kV})$

其他设备绝缘的操作冲击耐受电压为

$$BSL = 1.15 \times 907 = 1043.1(\mathrm{kV})$$

取 $BSL = 1050(\mathrm{kV})$ 或 $BSL = 1175(\mathrm{kV})$。

【例 18 - 2】 某 110kV 变电所，避雷器额定电压为 100kV，5kA 雷电流时的残压为 260kV。已知 110kV 系统计算用操作过电压倍数 $K_0 = 3$，雷电冲击系数 $\beta_1 = 1.48$，操作冲击系数 $\beta_2 = 1.35$，试求设备绝缘的雷电冲击耐受电压、操作冲击耐受电压、额定短时工频耐受电压？

解 设备绝缘的雷电冲击耐受电压为

$$BIL = 1.4 \times 260 = 364(\mathrm{kV})$$

参照标准值取 $BIL = 450(\mathrm{kV})$

已知 110kV 系统计算用操作过电压倍数 $K_0 = 3$，则操作冲击耐受电压为

$$BSL = 1.15 \times 3 \times \frac{1.15 \times 110\sqrt{2}}{\sqrt{3}} \approx 358(\mathrm{kV})$$

将 BIL 和 BSL 转换至短时工频耐压值，雷电冲击系数 $\beta_1 = 1.48$，操作冲击系数 $\beta_2 = 1.35$，则有

$$\frac{450}{1.48\sqrt{2}} \approx 215(\mathrm{kV})；\frac{358}{1.35\sqrt{2}} \approx 187(\mathrm{kV})$$

选其中较大者为 215kV，参照标准值，取其额定短时工频耐受电压为 230kV。

详细的各电压等级电气设备绝缘耐受电压值，可查阅相关国家标准的规定。

第四节 架空输电线路绝缘水平的确定

确定输电线路绝缘水平，包括确定绝缘子串的片数及线路绝缘的空气间隙，这两种绝缘均属自恢复绝缘。对 500kV 线路，可将绝缘强度作为随机变量，利用简化统计法进行绝缘

配合，以期获得较高的经济效益。500kV 以下的线路仍采用惯用法进行绝缘配合。本节将以惯用法作架空输电线路的绝缘配合。

一、绝缘子串的选择

线路绝缘子串应满足三方面的要求。

(1) 在工作电压下不发生污闪。

(2) 在操作过电压下不发生湿闪。

(3) 具有足够的雷电冲击绝缘水平，能保证线路的耐雷水平与雷击跳闸率满足规定要求。

通常按下列顺序进行选择：①根据机械负荷和环境条件选定所用悬式绝缘子的型号；②按工作电压所要求的泄漏距离选择串中片数；③按操作过电压的要求计算应有的片数；④按上面②、③所得片数中的较大者，校验该线路的耐雷水平与雷击跳闸率是否符合规定要求。

(一) 按工作电压要求选择

为了防止绝缘子串在工作电压下发生污闪事故，绝缘子串应有足够的沿面爬电距离。我国多年来的运行经验证明，线路的闪络率（次/100km·年）与该线路的爬电比距 λ 密切相关，如果根据线路所在地区的污秽等级选定 λ 值，就能保证必要的运行可靠性。

设每片绝缘子的几何爬电距离为 L_0（cm），即可按爬电比距 λ（cm/kV）的定义写出其表达式为

$$\lambda = \frac{nK_eL_0}{U_m} \tag{18-5}$$

式中 n——绝缘子片数；

U_m——系统最高工作（线）电压有效值，kV；

K_e——绝缘子爬电距离有效系数。

K_e 值主要由各种绝缘子几何泄漏距离对提高污闪电压的有效性来确定，并以 XP-70（或 X-4.5）型和 XP-160 型普通绝缘子为基准，即取它们的 K_e 为 1，其他型号绝缘子的 K_e 估算方法可参阅国家有关标准。

可见为了避免污闪事故，所需的绝缘子片数应为

$$n_1 \geqslant \frac{\lambda U_m}{K_eL_0} \tag{18-6}$$

应该注意，λ 值是根据实际运行经验得出的，所以：①按式（18-6）求得的片数 n_1 中已包括零值绝缘子（指串中已丧失绝缘性能的绝缘子），故不需再增加零值片数；②式（18-6）能适用于中性点接地方式不同的电网。

【例 18-3】 处于清洁区（0 级，$\lambda=1.39$）的 110kV 线路采用的是 XP-70（或 X-4.5）型悬式绝缘子（其几何爬电距离 $L_0=29$cm），试按工作电压的要求计算应有的片数 n_1。

解 $$n_1 \geqslant \frac{1.39\times110\times1.15}{29} = 6.06 \rightarrow \text{取 7 片}$$

(二) 按操作过电压要求选择

绝缘子串在操作过电压的作用下，也不应发生湿闪。在没有完整的绝缘子串在操作波下的湿闪电压数据的情况下，只能近似地用绝缘子串的工频湿闪电压来代替，对于最常用的 XP-70（或 X-4.5）型绝缘子来说，其工频湿闪电压幅值 U_W（kV）可利用下面的经验公式

求得

$$U_W = 60n + 14 \tag{18-7}$$

式中　n——绝缘子片数。

电网中操作过电压幅值的计算值$=K_0U_{ph}$(kV)，其中K_0为操作过电压计算倍数，具体数值可从有关国家标准中查得。

设此时应有的绝缘子片数为n_2'，则有n_2'片组成的绝缘子串的工频湿闪电压幅值应为

$$U_W = 1.1K_0U_{ph}(\text{kV}) \tag{18-8}$$

式中　1.1——综合考虑各种影响因素和必要裕度的一个综合修正系数。

只要知道各种类型绝缘子串的工频湿闪电压与其片数的关系，就可利用式（18-8）求得应有的n_2'值，再考虑需增加的零值绝缘子片数n_0后，最后得出的操作过电压所要求的片数为

$$n_2 = n_2' + n_0 \tag{18-9}$$

我国规定应预留的零值绝缘子片数见表18-1。

表18-1　零值绝缘子片数n_0

额定电压（kV）	35～220		330～500	
绝缘子串类型	悬垂串	耐张串	悬垂串	耐张串
n_0	1	2	2	3

【例18-4】　试按操作过电压的要求，计算110kV线路的XP-70型绝缘子串应有的片数n_2。

解　该绝缘子串应有的工频湿闪电压幅值为

$$U_W = 1.1K_0U_{ph} = 1.1\times3\times\frac{1.15\times110\sqrt{2}}{\sqrt{3}} = 341(\text{kV})$$

将应有的U_W代入式（18-7），即得

$$n_2' = \frac{341-14}{60} = 5.45\rightarrow 取6片$$

最后得出的应有片数

$$n_2 = n_2' + n_0 = 6 + 1 = 7(片)$$

现将按以上方法求得的不同电压等级线路应有的绝缘子片数n_1和n_2以及实际采用的片数n综合列于表18-2中。

表18-2　各级电压线路悬垂串应有的绝缘子片数

线路额定电压（kV）	35	66	110	220	330	500
n_1	2	4	7	13	19	28
n_2	3	5	7	12	17	22
实际采用值n	3	5	7	13	19	28

注　1. 表中数值仅适用于海拔1000m以下的非污秽区。

2. 绝缘子均为XP-70（或X-4.5）型。其中330kV和500kV线路实际上采用的很可能是其他型号绝缘子（例如XP-160型）可按泄漏距离和工频湿闪电压进行折算。

如果已掌握该绝缘子串在正极性操作冲击波下的50%放电电压 $U_{50\%(S)}$ 与片数的关系，那么也可以用下面的方法来求出此时应有的片数 n_2' 和 n_2。

该绝缘子串应具有下式所示的50%操作冲击放电电压

$$U_{50\%(S)} \geqslant K_S U_S \tag{18-10}$$

式中　U_S——对范围Ⅰ（$U_m \leqslant 252kV$），它等于 $K_0 U_{ph}$；对范围Ⅱ（$U_m > 252kV$）它应为合空载线路、单相重合闸、三相重合闸这三种操作过电压的最大者；

K_S——绝缘子串操作过电压配合系数，对范围Ⅰ取1.17，对范围Ⅱ取1.25。

（三）按雷电过电压要求选择

按上面所得的 n_1 和 n_2 中较大的片数，校验线路的耐雷水平和雷击跳闸率是否符合有关规程的规定。

不过实际上，雷电过电压方面的要求在绝缘子片数选择中的作用一般是不大的，因为线路的耐雷性能并非完全取决于绝缘子的片数，而是取决于各种防雷措施的综合效果，影响因素很多。即使验算的结果表明不能满足线路耐雷性能方面的要求，一般也不再增加绝缘子片数，而是采用诸如降低杆塔接地电阻等其他措施来解决。

二、空气间距的选择

输电线路的绝缘水平不仅取决于绝缘子的片数，同时也取决于线路上各种空气间隙的极间距离——空气间距，而且后者对线路建设费用的影响远远超过前者。

输电线路上的空气间隙包括以下几种。

（1）导线对地面；在选择其空气间距时主要考虑地面车辆和行人等的安全通过、地面电场强度及静电感应等问题。

（2）导线之间；应考虑相间过电压的作用、相邻导线在大风中因不同步摆动或舞动而相互靠近等问题。当然，导线与塔身之间的距离也决定着导线之间的空气间距。

（3）导、地线之间；按雷击于档距中央避雷线上时不至于引起导、地线间气隙击穿这一条件来选定。

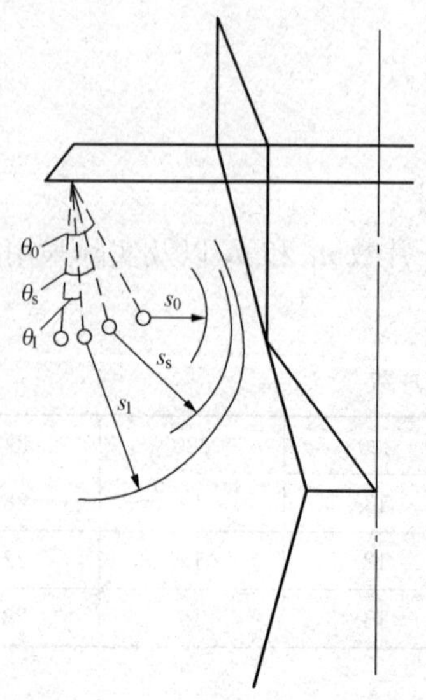

图18-7　塔头上的风偏角与空气间距

（4）导线与杆塔之间；这将是下面要探讨的重点内容。

为了使绝缘子串和空气间隙的绝缘能力都得到充分发挥，显然应使气隙的击穿电压与绝缘子串的闪络电压大致相等。但在具体实施时，会遇到风力使绝缘子串发生偏斜等不利因素。就塔头空气间隙上可能出现的电压幅值来看，一般是雷电过电压最高、操作过电压次之、工频工作电压最低；但从电压作用时间来看，情况正好相反。由于工作电压长期作用在导线上，所以在计算它的风偏角 θ_0 时（见图18-7），应取该线路所在地区的最大设计风速 v_{max}（取20年一遇的最大风速，在一般地区约为25～35m/s）；操作过电压持续时间较短，通常在计算其风偏角 θ_s 时，取计算风速等于 $0.5v_{max}$；雷电过电压持续时间最短，而且强风与雷击点同在一处出现的概率极小，因此通常取其计算风速等于 10～15m/s，可见它的风偏角 $\theta_l < \theta_s < \theta_0$，如图 18-7所示。

三种情况下的净空气间距的确定方法如下。

（1）工作电压所要求的净间距 s_0。s_0 的工频击穿电压幅值

$$U_{50\sim} = K_1 U_{ph} \tag{18-11}$$

式（18-11）中系数 K_1 为综合考虑工频电压升高、气象条件、必要的安全裕度等因素的空气间隙工频配合系数。对 66kV 及以下的线路取 $K_1=1.2$；对 110～220kV 线路取 $K_1=1.35$；对范围Ⅱ取 $K_1=1.4$。

（2）操作过电压所要求的净间距 s_s。要求 s_s 的正极性操作冲击波下的 50%击穿电压

$$U_{50\%(s)} = K_2 U_s = K_2 K_0 U_{ph} \tag{18-12}$$

式中　K_2——空气间隙操作配合系数，对范围Ⅰ取 1.03，对范围Ⅱ取 1.1。

在缺乏空气间隙 50%操作冲击击穿电压的实验数据时，亦可采取先估算出等值的工频击穿电压 $U_{e(50\sim)}$，然后求取应有的空气间距 s_s 的办法。

由于长间隙在不利的操作冲击波形下的击穿电压显著低于其工频击穿电压，其折算系数 $\beta_s < 1$，如再计入分散性较大等不利因素，可取 $\beta_s = 0.82$，即

$$U_{e(50\sim)} = \frac{U_{50\%(s)}}{\beta_s}$$

（3）雷电过电压所要求的净间距 s_l。通常取 s_l 的 50%雷电冲击击穿电压 $U_{50\%(l)}$ 等于绝缘子串的 50%雷电冲击闪络电压 U_{CFO} 的 85%，即

$$U_{50\%(l)} = 0.85 U_{CFO}$$

其目的是减少绝缘子串的沿面闪络，减少釉面受损的可能性。

求得以上的净间距后，即可确定绝缘子串处于垂直状态时对杆塔应有的水平距离

$$L_0 = s_0 + l\sin\theta_0$$
$$L_s = s_s + l\sin\theta_s$$
$$L_l = s_l + l\sin\theta_l$$

式中　l——绝缘子长度，m。

最后，选三者中最大的一个，就得出了导线与杆塔之间的水平距离 L，即

$$L = \max[L_0, L_s, L_l]$$

表 18-3 中列出了各级电压线路所需的净间距值。当海拔高度超过 1000m 时，应按有关规定进行校正；对于发电厂、变电站，各个 s 值应再增加 10%的裕度，以保证安全。

表 18-3　　**各级电压线路所需的净间距值**　　cm

额定电压（kV）	35	66	110	220	330	500
X-4.5 型绝缘子片数	3	5	7	13	19	28
s_0	10	20	25	55	90	130
s_s	25	50	70	145	195	270
s_l	45	65	100	190	260	370

电力系统中的绝缘，包括发电厂、变电站中电气设备绝缘和输配电线路的绝缘。从绝缘结构和特性区分，有外绝缘和内绝缘。外绝缘是指与大气直接接触的绝缘部件，一般是瓷或硅橡胶等表面绝缘和空气绝缘，外绝缘的耐受电压值与大气条件（气压、气温、湿度、雾、雨露、冰雪等）密切相关，沿面闪络和气隙击穿是外绝缘丧失绝缘性能的常见形式，但事后能恢复其绝缘性能，故属自恢复型绝缘。内绝缘是指不与大气直接接触的绝缘部件，其耐受电压值基本上与大气条件无关。一般地说，内绝缘是由固体、液体、气体等绝缘材料组成的复合绝缘。例如，变压器类设备的内绝缘主要是油纸绝缘，这类绝缘在过电压多次作用下，会因累积效应使绝缘性能下降，一旦绝缘被击穿或损坏，不能自动恢复原有的绝缘性能，故属非自恢复型绝缘。

电气设备的绝缘水平是指设备绝缘能耐受的试验电压值（耐受电压），在此电压作用下，绝缘不发生闪络、击穿或其他损坏现象。

电力系统绝缘配合是指综合考虑电气设备在系统中可能承受的各种作用电压（工作电压及过电压）、保护装置的特性和设备绝缘对作用电压的耐受特性之间的关系。合理地确定电气设备的绝缘水平，使设备造价、维护费用和设备绝缘故障引起的事故损失费用三者总和为最小。不会因绝缘水平取得过高，而使设备尺寸过大及造价过高，形成不必要的投入；也不会因绝缘水平取得过低，而使设备在运行中事故率增加，导致事故损失及维护费用过大。目前进行绝缘配合的方法有惯用法、统计法及简化统计法。

电力系统绝缘配合，长期以来被广泛采用的方法是惯用法。惯用法要求设备绝缘的最低抗电强度高于可能作用于设备的预期过电压值，并留有一定的裕度。

应用惯用法时，先要确定设备安装点用作绝缘配合的过电压值，再根据运行经验乘以考虑各种影响过电压值的因素以及有一定裕度的配合系数，得出电气设备需具有的耐受电压值。于是，要求设备绝缘抗电强度必须不低于此耐受电压。由于实际的过电压值和绝缘强度都是随机变量，很难准确确定其上下限，为安全运行，采取留有较大裕度的办法解决。因此，惯用法确定的绝缘水平是偏严格的，而且不能定量预估绝缘故障的概率。虽然如此，除了330kV及以上的自恢复绝缘部分（输电线路）采用统计法外，其他情况下仍主要采用惯用法。随着系统额定电压的提高，在建设发展超高压、特高压远距离输电时，降低绝缘水平的经济效益越来越显著。若仍按上述惯用法将超高压、特高压系统的绝缘水平定得很高，或要求保护装置、保护措施有超常的性能，则在经济上要付出很大的代价，是不合理的。因而，换个想法，允许绝缘有一定的故障率，用技术经济综合指标确定系统绝缘的最佳设计方案，在20世纪70年代形成了一种新的绝缘配合方法统计法。

在实际工程中严格采用统计法是相当繁复和困难的。如对非自恢复绝缘做放电概率的测定，耗资太大，无法接受；对一些随机因素（气象条件、过电压波形影响等）的概率分布有时并非已知，所以统计法虽是合理的，却难以实用，从而产生了简化统计法。

思考题与习题

1. 什么是外绝缘？什么是内绝缘？
2. 什么是电气设备的绝缘水平？什么是电力系统的绝缘配合？
3. 绝缘配合的主要方法有哪几种？
4. 什么是绝缘配合的惯用法？
5. 输电线路绝缘子串中的绝缘子片数是如何确定的？

第五篇　特高压输电系统的高电压技术

第十九章　特高压交流输电中的高电压技术

教学要求

了解超高压和特高压交流输电的特征，熟悉特高压交流输电的功能、特点与优点，了解国外特高压交流输电发展概况，了解我国发展特高压交流输电的必要性与可行性，了解特高压交流架空输电线路与输变电设备的特点，了解特高压交流输电的相关高电压技术。

当今世界，无论交流输电还是直流输电，总的趋势是输电电压等级越来越高，其主要原因是：

(1) 线路走廊的考虑。在国土面积较窄小的国家，地价很高或受地形限制时，线路走廊的问题较突出。经济性比较显示：每提高一个电压等级，走廊输送电能的利用率可提高 2～3 倍。此外基于对稳定性的考虑，同一电压等级多条输电线路总输电能力并非是各条线路输电能力的总和，但输电电压等级提高，输送容量会大大提高。

(2) 短路电流的考虑。输电系统所允许的短路电流上限由系统结构和断路器开断能力决定。如果更高电压担负主要输电任务，较低电压系统的短路电流则不会增加，并可使已有断路器的开断能力满足系统要求。

(3) 系统运行可靠性和经济性的考虑。提高输电电压是增大线路输电容量和输送距离、降低输电损耗、节约线路走廊用地的首选有效措施；但也有不利的一面，诸如加大绝缘技术难度、增加绝缘投资和绝缘运行费用、产生新的环境影响等。所以，通常应按所需的输电容量和距离来选择合适的输电电压。

超高压和特高压输电，给电气设备，特别是变压器、互感器、断路器、避雷器等的制造研发、运行管理提出新的课题和目标。

第一节　超高压和特高压的特征

交流输电电压系列被划分成几段，分段的原则应该是每一段都要有区别于其他各段的特征，从一段到另一段必须有"质"的变化。交流输电电压可分为四段：①低压（LV），1kV 以下；②高压（HV），1～220kV；③超高压（EHV），220kV 以上～1000kV 以下；④特高压（UHV），1000kV 及以上，如图 19 - 1 所示。

一、超高压的特征

超高压与高压在以下几方面不同。

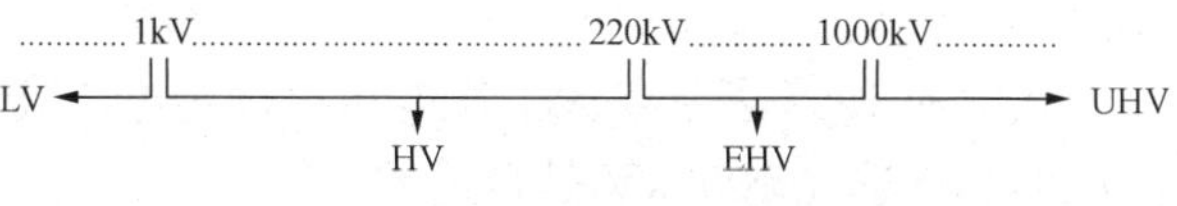

图 19-1 交流输电电压的分段

(1) 对于 220kV 及以下的交流架空线路来说，电晕放电及其引起的各种派生效应都不显著，一般无需采用分裂导线和均压防晕金具；而对 220kV 以上的更高电压等级线路，广泛采用分裂导线或扩径导线，且绝缘子串上均装设均压防晕金具，以改善电压分布、减轻绝缘子串上的电晕及其引起的干扰影响。在超高压输电技术的发展过程中，各国在采用新的更高输电电压时，往往提前建设包括试验线段在内的试验研究基地，其主要基础研究课题之一就是电晕问题。

(2) 对于 220kV 及以下的输电系统来说，按雷电过电压选择的绝缘水平一般均能满足操作过电压的要求；而对于 220kV 以上的系统来说，操作过电压开始取代雷电过电压而成为决定系统绝缘水平的主要因素。

(3) 由于降低操作过电压和绝缘水平的经济投入成为首要考虑因素，220kV 以上电力系统均采用中性点有效接地方式，而 220kV 及以下的电力系统不一定非要采用有效接地方式。在电力系统的发展史上，曾长期存在中性点经消弧线圈接地的 220kV 电网（例如德国、瑞典等），二战以后才改用有效接地方式。

综观以上，将 220kV 以上（不包含 220kV）的电压等级划为“超高压”。

二、特高压的特征

“特高压”也有区别于“超高压”的特征。

(1) 空气间隙击穿特性的饱和问题。空气间隙的长度大到一定程度时（例如 5～6m 以上），它在工频电压和操作过电压下的击穿特性开始呈现“饱和现象”，尤以电气强度最低的棒—板气隙在正极性操作冲击波作用下的击穿特性最为显著，如图 19-2 所示。

这一现象对系统的绝缘配合有多方面的深刻影响：

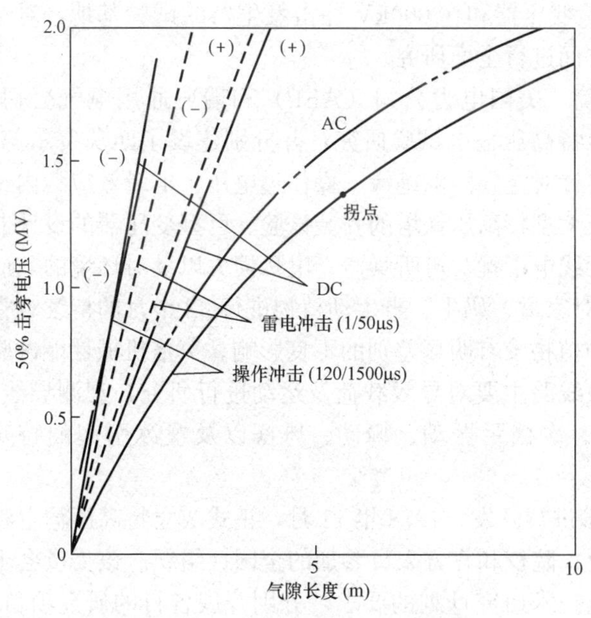

图 19-2 棒—板气隙的 50%击穿特性

DC—直流电压；AC—工频交流电压

1) 在出现“饱和现象”的电压范围内，操作过电压和操作冲击耐压更加是绝缘配合的主导因素。

2) 在操作冲击波下，空气间隙击穿特性的分散性比雷电冲击波下大得多，出现“异常击穿”的概率也较大，因而使传统的“绝缘最小耐压”的定义和以此为基础的绝缘配合惯用法的适用性产生问题，需要探索新的解决方法。

与上述饱和现象的拐点相对应的系统额定电压 U_N 可通过下述方法求得：

由图 19-2 中的曲线可查得：气隙长度 $d\approx5\sim6$m 时，正极性操作冲击击穿电压约为 1400～1500kV，1000kV 系统的操作过电压水平为 $1.7\times\frac{1.05\times1000\sqrt{2}}{\sqrt{3}}\approx1457$ (kV)，两者基

本相对应。

上式中的 1.05 表示最大工作电压比额定电压高出 5%，1.7 为操作过电压倍数。因此将特高压的起点选在 1000kV 是合适的。

（2）环境影响问题的尖锐化。随着输电电压的提高，线路周围的电场强度增大，同时引发一系列环境影响问题，如强电场和强磁场的生理生态影响、无线电干扰和电视干扰、可听噪声、线路走廊问题、对周围景色和市容的影响等。

虽然超高压输电也或多或少存在环境影响问题，但采用特高压后，这方面的矛盾将急剧尖锐化，成为一个突出问题。另外，各种环境影响因素在输电系统的设计和运行中所占地位也发生变化，例如 330～750kV 的超高压线路的导线结构及其尺寸往往取决于电晕所引起的“无线电干扰”，而对 1000kV 及以上的特高压线路来说，决定性因素则变成“可听噪声”。

第二节 国内外特高压交流输电的发展

一、国外特高压交流输电发展概况

从 20 世纪 60 年代开始，前苏联、美国、日本、意大利、巴西、加拿大等国家先后开展特高压交流输电技术的试验研究，已经取得许多重要的科研成果。

前苏联是开展特高压输电研究的最早国家之一。为解决特高压输电问题，前苏联组织电力系统，电工制造行业，高等院校的科研、设计和制造力量，如前苏联动力电气化部技术总局、全苏电气研究院、列宁格勒直流研究院、列宁格勒工业大学、全苏线路设计院等在 20 世纪 60 年代开展特高压输电研究。1973 年，第一条试验线段在白利塔斯特变电站投入运行。当时考虑到 21 世纪初东部、西西伯利亚、欧洲部分北部有可能出现巨型电站基地，需要采用输电距离 2000～2500km 的特高压线路，就着手对 1800～2000kV 等级电压的输电进行研究，建设了拥有 8×1200kV 串级试验变压器和10 000kV 冲击发生器的试验基地，对绝缘、机械、系统、设备、线路和环境等方面进行全面研究。

美国通用电气公司和美国电力科学院、美国电力公司（AEP）和瑞典通用电气公司、美国邦纳维尔电力局（BPA）分别开展了特高压输电试验研究，并分别建设了匹茨费尔德、莱克维尔、莱昂斯和莫洛试验基地，主要针对空气间隙绝缘、操作过电压、电晕效应、内绝缘、各种类型电气设备的设计原理，以及大型特高压铁塔的安装试验、巨型变压器的设计制造和现场考核等方面开展研究工作，对无线电干扰、可听噪声、电晕损失以及对环境的效应进行实测。从 1976 年起，在线路走廊下对家禽、奶牛、野生动植物进行 32 个月的持续观察和研究，发现 1200kV 同 550kV 一样对动植物没有明显差别的不良影响。莫洛机械性能试验线段设在结冰现象严重、风大的地区，该线路主要对导线载荷及运动进行研究，观测导线、地线、绝缘子串、杆塔等由于导线振动、次档距振动、舞动、风摆以及覆冰引起的特殊现象。

1972 年，日本确定对特高压输电技术进行开发。1978 年 11 月，正式成立特高压输电特别委员会，形成包括电力企业、制造企业、院校和官方人员参加的全国性组织。该委员会下设 5 个专门委员会，按照整个特高压输电技术研究计划的要求，分别开展各自的研究项目。研究工作分为基础研究、开发研究和工业考核三个阶段，首先进行特高压输电电压的选择、交直流输电方案的比较、交直流电力系统的分析等前期研究，先后建设赤诚、盐原、日立等试验场，对绝缘、环境等问题进行系统研究，同时针对本国国情，着重对小尺寸双回路铁塔、抗干扰、抗季风、盐污、地震、覆冰以及山区大规模施工技术、大型设备制造和运输等特殊课题进行大量的试验、研究、分析和论证。

意大利从1971年开始实施“10 000kV研究计划”。研究工作分三个阶段：第一阶段从1971～1976年，利用5年时间开展基础研究；第二阶段从1977～1982年，针对试验基地设备的有关技术问题开展研究；第三阶段从1983年开始，进行实地工业考核，主要针对电晕和电场、导线、绝缘试验及放电机理、地下电缆、架空线路、变压器、电抗器、变电站、电力系统等专题开展研究。

特高压输电技术的研究同时也带动新材料和其他新技术的发展。前苏联和日本在试验研究结果的基础上，建成特高压输电工程并投入运行，但由于经济和政治的原因导致电力负荷增长缓慢，无负荷需求，均降压运行。降压运行并非是技术原因和设备运行可靠性问题所致。

二、我国发展特高压交流输电的必要性与可行性

我国电力需求持续快速增长，能源资源分布不均，电网发展相对滞后，为发展特高压输电提出了客观要求。

1. 我国发展特高压交流输电的必要性

(1) 构筑稳定、经济、清洁、安全的能源供应体系。我国正处于全面建设小康社会和构建社会主义和谐社会新的历史时期，工业化、城镇化进程不断加快，电力需求持续增长。保障电力安全、可靠供应的任务十分艰巨。发展特高压输电技术，构建安全、稳定、坚强的电网，实现电力远距离、大容量输送，在更大范围内优化资源配置，提高电力清洁能源在我国能源消费结构中的比重，可以满足我国持续增长的电力需求，符合电网发展的客观规律，是构筑稳定、经济、清洁、安全的能源供应体系的需要。

(2) 实现电力工业协调发展。电力工业的主要任务是用新技术加速发展，以满足国民经济发展和人民生活水平的提高对电力日益增长的需求。随着远距离大容量送电的增加，需要更高一级的电压等级，这是我国输电技术发展的客观需求。

(3) 特高压输电具有显著的优越性。特高压输电的突出特点是输电能力大、覆盖范围广、网损小、输电走廊明显减少、工程造价省，具有显著的经济效益和社会效益。

(4) 特高压输电具有重要的创新意义。特高压交流输电技术是世界电力科技领域的前沿技术，在我国乃至世界上有重要的工程应用前景。在我国应对气候变化国家方案中，特高压输电技术已作为加大先进适用技术开发和推广力度的重要内容。发展特高压输电，在提高我国科技自主创新能力、形成电力工业创新体系、实现电网技术升级等方面具有重要意义。

(5) 特高压输电促进装备制造业的发展。建设特高压电网开拓了特高压设备的巨大市场需求，给中外电工装备制造业带来新的发展空间，建设特高压输电工程为我国电力装备制造业跨越式发展创造了机遇。

2. 我国发展特高压交流输电的可行性

发展特高压输电在我国是必要的，在技术上也是可行的。

(1) 国际特高压输电技术的研究和应用取得可供借鉴的积极成果。从20世纪60年代以来，前苏联、日本和美国等国家相继建成特高压输电试验室和试验场，对特高压可能产生的过电压、可听噪声、无线电干扰、生态影响等问题进行大量的研究，并取得积极成果。

（2）我国特高压技术研究已取得重大进展。从20世纪80年代开始，我国科研机构在特高压领域相继开展更高一级电压远距离输电方式和电压等级选择问题的研究，进行特高压输变电设备、线路、铁塔、典型变电站选择问题的分析论证和特高压输电系统过电压、绝缘配合及输电线路对环境影响的研究工作。

（3）国内设备制造业具备发展特高压的实力和能力。目前，500kV输变电设备已基本实现国产化，同时，我国的设计和制造单位通过西北750kV工程引进消化吸收，做到变压器和高压电抗器设备出厂试验一次通过，为百万伏级特高压技术设备研发和制造打下良好基础。

（4）我国电网发展的内在需求。在未来的几十年内，我国电力负荷将继续保持快速增长，为解决我国电力负荷增长和能源供应问题，必须在大力开发西南水电和“三西”煤电的同时，建设全国能源传输通道，实现远距离大容量的“西电东送和南北互供”的全国联网战略。

第三节　特高压交流输电的功能、特点与优点

一、特高压交流输电的功能与优点

与500kV和750kV超高压输电技术相比，特高压输电在提高输送容量、节约土地资源、减少输电损耗和节省工程投资等方面具有明显优势。

1. 提高输送容量

自然功率是交流输电线路送电能力的一项重要指标。输电线路的自然功率近似计算公式为 $P_0 = U^2/Z_C$，其中 Z_C 为线路波阻抗。由上式可以看出，输电线路的输送能力与其额定电压的平方成正比、与波阻抗成反比。从电压考虑，1000kV输电线路的自然功率是500kV输电线路的4倍，再考虑到1000kV输电线路的波阻抗比500kV输电线路的小，其自然功率更高，一条1000kV输电线路的输送容量几乎相当于4～5条500kV线路。因此，提高输电电压能提高线路的输送容量。各种电压等级架空线路的波阻抗和自然功率见表19-1。

表19-1　　各种电压等级架空线路的波阻抗和自然功率

线路额定电压（kV）	220	330	500	750	1000
波阻抗（Ω）	400	303	278	256	250
自然功率（MW）	121	360	900	2200	4000

除提高输电电压外，还可通过减小波阻抗（采用增大分裂数、分裂圆半径等措施）、减小线路电抗（采用各种补偿措施）、采用紧凑型线路等来增大线路的输送容量。

2. 节约土地资源

线路走廊宽度一般由两边相导线离杆塔中心线的距离加上满足电气安全距离的电晕引起的可听噪声、无线电干扰以及杆塔周边工频电场和磁场的生态效应要求所需的距离。不同电压等级典型单回线路走廊宽度见表19-2。

表19-2　　不同电压等级典型单回线路走廊宽度

线路额定电压（kV）	220	330	500	750	1000
走廊宽度（m）	30～40	38～45	45～60	60～90	90～120

由表 19-2 可见，单回 1000kV 线路的走廊宽度是单回 500kV 线路的走廊的两倍，但 1000kV 线路的输电能力等同于 4～5 回 500kV 线路。在相同输送功率的情况下，1000kV 线路能节约一半的走廊宽度，能更有效发挥线路走廊的输电能力，节约土地资源效果显著。

3. 减少输电损耗

降低线路损耗是提高输电效率、节约能源资源的一项重要措施，对于大容量、长距离输电意义更大。超高压、特高压输电线路的损耗主要包括两部分：①电阻性损耗，它是线路电阻、线路长度和线路电流的函数；②线路电晕损耗，它受气象条件、导线选型、运行电压等因素的影响。输电线路的综合损耗 P 计算式为

$$P = P_r + \overline{P}_C = I^2R + \overline{P}_C \tag{19-1}$$

式中　P_r ——线路电阻引起的损耗，$P_r = I^2R$；

$\overline{P}_C$ ——综合考虑不同气象条件后的线路平均电晕损耗。

输送相同容量电能时，提高电压则电流减小，因而电阻损耗减小。如采用典型线路设计方案，按式（19-1）计算 500kV 和 1000kV 输电线路的综合损耗，并比较两种送电方案的导线用铝量，结果见表 19-3。

表 19-3　不同输电方案的线路综合损耗及用铝量比较

线路方案	导线截面面积（mm^2）	输送 500MW 时线路综合损耗的比较	用铝量的比较
1 回 1000kV 线路	1×8×630	0.46	0.63
5 回 500kV 常规线路	5×4×400	1.00	1.00

由表 19-3 可见，特高压输电不仅线路综合损耗比 500kV 常规型线路方案约节省 54%，且导线用铝量也节省 37%。理论计算还表明，在导线截面、输送容量均相同的情况下，1000kV 输电线路的电流是 500kV 输电线路的 1/2，其电阻损耗是 500kV 线路的 25%。总之，特高压输电的低损耗优势很明显。

4. 提高长距离输电能力

单回 1000kV 特高压输电线路阻抗折算到 500kV，相当于同距离单回 500kV 线路阻抗的 1/4，即电气距离缩短为 500kV 线路阻抗的 1/4。电气距离缩短时，输电线路的静稳定极限就会增大，线路的输电能力自然提高。

对于相同的输电容量，采用 1000kV 特高压线路输送时，其输电距离要远大于 500kV 线路。以输送 2000MW 电力为例，单回 1000kV 线路的输送距离可达到 1300km，而单回 500kV 常规线路的输送距离为 400km，单回 500kV 紧凑型线路的输送距离为 550km。可见，特高压输电线路具备长距离的输电能力。

5. 节省工程投资

采用特高压输电技术可以节省大量导线和铁塔材料，以相对较少的投入达到同等的建设规模，从而降低建设成本。在输送同容量条件下，1000kV 特高压交流输电与 500kV 超高压输电相比，节省导线材料约一半，节省铁塔用材约 2/3。1000kV 交流输电方案的单位输送容量综合造价约为 500kV 输电的 3/4。

6. 限制交流系统短路容量

随着 500kV 电网规模的扩大，系统短路容量不断增大，可能出现短路电流超过断路器开断电流上限的情况，提高输电电压是解决该问题的有效措施。

7. 具有网络功能

特高压交流输电中间可以有落点，具有网络功能，可以根据电源分布、负荷布点、输送电力、电力交换等实际需要构成特高压骨干网架。

8. 增强联网能力

通过交流特高压同步联网，可大幅度缩短电网间的电气距离，加强电气联系，提高稳定水平，充分发挥大电网水火互济、错峰、跨流域互补、减少系统装机备用容量等各种联网效益。利用特高压联网，增强网间功率交换能力，可在更大范围内优化能源资源配置，有利于改善电网结构，从根本上解决短路电流超标等问题。

二、特高压交流架空输电线路与输变电设备的特点

架设特高压交流架空输电线路和制造出合格的特高压输变电设备是将特高压交流输电技术推向工程实践的关键。

（一）特高压交流架空输电线路

在对特高压交流线路的杆塔、绝缘子串、导线、空气间隙进行选型、设计、架设和运行时，必须全面、综合考虑它们的电气特性、机械特性和经济指标，它们都比超高压线路的相应部件更复杂、要求更高、影响更大。

1. 杆塔

杆塔塔型取决于使用条件、电压等级、线路回数、走廊条件、地形地质等多种因素，需进行综合技术经济比较，同时也应兼顾运行、施工和制造等因素择优选用。特高压输电线路杆塔的机械荷载、杆塔高度和塔头尺寸、塔身质量都要比超高压线路杆塔大得多，所以在结构设计时必须充分注意设计荷载的选取和结构设计的优化。

除前苏联和日本曾建成实际的特高压输电线路外，美国、意大利、加拿大、巴西等国也分别建设过不同规模的特高压试验线段，进行过包括特高压杆塔在内的理论和实践研究。虽然不少国家在前期研究和工程设计中曾提出过不少新颖的杆塔结构方案，但前苏联和日本最后实际选用的仍然是传统的塔型。

参照国内外超高压、国外特高压输电线路杆塔的使用经验，结合我国特高压输电线路的建设运行条件，对各种塔型进行比较分析，我国1000kV单回交流输电线路直线杆塔采用中相Ⅴ型串、边相Ⅰ型串（“IVI”串）的自立式猫头塔和“IVI”串的自立式酒杯塔，耐张转角塔采用自立式干字型塔。我国“IVI”串的自立式猫头塔和“IVI”串的自立式酒杯塔的示意图如图19-3所示。

2. 绝缘子

输电线路绝缘子作为架空输电导线的绝缘支持，在输变电工程建设中占有重要地位。随着电压等级升高，由于绝缘子受杆塔和高压导线分布电容的影响，绝缘子串导线侧和杆塔侧的电场畸变严重，加上我国的地理环境复杂，特高压输电线路对绝缘子的电气特性、机械性能都提出更高的要求。这些要求主要有：

（1）特高压线路输送容量大，绝缘子故障引起的损失极为严重，因此对特高压线路绝缘子运行可靠性提出更高的要求，要求其具有更大的爬距、更好的耐污性能和抗污闪能力、在雷电冲击和操作冲击下有良好的闪络特性等。

（2）特高压输电线路每相导线的分裂数较多、截面积较大，因此绝缘子的机械荷载要求很高，一般要用210、330、540kN的大吨位绝缘子。即使采用大吨位绝缘子，也要选用多

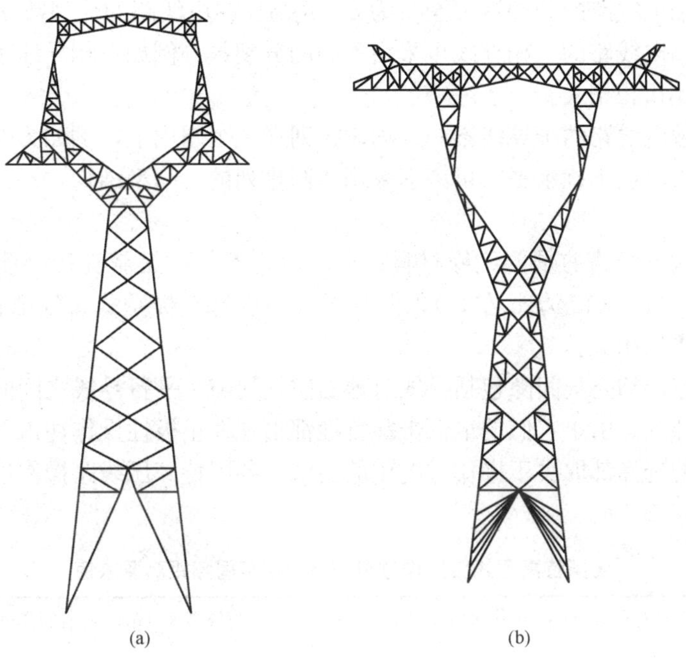

图 19-3　我国 1000kV 单回交流输电线路直线杆塔示意图
(a) 酒杯塔；(b) 猫头塔

串并联的方式才能满足悬挂导线的机械荷载。

(3) 绝缘子多串并联带来新问题。绝缘子串耐压水平的下降，多串并联绝缘子串上积雪覆冰现象也将大大严重化，对绝缘子的电气特性产生一定影响。

(4) 应有效抑制绝缘子串引起的电晕干扰。

特高压输电线路绝缘子的类型主要有：

(1) 玻璃绝缘子：玻璃绝缘子机械强度和电气性能都高，性能稳定不易老化，便于运行检查。例如前苏联 1150kV 线路上用的大都是该国生产的 300kN 和 400kN 的玻璃绝缘子。

(2) 瓷绝缘子：瓷绝缘子具有优良而稳定的机电性能和耐电蚀损性能。例如日本 1000kV 线路上用的就是该国 NGK 公司生产的 300、420、540kN 的大吨位瓷绝缘子。

(3) 合成绝缘子（棒形复合绝缘子）：合成绝缘子充分利用环氧树脂玻璃纤维引拔棒的高机械强度和硅橡胶优良的耐候、憎水及绝缘特性，使其具有强度高、质量轻、无零值、耐污闪等诸多优点，但在高场强下耐漏电起痕和耐电蚀损性能差。我国晋东南—南阳—荆门特高压交流试验示范工程在Ⅲ级以上污区采用合成绝缘子。

可利用三种绝缘子的电性差异，进行不同形式的绝缘子优化组串，如合成绝缘子与瓷绝缘子组串、瓷绝缘子与玻璃绝缘子组串，能发挥不同绝缘子的各自优势，改善绝缘子的分布电压和电场分布，提高线路绝缘子的均压特性。

3. 导线

与超高压输电线路相比，特高压输电线路的导线具有以下特点：

(1) 特高压输电线路的导线结构虽然也是按电晕放电及其派生效应来选定，但起决定性影响的因素为导线表面的最大电场强度和可听噪声（超高压输电线路的决定性因素是无线电干扰）。

(2) 特高压输电线路的分裂数 n 至少为 8(超高压输电线路的分裂数 $n \leqslant 6$)。

(3) 特高压输电线路的三相导线可采用不同的分裂数，例如三相导线水平布置时，中相的分裂数可选的比边相稍大。

(4) 特高压输电线路的子导线不一定均匀排列在一个圆周上，例如为降低导线表面最大场强、减小电晕损耗或干扰水平，可考虑采用非圆排列的沉陷型结构。

4. 空气间隙

空气是架空输电线路的重要绝缘材料。空气取之不尽、无需资费，且其电气强度较高(在均匀电场中，可达 30kV/cm 左右)，但其电气强度与电极型式、气隙长度、电压类型、大气条件等因素密切相关。

架空输电线路上的空气间隙包括导线对地的空气间隙、平行导线之间的空气间隙、导线对杆塔的空气间隙等。由于它们的最低击穿特性都出现在正极性操作冲击下，所以特高压输电线路空气间隙的选择都取决于操作过电压的要求。各国特高压线路操作过电压下的空气间隙距离要求值见表 19-4。

表 19-4　　各国特高压线路操作过电压下的空气间隙距离要求值

<table>
<tr><th>国别</th><th>最高运行电压(kV)</th><th>操作过电压水平(p.u.)</th><th>海拔高度(m)</th><th>操作过电压下空气间隙距离</th></tr>
<tr><td>前苏联</td><td>1200</td><td>2.0</td><td>500</td><td>边相 8m，中相 8.7m
(边相 7～8m，中相 8～9m)</td></tr>
<tr><td rowspan="2">日本</td><td rowspan="2">1100</td><td>1.6</td><td>1800</td><td>导线—塔腿 6.54m
跳线—塔腿 6.75m</td></tr>
<tr><td>1.7</td><td>800</td><td>导线—塔腿 6.73m
跳线—塔腿 6.93m</td></tr>
<tr><td>中国</td><td>1100</td><td>1.7</td><td>500
1000
1500</td><td>边相 5.9m，中相 6.7m
边相 6.2m，中相 7.2m
边相 6.4m，中相 7.7m</td></tr>
</table>

(二) 特高压交流输变电设备

对于特高压交流输变电设备而言，选择适当的绝缘水平非常关键。特高压交流输电设备的绝缘水平不仅指其操作冲击和雷电冲击耐受电压，还应考虑长期运行时可能受到的最大工作电压和短时工频电压升高的要求。

1. 特高压变压器

世界上能生产特高压变压器的国家不多。特高压电力变压器具有以下特点：

(1) 容量很大，一般三相总容量达数千兆伏安。

(2) 绝缘水平很高，其基准冲击绝缘水平高达 1950～2250kV 或更高。

(3) 质量和体积很大，导致其运输问题极其严峻。

(4) 运行可靠性要求极高，应杜绝出现油枕带电等问题。

(5) 短路阻抗较大，由于特高压变压器两个绕组之间的绝缘较厚，因而其短路阻抗较大，一般在 15%左右。

(6) 变压器套管的绝缘技术难度大。

2. 特高压开关设备和 GIS

在特高压开关设备中，最重要和最复杂的器件是断路器。特高压断路器通常采用 SF_6 断路器，在某些气候非常寒冷的地区采用压缩空气断路器。与一般高压断路器相比，特高压断路器的特点有：

（1）采取加装分闸和合闸电阻等特殊措施减小操作过电压，以降低线路和变电设备的绝缘水平和造价。

（2）断口数目多，触头分闸速度快，以便可靠灭弧，对断路器的操动机构要求非常高。

（3）特高压 GIS 多采用户外型和分箱型。

（4）特高压 GIS 的 SF_6 气体压力比普通 GIS 设备压力高，因此对其密封性要求高。

（5）应采用性能最好的金属氧化物避雷器来保护特高压 GIS。

3. 特高压并联电抗器

特高压并联电抗器是高电压远距离输电系统的重要设备，通常安装在变电站和开关站内，型式均采用单相户外油浸式，间隙铁芯结构，三只单相电抗器连接成星形，中性点一般都经中性点电抗器接地。特高压并联电抗器的主要作用如下：

（1）吸收特高压线路的充电功率，降低工频暂态过电压，进而限制操作过电压，提高系统稳定性和输送能力。

（2）减少线路中传输的无功功率，降低线损，提高输电效率。

（3）降低工频稳态电压，利于系统同期。

（4）有利于防止同步电机带空载长线路可能出现的自励磁现象。

（5）高压并联电抗器中性点经中性点电抗器接地后，可以补偿输电线路对地电容，加速潜供电流电弧熄灭，有利于实现单相快速重合闸。

特高压并联电抗器的主要特点为电压等级高、单相容量大。这两个特点决定了它在绝缘结构和电磁设计方面与超高压并联电抗器的差异。

4. 特高压电压互感器

特高压电压互感器可选用的类型有柱式结构电容式电压互感器（CVT）、SF_6 气体绝缘电磁式电压互感器（VT）和电子式电压互感器（EVT）。

前苏联交流特高压变电站为敞开式结构，选择的电压互感器类型为柱式结构 CVT。日本新榛名 1000kV 变电站采用的是气体绝缘金属封闭开关设备（GIS），电压互感器选择的是电容分压式 EVT。采用电子式电压互感器是未来数字化变电站技术发展方向。

5. 特高压电流互感器

我国 1000kV 交流特高压试验示范工程没有选择类似前苏联的独立结构电流互感器（TA），而是在 GIS 套管上、断路器端部和变压器套管上套装环形 TA 绕组。日本新榛名变电站 1000kV GIS 使用的 TA 是套装在断路器端部的罐体上。

前苏联采用传统结构的 TA，用三级串联方式解决绝缘问题，理论上，每级承担 1/3 的耐受电压。这种结构 TA 的暂态特性不好，用于暂态特性的 TA 绕组经过三级串联，二次回路时间常数增大。对于系统时间常数较大的特高压电网，三级串联结构暂态 TA 绕组误差特性不如单级式的，如果用于系统对地短路差动保护，动作整定时间要延长，否则可能发生误动作。

日本 1000kV GIS 采用套装式 TA 绕组，一种是铁芯绕组，0.2 级，用于电能计量和测量；另一种是空芯绕组，主要考虑暂态误差，用于系统保护。由于日本 1000kV GIS 没有真正投入使用，用于保护的空芯绕组性能未能考核。

6. 特高压避雷器

交流特高压避雷器用的是金属氧化物避雷器，装设于交流特高压变电站（开关站）内1000kV端（母线侧或线路侧），用于保护站内设备，属于电站型避雷器，通常为无间隙结构，分为瓷外套空气绝缘式和GIS式两大类。

交流特高压避雷器的结构既有与超高压避雷器相似的方面，也有其独特的结构特点，如保护水平更低、通流容量极大、多柱并联结构、抗地震强度问题突出、电位分布问题需重点关注、污秽问题不确定因素更多、外绝缘要求高等。

7. 特高压套管

套管是电气设备中一个较复杂而又很重要的配件。由于它的法兰直径不可能太大，而其导电芯柱的直径也不可能太小，因而它们之间的绝缘层的厚度受到严格的限制。随着工作电压的提高，绝缘层中的工作场强势必加大，带来极大的技术难度。

特高压套管长度长、电场强度高、质量大，因此对制造的技术水平要求很高。目前全世界能生产特高压套管的厂家有意大利P&V公司、日本NGK公司、瑞士ABB公司、英国传奇公司、乌克兰扎布罗热变压器研究所（VIT）、中国西安西电高压电瓷有限责任公司、抚顺传奇套管有限公司等少数几家公司。套管从用途上看，可以将特高压套管分为变压器套管、电抗器套管与GIS套管；从套管材料看，可分为电瓷式瓷套、硅橡胶复合绝缘瓷套。

第四节 特高压交流输电中的若干高电压技术问题

一、特高压交流过电压与绝缘配合

1000kV特高压交流输电系统具有工作电压高、输电距离长、输送容量大、线路损耗小和线路的充电功率大等特点，使得特高压输电系统可能产生严重的工频过电压和绝对值相当高的操作过电压。过电压高，会对设备绝缘水平提出很高的要求；而特高压设备和线路外绝缘的长空气间隙的操作冲击放电电压和间隙距离的关系已进入饱和区，特高压设备的内绝缘耐压水平的提高也受到限制。这是一对矛盾，一是可能影响安全运行；二是可能提高工程造价，影响特高压输电工程的经济性。因此，保证特高压输电工程的安全运行和经济性，限制特高压输电系统的过电压水平和合理选择绝缘水平成为特高压输电工程建设的关键技术课题。

（一）内部过电压

1. 工频过电压（TOV）

工频过电压的频率为工频或者接近工频。工频过电压产生的原因包括空载长线路的电容效应、不对称接地故障引起的正常相电压升高、负荷突变等，它和系统结构、容量、参数及运行方式有关。一般工频过电压的幅值不高，但持续时间较长。工频过电压对超、特高压输电系统有重要影响，主要因为：①其大小直接影响操作过电压的幅值；②它是决定避雷器额定电压的重要依据，进而影响系统的过电压保护水平；③可能危及设备及系统的安全运行。

特高压交流输电线路距离长、输送容量大、线路的充电功率大（每100km的1000kV单回交流线路无功功率达530Mvar），使得特高压线路可能产生严重的工频过电压。如果不采取措施或措施不当，其幅值可能超过1.8p.u.，将严重影响特高压输电系统的安全。特高压电网工频过电压主要考虑单相接地三相甩负荷和无接地三相甩负荷两种工频过电压。

工频过电压可考虑采取措施加以限制，但这些措施不一定适用于所有网络，要根据具体情况确定采取的措施。这些措施包括以下几方面。

（1）使用高压并联电抗器（简称高抗）补偿特高压线路充电电容。特高压线路都比较长，单段线路的充电功率很大，必须使用高压并联电抗器对充电电容进行补偿。图 19-4 所示为装有串联电抗器的线路示意图。

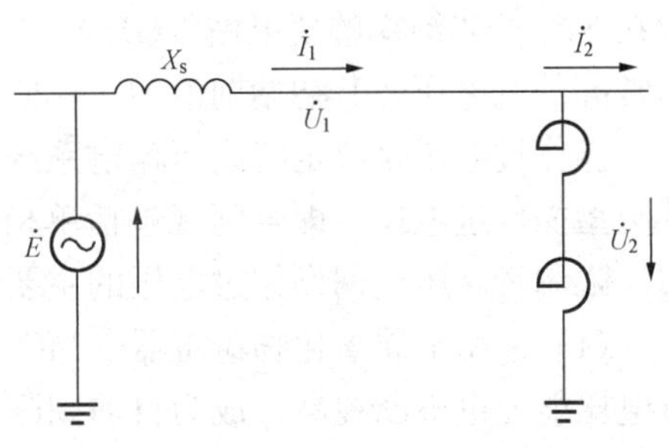

图 19-4　装有并联电抗器的线路示意图

线路一接入并联电抗器后，由于电抗器的感性无功功率部分地补偿了线路的容性无功功率，相当于减少了线路长度，降低了工频电压升高。从线路首端看，在通常采用的欠补偿情况下，线路首端输入阻抗仍为容性，但数值增大，空载线路的电容电流减少，同样电源电抗的条件下，线路首端的工频过电压降低。

高抗的补偿度不能太高，以免给正常运行时的无功补偿和电压控制造成困难。在特高压电网建设初期，一般可以考虑将高抗补偿度控制在 80%～90%。在电网比较稳定的地区或者比较短的特高压线路，补偿度可以适当降低。

（2）考虑使用可调节或可控高抗。重载长线路 80%～90%的高抗补偿度可能给正常运行时的无功补偿和电压控制造成相当大的问题，甚至影响到输送能力。解决此问题比较好的方法是使用可控或可调节高抗：在重载时运行在低补偿度，这样由电源向线路输送的无功减少，使电源的电动势不至于太高，还有利于无功平衡和提高输送能力；当出现工频过电压时，快速控制到高补偿度。

从理论上讲可调节或可控制高抗是协调过电压和无功平衡问题的好办法。实际应用中由于可调节或可控高抗造价高，短期内不会大量使用，但应积极开展研究。

（3）使用良导体地线或光纤复合架空地线 OPGW。使用良导体地线可降低 X_0/X_1（零序电抗和正序电抗之比），有利于减少单相接地甩负荷过电压。

（4）使用线路两端联动跳闸或过电压继电保护。该方法可缩短高幅值无故障甩负荷过电压持续时间。

（5）使用金属氧化物避雷器（MOA）限制短时高幅值工频过电压。随着性能的提高，使用 MOA 限制短时高幅值工频过电压成为可能。

（6）选择合理的系统结构和运行方式，以降低工频过电压。过电压的高低与系统结构、运行方式密切相关，这在特高压建设和运行初期尤为重要。

2. 操作过电压

操作过电压是由断路器及隔离开关操作或系统故障引起的暂态过渡过程产生的过电压。电力系统中具有许多电感、电容元件，组成复杂的振荡回路。当进行操作或发生故障时，电力系统从一种稳定工作状态通过振荡转变到另一种稳定工作状态，在此过渡过程中将会产生暂态性质的过电压，称为操作过电压。

操作过电压既包括断路器的正常操作过电压，例如线路、变压器、电抗器等的合闸过电压和故障后线路重合闸过电压等，又包括各种分闸故障及其清除过程中引起的过电压。操作过电压具有幅值高、存在高频振荡、阻尼较强以及持续时间短等特点。操作过电压对电气设备绝缘和保护装置的影响，主要取决于其幅值、波形和持续时间。操作过电压的波头陡度一般低于雷电过电压。电力系统也存在波头很陡、频率很高的操作过电压，这种过电压可能出现在 SF_6 气体绝缘的变电站（GIS）中。在 GIS 中用隔离开关操作短母线时，可能造成频率非常高的过电压，其初始前沿为 3～200ns 时，称为特快速暂态过电压（VFTO）。

操作过电压是决定特高压输电系统绝缘水平的最重要依据，特高压输电系统主要考虑三种类型操作过电压，即合闸（包括单相重合闸）、分闸、接地短路过电压。

限制特高压电网操作过电压的主要措施有以下几种。

（1）采用金属氧化物避雷器（MOA）。近年来随着 MOA 制造水平的提高，其限制操作过电压能力也不断提高，成为目前国际上限制操作过电压的主要手段之一。我国晋东南—南阳—荆门特高压交流试验示范工程中，变电站和线路侧都采用额定电压为 828kV 的 MOA。

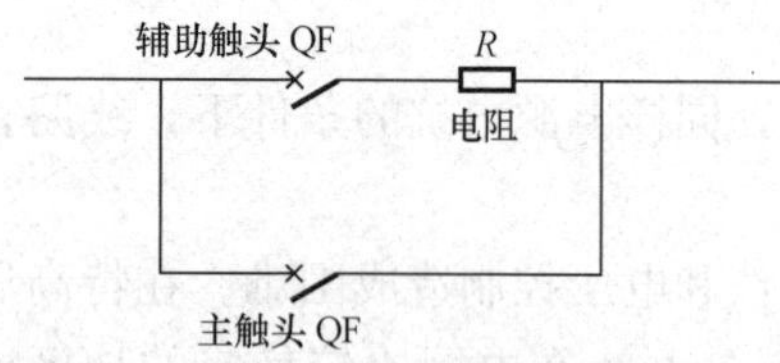

图 19-5 断路器合闸电阻示意图

（2）采用断路器合闸电阻限制合闸过电压。断路器合闸电阻示意图如图 19-5 所示。合闸时，辅助触头先合上，经过一段时间（称为合闸电阻接入时间），主触头合上，以此达到限制合闸过电压的目的。

（3）控制断路器合闸相角降低合闸过电压。使断路器合闸相角在电压过零点附近，以降低合闸操作过电压。总的来说，相角控制技术是根据母线或线路电压信号控制断路器的合闸相位以抑制电网中的涌流和过电压。目前这种方法多用于投切集中参数的元件，如电容器组和变压器等，用于输电线路的较少。

（4）采用断路器分闸电阻限制甩负荷分闸过电压。断路器分闸电阻示意图也如图 19-5 所示。分闸时，主触头先打开，经过一段时间（称为分闸电阻接入时间），辅助触头打开，以此达到限制分闸过电压目的。

（5）选择适当的运行方式以降低操作过电压。

（二）雷电过电压

1. 特高压线路防雷

特高压线路的雷电特性有两个特点：①特高压线路的绝缘水平很高，因雷击地线或塔顶而发生反击闪络的可能性较低。②特高压线路杆塔较高，易发生绕击，也不利于防止雷电反击。

前苏联特高压线路的运行经验表明，雷击跳闸是线路跳闸的主要原因，而雷击跳闸的主要原因是雷直接绕击于导线。雷电定位系统记录的数据表明，我国 500kV 线路雷击跳闸的主要原因是绕击跳闸，特高压线路更会如此。因此，特高压线路要特别注意预防雷电绕击导线。

总的来说，特高压交流输电线路的防雷保护具有以下特点。

（1）由于杆塔与避雷线对地高度都很高，线路落雷次数显著增多，感应雷击过电压分量也增大。

（2）导地线间的空气间距增大，耦合系数变小。

（3）由于杆塔高、线路工作电压高，导致绕击率增大。

（4）由于线路绝缘水平已很高，雷击塔顶或其附近避雷线而引起反击的雷电流（耐雷水平）已很大，所以特高压线路的反击跳闸率不大，远小于 500kV 线路。

（5）在特高压线路上，档中导地线间的气隙长度并没有按电压成正比增大，因而雷击档中避雷线而导致导地线间气隙被击穿的可能性增大，在某些情况下会成为不可忽略的因素。

（6）由于线路本身的造价已经很高，因而为改善其耐雷性能而采取的各种技术措施（诸如减小保护角、有选择地加装线路避雷器、加装引弧金具、降低杆塔接地电阻等）都不会显著影响线路的经济指标。

（7）特高压交流输电线路的杆塔埋入地下的部分及其基础的尺寸都很大，成为良好的自然接地极，因而即使在土壤电阻率较大的地区，也不难将杆塔接地电阻降至 10～15Ω 以下。

2. 特高压变电站防雷

由于特高压变电站的重要性，对特高压变电站的防雷提出了更高的要求。变电站较高幅值的雷电侵入波过电压主要来自进线段近区绕击。减小进线段的地线保护角，限制进线段最大绕击电流，可以降低 GIS 和 HGIS 变电站设备上的最大雷电过电压，再根据变电站进线特点合理布置 MOA，保护站内设备。

500kV 变电站的雷电侵入波的平均无故障时间（耐雷指标）为 800～1000 年，特高压变电站雷电侵入波的平均无故障时间应大于 1500 年。

（三）绝缘配合

特高压线路和设备的外绝缘空气间隙操作冲击放电电压呈现“饱和特性”，内绝缘耐压水平提高受到多种因素的限制，特高压电网中线路和设备的绝缘水平要求值的确定对工程总投资的影响越来越大。在特高压电网中，降低设备绝缘水平具有显著经济效益。绝缘水平要求值过高，将使工程建设成本加大，经济性变差。绝缘水平要求值过低，发生故障的可能性加大，可靠性降低，因此要从安全运行和技术经济合理性两方面来确定绝缘水平。

绝缘配合方法有确定性法（惯用法）、统计法和简化统计法。操作过电压下的绝缘配合采用统计法，对于非自恢复型绝缘，一般采用确定性法。

二、特高压交流系统的无功平衡

由于特高压输电线路电压等级高，线路长，潮流变化范围也较大，线路电容产生的无功功率很大，且随着线路长度的增加更加显著，因此无功平衡问题比较突出。对于 100km 的特高压线路，在额定电压为 1000kV 及最高运行电压为 1100kV 的条件下，产生的三相无功功率可以达到 400～500Mvar，约为 500kV 线路的 5 倍。

为此，应合理配置高压电抗器、低压电抗器、低压电容器以及可控电抗器等设备来实现系统的无功平衡。另外，对于特高压长距离输电还可通过装设串联补偿装置来提高广义自然功率的幅值，减小在大潮流情况下对系统无功的冲击。

在特高压电网不同的发展时期，特高压输电线路传输的功率有较大差别，因此无功功率的变化也很不一样。特高压电网建设初期主要是实现点对点的电能输送，受系统阻抗特性及稳定极限的限制，输送功率将小于线路的自然功率，线路发出的容性无功功率过剩，可以通过合理配置高压电抗器和低压无功补偿设备加以解决。随着特高压电网的进一步建设，特高压电网将实现各区域电网的互联，电网的输送功率将有很大提高；而且，为充分利用各区域电网的发电资源，实现水火电互济和更大范围内的资源优化配置，特高压电网的输送功率将随时变化，因而输电线路的无功功率也将频繁变化。

随着特高压电网的进一步发展，特高压线路无功的补偿度也应该随负荷的变化而进行调整，否则它将使线路损耗增大造成受端电压过低，影响特高压线路的输电能力，使其达不到设计值。所以，理想的高压并联电抗器是可以随着线路潮流和电压自动调节电抗值的可控电抗器，这也是未来特高压电抗器的发展方向之一。

三、特高压交流线路潜供电流的限制

特高压输电线路发生多相故障的可能性很小，大部分都是单相接地故障，采取单相重合闸措施可减少线路强迫退出的次数，提高线路的输电可靠性。但在单相重合闸期间，故障相线路两侧断路器跳开后，健全相将通过电容及互感耦合，在故障点产生一个潜供电流，潜供电流越大，其电弧就越难熄灭。

潜供电流包含容性分量和感性分量。容性分量是指健全相电压通过相间电容向接地故障点提供的电流。容性分量与线路运行电压有关，与线路上的故障点位置无关。感性分量是健全相上的电流经相间互感在故障相上产生感应电动势，经过由故障相的对地电容、高压并联电抗器和故障点之间构成的回路，向接地故障点提供的电流。感性分量不仅与线路健全相电流有关，而且与线路上的故障点位置有关。当故障发生于线路端部时，感性分量较大；当故障发生于线路中部时，在故障点的弧道上因故障点前后两部分的电磁感应电流的方向相反，互相抵消，潜供电流感性分量较小。所以，在线路端部故障时有可能出现最大的潜供电流。线路潜供电流产生的原理图如图 19-6 所示，潜供电流中以容性分量为主。

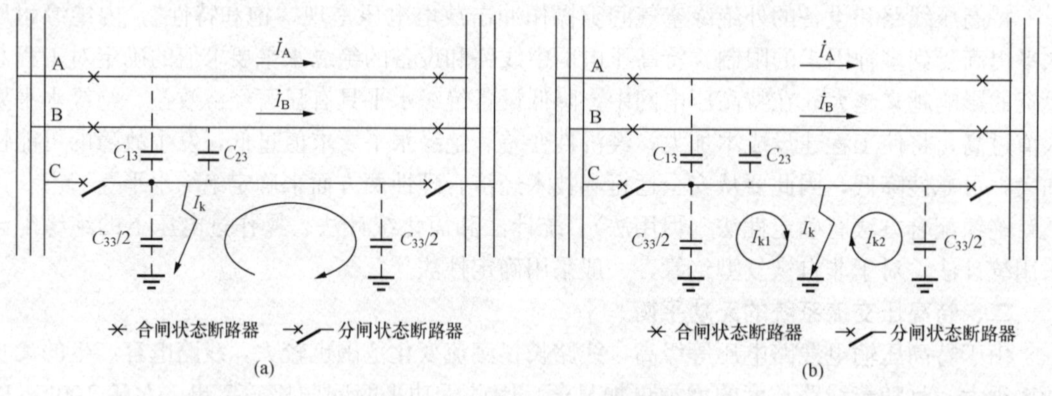

图 19-6　线路潜供电流产生的原理图
（a）线路端部故障；（b）线路中部故障

为提高单相重合闸成功率，保障输电的可靠性，各国主要采取以下措施。

（1）采用并联高压电抗器中性点小电抗。在特高压线路上装设并联高压电抗器且中性点通过小电抗接地是限制潜供电流和降低恢复电压的有效措施。图 19-7（a）所示为并联高压电抗器和中性点小电抗支路（又称四电抗支路），图 19-7（b）所示为其等效电路。中性点小电抗的作用相当于加装了相间电抗，接近完全补偿相间电容，使相间电抗大大增加，从而减小相间电容耦合，显著减小潜供电流的容性分量。并联高压电抗器补偿了相地电容，增加了线路对地电抗，也可以减小潜供电流感性分量。前苏联的特高压输电工程和我国晋东南—南阳—荆门特高压交流试验示范工程都采用这一措施来限制潜供电流。

（2）采用快速接地开关（HSGS）。日本等国在特高压或超高压线路上采用快速接地开关（High Speed Ground Switch，HSGS）加速潜供电弧的熄灭。线路上装设 HSGS，将故障点的开放性电流转移到 HSGS 内，使故障点的潜供电流大大减小，加速潜供电流的熄灭。

HSGS 需与每相断路器一起控制和自动操作，其操作过程如图 19-8 所示。

线路正常运行时，HSGS 是处于开路状态。线路发生单相接地后，故障点流过一次电弧电流，线路故障相两侧断路器开断［见图 19-8（a）］。故障相两侧断路器开断后，故障点流过的电流为潜供电流。在确认两侧断路器断开之后，故障相 HSGS 闭合［见图 19-8（b）］。潜供电流转移至 HSGS，故障点潜供电弧熄灭，故障相 HSGS 断开［见图 19-8（c）］。确认两侧 HSGS 断开之后，线路故障相两侧断路器单相重合闸［见图19-8（d）］。

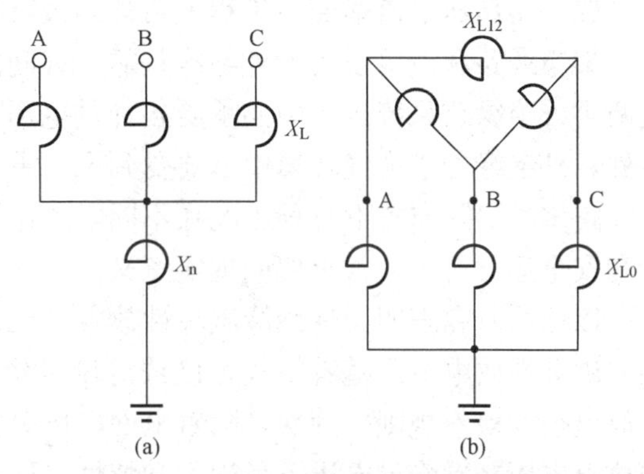

图 19-7 并联高压电抗器和中性点小电抗及其等效电路

（a）实际接线示意图；（b）等效电路图

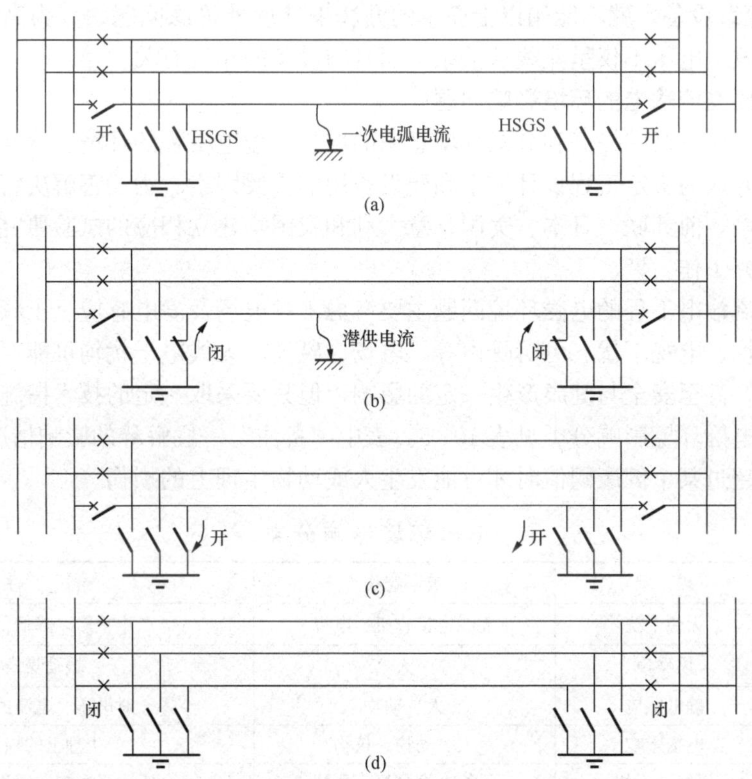

图 19-8 高速接地开关的操作过程原理图

（3）采用良导体架空地线。采用良导体架空地线并将其连续接地，也有助于加速潜供电弧的熄灭。通过对潜供电流的电感分量的分析表明，采用良导体架空地线后，由于其零序阻抗小，因此在地线上感应出的反向零序电流大，促使总的感应电动势变小，潜供电流的电感分量随之降低。我国特高压晋东南—南阳—荆门特高压交流试验示范工程中，架空地线都采用良导体地线，对潜供电流有一定限制作用。

四、特高压交流输变电工程设备外绝缘特性

架空线路和变电设备的外绝缘是靠空气间隙和绝缘子串（套管）的电气强度来保证的。这两类外绝缘在系统运行中要承受各种过电压，即工频过电压、操作过电压和雷电过电压。另外，外绝缘处于大气环境中，要受到风、雪、冰雨、污秽等自然条件的影响。因此，特高压线路多种实际布置下各种工况在不同电压作用下的外绝缘特性，对线路和变电站的电气设计和安全运行有着非常重要的现实意义。

以往的研究表明，外绝缘破坏性放电电压与环境大气条件有关。通常，给定空气放电路径的破坏性放电电压随着空气密度或湿度的增加而升高，但当相对湿度大于80%时，破坏性放电会变得不规则。其次，随着电网电压等级的提高，特别是在特高压电网中，空气间隙的放电电压在操作过电压下呈现饱和特性。这些使得电网中电气装置的绝缘占据电网设备总投资的份额越来越大。另外，海拔高度越高，空气密度越小，破坏性放电电压比平原地区低很多。实践中，当设备的电压等级较低（≤110kV的电气设备），在高程2000～3000m时采用提高一级电压等级设备的办法以提高其电气强度等。但当设备电压等级较高，特别是对1000kV电压等级设备，就不能用以上简单的办法来处理外绝缘问题，因为高海拔下长间隙与间隙破坏性放电电压不仅呈非线性关系，而且与设备的布置有关。

五、特高压交流输电的环境影响问题

随着输电电压等级的提高和公众环境意识的增强，输电工程的环境影响问题越来越受到大家的关注，并成为决定工程设计方案和建设费用的重要因素。为妥善解决特高压交流输电的环境影响因素，前苏联、日本、美国、意大利和我国均建立相应的试验研究基地，开展过大量的试验研究工作。

特高压交流输电工程的电磁环境问题主要考虑工频电场及静电感应、工频磁场及电磁感应、无线电干扰、电视干扰、可听噪声等。电场、磁场、无线电干扰均可能对人们的生活环境和生活质量，甚至安全与健康产生一定的影响，但只要采取一定的技术措施，是可以降低影响程度的。电磁环境影响分类见表19-5。表中“备注”一栏解释的影响情况是有条件的，如电场只有在超过某个健康阈值时才可能发生人或动物生理上的损伤。

表19-5 电磁环境影响分类

项目	现象	被影响物	备注
导线和杆塔	无源干扰	无线电接收机、电视	产生重影，降低信号水平
	风噪声	人	振动噪声
电压	静电感应	人、动物	对电压、电流的感觉
	电场影响	人、动物、植物	生理上的损坏
	无线电干扰	无线电接收机、电视	听觉受影响、图像受影响
	电晕噪声	人	无规则噪声、交流“嗡嗡”声
	臭氧	人	完全无影响
电流	电磁感应	人、动物	电流产生的电击
	磁场影响	人	直接影响，心脏起搏器性能故障

输电工程的环境影响主要包括两方面：一是电晕放电及其派生效应对环境的影响，二是工频电场和磁场对生理生态的影响。对于特高压输电工程来说，重点是可听噪声和地面电场强度。

1. 电晕放电及其派生效应对环境的影响

导线电晕是高压架空输电线路运行时的重要现象之一，它不仅会造成线路输送能量损失，而且会产生臭氧，以及公众关注的可听噪声、无线电干扰等现象。

（1）可听噪声。对于电晕产生的可听噪声问题的重视，是从美国采用 500kV 和 765kV 超高压输电开始的。之后可听噪声成为实现特高压输电的一个重要限制因素。特高压交流输电线路可听噪声包含两个明显的分量：①发生在坏天气时，由于雨滴和风而产生的类似脆裂声的宽带噪声；②100Hz 及工频倍数频率的类似“嗡嗡”声的钝声。

输电线路的可听噪声与导线结构、导线对地高度、湿度、温度、风速、季节等因素有关，新旧导线的可听噪声也会不同。

目前国际上设计特高压交流输电线路时采用的可听噪声限值尚无统一标准。我国特高压交流输电线路建设采用美国 BPA 推荐的预测公式对各种可能的导线型式和排列进行噪声预估和分析，并充分考虑国家标准 GB 3096—1993《城市区域环境噪声标准》的要求，将我国 1000kV 交流特高压输电线路距边相投影外 20m 处可听噪声 L_{50}（雨天）的设计限制值确定为 55dB（A），而相应的导线将是 8×500mm^2 及以上。

（2）无线电干扰。输电线路的无线电干扰主要是由导线、绝缘子或线路金具等的电晕放电产生，电晕形成的电流脉冲注入导线，并沿导线向注入点两边流动，从而在导线周围产生磁场，即无线电干扰。由于高压架空输电线路的导线沿线“均匀”地出现电晕放电和电流注入点，考虑其合成效应，导线中形成一种脉冲重复率很高的“稳态电流”，因此架空输电线路周围形成脉冲重复率很高的“稳态”无线电干扰场，如图 19-9 所示。

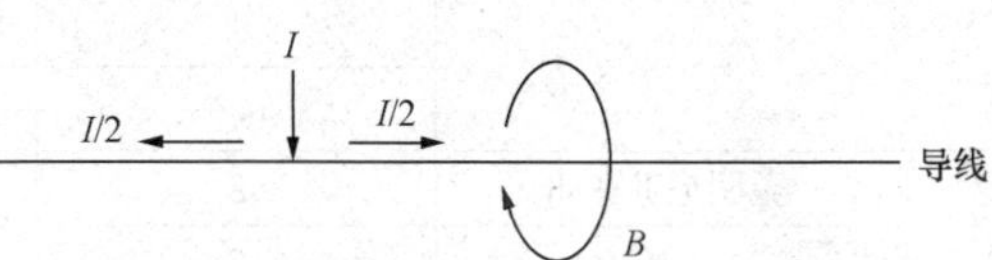

图 19-9　输电线路无线电干扰的产生

输电线路的参数，如导线高度、相间距离、导线（子导线）截面、分裂导线数等对导线表面电场强度影响很大，从而也影响导线的电晕程度和无线电干扰水平，但是线路建成投运后，不会出现导线参数引起的无线电干扰变化。电晕放电会因天气的变化而强弱变化，雨天交流线路电晕放电明显变强，所以输电线路的无线电干扰水平会随天气变化而在很宽范围内的变化。

电晕放电产生的无线电干扰是高压架空线路的固有特性，其频率基本在 30MHz 以内。无线电干扰作为环境影响因子，主要考虑对居民无线电接收质量的影响，其量值水平还不至于产生生态影响。输电线路无线电干扰限值至今没有国际标准。

2. 工频电场和磁场对生理生态的影响

特高压输电线路的额定电压很高、输送容量也很大，因而导线周围的工频电场和磁场都比超高压输电工程更强。工频电场和磁场对人和动植物的生理生态影响的程度取决于电场强度和磁场强度的大小。工频电场和磁场在我国是控制输电线路走廊的重要参数，尤其是工频电场。

（1）工频电场。输电线路周围的工频电场可以通过计算和实测进行分析研究。在环境评估中，通常采用离地面 1.0～1.5m 处的电场强度的垂直分量作为评价量。线路下地面最大电场强度一般出现在边相导线外侧附近，提高导线对地高度是减小地面电场强度最有效的方法。

线路下工频电场强度的限值原则上应远小于对人和动物产生有害影响的电场强度阈值，

各国都从自己的国情和环保政策出发，规定出不同的电场强度限值。尽管各国的情况各不相同，但仍然可以找到比较一致的地方，例如线下最大电场强度（或农业区域）为 10～15kV/m，跨越公路处电场强度为 7～10kV/m，公众活动区域或邻近民房处电场强度小于 5kV/m。各国输电线路附近电场强度的限值见表 19 - 6。

表 19 - 6　　各国输电线路附近电场强度的限值

国　家		场强限值（kV/m）	位　置	依　据
捷克		15		
		10	跨越一、二级公路	
		1	线路走廊边缘	
日本		3	人撑伞经过的地方	A
丹麦		10	农业区域	
		5	交通频繁处	
波兰		10		A、C
		1	医院、住房和学校所在地	A、C
前苏联		20	难于接近的地方	A、C
		15	非公众活动的区域	A、C
		10	跨越公路处	A、C
		5	公众活动的区域	A、C
		1	有建筑物的区域	A、C
		0.5	邻近居民住宅	A、C
美国	明尼苏达州	8		
	蒙大拿州	7	跨越公路处	B
		1	线路走廊边缘居民住宅区	C
	新泽西州	3	线路走廊边缘	A、C
	纽约州	11.8		B
		11	跨越私人道路	
		7	跨越公路处	
		1.6	线路走廊边缘	
	北达科州	8		
	俄勒冈州	9	人们易接近的区域	
	佛罗里达州	2	线路走廊边缘	

注　1. A 为防止暂态电击引起的不愉快效应。

2. B 为防止稳态电击电流大于摆脱电流。

3. C 为限制由于电场长期作用引起的生态效应。

（2）工频磁场。针对特高压输电线路的塔高、导线对地高度和不同的额定电流所进行的计算表明：线路下方离地 1m 处的工频磁场感应强度均小于 20～35μT。国外一般认为工频磁场感应强度的限值为 0.1mT（长时间暴露）和 1mT（短时间暴露），因此工频磁场基本上不会产生危害影响。

根据国内外研究成果，结合我国国情和超高压线路运行经验，我国 1000kV 电磁环境控制限值为：特高压输电线路邻近民房的工频电场强度限值为4kV/m，工频磁场强度限值为0.1mT，无线电干扰限值为58dB，可听噪声限值为55dB。

交流输电电压系列可划分为低压、高压、超高压和特高压四段。特高压交流电网是指电压在1000kV及以上的交流输电网络。特高压交流输电具有空气间隙击穿特性饱和、环境影响问题尖锐等有别于超高压的特征。与超高压交流输电相比，特高压交流输电在提高输送容量、节约土地资源、减少输电损耗、提高长距离输电能力和节省工程投资等方面具有明显优势。

从20世纪60年代开始，前苏联、美国、日本、意大利、巴西、加拿大等国家先后开展特高压交流输电技术的试验研究，已经取得许多重要的科研成果。前苏联和日本在试验研究结果的基础上，建成特高压输电工程并投入运行。这些线路现均降压运行，主要原因是负荷增长速度缓慢，无负荷需求。

我国电力需求持续快速增长，能源资源分布不均，电网发展相对滞后，为发展特高压交流输电提出客观要求。发展特高压交流输电能构筑稳定、经济、清洁、安全的能源供应体系，促进装备制造业的发展，实现电力工业协调发展，特高压交流输电技术的研究同时也带动新材料和其他新技术的发展。特高压交流输电在我国是必要的，在技术上也是可行的。我国自20世纪80年代开始研究特高压交流输电技术，在基础理论研究、工程设计论证和标准体系建设等方面开展了大量卓有成效的工作。2009年1月6日，我国“晋东南—南阳—荆门1000kV交流输变电工程”作为特高压交流输电试验示范工程投运。

架设特高压交流架空输电线路和制造出合格的特高压输变电设备是将特高压交流输电技术推向工程实践的关键。在对特高压交流输电线路的杆塔、绝缘子串、导线、空气间隙进行选型、设计、架设、运行时，必须全面、综合考虑它们的电气特性、机械特性和经济指标，它们都比超高压线路的相应部件更复杂、要求更高、影响更大。对于特高压交流输变电设备而言，选择适当的绝缘水平非常关键。特高压交流输变电设备的绝缘水平不仅指其操作冲击和雷电冲击耐受电压，还应考虑长期运行时可能受到的最大工作电压和短时工频电压升高的要求。

由于特高压交流输电线路的电压等级高，线路长，潮流变化范围也较大，对其可靠性要求也很高，因此存在交流过电压与绝缘配合、无功功率平衡、潜供电流限制、外绝缘特性和电磁环境等特殊问题。

1000kV特高压交流输变电工程具有工作电压高、输电距离长、输送容量大、线路损耗小和线路充电功率大等特点，使得特高压系统可能产生严重的工频过电压和绝对值相当高的操作过电压。过电压高，会对设备绝缘水平提出很高的要求。而特高压设备和线路外绝缘的长空气间隙的操作冲击放电电压和间隙距离的关系已进入饱和区，特高压设备的内绝缘耐压水平的提高也受到限制。这是一对矛盾，一是可能影响安全运行；二是可能提高工程造价，影响特高压输电工程的经济性。因此，保证特高压输电工程的安全运行和经济性，限制特高压系统的过电压水平和合理选择绝缘水平已成为特高压交流输变电工程建设的关键技术课题。

特高压电网工频过电压主要考虑单相接地三相甩负荷和无接地三相甩负荷两种工频过电压。限制工频过电压可采取使用高压电抗器、可调节或可控高抗和使用良导体地线或光纤 OPGW 等措施。

操作过电压是决定特高压交流输电系统绝缘水平的最重要依据。特高压电网主要考虑合闸（包括单相重合闸）、分闸、接地短路过电压三种类型操作过电压。限制特高压电网操作过电压的主要措施有金属氧化物避雷器（MOA）、断路器合闸电阻限制合闸过电压、控制断路器合闸相角降低合闸过电压、断路器分闸电阻限制甩负荷过电压、选择适当的运行方式等。

特高压线路的雷电特性有两个特点：①特高压线路的绝缘水平很高，因雷击地线或塔顶而发生反击闪络的可能性较低；②特高压线路杆塔较高，易发生绕击，也不利于防止雷电反击。特高压交流输电线路防雷措施的特点有：改善避雷线的屏蔽性能、减小保护角，改善耐张塔、转角塔等处的防绕击措施，适当增加档中导地线间的空气间距等。

特高压交流输电线路和设备的外绝缘空气间隙操作冲击放电电压呈现“饱和特性”，内绝缘耐压水平提高受到多种因素的限制，使得特高压电网中线路和设备的绝缘水平要求值的确定对工程总投资的影响越来越大。在特高压电网中，降低设备绝缘水平具有显著经济效益。绝缘水平要求值过高，将使工程建设成本加大，经济性变差；绝缘水平要求值过低，发生故障的可能性加大，可靠性降低。因此要从安全运行和技术经济合理性两方面来确定特高压电网的绝缘水平。绝缘配合方法有确定性法（惯用法）、统计法和简化统计法。操作过电压下的绝缘配合采用统计法，对于非自恢复型绝缘，一般采用确定性法。

特高压输电线路电容产生的无功功率很大，应合理配置高压电抗器、低压电抗器、低压电容器以及可控电抗器等设备来实现系统的无功平衡。另外，对于特高压长距离输电还可通过装设串联补偿装置来提高广义自然功率的幅值，减小在大潮流情况下对系统无功的冲击。

特高压输电线路发生的故障多为单相接地故障，采用单相重合闸可提高线路的输电可靠性。在单相重合闸过程中存在潜供电流，影响重合闸正常工作。可根据特高压线路实际情况，采用并联高压电抗器中性点小电抗，采用高速接地开关以及良导体架空地线等措施，消除潜供电流的影响。

架空线路和变电设备的外绝缘是靠空气间隙和绝缘子串（套管）的电气强度来保证的。这两类外绝缘在系统运行中要承受各种过电压，即工频过电压、操作过电压和雷电过电压。另外，外绝缘处于大气环境中，要受到风、雪、冰雨、污秽等自然条件的影响。因此，特高压交流输电线路多种实际布置，在各种工况、不同电压作用下的外绝缘特性，对线路和变电站的电气设计和安全运行有着非常重要的现实意义。

特高压交流输变电工程的电磁环境问题主要考虑工频电场及静电感应、工频磁场及电磁感应、无线电干扰、电视干扰、可听噪声等。电场、磁场、无线电干扰均可能对人们的生活环境和生活质量，甚至安全与健康产生一定的影响，但只要采取一定的技术措施，可以降低影响程度。根据国内外研究成果，结合我国国情和超高压线路运行经验，我国1000kV 电磁环境控制限值为：特高压输电线路邻近民房时的工频电场强度限值为 4kV/m，工频磁场强度限值为 0.1mT，无线电干扰限值为 58dB，可听噪声限值为 55dB。

思考题与习题

1. 超高压和特高压分别有何特征？
2. 特高压交流输电有哪些优点？
3. 特高压交流输电线路中的导线有哪些特点？
4. 限制特高压电网工频过电压的主要措施有哪几种？
5. 限制特高压电网操作过电压的主要措施有哪几种？
6. 特高压交流输电线路防雷措施的特点是什么？
7. 限制特高压交流输电线路潜供电流的措施有几种？
8. 特高压交流输电工程的电磁环境问题主要考虑哪些？

第二十章　直流输电中的高电压技术

教学要求

了解直流输电发展概况和直流输电系统结构，熟悉直流输电的优缺点和应用场合，了解高压直流架空线路和电缆线路的绝缘，了解直流电缆的种类及特点，了解直流输电系统的过电压及其保护，了解直流输电线路与换流站的绝缘配合，了解直流电晕放电的特点，了解直流输电工程的电磁环境影响，了解直流换流站避雷器配置方案，熟悉直流输电回流电路的种类、特点及应用。

第一节　直流输电系统概述

电网中实际应用的输电方式有交流输电和直流输电两种。可以粗略地认为，当输电距离超过等价距离后，采用直流输电比采用交流输电更经济。

一、直流输电发展概况

1. 国外直流输电发展概况

最早是将直流发电机发出的直流电直接向直流负荷供电。1882 年，法国物理学家德普勒用装设在米斯巴赫煤矿中的直流发电机，以 1.5～2.0kV 电压，沿着 57km 的电报线路，把电力送到在慕尼黑举办的国际展览会上，完成有史以来的第一次直流输电试验。此后，为提高直流输电电压，采用直流发电机串联的方法。1912 年，直流输电的电压、功率和距离分别达到 125kV、20MW 和 225km。由于直流电源采用直流发电机串联，直流电动机负荷也是串联方式，运行方式复杂、可靠性差，因此直流输电在当时没有得到进一步的发展。随着三相交流发电机、感应电动机和变压器的迅速发展，直流输电很快被交流输电所取代。

交流输电的发展使直流输电的发展受到很大影响，但由于直流输电具有交流输电所不能取代的优点，如直流输电的输送容量不受同步运行稳定性的限制，用电缆输电时不受电缆线路的长度限制等，美国、瑞典、德国等仍继续研究直流输电技术。

在交流电网已全面占领市场的情况下，要采用直流输电，必须采用交流/直流—直流/交流的输电方式，即将交流电源转换为直流，用直流进行远距离输电，在受端再将直流转换为交流，以供交流负荷使用。因此，必须要解决交流与直流的转换问题。按照交、直流转换（换流）设备的发展过程，直流输电的发展可分为以下几个阶段。

（1）汞弧换流阀阶段。1935 年，美国采用汞弧换流阀建立了 15kV、100kW 的直流输电系统。1943 年，瑞典研制成功栅控汞弧换流阀，建立一条 90kV、6.5MW、58km 的直流输电线路。与此同时，德国试制单阳极汞弧换流阀。这些为直流输电的兴起做了很好的技术准备。随着大功率汞弧换流阀的问世，直流输电工程得到进一步的发展。从 1954 年瑞典投入世界上第一个工业性直流输电工程（果特兰岛直流工程）起，到1977年最后一个采用汞弧换流阀的直流工程（加拿大纳尔逊河Ⅰ期工程）建成止，世界上共有12个采用汞弧换流阀的直流工程投入运行。其中输送容量最大和输送距离最长的是美国太平洋联络线（1440MW、1362km），输电电压最高的为加拿大纳尔逊河Ⅰ期工程（±450kV），最大容量的汞弧换流阀为用于太平洋联络线的多阳极汞弧换流阀（133kV、1800A）以及用于前苏联伏尔加格勒－顿巴斯直流工程的单阳极汞弧换流阀（130kV、900A）。由于汞弧换流阀制造技术复杂、价格昂贵、逆弧故障率高、可靠性较低、运行维护不便等因素，直流输电的发展受到限制。

（2）晶闸管换流阀阶段。20世纪70年代以后，电力电子技术和微电子技术迅速发展，高压大功率晶闸管研制成功，并应用于直流输电工程。晶闸管换流阀和微机控制技术在直流输电工程中的应用，有效改善了直流输电的运行性能和可靠性，促进了直流输电技术的发展。晶闸管换流阀不存在逆弧问题，而且制造、试验、运行维护和检修都比汞弧换流阀简单而方便。1970年，瑞典首先采用晶闸管换流器叠加在原有汞弧换流阀换流器上，对果特兰岛直流工程进行扩建增容，增容部分的直流电压为50kV，功率为10MW。1972年，世界上第一个全部采用晶闸管换流阀的伊尔河背靠背直流工程（80kV、320MW）在加拿大投入运行。由于晶闸管换流阀比汞弧换流阀有明显的优点，从此以后新建的直流工程均采用晶闸管换流阀。与此同时，原来采用汞弧换流阀的直流工程也逐步被晶闸管换流阀所替代。20世纪70年代以后，微机控制和保护、光电传输技术、水冷技术、氧化锌避雷器等新技术，在直流输电工程中也得到广泛应用，促使直流输电技术进一步发展。

（3）新型半导体换流设备的应用。20世纪90年代以后，新型氧化物半导体器件——绝缘栅双极晶体管（IGBT）首先在工业驱动装置上得到广泛的应用。1997年3月，瑞典建成世界上第一个采用IGBT组成电压源换流器的10kV、3MW、10km直流输电工业性试验工程被称为轻型直流输电工程。这种轻型直流输电工程在小型输电工程中具有较强的竞争力，目前，瑞典、澳大利亚等国均有轻型直流输电工程投入运行。由于IGBT单个组件的功率小、损耗大，不利于大型直流输电工程采用。

近期研制成功的集成门极换相晶闸管（IGCT）和大功率碳化硅组件，具有电压高、通流能力大、损耗低、体积小、可靠性高的特点，并且还具有自关断能力，在直流输电工程中有很好的应用前景。

2. 我国直流输电发展概况

（1）直流输电的技术准备。为了长江三峡水利资源的开发以及三峡电站的电力外送，我国在1958年提出直流输电。1963年在中国电力科学研究院建成1000V、5A的直流输电物理模型装置。1974年在西安高压电器研究所建成一个8.5kV、200A、1.7MW、采用6脉动换流器的背靠背换流试验站。1977年在上海利用杨树浦发电厂到九龙变电站之间报废的交流电缆，建成一个采用6脉动换流器的31kV、150A、4.65MW、8.6km的直流输电试验工程。

（2）直流输电工程。1987年全部采用国内技术的舟山直流输电工程投入运行，从此直流输电开始在我国得到应用和发展。我国直流输电的发展起步较晚，但跨越了汞弧换流阀时期。目前，我国已成为世界上直流输电电压等级最高、容量最大的国家。我国近年来的主要直流输电工程见表20-1。

表 20-1 我国近年来的主要直流输电程

序号	工程名称	电压(kV)	功率(MW)	距离(km)		投运年份	备注
				架空线路	电缆		
1	舟山	−100	50	42	12	1987	
2	葛洲坝—南桥(葛—南)	±500	1200	1045		1989 极 1 1990 极 2	
3	马窝—北郊(天—广)	±500	1800	960		2000 极 1 2001 极 2	
4	嵊泗	±50	60	6.5	59.7	2002	
5	龙泉—政平(三—常)	±500	3000	860		2002 极 1 2003 极 2	
6	荆州—惠州(三—广)	±500	3000	960		2004	
7	安顺—肇庆(贵—广 1)	±500	3000	880		2004	
8	灵宝	120	360			2005	背靠背
9	宜都—华新(三—沪)	±500	3000	1075		2006	
10	兴仁—深圳(贵—广 2)	±500	3000	1194		2007	
11	高岭	±125	1500			2008	背靠背
12	宁东—山东	±660	4000	1400		2010 极 1	
13	向家坝—上海(向—上)	±800	6400	2000		2010	
14	云南—广东	±800	5000	1335		2009 极 1 2010 极 2	

二、直流输电系统的结构

直流输电系统由整流站、直流线路和逆变站三部分组成，如图 20-1 所示。图中交流电力系统 1 和 2 通过直流输电系统相连。交流电力系统 1、2 分别是送、受端交流系统，送端系统送出的交流电经换流变压器和整流器变换成直流电，然后由直流线路把直流电输送给逆变站，经逆变器和换流变压器再将直流电变换成交流电送入受端交流系统。图 20-1 中完成交、直流变换的站称为换流站，将交流电变换为直流电的换流站称为整流站，而将直流电变换为交流电的换流站称为逆变站。

直流输电系统按照其与交流系统的接口数量分为两大类，即两端（或端对端）直流输电系统和多端直流输电系统。两端直流输电系统是只有一个整流站和一个逆变站的直流输电系统，它与交流系统只有两个接口，是结构最简单的直流输电系统，世界上已运行的直流输电工程普遍采用这一类方式。

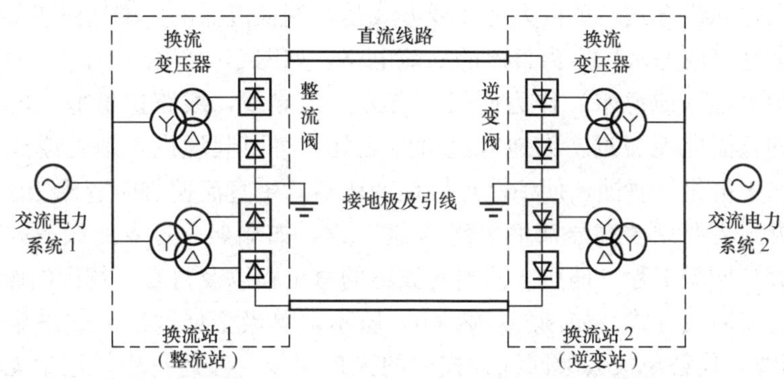

图 20-1　直流输电系统原理接线图

两端直流输电系统又可分为单极（正极或负极）、双极（正、负两极）直流输电系统和背靠背直流输电系统（无直流输电线路）三种类型。多端直流输电系统与交流系统有三个及以上的接口，它有多个整流站和逆变站，以实现多个电源系统向多个受端系统的输电。目前只有意大利—撒丁岛（三端）和魁北克—新英格兰（五端）直流输电工程为多端直流输电系统。

1. 单极直流输电系统

单极直流输电系统中换流站出线端对地电位为正的称为正极，为负的称为负极，与正极或负极相连的输电导线称为正极导线（正极线路）或负极导线（负极线路）。由于正极导线电晕的电磁干扰和可听噪声均比负极导线的大，同时因雷电大多为负极性，使得正极导线雷电闪络的概率也比负极导线的高，所以单极直流架空线路通常采用负极性（即正极接地）。单极直流输电系统运行的可靠性和灵活性不如双极直流输电系统好，因此，单极直流输电工程不多。

单极直流输电系统的接线方式可分为单极大地（或海水）回线方式和单极金属回线方式两种。另外，当双极直流输电系统单极运行时，还可以接成单极双导线并联大地回线方式。图 20-2（a）～（c）分别给出这三种接线示意图。

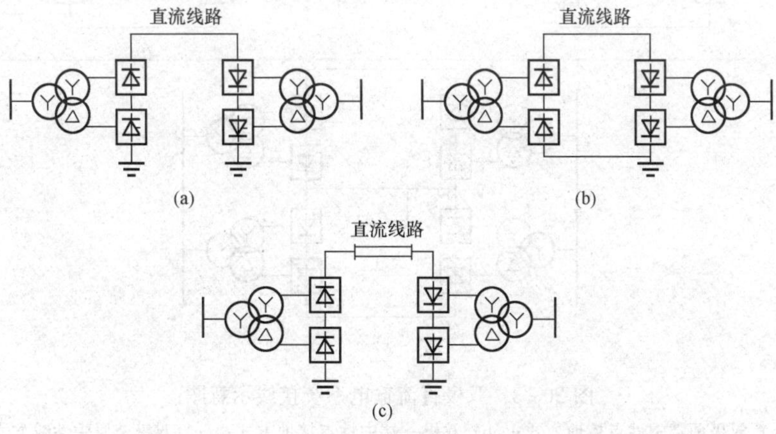

图 20-2　单极直流输电系统接线示意图

（a）单极大地回线方式；（b）单极金属回线方式；

（c）单极双导线并联大地回线方式

（1）单极大地回线方式。单极大地回线方式是两端换流器的一端通过极导线相连，另一端接地，利用大地（或海水）作为直流的回流电路，如图 20-2（a）所示。这种方式的线路结构简单，利用大地（或海水）作为回线，省去一根导线，线路造价低；但地下（或海水中）长期有大的直流电流流过，大地电流所经之处，将引起埋设于地下或放置在地面的管道、金属设施发生电化学腐蚀，使中性点接地变压器产生直流偏磁而造成变压器磁饱和等问题。这种接线方式主要用于高压海底电缆直流工程，如瑞典—丹麦的康梯—斯堪工程、瑞典—芬兰的芬挪—斯堪工程、瑞典—德国的波罗的海工程以及丹麦—德国的康特克工程等。

（2）单极金属回线方式。如图 20-2（b）所示，单极金属回线方式采用低绝缘的导线（也称金属返回线）代替单极大地回线方式中的大地回线。在运行中，地中无电流流过，可以避免由此所产生的电化学腐蚀和变压器磁饱和等问题。为固定直流侧的对地电压和提高运行的安全性，该接线金属返回线的一端接地，其不接地端的最高运行电压为最大直流电流在金属返回线上的压降。这种接线方式的线路投资和运行费用均较单极大地回线方式的高，通常只在不允许利用大地（或海水）为回线或选择接地极较困难以及输电距离又较短的单极直流输电工程中采用，但在双极运行方式中需要单极运行时可以采用。

（3）单极双导线并联大地回线方式。单极双导线并联大地回线方式如图 20-2（c）所示。这种方式是双极运行方式中需要单极运行时采用的特殊方式，与单极大地回线方式相比，由于极导线采用两极导线并联，极导线电阻减小一半，因此线路损耗减小一半。

2. 双极直流输电系统

双极直流输电系统是直流输电工程普遍采用的接线方式。它可分为双极两端中性点接地方式、双极一端中性点接地方式和双极金属中性线方式三种，如图 20-3 所示。

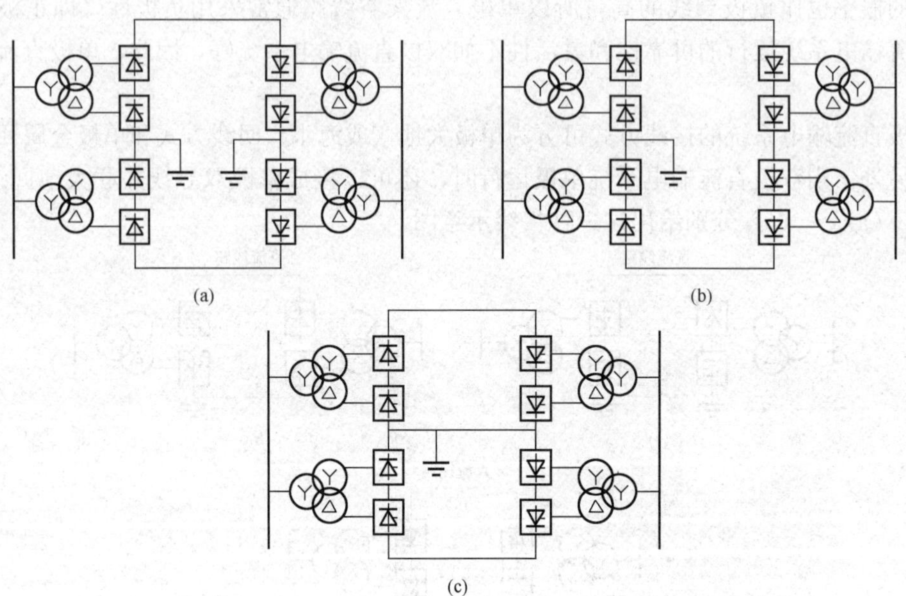

图 20-3 双极直流输电系统接线示意图

（a）双极两端中性点接地方式；（b）双极一端中性点接地方式；（c）双极金属中性线方式

（1）双极两端中性点接地方式。双极两端中性点接地方式（简称双极方式）是指正负两极通过导线相连，两端换流器的中性点接地，相当于两个独立的单极大地回路方式，如图

20-3（a）所示。这种接线方式的正负两极在地回路中的电流方向相反，地中电流为两极电流之差值，双极对称运行时，地中无电流流过，或仅有少量的不平衡电流流过，通常小于额定电流的1%。因此，这种接线方式在双极对称方式运行时，可消除由于地中电流所引起的电腐蚀等问题。当需要时，双极可以不对称运行，这时两极中的电流不相等，地中电流为两极电流之差，运行时间的长短由接地极寿命决定。

采用这种接线方式的直流输电工程，当一极故障时，另一极可正常并过负荷运行，这样可减小送电损失。双极对称运行时，一端接地极系统故障，可将故障端换流器的中性点自动转换到换流站内的接地网临时接地，并同时断开故障的接地极，以便进行检查和检修。当一极设备故障或检修停运时，可转换成单极大地回线方式、单极金属回线方式或单极双导线并联大地回线方式运行。由于此方式运行灵活、可靠性高，多数直流输电工程都采用此接线方式。

（2）双极一端中性点接地方式。如图20-3（b）所示，这种接线方式只有一端换流器的中性点接地，不能利用大地作为回路；当一极故障时，不能自动转为单极大地回线方式运行，必须停运双极，在双极停运后，可以转换成单极金属回线运行方式。因此，这种接线方式的运行可靠性和灵活性均较差。其主要优点是可以保证在运行时地中无电流流过，从而可以避免由此所产生的一系列问题。这种接线方式在实际工程中很少采用，只在英—法海峡直流输电工程中得到应用。

（3）双极金属中性线方式。双极金属中性线方式是在两端换流器中性点之间增加一条低绝缘的金属返回线，相当于两个可独立运行的单极金属回线方式，如图20-3（c）所示。为固定直流侧各种设备的对地电位，通常中性线的一端接地，另一端中性点的最高运行电压为流经金属线中最大电流时的电压降。这种接线方式在运行时地中无电流流过，既可以避免由于地电流而产生的问题，又具有较高的可靠性和灵活性。当一极线路发生故障时，可自动转为单极金属回线方式运行。当换流站的一个极发生故障需停运时，可首先自动转为单极金属回线方式，然后还可转为单极双导线并联金属回线方式运行。其运行的可靠性和灵活性与双极两端中性点接地方式相类似。由于采用三根导线组成输电系统，其线路结构较复杂、造价较高，通常是当不允许地中流过直流电流或接地极极址很难选择时才选用。英国伦敦的金斯诺斯地下电缆直流工程、日本纪伊直流工程以及加拿大—美国的魁北克—新英格兰多端直流工程的一部分是采用这种接线方式。

3. 背靠背直流输电系统

背靠背直流输电系统是输电线路长度为零（即无直流输电线路）的两端直流输电系统，它主要用于两个异步运行（不同频率或频率相同但异步）的交流电力系统之间的联网或送电，也称为异步联络站。如果两个被联电网的额定频率不相同（如50Hz和60Hz），也可称其为变频站。背靠背直流输电系统的整流站和逆变站的设备装设在一个站内，也称背靠背换流站。在背靠背换流站内，整流阀和逆变阀的直流侧通过平波电抗器相连，而其交流侧则分别与各自的被联电网相连，从而形成两个交流电网的联网。两个被联电网之间交换功率的大小和方向均由控制系统进行快速方便的控制。为降低换流站产生的谐波，通常选择12脉动换流器作为基本换流单元。图20-4所示为背靠背换流站的原理接线，换流站内的接线方式有换流器组的并联方式和串联方式两种。

背靠背直流输电系统的主要特点是直流侧可选择低电压、大电流（因无直流输电线路，

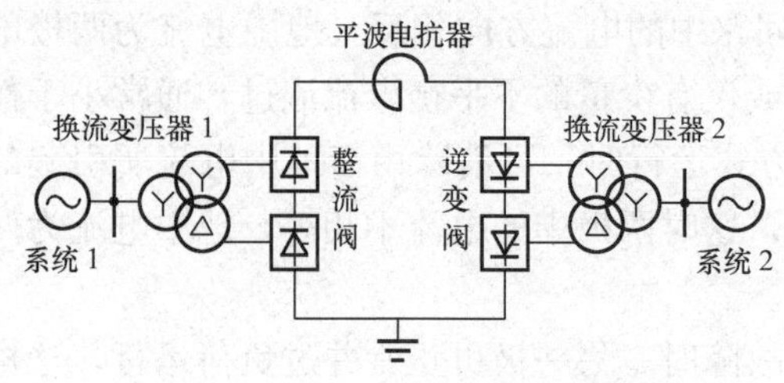

图 20-4 背靠背换流站原理接线图

直流侧损耗小），可充分利用大截面晶闸管的通流能力，同时直流侧设备（如换流变压器、换流阀、平波电抗器等）也因直流电压低而使其造价相应降低。由于整流阀和逆变阀均装设在一个阀厅内，直流侧谐波不会造成对通信线路的干扰，因此可省去直流滤波器，减小平波电抗器的电感值。由于上述因素使得背靠背换流站的造价比常规换流站的造价降低 15%～20%。

4. 多端直流输电系统

多端直流输电系统由三个及以上换流站，以及连接换流站之间的高压直流输电线路组成，它与交流系统有三个及以上的接口。多端直流输电系统可解决多电源供电或多落点受电的输电问题，还可以联系多个交流系统或者将交流系统分成多个孤立运行的电网。在多端直流输电系统中的换流站，可以作为整流站运行，也可以作为逆变站运行，但作为整流站运行的换流站总功率与作为逆变站运行的总功率必须相等，即整个多端系统的输入和输出功率必须平衡。根据换流站在多端直流输电系统之间的连接方式，多端直流输电系统接线方式可分为并联方式或串联方式，连接换流站之间的输电线路可以是分支形或闭环形，如图 20-5 所示。

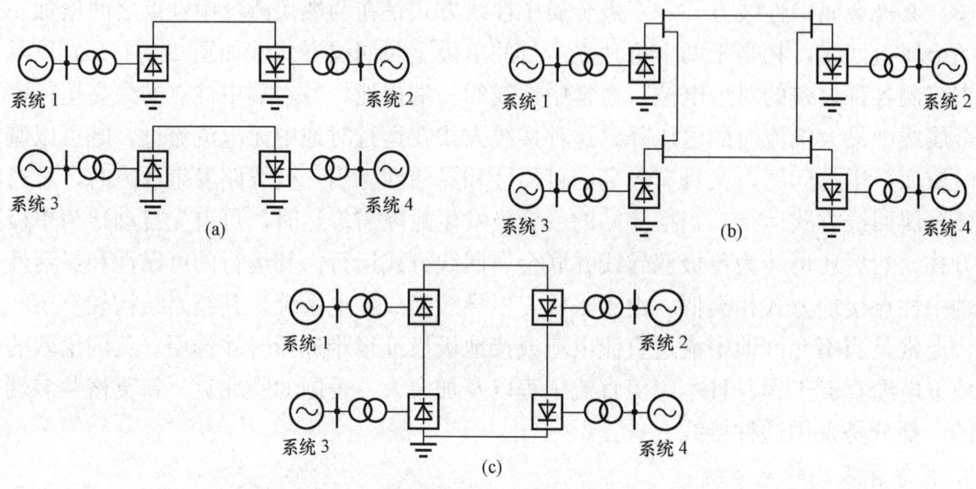

图 20-5 多端直流输电系统原理接线图

(a) 并联—分支形；(b) 并联—闭环形；(c) 串联接线

（1）并联方式。并联方式的特点是各换流站在同一个直流电压下运行，换流站之间的有功调节和分配主要靠改变换流站的直流电流来实现。由于并联方式在运行中保持直流电压不变，负荷的减小用降低直流电流来实现，因此其系统损耗小，运行经济性也好。

由于并联方式具有上述优点，因此目前已运行的多端直流输电系统均采用并联方式。并联方式的主要缺点是当换流站需要改变潮流方向时，除改变换流器的触发角，使原来的整流站（或逆变站）变为逆变站（或整流站）以外，还需将换流器直流侧两个端子的接线倒换过来接入直流网络才能实现。因此，并联方式不适用于潮流变化频繁的换流站。此外，当某一换流站发生故障需退出工作时，需要用直流断路器来断开故障的换流站，目前在高电压、大功率直流断路器尚未发展到实用阶段的情况下，只能借助于控制系统的调节装置与高速自动隔离开关两者的配合操作来实现。也就是说，在事故时，将整流站变为逆变站运行，从而使直流电压和电流均很快降到零，然后用高速自动隔离开关将故障的换流站断开，最后对健全部分进行自动再启动，使直流系统在新的工作点恢复工作。

(2) 串联方式。串联方式的特点是各换流站均在同一个直流电流下运行，换流站之间的有功调节和分配主要是靠改变换流站的直流电压来实现。串联方式的直流侧电压较高，在运行中的直流电流也较大，因此其经济性能不如并联方式好。对串联方式，当换流站需要改变潮流方向时，只需改变换流器的触发角，使原来的整流站（或逆变站）变为逆变站（或整流站）运行，不需改变换流器直流侧的接线，潮流反转操作快速方便；当某一换流站发生故障时，可投入其旁通开关，使其退出工作，其余的换流站经自动调整后，仍能继续运行，不需要用直流断路器来断开故障；当某一段直流线路发生瞬时故障时，需要将整个系统的直流电压降到零，待故障消除后，直流系统可自动再启动；当一段直流线路发生永久性故障时，则整个多端系统需要停运。

多端直流输电系统比采用多个两端直流输电系统要经济，但其控制保护系统以及运行操作较复杂。今后随着具有关断能力的换流阀（如 IGBT、IGCT 等）的应用以及在实际工程中对控制保护系统的改进和完善，采用多端直流输电的工程将会更多。

三、直流输电的特点

1. 直流输电的优点

与交流输电相比，直流输电具有的主要优点为不存在系统稳定问题，实现了非同步联网，功率调节快速可靠，提升了电力输送的经济性，适用于电缆输电等。

(1) 不存在系统稳定问题。直流输电不存在交流输电的稳定问题，中间不落点，可点对点直接将电力输送至负荷中心，有利于远距离大容量送电。

交流输电的输送功率 P 可表示为

$$P = \frac{E_1 E_2}{X_{12}} \sin\delta \tag{20-1}$$

式中　E_1、E_2——送端和受端交流系统的等值电动势；

δ——E_1 和 E_2 两个电动势之间的相位差；

X_{12}——E_1 和 E_2 之间的等值电抗，对于远距离输电，X_{12} 主要是输电线路的电抗。

当 $\delta=90°$ 时，式（20-1）变为

$$P = P_m = E_1 E_2 / X_{12}$$

式中　P_m——输电线路的静稳定极限。

实际交流系统不允许在这个极限状态下运行。因为在该极限状态下运行，如果系统受到微小扰动可能使运行工况偏离到 $\delta>90°$。此时送端因送出功率减小，频率上升，而受端则因接收功率减小，频率下降，两端交流系统将会失去同步，甚至导致两系统解列。即使在 $\delta<90°$ 状态下运行，当电力系统受到较大扰动时，也可能失去稳定。因此，在一定的输电电压下，交流输电线路的允许输送功率和距离受到网络结构和参数的限制。随着输电距离及相应的 X_{12} 的增大，允许输送功率随之减小。为增加输送功率，除普遍采用的快速切除故障和重合闸、强行励磁、送端快速切机等提高稳定性的措施外，必要时还需要增设串联电容补偿、

开关站、电气制动或增加输电线路的回路数。采用这些措施将增加建设和运行费用。如用直流输电系统连接两个交流系统，则不存在两端交流发电机需要同步运行的问题，无需采取提高稳定的措施。因此，直流输电的输送容量和距离不受同步运行稳定性的限制，有利于远距离输电。

(2) 实现非同步联网。采用直流输电可实现电力系统之间的非同步联网，被联交流电网可以是额定频率不同（如分别为50、60Hz）的电网，也可以是额定频率相同但非同步运行的电网，被联电网可保持自己的电能质量（如频率、电压）而独立运行，不受联网的影响。直流联网不会明显增大被联交流电网的短路容量，不需要由于短路容量的增加而更换断路器或采取限流措施，被联电网之间交换的功率可快速方便地进行控制，有利于运行和管理。

(3) 功率调节快速可靠。直流输电的电流或功率是通过计算机控制系统改变换流器的触发角来进行调节和控制的，响应速度极快，可根据交流系统的要求，快速增加或减少直流输送的有功和换流器的无功，对交流系统的有功和无功平衡起到快速调节作用，从而提高交流系统频率和电压的稳定性，提高电能质量和电网运行的可靠性。对于交直流并联运行的输电系统，还可以利用直流的快速控制来阻尼交流系统的低频振荡，提高交流线路的输送能力。在交流系统发生故障时，可通过直流输电系统对直流电流的快速调节，实现对事故系统的紧急支援。

(4) 提升电力输送的经济性。直流输电一般采用的接线为双极中性点接地方式，因此直流线路仅需正负两极导线，而三相交流线路则需三相导线。假设直流和交流线路的导线截面相等，电流密度也相等，具有相同的对地绝缘水平，则直流线路所能输送的功率和三相导线的交流线路所能输送的有功功率几乎相等。因此，直流架空线路与交流架空线路相比，直流线路所需导线、绝缘子、金具都比交流线路节省约1/3，而且减轻杆塔的荷重，节省钢材。由于直流输电只有两根导线，还可减少线路走廊的宽度和占地面积。所以，直流输电线路的单位长度造价比交流线路有较大幅度的降低，一般为交流架空线路的60%～70%。

(5) 适用于电缆输电。直流输电线路在稳态运行时没有电容电流，不需要并联电抗补偿，不会像交流长线路那样发生电压异常升高的现象。由于电缆线路对地电容远比架空线路大得多，用交流电缆线路进行长距离送电时，电缆芯线需通过大量的电容电流，使得供给负荷电流的能力变得很小。为提高送电能力，必须沿线装设并联电抗器进行补偿。这样不仅使建设和运行费用增加，对于海底电缆线路来说，要实现这一措施更是非常困难。因此，长距离电缆线路送电宜采用直流输电。

(6) 利于发挥投资效益。直流输电可方便地进行分期建设和增容扩建，有利于发挥投资效益。如双极直流输电工程可按极分期建设，先建一个极，单极运行，然后再建另一个极。对于换流器采用串、并联接线的换流站，如±800kV每极两个12脉动换流器串联的接线，除可按极分期建设外，也可以按换流器分期建设。先建一个换流器，以1/2电压运行，根据电源系统的建设进度，适时建设第二个换流器。对于已运行的直流工程，可以采用与原有换流器串、并联的方式进行增容扩建。

2. 直流输电的缺点

(1) 直流输电换流站结构复杂、造价高。直流输电换流站与交流变电站相比，除需要有交流变电站所有设备（变压器要改为换流变压器）外，还需增加许多设备。为实现交、直流的换流，需要有换流器。换流器工作时，需要消耗大量的无功，一般每端换流站所消耗的无功功率约为直流输送功率的40%～60%，因此需要增加大量的无功补偿装置。换流器工作时在交、直流侧都会产生谐波，为保证换流站交流母线电压的畸变率在允许范围内，必须装设交流滤波器；为保证直流线路上的谐波电流在允许范围内，在直流侧必须装设平波电抗器和直流滤波器。根据换流站过电压保护方式的特点，需要增加各种类型的交、直流避雷器，包括高压端对地的避雷器和高压端子间的避雷器。为实现直流接线方式的转换，需要有金属回路和大地回路转换用的直流断路器。此外，为实现大地作回流线路，还需建设接地极及其引线。这些使得换流站结构更加复杂，占地面积、造价和运行费用大幅度提高，可靠性降低。

(2) 单极直流输电系统的环境影响大。直流输电在以大地或海水作回流电路时，对地面、地下或海水中的金属设施，如金属构件、金属管道、电缆等造成腐蚀，需要采取阴极保护等防护措施。同时以大地或海水作回流电路时，地中直流电流通过中性点接地变压器会使变压器产生直流偏磁，引起变压器磁饱和，还会产生对通信和航海磁性罗盘的干扰等。对于双极直流系统，正常运行时，地中无电流或很小的不平衡电流，只有在极线故障时才短时通过大电流，其对周围设施的影响较小。

(3) 直流断路器灭弧困难。直流断路器由于通过的直流电流没有过零点，灭弧问题难以解决，给制造带来一定困难，到目前为止还没有令人满意的极线用高电压等级直流断路器产品，因此使多端直流输电工程发展缓慢。

四、直流输电的应用

直流输电的应用有两种情况：一是采用交流输电在技术上有困难或不可能，而只能采用直流输电的情况。如不同频率（如分别为50、60Hz）电网之间的联网或向不同频率的电网送电，因稳定问题采用交流输电难以实现，远距离电缆线路送电，采用交流电缆线路因电容电流太大而无法实现等。二是在技术上采用交、直流输电方式均能实现，但采用直流输电比交流输电具有更好的经济性，对于这种情况则需要对工程的输电方案进行全面比较和论证，最后根据比较的结果决定。直流输电的应用主要有五个方面。

1. 远距离大容量输电

远距离大容量输电采用交流还是直流，取决于经济性能的比较。直流输电线路的造价和运行费用均比交流输电低，但换流站的造价和运行费用均比交流变电站的高。因此，对同样的输送容量，只有当输送距离达到某一长度时，换流站多花费的费用才能被直流线路节省的费用所补偿，将这个输电距离称为交、直流输电的等价距离。直流、交流输电的建设费用与输电线路长度的关系如图20-6所示。对于一定的输送功率，当输电距离大于等价距离时，采用直流输电比较经济。等价距离与交流和直流输电线路的造价、交流变电站和直流换流站的造价、交流输电和直流输电系统的损耗及运行费用、损耗的电能价格等一系列经济指标有关。对于不同的国家，上述经济指标各不相同，因

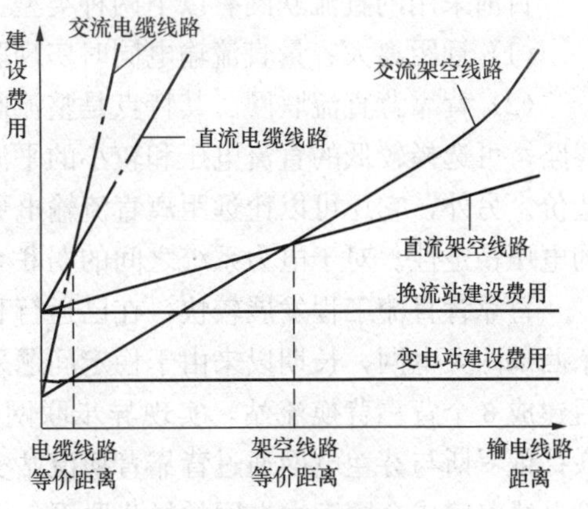

图20-6　直流、交流输电的建设费用与输电线路长度的关系

此，不可能有一个相同的等价距离。由相关资料可知，当输送功率为540～2160MW时，架空线路等价距离为640～960km，而电缆线路为20～40km。随着科学技术的进步，换流设备的造价会有一定的降低，从而使交、直流输电的等价距离进一步缩短。

目前已运行和正在建设的直流工程中，远距离大容量直流输电工程约占1/3，此类工程多数是为了解决大型水电站或火电中心向远方负荷中心的送电问题。如巴西的伊泰普直流工程（两回±600kV、800km、6300MW）、加拿大的纳尔逊河直流工程（两回±500kV、940km、4000MW）、我国新建的向家坝—上海直流输电工程（±800kV、2000km、6400MW）等。这种远距离输电工程同时具有异步联网的性质，如三峡向华东以及向广东的直流送电工程，同时也实现华中与华东、华中与华南电网的异步联网；巴西伊泰普直流工程实现50Hz的发电厂与60Hz的电网之间的异步联网。

直流大容量远距离输电工程的特点是输送容量大、距离远、电压高，其输送容量和电压代表当时直流输电技术的最高水平。目前已投运的直流工程，最高电压为±800kV，最大输送容量为6400MW，最长距离为2000km。

2. 电力系统联网

采用直流输电联网，可以充分发挥联网效益，避免交流联网所存在的问题。直流联网的主要优点是：

（1）直流联网不要求被联的交流电网同步运行，被联电网可用各自的频率异步独立运行，可保持各电网自己的电能质量（如频率、电压）而不受联网的影响。

（2）被联电网间交换的功率，可以用直流输电的控制系统进行快速、方便地控制，而不受被联电网运行条件的影响，便于经营和管理。交流联网时，联络线的功率受两端电网运行情况的影响很难进行控制。

（3）直流联网后不增加被联电网的短路容量，不需要考虑因短路容量的增加以及断路器因遮断容量不够而需要更换或采用限流措施等问题。

（4）可以方便地利用直流输电的快速控制来改善交流电网的运行性能，减少故障时两电网的相互影响，提高电网运行的稳定性，降低大电网大面积停电的概率，提高大电网运行的可靠性。

目前采用的直流联网有以下两种类型：

（1）远距离大容量直流输电同时实现联网。

（2）背靠背直流联网。其特点是整流阀和逆变阀放在一个背靠背换流站内，无直流输电线路，可选择较低的直流电压和较小的平波电抗值，可省去直流滤波器，从而降低换流站的造价。另外，它还可以比远距离直流输电更为方便地调节换流站的无功功率，改善被联电网的电压稳定性。对于电力系统之间的弱联系，采用背靠背直流联网更为有利。

背靠背直流工程发展较快，在已运行和正在建设的直流工程中约占1/3。例如，北美洲东西部两大电网，长期以来由于稳定问题采用交流联网一直未能实现，20世纪80年代后先后建成6个背靠背换流站，实现异步联网；东、西欧电网也通过3个背靠背换流站实现互联；俄罗斯与芬兰电网通过背靠背换流站实现联网；印度通过4个背靠背换流站和数回直流输电线路完成全国五大电网的异步联网；日本通过4个背靠背换流站和2个直流输电线路实现全国九大电网的联合运行。灵宝背靠背换流站是我国第一个背靠背直流工程，实现西北与华中电网的互联。背靠背换流站将在全国联网中发挥其重要作用。另外，在我国与周边国家的联网送电工程中，背靠背换流站也将得到应用。

3. 直流电缆线路送电

采用相同的电压、输送相同的功率，直流电缆线路的费用比交流电缆线路要节省得多。直流电缆线路没有电容电流，输送容量不受距离的限制，而交流电缆线路由于电容电流很大，其输送距离将受到限制。电缆线路长度超过 40km 时，采用直流输电无论是经济上还是技术上都较为合理。因此，远距离大容量跨海峡的海底电缆线路送电多数采用直流电缆线路。如英法海峡直流工程，采用 2 回±270kV，总输送功率为 2000MW，海底电缆 72km；瑞典—德国的波罗的海直流工程，海底电缆线路 250km，架空线路 12km，单极 450kV，输送功率 600MW；日本纪伊直流工程，海底电缆线路 51km，架空线路 51km，双极±500kV，输送功率 2800MW；马来西亚的巴坤直流工程，海底电缆线路 670km，架空线路 660km，计划 3 回±500kV，总输送功率 2130MW。另外，还有不少小型的跨海峡直流工程，如我国的舟山直流工程和嵊泗直流工程等。

大城市附近建设大型电站受环境污染条件的限制，往往是不允许的。而大城市的用电密度高，人口稠密，架空线路的走廊难以选择，采用高压直流地下电缆线路将远处的电力送往大城市的负荷中心也是一种有竞争力的方案。如英国伦敦的金斯诺斯直流工程，地下电缆线路长 82km，电压±266kV，输送电力 640MW。随着轻型直流输电和新型聚合物直流地下电缆线路的应用，此类工程的造价将逐渐降低，并进一步得到应用和发展。

4. 轻型直流输电（HVDC Light）

轻型直流输电是 20 世纪 90 年代开始发展的一种新型直流输电技术。它采用脉宽调制（PWM）技术，应用绝缘栅双极晶体管（IGBT）组成的电压源换流器进行换流。由于这种直流输电用换流器的功能强、体积小，可减少换流站的设备，简化换流站的结构，从而称之为轻型直流输电。它主要应用于向孤立的远方小负荷区供电、小型水电站或风力发电站与主干电网的连接、小型背靠背换流站以及输送功率较小的配电网络。轻型直流输电的建设周期短，换流器的控制性能好，在配电网络中有较好的竞争力。目前在瑞典、澳大利亚等国建有轻型直流输电工程。

五、特高压直流输电

直流输电线路的输电能力与电压成正比，与电流成正比，与输电距离没有直接关系。但是直流输电线路的电压降与电流成正比，电能损耗与电流平方成正比，它们都与线路的电阻成正比。所以对于超远距离的直流输电来说，直流线路的压降和损耗将会显著增大。对于长度在 2000km 左右的超长距离直流线路，如果仍采用±500kV 电压等级，电压降和线路损耗都将超过 10%。在长距离直流输电工程中，需要更高的电压等级以降低线路损耗。

采用特高压交流输电还是采用特高压直流输电，应根据可靠性、经济性等方面对方案进行技术经济论证比较后加以确定。从输送能力来看，单回 1000kV 特高压交流线路输送的自然功率与±800kV 特高压直流线路的输送功率基本相当，都可以达到 5000MW 或以上。它们的应用各有特点，两者相辅相成，互为补充。

从电网规划方案安全稳定性和经济性计算结果看，对于输电距离较长的大容量输电工程，如果在输电线路中间有落点，可获得电压支撑，则交流特高压输电的安全稳定性和经济性较好，而且具有网络功能强、对将来能源流变化适应性灵活的优点。因此，除位于边远地区的大型能源基地，输电线路中间难以落点、难以获得电压支撑的情况外，一般应首先考虑采用特高压交流输电实现电能的跨区域、远距离、大容量输送。但是在特高压交流输电工程建设初期，由于网络结构薄弱、中间电压支撑较差等原因，其实际输电能力将受系统稳定问题的限制，输送功率达不到自然功率。对于中间无落点的远距离输电，则应采用特高压直流输电。

六、直流输电中的高电压技术问题

直流输电电压已高达±500～±800kV，在直流线路和换流站的设计、建设、运行和设备制造等方面出现一系列高电压技术问题，而这些技术问题未能被传统的“高电压技术”所涵盖，因此有必要关注这些重要的、与交流输电有很大差异的技术问题。直流输电中的高电压技术问题主要有直流电晕与直流电场效应、直流电弧与直流断路器、高压直流架空线路的绝缘、高压直流电缆的绝缘、直流输电系统中的过电压及防护、直流输电系统绝缘配合、直流输电系统的回流电路和直流接地极、直流高电压试验技术等。其中一些重要的以及与交流输电差异较大的课题将在后面专门介绍。

第二节 直流输电工程的电磁环境影响

直流输电工程由换流站、输电线路和接地极组成，这三部分的电磁环境是直流输电工程设计、建设及运行中必须考虑的重大技术问题。当前的高压、特高压直流输电工程具有电压高、导线截面大、单条线路走廊宽等特点，其电磁环境影响受到各方关注，直流电晕与直流电场效应是直流输电工程产生环境影响的主要根源，需采取措施加以限制，使其满足环境保护要求。

一、直流电晕放电

（一）直流电晕放电特点

直流输电线路发生电晕后将会产生电能损失，这将使线路年运行费用增加。实际上要完全消除电晕是不可能的，表面污秽、昆虫、水滴和表面粗糙等都会产生局部的高场强点，从而导致产生电晕。为确保输电线路的建设和年运行费用经济合理，应合理地选择导线结构，使电晕损失控制到合理范围，并使它与无线电干扰、可听噪声等其他设计判据相协调。

在直流电压作用下，由于导线附近强场区空气发生游离，使整个电极空间出现离子流或空间电荷。空间电荷的存在改变原有的电场分布，即直流电晕的强度受到本身空间电荷的限制。这些电荷一经产生就必然移动到地面或极性相反的另一极上去。在单极直流电晕的情况下，整个电极空间充斥着符号与导线极性相同的空间电荷，这将使导线附近的电场减弱，起到良好的“屏蔽”作用。在双极情况下，由于在导线间同时存在着两种极性相反的离子流彼此削弱对方所造成的屏蔽效应，因此双极导线的电晕损耗要比两根极性相反的单极线路的电晕损耗之和大得多。

交流电晕特性与直流电晕特性大不相同，由于导线的极性周期性变换，交流电晕产生的离子流只在导线附近的空间来回振荡。正是由于这一区别，在导线表面电位梯度相同的情况下，交流电晕损耗比相应的双极直流电晕损耗要大得多。

（二）直流电晕的派生效应

1. 电晕损耗

直流输电线路电晕放电会产生电晕损耗，主要特点有：

（1）在给定电压下，不论是双极还是单极运行，正极性与负极性电晕损失大致相当。

（2）双极线路的电晕损耗要比两种极性的单极电晕损耗之和大得多，双极性每一极的电晕损耗一般是单极性电晕损耗的 1.5～2.5 倍，双极电晕损耗近似地与极间距离的平方成反比。

（3）与交流线路的情况不同，雨天时直流线路电晕损耗的增加要比交流线路小很多。在坏天气时（雨、雾、雪等），直流电晕损耗比好天气时只增加几倍，而交流电晕损耗在此种情况下则增加几十倍，甚至上百倍。

（4）交、直流线路的年平均电晕损耗比较表明：当导线表面电位梯度相等时，双极直流线路的年平均损耗仅为相应交流线路的 50％～65％；在年平均电晕损耗相同时，直流线路的导线表面工作电位梯度可比交流线路大 5％～10％。

（5）导线表面电场强度一定时，不论是雨天或晴天，直流电晕损耗随分裂导线根数的增加而增加。

（6）在风速 0～10m/s 的范围内，直流电晕损耗通常随风速的增加而增加。

2. 无线电干扰

直流输电线路电晕放电会对线路周围无线电正常接收产生干扰。这主要是因为电晕放电过程就其性质来说是脉动的，在输电线路导线上产生电流和电压脉冲，这些脉冲的上升和衰减时间一般为微秒数量级，其重复率在兆赫范围内。其主要特点有：

（1）正极性导线电晕放电无线电干扰大。负极性导线电晕放电，放电点一般均匀分布在整个导线表面，脉冲幅值小，重复出现的脉冲幅值基本一致，与正极性导线相比，对无线电信号接收干扰不大。正极性导线电晕放电，放电点在导线表面的分布随机性大，持续的放电点多数出现在导线表面有缺陷处，放电脉冲幅值大且很不规则，是无线电干扰的主要来源。

（2）正极性电晕所产生的无线电干扰在雨天时低于晴天。

（3）双极直流线路的无线电干扰水平比正极性单极线路高。

（4）直流输电线路无线电干扰主要是根据试验线路和实际运行线路的大量测量数据而得到。

3. 可听噪声

直流输电可听噪声主要特点有：

（1）正极性导线上的电晕是直流架空线路可听噪声的主要来源。

（2）雨水能使直流线路的可听噪声稍微减轻一些，下雪时的噪声水平和晴天差别不大。

（3）距正极性导线的横向距离每增加 1 倍，直流线路的可听噪声约衰减 2.6dB（A）。

二、直流电场效应

当直流输电线路导线表面电场强度大于起始电晕电场强度时，靠近导线表面的空气发生电离，电离产生的空间电荷沿电力线方向运动，造成直流输电线路所特有的一些效应。空间电荷本身产生电场，将大大加强由导线电荷产生的电场；空间电荷在电场作用下的运动，形成离子电流；由极导线向大地流动的离子电流，遇到对地绝缘的物体，将附着在该物体上形成物体带电现象，从而引起暂态电击。

直流输电线路下的空间电场由两部分组成：一部分是导线电荷产生的静电场，也称为标称电场。这种电场与导线排列方式有关，与导线电压成正比，随导线对地距离增加而减少，随极间距增加而增加。另一部分是由空间电荷产生的电场。它除与线路几何尺寸有关外，还与导线起始电晕电压有关，起晕电压越低。空间电荷密度大则空间电场越强。

对于直流电场效应的限值，各国有不同的规定。美国规定，在直流线路下有人活动的地方，地面合成场强限值为30kV/m；加拿大规定，直流输电线路下最大合成场强为25kV/m，走廊边沿的标称电场不超过2kV/m；巴西伊泰普工程规定的限值为40kV/m。DL/T 436—2005《高压直流架空送电线路技术导则》中规定：±500kV直流输电线路地面合成场强限值取30kV/m。中国电力科学研究院在试验线段下的人体感受试验也表明，当地面场强小于30kV/m时，皮肤的不适感觉并不明显；当场强大于30kV/m时，皮肤开始有微弱的刺痛感。在我国特高压±800kV直流线路设计中，地面场强限值沿用30kV/m的数值。

实际上，相对于无线电干扰、噪声等限值的要求来说，直流电场效应对导线的选择不会有决定性的影响。一般情况下，只要满足无线电干扰、噪声的限值要求时，直流电场效应也能满足要求。

三、直流输电线路电磁环境问题

直流输电线路运行时的电磁环境参数主要包括合成电场、离子流密度、磁场、可听噪声和无线电干扰。直流输电线路运行时，导线电晕产生的离子（或电荷）会向空间扩散，导线上的电荷和空间离子（或电荷）将在空间产生合成电场。在直流输电线路设计和建设中，需要控制合成电场和离子流密度，以免人体对其有明显感觉。直流输电线路的合成电场和离子流密度主要与线路电压、线路几何结构尺寸（包括导线分裂数、子导线半径、分裂间距、极导线高度、极导线间距等）、大气条件、导线表面光滑状况和正负极导线电晕放电特性有关。合理选择线路几何结构尺寸是控制直流输电线路合成电场和离子流密度的主要途径。

直流输电线路发生电晕放电时，将产生可听噪声，还可能对无线电接收产生一定影响。直流输电线路的可听噪声和无线电干扰主要源于正极性导线，与线路几何结构尺寸、天气状况和海拔高度有关。控制直流输电线路可听噪声主要应考虑不使线下的人产生烦恼和不影响附近居民休息，在确定可听噪声的限值时，除考虑噪声的特点、参考国际上的限值外，还应满足国家环境噪声标准。在确定无线电干扰的限值时，应考虑对不同广播节目有满意的信噪比。合理选择导线分裂数和子导线截面是控制直流输电线路可听噪声与无线电干扰的主要途径。

四、直流换流站的电磁环境问题

换流站是由各种不同电气设备组成的复杂网络，其电磁环境问题主要包括合成电场、磁场、无线电干扰和可听噪声等几个方面。

换流站的合成电场和磁场主要由直流管母线和带电设备产生，增加管母线直径和抬高管母线对地高度可减少直流换流站的地面合成电场；直流换流站磁场的控制限值一般不会起到制约管母线几何结构尺寸的作用。

换流阀工作时产生的无线电干扰是决定直流换流站无线电干扰水平的关键因素，装设RI滤波器是减少其无线电干扰的有效途径。

直流换流站内的电气设备在运行时会产生很强的可听噪声，应根据国家标准控制换流站噪声，使其不影响换流站附近居民的工作和休息。直流换流站可听噪声的控制主要从减小声源噪声、控制噪声传播途径、合理布置声源等多方面着手。

五、直流输电工程接地极的电磁环境问题

直流输电工程在调试和检修时，会出现单极大地返回运行方式，此时入地电流将使接地极地电位升高，产生跨步电压、接触电压和转移电压，还有可能对电信系统和交流电力系统产生影响。

控制接地极电磁环境的措施主要有：

(1) 设计合理的接地极尺寸、减小接地极极环端部效应、避免堆积效应，采用多环接地极或垂直接地极，采用合理的导流方式以及采用共用接地极等，以减小跨步电压。

(2) 接地极附近杆塔与地线绝缘、将塔基做绝缘处理且单点接地，可有效减小杆塔处的接触电压，还可减缓塔基腐蚀。

(3) 在接地极附近一定范围限制导致转移电压过高的行为和合理调整金属导体的走向等，可减小转移电压的影响。

(4) 合理安排电信电缆线路接地点位置和采用良好的接地装置，可降低直流接地极对电信电缆线路的影响。

(5) 减小线路两端变压器中性点的电位差和控制流过交流变压器内的直流电流，可降低直流接地极对交流电力系统的影响。

(6) 为防止地中直流电流对地下金属物的腐蚀，对不满足技术要求的设施，应根据影响性质，采取诸如绝缘、阴极保护等防护措施。

第三节　高压直流架空线路与电缆线路的绝缘

一、高压直流架空线路的绝缘

在选择和设计直流架空线路绝缘时，必须关注它在运行条件、结构型式、设计原则等方面有别于交流线路的特点，诸如直流绝缘子的污染过程特点、直流绝缘子金属部件的电化腐蚀、直流绝缘子的结构和运行特点、作用在线路绝缘上的过电压波形、直流绝缘子类型和片数选择、直流线路各种空气间距的确定等。

对直流架空线路绝缘的基本要求可分为三个方面。

(1) 能够长期耐受运行电压。直流下绝缘子污染速度快，电气强度下降得多，腐蚀问题严重，所以应采用特殊的直流绝缘子。

(2) 能够耐受正常操作及故障所引起的操作过电压。

(3) 应该使直流架空线路的雷击故障率处于允许值以下。

1. 直流绝缘子

直流绝缘子的运行条件和技术要求与交流绝缘子是有差别的，它的集尘效应强、污闪电压大大降低、老化快、钢脚的电化腐蚀严重等，因而一种性能良好的交流绝缘子不一定就是好的直流绝缘子。

在同样条件下，直流绝缘子比交流绝缘子更易受到污染。就全串而言，导线侧各元件污染最严重，接地侧各元件次之，中间部分各元件的污染度最小。此外，正极性导线的绝缘子串比负极性导线的绝缘子串吸附的污秽多。绝缘子的直流耐压随污染度的增大而降低，而且比交流时下降得更多。在同样条件下，绝缘子串的负极性直流闪络电压约比正极性直流闪络电压低10%～20%。

直流绝缘子在运行中遇到的另一个突出的问题是电化腐蚀现象。电蚀导致绝缘子损坏主要由两方面的过程所致：①钢脚变细，导致绝缘子的机械强度大幅度下降；②电蚀生成物在体积上的膨胀导致瓷体或玻璃件受压破裂。目前最常用的办法是在钢脚上加锌套，一般可使直流绝缘子的寿命延长1倍左右。

已建成的直流线路所采用的绝缘子大多是玻璃绝缘子或瓷绝缘子，但在近年来新建的直流线路上采用的合成绝缘子也越来越多。

直流绝缘子的结构型式一般均为耐污型，即具有较长的表面泄漏距离，以利于缩短绝缘子串的总长度。此外，直流绝缘子还应具有良好的自洁性能。直流线路的实际运行经验表明：在大气严重污秽的地区（例如海滨或某些工业区），单靠增大泄漏距离往往仍不能使泄漏电流减小到足够低的水平，还需要采取涂硅脂、加强停电清洗或带电清洗、降压运行等辅助措施以减小泄漏电流。在建设直流输电工程时，应注意把换流站址和线路路径选得离工业区和其他污染源远一些。

2. 空气间隙

直流架空线路上的空气间隙包括极导线间、导地线间、导线对地、导线与杆塔间的空气间隙。正确选择应有的气隙长度（空气间距）是一个十分重要的问题，它对杆塔型式及尺寸、线路走廊宽度、线路建设费用、线路运行可靠性都有很大的影响，对超/特高压直流线路尤为突出。

直流输电线路杆塔空气间隙的选择，通常要考虑工作电压、操作过电压和雷电过电压的影响，根据需要还应考虑带电作业对间隙距离的要求，但带电作业要求的间隙距离不作为杆塔间隙设计的控制因素。

二、高压直流电缆线路的绝缘

在许多场合，必须采用直流电缆线路成为选用直流输电的决定性因素。在已建成投运的直流电缆线路中，除英国的金思诺斯工程用于陆地地下送电外，其余均为海岛供电或跨海峡联网。在已制成的直流电缆线路中，额定电压最高者为400kV，输电容量最大者已达640MW。

由于特殊原因（例如需要跨越水域、难以解决架空线路走廊用地问题等）而不得不采用电缆线路来送电时，往往需要采用直流输电。其主要优点如下：

（1）电缆在直流电压作用下的绝缘强度几乎等于交流下的三倍，所以同样一根电缆用于直流输电，其工作电压可取得比交流输电时高得多，输电容量亦相应增大；再加上电缆本身的制造价格昂贵，所以电缆线路的交、直流输电等价距离只有几十公里，比架空线路小得多。

（2）直流电缆的有效负载能力大。由于电缆的电容大，交流输电时电缆的电容电流较大，其有效负载能力下降。当需要敷设的电缆长度超过一定数值，必然出现的电容电流将占用电缆芯线的全部有效负载能力。与此形成对照的是直流电缆的允许长度几乎没有什么限制，因为在直流下，其稳态电容电流仅由纹波电压所引起，数值甚小。

（3）必要时，可仅用一根单芯电缆利用海水作为回流电路来输送电能。

1. 直流电缆的种类

目前实际使用的高压直流电缆主要有以下几种。

（1）黏性浸渍纸绝缘电缆。这种直流电缆采用得最早，也用得最多。它结构简单、价格也较便宜，但其工作场强只能达到25kV/mm左右，这一限制决定这种电缆的额定电压只能制造到250～300kV。黏性浸渍纸绝缘电缆适合于作长距离海底敷设，因为它不需要附加供油或供气设备，而且海水的良好冷却作用能避免浸渍剂的流动。这种电缆不宜作大落差敷设，因为在大落差条件下运行易发生浸渍剂的流失。

（2）充油电缆。充油电缆具有较好的绝缘性能、较高的工作场强和运行温度。当额定电压超过250kV时，多数采用这种电缆。近年来，由于较好地解决了长距离供油技术问题，其应用范围得以扩大。

（3）充气电缆。充气电缆的电介质通常用高密度浸渍纸再充以压缩气体（如氮气）组成，有较高的绝缘强度，其工作场强可达25kV/mm以上。它适宜于作长距离海底敷设及大落差敷设。新西兰库克海峡直流输电工程就采用这种电缆。但是，由于增大充气压力并不能使绝缘的冲击击穿场强显著提高，而对电缆及其附件的密封性与机械强度却提出很高的要求，所以它没有获得广泛的采用。

（4）挤压塑料电缆。挤压塑料电缆的绝缘层采用挤压成型的聚乙烯或交联聚乙烯，结构简单而坚固，工艺过程也简单，用作海底电缆比较合适。

迄今为止，实际采用的直流电缆绝大多数是黏性浸渍纸绝缘电缆和充油电缆，挤压塑料电缆由于在某些方面具有突出优点，近年来亦受到广泛的注意。

2. 直流电缆绝缘工作条件的特点

直流电缆及其接头盒与交流电缆及其接头盒的工作条件差别很大，尤其是它们的绝缘层中的介质现象迥然不同。

（1）电位分布。对于交流电缆，介质中的电位分布取决于电容率ε（反比关系），而对直流电缆，稳态电位分布取决于电阻率（正比关系）。

当温度和电场强度在运行条件的范围内变化时，电容率ε基本上保持不变，不受影响，交流电缆中的电位分布几乎与温度及场强无关。与此相反，直流电缆的绝缘电阻与温度及场强的关系很密切。当缆芯中流过负荷电流时，直流电缆绝缘层内各处的温度不等，因而电位分布也随之发生显著的变化。另外，当直流电缆受到过电压（它们随时间而快速变化）的作用时，电位分布却又取决于电容率ε，而不是取决于绝缘电阻。因此，直流电缆中的电位分布问题比交流电缆复杂得多，必须对无负荷、有负荷、直流工作电压、过电压等不同情况分别考虑。在油浸纸绝缘电缆中，由于纸和油的电阻率与电容率各不相同，所以在直流电压下，强电场出现在纸质部分，而在电压瞬时大幅度变化或过电压下，则强电场出现在油层部分。

（2）最大电场强度。在交流电缆中，最大场强总是位于电缆芯线表面处；而在直流电缆中，最大场强可以出现在电缆芯线表面处，也可以出现在绝缘层外边界处（如有铅包护套时，即出现在铅包内表面），视温度或温度梯度的条件而定。通常在空载时，最大场强位于导电芯线外表面，带负荷时则转移到铅包内表面。在电压瞬时大幅度变化或过电压下，最大场强一般均出现在导电芯线侧。

（3）耐压强度。电缆绝缘的直流耐压强度比交流耐压强度大得多，所以直流电缆的工作场强通常可取其等于交流电缆的2.0～2.5倍，甚至更大。这是直流电缆的突出优点之一。

（4）温度极限。交流电缆的温度极限是按材料的物理特性与敷设方式规定出来的，而直流电缆的温度极限不仅受到材料与结构的限制，还取决于温度改变时介质中场强的变化情况。

(5) 作用电压。除直流电压外，直流电缆绝缘在运行中还会受到与交流系统中相似的雷电过电压（全程均用直流电缆的线路除外）和某些内部过电压的作用。尤其要注意的是，在直流系统中还会出现一些特有的内部过电压（如直流电压分量和操作波叠加在一起的内部过电压）和潮流反向使电压极性反转等特殊工作条件。

3. 高压直流电缆的结构

(1) 导电芯线。导电芯线的材料一般为铜，截面积按额定电流、允许电压、短路容量等因素选定。在选择芯线结构时，应着重考虑发生故障时海水通过芯线内缝隙渗透的问题，一般可采取压紧、焊接、涂水密材料等堵水措施。

(2) 绝缘层。直流电缆绝缘层的厚度取决于所用的绝缘材料和绝缘结构，并应满足以下四方面的要求。

1) 在额定直流电压下，空载时芯线表面处的场强应在允许值以下。

2) 在额定直流电压下，最大允许过载时铅包内表面处的场强应在允许值以下。

3) 能耐受冲击试验电压的作用。

4) 在额定电流下，芯线表面处的温度不超过允许值。

(3) 外护层。电缆外护层结构的选择与敷设条件有关，直流电缆大多为水下敷设，所以下面以海底电缆为例进行介绍。海底电缆的外护层包括以下部分。

1) 金属护套：从耐蚀性、可挠性等要求出发，海底电缆不宜用铝护套，而应用铅包，铅护套的厚度一般为 2.5～3.0mm。

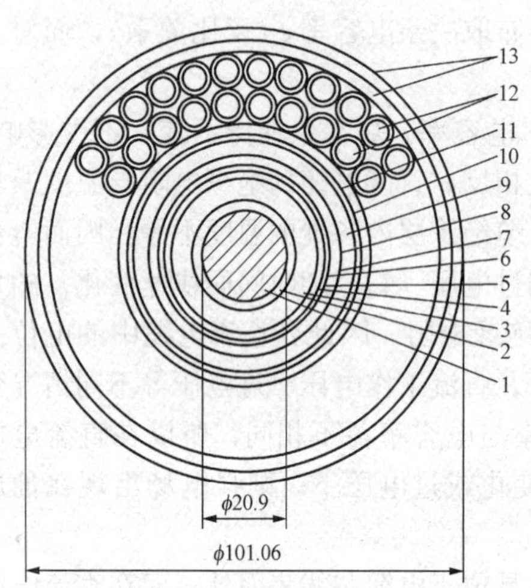

图 20-7 舟山直流输电工程用 100kV 直流海底电缆

1—缆芯；2—缆芯屏蔽；3—绝缘；4—厂名纸；5—绝缘屏蔽；6—铜带；7—铅包；8—黏结剂；9—聚乙烯护套；10—镀锌钢带；11—沥青油麻；12—挤塑钢丝；13—沥青油麻

2) 防蚀层：通常只要加一层由塑料制成的护套，即可防止电腐蚀，但一旦塑料防蚀层受损伤，将出现局部性的加速腐蚀，因此有些电缆用浸沥青绝缘胶的纸带组成轻防蚀层，或在几层橡胶带之间涂上沥青绝缘胶。

3) 铠装：由于海底电缆在敷设过程中会受到很大的张力，敷设后又会受到潮汐、波浪的磨损，锚具、渔具等也可能造成其外伤，所以对于海底电缆的铠装需加以重视，一般可用直径为 6～8mm 的镀锌钢丝作铠装，受外伤的可能性较大者，则需采用双层铠装。

图 20-7 所示电缆结构为我国舟山直流输电工程所用的 100kV 黏性浸渍纸绝缘直流海底电缆结构。

海底电缆在敷设和捞起检修时，由于电缆的自重很大，会使电缆受到很大的机械应力；同时，在复杂的海洋环境中，电缆还会受到海水和海洋生物的侵蚀、潮水和波浪造成的磨损、锚具和渔具的伤害。这一切都对海底电缆的外护层提出很高的要求。实际运行经验表明，外护层的质量直接影响海底电缆的使用寿命和运行可靠性。

第四节　直流输电系统中的过电压及其保护

与交流输电系统相比，直流输电系统中的过电压更为复杂。为便于研究，仍将直流输电系统中的过电压分为内部过电压和雷电过电压两大类。

一、直流输电系统内部过电压

直流输电系统的内部过电压，无论是产生机理，还是幅值、波形及出现频度，都与交流输电系统有很大的差别。直流避雷器的运行条件、工作原理、结构、保护性能等也与交流避雷器有所不同。

直流输电系统中存在着很多电感和电容元件，如平波电抗器、滤波装置、过电压波吸收电容器、导线的线间电容和对地电容等。当系统发生故障或进行操作时，由于系统参数和工作条件的改变，会引起电容和电感间的电磁能量转换，造成内部过电压。由于直流输电系统通过换流变压器和交流系统相连，因此发生在交流系统中的内部过电压也会通过换流变压器传入直流输电系统，产生传递过电压。严重时还会在直流输电系统电感、电容元件所形成的振荡回路中引起谐振，使电压进一步升高。

1. 直流输电系统内部过电压类型

直流输电系统的内部过电压可以出现在直流线路上，也可以出现在换流站内，如换流器故障或不正常工作、接地故障、全电压起动、直流电流间断等都可以是过电压的起因。从出现频度、幅值（倍数）以及对绝缘的影响等方面来考虑，直流输电系统主要有以下几种内部过电压。

（1）全电压起动过电压。这种过电压与交流输电系统中的合空载线路过电压及阶跃电压突然加到一串联的 LC 回路上的暂态过程有些相似。

当直流输电线路正常投入时，控制系统中的起动装置会调节触发角使直流电压从零经一定的时间间隔（数百毫秒或更大）逐渐升到额定值，在这样的软起动过程中不会出现过电压。但是，如果全部整流桥在误动作的情况下，突然作全电压起动，而直流输电线路的末端又处于断开状态，将在平波电抗器和导线的电感对系统中电容所组成的回路中发生振荡。其等效电路如图 20-8 所示。这种过电压的幅值较大，控制调节系统应尽可能避免出现全电压起动的情况。

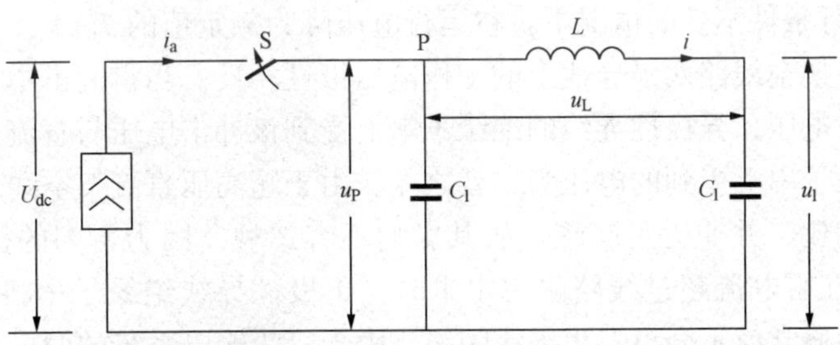

图 20-8　全电压起动时的等效电路

（2）一极接地在另一健全极上引起的过电压。在双极直流输电线路上，两极导线间存在电容耦合和电磁耦合，因此当一极发生接地故障时，会在另一极（健全极）导线上引起电压的突变，它叠加在该极的正常工作电压上就会引起过电压。这种过电压一般处于 1.7～2.2

倍运行电压范围内。

(3) 换流站内接地故障所引起的过电压（站内接地过电压）。换流站内发生接地故障的可能性虽然不大，但还是有可能的，特别是在绝缘子或套管被严重污染时。

2. 直流输电系统内部过电压特点

(1) 直流输电系统内部过电压的产生与其工况密切相关，其起因可以是线路故障、突然起停、换流器本身故障、在异常工况（逆弧、栅极闭锁或解锁的失灵、潮流突然反转等）下出现共振现象。

(2) 直流输电系统的内部过电压幅值多数小于运行电压的2倍，由于采用控制极的闭锁与导通来消除故障，操作过电压可进一步减小，所以通常在绝缘设计和作绝缘配合时选用的计算倍数为1.7～2.0倍（在超高压交流输电系统中，操作过电压的计算倍数为2.1～2.5倍）。

(3) 各种内部过电压的实际波形是多种多样的，但绝大多数是在一个相当大的直流电压分量上叠加一个单极性冲击波或叠加一个衰减振荡波，也可以叠加一个包含高次谐波的工频交流电压分量而组成。

二、直流输电系统大气过电压

1. 直流架空线路的防雷保护

直流架空线路上的雷击过电压的产生机理与交流架空线路相同，但由于直流输电系统所具有的某些独特性能，应该注意以下两点。

(1) 在交流架空线路上，一旦发生雷击闪络并建弧后，断路器立即跳闸，供电中断。如果配备有自动重合闸，虽不至于造成停电事故，但断路器工作一定次数之后需停役检修、处理，加重运行维护工作量。直流架空线路的情况与此不同，雷击引起绝缘闪络并建弧后，根本不存在断路器跳闸问题，定电流调节器的存在使直流线路故障电流的增大倍数远小于交流架空线路，在控制调节系统的作用下，自动快速地完成降压、去能、灭弧、再起动等程序，消除故障，迅速恢复正常送电，不会造成什么不利的后果（为提高再起动的成功率，如需要还可以采用“多次自动再起动”或“降压再起动”）。其间只要在架空线路去能以后保证有一段无电压时间（约0.2～0.5s），让弧柱充分去游离而恢复其绝缘强度即可。如巴西的伊泰普±600kV直流输电工程采用的措施是：当线路上发生接地故障时，将有三次序列化再起动，其去游离时间分别整定在0.05～1.0s的范围内，如均未能成功，再试行一次“降压再起动”，在其他运行条件不变的情况下，将运行电压降为额定值的75%。

(2) 双极直流架空线路两极导线上的工作电压极性相反。当雷闪击中杆塔或地线时，横担上将出现一冲击电压，异极性导线的绝缘子串上受到该冲击电压与直流工作电压之和，而另一极导线的绝缘子串上受到的电压为二者之差。由于超高压直流架空线路的工作电压和绝缘子串的耐压值相比，并非无足轻重，故其影响不容忽视。因为雷闪的极性通常为负（占90%以上），所以在雷电流超过线路耐雷水平时，正极性导线绝缘子串将首先发生逆闪络，结果负极性导线的通常就不会再发生绝缘闪络。由于直流输电系统的两极具有运行上的独立性，这时负极性导线仍能继续正常送电（可送一半容量或更多）。因此，一条双极直流架空线路天然地具有不平衡绝缘的特性，它的运行可靠性可以与同杆架设并采用不平衡绝缘的双回路交流架空线路相媲美。

综上所述，直流架空线路发生雷击闪络的后果不像交流架空线路那么严重，直流输电系统故障处理的手段也比较多样化，因而可适当降低对其耐雷性能的要求——减小耐雷水平、增大允许的雷击故障率。

2．直流换流站的侵入波过电压保护

雷电过电压波在直流架空线路上的传播规律与交流线路上的情况相似，最后将入侵换流站。

换流站也都装有避雷针对直接雷击进行防护，因而换流站内出现的雷电波一般都是从交流线路或直流线路侵入的。交流电网中产生的雷电过电压可以通过换流变压器绕组间的电磁耦合与静电耦合传递到换流器上来。但是，变压器瞬变过程的时间常数与雷电波的波长相比是很大的，阀侧对地电容与变压器绕组间的耦合电容相比也很大，所以传递过来的过电压波幅值不会太大，不足为害。沿直流线路传播的雷电波到达装有电容器组的终端站时，将引起衰减振荡型过电压，这种振荡是由电容器组的电容和连线的电感引起的。雷电过电压的波头越陡，这种过电压的幅值就越大。从直流线路侵入换流站的雷电过电压是穿过平波电抗器进来的。通常在直流架空线路的进线端装有避雷线，它和直流线路避雷器相配合，可将入侵过电压的幅值与陡度限制到对换流站设备无害的程度。

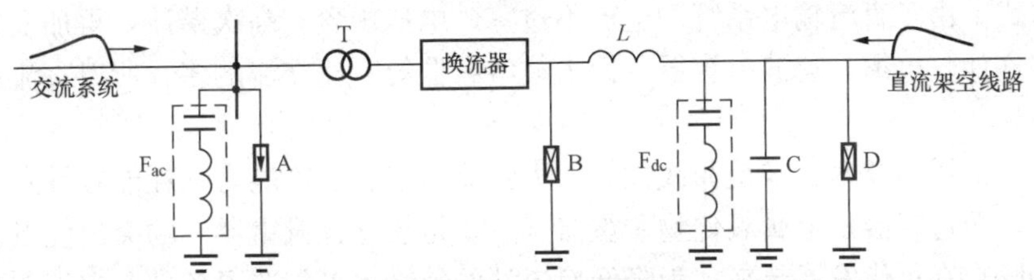

图 20－9　雷电过电压入侵换流站示意图

雷电过电压入侵换流站示意如图 20－9 所示。换流站的交流侧接有交流滤波器 F_{ac}，某些直流线路上也接有直流滤波器 F_{dc}，换流器和交流线路之间有换流变压器 T 隔开，换流器和直流线路之间串接有平波电抗器 L。这些设备使侵入换流站的雷电过电波的幅值和陡度均显著减小，加上换流站内还装有各种可靠的过电压保护装置（交流避雷器 A，直流避雷器 B、D，冲击波吸收电容器 C 等），从而使雷电过电压对于大多数换流站设备来说，并不构成威胁。

但是，并不意味着换流站内不会出现速变型（雷电型）暂态电压。实际上，某些内部过电压（如站内接地故障引起的过电压）也可能具有很陡的波前；此外，当直流线路上出现陡度很大的雷电过电压时，它们也可以通过平波电抗器的纵向杂散电容窜入换流站。由此可知，换流站设备接受雷电冲击试验仍然是完全必要的。

三、直流输电系统过电压保护的特点

与交流输电系统相比，直流输电系统过电压防护的特点主要有：

（1）保护的重点对象不同。交流变电站的重点保护对象为主变压器，换流站的为晶闸管。

（2）保护措施多样化。直流输电系统过电压保护措施主要有降压减陡措施和限压装置。

（3）直流避雷器与交流避雷器在运行条件、性能要求、安装原则、接线方式等方面均有很大差别。

1. 降压减陡措施

直流输电系统降压减陡措施包括利用控制调节系统、阻尼装置、平波电抗器和过电压波吸收电容器等。

(1) 妥善设计控制调节系统。如要求控制调节系统能防止全电压启动、防止电流间断，针对不同类型的故障选用移相、闭锁、投旁通对等措施。

(2) 采用阻尼装置。在直流输电系统中，各种阻尼装置也有助于降低过电压。

(3) 利用平波电抗器降低过电压。它能减小从直流线路入侵的过电压波的幅值和陡度。

(4) 加装冲击波吸收电容器。它对过电压的作用与平波电抗器相似。

2. 限压装置

直流输电系统的限压装置经历保护间隙、碳化硅有间隙直流避雷器、金属氧化物无间隙避雷器三个发展阶段。

直流避雷器的运行条件和工作原理与交流避雷器有很大差别，这主要是交流避雷器有电流经过自然零值的时机可利用来切断续流，而直流避雷器没有这样的时机可利用，只能依靠磁吹使火花间隙中的电弧拉长、冷却，以提高其电弧电阻与电弧电压，采取强制形成电流零值的灭弧方式。由于直流输电系统中电流不过零，电压中含有高次谐波，再加上直流输电系统电容元件（如长电缆、滤波电容器、冲击波电容器等）比交流的多，所以直流避雷器的负担很重。

对直流避雷器的技术要求是非线性好、灭弧能力强、通流能力（耗能容量）大、结构简单、体积小，而这些恰是金属氧化物避雷器（主要是氧化锌避雷器）的突出优点。氧化锌避雷器自 20 世纪 70 年代发展起来，为降低换流站的绝缘水平创造了条件，它正在逐步淘汰传统的碳化硅有间隙避雷器，成为直流输电系统理想的过电压保护装置。

第五节 直流输电线路、换流站的绝缘配合

直流输电系统绝缘配合的根本目的是以最小的绝缘和过电压防护措施总费用达到某一可以接受的绝缘故障率。绝缘配合的最终任务是合理确定各种电力设备的绝缘水平，具体说就是要决定系统中各种设备的绝缘结构在进行各种耐压试验时所取的试验电压水平。

为正确处理绝缘配合问题，首先要掌握系统中过电压的特性及其保护装置（主要是避雷器）的性能，也要了解各种绝缘结构在直流输电系统各种电压作用下的电气特性。

一、直流输电线路的绝缘配合

1. 绝缘子串的选择

在选择绝缘子串中的元件片数时，原则上应同时满足工作电压、内部过电压和雷电过电压三方面的要求。实际上不论是大气污秽地区还是洁净地区，直流线路绝缘子串的选择主要取决于工作电压的要求，原因如下：

(1) 由于有换流器的控制系统、平波电抗器、冲击波吸收电容器、直流滤波器等有利作用，直流线路上常见的内部过电压水平一般不超过 1.5～1.7 倍，远小于交流线路。其次，绝缘子串的操作冲击耐压约为直流耐压的 2.2～2.3 倍。因此凡是能满足工作电压要求的绝缘子串一定也能符合内部过电压方面的要求。

(2) 按工作电压要求选出来的直流线路绝缘子串，其总泄漏距离和片数均大大超过同样

电压等级的交流线路绝缘子串，但污染并不会使绝缘子串的雷电冲击闪络电压降低很多，所以按工作电压要求选出的绝缘子串，在冲击电压下往往处于“过绝缘”状态，耐雷水平很高。

按污染条件和工作电压的要求选择绝缘子片数的方法有多种，其中最常用的方法是“泄漏比距法”。绝大多数已建成的直流输电工程仍沿用“泄漏比距”这一指标来选择绝缘子片数。各国所采用的“泄漏比距”值不尽相同，选定该类地区应有的“泄漏比距”值后，即可求得所需的绝缘子片数。其计算式为

$$n=\frac{\lambda_{dc}U_{dc}}{l} \tag{20-2}$$

式中　λ_{dc}——泄漏比距，cm/kV；

U_{dc}——线路额定直流电压，kV；

l——一片绝缘子的表面集合泄漏距离，cm。

2. 空气间隙的确定

在确定直流架空线路的绝缘水平时，适当选择带不同电位的部件之间的空气间距十分重要，它对线路运行可靠性、杆塔型式及尺寸、线路建设费用等都有很大影响，在超/特高压的情况下尤为突出。

原则上来说，最终选定的空气间距也应同时满足直流工作电压、内部过电压和雷电过电压三方面的要求。先分别计算出工作电压、内部过电压和雷电过电压所要求的最小间距D_{1min}、D_{2min}、D_{3min}，然后按各自不同的计算风速求出相应的风偏角影响因素，即可计算出应有的空气间距值，选其中最大的空气间距值作为实际的空气间距，由此确定横担长度和两根导线间的距离。

一般情况下，直流架空线路空气间距的选择取决于内部过电压的要求。由于直流输电系统中内部过电压的倍数小于交流输电系统中的倍数，所以直流线路的塔头空气间距可取得比交流线路更小一些，这也是直流线路的优点之一。

二、换流站的绝缘配合

换流站绝缘配合的主要内容包括换流站避雷器配置方案的选择、各种避雷器的特性参数选择以及设备绝缘水平的确定。换流站绝缘配合的一般方法与交流系统绝缘配合的方法相同，采用惯用法，即在电气设备上可能出现的最大过电压与电气设备的雷电冲击耐受电压或操作冲击耐受电压之间留有一定的裕度。

1. 避雷器配置方案的选择

对于直流输电工程，不论是内部过电压还是雷电过电压，主要是通过金属氧化物避雷器加以限制。所以换流站避雷器的配置和参数对直流输电工程的绝缘配合和工程造价起着非常重要的作用。在设计换流站的过电压防护接线或选择避雷器的配置方案时，应遵循下列原则。

(1) 交流侧产生的过电压，应尽可能在交流侧加以限制，这主要依靠接在交流母线上的避雷器来实现。这样做可以减轻串联的阀桥对换流变压器网侧过电压所引起的累加、放大作用及其所造成的后果。

(2) 对于从直流侧入侵换流站的电压，应先由直流线路避雷器、直流母线避雷器和中性母线避雷器加以限制。

(3) 重点保护的关键设备（如换流阀、交流滤波器、直流滤波器等）应由紧靠它的避雷器直接保护。

(4) 由于换流站内各种设备所受到的电压应力差别很大，各节点的对地电位也各不相同，因此不可能像交流变电站那样，用一组或若干组规格相同的避雷器来实施对各种设备的一揽子保护。

长期以来国际上没有通用的设计规范和标准方案，世界上已建直流输电工程的换流站过电压防护方案各不相同。图 20 - 10 所示为每极由两套 12 脉波换流器串联组成的换流站避雷器典型配置方案。在设计具体的直流输电工程时，出于不同的考虑和经验，其中有些避雷器可以不装设，如有些工程省去平波电抗器避雷器 G、另一些工程省去直流母线避雷器 B 或换流器组避雷器 C 及极一地中点直流母线避雷器 D 等。

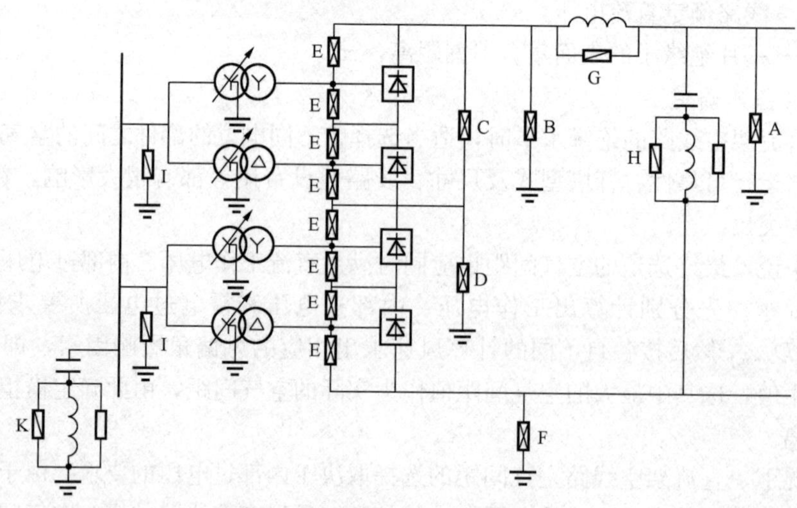

图 20 - 10　换流站避雷器典型配置方案

—交流避雷器；—直流避雷器

对于每极只有一套 12 脉波或 6 脉波换流器的换流站和背靠背联络站来说，其过电压防护接线与图 20 - 10 典型方案类似。换流站的避雷器保护方案见表 20 - 2。

表 20 - 2　　**换流站的避雷器保护**

保护对象	保护用避雷器	备　注
交流母线及换流变压器网侧绕组	交流母线避雷器（I）	
交流滤波器的电感元件	交流滤波器避雷器（K）	
换流阀阀端子间	阀避雷器（E）	
换流器阀端子间	换流器组避雷器（C） 中点直流母线避雷器和中性母线避雷器（D+F）	
中点直流母线	中点直流母线避雷器（D）	
直流母线及平波电抗器的阀侧	直流母线避雷器（B） 换流器组避雷器和中点直流母线避雷器（C+D）	（1）保护水平较低 （2）避雷器应力较低
中性母线	中性母线避雷器（F）	

续表

<table>
<tr><th colspan="3">保护对象</th><th>保护用避雷器</th><th>备　注</th></tr>
<tr><td colspan="3">平波电抗器的直流线路侧</td><td>直流线路避雷器（A）</td><td></td></tr>
<tr><td colspan="3">平波电抗器端子间</td><td>平波电抗器避雷器（G）</td><td></td></tr>
<tr><td rowspan="4">换流变压器阀侧交流各相对地</td><td rowspan="2">上部换流器</td><td>上部变压器</td><td>两台阀避雷器和中点直流母线避雷器（2E+D）
直流母线避雷器（B）</td><td>（1）具有解锁换流器时
（2）具有闭锁换流器时</td></tr>
<tr><td>下部变压器</td><td>两台阀避雷器和中点直流母线避雷器（E+D）</td><td></td></tr>
<tr><td rowspan="2">下部换流器</td><td>上部变压器</td><td>两台阀避雷器和中性母线避雷器（2E+F）
中点直流母线避雷器（D）</td><td>（1）具有解锁换流器时
（2）具有闭锁换流器时</td></tr>
<tr><td>下部变压器</td><td>阀避雷器和中性母线避雷器（E+F）</td><td></td></tr>
<tr><td colspan="3">直流滤波器的电感元件</td><td>直流滤波器避雷器（H）</td><td></td></tr>
</table>

从绝缘配合的角度来说，避雷器的保护水平越低越好，但避雷器的保护水平取得过低会使其吸收的能量过大，即需要的避雷器数量或体积非常大，势必给避雷器制造带来困难，也增大避雷器制造成本。因此，选择避雷器额定电压（交流侧）或参考电压（直流侧）时，亦需要综合考虑其冲击保护水平和能量损耗等因素。在确定避雷器保护水平和吸收能量时，一般要通过细致的电磁暂态计算，使得设备上的过电压水平尽可能低，但又不使避雷器造价太高。

2. 避雷器的特性参数选择

避雷器参数主要包括额定电压（或参考电压）和通流能量两个。额定电压决定避雷器耐受正常工作电压和暂时过电压的能力，同时也基本决定了保护点的保护水平和设备绝缘水平。通流能量决定避雷器在过电压下能否安全地消耗掉因保护动作而产生的能量。

避雷器的额定电压必须根据最大连续运行电压选取，并适当考虑暂时过电压水平。如果暂时过电压水平不超过避雷器耐受暂时过电压随时间曲线规定的水平，则一般只需考虑最大连续运行电压，大约取该电压的1.3～1.4倍。

3. 换流站设备绝缘水平的确定

（1）绝缘配合设计原则。

1）交流侧过电压应由交流侧避雷器保护，直流侧过电压应由换流变压器直流侧避雷器组合来限制。

2）换流设备关键部件应由与其紧密相连的避雷器直接保护。

3）交流和直流滤波器中电感元件快速暂时过电压很高，用并联避雷器保护。

4）母线或设备可直接由连接于被保护设备两端点间或设备对地间的避雷器保护，也可由两支或多支避雷器串联实现保护。

5）设备的绝缘水平要保持适当的绝缘裕度。

（2）雷电冲击绝缘水平。换流站交流母线产生雷电过电压的原因与常规交流变电站相同。由于换流站安装有多组交流滤波器和电容器组，它们对雷电过电压有一定的抑制作用，使得换流站交流设备上的雷电过电压不比常规的交流变电站严重。所以，换流站交流设备的绝缘配合和设备的雷电冲击绝缘水平可按常规交流变电站选取。

换流区域的设备由于有换流变压器和平波电抗器的抑制作用，来自于交、直流侧的雷击波传递到该区域后，其波形类似操作过电压波形，因此应按操作冲击配合考虑。

换流站直流开关场设备上的雷电过电压是由直流线路的雷电侵入波引起的，它由直流线路避雷器来限制。接于直流母线上设备的雷电冲击绝缘水平由直流线路避雷器的雷电冲击保护水平决定。

（3）操作冲击绝缘水平。直流换流站操作冲击绝缘水平的选取原则与雷电冲击绝缘水平相同，只是绝缘配合系数不同。

（4）换流站主设备绝缘水平的确定。经过避雷器选择和过电压研究后，绝缘配合应针对每一个或一类设备按四个步骤进行：①确定哪种避雷器动作将会在设备上引起最高的过电压；②根据绝缘配合确定对应避雷器在各种冲击波下的保护水平；③根据规程规定的绝缘裕度要求，确定设备的最低绝缘水平要求；④根据 IEC 标准试验电压序列，将设备绝缘水平向上归整到最近一个标准试验电压。

国际大电网会议提出的《高压直流换流站绝缘配合与避雷器保护应用导则》中推荐的绝缘裕度值见表 20-3。

表 20-3　　绝缘裕度推荐值

冲击类别	设备与装置	裕度值	冲击类别	设备与装置	裕度值
操作冲击	全部设备及空气绝缘装置	15%	陡波前冲击	换流阀及其他设备	20%
雷电冲击	换流阀	15%		直流侧的空气绝缘装置（例如支柱绝缘子、套管、隔离开关、直流滤波器及测量装置）	25%
	其他设备	20%			

电网中实际应用的输电方式有交流输电和直流输电两种。可以粗略地认为，当输电距离超过等价距离后，采用直流输电比采用交流输电更经济。

最早的直流输电是用直流发电机直接向直流负荷供电。交流输电的发展使直流输电的发展受到很大影响，但直流输电具有交流输电所不能取代的优点，在交流电网已全面占领市场的情况下，要采用直流输电，必须采用交流/直流—直流/交流的输电方式，即将交流电源转换为直流，用直流进行远距离输电，在受端再将直流转换为交流，以供交流负荷使用。按照交、直流转换（换流）设备的发展过程，直流输电的发展可分为汞弧换流阀、晶闸管换流阀和新型半导体换流设备三个阶段。

直流输电系统由整流站、直流线路和逆变站三部分组成。送端交流系统送出交流电经换流变压器和整流器变换成直流电，然后由直流线路把直流电输送给逆变站，经逆变器和换流变压器再将直流电变换成交流电送入受端交流系统。直流输电系统按照其与交流系统的接口数量分为两大类，即两端（或端对端）直流输电系统和多端直流输电系统。

两端直流输电系统又可分为单极（正极或负极）、双极（正、负两极）和背靠背直流输电系统（无直流输电线路）三种类型。单极系统的接线方式可分为单极大地（或海水）回线方式和单极金属回线方式两种。单极直流架空线路通常多采用负极性（即正极接地）。双极系统接线方式是直流输电工程普遍采用的接线方式，可分为双极两端中性点接地方式、双极一端中性点接地方式和双极金属中性线方式三种类型。背靠背直流系统是输电线路长度为零（即无直流输电线路）的两端直流输电系统，它主要用于两个异步运行（不同频率或频率相同但异步）的交流电力系统之间的联网或送电，也称为异步联络站。

与交流输电技术相比，直流输电具有的主要优点为不存在系统稳定问题、实现非同步联网、功率调节快速可靠、提升电力输送的经济性、适用于电缆输电等。但也存在换流站结构复杂、造价大，环境影响大、直流断路器灭弧困难等缺点。直流输电主要应用于远距离大容量输电、电力系统联网、直流电缆送电、轻型直流输电等方面。

采用特高压交流还是采用特高压直流，则应根据可靠性、经济性等方面对方案进行技术经济论证比较后加以确定。直流输电中的高电压技术问题主要有直流电晕与直流电场效应、直流电弧与直流断路器、高压直流架空线路的绝缘、高压直流电缆的绝缘、直流输电系统中的过电压及防护、直流输电系统绝缘配合、直流输电系统的回流电路和直流接地极、直流高电压试验技术等。

高压、特高压直流输电工程具有电压高、导线大、单条线路走廊宽等特点，其电磁环境影响受到各方关注，直流电晕与直流电场效应是直流输电工程产生环境影响的主要根源，须采取措施加以限制，使其满足环境保护要求。直流电晕与交流电晕特性大不相同，因此电晕损耗、无线电干扰、可听噪声等直流电晕的派生效应也有特殊性。

与交流输电类似，直流输电线路也分为架空线路与电缆线路两种类型。在选择和设计直流架空线路绝缘时，必须关注它在运行条件、结构型式、设计原则等方面有别于交流线路的特点，诸如直流绝缘子的污染过程特点、直流绝缘子金属部件的电化腐蚀、直流绝缘子的结构和运行特点、作用在线路绝缘上的过电压波形、直流绝缘子类型和片数选择、直流线路各种空气间距的确定等。

由于直流电缆具有绝缘强度高、有效负载能力大等优点，高压直流电缆线路一般用来解决需要跨越水域、缓解架空线路走廊用地等情形，多用于海岛供电或跨海峡联网。目前实际使用的高压直流电缆主要有粘性浸渍纸绝缘电缆、充油电缆、充气电缆和挤压塑料电缆等。

与交流输电系统相比，直流输电系统中的过电压更为复杂。为便于研究，仍将直流输电系统中的过电压分为内部过电压和雷电过电压两大类。

直流系统的内部过电压，无论是产生机理，还是幅值、波形及出现频度，都与交流系统有很大的差别。直流避雷器的运行条件、工作原理、结构、保护性能等也与交流避雷器有所不同。直流系统中存在着很多电感和电容元件，当系统发生故障或进行操作时，由于系统参数和工作条件的改变，会引起电容和电感间的电磁能量转换，造成内部过电压。由于直流系统通过换流变压器和交流系统相连，因此发生在交流系统中的内部过电压也会通过换流变压器传入直流系统，产生传递过电压。严重时还会在直流系统电感、电容元件所形成的振荡回路中引起谐振，使电压进一步升高。

直流系统的内部过电压可以出现在直流线路上，也可出现在换流站内。如换流器故障或不正常工作、接地故障、全电压起动、直流电流间断等都可以是过电压的起因。从出现频度、幅值（倍数）、对绝缘的影响等方面来考虑，主要有全电压起动过电压、一极接地在另一健全极上引起的过电压和站内接地过电压等。直流输电系统内部过电压的产生与其工况密切相关，过电压幅值多数小于运行电压的2倍，过电压的实际波形是多种多样的。

直流线路上的雷击过电压的产生机理和交流线路相同，直流线路发生雷击闪络的后果不像交流线路那么严重，直流输电系统处理故障的手段也比较多样化，因而可适当降低对其耐雷性能的要求——减小耐雷水平、增大允许的雷击故障率。雷电过电压波在直流架空线路上的传播规律与交流线路上的情况相似，最后将入侵换流站。换流站也都装有避雷针对直接雷击进行防护，通常在直流架空线路的进线段装有避雷线，它和直流线路避雷器相配合，可将入侵过电压的幅值与陡度限制到对换流站设备无害的程度。

直流输电系统过电压保护措施主要有降压减陡措施和限压装置；直流避雷器与交流避雷器在运行条件、性能要求、安装原则、接线方式等方面均有很大差别。氧化锌避雷器自 20 世纪 70 年代发展起来，已成为直流输电系统理想的过电压保护装置。

直流输电线路的绝缘配合需进行绝缘子串的选择、空气间隙的确定。换流站绝缘配合的主要内容包括换流站设备绝缘水平的确定、避雷器配置方案的选择以及各种避雷器的特性参数选择。换流站绝缘配合的一般方法与交流系统绝缘配合的方法相同，采用惯用法进行绝缘配合，即在电气设备上可能出现的最大过电压与电气设备的雷电冲击耐受电压或操作冲击耐受电压之间留有一定的裕度。

电力传输须有闭合的回流电路。直流输电的回流电路有金属回路、大地回路（包括海水回路）两种选择。直流输电的另一大优点是可以利用大地或海水作为回流电路，不但能节省投资，而且可减小运行中的能量损耗；但是，利用大地（或海水）来导通数千安的直流工作电流，而且有可能持续很长的时间，必然要对直流接地极提出很高的技术要求，并会产生一些不利的影响。

思考题与习题

1. 直流输电系统的由哪几部分组成？
2. 两端直流输电系统可分为哪几种类型？各自特点如何？
3. 直流输电有哪些的优点和缺点？
4. 直流输电适合应用于哪些场合？
5. 工程中采用的直流联网有哪两种类型？
6. 直流电晕放电有何特点？
7. 直流输电工程产生的环境影响主要有哪些？
8. 直流电缆主要有哪几种？
9. 直流输电系统内部过电压有何特点？
10. 直流输电系统过电压保护有哪些特点？
11. 设计直流换流站避雷器配置方案应遵循哪些原则？

附录一　标准球隙放电电压表

附表 1-1、附表 1-2 均为：①一球接地；②标准大气条件（101.3kPa，293K）；③电压均指峰值，kV；④括号内的数字为球隙距离大于 0.5D 时的数据，其准确度较低。

附表 1-1　　球隙放电电压表

球隙距离 (cm)	球直径 (cm)											
	2	5	6.25	10	12.5	15	25	50	75	100	150	200
0.05	2.8											
0.10	4.7											
0.15	6.4											
0.20	8.0	8.0										
0.25	9.6	9.6										
0.30	11.2	11.2										
0.40	14.4	14.3	14.2									
0.50	17.4	17.4	17.2	16.8	16.8	16.8						
0.60	20.4	20.4	20.2	19.9	19.9	19.9						
0.70	23.2	23.4	23.2	23.0	23.0	23.0						
0.80	25.8	26.3	26.2	26.0	26.0	26.0						
0.90	28.3	29.2	29.1	28.9	28.9	28.9						
1.0	30.7	32.0	31.9	31.7	31.7	31.7	31.7					
1.2	(35.1)	37.6	37.5	37.4	37.4	37.4	37.4					
1.4	(38.5)	42.9	42.9	42.9	42.9	42.9	42.9					
1.5	(40.0)	45.5	45.5	45.5	45.5	45.5	45.5					
1.6		48.1	48.1	48.1	48.1	48.1	48.1					
1.8		53.0	53.5	53.5	53.5	53.5	53.5					
2.0		57.5	58.5	59.0	59.0	59.0	59.0	59.0	59.0			
2.2		61.5	63.0	64.5	64.5	64.5	64.5	64.5	64.5			
2.4		65.5	67.5	69.5	70.0	70.0	70.0	70.0	70.0			
2.6		(69.0)	72.0	74.5	75.0	75.5	75.5	75.5	75.5			
2.8		(72.5)	76.0	79.5	80.0	80.5	81.0	81.0	81.0			
3.0		(75.5)	79.5	84.0	85.0	85.5	86.0	86.0	86.0	86.0		
3.5		(82.5)	(87.5)	95.5	97.0	98.0	99.0	99.0	99.0	99.0		
4.0		(88.5)	(95.0)	105	108	110	112	112	112	112		
4.5			(101)	115	119	122	125	125	125	125		
5.0			(107)	123	129	133	137	138	138	138	138	
5.5				(131)	138	143	149	151	151	151	151	
6.0				(138)	146	152	161	164	164	164	164	
6.5				(144)	(154)	161	173	177	177	177	177	
7.0				(150)	(161)	169	184	189	190	190	190	
7.5				(155)	(168)	177	195	202	203	203	203	

续表

球隙距离 (cm)	球 直 径（cm）											
	2	5	6.25	10	12.5	15	25	50	75	100	150	200
8.0					(174)	(185)	206	214	215	215	215	
9.0					(185)	(198)	226	239	240	241	241	
10					(195)	(209)	244	263	265	266	266	266
11						(219)	261	286	290	292	292	292
12						(229)	275	309	315	318	318	318
13							(289)	331	339	342	342	342
14							(302)	353	363	366	366	366
15							(314)	373	387	390	390	390
16							(326)	392	410	414	414	414
17							(337)	411	432	438	438	438
18							(347)	429	453	462	462	462
19							(357)	445	473	486	486	486
20							(366)	460	492	510	510	510
22								489	530	555	560	560
24								515	565	595	610	610
26								(540)	600	635	655	660
28								(565)	635	675	700	705
30								(585)	665	710	745	750
32								(605)	695	745	790	795
34								(625)	725	780	835	840
36								(640)	750	815	875	885
38								(655)	(775)	845	915	930
40								(670)	(800)	875	955	975
45									(850)	945	1050	1080
50									(895)	(1010)	1130	1180
55									(935)	(1060)	1210	1260
60									(970)	(1110)	1280	1340
65										(1160)	1340	1410
70										(1200)	1390	1480
75										(1230)	1440	1540
80											(1490)	1600
85											(1540)	1660
90											(1580)	1720
100											(1660)	1840
110											(1730)	(1940)
120											(1800)	(2020)
130												(2100)
140												(2180)
150												(2250)

注 1. 本表适用于工频交流电压，负极性冲击电压，正、负极性直流电压。

2. 本表不适用于10kV以下的冲击电压。

附表 1-2　　**球隙放电电压表**

球隙距离 (cm)	球直径 (cm)											
	2	5	6.25	10	12.5	15	25	50	75	100	150	200
0.05												
0.10												
0.15												
0.20												
0.25												
0.30	11.2	11.2										
0.40	14.4	14.3	14.2									
0.50	17.4	17.4	17.2	16.8	16.8	16.8						
0.60	20.4	20.4	20.2	19.9	19.9	19.9						
0.70	23.2	23.4	23.2	23.0	23.0	23.0						
0.80	25.8	26.3	26.2	26.0	26.0	26.0						
0.90	28.3	29.2	29.1	28.9	28.9	28.9						
1.0	30.7	32.0	31.9	31.7	31.7	31.7	31.7					
1.2	(35.1)	37.8	37.6	37.4	37.4	37.4	37.4					
1.4	(38.5)	43.3	43.2	42.9	42.9	42.9	42.9					
1.5	(40.0)	46.2	45.9	45.5	45.5	45.5	45.5					
1.6		49.0	48.6	48.1	48.1	48.1	48.1					
1.8		54.5	54.0	53.5	53.5	53.5	53.5					
2.0		59.5	59.0	59.0	59.0	59.0	59.0	59.0	59.0			
2.2		64.5	64.0	64.5	64.5	64.5	64.5	64.5	64.5			
2.4		69.0	69.0	70.0	70.0	70.0	70.0	70.0	70.0			
2.6		(73.0)	73.5	75.5	75.5	75.5	75.5	75.5	75.5			
2.8		(77.0)	78.0	80.5	80.5	80.5	81.0	81.0	81.0			
3.0		(81.0)	82.0	85.5	85.5	85.5	86.0	86.0	86.0	86.0		
3.5		(90.0)	(91.5)	97.5	98.0	98.5	99.0	99.0	99.0	99.0		
4.0		(97.5)	(101)	109	110	111	112	112	112	112		
4.5			(108)	120	122	124	125	125	125	125		
5.0			(115)	130	134	136	138	138	138	138	138	
5.5				(139)	145	147	151	151	151	151	151	
6.0				(148)	155	158	163	164	164	164	164	
6.5				(156)	(164)	168	175	177	177	177	177	
7.0				(163)	(173)	178	187	189	190	190	190	
7.5				(170)	(181)	187	199	202	203	203	203	
8.0					(189)	(196)	211	214	215	215	215	
9.0					(203)	(212)	233	239	240	241	241	
10					(215)	(226)	254	263	265	266	266	266
11						(238)	273	287	290	292	292	292

续表

球隙距离(cm)	球 直 径(cm)											
	2	5	6.25	10	12.5	15	25	50	75	100	150	200
12						(249)	291	311	315	318	318	318
13							(308)	334	339	342	342	342
14							(323)	357	363	366	366	366
15							(337)	380	387	390	390	390
16							(350)	402	411	414	414	414
17							(362)	422	435	438	438	438
18							(374)	442	458	462	462	462
19							(385)	461	482	486	486	486
20							(395)	480	505	510	510	510
22								510	545	555	560	560
24								540	585	600	610	610
26								570	620	645	655	660
28								(595)	660	685	700	705
30								(620)	695	725	745	750
32								(640)	725	760	790	795
34								(660)	755	795	835	840
36								(680)	785	830	880	885
38								(700)	(810)	865	925	935
40								(715)	(835)	900	965	980
45									(890)	980	1060	1090
50									(940)	1040	1150	1190
55									(985)	(1100)	1240	1290
60									(1020)	(1150)	1310	1380
65										(1200)	1380	1470
70										(1240)	1430	1550
75										(1280)	1480	1620
80											(1530)	1690
85											(1580)	1760
90											(1630)	1820
100											(1720)	1930
110											(1790)	(2030)
120											(1860)	(2120)
130												(2200)
140												(2280)
150												(2350)

注 本表适用于正极性冲击电压。

附录二　高压输变电设备的绝缘水平及耐受电压

摘自 GB 311.1—1997《高压输变电设备的绝缘配合》第 9～12 页。

附表 2-1　电压范围Ⅰ（1kV＜U_m≤252kV）的设备的标准绝缘水平　kV

系统标称电压（有效值）	设备最高电压（有效值）	额定雷电冲击耐受电压（峰值）		额定短时工频耐受电压（有效值）
		系列Ⅰ	系列Ⅱ	
3	3.5	20	40	18
6	6.9	40	60	25
10	11.5	60	75 95	30/42③；35
15	17.5	75	95 105	40；45
20	23.0	95	125	50；55
35	40.5	185/200①		85/95③；85
66	72.5	325		140
110	126	450/480①		185；200
220	252	(750)②		(325)②
		850		360
		950		395
		(1050)②		(460)②

注　系统标称电压 3～15kV 所对应设备的系列Ⅰ的绝缘水平，在我国仅用于中性点直接接地系统。

①　该栏斜线下之数据仅用于变压器类设备的内绝缘。

②　220kV 设备，括号内的数据不推荐选用。

③　当设备外绝缘在干燥状态下之耐受电压。

附表 2-2　电压范围Ⅱ（U_m＞252kV）的设备的标准绝缘水平　kV

系统标称电压（有效值）	设备最高电压（有效值）	额定操作冲击耐受电压（峰值）					额定雷电冲击耐受电压（峰值）		额定短时工频耐受电压（有效值）
		相对地	相间	相间与相对地之比	纵绝缘②		相对地	纵绝缘	相对地
1	2	3	4	5	6	7	8	9	10③
330	363	850	1300	1.50	950	850 (+295)①	1050	见 4.7.1.3 条的 规定	(460)
		950	1425	1.50			1175		(510)
500	550	1050	1675	1.60	1175	1050 (+450)①	1425		(630)
							1550		(680)
		1175	1800	1.50			1675		(740)

①　栏 7 中括号中之数值是加在同一极对应相端子上的反极性工频电压的峰值。

②　纵绝缘的操作冲击耐受电压选取栏 6 或栏 7 的数值，决定于设备的工作条件，在有关设备标准中规定。

③　栏 10 括号内之短时工频耐受电压值，仅供参考。

附表 2-3　　**各类设备的雷电冲击耐受电压**　　kV

系统标称电压（有效值）	设备最高电压（有效值）	额定雷电冲击（内、外绝缘）耐受电压（峰值）						截断雷电冲击耐受电压（峰值）
		变压器	并联电抗器	耦合电容器、电压互感器	高压电力电缆②	高压电器	母线支柱绝缘子、穿墙套管	变压器类设备的内绝缘
3	3.5	40	40	40	—	40	40	45
6	6.9	60	60	60	—	60	60	65
10	11.5	75	75	75	—	75	75	85
15	17.5	105	105	105	105	105	105	115
20	23.0	125	125	125	125	125	125	140
35	40.5	185/200①	185/200①	185/200①	200	185	185	220
66	72.5	325	325	325	325	325	325	360
		350	350	350	350	350	350	385
110	126	450/480①	450/480①	450/480①	450	450	450	530
		550	550	550	550			
220	252	850	850	850	850	850	935	950
		950	950	950	950 1050	950	950	1050
330	363	1050				1050	1050	1175
		1175	1175	1175	1175 1300	1175	1175	1300
500	550	1425			1425	1425	1425	1550
		1550	1550	1550	1550	1550	1550	1675
			1675	1675	1675	1675	1675	

① 斜线下之数据仅用于该类设备的内绝缘。

② 对高压电力电缆是指热状态下的耐受电压值。

附表 2-4　　**各类设备的短时（1min）工频耐受电压（有效值）**　　kV

系统标称电压（有效值）	设备最高电压（有效值）	内、外绝缘（干试与湿试）				母线支柱绝缘子	
		变压器	并联电抗器	耦合电容器、高压电器、电压互感器和穿墙套管	高压电力电缆	湿试	干试
1	2	3①	4①	5②	6②	7	8
3	3.5	18	18	18/25		18	25
6	6.9	25	25	23/30		23	32
10	11.5	30/35	30/35	30/42		30	42
15	17.5	40/45	40/45	40/55	40/45	40	57
20	23.0	50/55	50/55	50/65	50/55	50	68
35	40.5	80/85	80/85	80/95	80/85	80	100
66	72.5	140 160	140 160	140 160	140 160	140 160	165 185
110	126.0	185/200	185/200	185/200	185/200	185	265

续表

系统标称电压（有效值）	设备最高电压（有效值）	内、外绝缘（干试与湿试）				母线支柱绝缘子	
		变压器	并联电抗器	耦合电容器、高压电器、电压互感器和穿墙套管	高压电力电缆	湿试	干试
220	252.0	360	360	360	360	360	450
		395	395	395	395	395	495
					460		
330	363.0	460	460	460	460		
		510	510	510	510 570		
500	550.0	630	630	630	630		
		680	680	680	680		
				740	740		

注　表中给出的 330～500kV 设备之短时工频耐受电压仅供参考。

①　该栏中斜线下的数据为该类设备的内绝缘和外绝缘干状态之耐受电压。

②　该栏中斜线下的数据为该类设备的外绝缘干耐受电压。

附表 2-5　　电力变压器中性点绝缘水平　　kV

系统标称电压（有效值）	设备最高电压（有效值）	中性点接地方式	雷电冲击全波和截波耐受电压（峰值）	短时工频耐受电压（有效值）（内、外绝缘，干试与湿试）
110	126	不固定接地	250	95
220	252	固定接地 不固定接地	185 400	85 200
330	363	固定接地 不固定接地	185 550	85 230
500	550	固定接地 经小电抗接地	185 325	85 140

附录三 阀式避雷器电气特性

附表 3-1　　普通阀式避雷器（FS 和 FZ 系列）电气特性　　kV

型号	额定电压有效值	灭弧电压有效值	工频放电电压有效值（干燥及淋雨状态）		冲击放电电压（预放电时间 1.5～2.0μs）不大于		冲击残压（波形 8/20μs）不大于				备注
							FS 系列		FZ 系列		
			不小于	不大于	FS 系列	FZ 系列	3kA	5kA	5kA	10kA	
FS-0.25	0.22	0.25	0.6	1.0	2.0		1.3				
FS-0.50	0.38	0.50	1.1	1.6	2.7		2.6				
FS-3（FZ-3）	3	3.8	9	11	21	20	(16)	17	14.5	(16)	
FS-6（FZ-6）	6	7.6	16	19	35	30	(28)	30	27	(30)	
FS-10（FZ-10）	10	12.7	26	31	50	45	(47)	50	45	(50)	
FZ-15	15	20.5	42	52		78			67	(74)	组合元件用
FZ-20	20	25	49	60.5		85			80	(88)	组合元件用
FZ-30J	30	25	56	67		110			83	(91)	组合元件用
FZ-35	35	41	84	104		134			134	(148)	
FZ-40	40	50	98	121		154			160	(176)	110 kV 变压器中性点保护专用
FZ-60	60	70.5	140	173		220			227	(250)	
FZ-110J	110	100	224	268		310			332	(364)	
FZ-154J	154	142	304	368		420			466	(512)	
FZ-220J	220	200	448	536		630			664	(728)	

注　残压栏内加括号者为参考值。

附表 3-2　　电站用磁吹阀式避雷器（FCZ 系列）电气特性　　kV

型号	额定电压有效值	灭弧电压有效值	工频放电电压有效值（干燥及淋雨状态）		冲击放电电压不大于		冲击电流残压（波形 8/20μs）不大于		备注
			不小于	不大于	预放电时间 1.5～2.0μs 及波形 1.5/40μs	预放电时间 100～1000μs	5kA 时	10kA 时	
FCZ-35	35	41	70	85	112	—	108	122	110kV 变压器中性点保护专用
FCZ-40	—	51	87	98	134	—	—①	—	
FCZ-50	60	69	117	133	178	—	178	205	
FCZ-110J	110	100	170	195	260	(285)②	260	285	
FCZ-110	110	126	255	290	345	—	332	365	
FCZ-154	154	177	330	377	500	—	466	512	
FCZ-220J	220	200	340	390	520	(570)②	520	570	
FCZ-330J	330	290	510	580	780	820	740	820	
FCZ-500J	500	440	680	790	840	1030	—	1100	

① 1.5kA 冲击残压为 134kV。

② 加括号者为参考值。

附表 3-3　保护旋转电机用磁吹阀式避雷器（FCD 系列）电气特性　kV

型号	额定电压有效值	灭弧电压有效值	工频放电电压有效值（干燥及淋雨状态）		冲击放电电压（预放电时间 1.5～2.0μs 及波形 1.5/40μs）不大于	冲击电流残压（波形 8/20μs）不大于		备注
			不小于	不大于		3kA 时	5kA 时	
FCD-2	—	2.3	4.5	5.7	6	6	6.4	电机中性点保护专用
FCD-3	3.15	3.8	7.5	9.5	9.5	9.5	10	
FCD-4	—	4.6	9	11.4	12	12	12.8	电机中性点保护专用
FCD-6	6.3	7.6	15	18	19	19	20	
FCD-10	10.5	12.7	25	30	31	31	33	
FCD-13.2	13.8	16.7	33	39	40	40	43	
FCD-15	15.75	19	37	44	45	45	49	

附表 3-4 **典型的电站和配电用 ZnO 避雷器参数(参考)** kV

避雷器额定电压 U_r(有效值)	避雷器持续运行电压 U_c(有效值)	标称放电电流 20kA 等级				标称放电电流 10kA 等级				标称放电电流 5kA 等级							
		电站避雷器				电站避雷器				电站避雷器				电站避雷器			
		陡波冲击电流残压	雷电冲击电流残压	操作冲击电流残压	直流 1mA 参考电压不小于	陡波冲击电流残压	雷电冲击电流残压	操作冲击电流残压	直流 1mA 参考电压不小于	陡波冲击电流残压	雷电冲击电流残压	操作冲击电流残压	直流 1mA 参考电压不小于	陡波冲击电流残压	雷电冲击电流残压	操作冲击电流残压	直流 1mA 参考电压不小于
		(峰值)不大于				(峰值)不大于				(峰值)不大于				(峰值)不大于			
5	4.0	—	—	—	—	—	—	—	—	15.5	13.5	11.5	7.2	17.3	15.0	12.8	7.5
10	8.0	—	—	—	—	—	—	—	—	31.0	27.0	23.0	14.4	34.6	30.0	25.6	15.0
12	9.6	—	—	—	—	—	—	—	—	37.2	32.4	27.6	17.4	41.2	35.8	30.6	18.0
15	12.0	—	—	—	—	—	—	—	—	46.5	40.5	34.5	21.8	52.5	45.6	39.0	23.0
17	13.6	—	—	—	—	—	—	—	—	51.8	45.0	38.3	24.0	57.5	50.0	42.5	25.0
51	40.8	—	—	—	—	—	—	—	—	154.0	134.0	114.0	73.0	—	—	—	—
84	67.2	—	—	—	—	—	—	—	—	254	221	188	121	—	—	—	—
90	72.5	—	—	—	—	264	235	201	130	270	235	201	130	—	—	—	—
96	75	—	—	—	—	280	250	213	140	288	250	213	140	—	—	—	—
(100)*	78	—	—	—	—	291	260	221	145	299	260	221	145	—	—	—	—
102	79.6	—	—	—	—	297	266	226	148	305	266	226	148	—	—	—	—
108	84	—	—	—	—	315	281	239	157	323	281	239	157	—	—	—	—
192	150	—	—	—	—	560	500	426	280	—	—	—	—	—	—	—	—
(200)*	156	—	—	—	—	582	520	442	290	—	—	—	—	—	—	—	—
204	159	—	—	—	—	594	532	452	296	—	—	—	—	—	—	—	—
216	168.5	—	—	—	—	630	562	478	314	—	—	—	—	—	—	—	—
288	219	—	—	—	—	782	698	593	408	—	—	—	—	—	—	—	—
300	228	—	—	—	—	814	727	618	425	—	—	—	—	—	—	—	—
306	233	—	—	—	—	831	742	630	433	—	—	—	—	—	—	—	—
312	237	—	—	—	—	847	760	643	442	—	—	—	—	—	—	—	—
324	246	—	—	—	—	880	789	668	459	—	—	—	—	—	—	—	—
420	318	1170	1046	858	565	1075	960	852	565	—	—	—	—	—	—	—	—
444	324	1238	1106	907	597	1137	1015	900	597	—	—	—	—	—	—	—	—
468	330	1306	1166	956	630	1198	1070	950	630	—	—	—	—	—	—	—	—

* 过渡。

附录四　DL/T 620—1997 规定的架空输电线路典型杆塔的耐雷水平和雷击跳闸率数值

附表 4-1　110～500kV 架空送电线路典型杆塔的耐雷水平和雷击跳闸率

标称电压（kV）		110	220	330	500
杆塔型式		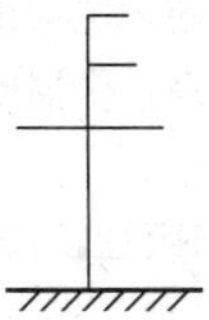	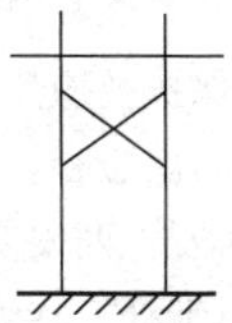	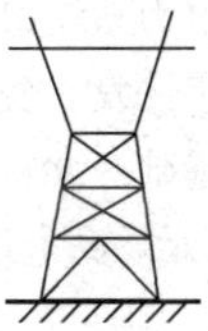	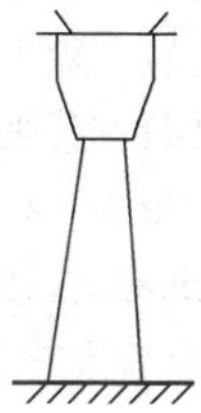
保护角		25°	16.5°	20°	14°
保护方法		单避雷线	双避雷线	双避雷线	双避雷线
杆塔绝缘	绝缘子个数	7×X-4.5	13×X-4.5	19×CP-10	25×XP-160
	50%冲击放电电压（正极性）（kV）	700	1200	1645	2138
档距长度（m）		300	400	400	400
冲击接地电阻（Ω）		7～15	7～15	7～15	7～15
雷击杆塔时耐雷水平（kA）		63～41	110～76	155～105	177～125
建弧率		85%	91.8%	100%	100%
平原线路	绕击率	0.238%	0.144%	0.238%	0.112%
	击杆率	1/4	1/6	1/6	1/6
	跳闸率	0.83	0.25	0.12	0.081
山区线路	绕击率	0.82%	0.5%	0.84%	0.40%
	击杆率	1/3	1/4	1/4	1/4
	跳闸率	1.18～2.01	0.43～0.95	0.27～0.60	0.17～0.42

注　跳闸率栏，平原对应 $R_i = 7\Omega$，山区两数据分别对应 R_i 为 7Ω 和 15Ω。

参 考 文 献

[1] 张纬跋，何金良，高玉明. 过电压防护及绝缘配合. 北京：清华大学出版社. 2002.
[2] 张一尘. 高电压技术. 北京：中国电力出版社，2007.
[3] 周泽存，沈其工，方瑜，等. 高电压技术. 北京：中国电力出版社，2007.
[4] 常美生. 高电压技术. 北京：中国电力出版社，2007.
[5] 平绍勋. 电力系统内部过电压保护及实例分析. 北京：中国电力出版社，2006.
[6] 孙方汉，陈绍英，韩芳. 过电压保护及现场事故处理. 北京：中国水利水电出版社，2007.
[7] 许颖，徐士珩. 交流电力系统过电压防护及绝缘配合. 北京：中国电力出版社，2006.
[8] 江日红，张兵，罗晓宇. 发、变电站防雷保护及应用实例. 北京：中国电力出版社，2005.
[9] 关根志. 高电压工程基础. 北京：中国电力出版社，2003.
[10] 邱毓昌，施围，张文元. 高电压工程. 西安：西安交通大学出版社，1995.
[11] 赵智大. 高电压技术. 北京：中国电力出版社，1998.
[12] 李建明，朱康. 高压电气设备试验方法. 北京：中国电力出版社，2001.
[13] 陈天翔，王寅仲，海世杰. 电气试验. 北京：中国电力出版社，2008.
[14] 严璋，朱德恒. 高电压绝缘技术. 北京：中国电力出版社，2002.
[15] 徐一凡. 高压电器绝缘及测试. 北京：中国电力出版社，1999.
[16] 简诏群，吕文生. 高压电维修实务工程. 北京：机械工业出版社，2002.
[17] 孙才新，司马文霞，舒立春. 大气环境与电气外绝缘. 北京：中国电力出版社，2002.
[18] 刘振亚. 特高压电网（工程）. 前期论证. 北京：中国电力出版社，2008.
[19] 赵智大. 高电压技术. 北京：中国电力出版社，2008.
[20] 刘振亚. 特高压交流输电工程电磁环境. 北京：中国电力出版社，2008.
[21] 刘振亚. 特高压交流电气设备. 北京：中国电力出版社，2008.
[22] 刘振亚. 特高压交流输电系统外绝缘. 北京：中国电力出版社，2008.
[23] 刘振亚. 特高压交流输电系统过电压与绝缘配合. 北京：中国电力出版社，2008.
[24] 刘振亚. 特高压直流输电理论. 北京：中国电力出版社，2009.
[25] 刘振亚. 特高压直流输电工程电磁环境. 北京：中国电力出版社，2009.
[26] 刘振亚. 特高压直流输电线路. 北京：中国电力出版社，2009.
[27] 刘振亚. 特高压直流外绝缘技术. 北京：中国电力出版社，2009.
[28] 刘振亚. 特高压直流输电系统过电压与绝缘配合. 北京：中国电力出版社，2009.